中国互联网发展报告

2006

中国互联网协会
中国互联网络信息中心 编

人民邮电出版社

图书在版编目（CIP）数据

中国互联网发展报告．2006 / 中国互联网协会，中国互联网络信息中心编．
—北京：人民邮电出版社，2006.10
ISBN 7-115-15177-6

I．中… II．①中…②中… III．因特网—调查报告—中国—2006 IV．TP393.4

中国版本图书馆 CIP 数据核字（2006）第 107061 号

中国互联网发展报告（2006）

◆ 编　　中国互联网协会
　　　　中国互联网络信息中心
　责任编辑　杨　璐

◆ 人民邮电出版社出版发行　北京市崇文区夕照寺街 14 号
　邮编　100061　电子函件　315@ptpress.com.cn
　网址　http://www.ptpress.com.cn
　北京鸿佳印刷厂印刷
　新华书店总店北京发行所经销

◆ 开本：787×1092　1/16
　印张：34.5　彩插：10
　字数：831 千字　2006 年 10 月第 1 版
　印数：1–1 500 册　2006 年 10 月北京第 1 次印刷

ISBN 7-115-15177-6/TP・5647

定价：￥1280.00 / US$ 200.00

读者服务热线：(010) 67132692　印装质量热线：(010) 67129223

广告经营许可证：京崇工商广字第 0021 号

《中国互联网发展报告》
编辑委员会名单

编辑委员会主任委员：

胡启恒　中国互联网协会理事长、中国工程院院士

编辑委员会副主任委员：

高新民　中国互联网协会常务副理事长

苏金生　信息产业部电信管理局局长、中国互联网协会副理事长

冷荣泉　中国电信集团公司副总经理、中国互联网协会副理事长

黄澄清　中国互联网协会秘书长

毛　伟　中国互联网络信息中心（CNNIC）主任

编辑委员会委员（按姓名拼音排序）：

艾　伟　华为技术有限公司副总裁、中国互联网协会副理事长

曹淑敏　信息产业部电信研究院副院长

陈　力　国家图书馆副馆长

陈　因　信息产业部外事司司长、中国互联网协会副秘书长

陈家春　信息产业部电信管理局副局长

陈立波　国务院国资委信息中心副主任

丁　磊　网易公司首席架构设计师、中国互联网协会副理事长

方滨兴　中国工程院院士、中国互联网协会副理事长

高卢麟　中国互联网协会副理事长

顾　翀　人民邮电出版社副社长

韩　夏　信息产业部电信管理局副局长、中国互联网协会副秘书长

何加正　人民网总裁、中国互联网协会副理事长

蒋林涛　信息产业部电信研究院总工程师

蒋　伟　人民邮电出版社计算机图书出版分社社长

蒋志培　最高人民法院民三庭庭长

寇晓伟　新闻出版总署音像电子和网络出版管理司副司长、中国互联网协会副理事长

雷震洲　全国政协委员、信息产业部电信研究院原总工程师

李国杰　中国工程院院士、中国科学院计算技术研究所所长

李乃苓　信息产业部综合规划司副处长

李伍峰　国务院新闻办网络局局长、中国互联网协会副理事长

李正茂　中国联合通信有限公司副总经理、中国互联网协会副理事长

林　源　中国铁路通信网络有限公司副总经理

林建华　北京大学副校长、中国互联网协会副理事长

刘韵洁　中国工程院院士、中国联合通信有限公司科技委主任

刘正荣　国务院新闻办网络局副局长

鲁向东　中国移动通信公司副总经理、中国互联网协会副理事长

吕晓春　人民邮电出版社副社长、总编辑

马　宁　中国互联网协会副秘书长

倪翼丰　中国通信广播卫星公司副总经理

钱华林　中国科学院计算机网络信息中心研究员、中国互联网协会副理事长

孙枕戈　中兴通讯股份有限公司副总裁、中国互联网协会副理事长

汪　延　新浪网副董事长、中国互联网协会副理事长

王恩海　中国互联网络信息中心信息服务部主任

魏茂洪　人民邮电报社社长

吴建平　中国教育和科研计算机网网络中心主任、中国互联网协会副理事长

前　　言

2005年，中国互联网的发展进入了一个崭新的时期：中国互联网网民规模首次突破1亿大关，互联网的发展更加理性和务实，互联网产业作为一种新兴产业，已经进入持续快速发展阶段。

《中国互联网发展报告》（以下简称《报告》）是由中国互联网协会和中国互联网络信息中心（CNNIC）联合组织编写的一部编年系列文献，每年编写出版一卷。今年为第四卷，主要对2005年中国互联网各领域、各业务的发展状况予以总结和分析，以便为中国政府、企业、个人提供详实的数据和观点，供参考借鉴。

本年度《报告》分为环境篇、应用篇、技术篇、统计篇和附录篇共5篇，有31章和6个附录，约80万字，重点研究和介绍了2005年度中国网络设备与终端产品的研发制造、互联网发展总体趋势、电子商务、专业信息服务、互联网接入服务、无线信息服务、即时通信服务、网络新媒体、搜索引擎、网络科普、Web 2.0、VoIP和IPTV等互联网应用以及网络与信息安全、互联网新技术等领域的最新进展和变化情况。本《报告》紧扣中国互联网发展的脉搏，内容丰富，资料新颖，观点明确，语言精炼，还突出介绍和分析了发展状况良好的典型企业或事件，是一本承前启后的综合文献。

本年度《报告》的编写工作得到了政府部门、科研机构、企业等社会各界的关心、支持和参与。《报告》中各章节的作者均是相关领域里的权威人士，或者是政府管理部门的主管人士。来自信息产业部、文化部、中国科学院、中国工程院、中国社会科学院、国务院国资委信息中心、信息产业部电信研究院、国家计算机网络应急技术处理协调中心、中国互联网协会、中国互联网络信息中心（CNNIC）、清华大学以及中国电子信息产业发展研究院等许多机构和企业的专家共50多人参与了本《报告》的编写，使本《报告》具有相当的高度，也使得本《报告》更具参考价值，对研究、投资、发展中国互联网更具指导意义。

在此，编辑部谨向为本《报告》的编写付出辛勤劳动的各位撰稿人，向支持本《报告》编写出版工作的各有关单位和社会各界表示衷心的感谢。

由于我们的力量和水平有限，《报告》中难免会存在一些缺陷甚至错误，恳请广大专家和读者予以批评指正，以便我们在今后的编撰工作中不断学习和改进，不断提高《中国互联网发展报告》的质量和价值。

《中国互联网发展报告》编辑委员会

二○○六年六月

目　录

第一篇　环　境　篇

互联星空
WWW.VNET.CN
互动游戏世界　汇聚精彩无限
互联星空是中国电信为你搭建的精彩的网络平台，聚合了国内著名的互联网内容提供商。
众多超酷的大型网络游戏，充满了挑战与刺激，不断激发你的快乐神经！
享受精彩，就赶快登陆互联星空吧！ WWW.VNET.CN 光芒因你而聚！
中国电信
CHINA TELECOM
世界触手可及
用户至上 用心服务
Customer First Service Foremost
客户服务热线
Customer Hotline

商务领航
BizNavigator
远 见 成 就 价 值
中国电信
CHINA TELECOM
世 界 触 手 可 及
商务领航
助力企业扬帆
远见，成就价值！中国电信商务领航，凭借强大的综合实力、领先的信息平台、完善的服务体系、灵活的信息化应用解决方案，提升企业运营效率，助力企业扬帆，成就巅峰价值！
用户至上 用心服务 Customer First Service Foremost
www.chinatelecom.com.cn
客户服务热线

第一篇

环 境 篇

第 1 章　2005 年中国互联网新应用发展综述

1.1　概述

中国的互联网产业（包括互联网接入服务、应用服务和信息内容服务等）经历了 2004 年的全面回暖后，2005 年保持了持续、稳定、快速的发展态势。

根据中国互联网络信息中心第 17 次统计的结果，截止到 2005 年 12 月 31 日，中国网民人数达到 1.11 亿（除特别说明，本书出现的中国仅限于中国内地），比 2004 年末增加了 1 700 万。其中，宽带上网网民人数为 6 430 万人，比 2004 年增加了 2 150 万人，增长率为 50.2%。

中国内地的 IPv4 地址数已达到 74 391 296 个，仅次于美国和日本，位居世界第三。中国域名总数为 2 592 410 个，CN 下注册的域名首次突破百万大关，达到 1 096 924 个。网站数为 694 200 个，比 2004 年增加了 25 300 个。网络国际出口带宽总量达到 136 106Mbit/s，比 2004 年增加了 61 677Mbit/s，增长率为 82.9%。

中国互联网的发展是不平衡的，城乡之间、东西部地区之间存在较大的差距。乡村网民总规模为 1 931.4 万人，普及率仅为 2.6%，而城市网民大约有 9 168.6 万人，占城市人口的 16.9%。

2005 年，中国互联网产业持续快速增长，整体规模达到 375.1 亿元，增长率达到 30.0%。从 2004 年至 2005 年产业格局的变化上看，互联网基础服务尽管依然占据 55%以上的比重，但其正在逐步将市场的主导地位让位于应用服务，应用服务的快速发展成为拉动产业持续高速增长的主要动力。

2005 年中国互联网服务市场持续快速发展。据易观国际的统计，2005 年中国互联网服务市场总规模为 180 亿元（不含移动增值服务收入），比 2004 年的 128 亿增长了 41%，显示出中国互联网产业正处于旺盛的发展中，如图 1.1 所示。

在互联网服务的 3 种商业模式中，为内容付费和为营销付费构成收入的最主要来源，二者市场规模合计 171 亿元，占互联网服务市场规模的 95%，其中为内容付费 105 亿元，占 58%；为营销付费 66 亿元，占 37%。为中介付费仅存在于部分行业中，市场规模为 9 亿元，占 5%。

2005 年中国互联网产业的发展呈现出以下特点：行业整合继续进行，兼并收购大热；一些细化的垂直应用市场取得突破性进展，步入快速发展的轨道；受到国际创业投资 VC 的青睐，百度在纳斯达克成功上市刷新了中国企业在海外 IPO 的记录，推动搜索业的剧烈竞争和快速发展；在“点击加瓦片”模式下，电子商务快速发展；即时通信快速发展并开始标准之

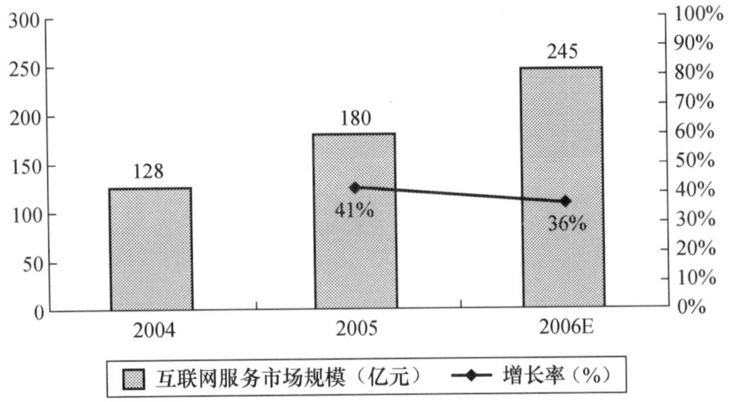

图 1.1 互联网服务市场规模

争；移动增值数据业务快速发展，仍有潜力；网络游戏快速发展，实现转型；网络广告业持续发展；博客取得突破性进展；P2P 互联网电视兴起。

2005 年网络演化也加快了步伐。电信业加速了 IP 基础网络建设，通过软交换向 NGN 过渡；CNGI 的建设和开发应用已经全面展开；在网络安全方面，“灾难恢复”工作进入到实际性的操作阶段。

1.2 搜索

目前，中国最大的搜索引擎网站是百度。根据艾瑞市场咨询的搜索引擎用户调研数据，在中国搜索引擎用户使用量市场份额中，百度占的份额最高，达到 46.5%，而在 2004 年，这一数字仅为 32.29%。Google 的市场占有率从 2004 年的 22.72%上升到 2005 年的 26.92%。相反，雅虎中国的市场占有率从 2004 年的 21.22%降至 15.6%；在阿里巴巴与雅虎中国合并 3 个月后，雅虎中国旗下原多个搜索品牌全部合并为雅虎，全面回归搜索将有一番新的竞争。2005 年初，中国网民对搜索引擎的使用量再创新高，使用搜索引擎时间在 3 年及 3 年以上的用户大量增加，比例超过 40%。用户使用搜索引擎的深度和广度在不断增加。

门户网站也开始提供搜索业务，而早期都是采用跟专业搜索技术提供商合作的方式提供搜索业务。2004 年搜狐推出自主研发的搜索引擎“搜狗”；2005 年 6 月 30 日，新浪也推出了自主研发的新搜索引擎“爱问”。至此，中国互联网已经形成了门户搜索和搜索门户两条道路。

搜狐和新浪都高调推出了新搜索引擎，但就目前来看，对改变其市场地位和收入水平帮助甚微。网易跟 Google 合作以来，凭借一系列自身开发的新产品也大大拉近了跟搜狐、新浪这两家门户搜索先行者的距离。

单一的商业模式束缚了搜索巨头的成长，因此需要拓展其他业务领域、寻找新的增长空间，这最终导致了“搜索异化”。2005 年 10 月 9 日，百度正式宣布与中国工商银行达成电子商务战略联盟，开展一系列电子商务合作。搜索业务的多元化将改变其初衷和性质，成为其他网络业务的一种工具。过去的一年，Google 已经渗透到通信、电子商务、软件、门户网站等多个业务领域。马云提出的“Google+eBay 模式”也是如此。

目前，搜索引擎已从一种单纯的 IT 技术上升为搜索经济，有望成为继广告、无线增值和游戏之后又一重要的利润增长点。预计未来3年中国搜索引擎市场规模将保持70%的年增长率，2007年这一市场规模将达到56亿元人民币。中国搜索引擎市场已经出现了产业化发展的态势。

1.3 电子商务

继2004年的高速增长之后，2005年电子商务逐渐步入稳定增长期，市场规模达到7 400亿元人民币[1]，比2004年增长了41.7%。目前中国电子商务细分市场表现各有特色，B2B、C2C、B2C发展程度不同，但有一点三者基本一致：市场竞争重新开始，跑马圈地、争取最大限度的用户资源。

慧聪网与买卖网在运营方式和渠道上创新，积极进入由阿里巴巴控制的B2B市场。淘宝网、当当网、拍拍网大肆宣扬免费策略，eBay易趣的收费越来越低，不惜斥巨资在C2C市场上跑马圈地。拥有众多即时通信客户的腾讯公司也启动了筹划已久的C2C平台拍拍网。而当当、卓越在B2C市场的价格竞争也愈演愈烈，都试图将对手排斥出局。

制约中国电子商务发展的主要因素是信贷/支付系统不健全、物流/配送/运输系统效率低和诚信度不高。2005年这几方面均有重大改善。

在支付方面，在线支付公司发展迅速，如易宝支付（YeePay）推出3种支付方式，即短信支付、固定和移动电话支付；捷银（SmartPay）将用户银行账号与手机号码联系起来用于电子支付；阿里巴巴/淘宝网与几大银行合作开发一种由第三方托管的支付系统——支付宝，淘宝网60%以上的交易通过支付宝支付；eBay于2005年7月在中国推出PayPal（贝宝），贝宝在全球有7 000万用户，中国网民可以通过贝宝和全球网民交易。

在物流方面，卓越网开发了一个三级物流系统：主要城市通过自己的配送团队递送；通过快递公司递送；二级地区通过邮局递送。

在信用方面，国务院2号文件的发布为电子商务市场的发展奠定基础。2005年4月份，《电子签名法》正式实施，这是中国第一部真正意义上的电子商务法律法规，其正式实施表明电子签名的法律地位和法律效力得到了真正认可，解决了电子商务中交易主体之间法律责任和信用的确认问题，为中国电子商务的进一步发展提供了可靠的保障。10月，中国人民银行正式颁布《电子支付指引（第一号）》，试图解决电子商务中的瓶颈——支付环节。尽管可能在执行过程中会出现一些问题，但《电子支付指引（第一号）》仍通过限额支付将众多交易者引向了正确合法使用数字证书、电子签名等安全认证方式上来。尽管目前中国的电子商务相关政策法规还不够健全，物流和支付体系还不完善，标准和安全体系仍相对滞后，2005年相关政策的出台还是促使电子商务的发展开始迈出一大步，61.5%的人网上购物的付款方式选择网上支付，36.1%的人选择货到付款。

1.4 即时通信标准之争

2005年，中国即时通信市场腾讯QQ依然保持了绝对领先的态势。在网民最常使用的IM

---

[1] 资料来源：商务部《中国电子商务报告（2004—2005年）》

软件之中，腾讯 QQ 所占比重超过七成，占据绝对领先的地位。排在第二位的是 MSN，所占比重为 16.38%。相比 QQ，其他 IM 软件所占份额均非常小。中国的即时通信已经进入一个平稳的发展阶段，随着互联网细分服务的逐步增加，在电子商务、网络游戏等特定领域内的专业 IM 工具也有了初步发展。即时通信对网民的生活和网上活动都产生了巨大影响，即时通信工具已经对电子邮箱服务产生了较大冲击。

近两年，国内 IT 企业、互联网企业纷纷加入到即时通信软件的开发行列中来。目前国内市场除了腾讯 QQ 一家独大，还有新浪 UC、搜狐搜 Q、网易 POPO、盛大圈圈和淘宝旺旺等近 40 种即时通信工具，但是它们之间不能互通。面对国际巨头微软 MSN、雅虎通等打着“互联互通”的旗号进军中国市场，雅虎通与 MSN 两大巨头之间率先实现了互联互通。新浪 UC、搜狐搜 Q、淘宝旺旺和贸易通等均有意加入“软虎”合作阵营。如果腾讯 QQ 接受互联互通，占国内八成市场的 QQ 用户群资源将无条件共享，腾讯公司一年近 10 亿的纯利润将付之东流。

2005 年 10 月，腾讯发布 QQ 新版本——QQ2005，希望通过 QQ 产品自立中国即时通信自主知识产权标准，成为即时通信产业标准的“领舞者”，婉拒微软和雅虎“互联互通”的橄榄枝。

此外，雅虎通正式推出了 VoIP 功能，微软则在悄悄测试着 MSN Messenger 8.0，并在 12 月份联手中国联通把 MSN 延伸到了手机终端；Skype 被 eBay 收购之后也加大了和 TOM 的合作，积极进军中国市场。

1.5 博客

2005 年，Web 2.0 的各项业务如新闻聚合 RSS、播客 Podcast 和社会网络 SNS 都取得了一定的发展，但是发展最迅速的是博客（Blog）。9 月，新浪、搜狐以及改版后的博客网分别推出中文博客大赛，一时间互联网世界涌现出成千上万的博客。短短两个月时间，100 万网民“入住”新浪博客，徐静蕾等名人博客更是创造了每日 200 万次访问量的奇迹，“精英”与“草根”通过博客这个平台第一次亲密接触。图 1.2 所示给出了博客的发展情况和预测。

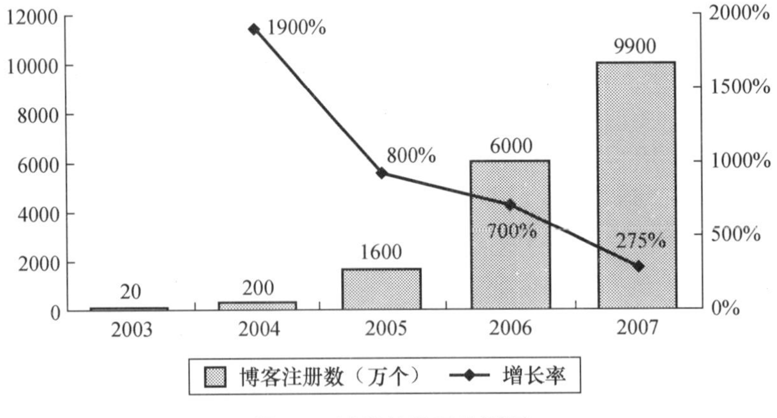

图 1.2　博客的发展及预测

2005 年博客数突破 1 600 万，意味着博客在中国面临井喷，正在实现从“小众”走向“大众”的过渡。

在博客迅速发展的同时，人们开始将目光聚集到移动博客上。随着手机终端用户的发展，手机用户将可通过手机浏览博客和更换自己的博客，进一步满足移动用户更加人性化的需求和充分发挥手机的移动性。

1.6　移动增值

2005 年，移动增值服务市场整体规模达到 483.13 亿元。

易观国际《中国移动增值服务市场综合分析报告 2005-2006》显示（如图 1.3 所示），2005 年在所有的移动增值服务收入当中，2G 服务短信等占到整体收入的 86.16%，达到 416.28 亿元；2.5G 服务仅占到整体收入的 16.84%，达到 66.88 亿元。其中，CRBT 市场规模比上年增长了 30.72 亿元，同比增长 357.21%，其次是 WAP 市场规模比上年增长了 24.83 亿元，同比增长 85.62%，成为 2005 年增长速度最快和幅度最大的移动增值服务。

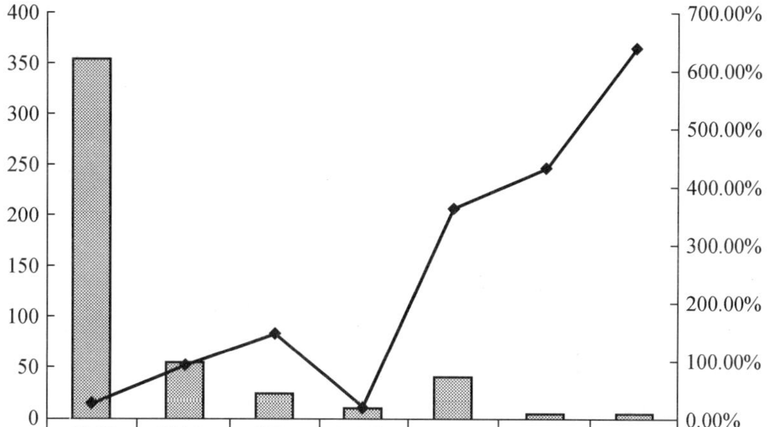

	SMS	WAP	IVR	MMS	CRBT	JAVA	BREW
市场规模	355	53.83	21.96	8.07	39.32	3.44	1.54
增长率	25.00%	85.62%	144.00%	15.29%	357.21%	429.23%	633.33%

（数据来源：易观国际，2006）

图 1.3　2005 年移动增值服务各服务市场规模（单位：亿元）

2005 年各移动增值服务活跃用户数均得到了快速发展。其中 CRBT 的活跃用户增长最为迅速，达到 5 538 万，同比增长达到 151.73%。其次是彩信用户，全年同比增长 140%，活跃用户达到 1 680 万人。2005 年移动增值服务市场规模的增长主要得益于市场的惯性力量，而并非业务对市场的持续刺激。2005 年移动增值服务市场的增长主要来自于新增用户，缺乏在原有用户的基础上提升 ARPU 值的有效手段。

SP 的市场集中度仍然非常高，排名前 10 家的 SP 的收入占据整个市场份额的 56%，而排名前 100 家的 SP 的收入则占据了 75%。虽然 2005 年市场盘整，在短信、彩信业务上有不少 SP 被淘汰，但是在 WAP、JAVA 和第三方应用上仍有很多新进入者。

由于存在欺诈和安全问题，11 月初，信息产业部、公安部和银监会三部委联合召开新闻发布会，表示将在全国范围内整治手机违法短信息。短短半个多月，上百家 SP 已被清扫出局。2005 年的电信增值业务市场，“监管”与“淘汰”成了使用频率最高的关键词。

11 月，中国移动下发了《关于禁止使用非梦网 WAP 网站推广或订购业务的通知》，明确严禁移动梦网的合作伙伴在梦网以外的 WAP 网站上做业务推广和引导订购，即所有的 SP 必须将业务统一到中国移动的梦网上来；如果私自在自建 WAP 网站或者第三方免费 WAP 网站上进行业务推广和引导订购，将受到中国移动的处罚。

目前国内的移动增值业务与互联网不同，处于一个封闭的环境中，基本是梦网控制。互联网上的免费 WAP 网站是开了一个口，如果将这个口也堵上是不符合发展潮流的。随着 3G 和宽带无线接入 WiMax 的发展，移动用户接入互联网将非常方便，移动数据业务的封闭系统将被打破，互联网运营模式将占主导地位。

1.7 IPTV 和 P2P 互联网电视

中国宽带互联网家庭用户已经近 5 000 万，而 PC 拥有量为 6 000 多万，宽带用户的进一步发展受到 PC 拥有量的限制。为此，2005 年中国的固网电信运营商开始在宽带网上推出 IPTV 业务，以电视终端替代 PC 终端，将宽带用户推广到不拥有 PC 或不会使用 PC 的用户。

广电总局认为 IPTV 是电视业务的延伸，需要由总局来管理，而总局目前的主要任务是推广模拟电视的数字化平移，不希望 IPTV 冲击它。广电总局 2004 年 11 月的 39 号令提出发展以电视为终端的 IPTV 需要专门的许可证，目前只有上海文广集团有许可证，电信运营商要发展 IPTV 必须和上海文广合作。

目前已经开始商业运营的 IPTV 网有 3 个：哈尔滨网通与上海文广合作有 5 万用户，与哈尔滨广电的数字电视平移形成竞争的局面；上海电信与文广合作有几千用户；杭州广电与网通华数公司运营有 7 万用户。另外中国电信、网通与文广合作准备在 30 多个城市开展试验性运营。目前出现 IPTV 与数字电视错位竞争的局面，IPTV 的发展面临一些政策性的障碍。

IPTV 是电视业务的延伸，是电视媒体向网络新媒体演化过程中的重要一步。目前在一些地方出现的 IPTV 与有线电视数字化平移争夺用户的局面是一种错位。数字电视的强项是直播和广播，具有容量大、质量好、成本低的优势，而 IPTV 的优势在于其交互能力和个性化服务。IPTV 运营商依靠转播电视节目和数字电视竞争是没有前途的，目前 IPTV 的亮点和用以吸引客户的业务是时移电视和点播。IPTV 和数字电视是互补的，如果采用同时支持数字电视广播接收业务的 IPTV 双模机顶盒，就可以消除这种错位竞争。IPTV 接入服务商，在发展 IPTV 用户的同时也发展了数字电视用户，推动数字化平移。竞争将不再发生在 IPTV 和数字电视之间，而是在各种 IPTV 接入运营商之间。杭州模式就是这种模式成功运行的案例。

IPTV 能够成功的另外一个机会是在有线电视没有覆盖的地区，网通在河南农村以“宽带网络+机顶盒”的创新模式建设农村党员干部现代远程教育工程成功的实践表明，这可能是一个很有潜力的市场。

目前，多数设备制造商和运营商认为 IPTV 不能运行在公共互联网上，需要建立一个专门的可管理的 IP 网或 IPTV 运营环境。广电总局的技术主管也认为 IPTV 不是网络电视，不应该运营在互联网上，而应该运营在专门的平台上，以便监管和保证安全播出。建立 IPTV 专门网络的问题是，一方面增加了网络的建设和运营成本，另一方面业务被限制在各个运营商专门的网络内，部分丧失了互联网无所不在的特点，降低了通达能力；更重要的是，对于今后与互联网 Web 2.0 业务结合发展新媒体非常不利。如果将 IPTV 看成是电视媒体向网络新媒体演化的重要一步，就必须在互联网上发展IPTV，而不是另外搞一个平台。此外，目前IPTV采用的客户机/服务器模式由于存在I/O瓶颈，不足以支持大规模应用的需求，解决的方法是采用P2P模式。

2005年中国采用P2P流媒体技术在互联网上进行电视直播的网站发展快速。目前，中国有十多个网站使用各自开发的软件提供P2P流媒体直播业务，掀起了一股P2P互联网电视浪潮。2006年春节联欢晚会期间，中央电视台联合使用P2P和CDN技术向全球进行同步视频直播，除在全球布设CDN服务，采用C/S模式用流媒体技术单播提供直播外，还采用悠视网UUSee平台进行P2P流媒体电视直播。春节晚会视频P2P直播最高同时在线人数为46.7万，其中7.5万来自海外。

P2P互联网电视在短短的一年多时间内得到快速发展，2005年底注册用户达到250万户，显示出巨大的生命力。目前中国IPTV和P2P互联网电视是沿两条路径独立发展的，各自都遇到了发展中的问题。如果将两者结合起来，以发展IPTV的资源和力量发展P2P互联网电视，或以P2P互联网电视的理念和技术发展IPTV，有可能开创新局面，这就是P2P IPTV。中国正在建设创新型社会，发展基于P2P的IPTV是一次引领世界发展潮流、实现顶层创新的历史机会。

1.8　网络新媒体

随着Web 2.0概念的出现，互联网新媒体的发展进入了一个崭新的阶段，Web 2.0所代表的、凸显互联网新媒体本性的一些应用（如博客、RSS等）发展非常迅速。同传统媒体一对多的传播方式不同，“新媒体”是一种所有人面向所有人的多对多的传播，表现出个性化、真实化等特点。

网络新媒体拥有一些传统媒体所无法比拟的优势，即海量的存储信息、新闻背景的立体化呈现、个性化的服务等，但其区别于传统媒体的最重要特征，是前面所说的传播方式的根本性改变，由一点对多点变为多点对多点，实现了前所未有的互动性。互联网新媒体的进入门槛非常低，权力正由杂志、电视台等大众媒介转移到个人的手中，这种现象被称为媒体平移。

2005年一些事件表明互联网新媒体在中国兴起，并表现出强大的影响力。首先是“超级女声”比赛的成功，简单的短信投票提供的互动能力产生了如此巨大的吸引力，说明了用户对互动的追求；而胡戈的《一个馒头引发的血案》充分展示了互联网新媒体的特性，一个名不见经传的小人物可以将自己的视频频段在网上发表，挑战著名导演。

互联网正在推动媒体平移向新媒体演化，这是一个无法逆转的历史发展过程，孕育着巨大的商机。问题是要获得真正的自由必须建立新秩序，要形成新产业必须建立健康的生态系统和产业链。党的宣传工作和媒体产业都面临向新媒体过渡的挑战和机遇。

中共十六届四中全会通过的《中共中央关于加强党的执政能力建设的决定》已经给出应对这一挑战的对策：“高度重视互联网等新型传媒对社会舆论的影响，加快建立法律规范、行政监管、行业自律、技术保障相结合的管理体制，加强互联网宣传队伍建设，形成网上正面舆论的强势。”

新媒体将掌握媒体的“权力”从“宣传主管”和“媒体群英”向广大群众转移。中国共产党要发扬三个代表精神，共产党员要保持先进性，就要通过广大党员群众接过这一“权力”。通过新媒体教育群众、引导群众，“形成网上正面舆论的强势”。

新媒体需要建立相应的管理体制及健康的新秩序，才能充分发挥效能而不会出现混乱。管理体制的建设包括新的法律规范的制定、行政监管的建设、行业自律和社会主义精神文明建设以及技术保障的建设等多方面。技术保障建设是建立适应P2P应用环境的分布管理系统。网络新媒体的发展建设应该也将成为中国新闻与媒体改革和社会主义精神文明建设的重要组成部分。

1.9 互联网的演化

互联网今天已经成为现代通信的基础设施和重要的传输媒体，但是当初的设计者并没有考虑这些应用的需求。从互联网出现开始，人们就在不断试图改进它以满足不断增长的应用需求。对互联网的改进基本上有三类方法，如图1.4所示。

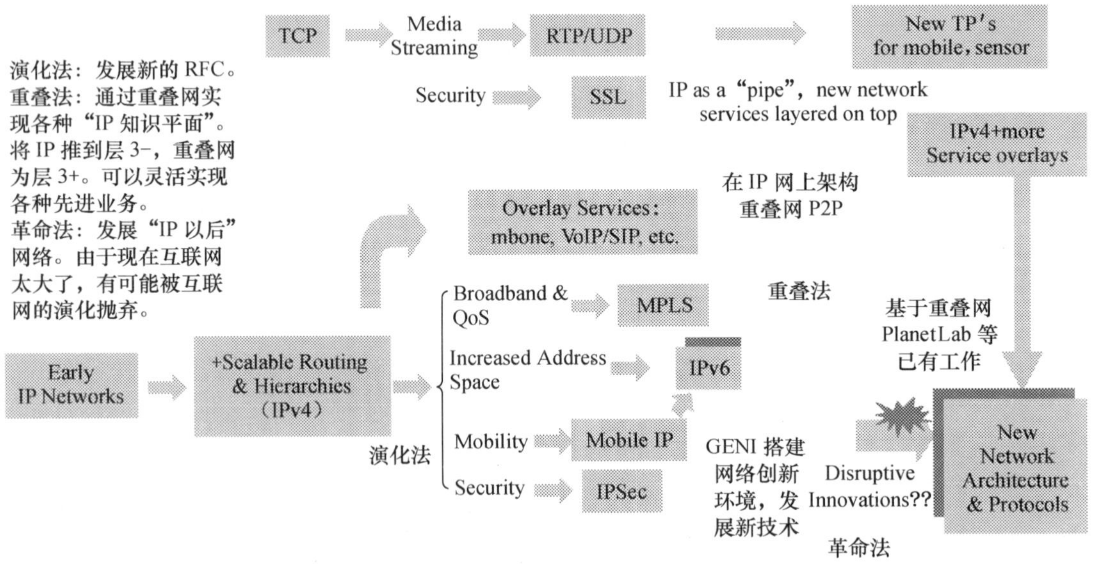

图1.4 互联网的演化

1．演化法

在现有互联网的框架内通过发展新的RFC来提高性能，满足新应用的需求，如QoS、MPLS、Mobile IP、IPSec乃至IPv6等。这些改进很多涉及底层协议，在现有硬件上不能实施，往往只能用于专网，公共互联网基本还保持其原有形态。

电信运营商要将公共互联网改造成为可管理的IP网、进一步发展下一代网NGN，采用的就是IETF的这些RFC，从MPLS、SIP到IPv6。

电信运营商在公共互联网之外建设可管理的IP网，供有服务质量和安全需求的企业、大客户和VIP使用，承载VoIP和IPTV等业务。中国电信在2005年建成CN2，这是一个新的综合的基于IP/MPLS的可运行IPv6的多业务平台，目的是支持重要的可赢利的业务，在此基础上发展NGN。

为了向 NGN 过渡，固网运营商开始发展软交换，在 PSTN 长途网上，采用软交换技术建设第二张 DC1 长途网络，对长途流量进行负荷分担。在固网智能化方面用软交换改造汇接局，用软交换替换退网的 TDM 端局交换机。此外，作为大客户业务，用软交换提供 IP 语音业务等方面的应用。目前在电信界出现了是直接发展 NGN/IMS、还是通过发展软交换过渡的争论。

中国的 CNGI 项目基本上是演化法，在全国发达地区建立 IPv6 骨干网的工作已经开始，研究、实验和应用项目已经完成招标并全面展开，其中安排了不少 NGN 的项目。

2．重叠法

目前公共互联网遍布全球，要保持其无所不在的通达性，实现平滑过渡，最好的方法是在其上架构重叠网，将 IP 推到层 3－，重叠网为层 3＋。通过重叠网实现各种“IP 知识平面”，以灵活提供各种先进业务：各种 P2P 应用就是以重叠网实现的；智能节点重叠网可以实现分布管理。PlanetLab 就是一个全球性的实验性重叠网，供各种 P2P 应用和分布管理实验。2005 年中国 12 所大学通过 CERNET2 连接 PlanetLab。目前，基于 P2P 重叠网的各种应用，如 P2P 互联网电话、P2P 互联网电视，充分显示了互联网无所不在的优势，事实上形成了另一条通向 NGN 的道路。CNGI 中也安排了一些 P2P 的项目。

3．革命法

发展“IP 以后”网络。发展新的协议，更具有颠覆性地发展新一代网络。鉴于目前并没有成形的技术和想法用于实现新一代网络，而任何思想和技术要成功用于新一代网络必须经过大规模网络大流量的检验，2005 年美国国家自然科学基金会设立了一项科研计划“全球网络创新环境”GENI，建立一个分布式的网络创新环境，扩展新一代网络研究。而已经有的一些实验网络，如 PlanetLab 等，将为其提供思想和支持。

1.10 资本和并购

风险投资家们在 2005 年蜂拥进中国，携带巨额资金频频下手。号称世界互联网女皇的玛丽·米克，2005 年 9 月发布了一个关于中国互联网的报告，为美国的投资者展现了一个真实的中国概念股，这个报告令美国的风险投资家们对中国的互联网产业另眼相看。一些曾经受到质疑的网络公司，如博客中国、猫扑、3G 门户、POCO、天涯以及 P2P 流媒体公司光芒国际、UUSee、MySee 等，2005 年都得到了大额的投资。

收购热潮涌起。2004 年一批互联网公司上市融资完成，手中有了资金，企图通过收购快速提高业绩以满足投资方的要求，扩大自身规模来提高竞争力。此外，海外巨头在进军中国市场时也选择了以收购中国企业作为打开市场的切入点。2 月，上海盛大网络发展有限公司发布公告，称其已经耗资 2.3 亿美元在二级市场上收购了新浪公司 19.5%的股份，成为新浪的最大股东。盛大的收购将会推动其他实力强大的互联网公司在中国寻找兼并对象。8 月 11 日，阿里巴巴和雅虎在北京共同宣布，雅虎已将其在中国的全部资产“打包”，同时再出资 10 亿美元以此换取阿里巴巴 40%的股份（只有 35%的投票权）。这是中国互联网史上最大的一笔交易。

2006 年 8 月，百度在纳斯达克成功登陆，开盘价 66 美元，较发行价 27 美元上涨 144%；收盘价 122.54 美元，较发行价上涨 354%；盘中价格更是一度暴涨 450%，达到 151.21 美元。

百度在其上市首个交易日的表现创造了中国互联网的一个“奇迹”，成为第一个股价突破 100 美元的中国概念股。

1.11 灾难恢复

中国灾难恢复工作分为 3 个阶段：2004 年 8 月以前为行动摸索阶段，2004 年 8 月～2005 年 4 月为理论形成阶段，2005 年 4 月以后则步入实际操作阶段。

2003 年 8 月颁布的“27 号文”所确定的国家信息安全保障工作的 8 条要点中，其中有一条就是重视信息安全应急处理工作，而灾难恢复是应急体系中的最后也是最重要的一道防线。当时，国内仅有少数行业的少数单位在灾难恢复方面积累了一些建设经验。

2004 年 8 月，国务院信息化工作办公室在新疆组织召开了“八大重要行业和国家重要地区 CSO 灾难备份研讨会”；9 月，国家网络与信息安全协调小组办公室向信息产业部、国家广电总局、各重要信息系统主管部门下发了《关于做好重要信息系统灾难备份工作的通知》（即“11 号文”）。一方面，确立了灾难恢复工作的主要目标是提高抵御灾难和重大事故的能力，减少灾难打击和重大事故造成的损失，确保重要系统的数据安全和作业持续性，避免引起社会重要服务功能的严重中断，保持社会经济的稳定；另一方面，确立了灾难备份工作的基本原则是“统筹规划、资源共享、平战结合”；同时明确指出，“要制定灾难备份技术与管理标准规范”。

2005 年 4 月，国务院信息化工作办公室颁布了《重要信息系统灾难恢复指南》（以下简称《指南》），以标准规范的形式对重要信息系统的灾难恢复提出了应遵循的基本要求。一个月后，围绕《指南》在广东南海召开了“首届中国灾难恢复行业高层论坛”。中国“灾难恢复”工作在 2005 年进入到实际性的操作阶段。

（中国科学院　侯自强）

第 2 章　中国互联网络发展状况分析报告

2.1　中国互联网络宏观状况

网民人数、上网计算机数、域名数、网站数、网络国际出口带宽以及 IP 地址数等信息，可以从整体上反映一个国家的互联网络发展程度和普及程度。对中国互联网络信息中心（CNNIC）历次调查中这些基础性统计数据的深入分析，有助于从宏观的角度更深刻地认识互联网络在中国的发展状况。

2.1.1　网民人数

截止到 2005 年 12 月 31 日，中国的网民总人数为 11 100 万人，与上年同期调查结果相比，中国网民总人数一年增加了 1 700 万人，增长率为 18.1%（如图 2.1 所示），同 1997 年 10 月第一次调查结果的 62 万网民人数相比，现在的网民人数已是当初的 179.0 倍，可见中国网民总数发展势头良好。

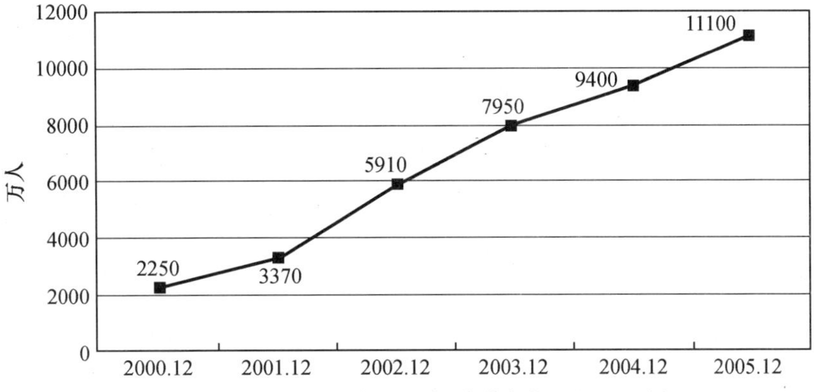

（数据来源：中国互联网络信息中心（CNNIC））

图 2.1　历次调查网民总数

其中专线上网网民人数为 2 910 万人，与上年同期的调查结果相比，专线上网网民人数一年减少了 140 万人，同比下降 4.6%；拨号上网网民人数为 5 100 万人，与上年同期相比，拨号上网网民人数一年减少 780 万人，同比下降 13.3%；宽带上网网民人数为 6 430 万人，与上年同期的调查相比，宽带上网网民人数一年增加了 2 150 万人，增长率为 50.2%（如图 2.2

所示）。从调查结果可以看出，在中国网民总数和宽带上网网民人数迅速增长的同时，拨号上网网民人数、专线上网网民人数均出现了负增长。专线上网网民人数的微降可能是由于上网费用的原因，部分单位将专线接入改为宽带包月接入。

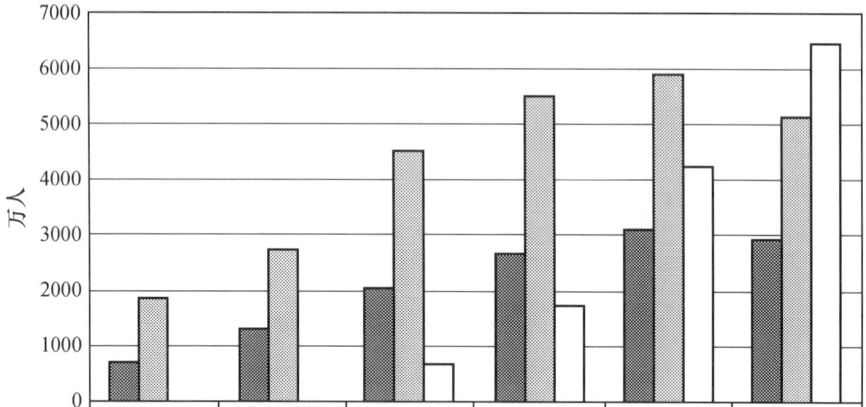

	2000.12	2001.12	2002.12	2003.12	2004.12	2005.12
专线上网网民数	707	1237	2023	2660	3050	2910
拨号上网网民数	1886	2698	4512	5468	5880	5100
宽带上网网民数			660	1740	4280	6430

（数据来源：中国互联网络信息中心（CNNIC））

图 2.2　历次调查不同上网方式网民人数

分析网民人数增长率的变化趋势（如图 2.3 所示）可以看出，网民人数的增长有所减缓。

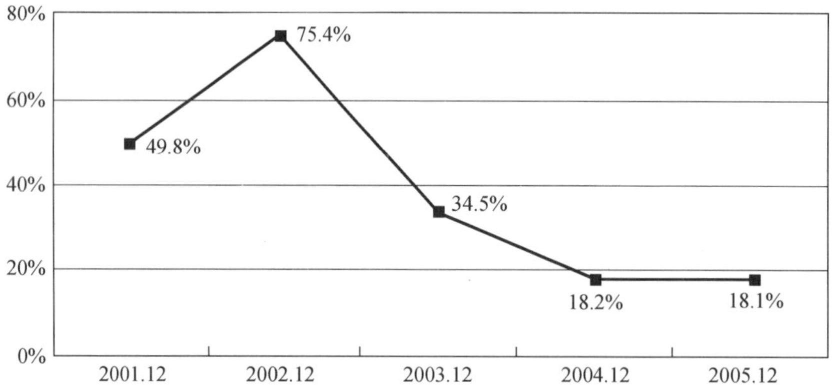

（数据来源：中国互联网络信息中心（CNNIC））

图 2.3　历次调查网民人数增长率

中国网民总数的快速增长已被世界所瞩目，但 11 100 万网民在中国将近 13 亿的总人口中占 8.5%。这说明尽管中国的网民总数很大，增长速度较快，但互联网络的普及程度目前还很低，发展空间仍非常大。

2.1.2　上网计算机数

截止到 2005 年 12 月 31 日，中国的上网计算机总数已达 4 950 万台，与上年同期相比，增加了 790 万台，增长率为 19.0%，如图 2.4 所示，是 1997 年 10 月第一次调查结果 29.9 万台的 165.6 倍，可见中国上网计算机总数始终保持增长态势。

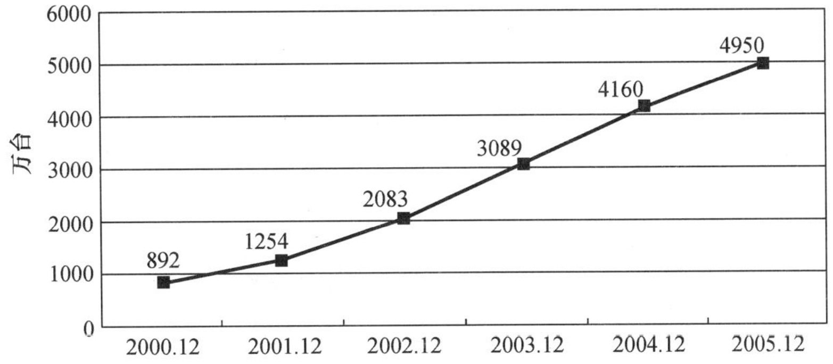

（数据来源：中国互联网络信息中心（CNNIC））

图 2.4　历次调查上网计算机总数

其中专线上网计算机数为 650 万台，与上年同期的调查结果相比，专线上网计算机数一年减少了 50 万台，同比下降 7.1%，是 1997 年 10 月第一次调查结果 4.9 万台的 132.7 倍；拨号上网计算机数为 2 060 万台，与上年同期的调查结果相比，拨号上网计算机数一年减少了 80 万台，同比下降 3.7%，是 1997 年 10 月第一次调查结果 25 万台的 82.4 倍；本次调查结果显示宽带上网计算机数为 2 240 万台，在所调查的不同方式上网计算机数中所占比例最高，如图 2.5 所示。通过调查结果可见，虽然上网计算机总数保持增长，但专线上网计算机数、拨号上网计算机数却出现了负增长，而宽带上网计算机发展迅速。

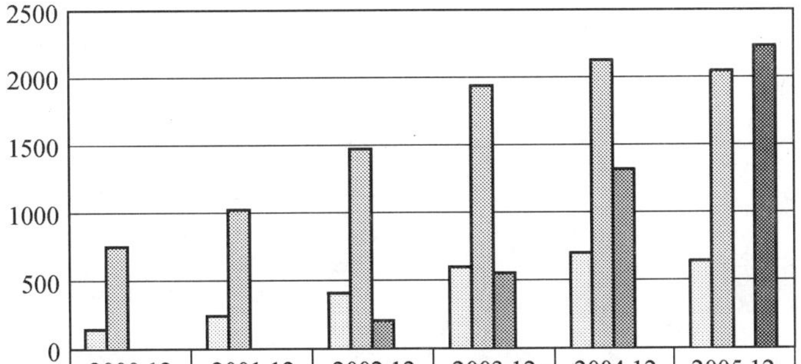

	2000.12	2001.12	2002.12	2003.12	2004.12	2005.12
专线上网计算机数	141	234	403	595	700	650
拨号上网计算机数	751	1020	1480	1945	2140	2060
其他上网计算机数			200	549	1320	
宽带上网计算机数						2240

（数据来源：中国互联网络信息中心（CNNIC））

图 2.5　历次调查不同方式上网计算机数

注：2005 年以前的“其他上网计算机”中包含“宽带上网计算机”。

与上年同期的调查结果相比，本次调查结果中上网计算机总数的增长率呈现了下降趋势，专线上网计算机数和拨号上网计算机数则出现了负增长，如图 2.6 所示。

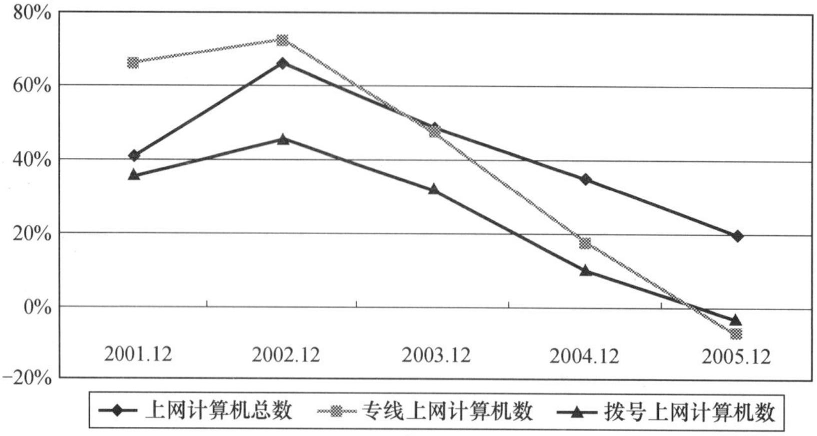

（数据来源：中国互联网络信息中心（CNNIC））

图 2.6　历次调查上网计算机数增长率

2.1.3　中国各类域名数

本次中国互联网络发展状况报告中首次公布了中国各类域名总量的统计数据。

截止到 2005 年 12 月 31 日，中国域名总数（包括中国国家顶级域名 CN 和 COM、NET、ORG 等通用顶级域名）为 2 592 410 个。从分类的角度来看，以.COM 结尾的英文域名总数为 1 202 497 个，占域名总数的 46.4%；以.NET 结尾的英文域名总数为 216 533 个，占域名总数的 8.4%；以.ORG 结尾的英文域名总数为 76 456 个，占域名总数的 2.9%；CN 域名 1 096 924 个，占域名总数的 42.3%，CN 域名已经成为亚洲最大的国家顶级域名，世界排名从年初的 13 位上升到第 6 位。图 2.7 示出了中国各类域名的分布情况。

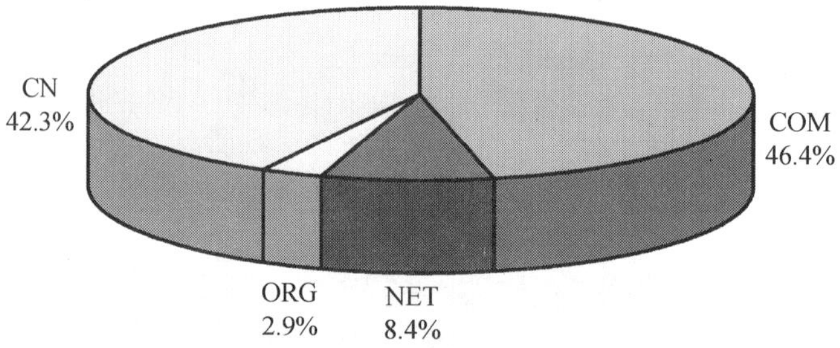

（数据来源：中国互联网络信息中心（CNNIC））

图 2.7　中国域名分类的分布

从域名总数来看，中国域名总数由 2004 年 12 月的 1 852 300 个增加到 2 592 410 个，一年净增长 740 110 个，年增长率为 40.0%。其中，由.COM、.NET 和.ORG 组成的通用顶级域名总数在 2005 年内增长 7.5 万个，年增长率是 5.3%；而以.CN 结尾的中国国家顶级域名总数在 2005 年内增长了 664 847 个，增长量是国内通用顶级域名增长量的 8.8 倍，如图 2.8 所示。由此可见，国家顶级域名 CN 已经成为中国新增域名的绝对主流，并成为用户注册域名时的首选域名。

具体分析中国 CN 下注册的域名数据，将更加有利于对中国 CN 下注册域名发展情况的了解。

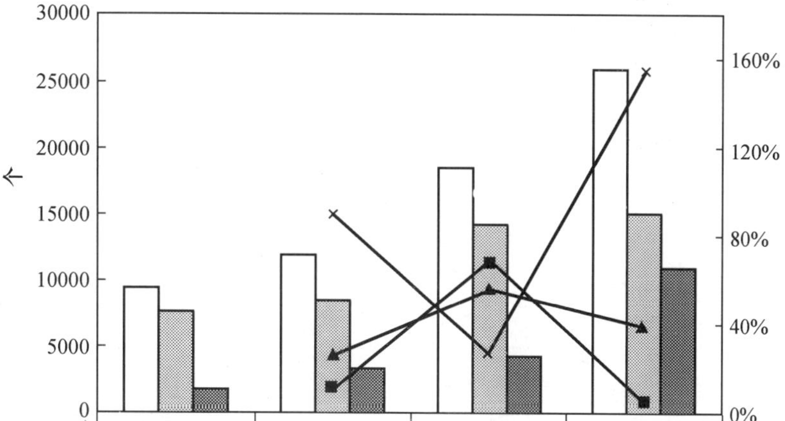

	2002.12	2003.12	2004.12	2005.12
域名总数	940329	1187380	1852300	2592410
gTLD 域名数	760785	847340	1420223	1495486
CN 域名数	179544	340040	432077	1096924
域名总数增长率		26.3%	56.0%	40.0%
gTLD 域名数增长率		11.4%	67.6%	5.3%
CN 域名数增长率		89.4%	27.1%	153.9%

（数据来源：中国互联网络信息中心（CNNIC））

图 2.8　中国历年域名总数增长情况

截止到 2005 年 12 月 31 日，中国 CN 下注册的域名数为 1 096 924 个，与上年同期调查的 432 077 个相比，一年增加了 664 847 个，增长率为 153.9%，同 1997 年 10 月第一次调查结果相比，域名总数已是当初 4 066 个的 269.8 倍。从分类的角度来看，以 AC.CN 结尾的英文域名总数为 1 602 个，与上年同期调查的 682 个相比，一年增加了 920 个，增长率为 134.9%；以 COM.CN 结尾的英文域名总数为 385 847 个，与上年同期调查的 173 649 相比，一年增加了 212 198 个，增长率为 122.2%；以 EDU.CN 结尾的英文域名总数为 2 454 个，与上年同期调查的 2 226 个相比，一年增加了 228 个，增长率为 10.2%；以 GOV.CN 结尾的英文域名总数为 23 752 个，与上年同期调查的 16 326 个相比，一年增加了 7 426 个，增长率为 45.5%；以 NET.CN 结尾的英文域名总数为 41 602 个，与上年同期调查的 20 145 个相比，一年增加了 21 457 个，增长率为 106.5%；以 ORG.CN 结尾的英文域名总数为 15 752 个，与上年同期调查的 9 415 个相比，一年增加了 6 337 个，增长率为 67.3%；以行政区域名结尾的英文域名总数为 37 167 个，与上年同期调查的 15 765 个相比，一年增加了 21 402 个，增长率为 135.8%；CN 二级域名数为 588 748 个，与上年同期的调查的 193 869 个相比，一年增加了 394 879 个，增长率为 203.7%，如图 2.9 所示。整体而言，CN 下注册域名数增长势头强劲。

2004 年 12 月～2005 年 12 月的一年时间内，CN 域名数量从 43.2 万增长到 109.7 万，实现了跨越性发展。随着 2005 年中国互联网步入又一个黄金的发展时期，社会对 CN 域名的需求也迅速增长。而政策的利好调整和舆论的高度关注使越来越多的人认识到 CN 域名的价值，政府和权威网站相继启用推广 CN 域名的标杆效应，掀起了企业对 CN 域名的保护性注册和应用高潮。此外，CN 域名投资群体也迅速壮大，使大量优质 CN 域名资源被注册。

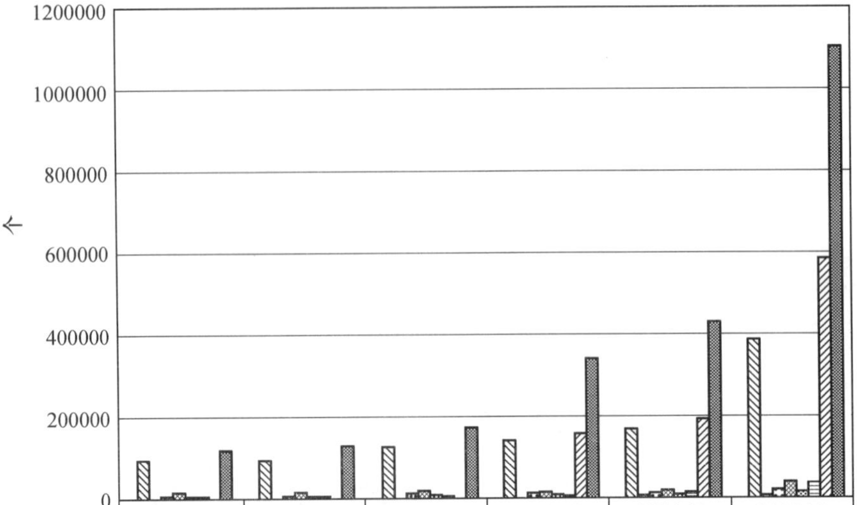

	2000.12	2001.12	2002.12	2003.12	2004.12	2005.12
AC.CN	682	673	1728	666	682	1602
COM.CN	96221	99123	133796	140779	173649	385847
EDU.CN	1127	1354	1629	1915	2226	2454
GOV.CN	4615	5864	7796	11764	16326	23752
NET.CN	13291	14045	20234	16189	20145	41602
ORG.CN	2596	2943	9587	7369	9415	15752
行政区域.CN	3567	3317	4774	3286	15765	37167
.CN（二级域名）				158072	193869	588748
合计	122099	127319	179544	340040	432077	1096924

（数据来源：中国互联网络信息中心（CNNIC））

图 2.9　历次调查 CN 下注册的域名数

从如图 2.10 所示的中国域名总数的地域分布可以看出，华北、华东、华南的注册域名比例为 84.2%；东北、西南、西北的注册域名只占 13.3%，所占比例非常小。从如图 2.11 所示的 CN 下注册域名的地域分布可以看出，华北、华东、华南的 CN 下注册域名比例为 83.2%；东北、西南、西北的 CN 下注册域名比例同历次调查结果相类似，只占 11.2%，所占比例仍非常小。这在一定程度上反映了中国地区之间的互联网发展水平仍然存在很大的差距。

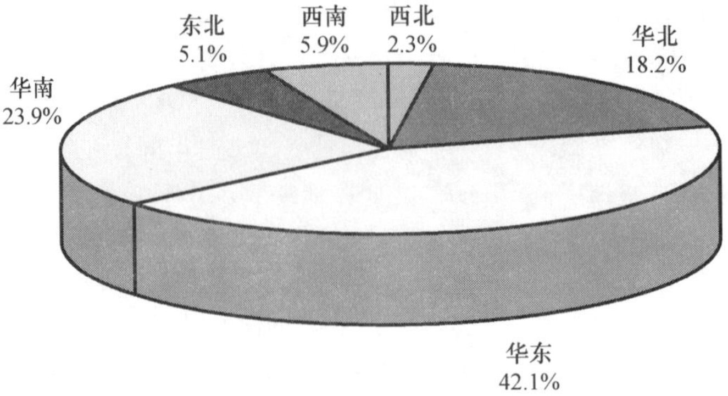

（数据来源：中国互联网络信息中心（CNNIC））

图 2.10　中国域名总数地域分布

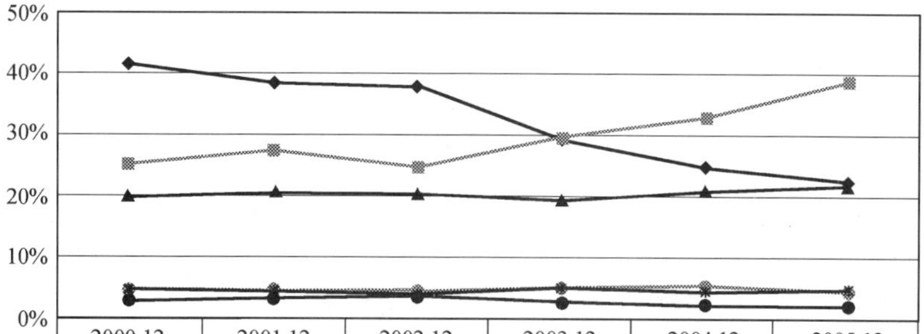

	2000.12	2001.12	2002.12	2003.12	2004.12	2005.12
华北	41.4%	38.6%	37.9%	29.4%	24.8%	22.4%
华东	25.4%	27.4%	24.6%	29.6%	32.9%	38.9%
华南	20.1%	20.6%	20.3%	19.4%	20.8%	21.9%
东北	4.7%	4.6%	4.3%	5.0%	5.4%	4.4%
西南	4.6%	4.4%	3.7%	4.9%	4.8%	4.6%
西北	2.8%	3.1%	3.4%	2.7%	2.5%	2.2%

（数据来源：中国互联网络信息中心（CNNIC））

图 2.11　CN 下注册域名地域分布

2.1.4　网站数

截止到 2005 年 12 月 31 日，中国网站数为 694 200 个，一年增加了 25 300 个，增长率为 3.8%（如图 2.12 所示）。

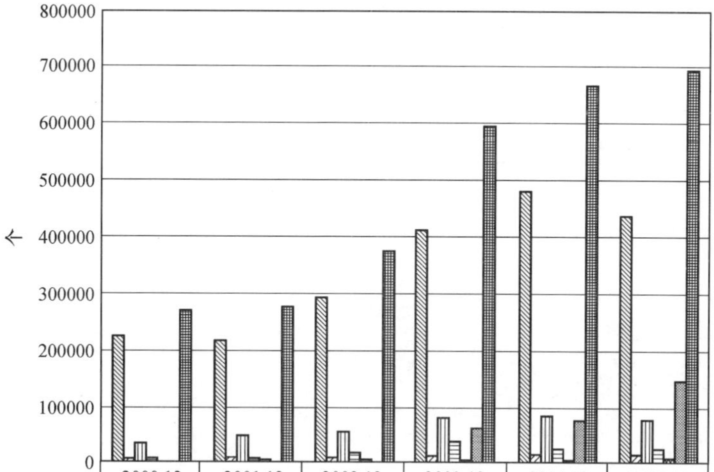

	2000.12	2001.12	2002.12	2003.12	2004.12	2005.12
AC.CN	403	444	425	467	365	416
COM（COM.CN）	221988	215779	291323	411185	476682	435173
GOV.CN	3294	4677	6148	10051	10260	11995
NET（NET.CN）	31833	47307	54156	77692	79725	73644
ORG（ORG.CN）	6446	7200	17831	33913	22204	24394
行政区域.CN	1441	1693	1717	2096	2878	4786
.CN（二级域名）				60146	76786	143792
合计	265405	277100	371600	595550	668900	694200

（数据来源：中国互联网络信息中心（CNNIC））

图 2.12　历次调查网站数

从网站的域名类别分布来看，COM.CN、NET.CN 下的网站数出现减少的情况，分别从上年同期调查的 476 682、79 725 个减少到本次调查的 435 173、73 644 个；其余的网站数都出现不同程度的增长，其中 AC.CN 下的网站数为 416 个，一年增加了 51 个，增长率为 14.0%；GOV.CN 下的网站数为 11 995 个，一年增加了 1 735 个，增长率为 16.9%；ORG.CN 下的网站数是 24 394 个，一年增加了 2 190 个，增长率为 9.9%；行政区域名下的网站数 4 786 个，一年增加了 1 908 个，增长率为 66.3%；同 CN 下注册的二级域名数获得较快增长一致，.CN 下的网站数为 143 792 个，一年增加了 67 006 个，增长率为 87.3%。

从如图 2.13 所示的网站数的地域分布可以看出，同历次调查网站数的地域分布一致，华北、华东、华南的网站数比例占 85.5%，仍占据主要地位；东北、西南、西北网站数所占的比例同以往调查结果相比没有太大变化，为 11.9%。同 CN 下注册域名的地域分布情况一致，这也说明中国地区之间的互联网发展水平存在差距。

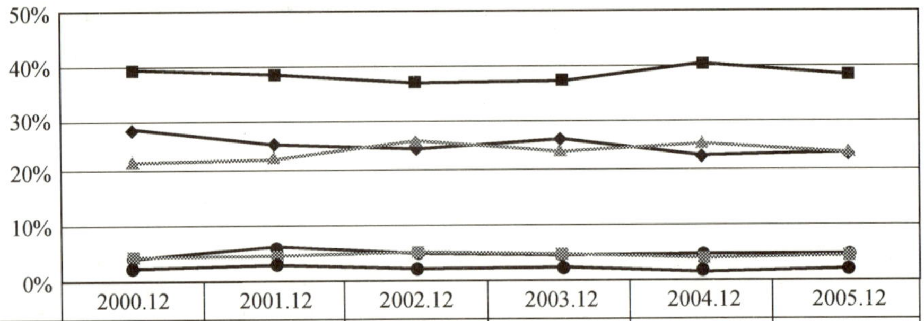

	2000.12	2001.12	2002.12	2003.12	2004.12	2005.12
华北	28.3%	25.1%	24.7%	25.8%	23.3%	23.4%
华东	39.2%	38.1%	36.9%	37.1%	40.2%	38.3%
华南	21.6%	23.0%	25.6%	24.5%	25.3%	23.8%
东北	4.1%	6.1%	5.1%	5.1%	4.9%	5.0%
西南	4.5%	4.8%	5.4%	5.1%	4.5%	4.8%
西北	2.4%	2.9%	2.0%	2.4%	1.8%	2.1%

（数据来源：中国互联网络信息中心（CNNIC））

图 2.13　历次调查网站数地域分布

2.1.5　网络国际出口带宽数

截止到 2005 年 12 月 31 日，中国国际出口带宽的总容量为 136 106Mbit/s，与一年前的调查结果相比增加了 61 677Mbit/s，增长率为 82.9%，如图 2.14 所示。可见，中国国际出口带宽增长非常迅速。

2.1.6　IPv4 地址数

IPv4 地址是与域名、网站紧密相关的互联网地址资源。截止到 2005 年 12 月 31 日，中国内地 IPv4 地址数已达 74 391 296 个，折合 4A+111B+31C，在全球有限的 IPv4 地址数量中，中国 IP 地址拥有量仅次于美国和日本，位居世界第三。与一年前的调查相比增加了 14 445 568 个，增长率为 24.1%，如图 2.15 所示。中国的 IP 地址资源近几年增长较快，在数量上达到了一定的规模。IPv4 地址近几年的快速增长，反映出在中国的 ISP 已经对 APNIC 及中国互联

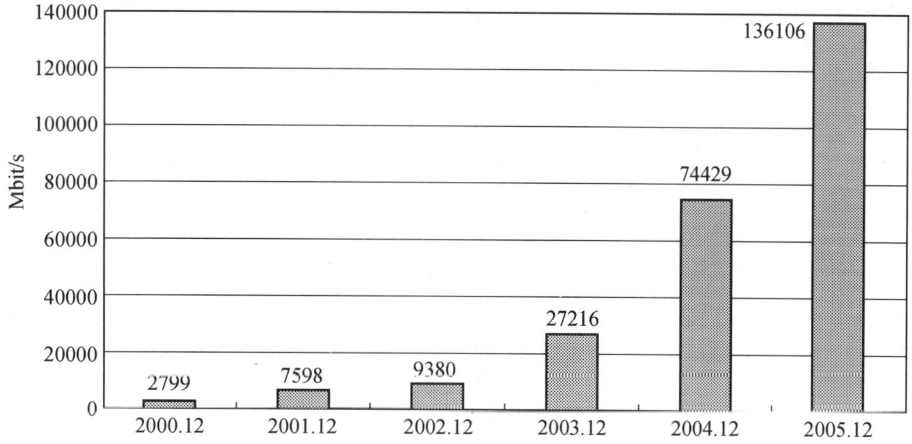

（数据来源：中国互联网络信息中心（CNNIC））

图 2.14　历次调查中国国际出口带宽

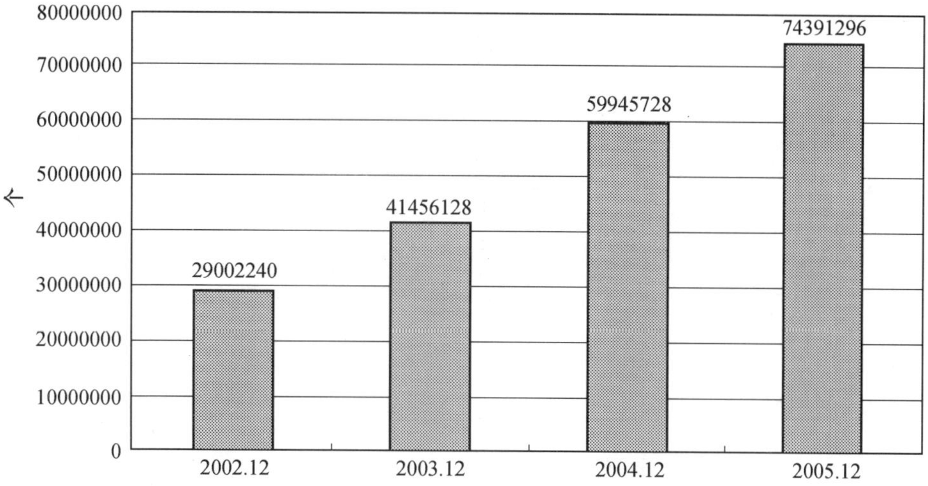

（数据来源：中国互联网络信息中心（CNNIC））

图 2.15　历次调查中国 IPv4 地址数

网络信息中心（CNNIC）的 IP 地址分配政策和 IP 地址申请步骤较为熟悉，这与中国互联网络信息中心 IP 地址分配联盟对中国多个 ISP 的积极指导以及各 ISP 的积极配合是密不可分的。

本次报告第一次公布了 IPv4 地址在中国各地区的分布状况，如图 2.16 所示。广东、北京、江苏、浙江、上海和山东等省市的 IPv4 地址拥有量居全国前 6 位，其地址之和接近全国的一半，达到 48.7%。由此可见，与中国域名、网站、网民的分布状况类似，中国 IPv4 地址的地域分布也同样存在不均衡现象。此次公布的 IPv4 地址分地区统计，从一个侧面更加深入地反映出了各地区网络基础设施的发展情况，经济发达地区的互联网基础设施建设水平要比经济欠发达地区高出很多。改变地区互联网发展不均衡的现象，需要加大对于经济欠发达地区的互联网基础设施建设的投入。同时，欠发达地区对于 IP 地址分配政策和申请流程的不熟悉，也是造成 IP 地址资源分布不均衡的重要原因之一。

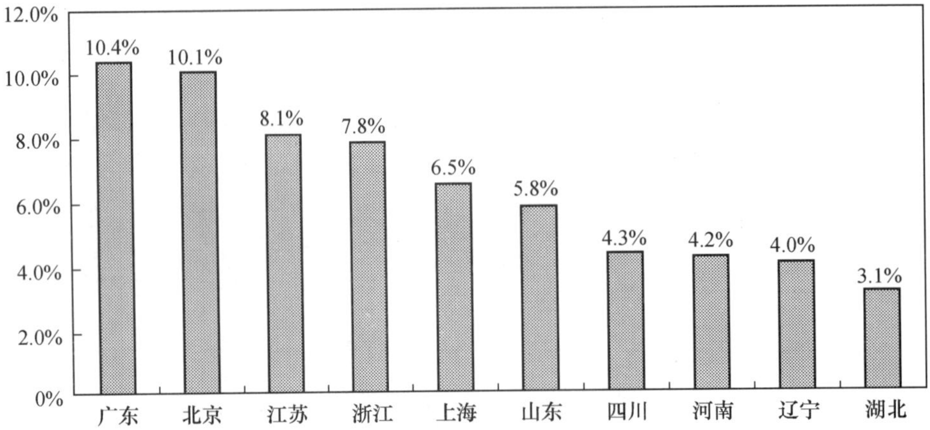

（数据来源：中国互联网络信息中心（CNNIC））

图 2.16　中国 IPv4 地址的地域分布情况（前 10 名）

综上所述，通过分析历次调查结果可以看出，从 1997 年 10 月第一次调查到现在，中国互联网在上网计算机数、网民人数、域名数、网站数、网络国际出口带宽和 IP 地址数等方面皆有不同程度的变化，基本上呈现增长态势，但是网民数和上网计算机数的增长率与上年同期相比有所下降。域名数、网站数和网络国际出口带宽等方面快速增长，IP 地址数也在数量上达到了一定的规模，但从地域分布上看，地区之间仍存在一定的差距。所有这一切表明，中国的互联网继续处于发展态势之中，但其中也存在一些不完全合理和不尽人意的地方。相信随着政府和社会各界的推动、各项基础设施的不断完善、网络应用服务的不断多样化和实用化，中国的互联网必将得到更快、更合理的发展。

2.2　网民特征结构

随着互联网在中国的发展和普及，网民的特征结构也发生了相应的变化。深入分析、了解网民的特征结构，探求其变化趋势和规律，可以较好地把握住“谁在使用互联网”这一问题，从而更深入地理解互联网在中国的发展状况。

2.2.1　网民性别

本次调查结果显示，男性网民占 58.7%，女性网民占 41.3%，如图 2.17 所示。男性依然占据网民主体。

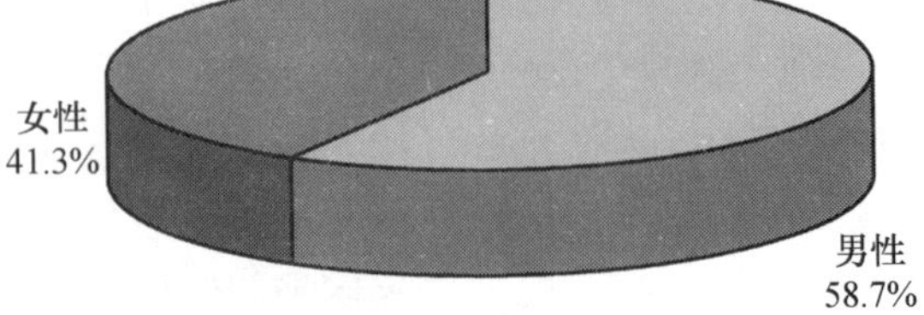

（数据来源：中国互联网络信息中心（CNNIC））

图 2.17　网民性别

与上年同期相比，男女网民所占比例略有变化。男性网民占全体网民的比例从 60.6%下降为 58.7%，女性网民所占的比例上升为 41.3%，如图 2.18 所示。截止到 2005 年 12 月 31 日，中国男性网民 6 516 万人，比上年同期增加了 820 万人，增长率为 14.4%；女性网民 4 584 万人，比上年同期增加了 880 万人，增长率为 23.8%，如图 2.19 所示，在这一年女性网民的增长速度明显高于男性网民。从普及率的角度来看，男性网民占中国男性总人口的 9.7%，女性网民占女性总人口的 7.3%。中国互联网在男性中的普及程度仍然要高于女性。这与世界上很多发达国家互联网普及率女性滞后于男性的趋势一致，如美国和韩国就是呈现这样的趋势。但无论是男性网民普及率还是女性网民普及率，中国均明显落后于发达国家。

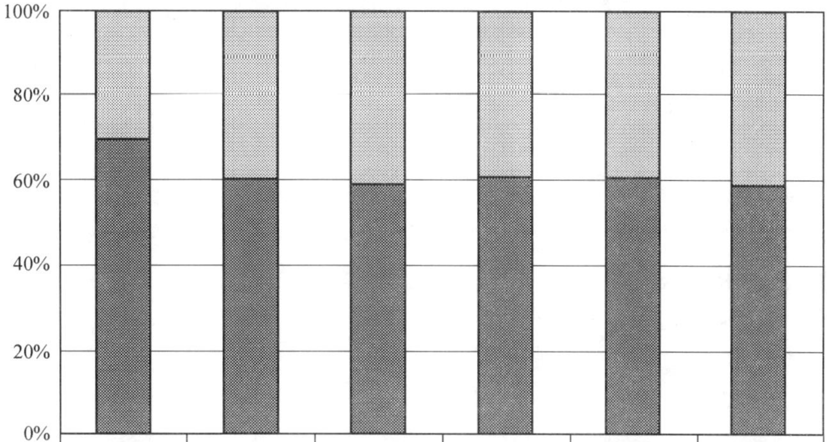

	2000.12	2001.12	2002.12	2003.12	2004.12	2005.12
女性	30.4%	40.0%	40.7%	39.6%	39.4%	41.3%
男性	69.6%	60.0%	59.3%	60.4%	60.6%	58.7%

（数据来源：中国互联网络信息中心（CNNIC））

图 2.18　历次调查网民性别分布

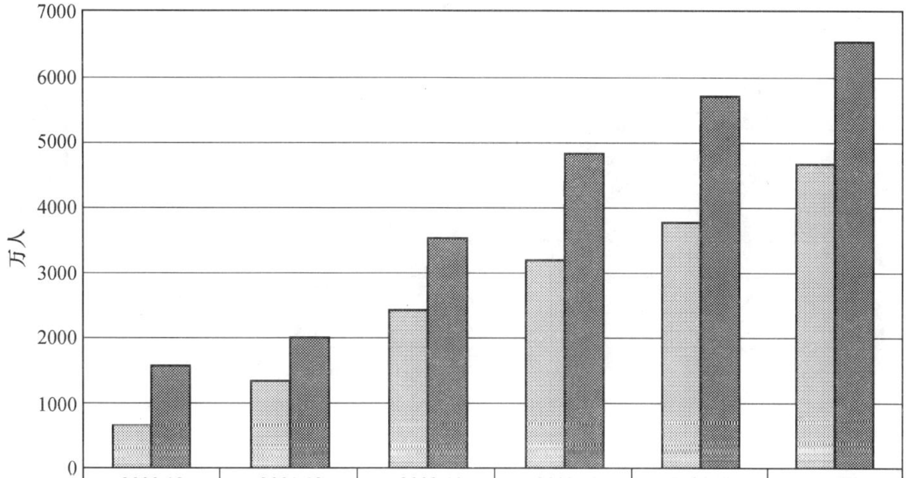

	2000.12	2001.12	2002.12	2003.12	2004.12	2005.12
女性	685	1348	2405	3148	3704	4584
男性	1565	2022	3505	4802	5696	6516

（数据来源：中国互联网络信息中心（CNNIC））

图 2.19　历次调查不同性别网民的数量

2.2.2 网民婚姻状况

本次调查结果显示，未婚网民占 57.9%，已婚网民占 42.1%，如图 2.20 所示。未婚者在目前仍然是中国网民的主体，这与中国人口分布中已婚人口占据主体的情况不太一致。

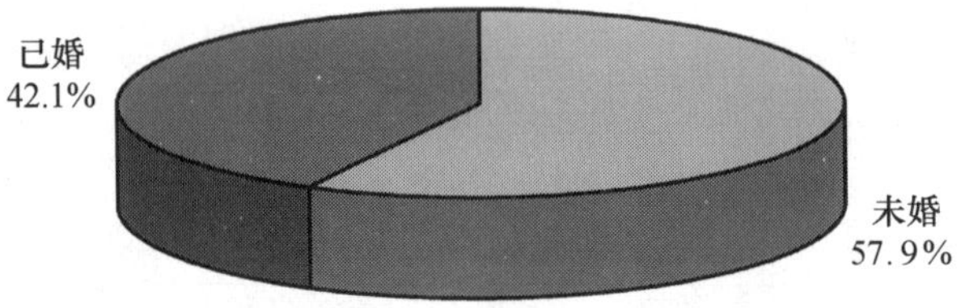

（数据来源：中国互联网络信息中心（CNNIC））

图 2.20　网民婚姻状况分布

与上年同期相比，已婚网民所占比例下降了 0.7%，未婚网民所占比例相应有所增长，如图 2.21 所示。从绝对数来看，已婚网民增加了 649 万人，达到 4 673 万人，与上年同期相比增长率为 16.1%；未婚网民增加了 1 051 万人，达到 6 427 万人，与上年同期相比增长率为 19.5%，如图 2.22 所示。在这一年未婚网民的增长速度高于已婚网民。

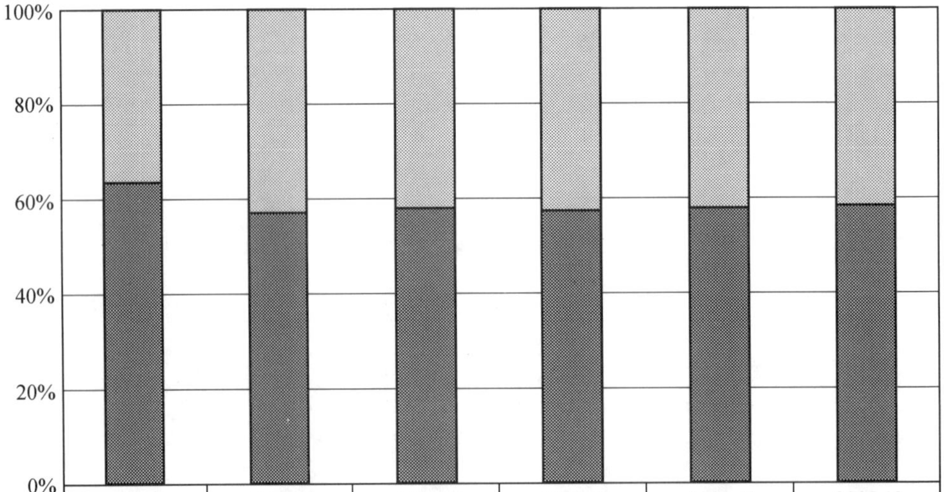

	2000.12	2001.12	2002.12	2003.12	2004.12	2005.12
已婚	37.1%	43.1%	42.2%	43.2%	42.8%	42.1%
未婚	62.9%	56.9%	57.8%	56.8%	57.2%	57.9%

（数据来源：中国互联网络信息中心（CNNIC））

图 2.21　历次调查网民婚姻状况分布

2.2.3 网民年龄

本次调查结果如图 2.23 所示显示，网民中 18～24 岁的年轻人所占比例最高，达到 35.1%，其次是 25～30 岁的网民（19.3%）和 18 岁以下的网民（16.6%），30 岁以上的网民所占比例比较低，其中 31～35 岁的占 11.6%，36～40 岁的占 7.1%，41～50 岁的为 6.8%，还有 3.5%

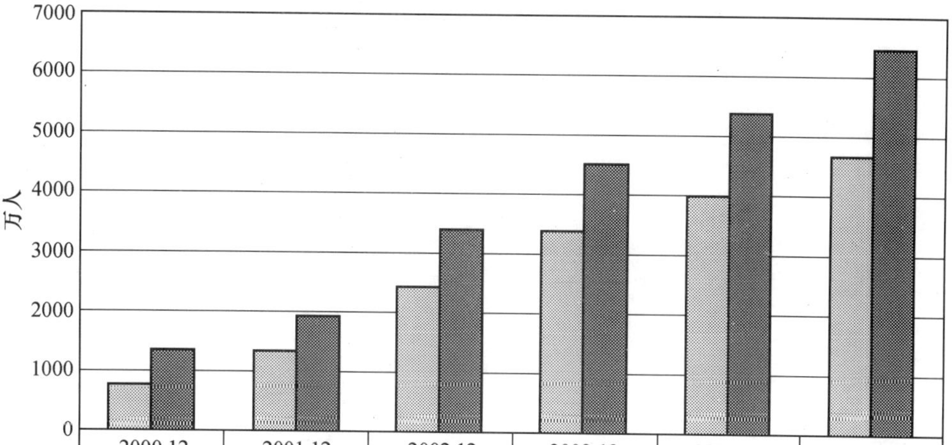

	2000.12	2001.12	2002.12	2003.12	2004.12	2005.12
已婚	835	1452	2494	3434	4024	4673
未婚	1415	1918	3416	4516	5376	6427

（数据来源：中国互联网络信息中心（CNNIC））

图 2.22 历次调查不同婚姻状况网民的数量

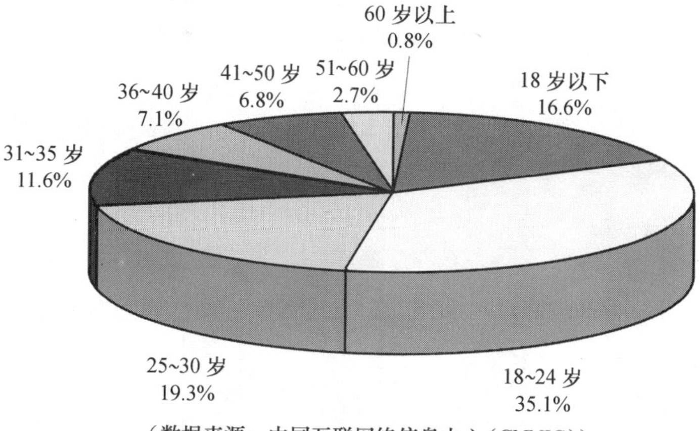

（数据来源：中国互联网络信息中心（CNNIC））

图 2.23 网民年龄分布

的网民在 50 岁以上。30 岁及以下的网民占 71.0%，30 岁以上的网民占 29.0%，网民在结构上仍然呈现低龄化的态势。

图 2.24～图 2.26 所示的历次调查结果显示，网民中 18～24 岁的年轻人最多，远远高于其他年龄段的网民而占据绝对优势，与上年同期相比，18～24 岁的网民所占比例下降了 0.2 个百分点，25～30 岁的网民所占比例上升了 1.6%，18 岁以下和 31～35 岁的网民所占比例均上升了 0.2%，其他年龄段网民所占比例全部下降；从绝对数来看，18～24 岁的网民数量增长了 578 万人，25～30 岁的网民数量增长了 479 万人，18 岁以下的网民数量增长了 301 万人，31～35 岁的网民数量增长了 216 万人，36～40 岁的网民数量增长了 74 万人，41～50 岁的网民数量增长了 40 万人，51～60 岁的网民数量增长了 27 万人，60 岁以上的网民数量下降了 15 万人，属于正常的波动范围。30 岁及以下的网民达到了 7 881 万人，比上年同期增加了 1 357

万人，增长率为 20.8%；30 岁以上的网民达到 3 219 万人，比上年同期增加了 343 万人，增长率为 11.9%。年轻网民依然是中国网民的主力军。

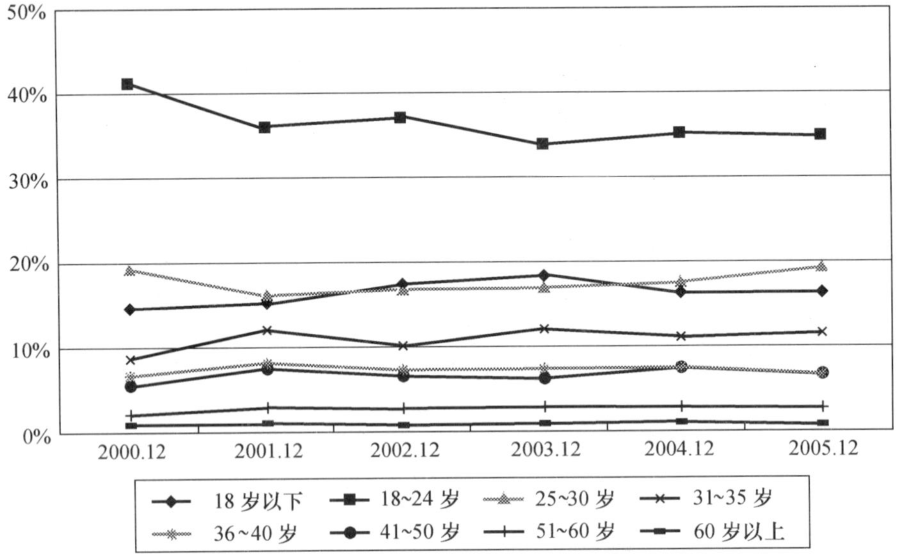

（数据来源：中国互联网络信息中心（CNNIC））

图 2.24　历次调查网民年龄分布

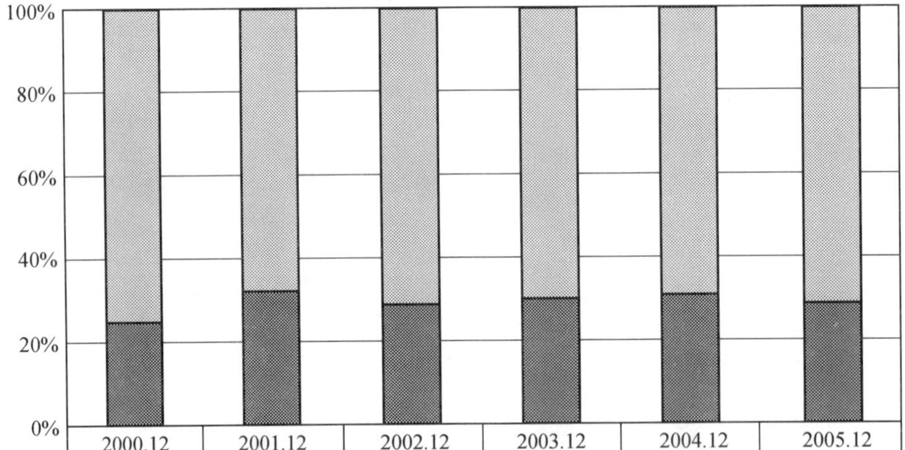

	2000.12	2001.12	2002.12	2003.12	2004.12	2005.12
30 岁以下	74.9%	67.8%	71.9%	70.1%	69.4%	71.0%
30 岁以上	25.1%	32.2%	28.1%	29.9%	30.6%	29.0%

（数据来源：中国互联网络信息中心（CNNIC））

图 2.25　历次调查网民年龄比例分布

按年龄划分的网民普及率如图 2.27 所示。可以看出，网民普及率呈偏态分布，年轻人的网民普及率偏高，尤其是 18～24 岁年龄段的人，他们占全国总人口的 10.4%，但是他们中的网民却占了所有网民的 35.1%，使这个年龄段的网民普及率高达 28.6%。其次是 25～30 岁年龄段的人，上网比率为 17.1%。这两个年龄段的居民也是社会上最活跃的人群。

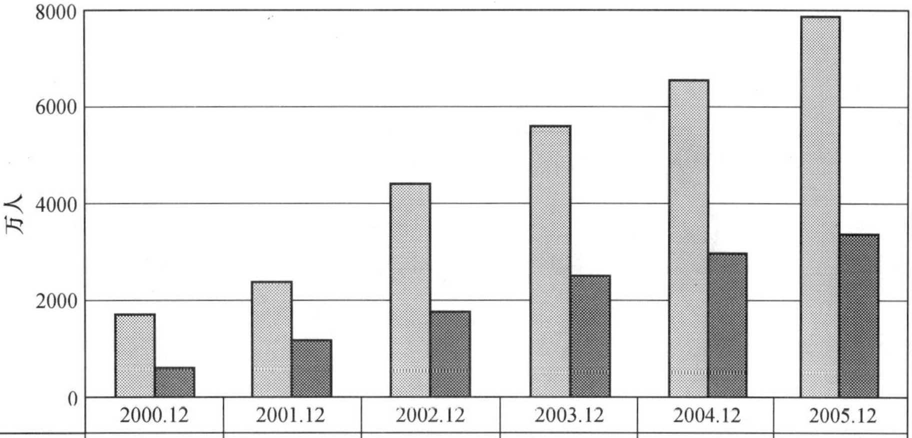

	2000.12	2001.12	2002.12	2003.12	2004.12	2005.12
30 岁以下	1685	2285	4249	5573	6524	7881
30 岁以上	565	1085	1661	2377	2876	3219

（数据来源：中国互联网络信息中心（CNNIC））

图 2.26　历次调查网民年龄数量分布

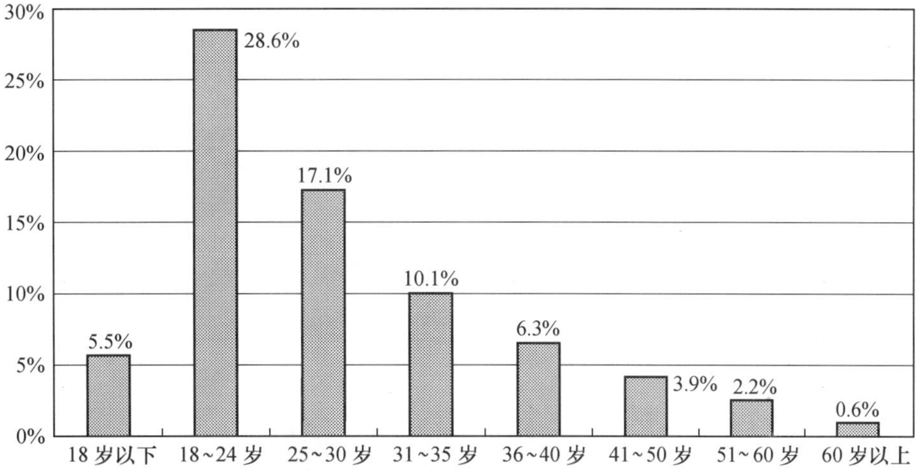

（数据来源：中国互联网络信息中心（CNNIC））

图 2.27　分年龄段网民普及率

由于年龄和教育水平的限制，年龄太小的居民和年龄太大的居民网民普及率均不高。年龄段在 18 岁以下和 41～50 岁年龄段的居民占到了全国总人口的 40%，这部分人显著拉低了中国的网民普及率水平。但随着占人口 1/4 强的 18 岁以下人群的渐渐长大，近几年中国的网民数还会逐步增长。

2.2.4　网民文化程度

本次网民文化程度的调查结果如图 2.28 所示。网民中文化程度为高中（中专）的比例最高，占到 30.2%，其次是本科（26.3%）和大专（24.4%）。文化程度为本科及以上的网民比例为 29.2%，文化程度为本科以下的网民比例达到了 70.8%，占据网民大多数。

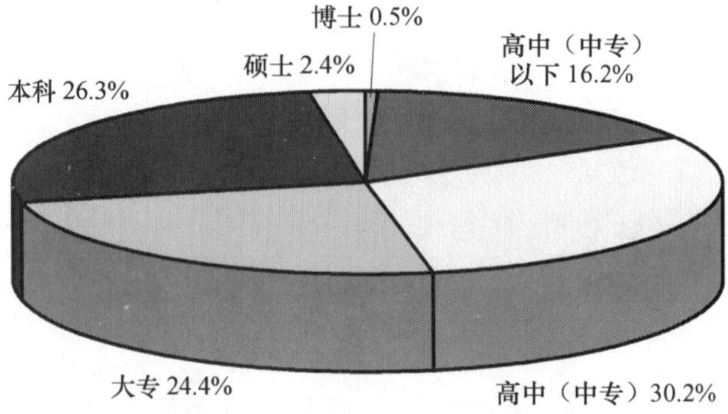

（数据来源：中国互联网络信息中心（CNNIC））

图 2.28　网民文化程度分布

与上年同期相比，文化程度为大学本科以下的网民所占比例略有增加，达到 70.8%。从绝对数上看，文化程度为大学本科以下的网民增加了 1 345 万人，达到 7 859 万人，增长率为 20.6%；文化程度为大学本科及以上的网民增加了 355 万人，达到 3 241 万人，增长率为 12.3%，如图 2.29 和图 2.30 所示。文化程度为大学本科以下的网民在这半年内的增长速度高于文化程度为大学本科及以上的网民。

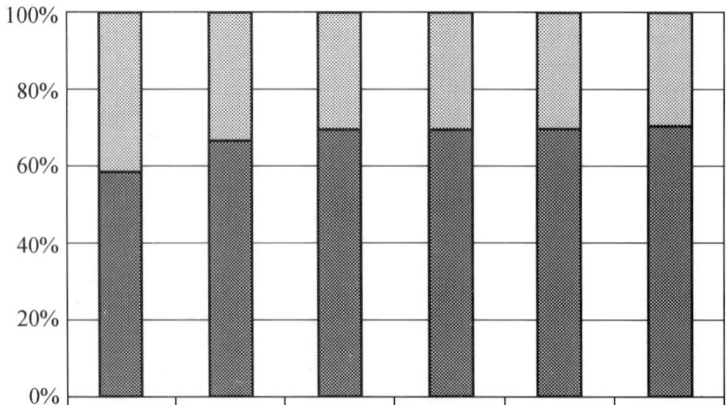

	2000.12	2001.12	2002.12	2003.12	2004.12	2005.12
大学本科及以上	41.1%	32.9%	30.4%	29.8%	30.7%	29.2%
大学本科以下	58.9%	67.1%	69.6%	70.2%	69.3%	70.8%

（数据来源：中国互联网络信息中心（CNNIC））

图 2.29　历次调查网民文化程度分布

按学历分类的网民普及率如图 2.31 所示，学历越高，网民普及率越高，大专及以上网民普及率更是高达 84.8%。但是占总人口 3/4 的学历是高中以下的居民，其上网比重仅为 1.8%，这也充分说明了受教育水平是影响人们是否上网的重要因素，正如调查结果，“不懂电脑/网络，不具备上网所需的技能”以 38.7%的比例成为阻碍人们上网的第一因素。因此，要想提高中国互联网的普及和应用水平，必须注重中国教育水平的提高，这将是一个长期、渐进和潜移默化的过程。

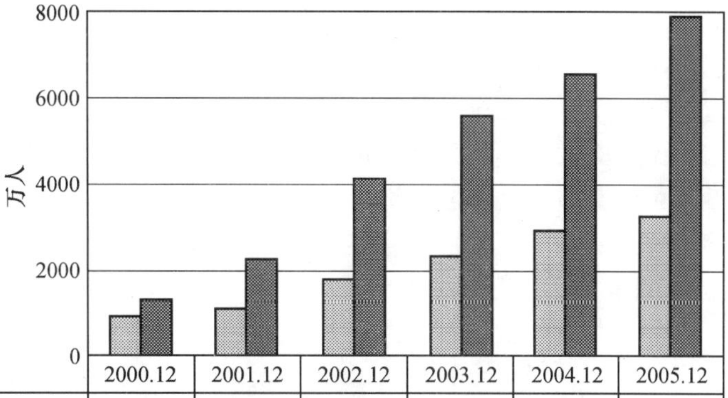

	2000.12	2001.12	2002.12	2003.12	2004.12	2005.12
大学本科及以上	925	1109	1797	2369	2886	3241
大学本科以下	1325	2261	4113	5581	6514	7859

（数据来源：中国互联网络信息中心（CNNIC））

图 2.30　历次调查不同文化程度网民的数量

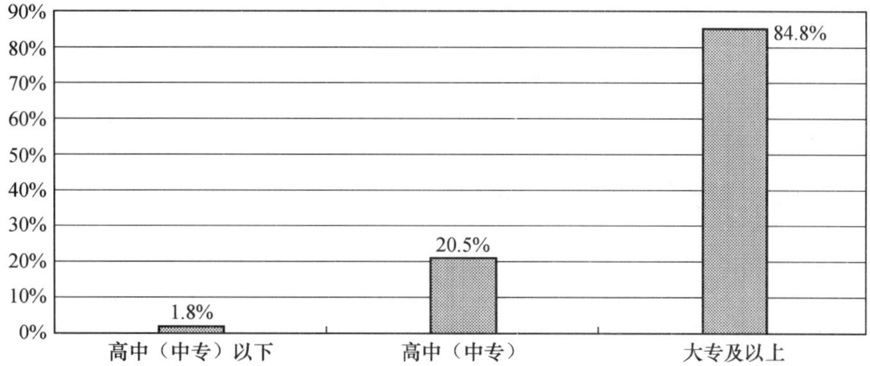

（数据来源：中国互联网络信息中心（CNNIC））

图 2.31　按学历分类的网民普及率

2.2.5　网民个人月收入

本次网民个人月收入的调查结果如图 2.32 所示，个人月收入在 500 元以下（包括无收入）

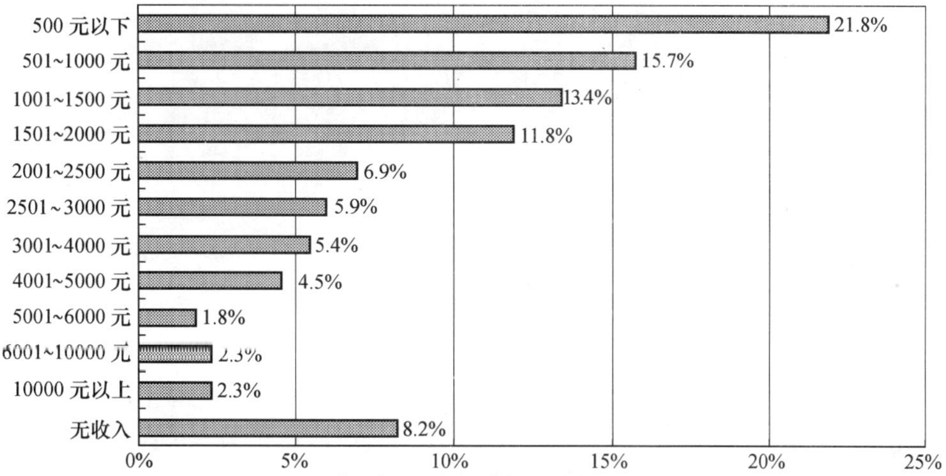

（数据来源：中国互联网络信息中心（CNNIC））

图 2.32　网民个人月收入分布

的网民所占比例最高，达到 21.8%，其次是月收入为 501～1 000 元和 1 001～1 500 元的网民（比例分别为 15.7%、13.4%），11.8%的网民个人月收入在 1 501～2 000 元，个人月收入在 2 000 元以上的网民为 29.1%，低收入网民仍然占据主体。

与上年同期相比，个人月收入 2 000 元及以下的网民所占比例减少了 9.7%，为 70.9%。从绝对数量来看，个人月收入 2 000 元及以下的网民从 7 651 万人增加到 7 870 万人，增长率为 2.9%；个人月收入 2 000 元以上的网民从 1 749 万人增加到 3 230 万人，增长率为 84.7%，如图 2.33、图 2.34 所示。

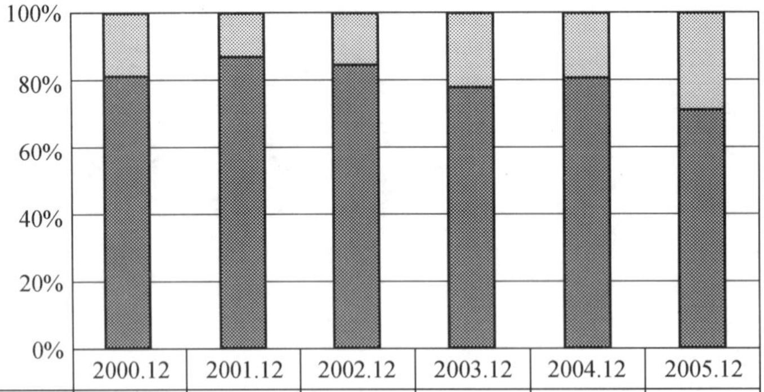

	2000.12	2001.12	2002.12	2003.12	2004.12	2005.12
2000 元以上	19.0%	13.5%	15.5%	22.4%	19.4%	29.1%
2000 元及以下	81.0%	86.5%	84.5%	77.6%	80.6%	70.9%

（数据来源：中国互联网络信息中心（CNNIC））

图 2.33　历次调查网民个人月收入分布

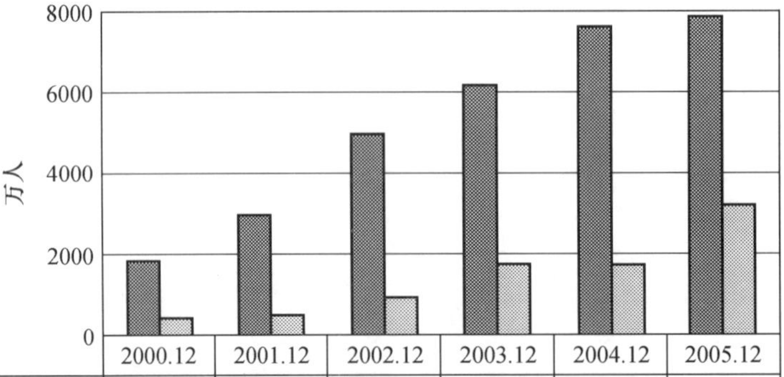

	2000.12	2001.12	2002.12	2003.12	2004.12	2005.12
2000 元及以下	1823	2915	4994	6169	7651	7870
2000 元以上	427	455	916	1781	1749	3230

（数据来源：中国互联网络信息中心（CNNIC））

图 2.34　历次调查不同个人月收入网民的数量

2.2.6　网民职业

本次调查结果显示，网民中学生所占比例最多，达到了 35.1%；其次是企业单位的工作人员，占总数的 29.7%；排在其后的是学校教师及行政人员，所占比例为 7.3%；无业人员所占比例为 6.9%；国家机关、党群组织工作人员所占比例为 6.6%；事业单位工作人员所占比例为 6.5%；自由职业者所占比例为 4.1%；其他职业的网民所占比例较小，如图 2.35 所示。

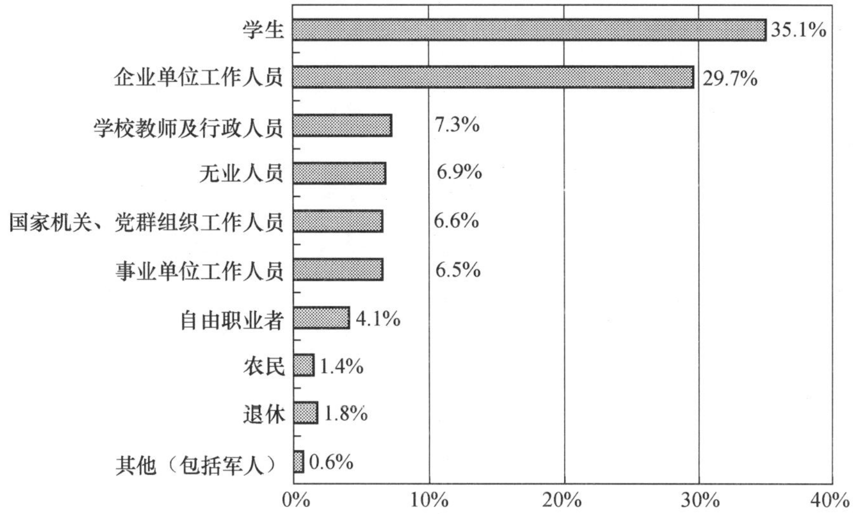

（数据来源：中国互联网络信息中心（CNNIC））

图 2.35　网民的职业分布

综上所述，目前中国的网民仍然以男性、未婚者、30 岁及以下的年轻人为主体，但与上年同期相比，女性网民增加了 1.9 个百分点，已婚者网民的比例、30 岁以上网民所占比例都有所下降；文化程度为本科以下的仍然占据网民的大多数，并且这一比例与上年同期相比略有上升；从网民收入来看，个人月收入在 2 000 元以上的网民所占比例较低；学生网民仍然比其他职业的网民要多，并且在网民总体中所占比例在上升。

2.3　网民上网途径

随着网络技术的进步和互联网的发展，中国网民在上网地点、上网设备以及上网方式方面均有不同程度的扩展和变化。对中国互联网络信息中心（CNNIC）调查结果中这些数据的深入分析，有助于更加清楚地了解网民的上网途径，从而更全面地认识中国互联网的发展情况。

2.3.1　网民上网地点

本次调查结果显示，有在家里上网经历者占 70.5%，有在工作场所上网经历者占 37.6%，有在网吧、网络咖啡厅上网经历者占 27.0%，还有 19.0%的网民有在学校上网的经历，0.8%的网民有在公共场所上网的经历，0.1%的网民有在其他地点上网的经历，如图 2.36 所示。可以看出，家里和工作场所仍然是网民上网的主要地点。

将中国互联网络信息中心最近几次的调查数据进行比较可以看出，在家里上网的网民比例同上两次调查相比继续呈稳步增长趋势，从 67.9%、68.5%增长到 70.5%；在工作场所上网的网民比例同上两次调查相比有所减少，从 41.1%、38.0%减少到 37.6%，如图 2.37 所示。在学校上网的网民比例从 2004 年 12 月调查的 18.2%增长到 2005 年 6 月的 19.0%，本次调查没有发生变化，依然为 19.0%；在网吧上网的网民比例同前两次调查结果相比有所增长，从 24.5%、25.3%增长到 27.0%；在公共场所上网的网民比例从 2004 年 12 月的 0.4%增长到 2005 年 6 月的 0.9%，本次调查略有下降，为 0.8%；在其他地点上网的网民比例从 2004 年 12 月的 0.5%减少到 2005 年 6 月的 0.1%，本次调查没有发生变化，仍为 0.1%，如图 2.38 所示。

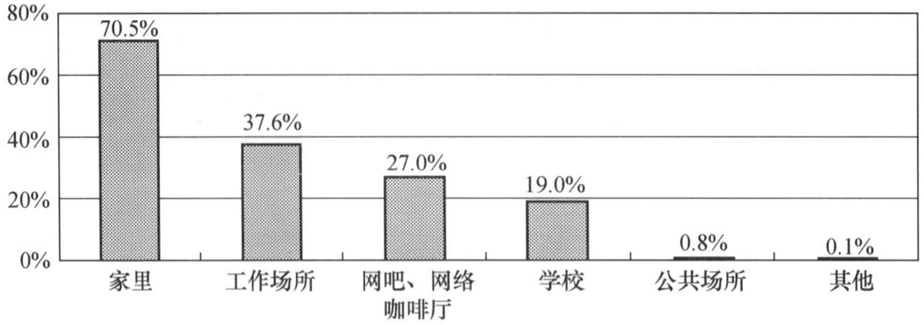

（数据来源：中国互联网络信息中心（CNNIC））

图 2.36　网民上网地点分布

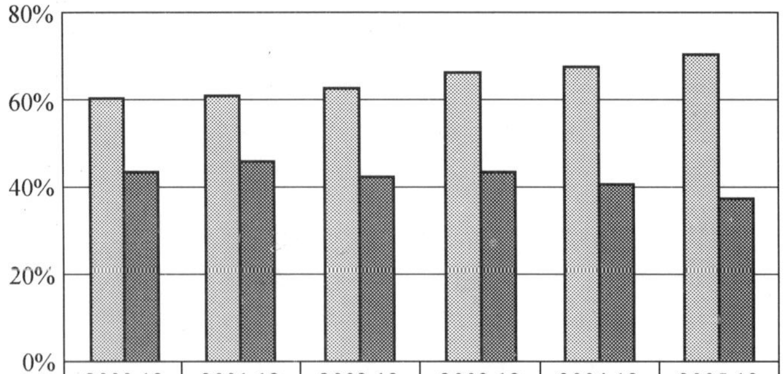

	2000.12	2001.12	2002.12	2003.12	2004.12	2005.12
家中	60.3%	61.3%	62.6%	66.1%	67.9%	70.5%
工作场所	43.9%	45.7%	42.5%	43.6%	41.1%	37.6%

（数据来源：中国互联网络信息中心（CNNIC））

图 2.37　历次调查网民在家中/工作场所上网的比例

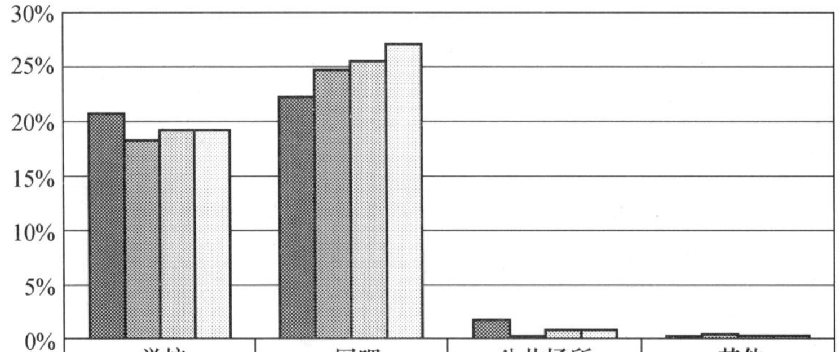

	学校	网吧	公共场所	其他
2004.06	20.6%	22.0%	1.8%	0.1%
2004.12	18.2%	24.5%	0.4%	0.5%
2005.06	19.0%	25.3%	0.9%	0.1%
2005.12	19.0%	27.0%	0.8%	0.1%

（数据来源：中国互联网络信息中心（CNNIC））

图 2.38　最近 4 次调查网民在学校、网吧等地方上网的比例

这说明，一方面随着家庭电脑的普及、小区宽带的铺设以及互联网使用成本的降低，越来越多的家庭接入了网络，相应地，家里成为网民上网最主要的地点；另一方面，随着中国信息

化建设的不断深入，上网场所在不断扩展，上网条件在不断改善，上网变得更为便捷。

2.3.2　网民上网设备

本次调查结果显示，使用台式计算机上网的网民比例为 97.2%，使用笔记本电脑上网的网民比例为 18.2%。可以看出，网民上网的主要设备是台式计算机，也有部分网民在使用计算机上网的同时使用移动终端、信息家电等设备上网。

从中国互联网络信息中心近 10 次的调查数据来看，在使用计算机上网的同时，使用移动终端、信息家电等设备上网的网民人数在逐渐增多，从 1999 年 12 月调查的 20 万人增长到现在的 610 万人，6 年的时间内增长了 590 万人；与上年同期的调查相比增长了 260 万人，增长率为 74.3%，如图 2.39 所示。可以看出，尽管使用计算机上网的网民占绝大多数，但使用移动终端、信息家电等新上网设备的网民正在逐渐增多，说明网民的上网设备日趋多样化。

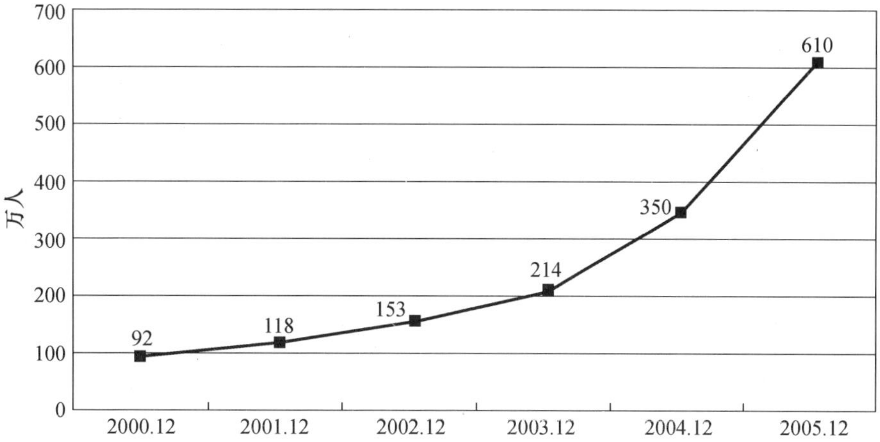

（数据来源：中国互联网络信息中心（CNNIC））

图 2.39　历次调查使用其他设备网民人数

2.3.3　网民上网方式

网民的上网方式可以通过不同方式上网的网民数和不同接入方式的上网计算机数来反映。

本次调查结果显示，在中国 11 100 万网民中，使用专线上网的网民人数为 2 910 万人，使用拨号上网的网民人数为 5 100 万人，使用宽带上网的网民数为 6 430 万人，如图 2.40 所示。而在中国 4 950 万台上网的计算机中，通过专线接入互联网的计算机为 650 万台，通过拨号方式接入互联网的计算机为 2 060 万台，宽带上网的计算机数为 2 240 万台，如图 2.41 所示。从网民人数的情况来看，通过宽带上网的网民人数已经远远超过了通过其他两种方式上网的网民人数，而上网计算机的情况中，通过宽带上网的计算机数首次超过了通过拨号上网的计算机数。

通过对中国互联网络信息中心最新统计数据的计算，可以看出，在上网的计算机数中，拨号上网计算机数所占比例为 41.6%，与上年同期调查的 51.4%相比，同比下降 9.8%；专线上网计算机数所占比例为 13.1%，与上年同期调查的 16.8%相比，同比下降 3.7%；宽带上网计算机数所占比例为 45.3%，如图 2.42 所示。可以看出，宽带上网计算机数所占比例已经超过拨号上网计算机数所占比例，更远远超过专线上网计算机数所占比例。

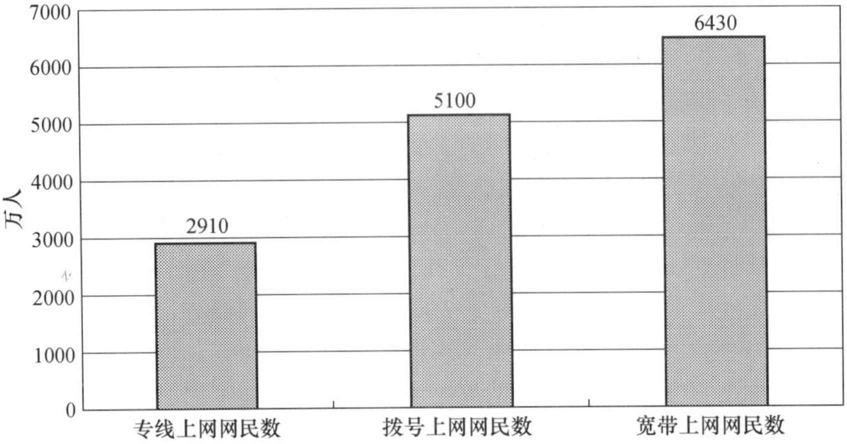

（数据来源：中国互联网络信息中心（CNNIC））

图 2.40　不同上网方式网民数

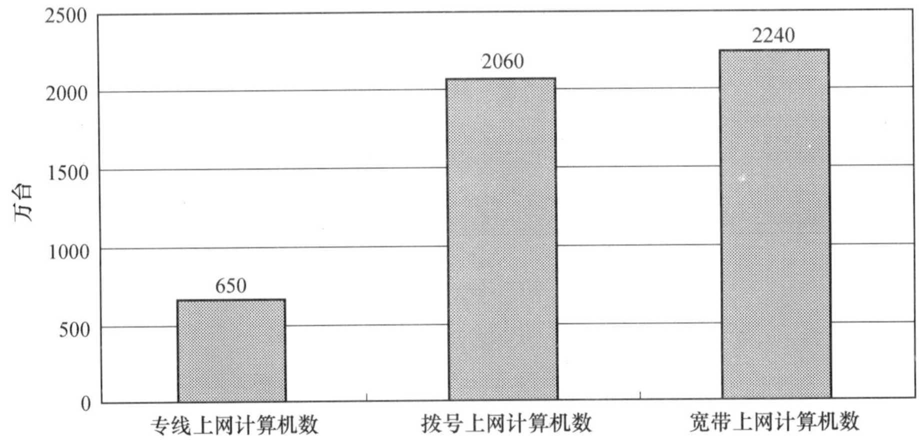

（数据来源：中国互联网络信息中心（CNNIC））

图 2.41　不同上网方式上网计算机数

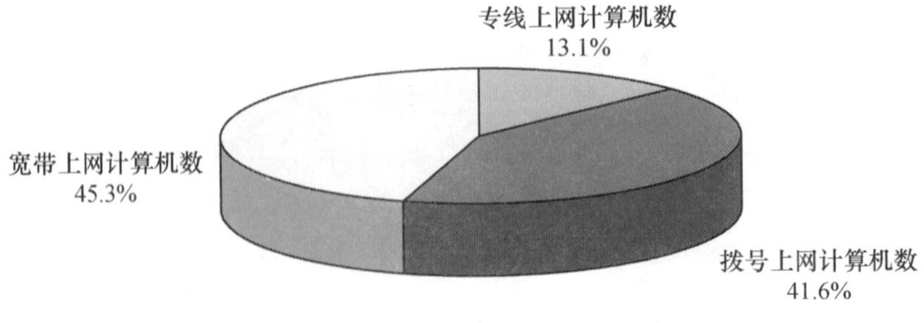

（数据来源：中国互联网络信息中心（CNNIC））

图 2.42　不同方式上网计算机数所占比例

通过对网民数和上网计算机数的绝对数量、相对数量、增长率以及不同方式上网计算机数所占比例等数据的分析可以发现，在网民的上网方式中，宽带上网方式正逐渐被越来越多的网民接受和使用，并渐渐成为网民上网的主要方式。

综上所述，网民上网的主要地点是家中，上网的首选设备是台式计算机，上网的主流方式已经由拨号上网过渡到宽带上网。但是网民上网的场所正不断扩展，新的上网设备和上网方式正在逐渐被网民所接受和使用。可以预计，随着网络技术的不断发展、互联网的进一步发展与普及，网民的上网途径将不断扩展，人们将在多种场所、利用多种设备、通过多种方式更方便地使用互联网。

2.4　网民上网行为

随着中国互联网的发展，越来越多的人开始接触互联网，网民的队伍日益壮大，同时，随着人们经济条件逐步改善，互联网基础设施日趋完善以及工作、学习节奏不断加快，人们对互联网的使用也越来越频繁。通过分析网民使用互联网的行为习惯，可以较好地了解网民上网的一些基本特征以及互联网与人们日常学习、工作、生活的结合程度，从而更准确地把握互联网在中国的发展和普及现状。

2.4.1　网民使用互联网的时间段

本次调查结果显示，网民一天中使用互联网时间的差异较大：凌晨 1 点至早上 7 点是网民上网最少的时间，从早上 8 点起上网的比例急剧攀升，到上午 10 点达到一天当中的第一个高峰，有 31.2%的网民在这一时间上网，11 点略有回落；从 12 点开始回升，回升态势一直持续到 15 点，并达到一天当中的第二个高峰，此时上网的网民比例为 38.9%；此后网民比例再次回落；19 点后上网人数开始激增，20 点达到一天中的第三个高峰，也是当日巅峰，61.1%的网民在这一时间上网，21 点以后上网人数急剧减少，如图 2.43 所示。可以看出，人们使用互联网的时间受日常生活作息时间的影响，上网已经成为人们日常生活的一部分。

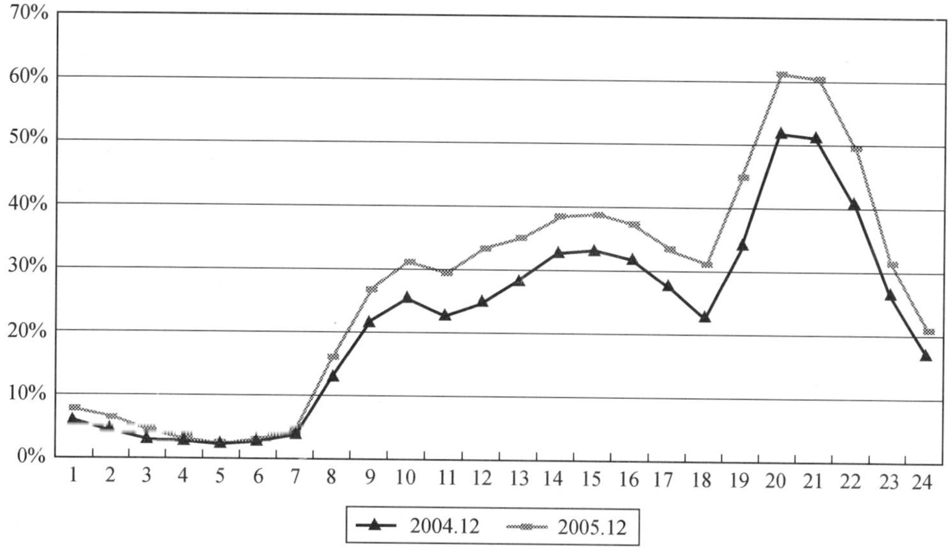

（数据来源：中国互联网络信息中心（CNNIC））

图 2.43　近两次调查网民通常使用互联网的时间

本次调查结果与上年同期相比，各个时间段上网的网民比例有不同程度的增加，增幅最大的时间段是18～22点，均增加8个百分点以上；相比而言，4～7点上网的网民比例增幅最小，同比只有0.5个百分点以内的增加。由此反映出网民在正常的生活时间（7～22点）上网的时间段日趋集中，上网高峰日趋凸显，如图2.43所示。

2.4.2　网民上网时间

本次调查结果显示，网民平均每周上网15.9个小时。与上年同期相比，网民每周上网小时数增加了2.7小时，增幅为20.5%。

与历史同期相比，网民每周上网时间的起伏较大。2000年12月的调查结果显示，当时网民平均每周上网13.7个小时。2001年，互联网产业开始遭受网络经济泡沫的阴影，当年网民平均每周上网8.5个小时，为有统计资料以来的最低点。此后随着互联网产业的复苏，网民的上网时间开始显著回升，2002年较2001年同期同比增加1.3小时，2003年较2002年同期同比增加3.6小时，2004年与2003年基本持平，而2005年12月的调查结果显示网民平均每周上网15.9小时，较2004年同期增加2.7小时，达到了新的历史高度，如图2.44所示。由此可见，近年来网民上网的时间保持递增趋势，人们对互联网的使用越来越频繁，而互联网也逐渐渗透到人们日常生活的各个角落，互联网对人们生活的影响也逐步显现。

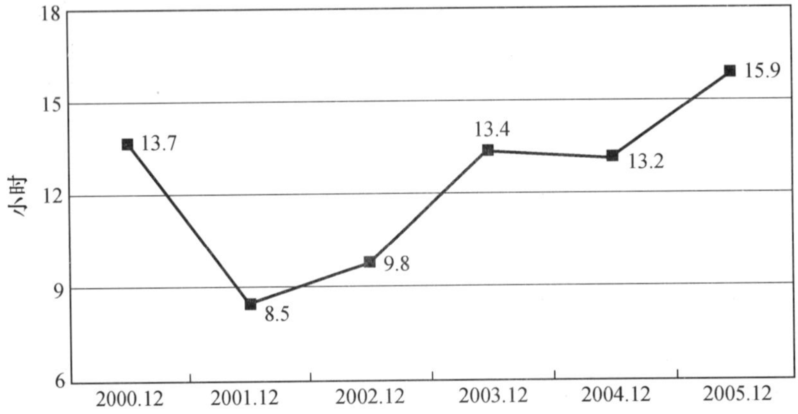

（数据来源：中国互联网络信息中心（CNNIC））

图2.44　历次调查网民每周上网小时数

2.4.3　网民每月实际花费的上网费用

本次调查结果显示，中国网民每月实际花费的上网费用（不包括使用网络服务的费用）为103.6元（注：此平均值为有上网费用支出的网民上网费用的平均值，并非所有网民上网费用的平均值，平均值计算时的基数中不含完全公费网民）。由此可以推出，2005年全年的全国上网费用总规模已经超过1 000亿元。

2.4.4　网民上网经常使用的网络服务

本次调查结果显示（本部分数据源于联机调查），浏览新闻、搜索引擎和收发邮件成为网民最常使用的三大网络服务，三者的使用率分别为67.9%、65.7%、64.7%，这三大网络服务的使用率领先其后的第二阵营20个百分点以上。

使用率在30.0%～50.0%之间的网络服务构成了网民经常使用的网络服务的第二阵营，主要包括即时通信41.9%、论坛/BBS/讨论组41.6%、获取信息39.8%等，这其中也包括网络游戏，其使用率为33.2%。

网上校友录、网上购物、网络聊天室等共同组成了网民经常使用的网络服务的第三阵营，使用率都在30.0%以下。

网民上网经常使用的网络服务的详细情况如图2.45所示。

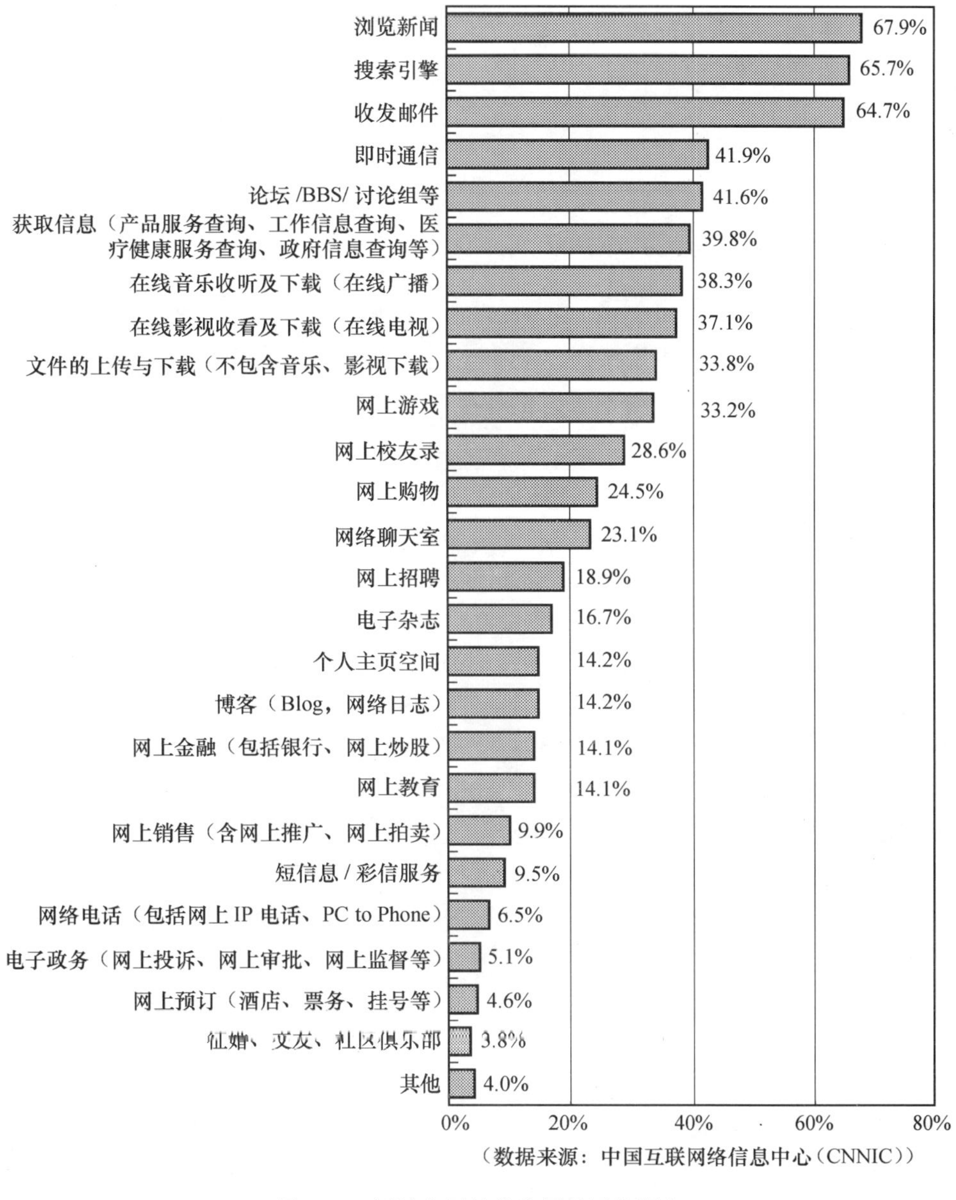

图2.45　网民上网经常使用的网络服务

2.4.5 BT 软件使用情况

BitTorrent（俗称 BT 下载）是一个多点下载的源码公开的 P2P 软件。BT 软件使用情况调查结果如表 2.1 所示，截止到 2005 年末，中国网民中有 27.8%的人使用过 BT 软件，总规模约为 3 085.8 万人。

表 2.1　　BT 软件使用比例

使用过	没使用过	不知道
27.8%	68.7%	3.5%

综上所述，网民绝对数量的增加以及各个时间段内网民上网比例的增长，使得在某时间点上网的网民数量快速增加，网民上网时间段日趋集中，上网高峰日趋凸显；网民每月实际花费的上网费用达到 103.6 元；网民上网经常使用的网络服务是浏览新闻、搜索引擎、收发邮件；有 27.8%的网民使用过 BT 软件。

2.5 互联网发展地区差异分析

通过对数据的分析比较可以看出，在互联网络飞速成长的背后隐藏着结构性和区域性发展差异。研究这些差异，将对中国政府、社会全面了解中国互联网发展现状、制定相应发展策略提供参考依据。该部分分析均基于电话抽样调查结果。

2.5.1 城乡上网情况比较

根据 2005 年末中国互联网络信息中心的调查数据显示，城乡之间网民数量及普及率差异巨大，中国互联网发展结构性差异明显。乡村网民普及率很低，总规模为 1 931.4 万人，仅占相应乡村人口的 2.6%，不到全国平均水平的 1/3。中国城市网民大约有 9 168.6 万人，占城市人口的 16.9%。由此可见，中国乡村网民数量只是城市网民数量的 1/5，而乡村网民普及率仅是城市网民普及率的 1/6，这一水平相当于世界上网民普及率最低的非洲网民普及率。2004 年末的统计数据显示，城乡人口比例分别为 42%和 58%。为了提高 58%这部分人口的上网水平，中国需要促进乡村互联网络的发展。

互联网在中国发展到现在，有些发达城市的互联网普及率已经达到比较高的水平，近期内不会再有大幅增长，比如北京、上海等。但中国广大乡村的互联网普及率却非常低，因此仍有非常大的发展空间。可以预见，未来几年内中小城市、乡村将是中国互联网发展的重要市场，网民的大幅增长将有赖于这些地区互联网的发展，如图 2.46 所示。

2.5.2 东中西部地区比较

中国东中西部与网民数相关的部分数据分布对比情况：东中西部经济差异很大，东部地区 GDP 占全国 GDP 的 60%，这一经济状况也造成了东部地区互联网发展状况比其他地区好，网民数占到了总网民数的 57.8%，网民普及率则是其他两个地区的两倍，如图 2.47 和图 2.48 所示。

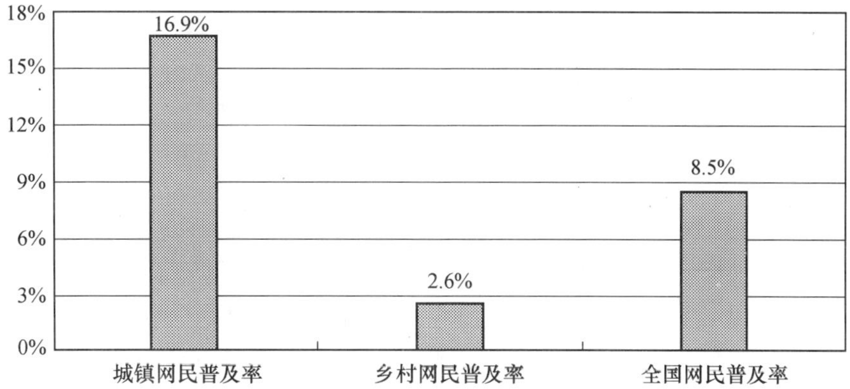

（数据来源：中国互联网络信息中心（CNNIC））

图 2.46 城乡网民普及率比较

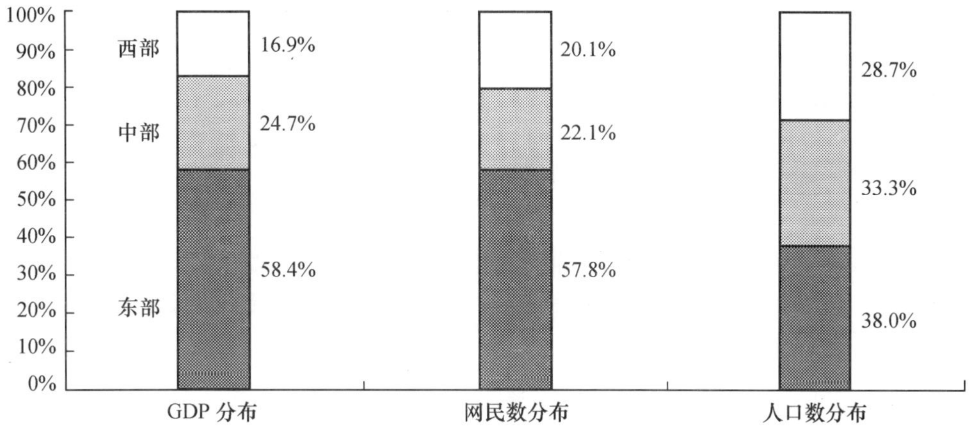

（数据来源：中国互联网络信息中心（CNNIC））

图 2.47 东中西部 GDP 分布、网民数分布和人口数分布比较

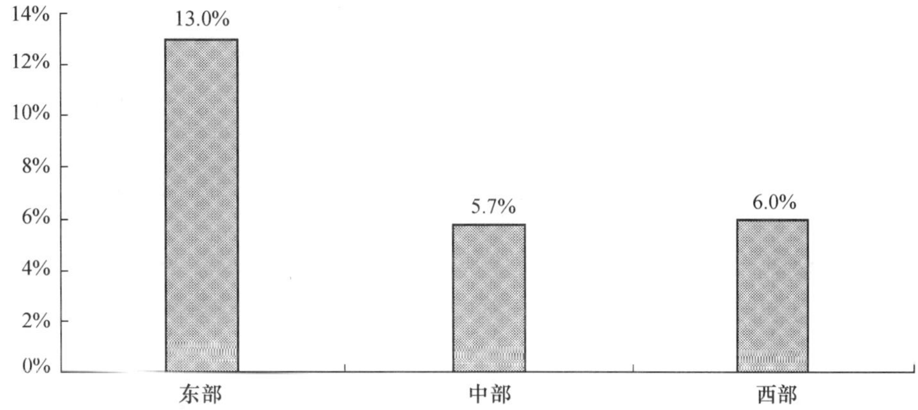

（数据来源：中国互联网络信息中心（CNNIC））

图 2.48 东中西部网民普及率比较

由于中西部人口和经济发展差异都不太大，所以这两个地区的网民普及率相差也不大。

未来需要做的是进一步推进中西部地区互联网络的发展，减少互联网发展的地区性差异。

东中西部一些与上网相关的基本数据情况如表 2.2 所示。这些数据都反映了东西部互联网发展的巨大差异。从网民数量来看，东部的数量接近中西部总和的 1.4 倍；IPv4 地址数量则超过了中西部总和的 1.6 倍；而在拥有域名数和网站总数方面，东中西部差距更大，东部接近中西部总和的 4 倍。可以看出，东部拥有绝大部分的网络资源。

表 2.2　　东中西部上网基本数据分布情况

	网 民 分 布	IPv4 分布	域名数分布	网站总数分布
东部	57.8%	62.4%	78.5%	79.9%
中部	22.1%	21.3%	11.5%	11.3%
西部	20.1%	16.3%	10.0%	8.8%
合计	100.0%	100.0%	100.0%	100.0%

东中西部上网基本数据按人口平均的结果如表 2.3 所示。IPv4 和人均拥有域名数方面，东部是中西部人均量总和的 2 倍以上，东部超过平均水平接近 4 个百分点，而中西部则不足平均数一半；差距最大的则是人均网站数，东部达到了中西部总和的 20 倍，而中西部不到平均水平的 1/15。这些数据充分表明，为了使中国互联网均衡发展，需要加大对中西部互联网的发展力度。

表 2.3　　东中西部人均上网基本数据情况

	网民普及率	IPv4 拥有率	每万人域名数	每万人网站总数
东部	13.0%	9.4%	40.4	11.0
中部	5.7%	2.1%	6.7	0.3
西部	6.0%	2.0%	6.8	0.2
全国	8.5%	5.7%	20.0	5.3

综上所述，城乡之间和东中西部地区之间均存在发展差异巨大的问题。城乡之间网民数量及普及率差异巨大，2005 年中国同期乡村网民数为 1 931.4 万人，网民普及率为 2.6%，乡村网民数仅是同期城市网民数的 1/5，网民普及率仅是同期城市网民普及率的 1/6。东中西部发展差异很大，东部网民数占到了全国网民数的 57.8%，超过了中西部网民数的总和，在 IPv4 数、域名数和网站数方面更是遥遥领先于中西部，东部 IPv4 数占全国总量的 62.4%，东部域名数和网站数分别占到了全国总量的 78.5%和 79.9%。中西部互联网发展则基本持平。

2.6　非网民状况

本次调查结果显示，中国网民人数已经从 2004 年的 9 400 万人增长到 2005 年的 11 100 万人；网民人数占全国人口的比例从上年的 7.2%增长为目前的 8.5%，增长了 1.3 个百分点，同时仍有超过 90%的人口没有上网。因此，对截止到 2005 年 12 月 31 日没有上网的人群（称之为非网民）没有上网的原因、近半年内上网预期、预期近半年内肯定上网的非网民的部分特征进行分析，将为政府、企业和社会各界更好地了解中国非网民状况、制定相关政策提供一些参考。

2.6.1　非网民没有上网的原因与近半年内上网预期

1. 非网民没有上网的原因

本次调查结果显示，非网民没有上网的主要原因有：不懂电脑/网络，不具备上网所需的技能，占38.7%；不具备上网条件（没有上网设备、当地无法连接互联网），占29.3%；没时间上网，占13.2%；觉得上网没用，不需要，占9.8%；年龄太大/太小，占8.6%。此外，选择没有原因，不好说的非网民比例占到了7.6%；不感兴趣、上网费用贵、担心受到伤害或不好的影响、家长/老师不许上网等亦是妨碍非网民上网的原因，分别占5.2%、4.1%、2.1%、1.3%，如图2.49所示。可见，不懂电脑/网络、不具备上网所需的技能是造成中国非网民没有上网的最主要因素，目前仍有超过1/3的非网民由于此原因不能上网。

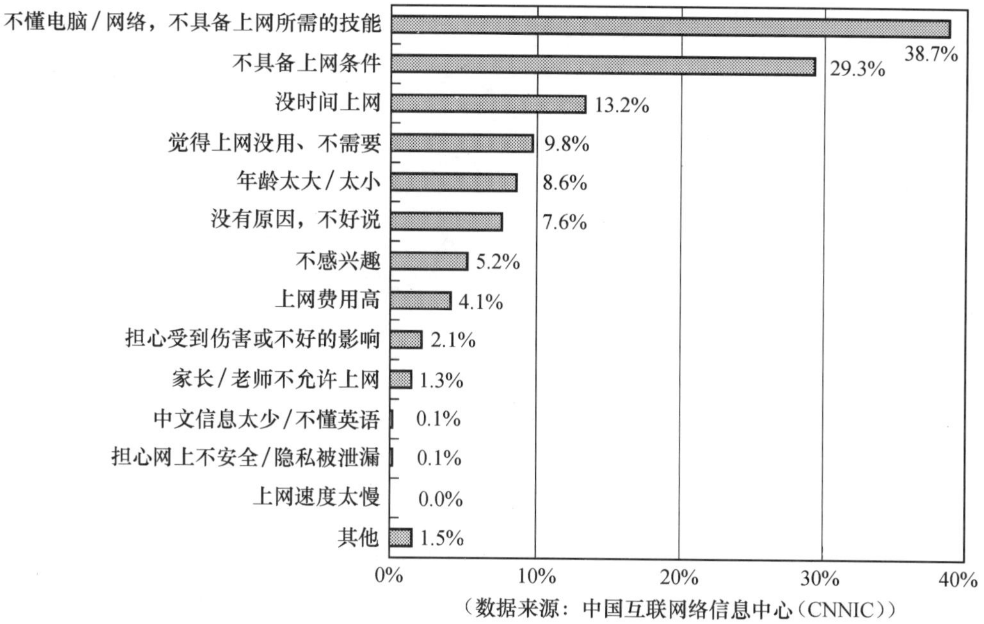

图2.49　非网民没有上网的原因

与上年同期调查结果相比，在没有上网的原因中，选择不具备上网条件（没有上网设备、当地无法连接互联网）和年龄太大/太小的非网民比例有所增加，选择其他原因的非网民比例均有所减少，如图2.50所示。具体情况为：选择不懂电脑/网络、不具备上网所需技能的非网民比例比上年同期低1.4%；选择不具备上网条件的非网民比上年同期高3.0%；选择没时间上网的非网民比例比上年同期低2.7%；选择上网没用/不需要的非网民比例比上年同期低6.3%；选择上网费用贵的非网民比例比上年同期低6.4%；选择不感兴趣的非网民比例比上年同期低2.0%；选择年龄太大/太小的非网民比例比上年同期高1.6%。与历年同期相比，不懂电脑/网络、不具备上网所需的技能依然是非网民没有上网的最主要原因。

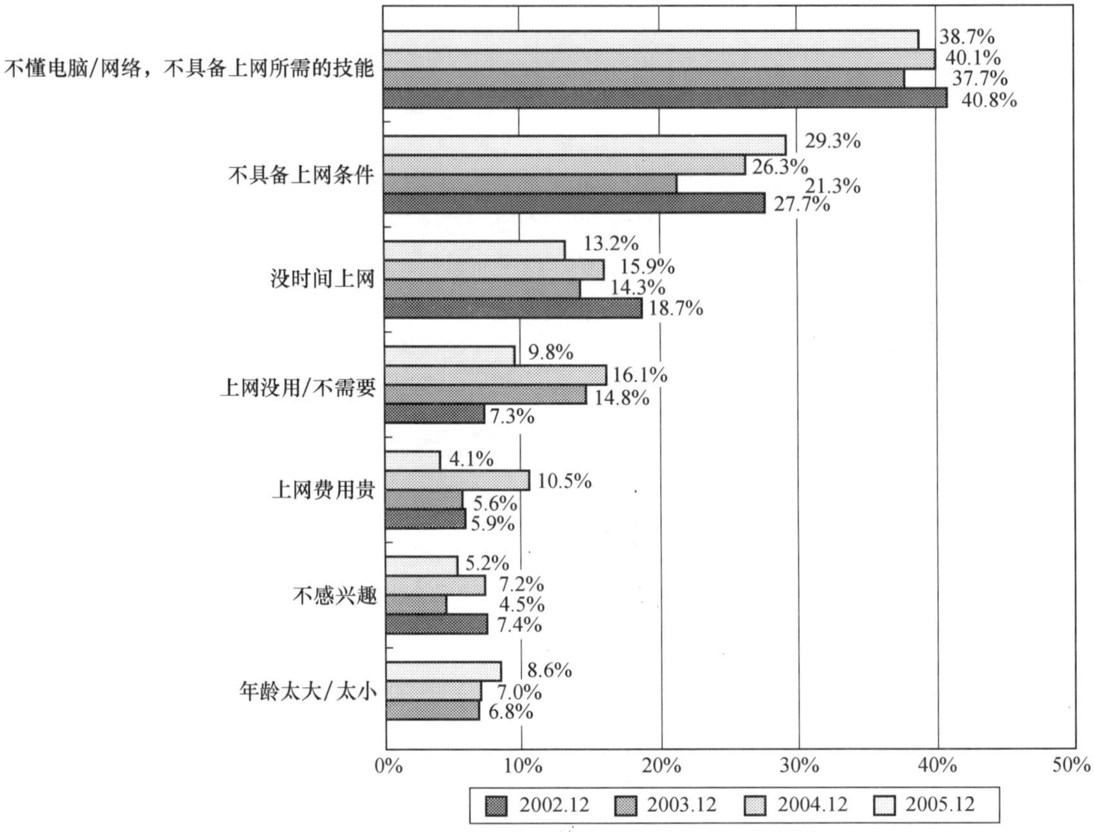

（数据来源：中国互联网络信息中心（CNNIC））

图 2.50　历次调查非网民没有上网的原因

2．非网民近半年内的上网预期

本次调查结果如图 2.51 所示，1.2%的非网民预期近半年内肯定上网，15.1%的非网民预期近半年内可能上网，高达 72.5%的非网民预期近半年内肯定不会上网，另外 11.2%的非网民对近半年内是否上网没有明确的预期，表示说不好。

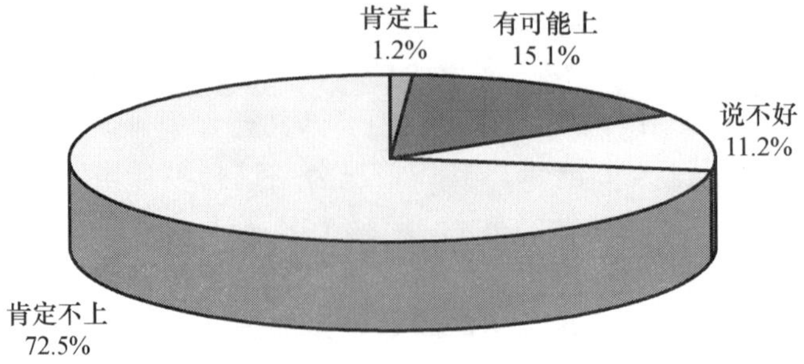

（数据来源：中国互联网络信息中心（CNNIC））

图 2.51　非网民近半年内的上网预期

2.6.2 预期近半年内肯定上网的非网民部分特征

1. 性别

本次调查结果显示，预期近半年内肯定上网的非网民中男性与女性的比例分别为 61.8%和 38.2%；网民中男性占 58.7%，女性占 41.3%，如图 2.52 所示。结合网民与预期近半年内肯定上网的非网民中各自男女性别比例，可以预见，未来半年内中国网民的性别结构仍然是男性高于女性，而且一定时期内男性网民数量的增长仍将多于女性网民数量的增长。

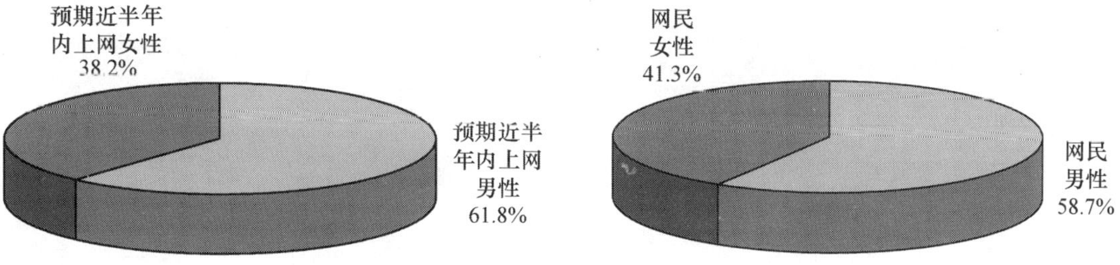

（数据来源：中国互联网络信息中心（CNNIC））

图 2.52 预期近半年上网的非网民与网民性别状况

2. 年龄

本次调查结果显示，预期近半年内肯定上网的非网民中，19.0%的非网民年龄低于 18 岁，15.0%的非网民年龄在 18～24 岁之间，11.6%的非网民年龄为 25～30 岁，年龄在 31～35 岁、36～40 岁、41～50 岁的非网民所占比例分别为 13.6%、11.8%、20.1%，年龄在 51～60 岁的非网民所占比例为 6.2%，如图 2.53 所示。预期近半年内肯定上网的非网民中年龄低于 30 岁的所占比例为 45.6%，年龄高于 30 岁的所占比例为 54.4%，结合目前中国 71.0%的网民年龄在 30 岁以下，可以预见，未来半年内中国年龄低于 30 岁的网民比例会有所降低，30 岁以上的网民比例将有一定增长。

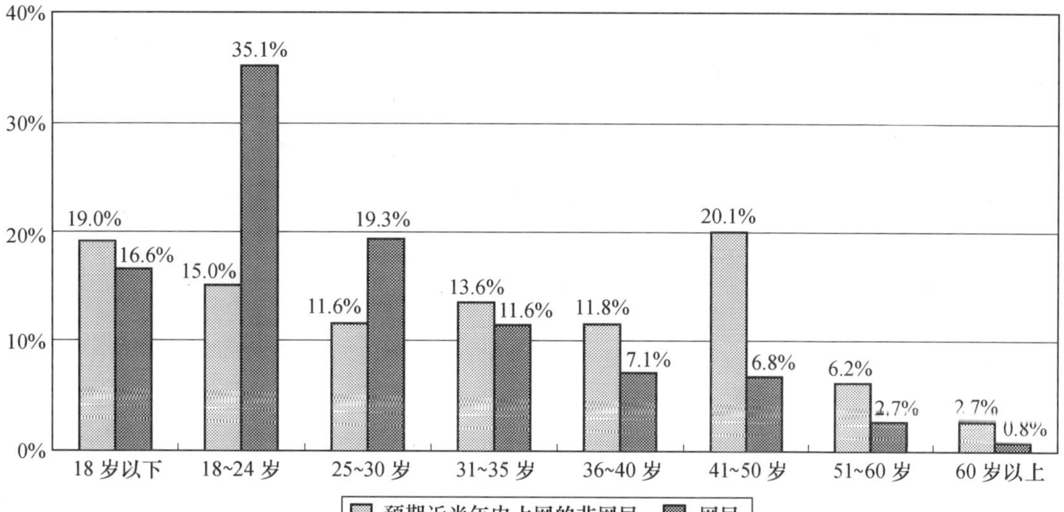

（数据来源：中国互联网络信息中心（CNNIC））

图 2.53 预期近半年上网的非网民与网民年龄状况

3. 婚姻状况

本次调查结果显示，预期近半年内肯定上网的非网民中已婚的比例为 62.4%，未婚的比例为 37.6%；中国网民中已婚的比例为 42.1%，未婚的比例为 57.9%，如图 2.54 所示。预期近半年内上网的非网民中有超过 60.0%的为已婚，可以预见，未来半年内中国网民中已婚网民的比例将继续增长。

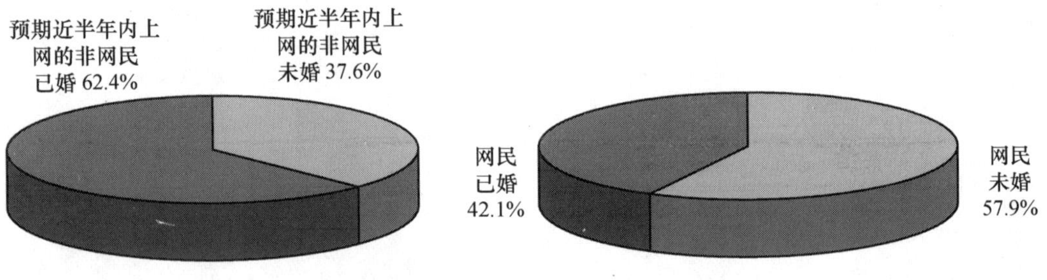

（数据来源：中国互联网络信息中心（CNNIC））

图 2.54 预期可能上网的非网民与网民婚姻状况

综上所述，不懂电脑/网络是妨碍非网民上网的最主要原因；预期近半年内肯定上网或可能上网的非网民比例为 16.3%；在预期近半年内上网的非网民中，男性与女性的比例分别为 61.8%和 38.2%；已婚且年龄低于 35 岁的非网民超过一半。可以预见，未来半年内中国网民人数的增长率会有所下降；网民中男性占多数的状况仍将继续；30 岁以上的网民比例将有所增长；已婚网民所占比例会稍有增长。

（中国互联网络信息中心）

第3章　下一代互联网示范工程CNGI中CERNET2的发展

CNGI-CERNET2 是国务院批准、国家发展改革委等八部委联合组织的中国下一代互联网示范工程 CNGI 中规模最大的核心网和惟一学术网，是目前所知世界上规模最大的采用纯 IPv6 技术的下一代互联网主干网。它以 2.5G～10Gbit/s 速率连接全国 20 个主要城市的 25 个 CERNET2 主干网核心节点，为全国高校和科研单位提供高速的下一代互联网 IPv6 接入服务，并通过中国下一代互联网交换中心 CNGI-6IX，高速连接国内外下一代互联网，成为我国研究下一代互联网技术、开发重大应用、推动下一代互联网产业发展的重要基础设施。

自 2004 年底 CERNET2 主干网开通以来，项目承担单位在国家发改委、教育部和中国工程院的领导下，在 CERNET2 主干网的建设与运行、驻地网的建设与接入、国内互联和国际交换中心的建设以及技术试验和应用试验等方面开展了大量的工作。

3.1　CNGI-CERNET2 主干网建设与试验

2004 年 12 月 25 日，CERNET2 主干网正式建成并开通。CERNET2 主干网以 2.5G～10Gbit/s 的速率连接分布在 20 个城市的 25 个核心节点，并以 3 条 45Mbit/s 速率的链路分别与北美、欧洲、亚太等地的国际下一代互联网实现了互联，为全国 100 余所著名高校提供 IPv6 高速接入，为相关学校的大规模科学研究提供了基础环境。CERNET2 第一阶段的建设，通过招标采购，共部署了核心路由器 25 台（其中支持 10G 接口的 Juniper T640 路由器 5 台，比威 12008 路由器 10 台，华为的 NE80 路由器 10 台）、主干网接入路由器 25 台（其中比威 12008 路由器 15 台，华为的 NE80 路由器 10 台），并购置了安捷伦等测试仪 3 台。

1. CNGI-CERNET2 主干网的试运行和试验

2005 年 1 月初，CNGI-CERNET2 主干网进入试运行阶段，一方面，积极主动地鼓励和配合各相关院校通过分布各地的主节点以各种方式接入 CERNET2 主干网；另一方面，通过自行研制开发的网管系统对主干网进行监控和管理，及时发现运行过程中出现的问题，配合相关设备厂商进行设备的改进、优化和升级。

与此同时，CERNET2 主干网建设运行单位积极配合 CNGI 试验、应用和产业化专题的各承担单位开展了大量试验工作。

2. 多厂家设备的互联互通试验

CERNET2 主干网建设大部分采用国产设备（国产设备占 70%以上），为国产设备最终参与国际竞争提供了良好的试验环境。CERNET2 进入试运行以来，针对运行过程中出现的问题，配合和协调相关设备厂家进行了大量试验，特别是多厂家设备的互联互通，以及国产设备与进口设备的互联互通等方面的试验，为国产设备的尽快成熟提供了不可替代的试验环境；也为国产设备的研发、设备性能和可靠性的提高，进而为提供国产设备的国内乃至国际市场占有率等方面发挥了巨大的作用，实现了促进和带动民族信息产业发展的目标。

3. CNGI-CERNET2 主干网的升级

由于 CERNET 传输系统的升级扩容工作和 CERNET2 主干网的建设基本同步，CERNET2 主干网开通之时还有部分线路未按设计的带宽开通。随着传输系统升级扩容工作的完工，部分线路已经于 2005 年 11 月到 12 月进行了升级，主要涉及到京－汉－广一线和汉－宁－沪一线的线路，带宽从原来的 2.5G 升到 10G。

3.2 驻地网的建设与接入

高等院校和科研机构，包括一些大型企业的研发中心，是科学研究的主要阵地，也是下一代互联网关键技术研究本身的主要基地，同时是 CNGI 示范网络各核心网的主要用户。通过建设各类 IPv6 驻地网并使其接入 CNGI 示范网络核心网，从而使大规模 IPv6 试验床延伸到科研工作者的实验室甚至桌面，将极大地促进示范网络的应用和各类科研工作的开展。

1. 各高校自主建设和接入

随着 CERNET2 主干网的建成，各学校以极大的热情通过各种可能方式接入 CERNET2。大量驻地网的建设和接入，不但扩大和延伸了基于 IPv6 的下一代互联网覆盖范围，也反过来促进了 CERNET2 主干网的建设和运行，加速了与下一代互联网相关的关键技术的研究与试验。

到目前为止，CERNET2 已经为近 80 个学校分配了前缀长度为 48 的 IPv6 地址，其中已经接入 CERNET2 主干网的有 70 余个（其中的 15 个左右是以隧道方式接入，其余基本上是双栈方式接入）。CERNET2 的拓扑图如图 3.1 所示。

2. 驻地网专项

根据 CNGI 项目的总体建设目标安排，2005 年底，在各 CNGI 主干网建成的同时，建成（接入）300 个驻地网，教育部门负责接入其中的 100 个驻地网。因此，根据国家发改委和工程院的指示，CERNET2 主干网建设单位于 2005 年 6 月初开始着手教育部门负责的 100 个驻地网专项项目的建设工作。该项目的基本目标是，在国家统一部署和支持下，抓住当前的有利时机，在已建成的 CNGI-CERNET2 主干网基础上，大力发展 CERNET2 驻地网建设，扩展 CERNET2 覆盖范围，提升 CERNET2 用户数量，增加 CERNET2 应用开发，为进一步实施中国下一代互联网示范工程、攻克下一代互联网及其重大应用关键技术、实现下一代互联网产业化奠定坚实基础。

2005 年 6 月中旬，项目资金申请报告完成并向国家有关部门提交；9 月，可行性研究报告完成，并经中国国际工程咨询公司评估。

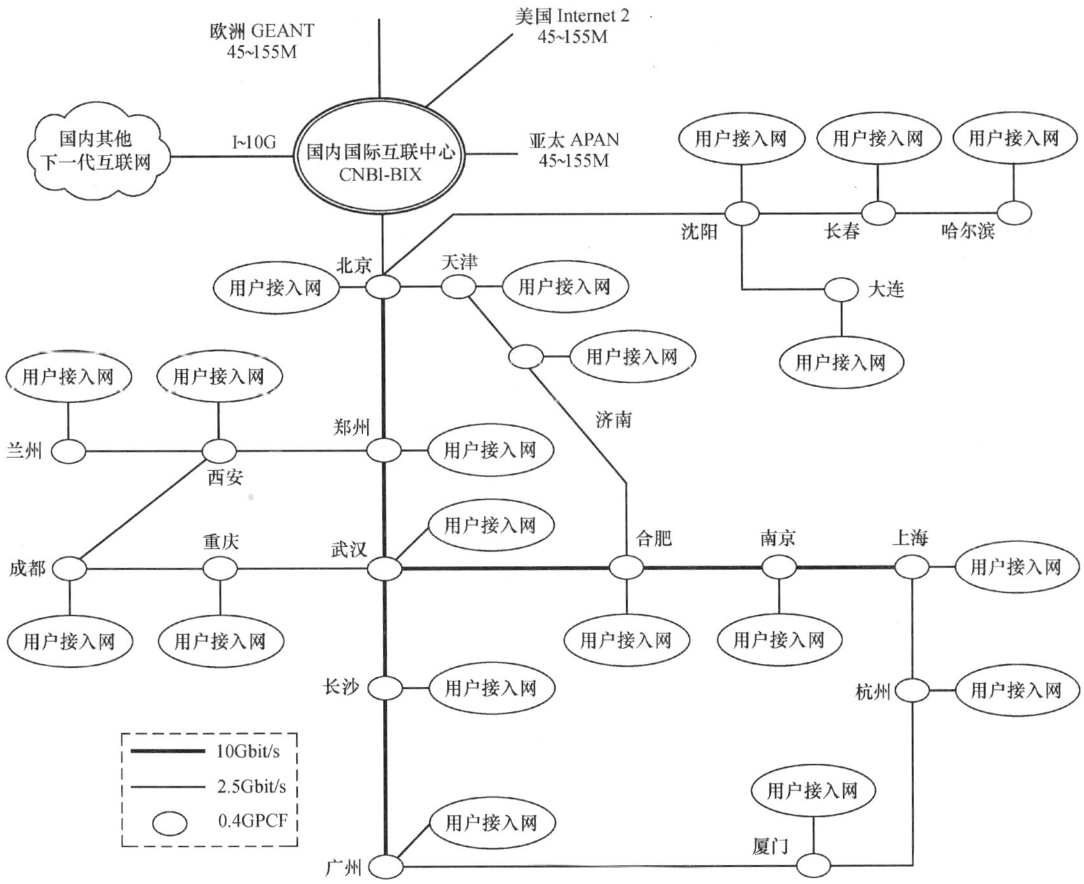

图 3.1　CERNET2 拓扑结构

3．其他驻地网的接入

2006 年 1 月，国家发改委对其余的 200 个驻地网建设项目，通过发布课题指南、各单位自主申请、并由 CNGI 专家委员会评审、择优承担的方式进行落实。

鉴于 CERNET2 主干网已经建成分布在 20 个城市的 25 个核心节点，每个节点具有接入十几个院校（驻地网）的接入能力，为配合这批驻地网的建设和接入，根据教育部和发改委的指示精神，中国教育和科研计算机网网络中心在优先保证发改委/教育部规定的 100 个学校驻地网接入的前提下，本着“积极主动、热情配合”的原则，同希望或者愿意接入 CERNET2 主干网的各驻地网建设单位进行了协商，并签署了相关的接入协议。

3.3　CNGI-6IX 建设

根据 CNGI 核心网建设项目要求，在北京，清华大学要建成 CNGI 示范网络的国际/国内互联中心 CNGI-6IX。

1．互联中心建设与国内互联情况

随着 CNGI 核心网建设项目各主干网的陆续建成，主干网的互联以及 CNGI 各主干网和国际下一代学术互联网互联成了2005年的重要工作任务。根据该建设项目的进度安排和中国工程院的意见，2005年8月份以来，项目承担单位在原有工作的基础上，在机房、机架、电力供应、设备配置以及光纤线路等方面进行了大量细致的准备工作，并先后召开了多次有项目建设相关单位负责人参加的协调会议和工作会议，及时协调项目建设中的相关问题。

国内互联中心为6个CNGI主干网提供国内互联服务。根据CNGI示范网络核心网建设项目的总体要求，6个CNGI主干网要以2.5GE～10GE速率与CNGI-6IX互联。根据CNGI-6IX设计方案，其他5个CNGI主干网将采用在CNGI-6IX放置各自的网间互联路由器方式实现互联。为此，CNGI-6IX国内互联中心需要配置两台核心交换机，以10GE与其他5个CNGI主干网的网间互联路由器互联，从而实现CNGI主干网之间的互联，并以1G～10G速率与CNGI-6IX国际互联中心互联。同时，还要为其他5个CNGI主干网提供放置互联设备的机架、必要的电源和空调条件。

国际互联中心为各CNGI主干网提供与北美、欧洲和亚太等地区的国际下一代互联网连接服务。根据CNGI示范网络核心网建设项目的总体要求，CNGI-6IX国际互联中心需要配置两台国际互联路由器。在国际互联方面，以45Mbit/s～155Mbit/s的速率与位于北美、欧洲和亚太地区的国际下一代互联网互联；在国内互联方面，以1G～10G的速率分别与CNGI-6IX国内互联中心的核心交换机连接。

CNGI-6IX的拓扑图如图3.2所示。

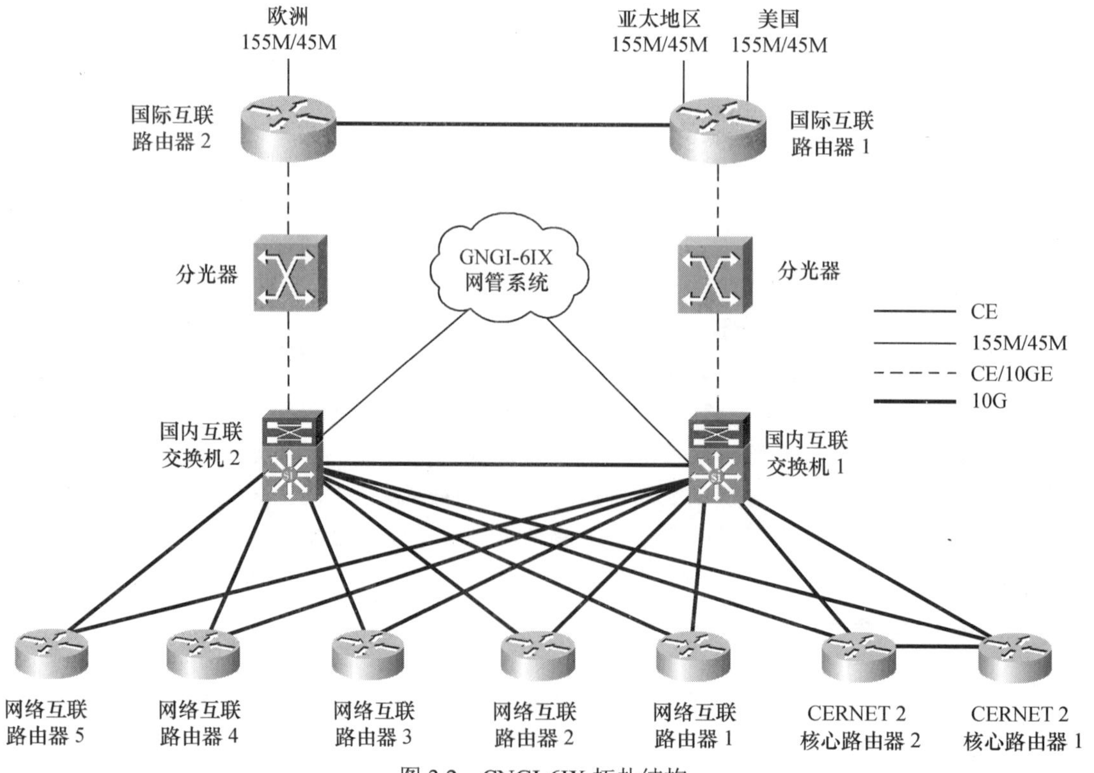

图3.2　CNGI-6IX拓扑结构

经过CNGI-6IX项目建设单位和CNGI各主干网建设单位的共同努力，CNGI示范网络的国际/国内互联中心 CNGI-6IX 于 2005 年 12 月 31 日基本建成并与各 CNGI 主干网成功实现互联，包括：

（1）互联中心本身的设备到位，且做好了各项配置，包括和各个主干网的 eBGP Peering，以及和北美、欧洲及亚太等地区下一代互联网的 Peering 等；

（2）各主干网用于和互联中心互联的设备到位，且做好了各项配置，包括和互联中心的 eBGP Peering，各个主干网之间的两两互联，以及通过互联中心与国际下一代互联网的互联。

2．国际互联情况

在 CERNET 已经与美国 Internet2、GEANT 和亚太地区 APAN 等国际下一代学术互联网互联的基础上，面对欧美以及日本学术网之间已经建立多条 10G 线路的形势，一年多来，中国教育和科研计算机网网络中心积极参加相关的国际合作项目，努力用国家 CNGI 项目有限的国际线路租用费投入，争取为 CNGI 项目各核心网络提供更高速的国际联网带宽。截止到 2006 年初，3 条国际线路的方案已经全部落实，为争取中国在亚太地区的主导地位打下了良好的基础。

（1）与美国学术网 Internet2 的高速互联

从 2004 年底 CNGI-CERNET2 主干网开通之后，一直租用一条 45M 国际线路与美国的学术网 Internet2 互联，并临时通过 Internet2 穿透连接到国际学术网络。

2005 年底，随着 CNGI 北京国际国内互联交换中心 CNGI-6IX 的建成与开通，原 45M 国际线路已不能满足需求，升级到 155M 已经迫在眉睫。因此，CERNET 网络中心于 2005 年 7 月启动了中美高速互联线路招标工作并已完成。项目建设单位还在进一步考虑升级到 622Mbit/s 线路的各种可能性，以便在必要的时候对线路进行升级。

（2）与欧洲学术网 GEANT/GEANT2 的高速互联

经过两年多的努力，CNGI-6IX 与欧洲学术网 GEANT/GEANT2 的高速互联已纳入欧盟第六框架下的“跨欧亚高速网络 TEIN2”项目完成。该项目是欧盟支持亚太地区发展中国家学术网与欧盟高速学术网 GEANT/GEANT2 进行高速互联的国际合作项目。

从 2004 年起，CERNET 网络中心受中国政府委托参加了欧盟第六框架下的“跨欧亚高速网络 TEIN2”项目。中国在 TEIN2 项目中已经扮演了非常重要的角色。一方面，北京与香港和新加坡一起被选为 TEIN2 主干网的 3 个核心节点，北京－香港－新加坡－欧洲 GEANT2 一线开通了 622Mbit/s 高速线路；另一方面，经过国际招标，中国教育和科研计算机网网络中心中标负责管理和运行 TEIN2 主干网。同时，北京和欧洲 GEANT2 之间也将于 2006 年 1 月开通 622Mbit/s 直连的北向（通过俄罗斯）线路。

（3）与亚太地区学术网 APAN 的高速互联

在日本政府的支持下，亚太地区学术网 APAN 已于 2005 年在香港建立了高速交换中心，以 2.5Gbit/s～10Gbit/s 的速率高速连接 APAN 在日本的高速交换中心。CNGI-6IX 只需租用一条北京到香港的 622Mbit/s～2.5Gbit/s 国际线路就可以高速连接到 APAN 高速主干网，通达其他所有亚太国家学术网。2004 年 12 月 26 日，中国教育和科研计算机网开通了与日本在香港建立的 GE 连接，北京到香港的 2.5G 国际线路（2006～2007 年）的招标工作将于 2006 年 2 月完成。

因此，总体上，CNGI-6IX 的国际互联工作将会大大超过原来的设计目标。

3.4 开展技术试验和应用示范

1. CNGI 研究、试验和应用示范专项课题的申请与研发

教育部和参与 CERNET2 项目建设的各有关高校非常重视面向下一代互联网的关键技术研究与应用试验。早在 CERNET2 主干网正式开通之前，中国教育和科研计算机网网络中心就利用其他的小规模试验网（如中日 IPv6 下一代互联网 CJ-IPv6、NSFCNET 等）进行了网络管理、网络测量、组播与视频等关键技术的研究试验。“CNGI 研究开发、产业化及应用试验专项”的设立及课题申请工作的启动，进一步激发了各有关高校研究机构在面向下一代互联网的关键技术研究与应用试验方面的积极性。2005 年 1 月初，有关单位即投入了大量人力物力，采取强强联合、优势互补的办法，积极申请本专项的有关课题，经过初评和答辩，CERNET2 相关高校得到了第一期资助的 69 个项目中的 22 项，约占 31%。

2. 试验工作情况

自 2005 年 9 月以来，以 CNGI 大规模路由和组播技术的研究与试验、基于 IPv6 的 P2P 内容存取应用系统、基于 IPv6 的大规模高性能网格应用、基于 IPv6 的高性能视频传输和共享虚拟现实、面向 IPv6 的互联网安全体系结构和关键技术研究等课题为代表的各课题承担单位在 CERNET2 主干网上进行了大量的试验，既为这些课题的顺利开展提供了良好的试验环境，同时，不同试验课题的不同需求也对 CERNET2 主干网本身的进一步建设、发展和完善提供了很好的反馈意见，起到了互相促进的作用。

3. 国际合作研究

中国教育和科研计算机网网络中心开展的许多前沿性研究工作引起了国际互联网界的广泛关注。在 IPv4 over IPv6 等过渡技术研究方面，通过和 Cisco 等公司的合作，已经在 IETF 成立了一个名为 Softwire 的工作组，并提交了相关的 RFC 草案；在基于 IPv6 的真实地址研究和可信任网络方面，也受到了越来越多的关注。

4. 其他试验支持

2005 年 9 月，随着 CNGI 应用试验专题项目承担单位的逐步落实，相关项目在 CNGI 各主干网上开展试验等问题提上议事日程。中国教育和科研计算机网网络中心对该问题进行了认真细致的研究，并及时制定了和接入及合作试验相关的技术及管理规范，共有第一期资助的 69 个项目中的 40 个 CNGI 应用试验项目承担单位与其签署了试验合作协议，占全部试验项目的 58%。

（中国教育和科研计算机网　吴建平　李崇荣）

第 4 章　互联网设备和终端产品制造业发展状况

4.1　主要互联网设备和终端产品技术发展情况

4.1.1　服务器设备技术发展情况

据统计，2005 年全球服务器市场销量增长了 12.7%，收入增长了 4.5%，达到 516.8 亿美元。在国内，2005 年服务器整体市场继续保持稳定健康的发展，总体市场规模达到 173.89 亿元，与 2004 年相比增长了 22.3%。

1．刀片服务器继续演义市场

众所周知，随着应用需求的扩张，越来越多的智能设备被加入到网络之中。因此，IT 基础设施简化的理念为越来越多的企业所认同。刀片服务器的优势就在于它实现了“IT 基础设施简化”理念向实际应用的飞跃，不但具备了机架式服务器的所有优势，而且具备了更强的易用性和可管理性。2005 年，作为网络设备中成熟的刀片服务器，其产品技术已经经历了近 3 年的发展，越来越多的厂商开始生产刀片服务器，越来越多的用户尝试使用刀片服务器。从技术发展特点来看，2005 年刀片服务器的发展更注重专用化。

刀片服务器技术的优势主要体现在以下几个方面。

（1）有效降低硬件建设成本

与传统的服务器不同，刀片服务器不需要单独的机架和基础设施，因此相对廉价。通过多个系统共用电源、冷却设备、管理硬件和布线系统，可以极大地降低每个服务器的成本。

（2）极大地简化了系统部署和维修

部署多个服务器是一个耗时和资源密集的过程，而利用刀片服务器，管理员只需要对机架进行安装和布线，无须对单独的刀片服务器布线。增加新的计算机资源只需插入一个或多个新刀片服务器，就像现在加入一个硬盘驱动器一样简单。由于多个刀片服务器可以共用冗余电源，因此最大限度地减少了机架布线。此外，内置的转换器将以太网数据和管理网络、甚至 KVM 连接集成在一起。同时，利用自动软件供应工具，管理员只需通过一个网络操作就能够方便、快捷地将软件安装到一个或多个刀片服务器中。在完成刀片服务器的软件安装之后，管理员就能够利用远程管理工具进行全面的管理。

（3）最大限度地利用数据中心的空间

对于寸土寸金的数据中心来说，根据设计和供应商的不同，刀片服务器能够使服务器的密度比目前 1U 的机架优化的系统增加 100%～800%。

2．64 位计算技术走上舞台

与双路和 32 位四路服务器相比，64 位四路服务器在处理性能、可靠性、扩展性和易管理性等技术方面都具有极大优势，主要表现在以下几个方面。

（1）更强的处理能力：计算能力强是四路服务器的最大优势。随着 CPU 数目的增加，四路服务器系统性能也线性增加。无论从基准测试，还是应用测试，都可以看到 64 位四路服务器所表现出的杰出性能。

（2）更大的扩展空间：64 位四路服务器的 CPU、硬盘和内存都有更好的可扩展性。以曙光双路与四路服务器做比较，在 CPU 扩展性方面，曙光四路服务器 CPU 数量最大支持四路，随着双内核处理器的推出，最大可支持四路双内核处理器，从而充分保护客户的投资，其扩充能力增强 100%；在内存扩展性方面，曙光四路服务器内存最大支持 20GB，扩充能力增强 66%。

（3）更高的可靠性：四路服务器的关键部件（如硬盘、电源、风扇及 PCI-X 设备）都支持热插拔冗余功能，可靠性更高，能确保系统连续稳定地运行，不会出现业务意外中断的现象。同时，完成相应负载的服务器数量比二路或单路减少了一半甚至 3/4，硬盘、电源、风扇等易损部件的数量也大量减少，从而使整个系统的可靠性更高。

（4）更简化的日常管理：采用四路服务器能减少服务器数量的增加，不仅能有效提升网络系统的稳定性，而且更易管理，减少了日常的维护工作和维修时间。

作为企业级服务器，四路服务器主要用于以海量数据处理、大规模网络应用和大规模科学计算为特征的企业级或行业关键应用领域，如电子商务、大中型数据库、数据中心、供应链管理、ERP、CRM 和大容量 Web、Mail、流媒体以及大规模科学计算等高端应用。这类应用环境对服务器的处理能力、扩展性、稳定性、可靠性、易管理性等要求都很高。相对于传统的 32 位四路服务器或二路服务器而言，64 位四路服务器性能表现更出色，性价比更高，而且能更有效地保护用户的投资。

3．多核处理技术得到业界共识

多核处理器较之单核处理器能带来更多的性能和生产力优势，因而正逐渐成为一种广泛普及的计算模式。处理器发展至今，时钟频率已经接近现有生产工艺的极限，通过提高频率提升处理器性能基本走到了尽头。

双核处理器技术的引入是提高处理器性能另一个行之有效的方法。因为处理器的实际性能是处理器在每个时钟周期内所能处理指令数的总量，因此增加一个内核，处理器每个时钟周期内可执行的指令数将增加一倍。

双核的优势在于能够在不提高生产难度的前提下，用两个低频率核心产生超过高频率单核心的处理效能，特别是服务器产品需要面对大量并行数据，多核心分配任务更能够提高工作效率，可以看作一种多处理器协作的微缩形式，并且能够达到更高的性价比，一套系统达到两套系统的性能。

2005 年 4 月下旬，AMD 公司一举发布了 10 款双核新品，其中有 3 款属于面向 4-8 路服务器的双内核 Opteron 800 系列（875、870、865），有 3 款面向工作站及双路服务器的双内核 Opteron 200 系列（275、270、265），以及 4 款桌面端双核产品。Intel 也在 4 月 18 日发布了用于桌面 PC 的双内核处理器——Pentium D 及 Pentium 至尊版，双核至强的发布则是在秋季 IDF 上。

在芯片厂商的推动下，服务器厂商对双核的态度也十分积极。2005 年 5 月，IBM 宣布在 IBM eServer 及 IntelliStation 图形工作站产品线中为 AMD 最新推出的双核 Opteron 处理器提供强大的支持。6 月，IBM 宣布在最新的 Linux 群集系统 Cluster 1350 上支持基于 AMD 双核芯片的刀片服务器 LS20。同时，戴尔在英特尔双核至强公布后，立即推出了十多款搭载该处理器的服务器产品。

可以说目前多核概念已逐步为市场接受，未来随着多核计算技术在更多的专用领域的应用，其发展将迎来更加广阔的前景。

4.1.2　路由器产品技术发展情况

随着技术的发展，路由器口益成为 IP 网/互联网的核心设备。路由器需要越来越高速的接口来构造宽带骨干网。近年来路由器的局域网接口从 10/100M 以太网接口发展到千兆以太网接口及 10G 以太网接口。广域网接口从 N×64k 到 2M，当前可选接口有 155M 接口、2.5G 接口以及 10G 接口。千兆以太网以及 10G 以太网也走出局域网范围，可以在城域网范围使用。

2005 年，10GPOS 接口和 10G 以太网接口开始逐渐扩大商用范围。主力厂商的一个重要产品方向就是增加 10G 端口密度，实现单接口卡 4 个 10G 端口，单机 64 个 10G 端口。T 比特路由器的出现把高端路由器带到了新的发展阶段，但由于目前主流高端路由器 10G 端口密度较小，40G 端口尚没有得到广泛商用，单机真正能实现 T 比特交换容量的设备很少。主力厂商正在向集群实现 T 比特交换能力的方向发展。

另一方面，随着路由器原有产品功能的逐步稳定，一些新的功能与业务模块被引入，而这也成为主力厂商路由器产品的主要卖点，例如安全、VoIP、QoS、支持 IPv6 等。而这种多业务和多功能的提升也为用户的网络建设以及业务应用等提供了更好的支撑。

2005 年，低端宽带路由器发展势头依然强劲。首先，由于市场需求仍较强劲，宽带路由器市场仍是整个路由器市场的主流。但由于经历了几年的发展，宽带路由器的价格已跌至极低点，普通家庭用户所需的入门级路由器价格已在 200 元以内，很难再有下降的空间。其次，无线宽带路由器已成为路由器市场新的增长点。随着 WLAN 技术的成熟和新标准、新产品的推出，WLAN 市场在 2005 年得到了高速发展。而其中的无线宽带路由器凭借无线和自由的优点，在家庭和中小型企业中将得到更大的发展。而且无线宽带路由器与有线宽带路由器和其他无线产品一样，价格也在不断下降。2005 年，无线宽带路由器的价格进一步走低，与有线宽带路由器接近，贴近平民化。第三，基于新一代 ASIC 芯片的模块化路由器继续高速发展。在第五代路由器的基础上，新一代 ASIC 芯片路由器不仅性能将全面提升，而且还将集成许多其他网络的功能，如高速交换功能和防病毒功能，将集路由器、交换机和防火墙功能于一身，成为企业降低成本的首选。第四，高端路由器将迎来发展的春天。作为下一代网络核心设备，高端路由器一直是网络设备制造商的必争之地。高端产品的快速增长主要得益于网络力兆化的建设和扩容工程，同时高端产品的基数较小也成就了较高的增长率，但其于电信行业的应用已没有太大的发展空间。在当前的中国市场中，电信市场已经开始逐步饱和，在高端路由器市场的投资也将趋于稳定。高端路由器的潜力市场将主要集中在行业应用中，例如一些行业的骨干网络节点，同时一些行业网络的扩容和升级也将拉动高端路由器的需求。

4.1.3 交换机产品技术发展情况

2005 年，大中型企业网升级与新网建设主要以万兆为骨干、千兆为接入。随着各行业信息化建设的不断推进，信息化应用不断向深度和广度扩展，网络承载多业务现象越来越普遍，并且要求交换机产品能够提供高的 QoS，以便在带宽一定的情况下，高效传递重要数据、有效分配传输资源；同时，各行业信息化应用的专业化程度不断加深，用户对产品功能的个性化需求日益明显；另外，各行业的业务开展对信息化的依赖性越来越大，伴随着网络而来的安全问题也愈加受到重视。内部信息失窃、蠕虫病毒、DOS 攻击，网络的安全问题已经非常突出，但现在难以有厂商能够提供非常完善而有效的手段解决所有的安全问题，这个需求将在未来很长的一段时间内存在。因此，网络安全是未来行业用户最为看重的性能之一。纵观 2005 年，交换机技术的发展主要呈现出以下特点。

第一，为适应运营级城域网的要求，目前的三层交换机，尤其是高端三层交换机，在路由转发能力、接口类型、业务能力、QoS 以及安全、计费、认证等功能上都有了很大的改进和提高。传统的三层交换机只支持以太网接口，即 10/100M 和 1 000M 以太网接口，但随着三层交换机应用于城域网环境，一方面较低的接口速率无法满足城域网核心层面的转发需要；另一方面单一的以太网接口也不能适应城域网与广域网互联的需求。10G 以太网的标准（IEEE802.3ae）于 2002 年 6 月正式发布，目前，经过短短 3 年的发展，大多数主流厂商的高端三层交换机都已经支持 10G 以太网接口，使得企业网、校园网以及运营商城域网的骨干带宽大大增加。同时，在一些高端的三层交换机上也提供了 POS、ATM、E1/E3 等广域网接口，从而使通过三层交换机实现城域网与广域网的互联成为可能，并且使三层交换机可以更加"方便"地成为城域网的核心层设备。

传统的三层交换机在路由协议的支持能力方面比较弱，一般只支持 RIP 等适合小规模网络的域内路由协议。目前的三层交换机不仅可以支持 RIP、OSPF 等域内路由协议，一些高端的三层交换机还可以支持 BGP 协议，这样就大大扩展了三层交换机的应用范围。随着 VOD 等组播业务的迅速发展，要求网络设备也要能够支持组播功能，目前的三层交换机不仅可以支持 IGMP 协议，而且可以支持 PIM-SM/DM、DVMRP 等组播路由协议，使得三层交换机既可以部署在网络的边缘，又可以在汇聚层或核心层提供组播业务的支持。

第二，固定端口交换机逐步被模块化交换机取代。尽管集线器市场已被交换机所占领，但由于宽带路由器产品也提供了 4 个交换端口，对于绝大多数家庭用户来说，基本上没必要另外购买交换机产品。对于中小企业，经过几年的发展，各自的企业网络已初具规模。在这样的网络规模下，对网络设备的智能化、灵活性要求越来越高。在企业骨干网络中，固定端口交换机已不再是他们的首选，取而代之的当然是具有网管功能的模块化交换机。

第三，交换机全面取代集线器。两年前开始，集线器市场就开始被交换机市场所取代，这主要是受低端交换机的价格不断下降的影响，原来集线器惟一的价格优势已不再存在。目前的低端交换机价格已跌至 100 元左右，百元以内的 5 口交换机已随处可见，从而使得对于小型企业和个人用户来说，交换机理所当然成为必然之选。

4.1.4 网卡产品技术发展情况

网卡作为最传统的网络设备，虽然没有太复杂的技术，但由于属于基础网络设施，同样随着网络应用的深入而呈现出相应的发展特点。

首先，2005 年网卡向主板集成化的发展趋势更加明显。现在的主板，都基本上集成了一个甚至两个以上的网卡，一般用户无须另外购买网卡即可满足一般的应用需求。正因为如此，现在生产独立网卡的厂商已经越来越少，基本上仍是 TP-LINK、D-Link、联想、Intel、3Com（华为 3Com）等品牌在把持。在低端民用市场占有率方面，TP-LINK、D-Link、联想、金浪、TENDA、清华同方等厂家的产品，由于在价格方面有一定优势，所以在国内低端网卡市场上的普及率较高。

在数据传输速率方面，虽然千兆网络在大中型企业中已开始向桌面普及，但受到目前千兆网络核心设备价格普遍偏高因素的制约，在中小型企业目前及未来至少一年内 10/100Mbit/s 仍将是主流。但是，千兆网卡在服务器中已经开始普及。

2005 年，随着 WLAN 无线技术的成熟，网卡市场中无线网卡产品进一步普及。同时由于新的 WLAN 标准不断推出，IEEE802.11b 无线网卡及其他无线设备正逐步淡出市场。取而代之的是 54Mbit/s 的 IEEE 802.11g 和 IEEE 802.11g+无线网卡及其他无线设备正逐渐大行其道。

4.1.5　NGN 产品技术发展情况

经过数年的试验和试商用，NGN 技术正逐步发展成熟。2005 年，中国 NGN 网络建设开始走向规模商用阶段，NGN 网络设备市场也随之快速启动。2005 年，中国 NGN 网络端口数达到了 1 100 万，NGN 网络设备市场规模达到了 24.5 亿元人民币，同比增长率分别高达 120% 和 63.3%。

2005 年以来，国内各运营商明确了 NGN 发展的指导意见，并分阶段进行 NGN 的推广。NGN 的分层网络架构，使得 NGN 的承载网可以先行建设，从各大运营商建网历程来看，大都采取了承载网先行建设的网络建设思路。继 2004 年软交换在全国范围内的一系列试商用活动后，长途软交换技术已经完全成熟。2005 年 5 月，中国电信开始实施长途汇接网改造项目，通过与中兴的全面合作，该项目已于 2005 年底之前全面完成，并通过验收。中国网通也于 2005 年 10 月底公布了与上海贝尔阿尔卡特和华为签订的软交换供货协议。而中国移动方面也率先实现了长途话音业务的软交换商用，电信网核心层面从 PSTN 向 NGN 过渡已经成为电信运营商转型的主旋律。

进入 2005 年以来，中国电信和中国网通明显加快了 NGN 的启动和推广工作。中国电信集团已经制定了 PSTN 演进的路线图，并要求各省分公司完成各省 NGN 规划方案并上交集团审批。同时，2005 年 5 月，中国电信长途汇接局 NGN 项目正式启动，这不仅标志着中国电信的 NGN 规模应用正式启动，也标志着固网运营商网络演进开始进入实质性阶段。在中国网通方面，截止到 2005 年 6 月，集团拥有覆盖全国各省会城市和主要大中型城市的数字电话交换网，交换机总容量已超过 1 亿门。其中，北方 10 省（区、市）已建成完整的本地电话网，南方 21 省（区、市）的本地数字电话交换网也已基本建成。总体上看，NGN 市场中，中国网通在南方表现得更积极一些，在北方因为 PSTN 还是主要的网络，因此更多是在探索 PSTN 向 NGN 演进的关系，以及 PSTN 优化改造与引入软交换相结合的模式。

中国电信作为最早尝试 NGN 的电信运营商，在完成对 4 个城市的测试后，NGN 部署的城市数和用户规模都在不断扩大。当前，中国电信在上海、深圳、肇庆等城市的 NGN 商用已经取得了阶段性成果，为下一步的 NGN 大规模商用提供了有益的参考。中国电信还在核心网部署了 CN2，现在正在积极做城域网的优化工作，同时积极推出新的增值业务。从 2005 年开始，中国电信在 2004 年试商用的基础上以 DC1 长途层面和大客户/业务层面引入软交换为突破口，兼顾在本地汇接层面和端局层面的引入，适度扩大设置软交换的省份个数，在有足够业务需求的省引入软交换。

作为传统固网运营商网络演进和业务演进的方向，目前 NGN 设备市场已经成为众多厂商的战略重点之一，当前，中国电信和中国网通的网络智能化改造中对 NGN 的引入，将加快 NGN 在汇接局层面的引入。同时，未来固定网络和移动网络融合是一个必然的发展趋势，而且固定移动的融合首先是业务的融合和后台支撑系统的融合。对此，作为国内第一大移动通信运营商的中国移动经过近两年的努力其软交换长途汇接网络已经成为全球规模最大的软交换网络之一，超过 10 万 E1，承担网络中超过 60%的长途话务量。目前，中国移动已经全面完成了对于 3G R4 的准备工作，在中国移动研究院实验室，中国移动已经完成对于 3G R4 设备的功能、协议、业务、性能、互通等全方位的测试。中国移动的 IMS 研究和部署在紧锣密鼓地进行中，中国移动自己的 IMS 标准已经完成，试验和测试在进行中。

2005 年，中国移动引导亚洲的多个移动通信运营商，完成了 GSMA 的 IP Interworking 测试，测试以 IMS 为基础，多个运营商业务互通，保障在 IMS 环境下多个运营商能够实现业务的互联互通，避免形成业务孤岛。

面对未来 NGN 市场，各 NGN 设备厂商应尽快在中国 NGN 市场大规模启动之前及时抢占主要市场，采取必要的圈地战略和赠送策略，在中国电信运营商长途层面和各省公司中占据市场先机，这也是厂商必须加大力度重点突破、实现未来发展的关键所在。

4.1.6 IPv6 设备技术发展情况

在互联网应用领域，中国发展十分迅速。但是，从互联网标准制定到技术研发方面我们在世界上并没有发言权，一直处于跟随者的角色，美国对于 IPv4 领域的垄断也令他们在这个产业获得了巨大的利益。目前，我们的网络发展遇到了诸如地址不足、带宽瓶颈等一系列问题，而 IPv6 技术的出现不仅给我们提供了这些问题的解决之道，还是一个让我们可以在互联网产业迎头赶上的契机。

目前，整体而言，中国的 IPv6 处于产业的形成期，IPv6 在中国的产业生命周期及技术进步状况同世界 IPv6 产业发展基本同步。对此，政府进行了大力的支持，例如由国家发改委牵头、八部委共同组织投资的 CNGI 工程、863 的高性能宽带信息网专项工程以及各省市的 IPv6 发展规划。中国的企业、科研机构也积极参与到了 IPv6 产业化发展当中来。现阶段，IPv6 网络主要存在于 CERNET 和各大运营商的 CNGI 示范网。这些 IPv6 网络相互连接成为一个整体的 CNGI IPv6 示范网络。部分运营商已经在其 IPv6 网络上开始提供各种应用和服务，其中包括向 IPv4 的用户提供基于 IPv6 的各种服务。因此，从 IPv4 网络接入到 IPv6 网络从技术上是完全可以实现的。目前存在的问题主要是 IPv4 网络与 IPv6 网络大规模的互联互通还有更多技术上的问题需要解决。在 CNGI 项目中，中国电信、中国联通等 5 家电信运营公司和多家科研机构均为重要的参与方，使 CNGI 从一开始就有市场化的特色。

另一方面，中国具有良好的市场前景，这给 IPv6 的应用提供了巨大的需求和广阔的市场空间。据统计，目前中国互联网用户总量居世界第二位，但普及率只有 8.5%，远远低于世界平均水平。而中国的固定电话、移动电话用户数均居世界第一位，这些用户都是中国下一代互联网的潜在用户。据中国互联网络信息中心估计，到2010年，中国的互联网用户将超过2亿，这无疑给中国下一代互联网的发展提供了广阔的市场空间。

IPv6 在中国仍未实现商用，目前中国运行的几个 IPv6 网络仍仅限于科研与实验，中国还没有出现 IPv6 商用网络。在技术研发、网络及终端设备制造方面，由于起步晚我们要落后一些，但落后并不太多，完全有迎头赶上的机会。

从设备的角度来看，在 CERNET2 上已经使用了中国第一台 IPv6 路由器，在 CERNET20 个核心节点配置 IPv6 核心路由器和接入路由器，50%以上采用国产设备，这标志着中国在下一代互联网关键技术上取得了突破性进展。中国已经具有了 IPv6 核心路由器完全软、硬件自主知识产权，并成功开发出了主要用于下一代互联网的核心主干网、可以提供 IPv6/IPv4 功能的双栈核心路由器。该路由器采用高速分布式路由体系结构和先进的高速交换矩阵，具有每秒 3200 亿比特的信息交换能力和每秒 9600 万次的分组报文转发能力，达到 400 万条 IPv4/IPv6 动态可调路由表项，采用硬件技术实现了各种 IPv6/IPv4 分组报文的线速转发。它提供 TCP、UDP、IP、ND、ICMP、RIPv2、RIPng、OSPFv2、OSPFv3、BGP4+和 PIM 组播路由协议，具有 10M/100M/1000M 以太网和 155M/2.5GPOS 接口类型。它还提供配置隧道、6to4 隧道、4to6 隧道、NAT-PT 等过渡协议，SNMP 网络管理协议，IPsec 和 IKE 等安全协议，完善的访问控制和过滤机制，同时提供方便、友好的控制管理界面。目前主要的网络支撑产品如路由器、交换机等硬件产品已经能够对网络提供强有力的支撑，在软件方面也已经有许多辅助交换的产品在不断更新，并能够对 IPv6 网络起到优化作用。国内企业中华为、中兴等公司的 IPv6 路由器和交换机相对成熟，设备功能相对完善，但是目前支持 IPv6 的厂商不是非常广泛，而且在设备互联互通方面存在不足，需要进行相关的厂商间设备互通性、兼容性测试。各厂商在过渡技术方面实现程度不一，而且过渡技术之间的互联互通问题更大。为此，需要通过权威的测试来保证各厂商的产品遵循统一的协议标准，各种产品之间能够实现互联互通，只有这样才能搭建起真正的 IPv6 网络并开展应用。

从现在国内已经建成的 IPv6 网络来看，整体上各个厂家的产品的兼容性和互联互通做得还是比较好的，而在一些基础设备的附加功能上由于各个厂家的设计理念不同会导致一些必需的互联互通测试。

中国的 IPv6 起步虽然稍晚，但是在 CNGI 招标项目开始的时候，各个参与方就都提出了大胆新颖的 IPv6 应用设想。比如，CERNET 目前正在验收的基于 IPv6 网络的远程视频教学业务、铁通正计划利用 IPv6 来设立铁路系统的 RFID 以及联通想将 IPv6 与其未来的 CDMA 网络用户结合起来提供互联网服务等。因此，总体上看，IPv6 将为中国互联网产业提供良好的发展机遇。

4.2 互联网设备和终端产品的销售和市场

4.2.1 PC 机产品

1. 总体市场规模

2005年中国PC产品市场销量达1 989.7万台，与2004年相比增长18.8%，销售额为1 210.9

亿元，增长了 8.7%，分别如表 4.1 和图 4.1 所示。

表 4.1　　2003～2005 年中国 PC 产品市场规模

年　　份	2003 年	2004 年	2005 年
销售量（万台）	1 423.3	1 675.0	1 989.7
销售额（亿元）	1 020.2	1 113.7	1 210.9

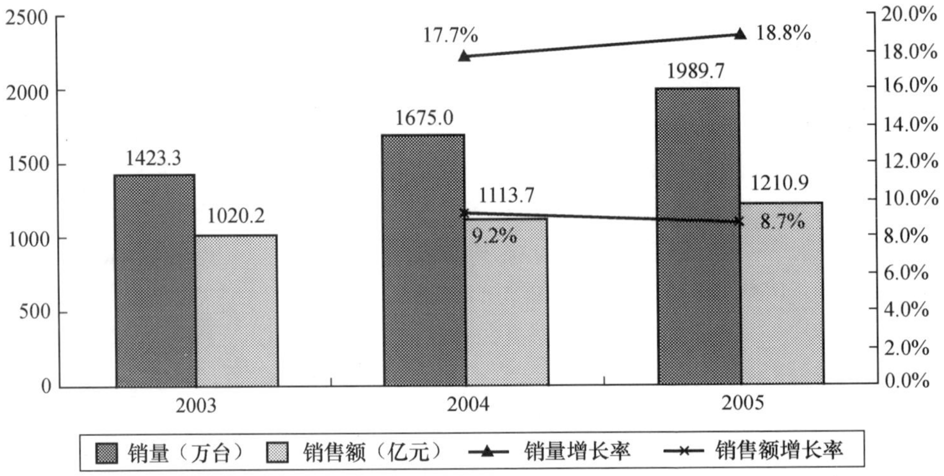

图 4.1　2003～2005 年中国 PC 产品市场规模与增长

2. 总体市场特点

（1）价格走低，利润空间不断缩小

PC 市场已经步入成熟期，技术的光环褪去，产品同质化导致价格成为竞争的主要手段，商用市场上以利润换市场空间的操作手法尤为明显，厂商的利润在价格战中趋近底线。PC 厂商迫切需要提高产品的附加价值来突破利润压力。同时，厂商也努力调整产品结构，提高笔记本、服务器等较高利润率的产品比重，特别是通过“平民化”、具有亲和力的价格积极开拓笔记本市场。

（2）消费类市场增长显著

在台式机市场，换机需求和四五级市场的开拓都有力地拉动了消费类市场的发展。2005 年是台式机四五级市场加速发展的一年，随着各大品牌加强对四五级市场的渠道渗透，市场销售占市场总体销量的比重上升至 30%。

在笔记本电脑市场，个人消费市场虽然发展时间较短，但是从 2004 年笔记本电脑大幅降价开始，价格接近消费者心理底线，消费类市场保持着一倍以上的增速。其中，学生市场成为新的亮点，调查中六成以上的大学生选择购买笔记本，这也昭示着笔记本市场的发展潜力所在。而一些个性化的设计也刺激了高收入人群的购买欲望，使得像索尼、三星这样走时尚路线的品牌收获颇丰。

（3）适者生存，品牌竞争有进有退

2005 年，台式机品牌继续演绎大者恒大的 IT 哲学。随着英特尔 GAPP 计划的推出，一些地方强势品牌在上游厂商的支持下，出现了快速发展的良好态势，湖北、广州、天津等地的一些地方性品牌在当地的市场占有率已名列前茅。地方品牌加速向两极化发展，少部分强势品牌发展壮大，大部分地方小品牌被淘汰出局，小品牌急剧减少留下的市场空间迅速被大品牌和地方强势品牌所占领。

笔记本电脑市场方面，从2004年开始就不断有一些三四线的产品退出，包括华禹邦甲、南方高科和京东方等，显示出市场适者生存的道理。不过，有退也有进，一些传统的家电厂商开始将视线转移到笔记本电脑上，包括TCL、海尔和夏新等厂商，2005年投入了大量的精力在笔记本产品的设计、宣传上，希望利用传统家电的知名度和地区销售渠道的优势，在笔记本电脑市场分一杯羹。

（4）渠道调整服从供应链管理，以提高效能、降低成本

继前几年渠道扁平化的过程之后，效能与管理成本成为厂商反思的重点。2005年，台式PC厂商为了提高渠道效能纷纷作了各种调整。联想提出了集成分销的理念，在渠道体系的设计上，将联想、渠道看作一个整体，在产品开发、市场营销、销售、供应链和服务所组成的整体价值链上划分成大客户和中小客户两种模式，清晰角色定位与分工，提高整体运作效率。宏基2005年重新回到总代理制，由总代理直接从原始设计制造商下订单，宏基则完全退出生产和销售环节，只扮演品牌和渠道管理者的角色。不同渠道策略调整的背后，体现的是PC厂商各自对市场的理解。但是反映出的通过协作和整合供应链来降低运营成本，是所有渠道策略变革的深层含义。

（5）用户成熟度提升，促销时点性因素淡化

暑期市场对厂商全年的业绩来说是最重要的销售旺季。但是，随着用户成熟度的提升，市场对暑促等时点性促销活动的反应越来越平淡。竞争的激化使得降价等促销活动频繁，暑期对全年销量的贡献也越来越小。为了提高促销的效果，2005年厂商纷纷拉长了暑促的时间。此外，促销活动的重心也逐渐下移到用户成熟度较低的三四级城市。

3. 垂直市场分析

2004～2005年中国PC产品垂直市场总体销售与增长情况如表4.2和图4.2、图4.3所示。

表4.2　2004～2005年中国PC产品垂直市场总体销售与增长状况

垂直市场	销量（万台）			销售额（亿元）		
	2004年	2005年	增长率	2004年	2005年	增长率
政府	203.1	233.3	14.9%	134.5	144.8	7.7%
教育	242.0	284.3	17.5%	136.3	146.2	7.2%
大型企业	269.4	304.4	13.0%	238.0	248.7	4.5%
中小企业	385.4	473.8	23.0%	267.7	298.8	11.6%
消费	575.2	693.8	20.6%	337.3	372.4	10.4%
合计	1 675.0	1 989.7	18.8%	1 113.7	1 210.9	8.7%

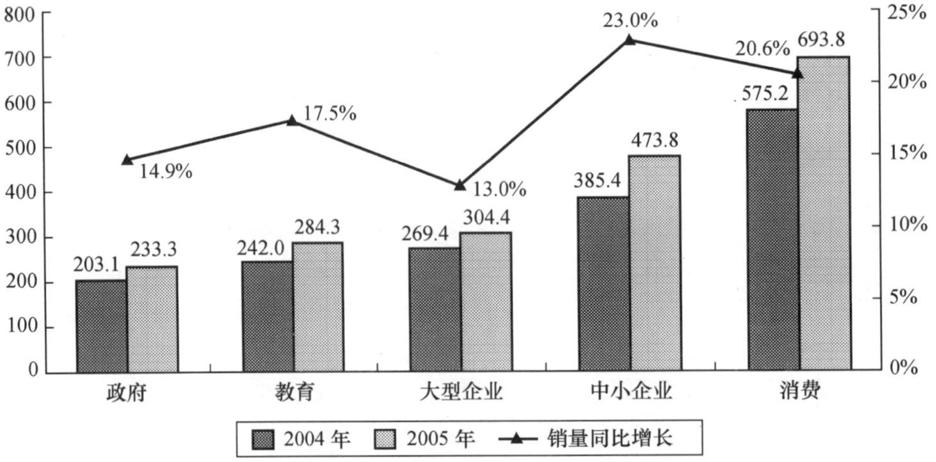

图 4.2　2004～2005 年中国 PC 产品垂直市场销量增长情况

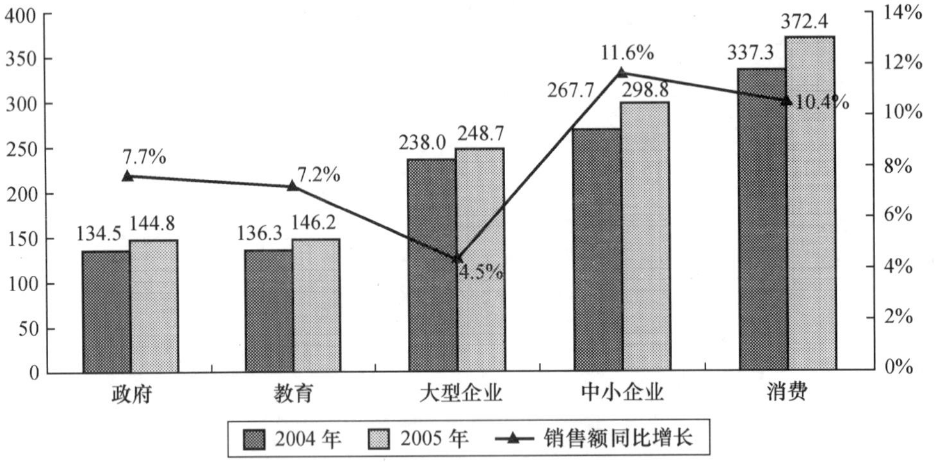

图 4.3　2004～2005 年中国 PC 产品垂直市场销售额增长情况

2005 年中国 PC 市场的分产品垂直市场的销量与销售额比例分别如图 4.4 和图 4.5 所示。

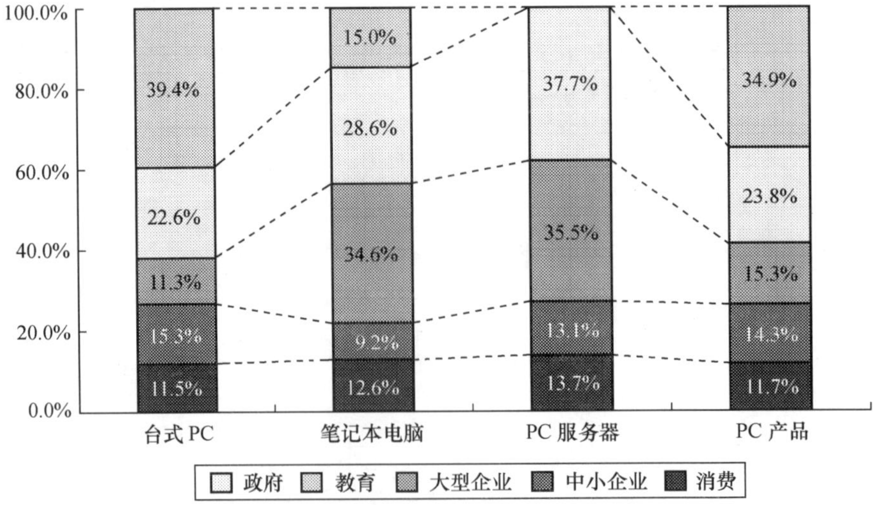

图 4.4　2005 年中国 PC 市场分产品垂直市场销量比例

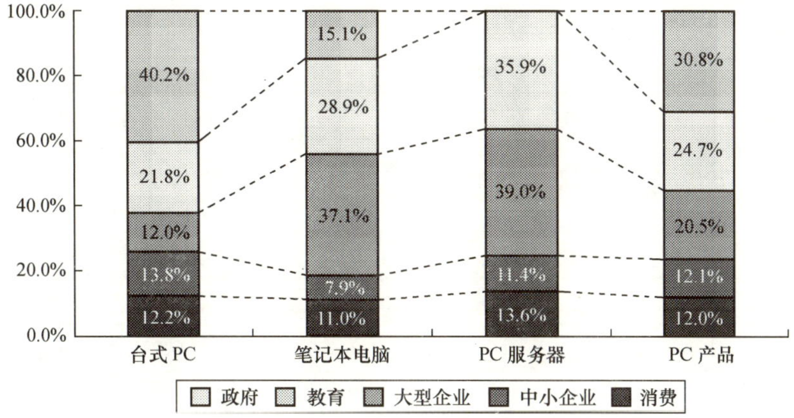

图4.5 2005年中国PC市场分产品垂直市场销售额比例

4. 平行市场分析

2005年中国PC产品平行市场段销售量情况如表4.3和图4.6所示。

表4.3 2005年中国PC产品平行市场段销售量情况

平行市场段	销售量（万台）		2005年销售量比例	增长率
	2004年	2005年		
政府	203.0	233.3	11.7%	14.9%
教育	241.9	284.3	14.3%	17.6%
制造	134.0	164.9	8.3%	23.0%
电信	96.5	114.7	5.8%	18.8%
金融	94.1	104.3	5.2%	10.8%
流通	60.1	71.9	3.6%	19.7%
能源	44.3	51.5	2.6%	16.1%
交通	52.6	61.7	3.1%	17.4%
消费	575.5	693.8	34.9%	20.6%
其他	173.0	209.4	10.5%	21.0%
合计	1 675.0	1 989.7	100.0%	18.8%

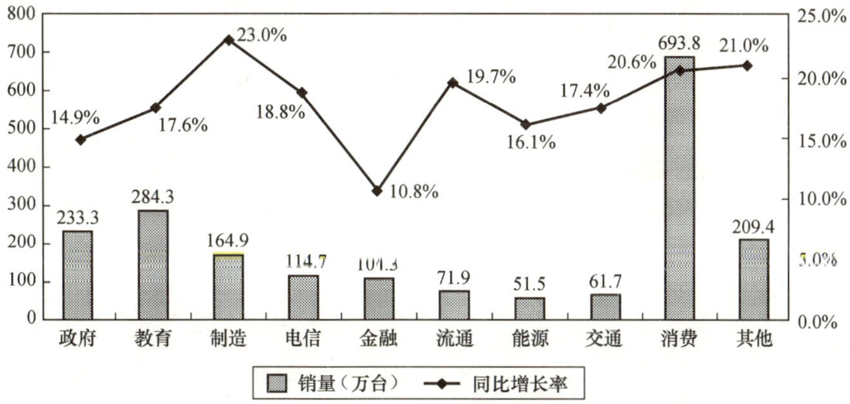

图4.6 2005年中国PC产品平行市场段销售量情况

2005 年中国 PC 产品平行市场段销售额情况如表 4.4 和图 4.7 所示。

表 4.4　　2005 年中国 PC 产品平行市场段销售额情况

平行市场段	销售额（亿元）		2005 年销售额比例	增长率
	2004 年	2005 年		
政府	134.5	144.8	12.0%	7.7%
教育	136.3	146.2	12.1%	7.2%
制造	91.2	101.2	8.4%	11.0%
电信	78.7	84.3	7.0%	7.1%
金融	85.1	88.3	7.3%	3.7%
流通	44.6	48.5	4.0%	8.7%
能源	25.1	26.1	2.2%	4.0%
交通	41.4	45.8	3.8%	10.5%
消费	337.3	372.4	30.8%	10.4%
其他	139.5	153.3	12.7%	9.9%
合计	1 113.7	1 210.9	100.0%	8.7%

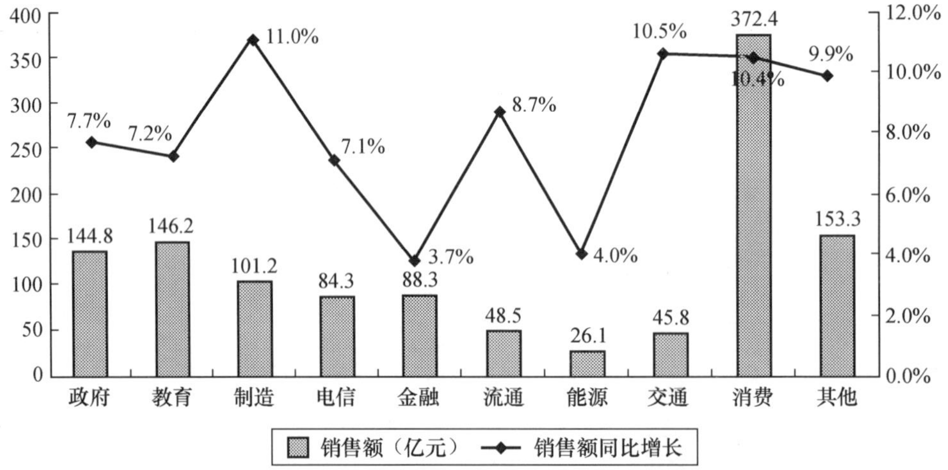

图 4.7　2005 年中国 PC 产品平行市场段销售额情况

4.2.2 服务器产品

1. 总体市场规模

2005 年，中国服务器市场保持着快速增长势头，总体市场规模达到 173.89 亿元，与上年同期相比增长了 22.3%，销售量达到 44.72 万台（如表 4.5 所示），其中 PC 服务器的销售额占总体规模的 48.2%，达到 83.89 亿元人民币，销售量为 42.7 万台（如图 4.8 所示），与上年同期相比分别增长了 17.1%和 22.7%（如表 4.6 所示）；RISC 服务器的销售额占总体规模的 51.8%，达到 90 亿元人民币，销售量为 2.02 万台（如图 4.9 所示），与上年同期相比分别增长了 5.1%和 13.4%（如表 4.7 所示）。增长的主要动力来自于以下几个方面：一是国家整体的宏观经济发展良好；二是电子政务进入实施年，各地政府信息化建设投入有增无减；三是中小企业市场信息化步伐加快，IT 应用投资规模在不断升级；四是 3G、IPv6、宽带、网络电视等应用正在兴起。

表 4.5　　2004～2005 年中国服务器市场规模

年　　份	2004 年	2005 年	同比增长率
销售量（万台）	36.58	44.72	22.3%
销售额（亿元人民币）	157.22	173.89	10.6%

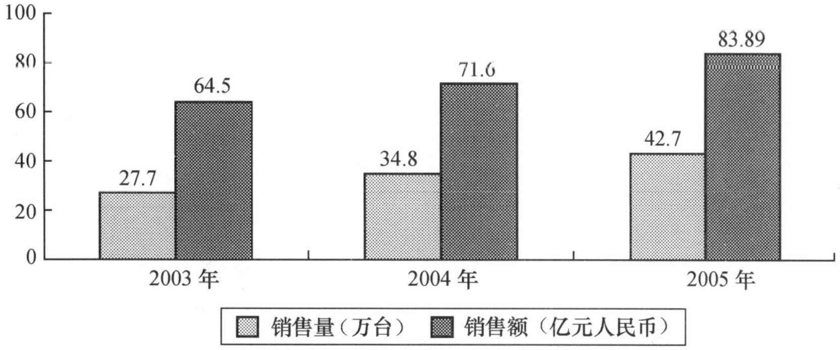

图 4.8　2003～2005 年中国 PC 服务器市场规模

表 4.6　　2004～2005 年中国 PC 服务器市场增长率

年　　份	2004 年	2005 年
销售量增长率（%）	25.6%	22.7%
销售额增长率（%）	11.0%	17.1%

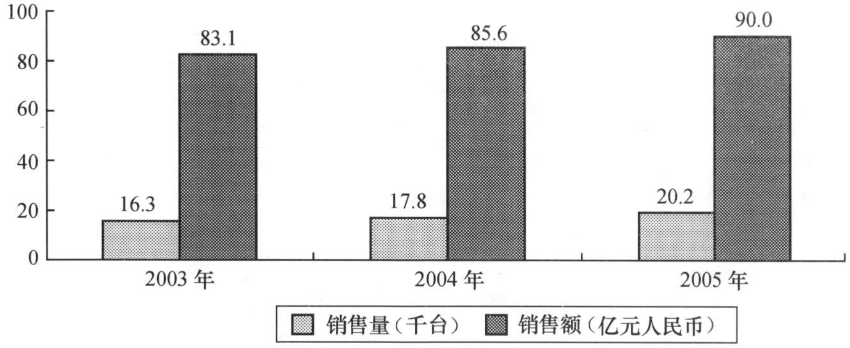

图 4.9　2003～2005 年中国 RISC 服务器市场规模

表 4.7　　2004～2005 年中国 RISC 服务器市场增长率

年　　份	2004 年	2005 年
销售量增长率（%）	9.5%	13.4%
销售额增长率（%）	3.0%	5.1%

2. 总体市场特点

（1）双核引爆新一轮产品技术大战

随着市场竞争的加剧，各大服务器厂商加快了研发新产品的步伐，新产品、新技术更新换代的周期越来越短。双核技术无疑是2005年市场的一大热点，2005年Intel和AMD相继发布双核技术，将双核带入x86领域，在业界引起强大反响。双核产品的性能较单核产品有显著提升，为用户挑选企业计算平台提供了更多的选择。2005年，Intel和AMD间的双核竞争加快了x86领域双核技术和应用的普及，厂商也积极跟进，引导用户对双核的认识。目前，由于双核价格还较昂贵，相关的软件授权还不是很完善，基于双核的应用还很少，但可以肯定的是，无论从性能提升上、功耗上还是从制造成本上考虑，双内核乃至多内核才是未来处理器的发展方向。

（2）中小企业成为众厂商关注的焦点

随着中国企业信息化进程的加快，大型企业信息化已颇具规模，而分布最为广泛的中小企业，近年来的IT应用投资规模也在不断升级，这一存在无限商机的市场正成为各大厂商争夺的主战场。2005年，众厂商将目光一致投向中小企业市场，加大了对这一领域研发、市场和渠道等方面的投入，导致中小企业市场异常活跃，同时竞争也更加激烈。国际品牌以其优良的性能、全线的产品、具有竞争力的价格迅速抢滩低端市场，使一向在低端市场占据优势的国内厂商受到前所未有的压力，曾经拥有的价格优势、渠道优势正日益丧失，市场份额正在缩水，处境日益窘迫。国内厂商要想走出困境只有依靠自主创新、产品差异化、服务增值等多种方式避免竞争出局。一场争夺中小企业服务器市场的攻坚战正在展开。

（3）厂商更加注重行业导向型渠道建设

合理高效的营销渠道是占领服务器市场的必要条件，渠道的效率直接影响销售量的好坏。2005年厂商渠道建设的重点集中在建设行业导向型渠道、加强与SI&VAR的合作力度上。一方面，厂商加大对区域行业的部署，加大横向发展的力度，扩大渠道覆盖的范围；另一方面，在加紧扩展区域行业市场的同时，加大渠道向下纵深发展的力度，把渠道的渗透力从一二级城市扩大到三四级城市，充分发掘那些蕴藏着巨大潜力的市场。

（4）成本与简化基础架构逐渐催热刀片服务器市场

当前企业IT采购与部署更理性化，需要尽可能地降低TCO和简化IT基础设施，如何创建一个高效、随需应变和快速响应的IT基础设施已经成为企业关注的焦点。刀片服务器从空间的节省、能耗的降低、管理的便捷到最终实现总体拥有成本的下降及基础架构的简化，它能带来的商业利益使用户越来越无法抗拒，用户的购买需求正在逐渐被激发。

2005年，越来越多的厂商参与到刀片市场竞争中，新品频繁推出，产品种类不断增多，关键技术被逐步攻破，加紧了对刀片服务器市场的培育，使用户对刀片服务器的认知度有了显著的提升，整个市场正处于催热中，在部分领域如石油物探、企业和互联网数据中心、科研等IT项目实施中，已经可以看见刀片服务器的身影。2005年，中国刀片服务器市场销量达到1.48万台，销售额达到7.83亿元，与2004年同期相比分别增长了97.3%和96.7%。

3. 垂直市场分析

从垂直市场结构来看，2005年，政府IT投资依然继续扩大，随着电子政务进入实施年，各地政府在信息化方面的投入有增无减，均加强了基础设施建设，同时也开展了IT与业务整合工作，2005年政府行业服务器销量增长速度最快。2005年中国的PC服务器与RISC服务器垂直市场段的销量与销售额的情况分别如表4.8、表4.9、表4.10、表4.11和图4.10、图4.11、

图 4.12 所示。

表 4.8　　2005 年中国 PC 服务器垂直市场段销量情况

垂直市场	销量（万台）		2005 年销量比例	同比增长率
	2004 年	2005 年		
大型企业	13.00	15.16	35.5%	16.5%
中小型企业	12.90	16.12	37.7%	25.1%
政府	4.50	5.84	13.7%	29.8%
教育	4.40	5.58	13.1%	26.8%
合计	34.80	42.70	100%	22.7%

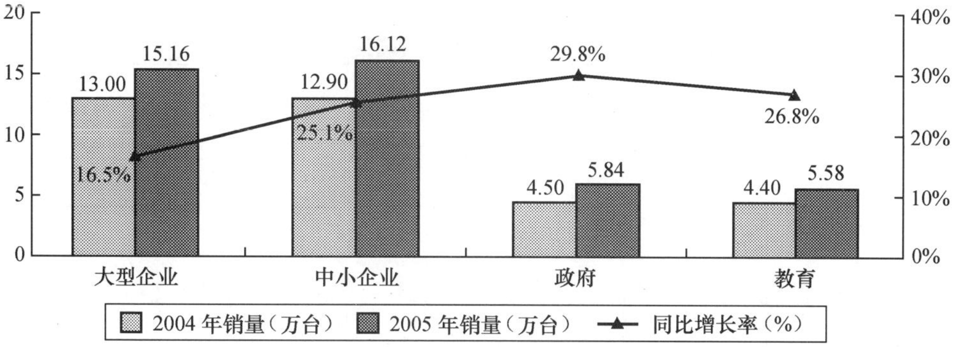

图 4.10　2005 年中国 PC 服务器垂直市场段销量情况

表 4.9　　2005 年中国 PC 服务器垂直市场段销售额情况

垂直市场	销售额（亿元）		2005 年销售额比例	同比增长率
	2004 年	2005 年		
大型企业	29.33	32.75	39.0%	11.7%
中小型企业	25.23	30.10	35.9%	19.3%
政府	9.22	11.45	13.7%	24.2%
教育	7.84	9.59	11.4%	22.3%
合计	71.62	83.89	100%	17.1%

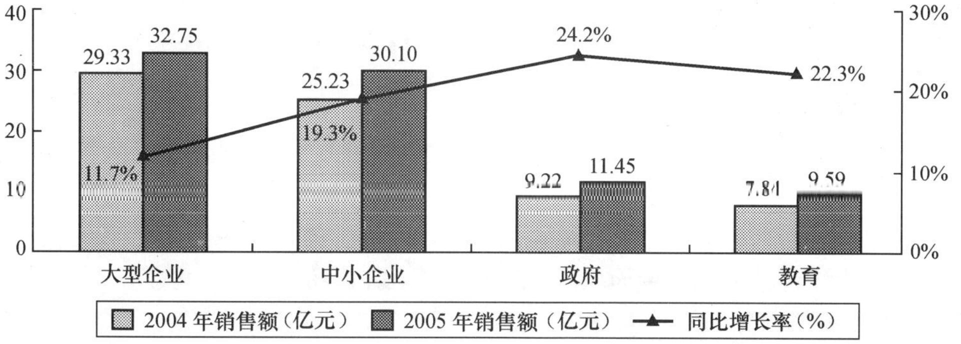

图 4.11　2005 年中国 PC 服务器垂直市场段销售额情况

表 4.10　　2005 年中国 RISC 服务器垂直市场段销量情况

垂直市场	销量（千台）		2005 年销量比例	同比增长率
	2004 年	2005 年		
大型企业	13.14	15.01	74.3%	14.2%
中小型企业	2.04	2.15	10.6%	5.2%
政府	2.34	2.72	13.5%	16.5%
教育	0.28	0.32	1.6%	13.7%
合计	17.80	20.20	100%	13.5%

表 4.11　　2005 年中国 RISC 服务器垂直市场段销售额情况

垂直市场	销售额（亿元）		2005 年销售额比例	同比增长率
	2004 年	2005 年		
大型企业	69.82	73.68	81.9%	5.5%
中小型企业	6.10	5.52	6.1%	–9.5%
政府	8.75	9.81	10.9%	12.1%
教育	0.93	0.99	1.1%	6.5%
合计	85.60	90.00	100%	5.1%

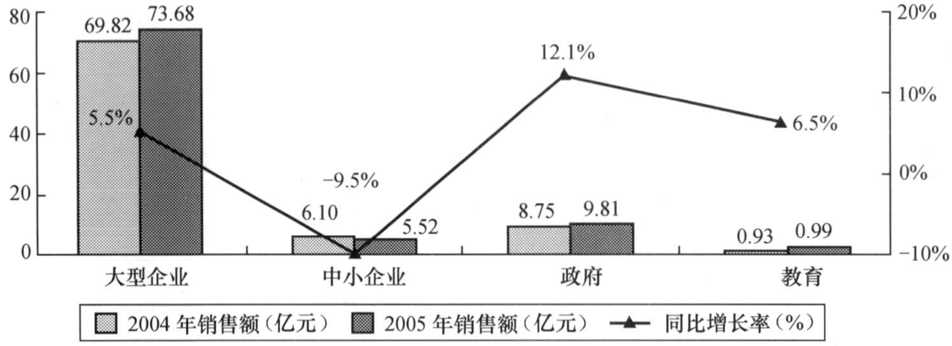

图 4.12　2005 年中国 RISC 服务器垂直市场段销售额情况

4．平行市场分析

在平行市场结构方面，2005 年，制造、政府、教育和电信对服务器产品的需求继续扩大。从销售额来看，传统行业仍是拉动服务器市场需求的主力军。尤其是电信市场在 2005 年对服务器的需求相对 2004 年有较大增长，特别是在电信增值业务方面增长最快，短信业务、网络游戏、3G 也带来服务器采购数量的增加。2005 年中国 PC 服务器与 RISC 服务器的平行市场段的销量与销售额情况分别如表 4.12、表 4.13、表 4.14、表 4.15 和图 4.13、图 4.14、图 4.15、图 4.16 所示。

表 4.12　　**2005 年中国 PC 服务器平行市场段销量情况**

平行市场	销量（万台）		2005 年销量比例	同比增长率
	2004 年	2005 年		
制造	4.85	6.37	14.9%	31.2%
政府	4.50	5.84	13.7%	29.8%
教育	4.40	5.58	13.1%	26.8%
金融	4.74	5.34	12.5%	12.6%
电信	3.92	4.79	11.2%	22.2%
交通	2.43	2.93	6.9%	20.7%
能源	1.77	2.20	5.2%	24.5%
流通	1.61	1.96	4.6%	21.5%
科研	1.54	1.85	4.3%	20.4%
邮政	1.21	1.44	3.4%	18.9%
建筑	0.19	0.22	0.5%	15.8%
卫生	1.07	1.32	3.1%	23.4%
媒体	0.35	0.38	0.9%	8.6%
其他	2.22	2.49	5.7%	12.2%
总计	34.80	42.70	100%	22.7%

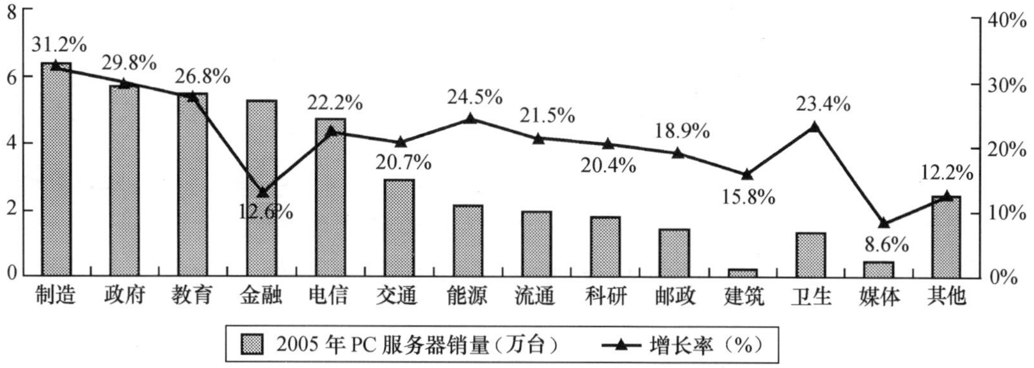

图 4.13　2005 年中国 PC 服务器平行市场段销量情况

表 4.13　　**2005 年中国 PC 服务器平行市场段销售额情况**

平行市场	销售额（亿元）		2005 年销售额比例	同比增长率
	2004 年	2005 年		
制造	10.16	12.48	14.9%	22.8%
政府	9.22	11.45	13.6%	24.2%
教育	7.84	9.59	11.4%	22.3%

续表

平行市场	销售额（亿元）		2005年销售额比例	同比增长率
	2004年	2005年		
金融	11.25	12.21	14.6%	8.5%
电信	9.13	10.85	12.9%	18.8%
交通	5.43	6.01	7.2%	10.7%
能源	3.96	4.77	5.7%	20.5%
流通	3.27	3.70	4.4%	13.1%
科研	3.32	3.66	4.4%	10.2%
邮政	2.60	3.01	3.6%	15.8%
建筑	0.42	0.46	0.5%	9.5%
卫生	2.51	2.97	3.5%	18.3%
媒体	0.64	0.69	0.8%	7.8%
其他	1.87	2.04	2.5%	9.1%
总计	71.62	83.89	100%	17.1%

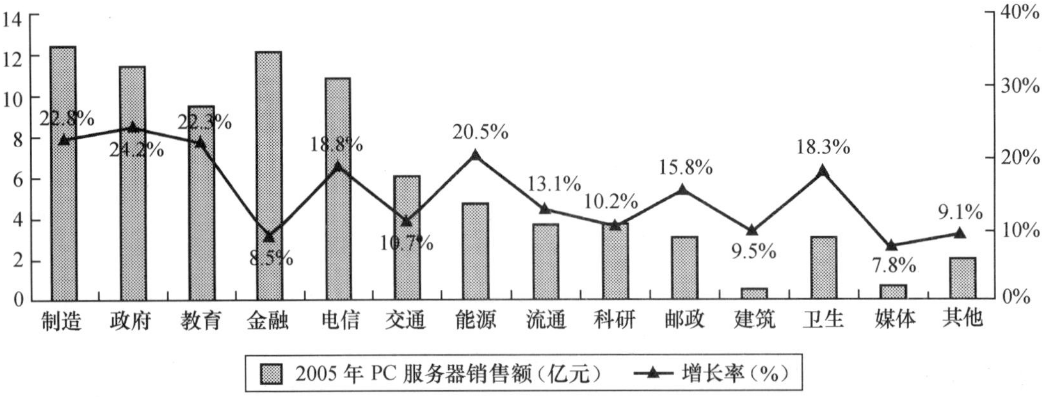

图4.14　2005年中国PC服务器平行市场段销售额情况

表4.14　　2005年中国RISC服务器平行市场段销量情况

平行市场	销量（千台）		2005年销量比例	同比增长率
	2004年	2005年		
制造	1.58	1.80	8.9%	14.1%
政府	2.34	2.72	13.5%	16.5%
教育	0.28	0.32	1.6%	13.7%
金融	5.43	5.99	29.7%	10.3%
电信	5.02	5.79	28.7%	15.5%
交通	0.58	0.65	3.2%	12.7%
能源	1.04	1.19	5.9%	14.6%

续表

平行市场	销量（千台）		2005 年销量比例	同比增长率
	2004 年	2005 年		
流通	0.68	0.77	3.8%	12.8%
科研	0.23	0.26	1.3%	14.5%
邮政	0.43	0.49	2.4%	13.4%
其他	0.20	0.21	1.0%	7.0%
总计	17.80	20.20	100%	13.5%

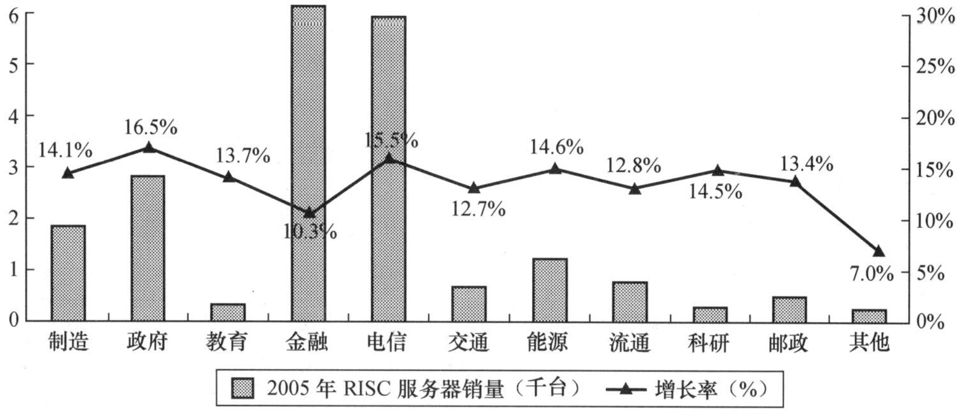

图 4.15　2005 年中国 RISC 服务器平行市场段销量情况

表 4.15　　2005 年中国 RISC 服务器平行市场段销售额情况

平行市场	销售额（亿元）		2005 年销售额比例	同比增长率
	2004 年	2005 年		
制造	6.12	5.60	6.2%	–8.5%
政府	8.75	9.81	10.9%	12.1%
教育	0.93	0.99	1.1%	6.5%
金融	29.10	31.00	34.4%	6.5%
电信	27.50	29.50	32.8%	7.3%
交通	2.50	2.50	2.8%	0.0%
能源	4.80	4.90	5.4%	2.1%
流通	2.60	2.50	2.8%	–3.8%
科研	0.84	0.80	0.9%	–4.8%
邮政	1.66	1.70	1.9%	2.4%
其他	0.80	0.70	0.8%	–12.5%
总计	85.60	90.00	100%	5.1%

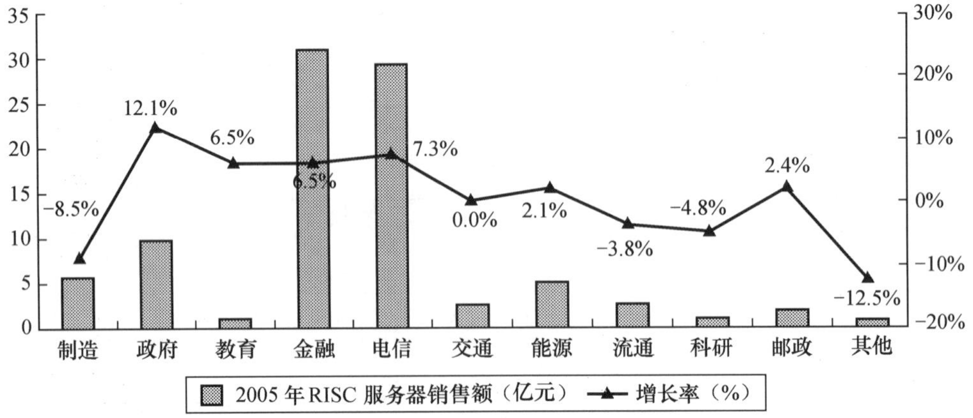

图 4.16　2004 年中国 RISC 服务器平行市场段销售额情况

4.2.3　以太网交换机产品

1．总体市场规模

2005 年，中国以太网交换机市场总销售量达到 2 055.5 万端口，同比增长 12.4%；销售额达 83.8 亿人民币，同比增长 12.3%，如表 4.16 和图 4.17 和图 4.18 所示。

表 4.16　　2002～2005 年中国以太网交换机市场销售量和销售额

年　　度	2002 年	2003 年	2004 年	2005 年
销售量（万端口）	1 431.9	1 789.0	1 829	2 055.5
增长率	26.5%	24.9%	2.2%	12.4%
销售额（亿元）	62.7	69.5	74.6	83.8
增长率	9.6%	10.8%	7.3%	12.3%

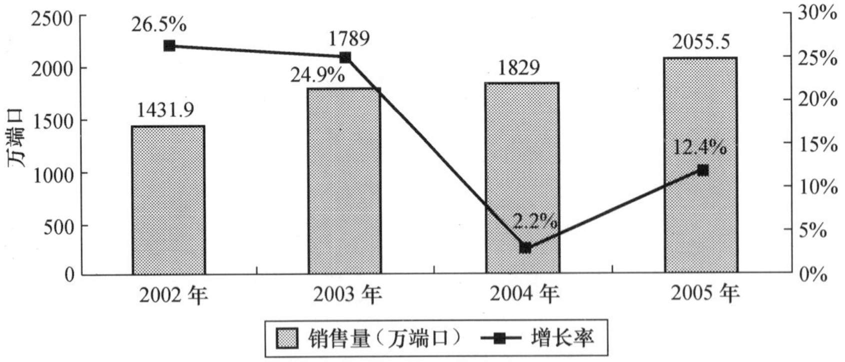

图 4.17　2002～2005 年中国以太网交换机市场销售量增长状况

2005 年，大中型企业网升级与新网建设主要以万兆为骨干、千兆为接入，而原来的百兆接入份额不断下降。虽然高端交换机价格也呈下降之势，但是其销售量不断增加，而且低端交换机价格下降空间不大，因此从总体上看，2005 年销售额与销售量的增长率反而相当接近。

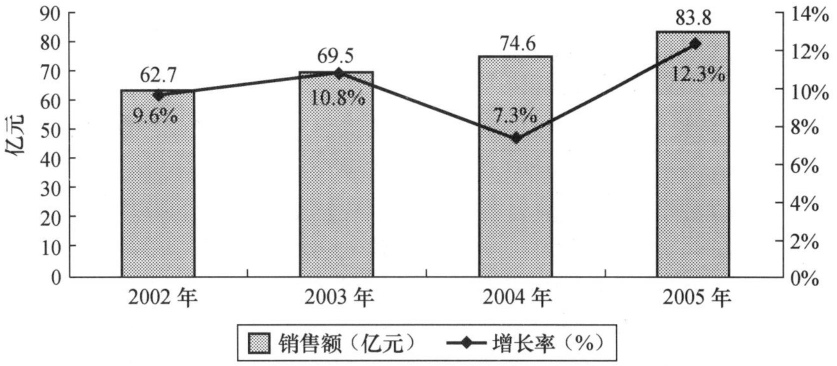

图4.18　2002～2005年中国以太网交换机市场销售额增长状况

2．总体市场特点

（1）产品特征

2005年，千兆以太网成为以太网交换机市场增长的主要推动力，千兆交换机已稳居市场主流地位。随着千兆以太网在台式电脑与局域网的连接中的广泛应用，千兆产品的市场份额不断增加，千兆以太网设备销售收入已全面超过百兆以太网。

2005年，以太网交换机的应用范围正在跨越传统的局域网领域，向城域网和广域网迈进。随着各大运营商网络的升级，网络传输和交换容量的进一步增大，万兆交换机的需求开始增加。在大企业骨干网、校园网和数据中心的建设中，万兆以太网方案也逐渐成为用户新宠。

另外，由于用户对网络内部安全非常重视，各厂商一般都强调在交换机产品中添加防火墙功能。

（2）渠道特征

随着以太网交换机的技术壁垒不断降低，产品同质化趋势日益明显，各大厂商都加强了渠道建设。而且随着厂商开始关注中小企业市场，渠道的深度和广度都有所拓展。

从销售渠道看，以太网交换机销售呈现出以SI和直销为主的特征，而分销则是针对中小企业和家庭用户的重要手段，渠道层次相对较多，销售份额比较小。另外，厂商一般都倾向于以整体解决方案的形式来带动起全线产品的销售。

虽然目前各厂商已经意识到原有的以产品为核心的渠道模式逐渐不能适应现实的用户需求，有的厂商如思科已经开始进行调整。但是大多数厂商还只是处于酝酿阶段，尚未进行大规模的、颠覆性的改造。

（3）服务特征

从服务特征来看，以太网交换机厂商一般强调构建覆盖全国的服务体系，并且有的厂商明确提出希望通过服务来实现产品差异化。厂商还很重视培训体系的建设，培训对象除了公司服务人员、用户外，还包括渠道的合作伙伴，这是因为厂商希望提高合作伙伴的服务能力，从而减轻自身的压力。从服务内容看，毕竟交换机还是一种技术含量较高的产品，所以目前的服务主要还是围绕产品的维修、升级等来进行，即以产品为核心。也有个别的厂商如思科拓展了服务领域，提供针对网络运营、设计等以客户整个网络为核心的服务。

3. 垂直市场分析

2005 年高端交换机的目标市场主要是电信、金融等大型行业企业以及政府和教育市场。一般信息化应用水平较高、信息流量较大、地域跨度较广的客户对高端交换机需求旺盛，如在教育行业，2005 年高校网建大部分都采用了以万兆交换机为核心的解决方案；而对于中低端以太网交换机厂商来说，其应用市场范围远大于高端交换机。

通过中国以太网交换机垂直市场分布情况我们可以看到，由于 2005 年大型企业采购的以太网交换机中万兆和千兆级交换机相对 2004 年有较大增长，虽然这些产品本身价格也有下降趋势，但是价位仍保持较高水平，因此大型企业在以太网交换机销售额中占了 43.2%的市场份额。而随着政府电子政务建设的推进，网络应用已经不再局限于本部门内部，而且加强了对外数据交换，所以也需要更多的万兆和千兆级交换机，因此其市场份额达到了 15.6%，教育行业也占到了 12.2%。由于家用交换机价格已经非常低廉，而且主要以大城市家庭用户居多，所以家庭的市场份额很小。2005 年中国以太网交换机产品的垂直市场分布情况如表 4.17 和图 4.19 所示。

表 4.17　　2005 年中国以太网交换机产品垂直市场分布

区　　域	大型企业	中小企业	政　府	教　育	家　庭
销售金额（亿元）	36.2	23.85	13.1	10.2	0.45
比例	43.2%	28.5%	15.6%	12.2%	0.5%

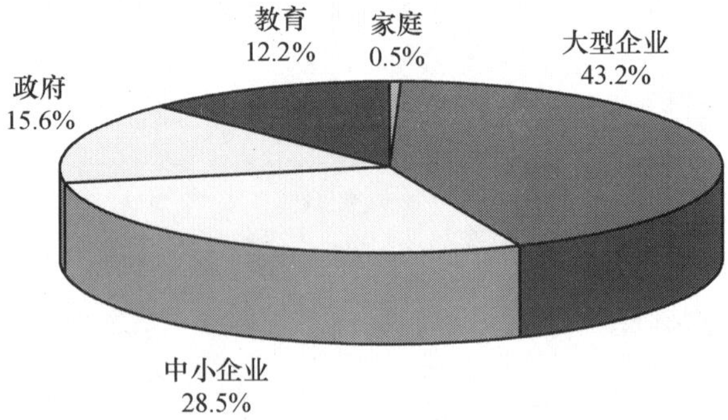

图 4.19　2005 年中国以太网交换机产品垂直市场分布情况

4. 平行市场分析

2005 年电信的固定投资虽然与 2004 年同比有所下降，但由于万兆交换机大举进入电信城域网汇聚层以及宽带的持续发展，电信行业在以太网交换机的市场中所占比例仍然达到了总额的 20.4%；政府、教育、金融、能源行业所占比例也达到了 10%以上，如表 4.18 和图 4.20 所示。

表 4.18　　2005 年中国以太网交换机产品平行市场分布

行　　业	销售额（亿元）	百　分　比	行　　业	销售额（亿元）	百　分　比
电信	17.1	20.4%	交通	5.9	7.0%
家庭	0.45	0.5%	教育	10.2	12.2%
建筑	1.41	1.7%	金融	11.2	13.4%

续表

行　　业	销售额（亿元）	百　分　比	行　　业	销售额（亿元）	百　分　比
科研	1.44	1.7%	卫生	1.75	2.1%
流通	0.87	1.0%	邮政	1.5	1.8%
媒体	0.82	1.0%	政府	13.1	15.6%
能源	10.1	12.1%	其他	0.36	0.4%
制造	7.6	9.1%			

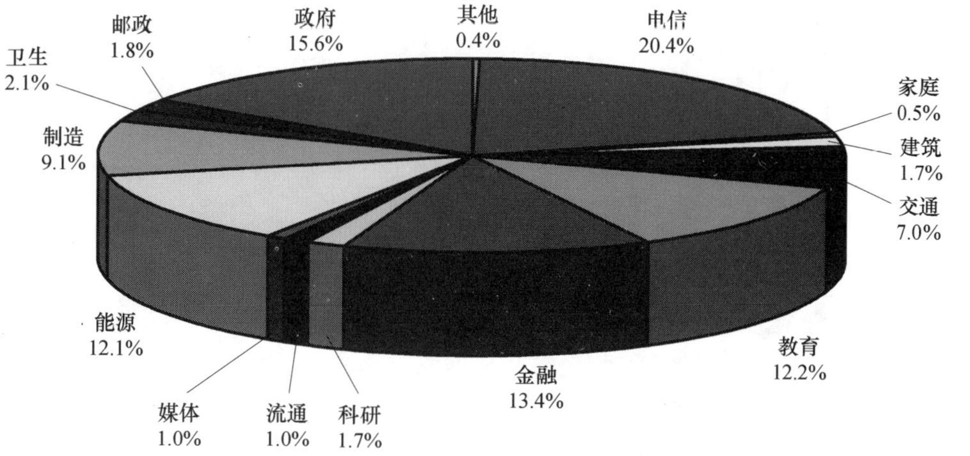

图 4.20　2005 年中国以太网交换机产品行业市场分布情况

4.2.4　路由器产品

1．总体市场规模

2005 年，中国 3G 牌照悬而未决，使得电信运营商纷纷紧缩银根，投资更加谨慎。尽管如此，为抢得市场先机，电信运营商纷纷启动 NGN/3G IP 承载网的建设，2005 年中国电信和中国网通的 NGN IP 承载网建设分别进入了实质性阶段，拉动高端核心路由器市场实现快速增长。

据中国互联网络信息中心统计，截止到 2005 年 12 月底，中国上网人数达到 1.11 亿，其中宽带用户首次超过半数，达到 6 430 万人，比 2004 年增加了 2 150 万人。中国宽带用户的飞速增长，极大地刺激了家庭用户、中小企业（包含 SOHO）以及行业用户对宽带接入路由器、无线路由器，以及集成安全、VoIP、VPN 等多业务路由器的需求，也刺激了电信运营商，如中国电信，在建设一张全新的下一代承载网 CN2 的同时，对原有网络 ChinaNet 进一步扩容和进行智能化改造。

2005 年，中国路由器市场销售总量为 35.3 万台，销售额为 78.6 亿元人民币，同比分别增长了 14.6%和 12.1%，与上年相比，虽然增速明显放缓，但也保持了两位数增长，如表 4.19 和图 4.21 所示。

表 4.19　　2003～2005 年中国路由器市场规模与增长率

类　别	2003 年	2004 年	2005 年	2004～2005 年增长率
销量（万台）	23.5	30.8	35.3	14.6%
销售额（亿元）	54.1	70.1	78.6	12.1%

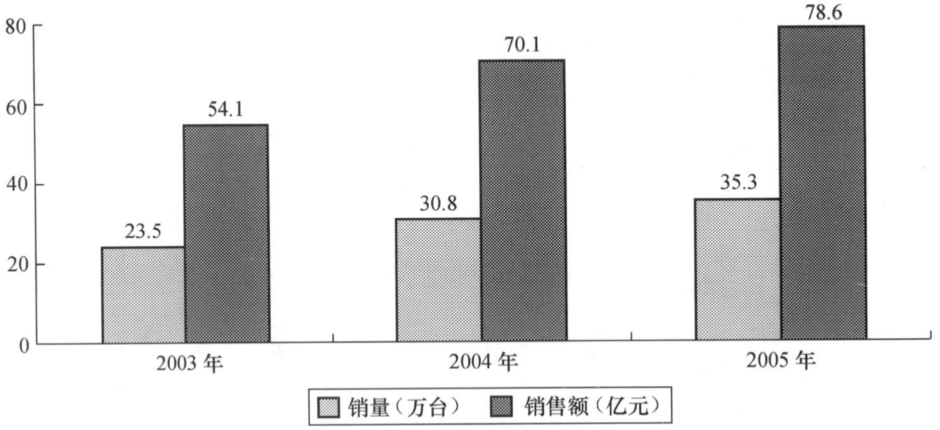

图 4.21　2003～2005 年中国路由器市场规模

2. 总体市场特点

（1）电信运营商市场回暖，新一轮 IP 承载网建设高潮，带动高端路由器快速增长，高端市场走向充分竞争也导致高端产品均价大幅下滑。

继 2000 年前后的 IP 网建设高峰之后，中国路由器市场逐渐步入增长低潮，2001～2003 年的年均增长仅为 6.5%。

进入 2005 年以来，尽管 3G 牌照悬而未决，关于固网是否需要智能化、软交换还是 IMS 的喋喋不休，Skype 是否应该封杀还在争论中，但是运营商已经在争论声中达成了共识，那就是 IP 技术是承载未来 3G、NGN、VoIP 和 IPTV 等新兴业务的不二选择。

认识到这一点之后，固网和移动运营商，纷纷希望赶在暴风雨来临之前准备好一张崭新的、能够承载未来的 IP 网络。电信运营商 IP 承载网的新一轮建设高潮，拉动路由器市场开始回暖，并开始向下一个增长高峰冲锋。

但是，由于电信运营商在设备选型时一改以往一家独享的策略，转而引进充分竞争机制，且随着国内厂商也纷纷推出电信级高端核心路由器，高端路由器市场逐步走向充分竞争，其均价也迅速下滑。2005 年高端路由器的销售额增长仅为 10.5%，低于销量增长速度 8 个百分点，高端路由器均价为 63.6 万元，同比下降了 7 个百分点。

（2）行业市场喜忧参半，一些传统大行业市场的低迷，导致中线路由器市场增长趋缓，需要更多的创新概念和产品来开拓新的增长点。

在除了电信运营商之外的行业市场中，政府、教育、金融、能源、制造、交通等行业属于路由器产品的大行业市场，占到路由器整体市场近 60%的市场份额。

2005 年，政府各垂直系统“金字工程”在深度和广度的拓展，带来了网络扩容和升级的需求；高等院校生源的迅速扩张，要求校园网能够提供更加便捷的接入服务和更高的带宽。政府和教育行业用户对集成安全、VoIP、VPN 等的多业务路由器、汇聚路由器的需求拉动了其市场增长高达20%左右；航空、铁路、城市轨道交通行业市场需求快速释放，拉动了中高端路由器市场的增长；制造行业信息化进程的加快，制造企业用户对接入和汇聚路由器的需求逐渐释放，也拉动制造行业市场实现了超过20%的增长速度。

但是，在政府、教育、制造、交通等行业市场保持高速增长的同时，传统的银行、证券、保险等金融机构，以及电力、水力、煤炭、石化等能源行业市场增长势头放缓，且随着竞争的更加充分，中线产品价格进一步下滑。

整体来看，2005年，中端路由器市场增长差强人意，需要更多的创新概念和产品来开拓新的市场增长点。

（3）中国宽带用户数量的激增，使得面向中小企业和家庭市场的无线、宽带接入和多业务路由器市场呈现良好的增长势头，竞争也同时升温。

虽然针对中小企业和家庭市场的路由器产品均价较低，但由于在数量上的绝对优势，中小企业和家庭用户在未来几年内无疑将会成为路由器市场的“销量大客户”。

由于协议的成熟性和芯片的标准化，中低端市场技术壁垒较低，近两年来，国产中低端路由器产品的可靠性、安全性、可扩展性等指标，与国外品牌产品的差距越来越小，国产品牌在中低端用户中的认可度和接受度不断扩大。

国外品牌也不肯轻易让出中低端市场份额，纷纷通过各种促销手段和创新功能来维持和扩大市场份额。实力较强的厂商在某些项目中为了战略目的，不惜牺牲低端产品的利润空间，更加剧了这个细分市场的竞争程度。

3．垂直市场分析

虽然大型企业市场增长速度日益放缓，但其销售额仍然占据了路由器整体市场的半壁江山；中小企业市场规模不足整体市场的1/5，但其呈现出来的良好的成长性非常值得关注。

在非商用市场，政府各垂直系统“金字工程”在深度和广度的拓展，带来了网络扩容和升级的需求；高等院校生源的迅速扩张，要求校园网能够提供更加便捷的接入服务和更高的带宽。政府和教育行业用户对集成安全、VoIP、VPN等的多业务路由器、汇聚路由器的需求拉动其市场增长速度达到20%左右。2004～2005年中国路由器垂直市场销售额与增长率的情况如表4.20和图4.22所示。

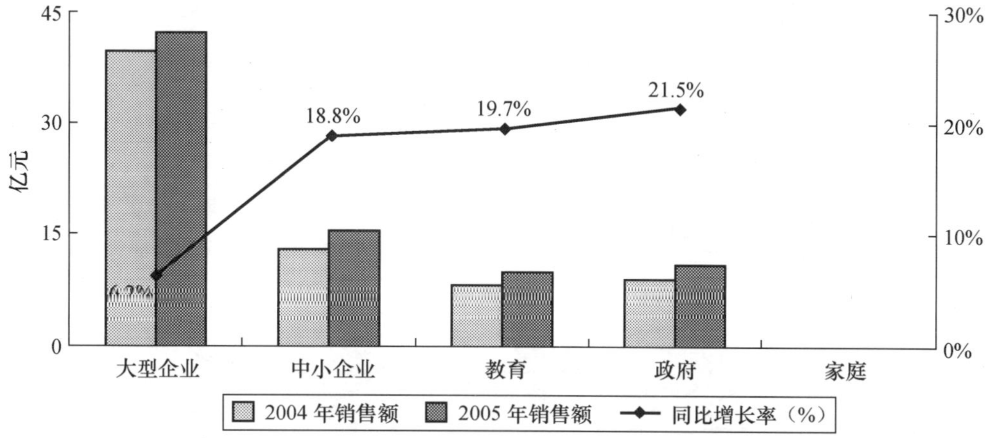

图4.22 2004～2005年中国路由器垂直市场销售额与增长率

表 4.20　2004～2005 年中国路由器垂直市场销售额与增长率（单位：亿元）

垂直市场	2004 年		2005 年		2004～2005 年增长率
	销售额	市场份额	销售额	市场份额	
大型企业	39.61	56.5%	42.04	53.5%	6.2%
中小企业	12.97	18.5%	15.41	19.6%	18.8%
教育	8.34	11.9%	9.98	12.7%	19.7%
政府	9.18	13.1%	11.16	14.2%	21.6%
家庭	—	—	0.01	0%	—
合计	70.10	100%	78.60	100%	12.1%

4. 平行市场分析

经过近 10 年的建设，目前，中国电信级网络基础设施正处于调整、优化时期，对网络硬件设备需求减少，对网络优化、网络智能化软件系统需求较为迫切。2004～2005 年，电信运营商的 NGN/3G IP 承载网的建设，拉动电信级路由器市场重现增长势头。

在非电信行业市场，政府、教育依然增长较快；能源、金融行业增长势头放缓；航空、铁路、城市轨道交通行业市场需求快速释放，拉动中高端路由器市场的增长。制造行业信息化进程的加快，制造企业用户对接入和汇聚路由器的需求逐渐释放。2004～2005 年中国路由器行业市场的销售额与增长率情况如表 4.21 和图 4.23 所示。

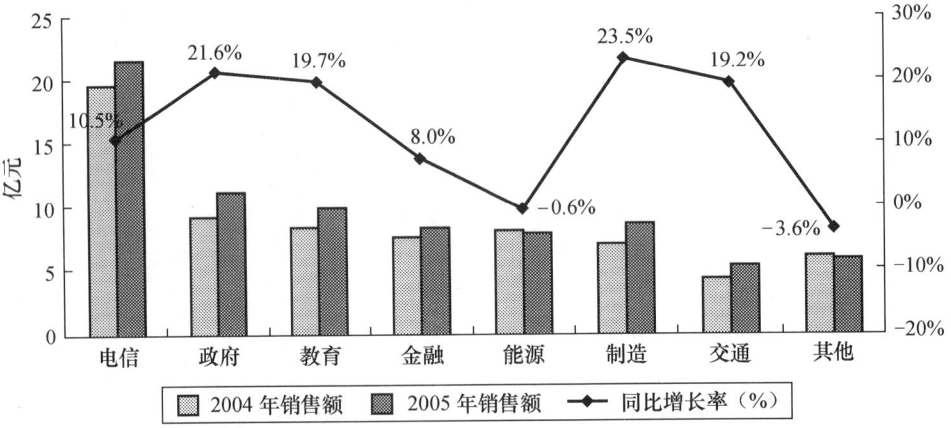

图 4.23　2004～2005 年中国路由器行业市场销售额与增长率

表 4.21　2004～2005 年中国路由器行业市场销售额与增长率（单位：亿元）

行业市场	2004 年		2005 年		2004～2005 年增长率
	销售额	市场份额	销售额	市场份额	
电信	19.49	27.8%	21.54	27.4%	10.5%
政府	9.18	13.1%	11.16	14.2%	21.6%
教育	8.34	11.9%	9.98	12.7%	19.7%
金融	7.71	11.0%	8.33	10.6%	8.0%

续表

行业市场	2004年		2005年		2004～2005年增长率
	销售额	市场份额	销售额	市场份额	
能源	7.99	11.4%	7.94	10.1%	–0.6%
制造	6.94	9.9%	8.57	10.9%	23.5%
交通	4.42	6.3%	5.27	6.7%	19.2%
其他	6.03	8.6%	5.81	7.4%	–3.6%
合计	70.10	100%	78.60	100%	12.1%

4.2.5 手机产品

1. 总体市场规模

2005年，中国手机市场实现销量8 806.1万部，销售额1 334.1亿元人民币，分别同比增长11.9%和10.7%。2001～2005年中国手机市场规模和增长情况如表4.22所示。

表4.22　2001～2005年中国手机市场总量及增长率

年　份	销量（万部）	销量增长率	销售额（亿元）	销售额增长率
2001年	4 601.6	51.9%	901.9	33.2%
2002年	6 247.4	35.8%	1 077.1	19.4%
2003年	7 378.6	18.1%	1 189.3	10.4%
2004年	7 869.6	6.7%	1 204.8	1.3%
2005年	8 806.1	11.9%	1 334.1	10.7%

2001～2005年中国手机市场的销量与销售额及其增长情况分别如图4.24和图4.25所示。

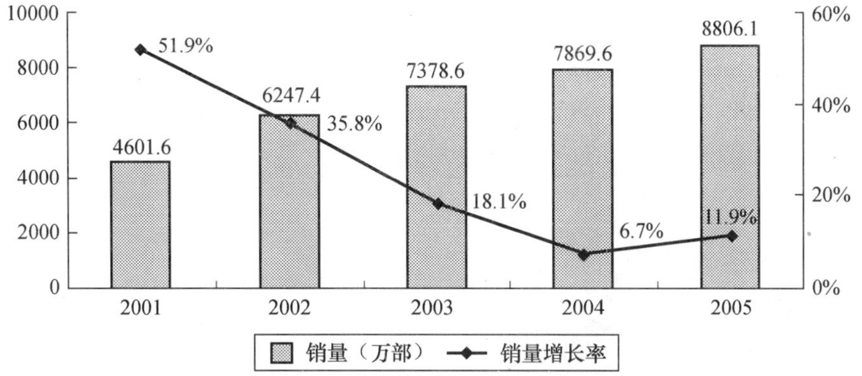

图4.24　2001～2005年中国手机市场销量及增长率

2. 总体市场特点

（1）竞争日益充分，规模稳步增长

2005年，国产手机厂商始终在努力消化着造成2004年失利的种种因素，然而，从各上市的国产手机厂商的财务报表来看，情况并没有好转。但是，这并不妨碍中国手机市场规模的不断放大。

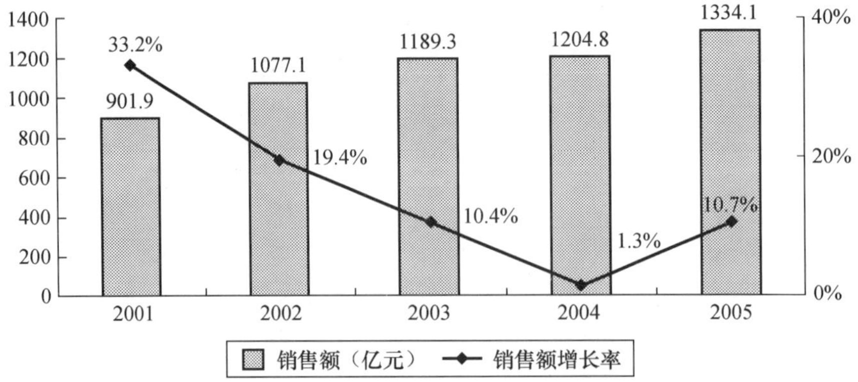

图 4.25　2001～2005 年中国手机市场销售额及增长率

经过 2004 年的调整，2005 年中国手机市场恢复了两位数的增长。2005 年全年手机销量突破 8 800 万部，同比增长 11.9%，销售额 1 334 亿元，同比增长 10.9%。总体来看，无论从制度层面，还是从市场层面，中国手机市场开始逐步走向成熟，同时带来了企业层面的转折点。

从制度层面来讲，2005 年初，在中国实施了 6 年之久的牌照制度终于为核准制取代，市场由管制时代进入了开放时代，任何希望从事手机生产和销售的企业都有机会获得核准。20 家看好中国乃至全球手机市场的企业获得了国家发改委的核准，成为一股新的力量，尽管 2005 年他们并没有太多的市场表现，但也许这正显示了这些后来者的成熟。

从市场层面来讲，伴随着国产手机厂商的快速崛起和随后的危机，中国手机市场不仅已成为全球最大的生产基地，而且逐渐积聚了全球顶尖的研发中心和研发力量，产业链配套从无到有，逐渐形成了华南、华东、华北三大手机产业集聚地，同时产品线之丰富、价格战之激烈、升级换代之迅速，在全球范围内都是绝无仅有。可以说，中国手机市场已成为全球市场的前沿阵地，任何希冀在手机市场有所作为的厂商都绕不开这个充满想象力的市场。

（2）CR4 开始回升，国内外品牌竞争进入战略相持

2005 年，中国手机市场发展的另一个重要特征是反映市场集中度的 CR4 出现明显回升。自从国内厂商进入手机市场以来，CR4 已由 1999 年的 88.2%下降到 2004 年 45.1%。同时，在销量的绝对值上，2005 年 CR4 规模也一改 2002 年以来缓慢下降的态势，实现了较快增长，如图 4.26 所示。

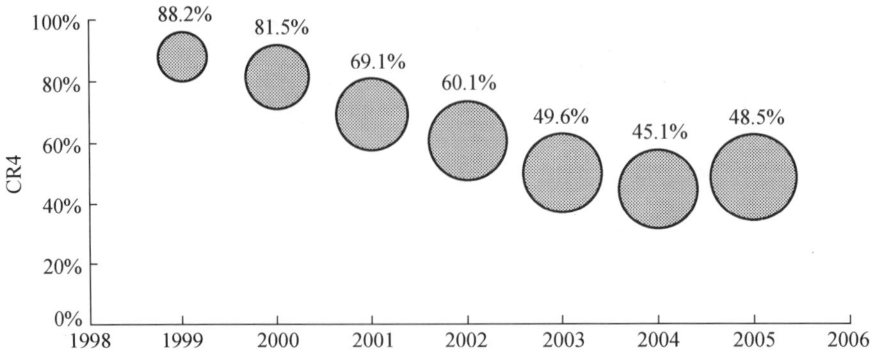

图 4.26　1999～2005 年中国手机市场 CR4 变化

1999～2005 年中国手机市场的集中度变化情况如图 4.27 所示。

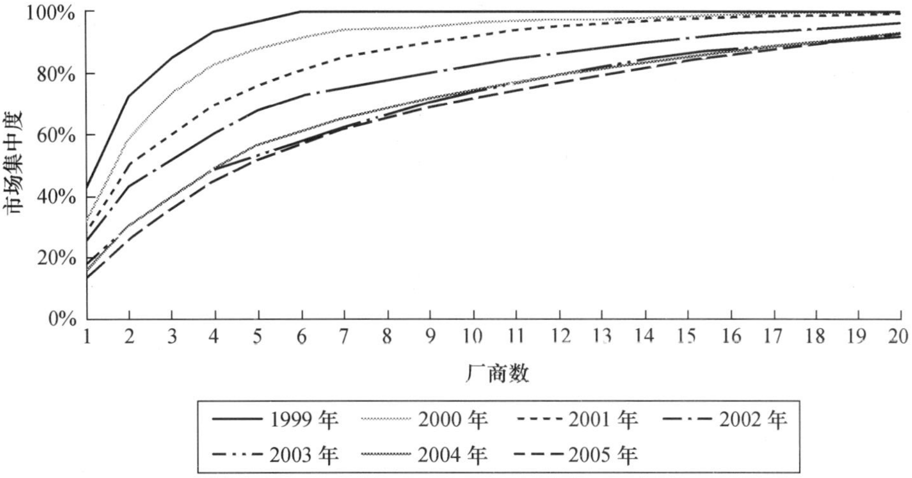

图 4.27 1999～2005 年中国手机市场集中度变化

国产品牌市场份额将逐渐止跌回升，预计国内外品牌竞争的战略相持阶段将会到来。数据显示，自 2004 年第一季度以来，国产品牌销量市场份额不断下滑，除了以联想为代表的部分国产二线厂商销量增长强劲以外，国产品牌销量几乎全线下滑，部分厂商降幅甚至高达 80%以上。但是，从 2004～2005 年各季度国产品牌销量份额的变化，下跌趋势已开始减弱，并有望止跌回升。

一方面，国产厂商尤其是国产一线厂商经过此次调整将会重新站稳脚跟。据统计，2005 年上半年波导、康佳、TCL 依然位居市场前列，仅落后于诺基亚、摩托罗拉、三星三家国外品牌。同时，随着国内手机设计产业的快速发展，以及产业链配套能力的不断增强，国产品牌新品推出能力已基本从“上游瓶颈”中得到恢复，新品推出力度不断增强。

另一方面，牌照制度的取消，吸引了一批国内企业进入手机市场，这在客观上增加了国产厂商的实力。2005 年国家发改委公布的 4 批 20 家企业中，绝大部分是国产厂商，其中不乏实力雄厚的明基、英华达、华为等企业。

（3）功能结构升级成为市场主线，创新功能手机产品线日益丰富

2005 年多媒体手机市场规模进一步放大，功能的结构升级已经成为市场新的热点和主线。据统计，中国手机市场共销售彩屏手机 8 070.6 万部，同比增长 38.5%；拍照手机 5 094 万部，同比增长 107.5%；MP3 手机（含 MP4 手机）1 760 万部，同比增长 311.0%；智能手机 493 万部，同比增长 92.9%。

2004～2005 年各季度彩屏手机销量所占的市场份额情况如图 4.28 所示。

彩屏手机总量发展阶段已经过去，市场份额基本稳定，目前已经进入了结构发展的阶段，即屏幕色阶和屏幕材质的升级换代。256 色和 4 096 色彩屏手机已经基本退出市场，取而代之的是主流的 65 000 色和 26 万色彩屏手机，同时 1 600 万色彩屏手机开始崭露头角。从彩屏手机材质来看，CSTN 仍旧是主流，占比超过一半，同时 TFT 彩屏手机发展迅速，第 4 季度占比已经高达 47.6%，同比 2004 年市场份额增加了 16.2 个百分点，如图 4.29 所示。

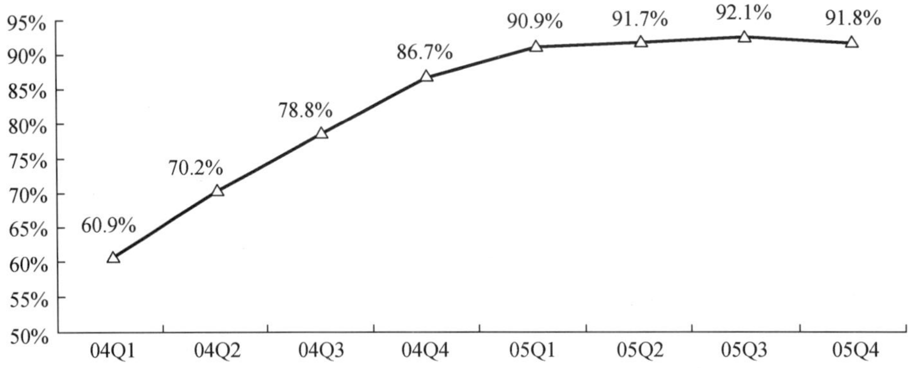

图 4.28　2004～2005 年各季度彩屏手机销量市场份额

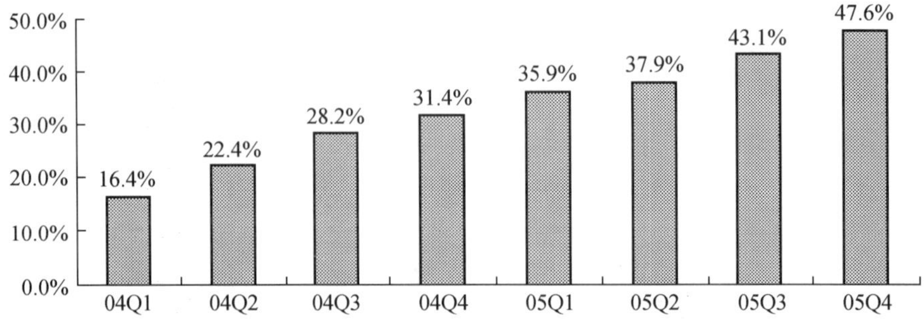

图 4.29　2004～2005 年各季度 TFT 彩屏手机销量市场份额

2004～2005 年各季度拍照手机的市场份额及百万像素手机所占比例情况如图 4.30 所示。

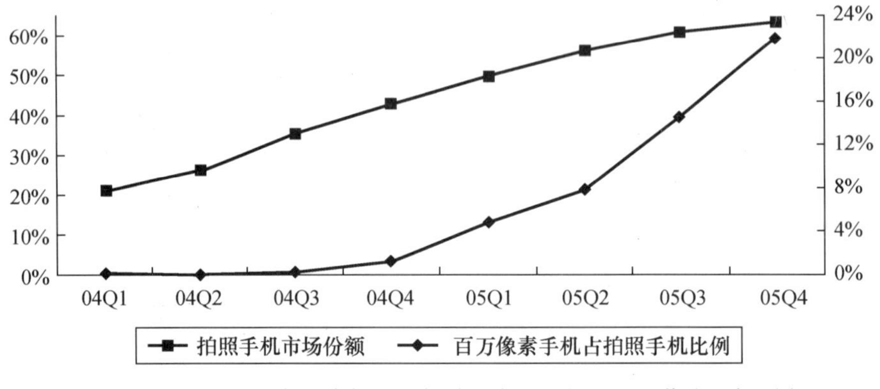

图 4.30　2004～2005 年各季度拍照手机销量市场份额及百万像素手机所占比例

拍照手机在总量规模逐步放大的同时，发展重心也逐渐转向了功能结构升级。数据显示，2005 年第 4 季度百万像素手机已经占到整个拍照手机市场的 22%，净增 52%，同比增长高达 20 倍。从上市牌照手机新品结构来看，百万像素手机已经占到了整个拍照手机新品的一半强，同时 200 万像素手机、400 万像素手机乃至 500 万像素手机也已崭露头角。

2005 年各季度重要创新功能手机新品覆盖率的变化情况如图 4.31 所示。

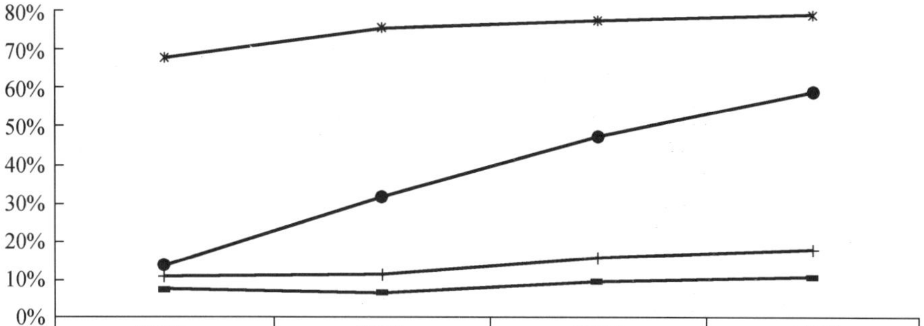

	05Q1	05Q2	05Q3	05Q4
拍照手机	67.7%	75.4%	77.7%	78.9%
MP3 手机	13.9%	31.4%	47.7%	59.1%
蓝牙手机	10.8%	11.0%	15.4%	17.9%
智能手机	7.7%	6.8%	9.2%	10.5%

图 4.31　2005 年各季度重要创新功能手机新品覆盖率变化

创新功能产品线日益丰富，新品数量不断放大。数据显示，以 MP3 手机、蓝牙手机、智能手机为首的创新功能手机，在 2005 年得到了快速增长，占上市新品的比例分别由第 1 季度的 13.9%、10.8%和 7.7%，增长到了 59.1%、17.9%和 10.5%。可见，在传统的彩屏、拍照手机之外，新兴的 MP3 手机、智能手机将会成为中国手机市场新的热点和增长点，尤其是后者，增长才刚刚开始。

（4）换代市场规模不断增大，市场平均价格降幅趋缓

2002～2005 年中国手机市场零售平均价格降幅逐年趋缓，2005 年市场平均价格同比仅下降 1%，维持在 1 500 元以上水平，如图 4.32 所示。市场平均价格降幅趋缓反映了市场发展逐渐进入成熟阶段，一方面大量换机消费开始取代新增消费，成为产品升级换代市场的主力，推动了创新功能手机市场的消费。根据消费行为调研，从 2003 年下半年开始，中国手机市场将逐渐进入到以换机需求为主的时期，换机消费占市场销量比例逐年稳步上升，2005 年突破 50%，达到 51.1%。

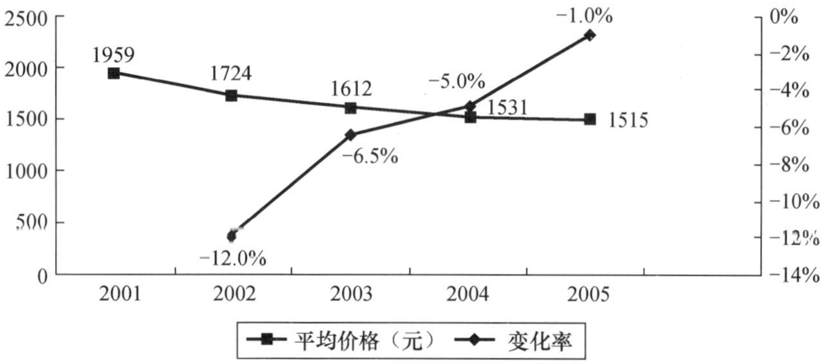

图 4.32　2001～2005 年手机平均价格走势及变化率

另一方面，音乐手机、高像素拍照手机、智能手机等创新功能手机逐渐成为各厂商的产品重点，国内外厂商纷纷加大新品上市力度，尤其是诺基亚、三星等一线国外厂商。3 000元以上手机销量市场份额，从2004年的6%提高到了2005年的7.3%。

（5）渠道多样化、规模化趋势不改，直供、捆绑销售增长迅速

2005年，渠道力量在逐渐增强，渠道多样化、规模化和混合化特征得到强化。从零售端发展来看，连锁零售店销量份额进一步得到提高，同比上升了近3个百分点，达到42.7%，是目前中国市场最重要的终端渠道；代表新兴零售终端的家电大卖场，其销量份额同比也大幅提高，达到近1/5的市场销售总量；而作为最早的零售终端，运营商营业厅的销量份额同比有所下降，尽管2005年运营商捆绑销售的份额急剧攀升，但大部分并非通过营业厅；另外值得一提的是，越来越多的手机销售商开始尝试通过网络来销售手机，而纯粹的电子商务公司的手机销量也在快速发展。

从厂商端来看，伴随着连锁零售店、家电连锁店以及以服务掌控消费者的运营商对终端控制力的进一步加强，面对大型终端主导市场发展的局面，厂商的渠道策略也逐渐走向多样，纯粹的代理或者自建渠道受到越来越大的挑战，并逐渐为市场淘汰，无论是国内厂商还是国外厂商，渠道复合化、扁平化已成共识。2005年，更多的厂商开始尝试直供、捆绑和定制的方式来销售手机，尤其是捆绑销售。2005年诺基亚在中国市场的巨大成功，大量与中国移动进行捆绑销售是重要原因。据统计，通过捆绑模式销售的手机已经占到全国销量的近20%，而一年前这个数据还不到5%。

从消费者角度来看，当零售渠道在品种、规模、价格等方面的竞争逐渐饱和，消费者对于终端渠道的专业化服务及品牌知名度越来越关注，成为他们选择购买渠道的最重要参考指标。而这与中国手机市场存在庞大的二手市场和黑手机市场息息相关。2005年消费者预期购买手机时对渠道的偏好情况如图4.33所示。

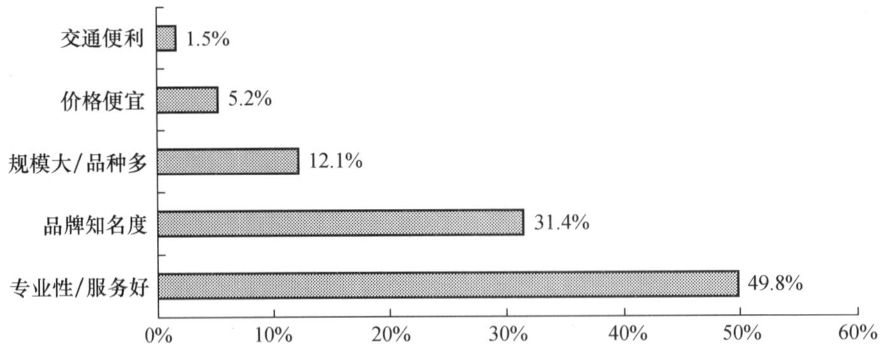

图4.33　2005年消费者预期购买手机时对渠道的偏好

3．渠道市场分析

手机渠道市场结构复杂，零售终端形式多样。基于对手机市场的长期关注，我们根据零售终端形式的不同，将手机销售渠道划分为独立零售店（专业零售店）、连锁零售店（专业连锁店）、家电连锁店、商场/超市（综合卖场）、运营商营业厅、IT零售店等类型。

2005年中国手机渠道的市场格局如表4.23所示。

表 4.23　　2005 年中国手机渠道市场格局

渠 道 类 型	销量（万部）	销量市场份额
独立零售店	1 171.2	13.3%
连锁零售店	3 760.2	42.7%
家电连锁店	1 699.6	19.3%
运营商营业厅	1 400.2	15.9%
商场/超市	343.4	3.9%
IT 零售店	140.9	1.6%
其他	290.6	3.3%
合计	8 806.1	100%

注：（1）连锁零售店主要是指由手机厂商或各级手机专业分销商/代理商发展的连锁零售终端，如诺基亚、TCL、NEC 等手机厂商发展的品牌专卖店，迪信通、中复电讯等发展的连锁店等；（2）独立零售店主要是指不直接隶属于厂商或代理商的专业手机零售店；（3）家电连锁店主要是指由家电连锁企业发展的零售终端，如国美、大中、苏宁等家电卖场在各城市建立的连锁店；（4）商场/超市主要是指在百货商场、超市设置的综合性手机集中销售的场所，也包括设在商场中的手机销售专柜，例如家乐福超市等；（5）IT 零售店主要是指以销售 IT 产品为主的销售渠道，如太平洋数码城、硅谷电脑城等；（6）其他类型主要是指除上述 5 种形式之外的零售终端类型，例如随着电子商务的复苏，许多门户网站（如新浪、搜狐等）设立手机购物商城，以及专业电子商务网站涉足手机零售等新类型的销售终端。

2002～2005 年主要的中国手机渠道市场结构如图 4.34 所示。

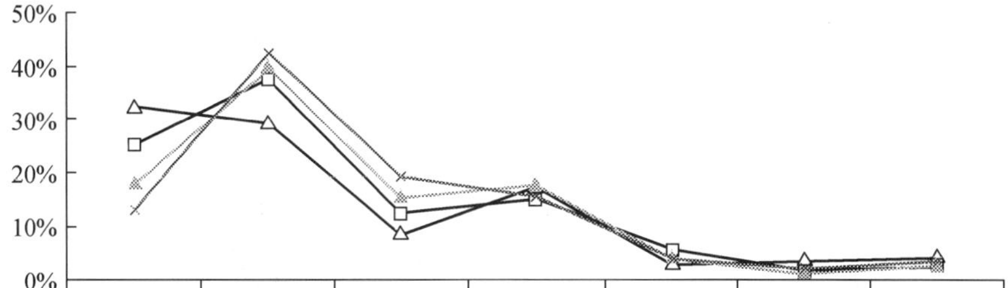

	独立零售店	连锁零售店	家电连锁店	运营商营业厅	商场/超市	IT 零售店	其他
2002 年	32.5%	29.6%	8.6%	17.6%	3.3%	3.9%	4.5%
2003 年	25.5%	37.9%	12.3%	14.7%	5.4%	1.7%	2.5%
2004 年	18.2%	39.8%	15.9%	17.1%	4.8%	1.5%	2.7%
2005 年	13.30%	42.70%	19.30%	15.90%	3.90%	1.60%	3.30%

图 4.34　2002～2005 年主要中国手机渠道市场结构

4. 用户市场结构

2005 年中国手机市场有 4 509 万的销量属于换机消费，占整个销量的 51.2%，同 2004 年同期相比提高 3.6 个百分点，如表 4.24 所示。

表 4.24　　2005 年中国手机市场用户结构

用 户 类 型	2004 年用户市场结构	2005 年用户市场结构
新增手机消费者	52.4%	48.8%
换机消费者	47.6%	51.2%
合计	100%	100%

数据显示，从 2003 年下半年开始，中国手机市场逐渐进入到以换机需求为主的发展阶段。首先，从中国手机市场每年新增用户数来看，转折点出现于 2000～2001 年，2000 年新增用户同比增长了 130%，2001 年同比又增长了 42%，随后新增用户进入稳定增长期，如图 4.35 所示。其次，从手机物理生命周期来看，灰屏手机的物理使用极限在 4 年左右。以使用的耗损状况为例，一般的 STN 屏幕连续使用寿命约为 2 万小时左右，若以一部手机自 2000 年 1 月开机起算，至 2004 年的 1 月份手机连续开机时间已达 2.336 万个小时（16 小时/日）。

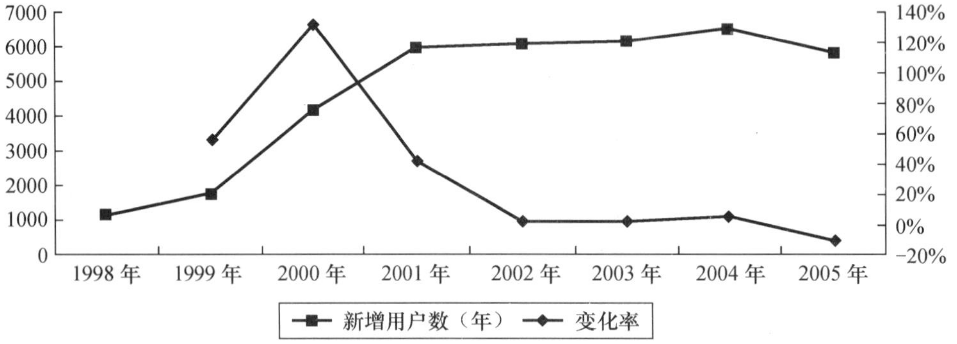

图 4.35　1998～2005 年中国手机市场新增用户数量及变化

4.2.6　数字电视机顶盒

1. 总体市场规模

数字电视是电视产业的发展方向，未来几年，中国将有 1 亿多有线模拟电视向数字电视转换，“模拟电视+机顶盒”作为目前数字化的主要转换形式使机顶盒市场蕴藏了巨大商机；随着有线、地面、卫星数字电视及 IPTV 的开展以及数字电视接收设备标准的公布，数字电视机和数模兼容一体机的市场也将大规模启动。

2005 年，中国累计数字电视用户达到 862.1 万户，包括 369.4 万有线数字电视用户、460 万卫星数字电视用户、27.6 万 IPTV 用户和 5.1 万个地面数字电视终端。新增数字电视用户达到 551.9 万户，包括 292.1 万有线数字电视用户、233.7 万卫星数字电视用户、22.1 万 IPTV 用户和 4.0 万个地面数字电视终端。与新增数字电视用户相对应，2005 年中国的数字电视机顶盒市场销量规模达到 557.9 万台，同 2004 年的 274.8 万台相比，增长了 103.0%。销售额规模达到 37.4 亿元，同 2004 年的 18.9 亿元相比增长了 97.9%。其中有线数字电视机顶盒，销量规模为 298.1 万台，相比 2004 年的 60.5 万台，增长了 392.7%（如图 4.36 所示）；销售额规模为 18.1 亿元，同比增长 277.1%（如图 4.37 所示）。对比新增数字电视用户数和机顶盒的销售数据可以看出有线数字电视机顶盒销量比有线数字电视用户数多 6 万，主要是由于城市居民家庭彩电拥有率达 120.8%，而目前机顶盒在技术上还没有解决多台电视机共用一台机顶盒的问题，因此，有 2.05%的有线数字电视用户购买了两台机顶盒。

2. 总体市场特点

（1）机顶盒就近采购，惠泽本地

由于各地有线数字电视整体转换的推进一般都或多或少会有政府的参与，另一方面，有线数字电视整体转换进程确定后，机顶盒的需求数量会猛增，从而对厂商供货的及时性提出高的要求。因此，多数地区的有线数字电视整体转换均采用了本地机顶盒厂商的产品。例如，

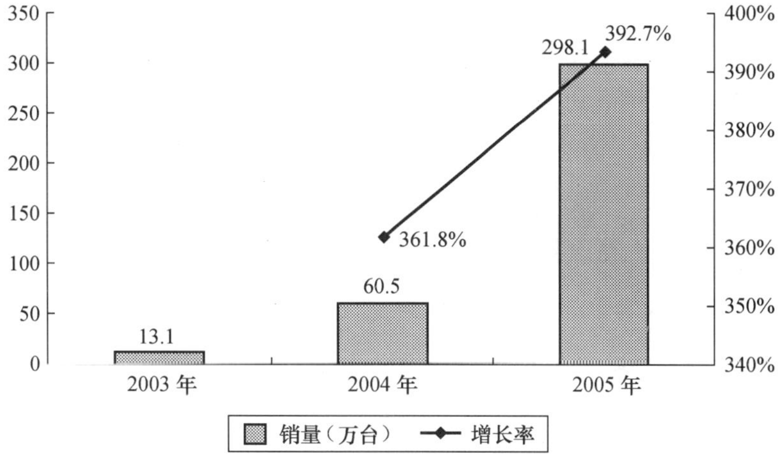

图 4.36　2003～2005 年中国有线数字电视机顶盒市场销售量及增长率

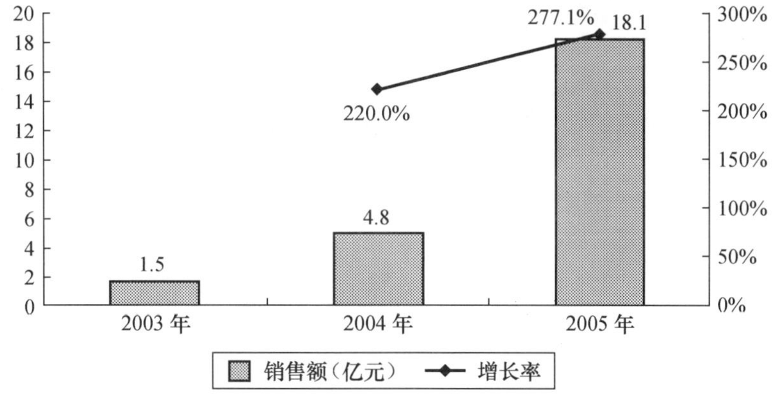

图 4.37　2003～2005 年中国有线数字电视机顶盒市场销售额及增长率

青岛数字电视采用的机顶盒全部是海尔和海信的，重庆采用的是成都东银的，大连采用了大连大显的，深圳、佛山则也采用了相当比例的同洲和创维的机顶盒。

（2）芯片供应紧张导致整体转换机顶盒告急

各地有线数字电视整体转换进程的推进导致了对机顶盒需求数量的猛增，尽管各地网络运营商在选定机顶盒供货商时都不止一家，供货商虽然具有相当的生产能力，但由于上游芯片的供应紧张，导致了 2005 年部分省市机顶盒产品供货出现断档现象。例如，2005 年 8 月，深圳市场上的数字转换机顶盒严重缺货，从而令数字电视转换工作受阻，之所以会出现各大机顶盒供货商都缺货的状况，是因为缺货的是机顶盒的核心部件——主芯片，对专门针对中低端市场的高性价比芯片的需求数量猛增导致了半导体厂商原先制定的生产计划没有办法完全满足雪片般涌来的订单，而其他厂家的同类产品又互不兼容，替换成本太高，出现了严重缺货情况；重庆数字电视转换以来，不仅报装的居民很多，有很多人还提出现场再购买一台机顶盒，2005 年 12 月，由于对重庆市民报装踊跃程度估计不足，重庆市数字电视机顶盒供货出现断档。

3. 渠道市场分析

由于终端接收设备与前端传输设备及条件接收系统关系非常密切，中国有线数字电视机顶盒的销售仍主要是通过各地网络运营商垂直销售。销售渠道结构的主要变化是通过平台运营商销售有线数字电视机顶盒的比例有所增加。例如，2005 年，上海文广互动启动了“文广模式”的营销策略，与机顶盒厂商合作，即投入巨资向数字电视用户赠送“机顶盒”，将节目内容与机顶盒捆绑销售，打破了数字电视产业的发展瓶颈。在太原，文广互动公司提供给用户的付费节目开户表中注明：“用户承诺，安装第一台机顶盒、一次性支付 2 年的 SiTV 超级电视包的收视费 390 元后，就可以获得机顶盒一台、智能卡一张和 2 年的超级电视包收视服务。”上海文广作为付费内容平台供应商，以订户收视费的方式补贴整体转换所需机顶盒的部分费用。

2005 年，按销售量统计的有线数字电视机顶盒销售渠道结构如图 4.38 所示。

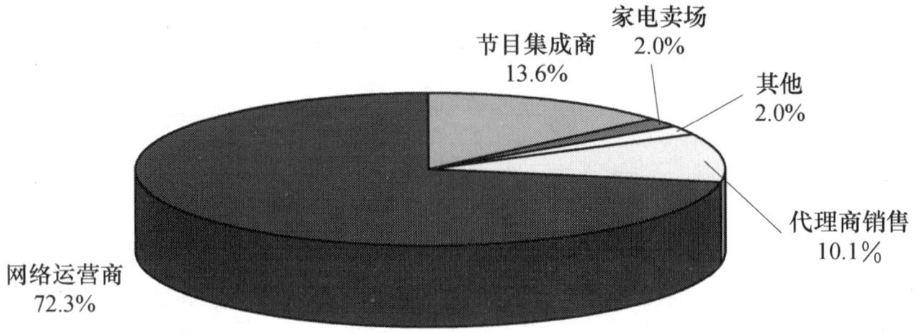

图 4.38　2005 年中国有线数字电视机顶盒市场销售渠道结构

（中国电子信息产业发展研究院　江明涛　林　松　王存肃）

第 5 章　网络资本运营状况

5.1　中国创业投资概况

2005 年是 VC（Venture Capital，风险投资/风险资本）融资年，在中国从事创业投资的境内外机构共募集 40.33 亿美元的新基金，成为中国创业投资历史上募资最多的一年。相比 40 亿美元的投资基金，2005 年中国创业投资共投资 233 家企业，投资金额 10.57 亿美元。其中软银亚洲募集了约 6.4 亿美元二期基金，CDH、IDG、TDF、Intel Capital 等近 20 家 VC 也相继完成新一轮基金募集；原有单一股东的 VC，也在 2004 年实现了 VC 融资来源的多元化；原来由宏基 100%投资的宏基创投，也更名为智基创投（iD TechVentures），引入第三方的 LP 基金；IDG 和硅谷 VC Accel Partners 共同发起成立 IDG-Accel 成长基金，双方各自投入 2500 万美元，其余 2.5 亿美元的资本基本上都来自于世界著名的 LP。联想投资也摆脱了联想控股全资出资的状况，同样在 LP 的多元化上做出了尝试。2005 年 4 月，美国 DCM 宣布与联想投资结成战略投资伙伴，DCM 将对联想投资第二期基金投入数百万美元。另外，美国著名创业投资 Mayfield 支持成立了 GSR Ventures；而 NEA 和 Greylock Partners 支持设立了北极光风险投资基金，并由 2005 年从硅谷归来的华人创业家邓峰管理该基金。

2005 年在国内新设办事处的外资创业投资有 3i、NEA、Bessemer Venture Partners、Atlas Ventures、硅谷银行等。Sequoia Capital 由沈南鹏、张帆担任中国创始合伙人创立了 1.5 亿美元的红杉中国基金，全权负责国内的投资，实现本土化投资。据悉，Kleiner Perkins Caufield &Byers（KPCB）、Matrix Partner 等硅谷排名前五的国际风险投资也将随后进驻中国，要么直接成立中国基金，要么通过投资国内 VC 进入中国。

2005 年全球基金大规模进入中国，使创业投资（VC）业格局发生重大变化。进来的钱多了，对风险投资人意味着新的机会、新的发展空间。2005 年有近 30 位风险投资人跳槽，原德丰杰（DFJ）全球基金董事张帆加盟红杉资本中国基金（Sequoia China）任创始合伙；原 DFJ 董事付绩勋加盟 GGV 任董事总经理；原 IDG 技术创业投资基金合伙人王功权加盟鼎晖投资（CDH）任董事总经理；原软银亚洲（SAIF）中国董事总经理黄晶生加盟 Bain Capital 任董事总经理；原霸菱亚洲中国地区总裁徐新创办今日资本任主管合伙人兼总裁；原集富亚洲副总裁钟晓林加盟 TDF 任董事总经理等。

除了 VC 圈内既有的人员重新流动分配以外，由原创业公司创业人加盟成为创业投资人，也形成一股新的力量。周鸿祎和宁君几乎同时加盟 IDG 成为 Venture Partner，携程公司创始人和 CFO 沈南鹏则成为 Sequoia 中国的创始合伙人，管理着 Sequoia 1.5 亿美元的中国基金。另外，新浪的共同创始人和 COO 林欣禾以普通合伙人身份加盟 DCM，帮助其拓展在华投资业务。DCM 目前管理着世界各地约 11 亿美元的资金，并已经投资了中芯国际、51job 等 10 家中国公司。2006 年新年伊始，e 龙创始人唐越也辞去了 CEO 职务，将从事私人股权投资。VC 的人才战已经拉开序幕。VC 认识到单依靠“Flying VC”是不行的，需要精通中国市场的创业投资人以提高本土化竞争的优势。不少人开始转行做 VC，甚至律师、会计师等相关行业；国内创业投资行业的新时代正在悄然来临。

这种变化可以概括为从“投资中国”到“中国投资”的转变。尽管国内创业投资人依然无法解决募资和退出两头在外的现状，他们还是把原本完全游离在中国之外的 VC 链条中最重要的一环——投资决策权锁定在了中国。这些源自本土的创业投资人是在新经济圈里发财致富的，熟悉风险投资，热衷创业，有着发现各种创业和投资机会的敏锐嗅觉。而与依靠点滴积累形成的产业资本不同，这些创业者用几年时间就完成的原始积累和超高倍率的变现，让他们有足够的气魄将其财富“转身就地投资”，从而形成一批早期的天使投资者和创业投资人。

5.2 政策环境

外汇管理局于 2005 年 1 月 24 日和 4 月 8 日，分别发布了《关于完善外资并购外汇管理有关问题的通知》（“11 号文件”）和《关于境内居民个人境外投资登记及外资并购外汇登记有关问题的通知》（“29 号文件”）。

这两个文件出台的初衷，是为了打击非法资本外流。但在很大程度上，它们也遏制了民营企业利用离岸公司进行海外投资及融资之路；随后，全国的民营企业拟赴海外投资及融资的项目几乎全部告停。10 月底，外汇管理局颁发“75 号文件”，并同时宣布 2005 年年初颁布的“11 号文件”和 4 月份“29 号文件”废止。“75 号文件”明确了境内居民可通过在境外设立的“特殊目的公司”进行融资，“特殊目的公司”可并购境内资产而不再过问并购双方是否为同一团队控制、管理，这为内地企业红筹上市扫清了障碍。政策的频繁变动，虽然会为创业投资带来一定的负面影响，但通过调整，问题已得到妥善的解决。

中国目前还缺乏扶持风险投资与直接投资的法律基础，仍存在一些问题，如现存的法规是早期为成立合资工厂而设立的，并非针对风险投资；可转换债券、优先股和期权尚未获得许可；双重税收问题；退出机制问题；法人股不可流通；外汇管制等。

创业投资期待中国尽快启动实现全流通的中小企业板，完善退出机制。

5.3 互联网仍然是 VC 投资热点

素有“网络女皇”之称的摩根士丹利著名互联网分析师玛丽·米克，2005 年 9 月在北京发布了最新研究成果《中国互联网报告》，该报告令美国的风险投资家们对中国的互联网产业另眼相看。在她列出的全世界互联网流量最高的 25 个公司中，中国公司占了 8 个，它们的名称和各自的流量排名为百度 5、新浪 6、网易 9、搜狐 10、腾讯 12、3721 14、Allyes.com 20、Tom 24。报告中指出中国互联网公司估值低于世界同类公司。中国前五大互联网公司与美国五大互联网公司相比，平均利润增长率相同（25%～30%），平均营业利润率要高一倍（30～40%/15～20%），而平均市盈率倍数却低一倍（15X～20X/20X～40X）。报告指出：“国际投资者仍然不熟悉中国互联网商业模式，中国在无线增值业务和在线游戏的数量及增长方面居世界领先地位，而这些业务在美国并不是很普及，基本没有任何可比的上市公司。”因此新浪、搜狐、空中网这些依靠无线收入的公司被国际投资者冷落。实际上无线增值行业并不如此低迷，报告中指出中国的无线增值行业开始复苏，目前已形成了自己的进入门槛，“无线增值是被忽略的投资机会”。

作为美国互联网界极具影响力的人物，玛丽·米克为美国的投资者展现出一个真实的中国概念股，从而促进了国际投资者对中国互联网市场的了解。

随着 Web 2.0 时代的扑面而来，出现了各种基于 Web 2.0 理念的网站，已引起创业投资（VC）的高度关注。据不完全统计，已有近 20 家网络企业获得了创业投资，其中，天涯社区获得 500 万美元的风险投资；博客网获得约 1 000 万美元的投资；亿友网络获得了 2 000 万美元投资；博客中国成功融资 500 万美元；千橡旗下的社交网络社区 UUMe.com 也获得过包括 DCM、Accel Partners、联想投资、Itochu Technology Venture 的风险投资；软银亚洲瞄上了深圳浩天旗下的两大婚嫁社区“嫁我网”与“碰碰网”，首批注入资金就高达 1 250 万美元，深圳铭万获得了软银亚洲的风险投资；当当网获得千万美元投资；快钱网获得硅谷 Doll 资本管理公司（DCM）和半岛资本公司（PeninsulaCapi-tal）的风险投资；富达基金（Fidelity）、IDG 以及联想等多家公司以 1 350 万美元的风险资金注入中搜。

P2P 互联网电视在中国的兴起和快速发展引起了创业投资者的关注。软银总裁孙正义曾预言说“如果未来几年有一家网络公司超越了 Google，那么这家公司必定出现在网络视频直播领域”，磊客网是软银在中国的重点投资项目，由孙正义亲自拍板，在没有任何积累的情况下，投资额超过 1 000 万美元。此外，MYSEE 直播网和悠视网 UUSee 也各自获得上千万美元的创业投资。

总体上看，2005 年互联网的单笔投资额比以往任何一年都要低。2005 年投资于互联网的资金总额比 2004 年的 12 亿美金低，只有 10 亿～11 亿，当然这里面还包括对移动增值业务以及 3G 基础设施的投资，在互联网上面的投资大概占到 60%，也就是 6 亿左右。大量投资基金进入中国的效果到 2006 年才能显现出来。2006 年初，刚成立不满半年的定位于社区搜索的奇虎也获得了千万美元的风险投资；社区门户 ChinaBBS 更是获得了 Google 3 000 万美元的投资；千橡互动得到了 4 800 万美元投资。

5.4 上市融资情况

创业投资的热点是 TMT（Telecom、Media、Technology）。在 2005 年该领域有 3 次 IPO，使 VC 获得了丰厚的回报。

2005 年 3 月 6 日，由 Intel Capital、高通等投资的德信无线在美国纳斯达克上市，融资额为 1.41 亿美元。

7 月 13 日，由软银中国、CDH、UCI、TDF、DFJ、Wiharper、麦顿、3i 和高盛等众多 VC 投资的分众传媒登陆纳市，融资额 1.72 亿美元。

8 月 5 日，由 DFJ、IDG 等 VC 投资的百度公司在美国上市，融资 1.09 亿美元，开盘价

66 美元，较发行价 27 美元，上涨 144%；收盘价 122.54 美元，较发行价上涨 354%；盘中价格更是一度暴涨 450%，达到 151.21 美元。百度在其上市首个交易日的表现不仅使得自己的市值在一夜之间达到 39.8 亿美元，更是创造了中国互联网的一个“奇迹”，成为第一个股价突破 100 美元的中国概念股，纳斯达克市场上自 Google 以来第一个首日股价收盘突破 100 美元的股票，美国历史中上市当日收益最多的十大股票之一，在美上市外国企业中首日表现最佳的企业，五年多来美国市场表现最强劲的一支新股。

5.5 兼并和整合

一批互联网公司上市之后，由于手中有了资金，同时迫于投资商的压力，必然急于四处收购，以满足自己的业绩需求。同时，由于更多的国外互联网巨头开始扎堆中国，面对这些巨头，国内的很多互联网公司开始选择通过收购扩大自身规模来与之对抗。

2 月 19 日，中国最大的网络游戏运营商——上海盛大网络发展有限公司发布公告，称其已经耗资 2.3 亿美元于春节前后，在二级市场上收购了中国最大的门户网站——新浪公司 19.5%的股份，并一举成为新浪的最大股东。盛大的收购之举对整个中国互联网市场产生了巨大的影响。该消息公布之后，包括搜狐等在内的互联网公司纷纷给予回应，搜狐董事局主席张朝阳大量回购其股份以防范可能出现的收购；网易、TOM 在线等公司则手中紧握大量现金，对任何可能出现的收购对象“虎视眈眈”。

盛大的此次收购同样也使海外资本市场开始重新评估中国的互联网企业。海外评论认为，迄今为止，中国规模较大的并购活动多数都是西方公司收购中国那些迅速成长的企业，即使是中国公司收购外国企业，其目的也是要获得某些专门技术或借此进入国际市场。因此，盛大的收购表明，一些中国公司已开始以更为老到的方式展开西方式的并购交易。

盛大的收购将会推动其他实力强大的互联网公司在中国寻找兼并对象。一些海外巨头在进军中国市场的道路上也更多地选择了以收购中国企业作为打开市场的切入口。

3 月，eBay 收购易趣网。4 月，亚马逊收购卓越网，InterActive 收购 e 龙 30%股权，Google 收购百度 3%股权。5 月，Monster.com 收购中华英才 40%股权。8 月 11 日，阿里巴巴和雅虎在北京共同宣布，雅虎已将其在中国的全部资产“打包”，同时再出资 10 亿美元换取阿里巴巴 40%股份（只有 35%投票权）。这是中国互联网史上最大的一笔交易。在此次交易中，雅虎中国旗下的搜索业务，包括一搜、原 3721 的地址栏搜索、雅虎页面搜索全部转手给了阿里巴巴。阿里巴巴声称，未来将打造中国最强大的搜索平台，在全球范围内超过 Google。

千橡互动通过收购、兼并迅速扩大是另外一个成功的案例。陈一舟的千橡收购网站有两个特点，一是社区，二是娱乐性。社区具有高度互动性与粘着度。社区在自身成长的同时，会给用户带来更大价值，用户反过来也会更愿意留在这个地方。2004 年 3 月，猫扑被千橡互动收购。在收购猫扑以后，猫扑用户在两年间从几百万上升到 1800 万，而猫扑除了提供大杂烩论坛式交流平台以外，也开始迅速提升其娱乐功能，在线视频成为其大力发展的重点。BT 文化所吸引的用户，被千橡看成一笔重要的财富，猫扑也开始着力成为中国第一娱乐门户。

2005 年 12 月底，Donews 以 100%换股的方式并入千橡集团。除了 Donews 外，目前千橡旗下还拥有著名社区网站有猫扑、UUMe、Dudu.com 等网站。

2006 年 3 月，千橡集团获得由 GA、DCM（Doll Capital Management）、TVC（Technology

Crossover Ventures)、Accel Partners 和联想投资等联合提供的 4 500 万美元投资。千橡展示给华尔街投资人一个网络媒体娱乐互动平台，这个平台包括社区带来的互联网广告、无线增值服务以及在线宽频娱乐等业务。这一资本运作为 2005 年中国互联网资本市场画上了一个圆满的句号。

（中国科学院 侯自强）

第 6 章　我国互联网治理的现状和对策分析

6.1　互联网治理的指导思想

互联网技术最初是以“开放、参与、自由沟通”为理念发展起来的。在互联网发展的初期，自我治理、自上而下是互联网治理模式的基本特征，这种模式符合当时互联网发展的需要，促进了互联网的发展与繁荣。

随着互联网的飞速发展，单纯的自我治理机制已不能完全适应其需要。国际社会已经普遍认识到，政府必须在互联网治理方面发挥重要作用。各方在日内瓦世界信息社会峰会第一阶段会议达成了“政府必须在互联网治理中发挥作用，管理国内的互联网是各国的主权”的共识；在突尼斯信息社会世界高峰会议第二阶段会议上，各方一致认为“各国政府、私营部门、民间团体和联合国以及其他国际组织应开展合作，提高对信息通信基础设施、技术以及信息和知识的利用；开展能力建设；增加使用 ICT 的信心与安全性；在各个层面营造有利环境；开发和拓宽 ICT 的应用；促进和尊重文化多样性；认识到媒体的作用；解决信息社会的道德问题；并鼓励国际和区域性合作。”

我国一直主张从广义的角度来理解互联网治理，认为包容与开放是互联网的重要特征，即充分发挥各方作用的需要，是互联网发展的必然要求。在信息社会世界峰会突尼斯会议上，黄菊副总理发表了题为“加强合作，促进发展，共创信息社会美好明天”的重要讲话。他指出，建设信息社会是全人类的共同事业，应鼓励各国政府、相关国际组织及有关各方加强合作，共同加以推动。发展中国家应立足于通过自身努力，寻求和探索适合本国国情的发展模式。同时，发达国家也有义务在资金、技术、人才等方面提供支持，帮助发展中国家，特别是最不发达国家，尽快解决基础设施落后等问题，跟上全球信息社会建设步伐，促进经济增长，努力消除贫困。中国是发展中国家，维护世界和平，促进经济增长，建设和谐社会，是我们永恒的主题。中国政府愿进一步加强与世界各国在信息产业领域的交流与合作，并继续为广大发展中国家提供力所能及的帮助和支持，促进共同发展。

6.2　我国互联网治理发展现状

目前，中国互联网用户数已经超过一亿，互联网在中国的经济和社会发展中的作用日益重要。近年来，中国政府、社会、专家已经越来越关注与互联网治理相关的问题，一些企业、民间团体以及网民也逐渐加入到互联网治理中，可以说，我国互联网治理工作正在起步。然而，我国的互联网治理发展仍面临一些问题，互联网治理工作任重道远。

6.2.1 法律问题

1. 我国互联网政策法规治理现状

随着计算机信息网络的迅速发展，中共以及各级人民政府十分重视互联网的监督与管理，颁布并施行了大量的规范性文件以及法律、行政法规、部门规章、地方性法规和地方政府规章（以下简称“有关文件和法规”）。

据不完全统计，截至目前，我国政府颁布、施行的有关互联网管理方面的各种文件与法规共有100多件。其中，按法律效力层级统计，有规范性文件20多件、法律10多件、行政法规20多件、部门规章40多件、地方性法规50多件；按涉及的领域统计，涉及网络设备与产品方面的有30多件，涉及网络互联互通方面的有10多件，涉及网络建设方面的有30多件，涉及网络系统安全保障方面的有10多件，涉及网络运营方面的有30多件，涉及信息安全管理的有中央文件20多件、法律6件多、行政法规10多件、部门规章20多件以及地方性法规和地方政府规章20多件，涉及互联网域名注册登记和管理方面的有10多件。

然而，对于互联网上行为的立法力度仍有待提高，如现在网上购物、网上银行已成为网络犯罪主要的攻击领域，而这一领域又有很多法律的盲点，给网络监管带来很多困难。另外，诸如约束网络游戏运营商与玩家权利和义务的专门法律、法规还是空白。

据悉，国务院2006年将出台《信息网络传播权保护条例》，为中国加入《世界知识产权组织版权条约》和《世界知识产权组织表演和录音制品条约》做准备。这被外界解读为“中国为网络侵权亮出了‘封喉剑’，中国正在关闭侵权之门”。《新闻信息服务管理办法》也将于今年出台。

另外，截至目前，已经有各界建议将相关法律法规提交议案，包括关于禁止网络虚拟财物与现实货币交易的立法（已提交为议案）；针对向未成年人出售、租赁“涉及严重伤害他人”内容游戏的立法；网络犯罪控制法等。

2. 网络犯罪

网络犯罪模式在中国主要包括网络诈骗，比例占25%；传播黄色内容，包括裸体表演等；很多犯罪分子通过互联网来找到受害者（网页仿冒）。2005年公安部有关部门调查的1000个暗杀案中，很多罪犯是通过互联网来找到受害者的。据悉，计算机病毒已成为信息网络安全头号死敌。

电脑犯罪和传统犯罪已经彼此交融，即一些不法分子使用网络入侵技术实施传统犯罪。在网络访问当中，计算机网络漏洞得到充分的利用。一些黑客通过偷窃个人资料、网上银行账户、网上证券账户、网上游戏账户来赚钱，这些活动对于因特网安全造成巨大的破坏。近年来，随着接触网络的人群日益扩大，并不是仅仅年轻人发生网络犯罪。统计显示，中国发生网络犯罪的人中，51%的人年龄在26岁以上，18～25岁的占45%。

为了打击黄、赌、毒等违法和不良现象，中国互联网协会2004年6月成立了互联网违法和不良信息举报中心。在政府、企业、网民三方配合下，至今，举报中心已接到各类公众举报143 000多件次，其中，举报境内外淫秽色情网站的占67.5%，举报宣扬邪教的占4.4%，举报网上欺诈行为的占3.4%，举报网上赌博的占1.9%，举报侵犯知识产权的占1.6%。其他类似的举报，还包括涉及造谣诬蔑的、攻击党和政府的、违背公共道德等内容。根据公众举报，举报中心经过核查，向国家有关执法部门和行政机关转交公众举报 1 878 件，400 多名违法犯罪分子受到法律的制裁，公安机关根据这些线索侦破了一系列大案、要案。

中国国家网络与信息安全信息通报中心主任、公共信息网络安全监察局副局长顾建国指出，网络犯罪问题遍及全球，危害不断加大，已成为网络公害。中国将积极参与并推进打击网络犯罪的国际间的交流和合作。

3．个人隐私保护

网络隐私权的保护日益受到重视，网络隐私权的纠纷呈上升趋势，但我国对于网络隐私权的法律保护几乎是一片空白，在实际的法律操作中往往适用传统隐私权的保护规则，将网络隐私权归入名誉权加以间接保护。侵犯隐私权的构成要件与侵犯名誉权的构成要件不同。私下或小范围内传播他人隐私一般很难构成对他人名誉权的侵犯，但这却是对他人隐私权的侵犯。如果对侵犯隐私权行为的惩罚以是否给名誉权造成了一定的影响为前提，那么事实上很大一部分侵犯了他人隐私权，而同时又没有对他人名誉权造成侵害的行为将逃脱法律的制裁，从本质上降低了民法保护公民隐私权的效力。

网络隐私权与隐私权两者间存在着较大的区别，那么网络隐私权遭到侵害适用解决名誉侵权的法律条款，这种解决方式自然是不妥当的。这种间接保护方式不仅在诉讼上不方便，而且不利于受害人寻求司法保护。在实体上，如果隐私的侵害没有可参照的法律规定，则无法进行司法救济，例如，泄露他人隐私，既未造成名誉权损害，又未造成其他权利损害的，法律就无法对其进行救济。造成这一情况的根本原因就在于上文所说的我国立法上没有确认隐私权为公民的一项独立的人格权，因而无法进行直接保护。

网络隐私虽然属于隐私的范畴，但因其网络技术性、数据性、虚拟性等原因，使得它一旦遭到侵害，用户个人想追究侵权责任就十分困难，没有足够的技术作为支持，对侵权人身份的辨识几乎是无法实现的。这时，如果立法对网络隐私遭侵害采取间接保护方式，那么普通的被侵权人想通过法律保护自身权益的道路可能在很大程度上已经被堵塞。所以，在信息网络法律中单独构建我国的网络隐私权法律保护体系是十分必要且迫切的。法律专家因此呼吁，加快《个人信息保护法》的立法过程，同时尽快推动电子商务相关法律的立法工作。

4．网络版权问题

近几年中国逐步加强对知识产权的保护，已经初步构建了完善的版权保护和执法体系。

（1）版权立法取得进展

从 1992～2005 年底，我国共出台涉及网络版权方面的法律、法规及规章制度 14 部，包括《著作权法》、行政法规 5 部、部门规章 3 个、部门解释 2 个和行业公约 1 个。2001 年前后，我国对专利法、商标法、著作权法等涵盖知识产权保护主要内容的法律法规进行了全面修改，更加注意在促进科技进步与创新的同时，做到与 WTO《与贸易有关的知识产权协议》以及其他知识产权保护国际规则相一致。其中，《著作权法》明确加入了“信息网络传播权，即以有线或者无线方式向公众提供作品，使公众可以在其个人选定的时间和地点获得作品的权利”这个定义。《著作权法》的修改还被认为是为了适应新形势下，尤其是计算机网络环境下著作权保护的迫切需要而进行的。2001 年 6 月，最高人民法院公布的《关于对诉前停止侵犯专利权行为适用法律问题的若干规定》，为及时制止侵权行为、有效防止权利人损失扩大提供了诉讼措施；2004 年 12 月，最高人民法院、最高人民检察院联合公布《关于办理侵犯知识产权刑事案件具体应用法律若干问题的解释》，知识产权保护重点转向执法。2006 年我国将形成由一法（《著作权法》）、两条约（WCT、WPPT）、两条例（《信息网络传播权保护条例》和《著作权集体管理条例》）、两个行政保护办法（《互联网著作权行政保护办法》和《著作权行政处罚实施办法》）组成的著作权保护法律体系，同时对相关法律法规进行完善，对知识产权保护的要求将更加严格。

（2）互联网企业版权保护意识在加强

在中国互联网协会的指导下，互联网企业正在通过自律管理的方式，与版权人就新技术环境中如何解决版权问题进行模式上的创新，在版权保护方面也投入大的资金采购正版作品，互联网企业在传播作品的同时，自身也正在转变成为版权人。

（3）民间组织推动互联网应用服务

2005 年 1 月 28 日，中国互联网协会网络版权联盟成立；9 月，发布了《中国互联网版权自律公约》，截至 2006 年 2 月，签署公约的互联网企业达到 103 家，表明了互联网企业愿意尊重版权、保护版权人相关利益的决心和态度，对进一步推动我国互联网应用服务更深层、更广泛的发展具有重要意义。该联盟负责协调互联网企业与版权人之间的对话与合作，逐步推出互联网音乐、文字、影视作品使用指导价格，联合互联网企业集中采购版权人的正版作品，加强互联网企业自身作品的保护，逐步开展网络作品登记，协助互联网企业开展维权服务。

从目前互联网企业的版权经营情况来看，造成侵权的原因是多方面的，主要有以下几种。

（1）授权体系不健全使互联网企业采购版权成本增加。目前，我国集体管理机构还不健全，只有音乐著作权协会作为音乐词曲版权的集体管理机构，而对于文字作品、电影作品等领域，由于没有集体管理组织，互联网企业要获得授权就要与版权人一一谈判，导致获得版权的成本增加。

（2）版权采购过程缺乏信誉体系导致企业风险大。由于国内相关作品没有版权认证机构，作品版权比较复杂，版权人作品信息不透明，版权人或其代理机构授权过程中超范围授权，导致互联网企业面临法律风险。

目前，社会中还出现授权欺诈行为，一些没有获得版权的代理机构，在市场上伪造版权证明文件，对互联网企业授权。由于辨别版权人及采购作品的真伪比较困难，版权人做假授权使互联网企业无法准确辨别，从而给互联网企业带来巨大的版权风险。

（3）网络作品付费使用缺乏统一标准。互联网企业采购版权由于缺乏网络作品的付费标准，因此与版权人进行谈判难度较大，版权人往往提出过高要求导致互联网企业难以承受。相应地，案件审理过程中也缺乏合理的赔偿标准，出现版权人恶意诉讼的行为，版权人出于宣传、高额索赔的目的，使互联网企业应付诉讼过程中增加了困难。

（4）互联网企业通过出版社或者其他企业代为收转作品版权使用费用，存在受托企业没有尽到转支付义务的情况，造成向代收转企业与权利人双重支付问题。

（5）版权人形成垄断价格，导致互联网企业难于承担版权费用。目前，对垄断的代理机构进行调查和查处，以规范行业内的整体秩序，还没有相关部门进行管理，同时我国反垄断法没有出台，对这类行为的调查和查处没有法律依据。

6.2.2　网络安全问题

由于我国互联网起步晚，很多核心设备和技术都掌握在国外企业手中，尤其是网络高级服务器、操作系统、加密技术等，这种现状很可能构成国家安全的隐患。首先是设备/系统的“后门”问题。由于计算机网络的远程可操控性，设备的制造者、程序的设计者完全有可能在设备或者程序中留下所谓“后门”，并通过互联网远程操控。其次是核心设备的技术保密造成的售后依赖，国家重要基础设施建设采用了核心技术不公开的国外设备，则其后的维护工作将对国外企业产生很大的依赖性。其次，对于互联网而言，至少在目前的现状仍是非常重要的域名根服务器由美国单一管理，这也是威胁我国互联网安全，乃至国家安全的重大隐患。

我国于2000年10月成立国家计算机网络应急技术处理协调中心（简称CNCERT/CC），并于2002年8月成为国际权威组织“事件响应与安全组织论坛（FIRST）”的正式成员。CNCERT/CC是从事网络安全应急协调处理的非赢利组织，在信息产业部互联网应急处理协调办公室的直接领导下，负责协调我国各计算机网络安全事件应急小组（CERT）共同处理国家公共互联网上的安全紧急事件，为国家公共互联网、国家主要网络信息应用系统以及关键部门提供计算机网络安全的监测、预警、应急、防范等安全服务和技术支持，及时收集、核实、汇总、发布有关互联网网络安全的权威性信息，组织国内计算机网络安全应急组织进行国际合作和交流。在2005年的APCERT指导委员会换届选举中，CNCERT/CC当选为APCERT第一任副主席。CNCERT/CC有条件及时与国外应急小组和其他相关组织进行交流与合作，是中国处理网络安全事件的对外窗口。

6.2.3 信息内容安全问题

1. 垃圾邮件治理

我国一直在扮演着垃圾邮件发送大国的角色，一方面是国外垃圾邮件发送者把垃圾邮件服务器转移到了我国，另一方面是我国的垃圾邮件层出不穷，在网上公开叫卖邮件地址库的现象随处可见。近年来，相关的国家行政机关、民间组织、企业和个人都为打击垃圾邮件付出了不少努力。中国互联网协会自成立之日起，就将打击垃圾邮件作为重要工作之一来开展，并曾联络了众多的邮件服务企业成立反垃圾邮件协调小组，订立反垃圾邮件的行业自律规范，公布垃圾邮件服务器“黑名单”，封杀发送垃圾邮件的服务器，通过技术手段防范垃圾邮件。

在管制垃圾邮件的法律缺位的情况下，这几年的反垃圾邮件工作虽然取得了一定的成绩，但是收效不大。据英国防病毒公司Sophos的最新统计数据显示，中国是全球垃圾邮件第二大来源，所占比例为22.3%。中国互联网协会不久前发布的“2005年第三次反垃圾邮件状况调查报告”显示，我国垃圾邮件占所有邮件的比重已经达到了61.53%。这些数据都让我们感觉到有关组织和企业在打击垃圾邮件方面所付出的艰辛工作和努力，同时也显现出技术防范垃圾邮件的手段的苍白无力。因此，必须拿起法律武器，向垃圾邮件发送者开刀。

我国于2006年3月30日正式实施《互联网电子邮件服务管理办法》（简称《办法》）。针对垃圾邮件的泛滥，《办法》主要从如下3个方面着手限制。一是针对广告型电子邮件发送方，明确规定对于广告电子邮件未经电子邮件接收者明确同意，不得向其发送包含商业广告内容的互联网电子邮件。发送包含商业广告内容的电子邮件时，应当在互联网电子邮件标题信息前注明“广告”或“AD”字样；二是针对电子邮件服务提供商，首次实行市场准入管理。所有电子邮件服务提供商，必须备案或者经过相关部门的许可，电子邮件服务器实施IP地址登记制度，除此之外还必须关闭电子邮件服务器匿名转发功能；三是消除中间代理，即获得电子邮件服务准入的厂商，不得为没有获得许可或者备案的组织和个人，提供电子邮件接入服务。

2. 网上不良内容治理

网民在网上发布不良内容信息是社会舆论的一种表现形式，美国将其称为一种“网络文化”。在社会转型时期，各项制度尚在健全的过程中，网络舆论对社会监督的确起到了很大的作用。但我们也要看到社会舆论的另一面即舆论的局限。由于网络传播自身的特性，如传播方式的虚拟性、传播者身份的隐匿性、传播时间和地点的不确定性，以及经营者的趋利性，使互联网一直是一个倍受争议的媒介，最突出的问题就是不良信息、有害信息的泛滥。网络游戏里充斥着暴力血腥的内容，手机短信中存在着许多不健康甚至有害的信息，一些商业网站打着交友、“性教育”、“人体艺术”的幌子散布色情信息，一些人更把聊天室、虚拟社区和个人“博客”当成卖淫嫖娼的“红灯区”。

3. 网络实名制

2005 年 2 月，信息产业部会同有关部门要求境内所有网站主办者必须通过为网站提供接入、托管、内容服务的 IDC、ISP 来备案登记，或者登录信息产业部备案网站自行备案。无论是企、事业单位网站，或是个人网站，都必须在备案时提供有效证件号码。2005 年 7 月 20 日，中国最大的即时通讯公司腾讯发布公告称，根据深圳公安局《关于开展网络公共信息服务场所清理整治工作的通知》，配合中国有关部门对腾讯开展的网络公共信息服务进行整理，对 QQ 群创建者和管理员进行实名登记工作。2005 年 8 月 5 日，文化部、信息产业部联合下发《关于网络游戏发展和管理的若干意见》。该意见称，为防止未成年人沉溺于网络游戏中的杀怪练级，要求“PK 类练级游戏（依靠 PK 来提高级别）应当通过身份证登录，实行实名游戏制度，拒绝未成年人登录进入”。

到底需不需要用网络实名来保证互联网健康发展，互联网方面的专家有正方、反方以及中立方。“新浪网”在举行互联网实名制大讨论中间，81.9%的网友认为“网络实名制”会限制网民在网上的自由发言权，73.1%的网民认为中国实行实名制会制约互联网未来的发展。来自于真实世界的常规之举——实名制让习惯于匿名、隐身的网民感觉诸多不习惯，归根到底是网络自由与互联网治理之间的博弈。

6.3　互联网治理面临的问题和挑战

结合国际互联网治理问题的研究现状，面对国内保证互联网持续、稳定、良性发展的迫切需求，我国在互联网治理过程中面临的主要问题有以下几个方面。

6.3.1　互联网内容安全治理上面临的问题

目前，中国互联网内容和应用的治理上，仍然存在界定不清、管理观念陈旧的问题。虽然互联网治理是在国家主导下进行的，但是，互联网治理有别于其他行政管理，不能一味地沿袭传统的管理观念、以单向的政府监管为主。互联网开放性、互动性的特质决定了互联网治理要充分发动公众参与，公众既是信息传播者又是信息的获取者，因此，充分发挥公众的力量是互联网治理事半功倍的有效途径，传统的管理观念已经不能适应对互联网的管理。与此同时，作为公众监督举报的依据，对网上淫秽、煽动种族仇恨、色情等不良信息的界定仍不清晰，这一点正是目前中国互联网治理的“软肋”。

概念界定不清或者难于界定，使得相关政府部门在监管时无法可依，出现监管过度或者监管缺失等问题。例如，政府和企业在部署反垃圾邮件系统时，对于是否会对正常邮件产生误判和误拦，都会有很深的顾虑，这也在很大程度上影响了反垃圾邮件系统部署的进展，如何才能解决这个“鱼和熊掌”不能兼得的矛盾是个难题。此外，对于互联网上相同的信息，出于不同角度的观察者所做出的判断往往会有所差异，甚至大相径庭。

6.3.2 互联网治理法律机制存在的问题

由于发展程度不同，互联网给发达国家和发展中国家带来的冲击和挑战也不同。对发展中国家而言，既有有利的条件，又面临一些特殊困难。从有利的方面看，由于互联网在发展中国家发展较滞后，技术和管理上有一定的缓冲时间，这样就可以借鉴发达国家处理同类问题的经验，避免走弯路。同时，发展中国家还可以充分利用后发优势，利用没有传统条条框框约束的优势，实现跳跃式发展。同样的情况在知识产权法领域也非常明显，发展中国家往往能一步到位，制定适应互联网要求的知识产权法律。

不过，发展中国家同时也面临着更多的困难。首先，以网络为代表的信息化不是一个孤立的技术创新现象，它与经济全球化和其他各方面的协调发展有着内在的紧密联系。对于发展中国家而言，如何适应经济全球化的浪潮，本身也是非常严峻的挑战。这样，在以网络为代表的信息化面前，发展中国家实际上同时面临着多重挑战，这样的挑战是空前严峻的。其次，发展中国家在物理高速路尚未完成的情况下迎来了以互联网为代表的信息高速路时代。这样，发展中国家就必然同时面临双重任务和双重挑战，既要完善传统的法律制度，又要尽快制定适应互联网发展需要的新法律。再次，由于发达国家技术上的优势，它们必然在国际舞台和国际规则制定上有更多的发言权甚至单方行动权。许多情况下，发展中国家可能不得不面对或者接受发达国家制定的游戏规则或者孤立于国际社会之外的两难局面。最后，由于互联网时代是一个知识的时代、一个人才的时代，而互联网本身没有国界，因此，发达国家往往能够通过优厚的工作条件和创业机会在国际范围内大量吸引人才。如果发展中国家不利用互联网发展自己，就容易导致人才外流，使两者的距离越拉越大。

6.3.3 互联网治理决策机制上面临的问题

互联网治理的重要意义已被世界各国政府、国际组织和民间社团充分认识，已有来自不同的国家和追求不同的利益相关者的大量关于互联网治理的建议和意见，但对于如何治理，各方认识不一。

作为信息社会基础设施核心要素的互联网，呈现了物理世界的各种活动。互联网是物理世界的一个组成部分，与物理世界密不可分，相互作用。它既有助于促进社会进步和经济协调发展，又必然会反映社会上的各种弊端，而且由于其技术和机制上的原因，又会放大和强化某些负面现象。

（1）互联网与意识形态

互联网作为媒体，不但自上而下发布着各种新闻、消息，而且由于其互动性，已成为大众参与国家政治活动的舞台，网上舆情可能引起社会不安定，因此引起了国家领导层的高度重视。敌对势力利用互联网对我国政治、经济、文化等各方面进行渗透，企图颠覆我国政权。

互联网在这些活动中，不但起到发布和传播作用，而且有明显的放大作用。互联网的管理成为新闻、宣传和安全等部门的重要职责。

（2）互联网与经济

互联网已从单纯用于教育、科研、军事的目的变成了经济活动的平台，这些年来，不但互联网产业自身得到了长足的发展，而且包括 B2B、B2C、C2C 等各种电子商务在内的商业模式不断创新。互联网在创造经济价值的同时，也带来了与广告、交易、支付、物流、税收、安全以及诚信体系等相关的各种问题。互联网的管理成为商务、工商、税务、海关和银监等多个部门的职责。

（3）互联网与娱乐

互联网上很大一部分消费服务是娱乐。网上动漫、游戏、音乐、电影、视频的制作、下载、传播，推动了数字内容产业的发展，上网场所的普及推动了互联网的发展，但由此也产生了不良信息传播、版权、青少年教育和上网场所管理等系列问题。互联网的治理成为科技、文化、广电、出版、信息产业和教育等多个部门的职责。

（4）互联网与文化教育

由于互联网的开放性、互动性，外界的文化、语言、思维方式、社会价值观等对国内网民影响越来越大。我国多数网民是青少年，这种影响对他们的成长不可忽视。其管理涉及文化、教育、宣传，甚至团中央、妇联等部门。

由此可见，互联网与政治、经济、文化、社会和老百姓生活紧密相关，对互联网的管理，多个政府部门有责任；在互联网的治理上有多方面的参与者，互联网治理的决策程序呈现多元化。

互联网的无国界和其渗透性决定了互联网的治理不是一个法律、一个行政主管部门可以解决的。例如网上犯罪，虽然通过 IP 地址可以找到疑犯上网的地点，但是由于互联网接入的便捷和随意，疑犯查找和犯罪现场的定义都是困难的。互联网治理需要先进的、在不断较量中改进的技术手段的支撑。除法律、监管、技术之外，互联网的治理还需考虑从业者的行业自律、网民的素质、文化、道德、观念的提高等综合因素。这也就是互联网治理上特有的复杂性。

互联网治理的困难还在于互联网治理是无国界的。从技术上讲，虽然有国际网关，有防护系统，但互联网没有物理上具体的边界，也很难划定边界。从政治上讲，互联网有主权问题，如域名的管理。中国域名（.cn）属于中国的主权范围，必须由主权国来管辖，但是，国际域名（如.com、.org 等）也已深入到国内。再如垃圾邮件，中国的一些邮件服务商的服务器可能不是垃圾邮件的发送源，甚至不是垃圾邮件的接收地，但可能提供了转发功能，成为了垃圾邮件的跳板，因此也受到国际相关反垃圾邮件组织的制裁。同理，还包括一些不良信息的传播，即使国内有相应的法律、法规，但是无法作用到境外。这种管辖权和边界的模糊性，也成为互联网治理的难点。

6.4　互联网治理的意见和建议

我国的互联网治理工作近年来已得到了政府有关部门的高度重视，一系列相关政策、法规、条例的颁布，对我国互联网健康发展起到了一定的指导和规范作用。各种相关的民间组织相继成立，行业自律得到了大多数企业的响应。针对我国已成为互联网大国这样一个现状，无论从国家层面还是从国际层面考虑，都应加强、加快互联网的治理，应有统一的互联网治理决策机制。我国的互联网治理应遵循政府主导、多方参与、高度协调、有效反馈的决策机制。

1. 政府主导

由于互联网快速发展，已渗透到政治、经济、贸易、文化、媒体、教育和家庭等各个方面，越来越多的涉及公共政策的问题凸现，互联网的发展带来了多种社会问题，甚至涉及国家的主权、社会稳定，因此政府参与互联网治理是非常必要和重要的。在互联网治理中，涉及公共利益、公共政策的，政府应起主导作用。政府的主导作用体现在组织各利益相关方参与互联网治理、听取各方面的意见和建议，调查研究，根据调查情况，将互联网治理问题分层、分级，统筹协调，组织制定必要的、完整的、清晰的、切实可行的法律、法规，并监督实施。对于互联网标准、运营模式等一些取决于市场的问题，政府应做好引导，由相应的机构、企业、民间组织来完成具体的工作。政府的直接管理和间接管理要有清晰的界定。政府的主导不是独导，要保证多方参与，高度协调，政出多门将无所适从。

2. 多方参与

与物理世界不同，互联网治理问题已不单单是技术层面的问题，不是某一个部门能管理好互联网的。因此，在政府主导下，包括企业、科研、教育、社会团体，甚至网民在内的各利益相关方者都应参与互联网治理，在不同层面、不同领域发挥各自的作用。政府在制订互联网的公共政策中起主导作用；科研、民间社团在互联网技术层面起决定作用；而在教育、培养素质等方面，教育机构、社会团体应该发挥自身的优势；企业在寻找商机、开拓市场时，也应承担更多的社会责任，要担负起行业自律的责任。

3. 高度协调

在多方参与的情况下，高度协调就成为必要。互联网本身是新的基础设施，对各方面都有影响，各个部门都会从不同的角度来认识互联网治理。新闻管理部门把互联网作为媒体来治理，商务管理部门把互联网作为交易平台来治理，文化部门把互联网作为娱乐、文化场所来治理。因此，不良信息有多个部门管理、网络游戏有多个部门管理，IPTV 有多个部门管理。在互联网发展中，许多新业务、商业模式不断出现，如网络广告，其广告模式与物理世界极大不同，不但有文字、图像、声音，还有竞价排名，超级链接，甚至有时不能明显区分是互联网广告还是互联网内容，在监管上面临空白。互联网涉及方方面面，几乎与政府各个主管部门都有关系，各个部门都有责任来管理。互联网的开放性、草根式发展，行业的界限模糊，是其特点，不是某个单一部门能够管理的，因此要求协同配合，管理上需要高度协调。协调不好，可能阻止其发展。

4. 有效反馈

在政府主导、多方参与、高度协调的前提下，建立有效反馈的机制是非常重要的。发展和治理是一对矛盾，发展需要有序，需要治理，而治理是为了更好的发展。发展和治理之间的平衡点要随时调整，要找到平衡点。治理过度，影响互联网的发展；无序发展，带来的不仅仅是技术问题，可能是严重的社会问题。如处理网络版权问题，过度保护将阻碍网络对作品的推广、阻碍产业发展；放纵盗版，将严重影响权益人的利益。互联网技术还在不断发展，网络平台更加开放，网络形态、网络资源更加分散，新技术、新应用、新业务模式不断出现，如 P2P、网络电话、网络视频等，是先发展、发现问题后再治理，还是在没找到解决方法之前不让其发展？显然封堵是解决不了问题的。因此需要及时有效地反馈，合理调整管理规范，既要保护产业发展，又要让产业有序、健康地发展。建立有效的反馈机制，发现问题、尽快研究解决，才是发展之路。治理要跟上发展，而不是等待，甚至阻碍发展。

（中国互联网协会石现升　胡　冰）

第7章　网络知识产权的立法和司法状况

鉴于互联网产业近年来的飞速发展，中国法院及行政机关自2003年以来纷纷修正及出台了一系列相关规范性文件，以规范人们在互联网上的行为及保护网上知识产权（主要是与著作权相关）。同时，法院也审理了一批涉及网络知识产权的案件，为理论探索和立法提供了启发和借鉴。

7.1　网络知识产权立法

自2005年以来，关于网络知识产权的法律法规包括国家版权局与信息产业部于2005年联合颁布的《互联网著作权行政保护办法》、国家版权局与信息产业部联合起草并于2005年公布的《信息网络传播权保护条例（草案）》等。本章将对上述法律法规的要点逐一进行列举。

7.1.1　《互联网著作权行政保护办法》

2005年4月，国家版权局与信息产业部联合颁布了《互联网著作权行政保护办法》，该办法于2005年5月30日开始实施。《互联网著作权行政保护办法》作为国务院有关信息网络传播权的行政法规出台前的过渡性规定，为中国行政机关处理网络著作权纠纷提供了标准。

该办法旨在明确互联网信息服务提供者在互联网信息服务活动中的权利和义务，以规范其在网络信息服务中的行为。根据该办法的规定，符合一定条件的互联网信息服务提供者可以享受所谓"避风港"制度的保护，免于承担侵犯著作权的行政法律责任。

该办法的适用对象为根据互联网内容提供者的指令，通过互联网自动提供文字作品、录音录像制品等内容的上载、存储、链接或搜索等功能，且对存储或传输的内容不进行任何编辑、修改或选择的行为。

该办法规定，著作权人发现互联网传播的内容侵犯其著作权，向互联网信息服务提供者发出通知后，互联网信息服务提供者应当立即采取措施移除相关内容，并保留著作权人的通知6个月。互联网信息服务提供者根据著作权人的通知移除相关内容的，互联网内容提供者可以向互联网信息服务提供者和著作权人一并发出说明被移除内容不侵犯著作权的反通知。反通知发出后，互联网信息服务提供者即可恢复被移除的内容，且对该恢复行为不承担行政法律责任。如果没有证据表明互联网信息服务提供者明知侵权事实存在，或者互联网信息服务提供者接到著作权人通知后，采取措施移除相关内容，则互联网信息服务提供者不承担行政法律责任。

7.1.2 《信息网络传播权保护条例（草案）》

根据《中华人民共和国著作权法》第 58 条的规定，计算机软件、信息网络传播权的保护办法由国务院制定相关条例加以规定。根据国务院的指示，国家版权局和信息产业部联合起草了《信息网络传播权保护条例（草案）》，并于 2005 年 10 月面向公众征求意见和建议。

草案以著作权法为立法依据，首次对信息网络传播权做出了明确的定义，对网络环境下的合理使用与法定许可做出了详细规定。草案第三条规定：权利人对作品、表演或者音像制品享有的信息网络传播权，包括本人通过信息网络向公众传播以及许可他人通过信息网络向公众传播该作品、表演或者音像制品的权利。将他人的作品、表演、音像制品上载到网络服务器上，供公众成员获取、复制或者以其他方式进行使用，应当取得权利人许可，并支付报酬。

同时，草案列出了 8 项网络环境下的合理使用。除传统的合理使用情况外，草案还特别规定了几种网络环境下特有的合理使用情形。

（1）将电子公告服务系统中发表的言论转贴于其他电子公告服务系统中，著作权人声明不许转贴的除外；

（2）公共图书馆通过本馆的网络阅览系统供馆内读者阅览本馆收藏的已经发表的作品，但该阅览系统不得提供复制功能，并且应当能够有效防止提供网络阅览的作品通过信息网络进一步传播；

（3）为提供搜索服务而复制他人的网页，但不得破解权利人或者专有使用权人采取的技术措施，也不得提供复制功能；

（4）为非营利目的，在修理计算机等设备、系统、网络或者演示其性能的过程中使用计算机软件等。

此外，草案还规定了对网络远程教育、公共图书馆、文字作品、美术作品和摄影作品在网络环境下的法定许可制度。

根据草案第五条的规定，对于为实施九年制义务教育和国家教育规划而提供网络远程教育，除著作权人事先声明不许使用的外，远程教育机构符合下列全部条件的，可以不经其许可而使用已经发表的作品片段或者短小的文字作品、音乐作品或者单幅的美术作品、摄影作品制作网络远程教育的教科书课件，但应当指明作者姓名、作品名称和出处，按照规定支付报酬，并且不得侵犯著作权人依法享有的其他权利，符合的条件如下。

（1）教科书课件仅提供给在该远程教育机构注册的学生；

（2）远程教育系统能够有效防止在教科书课件中使用的作品通过信息网络进一步传播。上述法定许可对表演者、录音录像制作者同样适用。

草案第六条规定，除著作权人事先声明不许使用的外，公共图书馆符合下列全部条件的，可以不经其许可，通过本馆的网络阅览系统供馆外注册读者阅览本馆收藏的已经出版的图书，但应当指明作者姓名、作品名称和出处，按照规定支付报酬，并且不得侵犯著作权人依法享有的其他权利，包括提供网络阅览的图书已经合法出版 3 年以上；阅览系统不提供复制功能；阅览系统能够准确记录作品的阅览次数，并且能够有效防止提供网络阅览的作品通过信息网络进一步传播。

草案第七条规定，文字作品、美术作品、摄影作品在报刊或者信息网络上发表后，除著作权人事先声明不得转载、摘编的外，可以在报刊或者信息网络上转载或者作为文摘、资料使用，但应当指明作者姓名、作品名称和出处，按照规定向著作权人支付报酬，并且不得侵犯著作权人依法享有的其他权利。

同时，草案也对网络服务商提供了与《互联网行政保护条例》相类似的"避风港"保护制度，并对相关各方在信息网络传播活动中的权利与义务做出了明确规定。草案的出台标志着中国将首次在立法上对信息网络传播权予以确认，其正式施行必将对中国网络知识产权保护以及互联网产业的健康发展起到极大的推动作用。

7.2 中国网络知识产权司法保护状况及相关典型案例

近三年来，全国法院受理的网络侵权案件数量持续攀升，新类型、疑难案件不断增多。法院在处理网络知识产权侵权案件过程中，积累了一定的经验，对于网络知识产权案件处理中遇到的问题，也有了更深的认识。最高法院、各地高院、中院以及有知识产权案件管辖权的基层法院审理了一批网络侵犯知识产权案件，加大了打击网络盗版的力度。法院积累了一定的审理网络知识产权案件的经验，并形成了一些理论成果，侵犯网络知识产权案件日渐成为常规案件。以北京市海淀区人民法院知识产权庭为例，截至1999年底，共受理网络侵权案件19件，而仅2004年一年就受理网络侵权案件100余件，2005年一年又受理网络侵权案件150余件，2006年第一季度受理的网络侵犯知识产权案件也有大批量上升的趋势。这些案件类型多样，疑难复杂案件较多，包括不少涉及数字图书馆侵犯网络传播权、网络侵犯商标权、网络上进行不正当竞争纠纷等新类型案件。

7.2.1 典型知识产权案例分析

1. 央视公众公司诉多普达公司等侵犯专有使用权纠纷案

原告：北京央视公众资讯有限公司（央视公众公司）

被告：武汉多普达通讯有限公司（多普达公司）

被告：北京协亨电讯技术有限公司（协亨公司）

案情简述：

央视公众公司与中央电视台签订《中央电视台电视节目在电信领域中的专有使用权合同》，取得中央电视台所属各频道电视节目在电信领域的排他性专有使用权。2004年，多普达公司将中央电视台CCTV-新闻、CCTV-4和CCTV-9三个频道的节目在其生产的"多普达535"型手机中播放，同时在其网站使用中央电视台"新闻联播"栏目的画面、声音等进行产品功能演示等。协亨电讯公司销售了"多普达535"型手机。央视公众公司认为二被告侵犯了其专有使用权，将其诉至法院。

判决概括：

一审法院认为，多普达公司未经央视公众公司许可，以营利为目的，在其生产的多普达dopod 535手机中，并在其网站上为销售此款手机转播中央电视台节目，侵犯了央视公众公司在电信领域对中央电视台节目的专有使用权。协亨公司作为多普达dopod 535手机的销售商，根据该款手机的说明书等进行介绍和销售，其提供了正规合法的进货渠道，已尽合理的审查义务，仅应承担停止销售的责任。判令多普达公司停止侵权、公开赔礼道歉、赔偿经济损失35 万元及合理费用 21 000 元，协亨电讯公司停止销售可以接收中央电视台上述节目的多普达535 手机。二审法院调解解决了本案纠纷。

简评：

本案是全国首起手机看电视侵犯著作权的纠纷，引起了许多人的关注，形成了两派观点，一派认为被告侵犯了电信领域的网络传播权，另一派认为被告的行为是通过网络转播中央台电视节目的方式，侵犯了央视公众公司在电信领域对中央电视台节目的专有使用权，但两派共同的观点是都构成了侵权，被告应承担相应的侵权责任。有人针对该案提出，对于手机电视等新兴事物难以界定权利时，直接创设一个手机电视播映权或其他新权利是更直接的解决办法。我们认为，立法不断完善和创设新权利固然是解决问题的一种方式，但知识产权审判中更重要的司法技能是法官不应囿于新的技术措施和术语本身，而要通过对纷繁事件本质的还原和剥离，以及对技术背后实质法律问题的把握和认识，以基本的法律原理来解决不断涌现的新问题。只有拨开技术术语、技术措施本身的迷雾，还原和把握法律问题的实质，才能“以不变应万变”，解决法律的滞后性问题，因应不断发展变化的现实需要。否则，司法就会迷失于技术术语的迷宫。

2. 郑成思诉北京书生科技有限公司侵犯著作权纠纷

原告：郑成思

被告：北京书生科技有限公司（书生公司）

案情简述：

郑成思是《知识产权法》（第二版）、(知识产权文丛)（1～4 卷）等 8 本书的作者。书生公司所有的书生之家数字图书馆未经郑成思同意，登载了郑成思的上述 8 本图书。郑成思将书生公司诉至法院，要求其承担侵犯网络传播权的相应责任。

判决概括：

一审法院认为，书生公司是以营利为目的的企业，书生之家数字图书馆也并非公益性图书馆，其企业性质、经营方式、经营目的及对作品利益的影响上均与图书馆不同。书生之家数字图书馆对作品所作的 3 人以上不能同时在线阅读及只能拷屏下载的限制，并不构成著作权法意义上对作品的合理使用，这些限制并未从实质上降低作品被任意使用的风险，亦未改变其未经著作权人许可而使用他人作品的行为性质。书生公司侵犯了郑成思对作品享有的信息网络传播权，应停止侵权、公开致歉，并赔偿郑成思经济损失及支出的合理费用 6 万元。二审维持原判。

简评：

本案由于涉及知识产权界知名的法律学者，又涉及多年来被广泛关注的数字图书馆侵犯网络传播权问题，受到了多方的关注。互联网为作品传播提供了更广阔、更便利的空间，相应也给作品的使用提供了便利和自由，但这种便利和自由并不意味着没有限制，相关企业和个人仍需遵循法律、尊重他人的权利。在裁判过程中，如何平衡作者和网络环境下信息传播者的利益、判定赔偿的标准，需要法官精心考虑。

有趣的是，就在郑成思等七学者状告书生公司侵权案庭审前的几天，书生公司以“侵犯软件著作权”为由，分别起诉了郑成思和唐广良，认为二人在未与书生公司签订许可使用合同取得许可的情况下，擅自使用了书生公司的阅读软件，构成侵权。后书生公司撤回了起诉郑成思的案件，而起诉唐广良的案件，被驳回诉讼请求。这些案件引发了一场法学界和行业的大讨论，其中讨论最多、最热烈的是，数字时代中两种知识产权的授权模式问题。这反映了数字时代人们对于传统知识产权授权模式的反思，以及对于构建著作权集体管理组织、破解数字作品交易难局的思考。

3．新力唱片（香港）有限公司诉世纪悦博公司 chinamp3 音乐极限网侵权纠纷

原告：新力唱片（香港）有限公司（新力唱片公司）

被告：北京世纪悦博科技有限公司（世纪悦博公司）

案情简述：

新力唱片公司是卢巧音演唱的《站站舞》、《吉祥物》等 11 首歌曲录音制品的制作者，享有上述 11 首歌曲录音制品的录音制作者权。世纪悦博公司所有的 chinamp3 音乐极限网站是一家专业音乐网站。世纪悦博公司事先通过网络搜索系统，检索到其他音乐网站的信息，如地区、歌手、歌单、歌词及歌曲等，并将有关信息进行选择、编排、整理，与有关网站建立连接，提供给用户浏览、使用。通过 chinamp3 音乐极限网站可以下载新力唱片公司享有录音制作者权的《站站舞》、《吉祥物》等 11 首歌曲。下载过程显示，在世纪悦博公司网站的页面上提供了下载服务；被链接下载的网站是世纪悦博公司事先选定并推荐给网络用户的；下载的操作步骤是世纪悦博公司逐层递进引导的；所下载作品是世纪悦博公司事先通过搜索选编并整理的。

判决概括：

一审法院认为，世纪博悦公司的链接行为已经不是提供链路通道服务，而是直接参与了相关信息的加工处理，并对加工处理后的信息通过异站进行深层次的链接。世纪悦博公司疏于对被链接网站资源的合法性进行合理审查，主观上具有过错，客观上给新力唱片公司造成了损害后果，构成侵权。判令世纪博悦公司停止侵权，赔偿经济损失共计人民币 6 万元。

二审法院认为，www.chinamp3.com 网站提供的服务具有明显的商业目的。世纪悦博公司在网站上提供的服务，从网络用户查询信息直到下载的整个过程及实际效果看，其所设置的链接只不过是其向公众提供全部音乐信息服务的一个环节、一种手段。世纪悦博公司实施行为的实质是将他人网站上的信息当成自己的信息在网络上向用户提供的行为，侵害了新力唱片公司对其录音制品享有的信息网络传播权。世纪悦博公司完全有能力对被链接信息的合法性进行逐条甄别，且其作为专业性网站，理应负有更高的对所提供服务的合法性的注意义务。最终，二审维持了一审判决。

简评：

法院具体分析了本案链接行为的具体表现，认为世纪悦博公司所做的实际是将他人网站上的信息当成自己的信息在网络上向用户提供的行为。对于世纪悦博公司的主观方面，法院认为其行为表明其完全有能力对被链接信息的合法性进行逐条甄别，且其作为专业性网站，理应负有更高的对所提供服务的合法性的注意义务。从而否定了《关于审理涉及计算机网络著作权纠纷案件适用法律若干问题的解释》第五条的适用。

4．北京鸿宇昊天科技有限公司诉沈丽不正当竞争纠纷

原告：北京鸿宇昊天科技有限公司（鸿宇昊天公司）

被告：沈丽

案情简述：

2003年，鸿宇昊天公司创建网站，其经营定位是为在北京的东北人提供一个交流的平台，并兼营计算机服务等业务。该网站上载有4篇文章，该公司对此享有著作权。2004年6月，该公司发现沈丽主办的网站上嵌套链接了上述4篇文章。其认为，链接行为会使网友误以为上述页面系沈丽创作，沈丽擅自链接，藉此增加网站浏览量和知名度，构成不正当竞争。法院查明，沈丽网站提供的计算机服务有网站建设、网页制作等。其网站首页下部显示地址和联系方式。点击该网站上相关链接，相关网页分别显示了涉案4篇文章，内容、排版方式与鸿宇昊天公司网站上的4篇文章均相同。显示方式均为网页中间部分显示文章内容，文章上面显示某工作室网站的相关菜单，下面显示某工作室地址、联系方式等。2004年9月，在鸿宇昊天公司提起诉讼后，沈丽撤除了链接。

判决概括：

法院认为，本案涉及的链接属于“加框链接”。网站是以独特内容给用户留下印象的，独特的内容一旦被他人如此链接，访问者通过设链网站看到的内容就不能准确反映出制作者的身份，从而导致误认，而这种误认必然会使设链接网站访问者增加、真正的内容制作网站访问者减少，最终使被链接网站的经济利益受到损害。本案的双方当事人的业务存在一定重合，应认为存在竞争关系。被告未经许可，擅自对原告网站的4篇文章进行上述形式的链接，构成不正当竞争。被告收到原告通知后，一直未断开链接，直到2004年9月才断掉链接，致使不正当竞争行为状态得以延续，应承担相应的法律责任。

简评：

加框链接可能涉及不正当竞争问题。本案中，法官依据诚实信用原则对加框链接是否构成不正当竞争问题，给出了肯定的答案。

7.2.2　网络知识产权司法中遇到的主要问题

1. 网络侵犯著作权

2003年12月23日，最高人民法院修正了《关于审理涉及计算机网络著作权纠纷案件适用法律若干问题的解释》，该解释对网络侵犯著作权案件的审理意见更加具体、科学和具有操作性，对于司法实践具有重要的指导意义。但是，司法实践中法官们也不断遇到新的问题，网络侵犯著作权案件的审理存在一些困难之处，需要我们继续探索今后如何改进和完善。

（1）管辖权确定标准及管辖权异议的滥用

最高人民法院出台的《关于审理涉及计算机网络著作权纠纷案件适用法律若干问题的解释》等文件中，均将侵权扩散地看成管辖的依据。规定网络著作权侵权纠纷案件由侵权行为地或者被告住所地人民法院管辖，侵权行为地包括实施被诉侵权行为的网络服务器、计算机终端等设备所在地。对难以确定侵权行为地和被告住所地的，原告发现侵权内容的计算机终端等设备所在地可以视为侵权行为地。当初之所以这样规定，主要是考虑到网络服务器、计算机终端相对固定，选择其作为管辖权依据，可以方便受害人选择法院起诉，使原告的诉讼权利便于得到保护。但司法实践中大家也感到，上网作品的扩散地不计其数，若以其作为确定管辖的依据，势必会造成法院管辖权过于宽泛，也有割裂管辖依据和案件本身联系之嫌。另外，有人提出网络案件管辖应该“被告就原告”，而非传统的“原告就被告”，以节省原告成本。而实践中我们发现，民事诉讼法有关被告之一住所地法院可进行管辖的规定，使得原告常常选择无关紧要的被告所在地法院管辖，这给主要被告带来异地诉讼的不便，受案法院的审理和执行也颇为困难。此外，对于依职权移送的案件，原告能否向受移送法院提出管辖权异议以及法院如何处理，也是一个问题。

网络侵权案件管辖异议权的滥用已成为当事人常用的诉讼策略，这一方面是因为原告常常选择起诉一个无关紧要的被告以选择最便利自己的管辖地，而主要被告都在外地，这些被告认为如此管辖对其极端不利，诉讼成本过高，有的也为了拖延诉讼，就频频提起管辖权异议并大多选择上诉，使得诉讼被人为、恶意地拉长，裁判常常因此失去应有的意义。如何科学规定管辖权，并对管辖权异议的滥用形成有效的规制，是亟需考虑的问题。

（2）涉及诉讼主体较多，原、被告确定困难

网络世界中，权利人常常难以证明自己的原告身份，人们也难以有效识别网络侵权人。如原告单独起诉某一侵权人，常常出现行为人相互推诿责任、事实难以查清的情况。于是，原告常常出于降低诉讼风险考虑，把可能的侵权人一股脑儿地列为被告，至于被告是否都应承担责任问题则不予考虑。这无疑增加了审判的困难。

在陈卫华诉成都电脑商情报社一案中，原告身份是通过现场勘验、输入密码方式确定的。此后，公证或现场勘验方式越来越多地被使用。而由于网络世界登记、注册内容的真实性很差，如何确定侵权人已成为司法实践中一大难题。在瑞得在线诉东方信息一案中，法官在综合考虑了侵权网页上的电话、传真、地址等信息与被告相同、法院传真送达以及媒体报道的情况，并考虑被告并未举出反证后，才完成了对被告适格的认定。而海淀法院 2005 年审结的胡飞诉清大明珠公司等一案，几个被告都否认侵权，被告提供的所谓网页实际设计者又出庭作证，意图证明域名注册者另有其人，使得“谁是侵权人”问题罩上了层层迷雾。

（3）原告诉求明显过高，获得支持率较低

网络侵权案件中，经常是原告诉求过高，相关支出随之过高，于是调解难以达成，判决结果常常是原告得不偿失。这一方面是由于网络侵权案件赔偿数额标准的不确定，使得权利人难以提出合理赔偿数额；另一方面不排除一些法律从业者故意抬高诉讼标的，赚取高额代理费用的因素。对于经济利益的盲目追求，使得本来能够通过非诉途径解决的纠纷大量涌向法院。另外，有些网络侵权诉讼并非单纯为了民事纠纷的解决，而是出于商业宣传、打击竞争对手等目的提起的，这种恶意诉讼、滥用司法资源的行为是我们应该警惕并着手解决的问题。而这种情况的解决，需要赔偿标准的明确，以及提供法律服务的律师在中间发挥更加积极的作用。

（4）有关公证材料、电子证据认定的问题

由于网络上的内容容易被修改和删除，当事人多选择公证方式进行证据保全，但公证书经常出现错误，如在海淀法院 2004 年审结的郑成思等社科院 7 位著名学者诉书生公司等案件中，就出现了公证书中网址的拼写错误。这种错误导致被告对于公证书的真实性产生质疑，也给法院工作带来了困扰。

（5）损害赔偿额的确定问题

2005 年初，北京高院制定了《关于确定著作权侵权损害赔偿责任的指导意见》，但如何确定网络侵权的赔偿数额，仍存在一些问题。由于法院对相关行业的经营状况和赢利模式缺乏深刻的认识，使得准确判断损害赔偿数额存在一定的困难。如由于对某些网络侵权案件确

定的赔偿标准过高，使得某些人感觉打官司带来的赔偿数额远远高于创作和进行商业活动带来的收益，从而催生了专以侵权赔偿为生的企业。再如，由于网络传播信息迅速、广泛的特点，作者有时不会受到损失，反而因其作品被登在网上提高了知名度，获得了更大利益。在此情况下，是否侵权人还要承担较重的赔偿责任，不无疑问。

数字图书馆侵犯著作权案件的增多是近年来知识产权审判的一大特点。陈兴良诉国家数字图书馆一案，是中国首起数字图书馆侵犯信息网络传播权案。2004 年、2005 年海淀法院又审结了郑成思等诉书生公司等 10 余起案件。这类案件的增多，一方面说明广大作者的权利意识不断提高，另一方面也提醒司法界，由于法律对网络合理使用的规定不健全，以及缺少有效、方便的授权手段，数字图书馆在中国的发展遇到了一定的障碍。从判决结果来看，网络侵权的千字赔偿数额呈现下降趋势。这主要是考虑到，虽然要对权利人的损失予以合理赔偿，但判决结果又不能影响公众借助互联网获取信息，另外考虑到一本书庞大的字数与被告可能因此的获利、原告获得的单位稿酬之间会在一定程度上呈现反比，当事人之间更有可能在单位字数标准的协商确定上，因字数规模的巨大相应有所降低，最终确定该案中单位字数的赔偿标准应低于一般网络侵权案件的稿酬标准。在后来的郑成思诉书生公司等案件中，我们愈发感到，版权保护的根本目的在于促进作品的创作和传播，让公众在作者的智力劳动中获益，过度的保护会窒息借鉴和创新。因此，考虑数字图书馆的发展及其社会公共利益的保护，法院确定的赔偿数额标准仍有所调整。

（6）相关法律仍不健全，对链接、搜索问题缺乏明确的规定

虽然中国著作权法增加了“信息网络传播权”，最高人民法院也发布了一些司法解释，但法律对于某些基本网络问题，如链接、搜索仍缺乏明确规定，使得法官们在适用法律上面临困难。

叶延滨诉四通利方公司侵犯著作权一案，法院认为被告“检索原告作品，是通过网页全文检索系统检索到其他网站编排的页面的相关信息后与该页生成临时链接实现的”，认为“搜索引擎的工具性、公共性决定了不应对其提供的链接承担责任”。2005 年一审审结的上海步升公司诉百度公司录音制作者权侵权纠纷一案，法院判令被告承担侵权责任，许多人认为是判决技术侵权，会阻碍网络发展、信息获得，但该判决的关键并非在于技术侵权与否的问题，相反，法院一直坚持的意见是链接、搜索技术本身并不侵权，侵权的只能是链接、搜索使用人的具体使用行为和方式。百度公司虽提起上诉，但仍迅速变换了链接方式，显示了法院判决对于当事人行为的导向作用。另外，深层链接可能涉及不正当竞争问题，法院已有几个判决对此作出了肯定的答复。

2. 网络不正当竞争、网络侵犯商标权、域名纠纷案件

目前，网络世界日渐成为开展商业活动的重要场所，在网络世界中越来越多地发生不正当竞争、网络侵犯商标权等民事纠纷。在这方面，《最高人民法院关于审理涉及计算机网络域名民事纠纷案件适用法律若干问题的解释》、《最高人民法院关于审理商标民事纠纷案件适用法律若干问题的解释》等司法解释的颁布，标志着在网络世界中，中国已经确立了对商标、商号以及公平合法竞争、域名等民事权益的司法保护，这对于促进网络世界正常经济秩序的建立和健康发展，具有重要的意义。

根据《最高人民法院关于审理商标民事纠纷案件适用法律若干问题的解释》第一条第（三）项的规定，将与他人注册商标相同或者相近似的文字注册为域名，并且通过该域名进行相关

商标交易的电子商务，容易使相关公众产生误认的，属于商标法第五十二条第（五）项规定的侵犯商标权的行为，应承担停止侵权、赔偿损失等责任。该规定为在网络环境下保护注册商标专用权提供了法律依据。

根据《最高人民法院关于审理涉及计算机网络域名民事纠纷案件适用法律若干问题的解释》第4条的规定，认定行为人注册、使用域名构成侵权或者不正当竞争要符合四项条件，包括原告请求保护的民事权益合法有效；被告域名或其主要部分构成对原告驰名商标的复制、模仿、翻译或音译，或者与原告的注册商标、域名等相同或相似，足以造成相关公众的误认；被告对该域名或其主要部分不享有权益，也无注册、使用该域名的正当理由；被告对该域名的注册、使用具有恶意。对于被告行为是否具有恶意，该解释第5条规定了恶意的5种情形，包括为商业目的将他人驰名商标注册为域名的；为商业目的注册、使用与原告的注册商标、域名等相同或近似的域名，故意造成与原告提供的产品、服务或者原告网站的混淆，误导网络用户访问其网站或其他在线站点的；曾要约高价出售、出租或者以其他方式转让该域名获取不正当利益的；注册域名后自己并不使用也未准备使用，而有意阻止权利人注册该域名的；具有其他恶意情形的。并规定了不认定恶意的例外情形，即被告举证证明在纠纷发生前其所持有的域名已经获得一定的知名度，且能与原告的注册商标、域名等相区别，或者具有其他情形足以证明其不具有恶意的，人民法院可以不认定被告具有恶意。

总而言之，网络世界中涉及的商标侵权、侵犯商业秘密、网络虚假广告等问题越来越需要引起重视。

7.2.3 对相关问题的反思和建议

1. 确立适当的管辖原则，合理限制管辖权异议的滥用

适当管辖制度的确立，不仅要考虑原告的合法利益，也要兼顾被告的合法利益，体现民事诉讼的“两便”原则。在网络侵权案件侵权行为地的确定上要从严把握，不应将计算机终端等侵权结果扩散地作为管辖的依据，而应将管辖与实质性损害相联系。另外，建议以“主要被告所在地”代替一般民事诉讼中“被告之一住所地”的管辖原则。否则，对于涉及多个原、被告，主要被告又在外地的案件，按照现有的管辖进行审理不仅会极大拖延诉讼，还将给当事人带来诉累。另外，建议建立由滥用管辖权异议当事人承担民事赔偿责任或进行处罚的制度，以遏制滥用管辖权异议现象的蔓延。这些问题如何妥善处理，是将来立法中需要着重思考的问题。

2. 合理确定原告身份和被告适格标准

在网络侵权案件中，原告大多通过公证来证明自己的权利或者被告的侵权行为。另外，由网络服务商提供注册资料或者进行现场勘验，也是确定原告身份较为可行的方式。对于被告的确认适格和追加问题，应本着节约司法成本、一次性解决纠纷的原则，如当事人要求追加的被告对于一次性解决纠纷确有必要的，应尽量追加。

3. 惩戒恶意诉讼、滥用诉权的当事人

目前，法院人员的严重不足与案件数量的大幅攀升形成突出的矛盾，司法资源的合理使用问题已成为司法界需要面对的一大课题。应采取实际行动惩罚滥用司法资源的原告，对于那些恶意诉讼、滥用诉权的原告，有必要突破目前的规定，不再要求被告另行起诉其承担法律责任，而尽量依当事人的提出诉求在一案中加以解决。

4. 对链接、搜索等问题尽快作出明确规定

建议尽快对链接、搜索等问题作出具体的规定，对于一般的链接，明确规定起诉网络服务提供者的前置程序，将事先提出充分证据要求断开链接，但对方不予理睬作为起诉的前提。另外，对于链接问题，2003 年 12 月 23 日修正的《最高人民法院关于审理涉及计算机网络著作权纠纷案件适用法律若干问题的解释》第 5 条有所涉及，应当承认，“警告＋移除”安全港的规定较为合理，但并未考虑实践中存在的被链方与设链方双方签订合作合同，合作推广彩信等业务，并进行分成等情况。在该种情况下，设链者是否构成对于侵权作品的“二次使用”，从而成为实际的使用者和内容提供者，应承担相应的责任，值得考虑。另外，对于实践中链接、搜索的具体情况应有充分的辨别和认识，具体问题具体分析，把握链接、搜索方式的合法性和行为的实质，确定相关人员的责任。

5. 细化网络侵权赔偿标准，平衡作者利益和社会利益

建议相关部门尽快出台网络侵权的损害赔偿标准，进一步细化确定赔偿的酌定因素。应纠正目前网络侵权案件赔偿数额过高的情况。鉴于中国网络发展落后以及国家发展不平衡等实际情况，若对于信息网络传播权的保护程度过高，势必会加重网络服务商、数字图书馆的经济负担，不利于网络业的健康发展。因此，我们认为应注意考虑发展中的网络服务商或数字图书馆的利益，在确定赔偿额时更加慎重。

6. 通过裁判以及法制宣传，树立正确的网络知识产权观念

在处理网络侵权案件中，一直秉承的原则是善待互联网，反对权利滥用，在保护著作权人利益和社会公共利益之间寻求平衡点。我们认为，知识产权法所着力追求的，不仅是作者权利的保护，更多的是促进社会进步、寻求全社会福祉。而司法实践中，当事人漫天要价甚至坐等他人侵权以牟利的现象，极大地偏离了法律本来的目的。在网络世界中，许多问题不是仅仅依靠司法本身就能解决的，需要进行必要的宣传。而这种宣传不仅要立足于普遍建立尊重知识产权的意识，还要使得权利人明白自己权利的界限，树立正确对待知识产权保护的态度，反对权利滥用。这可能是现阶段法官在构建正常网络秩序中更应着力发挥的价值引导作用所在。

7. 尽快构建合理许可制度，规范网络经营者行为

目前网络侵权案件的多发、传统授权方式的繁琐以及缺乏适应网络特点的授权许可、合理使用制度有很大关系。另外，著作权集体管理组织如何提高效率和诚信度，也是亟待解决的问题。这些制度的缺乏和运作不畅，使得著作权人利益得不到及时有效的维护，而著作权人各自维权的成本又太高，从而给某些人提供了商机，使得他们得以进行地毯式诉讼渔利。这种维权模式中，获得最大利益的不是作者，而是以诉讼为业的人，严重偏离了法律的本旨。我们呼吁相关部门应尽快制定、完善相关立法，建立基于网络特性的强制许可制度和合理使用制度，探索便于操作的数字图书馆授权制度，完善著作权代理机构和集体管理组织，并树立这些机构的诚信、高效形象，给中国的数字化建设和网络发展提供一个好环境。

另外，在司法实践中我们发现，许多网络经营者的经营不够规范，缺乏著作权意识，常常出于疏忽等原因未尽审查义务，因而承担责任。虽然网络经营者在获得授权方面存在困难，但在目前的法律体制下，网络经营者仍应规范自己行为的流程，善尽审查义务，避免陷入网络侵权的泥潭。

7.3 美国 Grokster 案简介

近年来，国际上的网络知识产权立法和案件也不断发生。作为最早使用互联网的国家，美国的互联网产业发展迅猛，其对互联网的法规（如 DMCA）也相对较为完善。而且，美国作为判例法国家，其法院尤其是最高法院的判决往往对相关产业和公众的活动产生极大的指导意义。我们在此介绍美国最高法院的一个关于网络著作权的最新判例，这对我们国家的立法和司法也许有一定的借鉴意义。

Grokster 公司和 Streamcast 公司是美国两家为用户提供软件下载服务的网络公司。其中 Grokster 公司自行开发了一种名为 Grokster 的软件，Grokster 公司的网络用户可以下载 Grokster 软件并以该软件为下载工具下载 Sharman 公司开发的 Kazaa 软件。Kazaa 软件采用了 P2P 技术，可以帮助用户实现文件互换、资源共享。Grokster 公司的用户安装运行 Grokster 软件和 Kazaa 软件后即可相互间搜索各自计算机中存储的音乐文件，进而上传和下载音乐文件，但在这一过程中 Grokster 公司并未提供音乐文件的原件或复制件。

Streamcast 公司也自主开发了一种软件，名为 Morpheus。与 Grokster 公司略为不同的是，Morpheus 软件本身即采用了 P2P 技术，因此，Streamcast 公司的网络用户只要下载、安装了该软件后即可实现文件的互换共享。在这一过程中 Streamcast 公司同样未直接提供音乐文件的原件或复制件的上传或下载服务。

无疑，Streamcast 公司和 Grokster 公司的软件下载服务给广大的音乐爱好者带来了福音，极大地方便了网络用户间音乐文件的交流互换。但同时也招致了音乐作品版权人、音乐唱片制作人的极端仇视，于是，2001 年 10 月 M-G-M 公司等作为原告以侵犯音乐作品版权为由与 Streamcast 公司和 Grokster 公司对薄公堂。

原告 M-G-M 公司认为，被告在其网站上为用户提供下载含有 P2P 技术的软件，使终端用户可以相互传输各自拥有的音乐文件，资源共享，而其中很多文件是享有版权的音乐作品。用户的这种未经版权人同意在互联网上互相上传和下载版权作品的行为是对版权的一种侵犯，并且用户实施侵权行为的过程中利用了被告提供的软件，因此，被告应对用户的侵犯版权行为承担辅助侵权责任。2003 年 4 月 25 日，加州中区联邦法院裁定驳回了原告的诉讼请求，认为虽然有部分计算机用户利用原告提供的软件侵犯了音乐作品著作权人的权利，但被告并不能确知用户在实施侵权行为，被告提供的软件也并非主要用于侵权，因此，其行为更符合“主要商业用途”原则。法院认定，被告 Streamcast 和 Grokster 并未向用户的侵权行为提供物质上的帮助或便利，因此被告的行为不构成辅助性侵权。2004 年 8 月 19 日，美国联邦第九巡回上诉法院维持了原判。2005 年 6 月 27 日，美国联邦最高法院却撤销了原判决，将此案发回重审。联邦最高法院认为，被告已经意识到用户将他们的免费软件主要用于下载侵权文件，虽然他们的免费软件可以用于下载处于公共领域的作品；被告亦未试图研发有效的机制和过滤系统以减少侵权行为；而且被告的主要广告收入亦与频繁利用其软件从事侵权行为有紧密联系。本案最终以和解结案，被告赔偿原告 5 000 万美元并终止其服务。

Napster 案、Grokster 案以及随后一系列案件的出现，使得网络版权保护不断面临新的问题与挑战。随着网络技术的不断发展，伴随新技术而生的新型侵权形式必将再次冲击整个网络版权制度。因此，很有必要仔细分析与研究 Napster 案、Grokster 案及相关案件所带来的法律问题，同时深层次思考整个网络版权所面临的问题。

7.4　保护网络知识产权的其他措施

我们应该注意到法律、法规和规章的指定往往落后于科学技术的发展，而且在互联网这个高速发展的领域这个问题尤为突出。因此在加快立法以保持与互联网发展步伐的同时，立法者也应该努力促进互联网的发展，充分考虑互联网的特点和特性，而不是一味地从法律的角度出发。因此除了制定具体的法律以充分保护权利人的利益，立法者还应从宏观的角度出发制定一些措施，达到既保护权利人的利益又能促进互联网发展，实现双赢的结果。本文作者认为下列措施可以值得考虑。首先，加强互联网企业的自律管理；其次，建立和完善知识产权集体组织，使其作为权利人和互联网企业的桥梁，以实现上述双赢的结果；最后，充分发展和运用非政府的仲裁和调解组织的能力以解决互联网知识产权纠纷。

7.4.1　加强中国互联网协会行业自律工作委员会的作用

中国互联网协会行业自律工作委员会成立于 2005 年 1 月 28 日，并于同年 9 月公布了《互联网版权自律公约》。截至 2006 年 2 月，共有 103 家互联网企业参加了此公约。

中国互联网协会行业自律工作委员会旨在促进互联网企业和著作权人之间的交流和合作，逐步引入在线使用音乐、文字、美术作品的指导价格，协助互联网企业购买正版作品，并加强对互联网企业自身作品的保护。同时中国互联网协会行业自律工作委员会还系统地执行互联网作品的著作权登记工作，并协助互联网企业保护他们的合法权益。

鉴于中国互联网协会行业自律工作委员会的这些职能，利用好中国互联网协会行业自律工作委员会将会极大地推动互联网的发展，并有效地遏制网络侵权的发生。

7.4.2　加强和建立知识产权集体组织以协助权利人保护自身权利

由于知识产权制度在中国的历史较短，所以中国在很长时间内没有意识到知识产权集体组织的重要性，所以也没有投入较多的精力以促进它们的建立和发展。由于互联网的迅速发展，作品的传播较之过去已变得更加便利和快捷，所以在这种状况下作者本身很难对其作品主张权利。因此，笔者认为很有必要加速建立更多的知识产权集体组织。中国政府已经认识到这个问题，并在 2004 年制定了《著作权集体管理条例》。尽管在这之前已有一些集体组织存在，但笔者相信，随着条例的制定，更多的知识产权集体组织将会应运而生，以促进互联网的发展并协助权利人保护自己的权利。

7.4.3　大力发展仲裁和调解组织

随着互联网的蓬勃发展，各种各样的纠纷将不可避免地出现。当前网络侵权的主要形式是对著作权及其邻接权和商标权的侵犯。依据现有法律，权利人可以通过司法或行政程序维护自己的利益。然而，这两种方法对满足权利人的现实需要而言，其弊病显而易见。本着建立和谐社会的核心理念，政府可以考虑设立针对知识产权的仲裁和调解机构处理网络知识产权争议，以便利双方及时有效地解决纠纷，进而实现双赢的结果。这种争议解决方式已是国际通行惯例，并不违反中国相关法律的规定。《中华人民共和国著作权法》第 54 条和《中华人民共和国仲裁法》第 2 条均明确规定了通过仲裁解决争议的方式。在笔者看来，仲裁和调解制度不仅是司法和行政途径的有效补充，应当予以提倡，而且也是中国建立有效解决互联网知识产权纠纷机制的一个有利的尝试。

（中国互联网协会　高卢麟）

第二篇

应 用 篇

第 8 章　互联网接入服务发展状况

8.1　互联网接入用户发展状况

2005 年，中国互联网接入的用户规模进一步发展，接入宽带化趋势进一步加强。2005 年，中国互联网接入用户[1]达到 7 323 万户，其中窄带接入用户为 3 566 万户，较 2004 年减少了 1 212 万，宽带用户为 3 750 万户，较 2004 年增长了 1 263 万。宽带接入的发展已经成为中国互联网接入发展的主旋律。

2005 年，中国宽带接入用户的发展规模位居世界第二位，与排名第一的美国之间的差距进一步缩小。

8.1.1　互联网接入用户规模的发展状况

从 2004 年开始，窄带接入的发展已经进入衰退阶段，而与此同时，宽带接入的发展则异常迅猛，宽带接入对窄带接入的替代作用非常明显。鉴于上述事实，本文主要对宽带接入的用户规模进行描述。

中国的宽带接入从 2002 年开始发展，一直保持着很高的发展速度，到 2004 年底就超过日本成为全球第二大宽带用户大国。2005 年中国宽带接入用户规模保持了良好的发展势头，截至 2005 年 12 月底，宽带接入用户达到 3 750 万，增长率为 57.3%。2004 年和 2005 年的新增用户均超过了 1 200 万户，但由于用户基数不断增长，因此年增长率不断下降。

2005 年中国宽带接入用户的人口普及率为 2.9%，而 2004 年为 1.83%。

DSL 仍然是宽带接入发展的主要驱动力，2005 年宽带接入用户中 DSL 用户为 2 635.9 万户，占全部宽带接入用户的比例为 70.3%，较 2004 年的 71%有微幅下降。LAN、WLAN 和其他方式占 29.7%，其中 LAN 接入又占绝大部分，在 25.8%左右，WLAN 估计在 0.1%左右，其他方式约占 3.8%。2005 年新增用户中，DSL 为 931.8 万，占新增用户总数的 73.8%。

2005 年宽带接入用户的地域分布较 2004 年有细微变化，2005 年东部地区仍然是宽带用户最为集中的地域，约占全国用户的 57.9%，中部地区约占 25.6%，西部地区约占 16.5%。而 2004 年的宽带接入用户中，东部地区约占 58.4%，中部地区占 26.6%，西部地区占 15%左右。

[1] 是指为了通过公用电话网或其他接入手段连接到互联网而申请开通的账户，以户为单位。

东部和中部地区比例有所下降，西部地区有所上升，全国宽带接入用户有向均衡分布方向发展的趋势。

2002 年以来的宽带接入发展情况如图 8.1 所示。

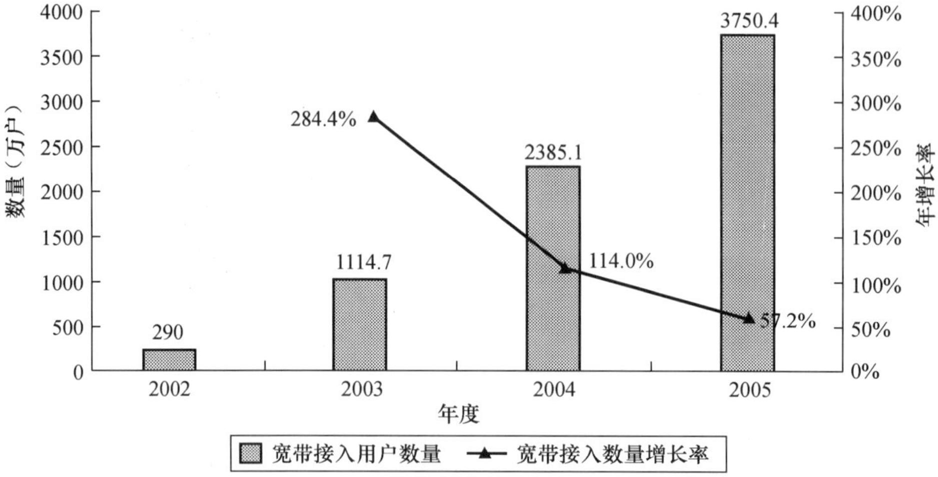

（数据来源：信息产业部）

图 8.1　中国宽带接入用户发展情况（2002～2005 年）

2005 年及 2004 年中国宽带接入用户的地域分布如图 8.2 所示。

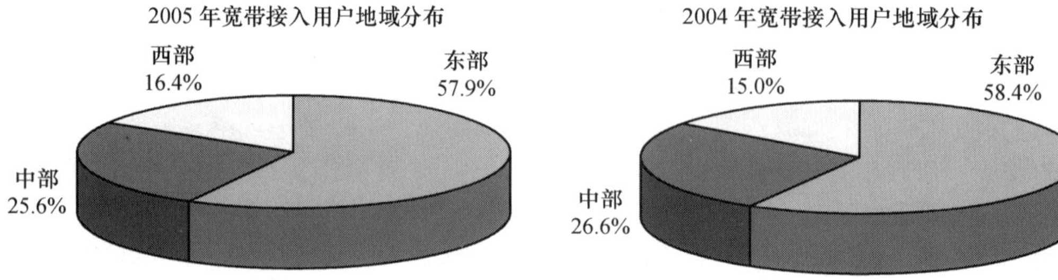

（数据来源：信息产业部）

图 8.2　2005 年及 2004 年中国宽带接入用户的地域分布

宽带接入的高速发展推动了中国网民数量的增长。2005 年，中国网民数量已经达到 1.11 亿人，宽带网民人数达到 6 430 万人，网民使用宽带上网的比例已经从 2004 年的 46%提高到了 2005 年的 58%。伴随着宽带接入比例的提高，中国网民上网的快捷性以及便利性得到很大的提高。图 8.3 所示为中国历年网民、宽带网民人数以及宽带网民比例的发展情况。

宽带接入用户规模的不断发展，给宽带相关的产业带来了更多的发展机遇。2005 年，中国宽带接入不但在用户规模上跃上一个新的台阶，在宽带相关的产业价值链的发展和完善方面也取得了很大进步。鉴于目前庞大的宽带接入用户规模，如何在提高宽带接入服务质量的同时，利用宽带接入为用户提供更多的增值业务，成为目前以及今后几年宽带接入市场发展中应解决的重点问题。

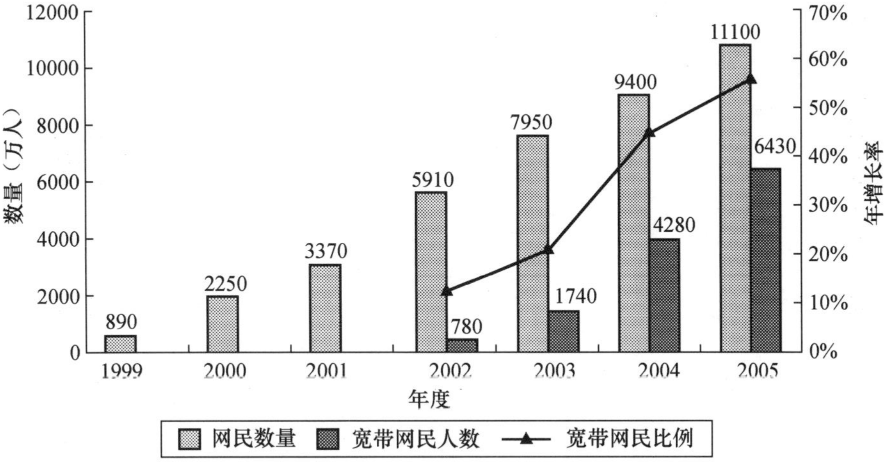

（数据来源：中国互联网络信息中心（CNNIC））

图 8.3　中国历年网民、宽带网民人数以及宽带网民比例发展情况

8.1.2　宽带接入发展的国际比较

截至 2005 年 12 月，全球宽带接入用户达到 2.1 亿户，与 2004 年 12 月相比，新增用户超过 5 620 万户，增长率达到 36.6%左右。在全部宽带接入用户中，DSL 用户占 66.28%，为 1.39 亿户，Cable 和其他宽带接入用户为 7 057 万户（数据来源：Point Topic）。

2005 年，中国大陆地区宽带接入用户规模位居全球第二位，与美国的差距进一步缩小，用户数达到 3 750 万户。2005 年全球宽带接入用户前 10 名的国家和地区分布如图 8.4 所示。

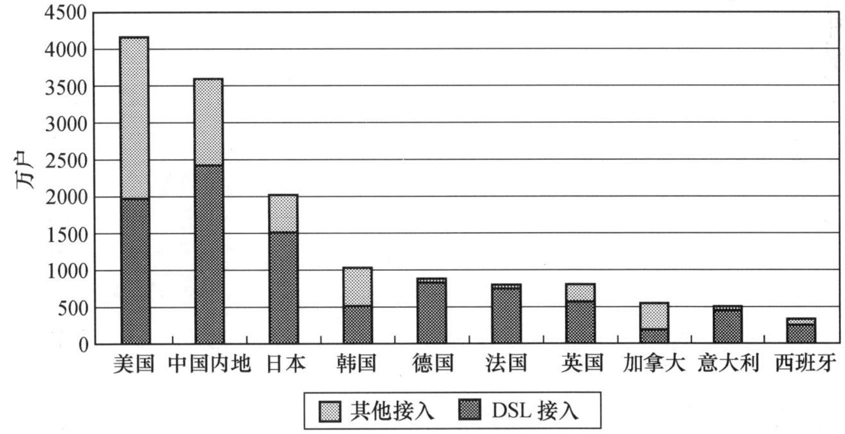

（数据来源：Point Topic）

图 8.4　2005 年底全球宽带发展前 10 名

中国宽带用户主要使用 DSL 接入，中国是世界上 DSL 用户最多的国家。

虽然中国宽带用户规模很大，但由于人口众多，宽带接入普及率仍然很低，2005 年为 2.9%，而同年韩国的宽带接入用户普及率已超过 25%。中国宽带接入普及率的绝对值虽然较低，但增长速度很快，2004 年仅为 1.83%，2005 年已达到 2.9%。

图 8.5 列出了 2005 年全球宽带接入用户普及率前 10 位的国家和地区，及与 2004 年的对比情况。其中，中国的香港特别行政区 2005 年位居第四。

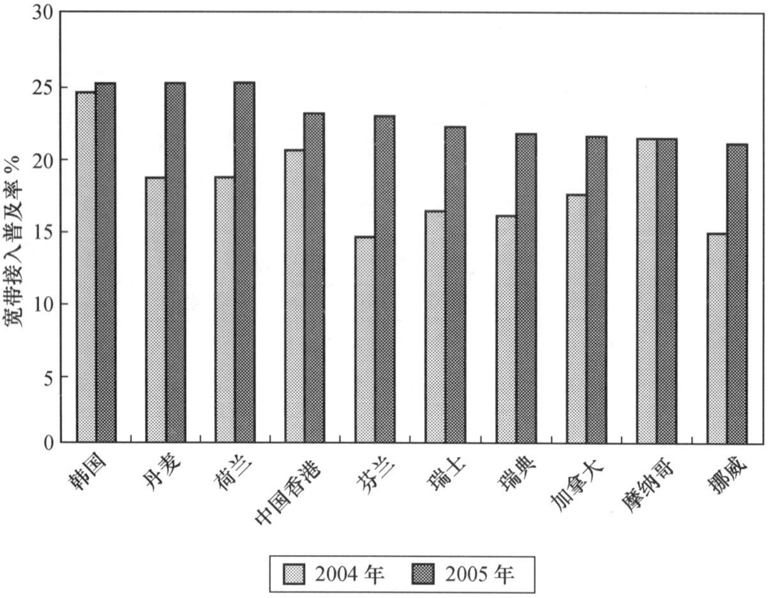

（数据来源：Point Topic）

图 8.5　2005 年全球宽带普及率前 10 位的国家和地区

8.2　互联网接入服务经营发展状况

2005 年，固网运营商的宽带接入服务继续保持了较高的发展速度，宽带接入相关的收入在运营商全部收入中所占的比例有了进一步提高。

2005 年，中国网通股份有限公司实现宽带及互联网相关业务收入 83.52 亿元，比上年增长 56.2%；同期共发展 299 万户宽带用户，达到 1 148 万户（其中包括 2005 年从母公司收购的北方四省宽带用户）。2005 年，中国网通股份有限公司的宽带用户 ARPU 值约为 69.7 元/月，较 2004 年的 72 元有所下降。其中，宽带接入收入占总收入的比值从 2004 年的 6.2%上升为 2005 年的 9.0%，其他互联网收入占总收入的比值从 2004 年的 1.2%下降到 2005 年的 0.6%。

2005 年，中国电信股份有限公司实现宽带及互联网相关业务收入 178.6 亿元，比上年增长了 26.6%；同期共发展了 719 万户宽带用户，共达到 2 102 万户。2005 年，中国电信股份有限公司单位宽带用户的每月互联网业务收入约为 85.5 元/月，较 2004 年的 102 元有较大幅度下降。

2005 年，宽带接入市场的价格格局基本与 2004 年保持一致。与 2004 年相比，2005 年宽带接入运营商的竞争已经从价格竞争逐步转变为服务竞争，宽带接入的最低门限价格基本没有发生变化。在过去的一年中，运营商通过技术改造和网络升级，为用户提供了更高速率的宽带接入服务选项，单位带宽的价格有所下降。运营商主要通过提高接入带宽、降低单位带宽价格的手段来吸引用户，从而提高宽带接入服务的 ARPU 值。

宽带接入服务的提供已经逐步打破了原来窄带接入时代的服务经营模式。由带宽带来的应用产生了更多的信息需求，使更多的信息提供者进入市场，从而形成了以宽带接入为基础的宽带产业链条。

在未来的几年内，随着宽带接入的进一步发展，运营商作为生态链的主导者，需要更加关注产业链整体价值的打造，不断转变经营模式，以适应市场需求的变化。

经营模式的初步转变已经刺激了产业链的发展，随着宽带接入的普及，新的应用随之涌现，既有对接入服务经营者的机遇，也有对网络提供者传统业务域和网络接入提供域的挑战。

8.2.1　接入服务经营模式概况

接入服务最基本的经营模式是电信网络运营商通过各类销售渠道，向用户提供开通、安装、缴费、更改套餐和技术支持等服务。随着近年来中国接入服务逐步宽带化，互联网用户存量的增长带动了互联网内容产业的复苏。内容产业的蓬勃发展，出现了更多更符合用户需求的增值服务，这些增值服务的引入又反过来促使用户更多地使用宽带接入服务，用户对接入服务带宽及服务质量的要求也进一步提高。因此仅仅将接入服务经营模式着眼于接入服务本身是不够全面的。

内容服务和接入服务彼此促进的关系正是目前接入服务经营模式变化的主要动因。由于上述相互促进的关系，接入服务经营模式正在由单一的网络运营商收取接入服务费的模式转变为多方合作的产业价值链模式。在这个产业链中，接入服务是基础，是利润产生的必要条件和主要源头，而完成这个功能的电信网络运营商则成为产业链中的主导者，直接面对用户，完成接入服务销售与服务的功能，成为产业链利润的上游。而内容提供商、软件开发商、硬件开发商则服务于产业链的下游，从内容、软件、硬件上保障产品来源。

1．在服务销售渠道上，以电信网络运营商销售渠道为统一出口，所有用户均通过电信业务营业厅进行业务开通。服务渠道包括营业厅、语音服务中心、人工服务 3 个部分。

2．电信网络运营商统一定价，不同地区依据经济情况有所差异。

3．内容/业务提供商由专业提供商与电信网络运营商两类构成，电信网络运营商主要以门户网站的形式促进宽带接入用户对业务的使用；专业类提供商则用加工后的信息资源与电信网络运营商合作。

4．在该产业中，还有软件提供商和终端提供商。终端提供商在无线互联网接入中意义更为重要，在这里不做分析。

软件提供商从两个角度出发。

一是从消费者通信需求出发的软件开发，但并不是所有应用都有利于电信网络运营商对市场的经营，有的软件对其传统领域有很强的替代作用，如话音通信软件；有的软件则对互联网接入服务本身形成压力，如 BT。

二是以电信网络运营商对市场的需求满足为出发点，与电信网络运营商形成紧密合作，如企业信息化。

图 8.6 说明了以接入服务为基础的宽带接入产业价值链的基本结构。

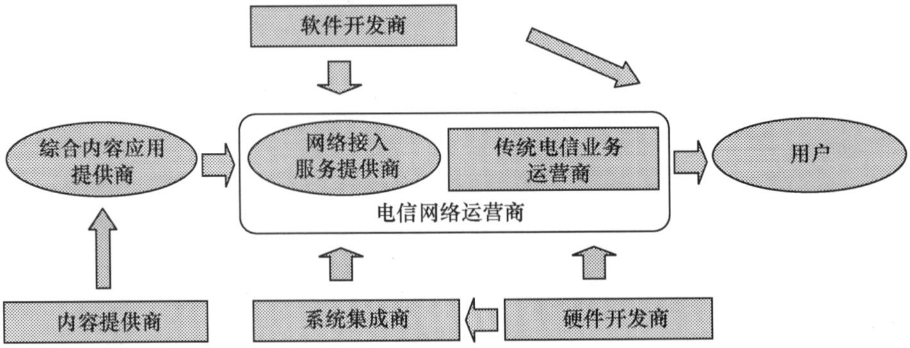

图 8.6　以接入服务为基础的宽带接入产业价值链的基本结构

8.2.2　接入服务经营模式改变带来的新应用

接入服务经营模式的不断完善，带动了宽带用户增长和接入服务价值链各环节实力的提升，以产业整体形态对用户需求进行了更深入的挖掘。2005 年，在接入服务相关市场涌现出了大量热点业务，这些业务有望在 2006 年得到较大幅度的发展。新型增值业务的发展也将反过来作用于接入服务本身，促进接入服务经营模式的完善，优化各环节间的合作关系，甚至是行业间的合作关系。

1. IPTV

IPTV 是宽带接入服务经营模式改变带来的新应用，是以接入服务为基础的新型宽带接入产业价值链的典型案例。2005 年，中国首次将三网融合这一概念写入“十一五”规划中，有望打破行业间的体制壁垒。中视网络、上海文广、中国电信、中国网通等多家运营商在各地合作发展 IPTV 业务，进行了较大规模的试商用，IPTV 成为 2005 年概念型的业务，引起了许多民众的注意。在试商用过程中，运营商取得了运营 IPTV 业务的经验，为今后 IPTV 的大规模商用打下了基础。在试商用的基础上，业务规模将有所扩大，但由于资本投入、承载网带宽、商业模式、标准确立多方面的问题，业务增长并不会马上实现飞跃，更需要产业链多方合作培养用户的使用习惯。

2. 即时通信

目前，全国各地接入服务大量采用包月形式为用户提供接入服务。不限时长的宽带接入服务为即时通信业务打开了更加广阔的应用空间。2005 年中国即时通信市场增长迅速，随着互联网接入产品定价的精细化，这种小流量的信息传递将越发受到市场青睐。随着价值链的多方化，即时通信业务正向多媒体化、移动化、个性化等方向发展，并开始向企业应用市场倾斜，不断完善的互联互通和安全保障机制将给用户带来更丰富可靠的业务体验。

3. 企业信息化

宽带接入的发展促进了企业使用宽带网络，为企业信息化提供了良好的基础。在企业信息化方面，电信运营企业不再满足于仅仅收取接入服务费用，其服务经营模式已经开始向为企业客户提供整体信息化解决方案的高级状态转变。

中国目前的中小企业信息化现状不容乐观，根据国家发展与改革委员会的数据，目前国内有 1000 万家以上的中小型企业，这些企业整体的信息化水平还相当低。高能耗、高污染的传统方式不利于国家的可持续发展，而且，随着劳动力成本的增加，中小企业赖以发展的低成本优势也在逐渐丧失，以信息化提升竞争力成为其迫切需求。

在十六届五中全会上，党中央提出了“要树立科学发展观，转变国民经济增长方式，向集约型经济发展”的思路，“十一五”规划中也提出要加快通信信息产业的发展，以此来推动国民经济增长方式的转变，带动工业化的发展。

2005 年电信运营商对企业信息化市场进行了初步的探索，产业链初步形成，如中国电信联合思科等 9 家国内外 IT 企业组建了“中国中小企业信息化联盟”就是一个很好的合作案例。

2006 年国家宏观战略将更加有利于信息产业发展的政策，为中小企业应用信息化成果以及通信、IT 企业发展信息化产业提供更好的环境。电信运营企业也会发挥主导地位，携手 IT 企业，在各个行业，尤其是中小企业中推广整体信息化解决方案的应用，拓宽企业信息化的覆盖面。

4．博客

宽带接入的发展，也促进了个人网络空间的发展。接入的宽带化，为个人通过网络与外界进行广泛沟通提供了网络技术基础。

2005 年，博客作为个人网页空间，满足了人们交流信息、展现自我的心理需要而创下了业务佳绩，总用户达到 1 600 万。

博客的信息访问量和访问次数往往超过一般的互联网业务，博客写手们对博客有不断更新、观看、回复等高频次访问需求，对接入形式的要求也更加灵活，能够随时接入互联网的移动访问方式将拥有更大的发展空间。

8.2.3　服务经营问题及经验

随着接入服务的发展，网络运营商逐步摸索到接入服务经营的提供手段并积累了有效经验，如增值业务的发展。但在服务发展中，单位带宽使用费用不断降低、包月比例逐月提高、用户对互联网使用成本的降低使得一些高度耗用带宽、利用网络资源替代传统电信业务的互联网服务成为网络运营商的隐忧，成为下一步宽带接入服务经营中不可回避的问题。

1．发展增值服务

电信网络运营商为了促动接入服务的发展而主动开展增值业务，并通过门户网站低价提供给用户使用，这已经成为接入服务提供的一个良好模式，但是门户网站在初步建立时，受到电信网络运营商在互联网方面经营经验不足的限制，提供业务的质量与数量都难以满足市场需求。

与 2004 年不同的是，运营商 2005 年在门户网站经营模式上更为成熟，扩大了门户网站的信息量，将门户网站的使用与接入业务的开通更有效地捆绑起来，将门户网站进一步定位为电信运营商接入业务的增值型业务。其中，天天在线、互联星空都是非常典型的例子，它们提供新闻、娱乐、商务信息等多方位服务，有些省份更有针对家庭组合的个性门户产品，使得门户网站提供的增值服务在接入服务发展过程中的地位越来越高。

2．P2P 的困扰

不管 P2P 业务为电信运营商带来多大的困扰，这种业务本身仍然是用户需求的直接体现，满足了宽带互联网用户直接交流信息的需求，也仰赖于宽带接入服务本身的普及。

因此，2005 年宽带接入的进一步普及，也使 P2P 成为更多宽带包月用户的主要流量，加重了对电信运营商的网络压力，主要体现在以下几个方面。

（1）无限耗尽带宽，影响整体使用感受，带来了巨大的扩容需求。

（2）助长了无版权信息的传递。

（3）影响了宽带良性赢利模式的建立。

（4）带来网络安全隐患。

2005 年，电信运营商为了解决这个问题采取了一些初步措施，即局部封杀 BT。先封端口，再封种子搜索引擎，然后封 BT 论坛，控制流量的快速增长。2006 年春节后，南京电信也出台了流量计费方案，但这些处理方式均因顾及用户流失而显得尴尬。而市场反馈信息也再一次表明，电信运营商想完全从自己的角度出发去解决类似 P2P 的接入服务经营问题不太可行。

近期实施的“QoS 有效控制方案”对 BT 业务进行有效识别，将其流量放在低等级的逻辑通道中传送，从而保障其他重要业务的带宽资源，也不失为一种折中方案。

2006 年 P2P 的解决方法趋向于两条道路。

一是推广基于流量的计费方式、实施有效 QoS 以保护现有投资，同时要充分考虑到用户的接受程度和其他市场竞争者的竞争策略。

二是增加带宽，以带宽促动更多应用，同时主动开发基于 P2P 的增值业务，使带宽和赢利类应用实现双增，这条道路虽显得过于漫长，但是更符合运营商和用户的一致利益，将良性促动接入服务产业的发展。

3．宽带话音对传统业务的分流

宽带接入为众多应用的发展提供了很好的网络平台。随着宽带接入的普及，宽带话音也逐渐成为民众远程交流的一种选择。让运营商担忧的是，宽带话音能够提供与传统话音相当的语音质量，并附带更加丰富的应用，有可能对传统话音市场的总体规模造成冲击。

虽然中国还没有允许任何一家公司在中国内地经营话音软件业务，但 SKYPE、TelTel 等国际网络话音运营公司却对中国市场寄予了热望。TelTel 已在中国悄然布局，虽然没有进行赢利性经营，但也并不限制用户免费申请和使用，用户量已初具规模。这种低价的网络话音软件利用互联网的巨大资源，经过多年技术上的完善，已经可以提供加密的高品质通话，足以挑战传统的 PSTN 语音运营。

2005 年，中国有些电信运营商曾经尝试通过封闭某些端口的方式来限制宽带话音应用的大量发展，但这种做法也引起了用户的不满。

宽带接入的提供者和普通语音业务的提供者都是电信运营商，他们面对利用自家提供的网络资源抢占自家的语音业务的行为必然要有所准备，这也是全球传统语音运营商面临的共同难题，要求传统运营商进行主动转型或者合作。

（信息产业部电信研究院规划所　周　华　李　婷）

8.3　无线接入服务发展状况

随着中国互联网的迅速发展，单纯依靠有线接入系统已无法满足广大用户随时随地接入的需要。无线接入，尤其是宽带无线接入技术，已经成为运营商快速且低成本地向用户提供互联网接入的重要手段。同时，随着电信市场的不断开放，竞争也逐渐加剧，这种竞争也加快了无线接入手段的广泛应用。

无线接入方式避免了铺设光纤/电缆，能够实现快速规划、快速建设和快速开展业务，在很大程度上方便了用户的使用。

根据接入方式的不同，一般将无线接入分为广域网、城域网和局域网等方式。中国目前各种接入方式采用的主要技术手段如下。

（1）无线广域网：蜂窝互联网接入、卫星互联网接入。

（2）无线城域网：3.5G/LMDS 接入、WiMAX（802.16 系列）接入等。

（3）无线局域网：Wi-Fi（802.11 系列）接入等。

8.3.1　无线广域网

1．蜂窝接入技术

蜂窝网络从最初只支持话音通信逐步开始支持数据传输业务，而数据传输业务从最初的电路域（拨号上网）方式发展到分组域方式。

中国蜂窝互联网接入以分组接入为主，主要有 GPRS/EDGE（基于 GSM 网络）和 CDMA 1X，另外还有少量的拨号接入用户，主要是基于 GSM 网络的 CSD 接入和基于 PHS 网络的拨号接入方式。

（1）GPRS/EDGE 接入

GPRS 网络构建在 GSM 网络基础之上，对原有系统进行功能增强并新增了数据节点，使原有的 GSM 网络支持分组化数据。EDGE 是基于 GSM/GPRS 的数据增强型技术，它可以有效提高网络的数据传输速率及吞吐量，增强数据业务的支撑能力。

中国移动于 2002 年在 GSM 网络上开通了 GPRS，2004 年底在广州、深圳和东莞三市开通了 EDGE。中国联通目前正在升级其 GSM 网络，以支持 GPRS 业务。

业务初期，由于终端及业务资费等多方面原因，用户发展不甚理想。随着支持 GPRS 业务手机种类的增加、终端价格的持续下降、业务资费的不断调整以及营销策略的变化，用户数量迅速增长。同时，中国移动加大对一些业务的开发，业务的使用量呈现快速增长的势头。截至 2005 年底，全国 GPRS 使用客户已经接近 5 600 万，业务收入方面，GPRS 收入主要体现在 WAP 业务上，2005 年中国移动 WAP 业务收入达到 35.7 亿元，与 2004 年相比增长了 97.6%。

GPRS 按流量计费，标准资费为 0.03 元/kB。中国移动根据用户情况推出了多种资费套餐，套餐赠送流量之外的收费为 0.01 元/kB，针对 WAP 上网，还推出灵活的包月资费。

结合 GPRS 广域覆盖及 WLAN 高速接入的优点，中国移动面向商务人士、集团客户推出了“随 e 行”卡业务，用户可通过笔记本电脑、PDA 等终端以 GPRS/WLAN 接入互联网和企业网，获取信息、娱乐或移动办公业务。“随 e 行”业务资费标准如下：GPRS 通信费以当地移动公司公布为准，WLAN 通信费 0.20 元/分钟。由于面向的客户群体有限，同时受资费等因素的影响，“随 e 行”业务发展较缓慢。

（2）CDMA 1X 接入

中国联通 CDMA 网络在全国范围内已全面升级到 2.75G 的 CDMA 1X 网络，提供的接入业务包括掌中宽带、互动视界、视讯新干线等。

由于业务本身速率及稳定性的优势，CDMA 1X 数据业务发展情况良好。2005 年“互动视界”用户净增 597.3 万户，“掌中宽带”用户净增 36.6 万户。截至 2005 年底，CDMA 1X 无线数据用户总量达到 1 505 万户。

CDMA1X“掌中宽带”业务在经营模式上主要分为套餐业务和非套餐业务。套餐模式按时长计费，超出规定部分按 0.30 元/分钟收费；非套餐业务按流量/时长计费，根据流量/时长的不同设置了不同档次，基本收费为 0.30 元/分钟或 0.005 元/kB。

用户使用“互动视界”，将产生两笔费用，通信费按流量收取，0.02 元/kB；信息费由 SP/CP 定价，中国联通代收，每项业务最高收费为 50 元/月。

3 种接入方式的业务速率如表 8.1 所示。

表 8.1　GPRS/EDGE/CDMA 1X 业务速率对比

	理论峰值速率（kbit/s）	实际平均速率（kbit/s）
GPRS	171.2（8 时隙）	20～30
EDGE	473.6（8 时隙）	80～100
CDMA 1X	153.6	70～80

对比固定宽带互联网接入方式，蜂窝接入具有移动性强、可以随时随地接入的优势，但同时也存在业务速率低、资费高等缺点，蜂窝接入在较长时间内仍属于固定接入的补充。

（3）拨号接入方式

由于业务速率较低以及 GPRS 的开展，基于 GSM 的 CSD 业务逐步萎缩，逐渐被分组上网方式取代。

PHS 接入方式有数据上网和终端上网，数据上网指计算机通过 PHS Modem 拨号上网，终端上网指用户通过 PHS 终端直接上网。由于网络覆盖、稳定性等问题，PHS 接入使用量较小。

随着分组宽带接入的发展，拨号接入将逐步被取代。

2．卫星互联网接入

由于互联网信息传输的不对称性，卫星互联网接入将用户的上行数据和下行数据分离，相对较少的上行数据通过现有电话或 ISDN 等方式传输，而数据量较大的下行数据则通过宽带卫星直接发送到客户端。

目前中国只有卫星通信公司提供卫星互联网接入业务，受资费等的影响，其业务客户群体有限，业务总收入远低于蜂窝互联网接入。

8.3.2　无线城域网

1．3.5G/LMDS 接入

中国政府对 3.5G 固定无线接入的频段，通过评选招标的方式进行分配，从 2001 年开始，先后进行了三期招标工作。2003 年，3.5G 固定宽带无线接入网络开始在中国大范围建设。

作为一种宽带固定无线接入系统，LMDS（本地多点分配业务系统）于 2002 年开始进入商用试验阶段。目前，信息产业部电信管理局已批准了中国移动、中国联通、中国电信和中国网通 4 个运营商开展 26GHz LMDS 接入网业务的商用试验运营。运营商利用 LMDS 技术主要提供大客户的综合接入、数据接入等。

3.5G 固定无线接入从频段的可用的频率资源为 31.5MHz。而中国开放的 LMDS 26GHz 频段频谱资源相对丰富，工作频率范围为 24.45～27GHz（FDD）。

在互联网接入上，3.5G 固定无线接入能够提供 IP 数据业务和 64kbit/s 的数据专线业务，LMDS 能够实现从 n×64kbit/s 到 2Mbit/s，甚至高达 155Mbit/s 的用户接入速率。采用 LMDS，可以实现一般的互联网接入业务及 VOD 点播、IPTV 等多媒体业务。

3.5G 无线接入系统定位于光纤的有效补充，其用户群主要有集团用户、企业用户、小区用户及学校、网吧等。而 LMDS 在带宽和成本上都高于 3.5G，主要用于解决用户较为密集情况下的业务接入，成为目前运营商切入接入市场、进行市场竞争的重要手段。

从目前的运营情况来看，3.5G 业务的发展受到标准不统一、成本高、商业模式不清晰、产业链不完整等因素的制约。而 LMDS 技术成熟度欠缺、建设成本高，同样也存在政府、标准、技术和运营模式等方面的问题。

2. WiMAX 接入

WiMAX（802.16 系列）是一种新兴的宽带无线接入技术，具有高频谱利用率、覆盖广、网络结构简单和建网成本低的优势，可以提供低成本的高速率数据业务。IEEE 802.16 系列可以分为固定和移动宽带无线接入空中接口标准，其中 802.16a、802.16d 属于固定无线接入标准，而 802.16e 将增加移动特性。WiMAX 的发展方向是从固定无线宽带接入到便携宽带应用以及最终的宽带移动接入。

WiMAX 可以帮助新兴电信运营商绕过传统运营商以及移动运营商，提供与之类似的业务。中国移动、中国联通已经拥有移动业务，因此对 WiMAX 采取观望态度，而中国电信与中国网通则对 WiMAX 表现得热切一些。

目前，政府部门对 WiMAX 监管政策尚未明确，全球统一频谱、产业化程度、市场定位和运营模式对 WiMAX 发展都是很大的挑战。

8.3.3　无线局域网

无线局域网 WLAN 是利用无线接入手段的局域网解决方案，可使用 2.4GHz 和 5GHz 两个频段，已经推出了 802.11b、802.11a 和 802.11g 等多个标准。基于 802.11g 标准产品逐渐替代 802.11b 产品成为市场主流。

WLAN 有 3 种形式：

- 通信运营商部署的公共 WLAN 网络，主要部署于商务热点区域；
- 企业部署的内部 WLAN，主要用于内部办公和通信；
- 家庭应用，主要采用 xDSL＋WLAN 方式，用于实现家庭内部覆盖。

2005 年，中国无线局域网发展势头表现良好，WLAN 设备市场规模约为 12.1 亿元，较上年同期增长 50%。其中，企业级无线网络市场增长态势明显，无线局域网也成为许多家庭或 SOHO 一族在组建局域网时的首选设备。但由于赢利问题及 3G 的困扰，公共运营的 WLAN 网络建设较前些年有所减缓。

发展公共运营 WLAN 接入面临的主要问题有以下几个方面。

- 赢利问题：目前没有运营商从 WLAN 业务中赢利。
- 安全问题：技术不够完善，存在安全隐患。
- 用户需求量不大：目前 WLAN 的资费较高，而真正需要随时、随地宽带无线上网的用户数量较少。

在公共运营领域，WLAN 受到 3G、WiMAX 等技术的竞争，其应用必将受到较大限制。而在企业和家庭应用中，WLAN 有逐步成为主流的趋势。

（信息产业部电信研究院规划所　贺　丰　段建甫　潘　峰　张丽萍　王永斌）

8.4　IDC 服务发展状况

根据信息产业部的最新定义，IDC（因特网数据中心业务）是指利用相应的机房设施，以外包出租的方式为用户的服务器等因特网或其他网络的相关设备提供放置、代理维护、系统配置及管理服务，以及提供数据库系统或服务器等设备的出租及其存储空间的出租、通信线路和出口带宽的代理租用和其他应用服务。

8.4.1　IDC 服务的主要业务类型

1. Co-Location（主机托管服务）

该类型指用户提供自己的硬件服务器，将其放置在电信部门的标准机房环境中（包括空调、照明、湿度、不间断电源、防静电地板、机架机位等），采用带宽独享方式，通过高速数据端口接入互联网。用户可以通过远程方式维护主机，并根据与电信部门签定的代维协议委托其完成指定的维护工作。主机托管业务主要是针对 ICP 和企业用户，他们有能力管理自己的服务器，提供诸如 Web、E-mail、数据库等服务。但是他们需要借助 IDC 提升网络性能，而不必建设自己的高速骨干网的连接。

2. Lease Line（专线上网服务）

一项不受限制的网络连线服务，主要以 DDN、FR、ISDN 等为主，通过此服务，用户可以一星期七天、每天二十四小时连线至互联网，并拥有一个固定的 IP 地址，因此这是连接服务器至互联网，或为局域网络提供上网服务的最佳方法。

3. Virtual Hosting（虚拟主机服务）

一种服务器资源共享技术，它采用特殊的软硬件技术，把一台物理主机分成多台虚拟的主机，每一台虚拟主机都具有独立的域名和 IP 地址（或采用 IP 扩展技术共享 IP 地址），并可由用户独立地进行管理，具有完整的 WWW 服务器、E-mail 服务器、FTP 服务器、Telnet 服务器等功能。由于多台虚拟主机共享一台真实主机的资源，因此每个用户承受的硬件费用、网络维护费用、通信线路的费用均大幅度降低。

4. VPN（Virtual Private Network，虚拟专用网）

利用互联网或其他公共互联网络的基础设施为用户创建隧道，并提供与专用网络一样的安全和功能保障。虚拟专用网可以帮助远程用户、公司分支机构、商业伙伴及供应商同公司的内部网建立可信的安全连接，并保证数据的安全传输。VPN 可以大幅度地减少用户花费在城域网和远程网络连接上的成本。

8.4.2　IDC 服务机构及其分布

目前国内主要有 3 种类型的公司介入 IDC 业务。

第一类是电信级 IDC 运营商，如电信、网通、铁通，这几大产业巨头凭借着雄厚的行业资源和强大资金背景，在全国各大城市都建立了数据中心，并在全国铺设了骨干网，拥有自己的国际带宽出口，可以批发性地出租带宽，拥用资源优势。

第二类是民营 IDC 运营商，如电信通、中电华通、世纪互联、国研科技、歌华、南凌科技等合资或独资企业，以专营或兼营的形式从事主机托管服务。

第三类是综合型 IDC 运营商，以中国万网、中国 E 动为代表的虚拟主机服务商一直把主机托管、主机租用服务作为其域名注册、空间租赁业务的延伸。他们虽然没有骨干网络，但在资源、速度、稳定性方面都有保证，特别是引入了国际先进管理理念、因而拥有更丰富的专业化服务经验。

从地域上来看，因为 IDC 是为互联网应用提供支持性服务的，互联网应用水平的不均衡决定了 IDC 在全国的发展水平也不均衡。国内 IDC 市场布局总体上集中在发达地区，如北京、上海、广州、深圳和西安等大城市，占据了中国 IDC 市场的大约 75%，而其他地区的市场份额相对较小，并且也主要集中于区域经济中心（如成都、沈阳、天津和重庆等）。除以上两者之外，其他地区的 IDC 市场由于互联网产业的发展相对落后而没有形成规模，加之增值 IDC 业务发展空间有限，所以在中国 IDC 市场中所占份额极小。

在市场占有率上，中国电信、中国网通拥有得天独厚的带宽资源，其庞大的互联网接入用户群通过这两者就可直接登陆 ICP 的网站，而无需通过其他的 IDC 中转。因此在市场占有率上，北方市场中网通占有 60%以上的绝对份额，电信的比例维持在 20%左右，而在南方市场中则正好相反，电信领先，网通落后，余下的市场份额正在被世纪互联、中国万网等运营商瓜分。

8.4.3 相关政策及存在问题

自 2005 年以来，国家加大了对国内网络应用市场的整治力度，继出台了非经营性网站强制进行 ICP 备案的制度后，紧接着信息产业部又颁布规定，要求凡从事“提供网站设备托管、存储空间及网络其他资源出租”等服务的公司必须取得信息产业部颁发的“跨地区增值电信业务经营许可证”，甚至还制定了必须对用户进行“合理收费、定期参加年检否则注销经营许可资格”等条款，从而掀起了针对 IDC 行业的整治风暴。其目的实际上也就是通过提高 IDC 服务商的从业门槛，完成对正规服务商资质认证的工作，以此实现维护网站用户消费权益并创建国家健康的网络环境。这从国家管理层面上来看无可厚非，但在实际工作过程中，IDC 服务也遇到一些问题。

“互联互通”依旧是当前 IDC 服务中存在的主要问题，骨干网络资源的归属不同及网间结算等商业利益因素，使得网通与电信两大运营商之间在业务上存在互联互通瓶颈，造成国内网站的区域访问速度快慢不一，如北方网通用户访问托管于南方电信机房的网站速度要比电信用户缓慢近十倍，反之亦然。这种状况对于国内网站用户的网站运行质量，甚至收发邮件这样的网站日常管理维护工作都带来了极大不便。

对此，国家也通过在北京、上海、广州的交换中心来加速网间访问。一些 IDC 运营商开始通过自身的积极努力投入来解决问题，如中国万网所创造的“智速双路”型虚拟主机就通过斥巨资同时租用网通、电信南北两大 IDC 中心的举措，有效化解了国内网站南北区域访速不一的矛盾，该项服务使网站建设用户能够在保持同一域名的前提下同时拥有两台虚拟主机，分别位于中国网通和中国电信的 Internet 骨干网上，通过智能解析技术来识别网站访问者进而自动匹配到该站点所在的不同机房，令国内各地的网民都能以最快的速度访问到企业的网站。

作为 IDC 服务重要组成部分的虚拟主机服务，也存在着经营秩序混乱、异地违规经营现象，特别是大量不具备业务能力的游商拥入市场等问题，由于现在中国虚拟主机行业的经营门槛较低，又缺乏技术、设施、资本等行业资格认证标准，使得大量中小网络游商甚至个人也能介入虚拟主机业务市场，行业整体技术服务水平不高、严重影响了中小企业的网站运行质量。即便是在正规服务商之间，也存在着服务标准不统一、缺乏规范的问题，因此推行虚拟主机行业标准已经成为当务之急。

8.4.4 成功经验及典型案例

IDC 业务已经从简单粗放的资源型服务逐渐向可管理的 IDC 增值服务过渡，早期的 IDC 托管服务更像房地产厂商，提供场地、电源、线路等基本设施，客户提供服务器，IDC 厂商提供的服务除了重新启动服务器，便没有其他服务了。早期使用 IDC 服务的都是比较专业的厂商或者客户，相关的配置、安全、备份等自己都可以搞定，随着互联网的普及，更多的厂商有使用 IDC 服务的需求，但是由于更多的用户并不专业，常常毫无保护地把应用放置到网络上，轻则信息数据受损、泄漏，重则被利用来攻击其他服务器，而企业往往不知所措，又没有资金作更全面的采购，针对这种状况，IDC 现在提供一种可管理的托管（Managed Hosting）服务，主要是和基础服务相关的：

- 防火墙、虚拟专网和安全；
- 负载均衡和冗余；
- 高级服务器监控；
- 数据备份和灾难恢复；
- 服务器管理小组。

在中国的 IDC 服务中，租用服务也非常流行，IDC 提供硬件设备，协助客户安装操作系统，配置常用软件，制定安全策略等，除去资源，更多的是一种服务，在规模服务的基础上，使独立的客户都获益，IDC 自身也有丰厚的利润。

在资源型 IDC 运营商面临电信级运营商的制约越来越大的压力下，只有提供差异化的服务才能获取竞争力。如中国万网就通过拓展 IDC 服务的外延、丰富 IDC 的产品应用等创新手段，不仅回避了与电信级运营商直接竞争的劣势，反而以其“一站式”的 IDC 服务特色，成为中国最大的综合型 IDC 服务商。这种“一站式”IDC 服务的内容，主要包括域名注册、虚拟主机、主机租用、主机托管、网站内容策划建设、网站推广、监控与维护、网上出版、电子商务服务和网上商场等，涵盖了企业上网应用高、中、低端的完整过程，具有高度的业务灵活性。其优势在于，他们能够根据市场发展的千变万化，迅速做出适时有效的调整以满足用户需求。随着社会网络应用水平的日益提高，越来越多的中小企业网站也开始面临着网站流量增大、服务功能复杂多样化的局面，传统的虚拟主机产品难以提供这种低价格、高配置的服务，而大多数中小企业又不具备动辄投资数万元购置服务器租用/托管服务的实力，为此他们创新地推出了独享服务器的全新概念的 IDC 租用服务，也就是以“虚拟主机的价格、独立服务器的资源配置”的特色模式令中小企业的网站能以仅仅相当于传统服务器租用/托管服务价格的一半，即可应用到超大容量硬盘及内存等企业级服务器硬件配置，电信、网通双骨干网接入，特别是可灵活控制软件资源架构、并额外享受千兆防火墙、千兆黑洞、入侵及流量监测等网络安全运行设备的免费支持。但这也对 IDC 服务商提出了更高的资金、技术要求。独享服务器的出现使得中小企业从此免除了服务器折旧及报废的循环式投入支出，大大节省了网站运行的整体成本，其突出的性价比优势大大冲击了专业 IDC 高价垄断服务器租用/托管业务的市场格局。这种灵活变通的 IDC 经营模式，令国内不同层次、不同需求的用户都能享受网站建设与应用的乐趣，因而未来综合型的 IDC 服务将成为主流发展趋势。

（中国万网　沈　亮）

第 9 章　专业网络信息服务业发展状况

网络信息服务是未来信息服务业发展的方向，它以互联网为平台，充分地实现了信息跨时空的传播，极大地促进了信息资源的共建、共享与开发利用，使信息服务的速度时效与空间范围达到极致，它的出现与发展推动着整个信息服务业乃至整个信息产业的发展，不仅改变了人们获取信息的习惯与方式，而且改变了企业、政府与个人的信息交换方式，提升了信息传播的效率。

专业网络信息服务是指一些网站或专业频道专门提供的某一特定领域或行业（如财经、房地产、汽车、招聘、旅行、健康、音乐、影视、体育等）的信息和服务。从互联网进入中国以来，提供这类专业服务的网站就一直伴随着中国互联网行业而发展。但是在 20 世纪 90 年代末开始的中国互联网发展第一波热潮中，发展比较迅速的是一批综合性门户网站。2000 年，新浪、搜狐、网易三大门户网站先后在美国纳斯达克上市，使综合性门户网站成为当时中国互联网产业的标志。这个时期虽然也产生了一些专业网站，但是由于互联网行业整体发展水平的限制，专业网站的发展程度并不高。

但是，随着国内互联网产业逐渐深入发展，传统的门户网站很难满足用户多样化的需求，互联网产业也和其他产业一样面临着专业化分工的要求。这样，就给专业网站的发展提供了广阔的空间。此后，国内一批垂直门户网站迅速发展壮大并开始登陆海外资本市场。2003 年 12 月，旅游服务网站携程网和电子商务网站慧聪网在纳斯达克上市；2004 年，网络游戏服务商盛大网络（5 月）、招聘服务网站前程无忧（9 月）、财经服务网站金融界（10 月）、旅游服务网站 e 龙网（10 月）和网络游戏服务商第九城市（12 月）先后在纳斯达克上市；2005 年 8 月，搜索引擎服务商百度在纳斯达克上市。此外，还有一大批垂直门户网站，如房地产服务网站搜房网、招聘服务网站中华英才网、电子商务网站当当网、体育网站中体网等也获得国外风险投资商的投资，并准备登陆海外资本市场。

这些垂直门户网站实行专业化经营所获得的成功开始吸引一些综合性门户网站向某一特定领域进行深入发展，并使综合性门户网站成为国内专业网站发展中的一股重要力量。例如，搜狐网推出的焦点房地产网和新浪网的房产频道、新浪网和搜狐网的汽车频道以及网易网的游戏频道，都一度在业内占据着重要的位置。一些综合性门户网站还开始与垂直门户网站进行合作，2005 年，e 龙网收购了新浪的财富之旅频道，双方将在 3 年内共同运营联名酒店预订频道。此外，新浪网还与中华英才网合作，共同运营新浪招聘频道；网易与搜房网合作共同建设网易房产频道，与金融界网站共同打造财经证券频道，等等。

由此可见，随着互联网应用的迅速普及，2005 年为企业和个人提供服务的专业网络信息服务业发展迅速，其中商务信息、网上调查服务、人才招聘信息、网络财经服务、房地产、汽车信息、文化娱乐信息、专业知识信息、旅游信息服务、本地化信息以及电子地图等服务均得到了快速的发展。

9.1　专业网络信息服务业整体发展状况

近年来，随着互联网在全国的迅速普及，广大网民和企业对于专业网络信息服务的需求也逐渐增加。目前在中国从事专业网络信息服务的机构主要包括两大类，一是不以营利为主要目的的公益性网络信息服务机构，二是以营利性为主的网络信息服务公司等。具体包括国家相关政府部门支持的各类机构或行业协会、高等院校或学术团体的相关信息服务机构、各级电子政务信息系统、传统文献信息机构的网上服务系统，如各种类型图书馆、档案馆、情报部门、网络新闻媒体或专业门户网站等以及各类商业性质的协会或公司。这些机构以互联网络为平台，向个人和企业用户提供专业化的网络信息服务。

专业网络信息服务业的价值链如图 9.1 所示。

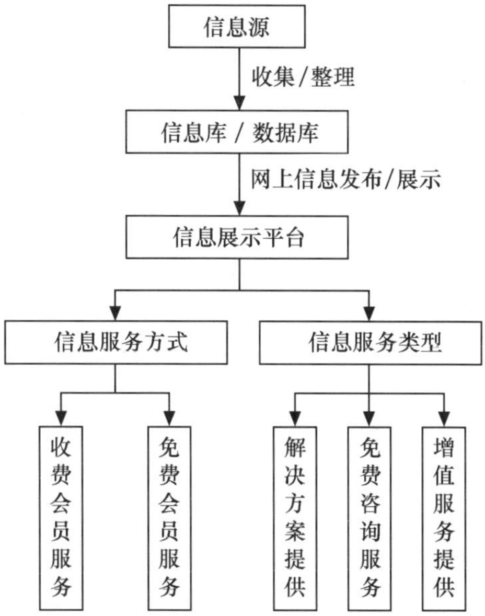

图 9.1　网络信息服务业价值链

从专业网络信息服务提供的价值链角度看，主要涉及信息收集/整理——数据库运营——信息发布/展示——信息加工/数据挖掘——信息咨询（管理咨询）——增值服务/解决方案提供等几个层面。

一个完整的专业网络信息服务价值链应包括信息源，即原始信息的产生源；信息传播媒体，主要负责采集原始信息，并经过适当的整理和加工，以传统或者简单的方式提供给各类用户，如各类新闻、广告、杂志等；数据库服务提供商，主要负责对信息资源的开发和利用，一方面直接从信息源获取信息资源，另一方面从信息传播媒体间接获得资源，他们将分散、简单、传统化的信息资源，通过收集整理和加工，转化成数据库或者信息库的形式，便于用户从中获取所需的信息；网络信息服务提供商，他们将数据库/信息库中的部分信息，放在互联网上进行发布或展示，因此，网络信息服务提供商是专业网络信息服务直接面向客户的一个重要窗口，同时也是整条价值链的核心。

9.1.1 专业网络信息服务提供商的类型

1. 专业信息咨询公司

专业信息咨询公司是指为个人和企业提供市场调研、管理咨询、工程咨询、财务咨询等专业咨询服务的商业化机构。随着互联网的普及，网络信息服务市场已经成为专业信息咨询公司竞争的重要阵地。目前，网上信息发布、网上调查、在线解决方案等已经成为咨询行业企业参与市场竞争、提升品牌知名度和影响力的主要手段。

2. 信息服务公司

信息服务公司是以提供各种个人和企业所需的信息资料和数据为主的公司，他们通过多种渠道获取各种商业信息、行业信息以及本地化信息等，并通过整理、筛选、分类，组建信息库，并以在线的方式提供给用户。通常这类公司的赢利模式主要有会员制收费和网络广告收入两种。

3. 行业信息网站

行业信息网站具有突出的行业化特征，例如旅游行业信息网站等，通过向用户提供各种专业的旅游信息以及旅游产品信息，以促进最终消费的形成。

4. 专业信息网站

各类专业信息网站主要是指以专门提供某一类信息服务为主的网站，例如人才招聘信息网站、电子地图网站等。

9.1.2 专业网络信息服务业的发展环境

1. 市场需求日益增多

互联网与人们日常生活结合得越来越紧密，人们对专业网络信息服务的需求也越来越高。目前，通过互联网获取生活、工作所需的各种信息已经成为一种最为便捷、信息最为丰富的方式。

2. 政策扶持支撑行业加速发展

在“信息化带动工业化”的号召下，信息服务业得到了全国各级政府的高度重视。近年来，有关信息服务业的各项扶持政策相继推出，尤其是针对网络信息服务业，全国各级地方政府均出台了相应的税收、财政等政策给予大力支持。在政策措施的扶持带动下，网络信息服务业加快发展。

3. 版权问题渐成行业发展瓶颈

近年来，伴随信息服务业需求的增多，网络信息版权问题日益受到社会各界的广泛关注。专业网络信息服务业经常出现的版权问题有未经著作人许可，擅自将其作品发表在互联网上；剽窃、抄袭他人作品；使用他人作品未按照规定付酬；未经著作权人许可，以营利为目的，复制并将其作品大量转载；未经表演者、录音录像者许可，对其表演、录音录像复制转载等。针对上述问题缺少对网络信息服务的版权保护，严重制约了专业网络信息服务的发展。

目前，IT 界、信息学界和法学界针对网络信息服务业出现的版权问题，争论的焦点主要集中于以下几个方面：（1）数字化作品版权的归属，尤以多媒体信息、数据库等作品的版权归属问题争议较大；（2）网络信息传输、复制、翻译权问题；（3）网络信息的合理利用等问题。

9.2　主要细分行业发展状况

9.2.1　商务信息

1．商务信息市场概况

伴随企业信息化水平的提升，企业对互联网的应用迅速普及，尤其在 2005 年国家政策、社会环境以及科技、人才等多方面有利因素的促进下，电子商务开始在中国迅速发展，从而充分带动了商务信息行业的发展。一方面，由于信用体系不健全、支付安全以及网络安全等问题的影响，因此目前中国的电子商务发展仍处在以信息交换为主的阶段，商务信息在电子商务应用中的地位相当重要；另一方面，商务信息作为电子商务的基础，还能够起到企业宣传、产品推广的作用，尤其是对广大中小企业而言，网络商务信息是最为有效且节约成本的广告宣传方式。

根据调查，国内中小企业中使用网络商务信息服务的企业比重已经由 2002 年的 18.7%，增长到 38.8%，中小企业成为商务信息服务的重要支撑，如图 9.2 所示。

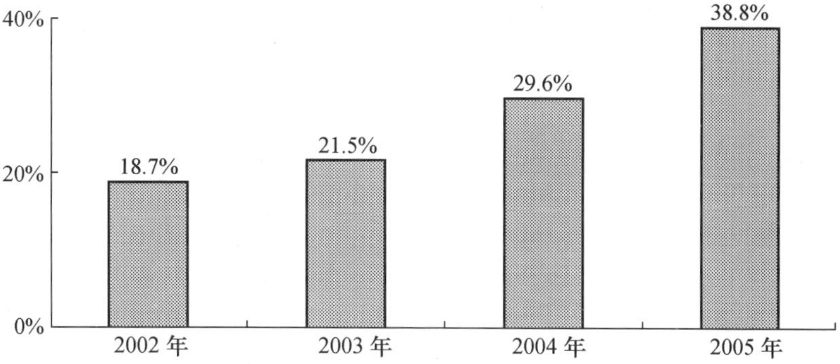

图 9.2　国内中小企业中使用网络商务信息服务的企业比重

2．商务信息服务市场格局

从目前企业使用的商务信息服务类型上看，主要包括专业信息服务、电子商务平台和搜索引擎服务三大类。其中，电子商务服务占据主导地位，使用电子商务平台作为传播和获得商务信息主要途径的企业占 37.6%，其次为搜索引擎服务，专业信息服务位居第三。商务信息服务市场格局如图 9.3 所示。

3．商务信息服务提供商类型

根据企业使用的商务信息服务类型的不同，商务信息服务提供商也可以大致分为专业商务信息服务提供商、电子商务平台服务提供商和搜索引擎服务提供商 3 类。

专业商务信息服务提供商是指通过收集整理海量商务信息，以网络化的手段提供给相关企业、政府和个人。这类信息服务商主要包括两类，一类是非营利性的，由政府或相关部门支持，服务于企业大众的网站和机构；另一类是以营利为目的的网站，但网站仅供发布和传播商务信息，并不参与企业的电子商务运作，这类服务商仅以提供信息为服务内容，在更多情况下充当了商务信息媒体的角色，网络广告是这类服务商的主要收入来源。

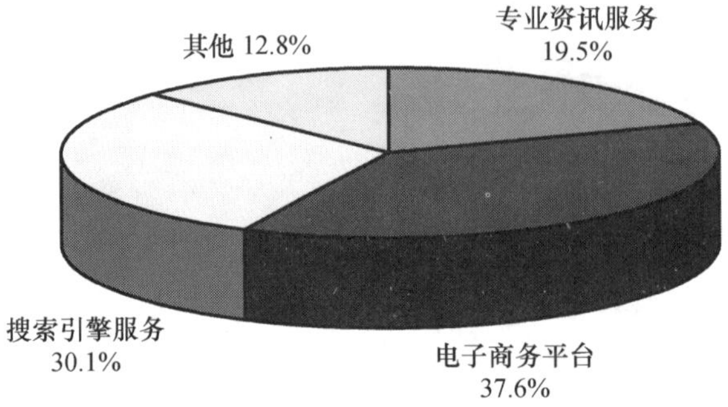

图 9.3　商务信息服务市场格局

电子商务平台服务提供商能够为企业提供综合性的商务信息服务，企业可以在电子商务平台上发布信息、展示商品、建立主页，还可以实现沟通、谈判和交易，是较为完整的商务服务。这类服务商的收入主要来源于企业会员收费、交易费、网络广告、网站登录和网页维护等。

搜索引擎服务也是企业获取商务信息和进行产品推广的重要途径，在 2005 年中国网络营销市场格局中，搜索引擎营销已经占据了 20%以上的比重，是企业重要的网络营销手段之一。能够提供此类商务信息搜索服务的企业包括提供竞价排名服务的综合性搜索引擎企业和垂直行业搜索服务企业。

9.2.2　网络咨询业

1．网络咨询业发展概况

网络咨询业（网上调查）是传统咨询业与现代 IT 技术和互联网应用充分结合的产物。传统咨询业在互联网技术的支撑下，大大丰富了调研方式、信息传播方式以及信息获取方式，其中网上调查逐渐成为咨询业的重要调研手段之一。

中国网络咨询业的起步较晚，1997 年 6 月成立的中国互联网信息中心（CNNIC）是国内最早成立的从事网络咨询相关业务的机构。随后，互联网研究与发展中心（CII）、赛迪顾问股份有限公司、互联网实验室等基于互联网的咨询公司相继成立，同时一些从事传统咨询业务的企业开始涉足网络咨询业。

2000 年，中国网络咨询业开始高速发展，2000～2002 年，中国网络咨询业规模从 1 亿元迅速增加至 10 亿元，2003 年伴随中国互联网产业步入了新一轮的高速增长，网络咨询业市场需求也出现了大幅度增长，2005 年网络咨询业的市场规模接近 30 亿元。从 2000～2005 年，中国网络咨询业市场的规模如图 9.4 所示。

2．网络咨询业迎来良好发展机遇

（1）政策环境创造了良好的发展机遇

政府的大力支持成为网络咨询业发展的直接动力。国家科技部在《关于推动我国科技咨询业发展的若干意见》中明确提出："因势利导催生和扶植一批大型综合性的科技咨询机构，

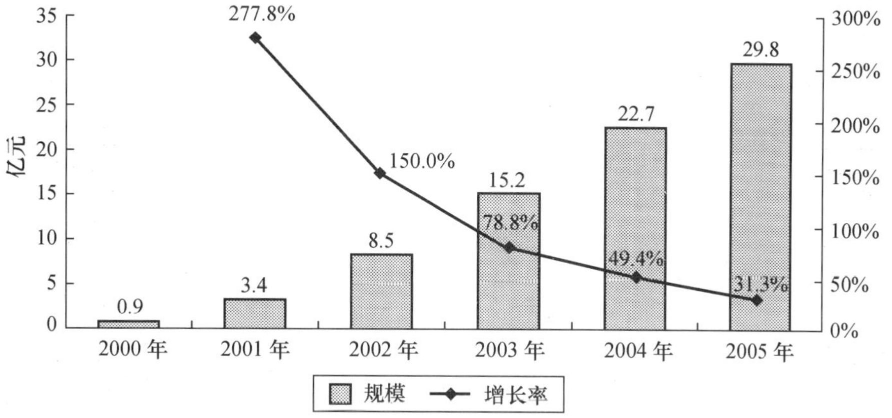

图 9.4　中国网络咨询业的市场规模

建立规范化、科学化的良性发展机制，造就一支高素质的咨询顾问队伍，使之成为中国咨询产业发展的骨干力量。”

（2）企业需求的增加促进网络咨询业的发展

IT 技术和互联网应用已经成为现阶段企业加速发展的重要手段，尤其是在“信息化带动工业化”的号召下，全国各行业纷纷加快了信息化建设的进程。一方面，由于信息化水平的提升，企业不仅具备了使用网络信息的能力，同时也产生了对网络信息的依赖性，例如企业通过网络获得采购/需求信息、电子商务成为企业重要的营销手段等；另一方面，企业在信息化和网络化发展中，需要咨询公司给予适当的指导，协助进行市场调查，制定竞争策略。

（3）网民规模的增长为网络咨询业发展奠定了良好基础

目前，中国网民规模已经超过 1.1 亿人，网民从区域分布、年龄结构、消费行为等方面都呈现日趋均衡的发展趋势，网民已经成为一支重要的社会群体。因此，针对网民进行消费行为调查等网上调查，成为网络咨询业的重要服务之一，例如针对网络游戏玩家行为的调查、C2C 交易买卖双方的调查等。

（4）国际化趋势带来发展良机

进入 21 世纪，尤其是加入 WTO 之后，中国的国际化进程明显加快。国内企业为了适应市场竞争的要求，迫切需要咨询公司在企业经营理念、管理模式和发展策略等方面给予支持，从而产生了对咨询服务业的巨大需求。

3．网络咨询业面临的挑战

（1）海外网络咨询巨头的进入加剧市场竞争

在国际化进程中，海外网络咨询公司也将大批登陆中国，麦肯锡、罗兰贝格等一批实力雄厚的国际网络咨询巨头的进入，将对国内网络咨询业造成重要的影响。相比之下，国内网络咨询公司在规模、经验、人才和实力等方面的欠缺，将可能在竞争中处于劣势地位。但同时，海外网络咨询公司带来的先进管理经验和技术，也将促进国内网络咨询公司的提升，从而带动整个行业的发展。

（2）行业缺乏规范制约发展

网络咨询业在中国尚属新兴行业，由于咨询业具有利润率较高、附加值高的特性，加上社会信息的极大丰富以及互联网带来的便利性，大批企业涌入咨询业。然而，中国对网络咨询业尚未有明确的监管措施，部分咨询企业的自律性较差，盗版、抄袭、复制等现象较严重，尤其在网络咨询业中版权问题最为严重。

9.2.3 人才招聘信息网站

1．人才网上招聘发展概况

人才招聘信息网站已经成为企业招聘和个人求职的重要途径之一。网上招聘的主要模式，是利用互联网技术向企业和求职者发布招聘/应聘信息。由于互联网技术具有的结构化、个性化、智能化、交互性、无地域性等特征，使用网上招聘能够将大量的招聘信息进行清晰的分类，便于应聘者检索，且能够与企业进行即时沟通；对于招聘企业而言，不仅能够大大降低相关费用支出，而且能够实现招聘信息即时更新和表格化，大大提高了工作效率。因此，在全球范围内成为最有成效的商业模式之一。

中国的人才招聘网站从 1999 年开始进入人才市场，目前网站数量已经达到上千家，页面点击率超过 10 亿人次，人才网站的专业化程度大大提高，市场规模不断扩大。但是从招聘市场整体结构上看，报纸招聘仍然占据主导地位，2005 年报纸招聘在中国人才招聘市场规模中所占比重达到 48.6%，人才交流市场占 28.9%，网上招聘所占比重约为 15.5%。与 2004 年相比，网上招聘比重提升了近 3%。2005 年中国人才招聘主要细分市场格局如图 9.5 所示。

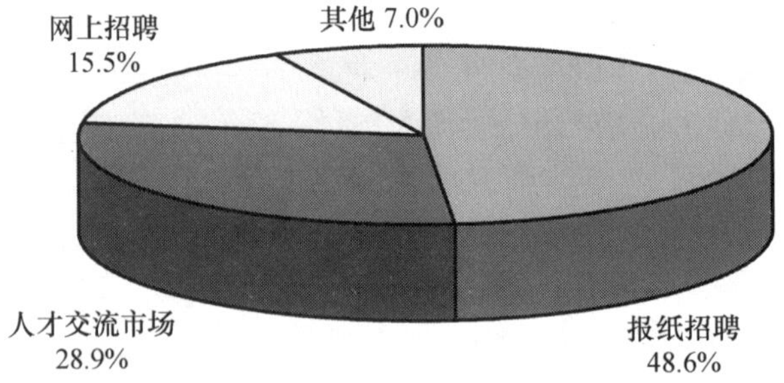

图 9.5　2005 年中国人才招聘主要细分市场格局

2．网上招聘市场竞争格局

在网上招聘市场上，作为竞争主体的各类人才招聘信息网站呈现出四大阵营的竞争格局。经过 2005 年的发展，前程无忧（http://www.51job.com）、智联招聘（http://www.zhaopin.com）和中华英才网（http://www.chinahr.com）已经形成三足鼎立之势，稳稳地占据了中国网上招聘市场第一阵营的领先地位，三者联合占据了近 45%的市场份额。以中国人才热线、卓博人才网、JOB88 人才网等为代表的第二阵营企业，在收入规模上较第一阵营企业有较大差距，但在专业人才市场和区域市场中占据较大优势，仍有继续上升的空间。大批依托于传统人才市场和人才服务机构建立起来的中小型人才招聘网站，年收入约在 100～1 000 万之间，目前国内这类网站大约有 300～500 家，约占据市场收入 15%的份额，居于第三阵营。第四阵营主要由大批年收入在 100 万以下的私营性质和地方性的小型人才招聘网站，这部分企业在规模、竞争实力和服务能力等方面都处于竞争劣势，因此经营压力较大，在未来的竞争中面临着被淘汰的危机。2005 年中国网上招聘市场竞争格局如图 9.6 所示。

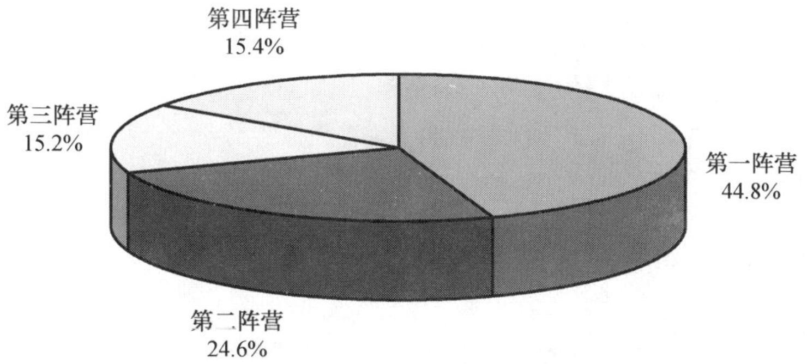

图 9.6　2005 年中国网上招聘市场竞争格局

9.2.4　财经网站发展现状

在国外，网络财经服务已经发展成为一个非常巨大的产业。美国的彭博资讯、道琼斯集团和英国的路透集团三大财经服务巨头就是其中的典范。这些企业借助网络向用户提供财经整合新闻、财经数据、证券分析工具、多媒体财经报告，并从中获得了可观的收益。在国内，随着互联网的普及，网上财经服务也得到了迅速的发展。2005 年 7 月，中国互联网络信息中心所做的第 16 次中国互联网络发展状况统计报告显示，分别有 14.1%和 4.5%的网民经常使用网上银行和网上炒股服务；分别有 5.8%、5.7%、5.5%、5.3%和 5.2%的网民经常在网上查询或者浏览过金融保险、商贸、企业、房地产以及企业管理等方面的财经信息；最近半年之内 1.1%的网民在网上购买过理财、保险类产品及服务。2006 年 1 月，中国互联网络信息中心做的第 17 次中国互联网络发展状况统计报告则显示，14.1%的网民经常使用网上银行、网上炒股等网上金融服务；最近半年有 2.2%的网民在网上购买过理财、保险类产品及服务。

在国内，财经服务网站提供的服务内容主要可以分为两大类，一类是财经信息的提供服务，这一类网站的特点在于提供综合性的财经新闻和财经信息，其中比较典型的是和讯网，被业内称为国内最大的财经门户网站。此外，一些综合性门户网站（如新浪、搜狐和网易）的财经频道主要也以提供这一类服务为主。另一类是向用户提供专业的财经服务，包括金融投资理财服务、各类财经数据和分析工具（包括分析软件）的提供等。这一类网站中比较典型的有和讯网的委托理财业务和证券投资咨询业务，以及金融界和证券之星等网站的证券投资综合服务。根据互联网实验室 2004 年 12 月发布的研究报告显示，在抽样调查范围内的 2 745 万户家庭中至少有 1 039 万户家庭有投资活动，占 37.85%，其中拥有网民的投资家庭 831 万户，占 30.27%；在 1 039 万户有投资活动的家庭中，对网络财经服务有使用意向的有 285 万户，占 27.4%；目前已经使用的 38 万户，占 3.7%，占有使用意向的 14.2%。由此看来，未来网络财经服务仍有比较大的发展空间。

根据国内的互联网实验室在 2006 年 1 月公布的国内财经网站 CISI 排名，目前国内财经网站排名前 10 名的依次为和讯网、金融界、新浪财经、搜狐财经、东方财富网、中金在线、证券之星、中国财经信息、网易财经和 FX168 网站。其中财经类垂直门户网站和综合门户网站的财经频道数量基本相当。此外，财经网站一个比较明显的特点就是其与传统媒体和传统行业的结合程度比较紧密。例如，和讯网所属的和讯信息科技有限公司是由中国证券市场研究设计中心创立的。该中心曾参与了国内两大证券交易所的设计，目前旗下拥有《证券市场》周刊、《财经时报》、《财经》和《新地产》等一批在国内拥有较大影响力的传统财经媒体。这些都为和讯网的财经信息服务提供了充分的资源。而金融界网站则汇集了目前国内股市较有影响力的一批机构和专家，为客户提供专业、权威的证券投资信息、证券投资咨询及证券投资工具，成为国内比较权威的股市网站。

9.2.5 房地产、汽车网站发展现状

1. 房地产网站发展现状

随着近年来国内房地产行业的快速发展，各类房地产服务网站也得到了发展。2005 年 6 月艾瑞市场咨询所做的统计分析显示，预计到 2006 年国内的房地产信息网站数量将达到 270 家，如图 9.7 所示。

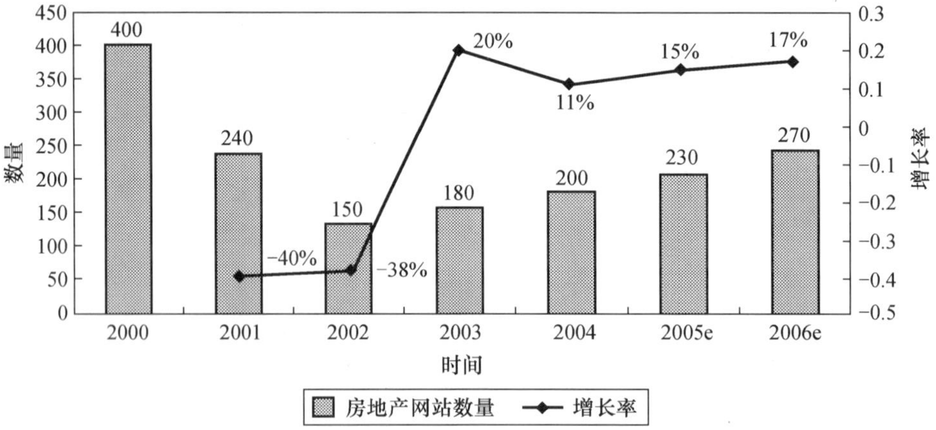

（数据来源：艾瑞市场咨询）

图 9.7 中国房地产信息网站数量规模

目前，国内房地产网站大致可以划分为五大类型。

（1）房地产综合垂直门户网站

比较典型的是搜房网、焦点网。这一类网站定位于房产网络媒体门户，以楼盘广告为主要赢利模式。网站的重点是新楼盘报道等内容，以吸引房地产发展商的广告投入。此外，推出业主论坛则成为网站吸引用户增加访问流量的主要手段。例如，焦点网面向北京房地产业主推出了上千个网上社区论坛，内容从集体购房、小区管理到装修等无所不包，聚集了大量的购房装修人群。

（2）综合性门户网站的房产频道

比较典型的是新浪房产、21CN 房产。这一类网站凭借其在网络新闻和用户访问流量方面的优势，大力开拓房地产广告收入。在业务上，这一类网站与房地产门户网站具有类似之处，也是把新楼盘报道等作为重点内容来吸引开发商的广告投入。此外，业主社区也是其重点发展的部分。由于赢利模式与房地产门户网站具有较大的重合性，因此这两类网站之间也不时出现并购整合的案例。2003 年 11 月，搜狐网并购焦点网，2005 年 2 月，搜房网收购了网易房产频道。

（3）地方性网站的房产频道和地方性的房产网

这类网站中比较有代表性的是广州视窗网站的“住在广州”频道，上海热线网站的“租房”、“二手房”频道以及深圳房地产信息网。广州视窗是以租房、二手房的自助交易为主体；上海热线也成功地在上海创造了租房/二手房的赢利模式（以网上中介为主要形式），并以此为基础开办了房地产其他内容的业务；深圳房地产信息网在当地以论坛而闻名，形成了一个有深圳特色的本地房地产门户网站。这类房产网站的特点是本地化特征强，更注重本地房产市场的现状、特征等。同时，它们比较注重房地产交易租赁市场，满足用户的需求。

（4）房产中介网站和房产企业网站

这一类网站包括顺驰置业网、中原房地产网和满堂红地产网。这些房地产企业利用网站进行自身产品的宣传，此外，有的网站（如顺驰置业网）还向房地产门户网站的方向发展。

（5）新型的房产交易类网站

这类网站带有 Wcb 2.0 的特征，强调解决用户的需求，在网站形式上抛弃门户网站模式大而全的做法，更细分市场，更专注某一个方向，例如 21home、我爱我家等，侧重于构建房屋租售交易平台。

2．汽车网站发展现状

中国汽车类网站行业还处于起步阶段，大部分网站历时不超过 5 年。伴随着国内庞大的互联网用户群以及中国汽车市场的发展，汽车类网站发展迅速，除了门户网站新浪、搜狐的汽车频道外，国内影响比较大的专业汽车网站还包括中国汽车网、太平洋汽车网等。现阶段中国汽车类网站的赢利来源绝大部分来自于各品牌汽车制造商的网络广告，此外，部分汽车网站的赢利来源还包括网上购车等。

2006 年 1 月艾瑞市场咨询发布的报告显示，从 2003 年以来中国的汽车类网站的收入开始出现持续的上升趋势。预计在 2006 年，中国的汽车类网站收入规模能达到 3.5 亿，如图 9.8 所示。

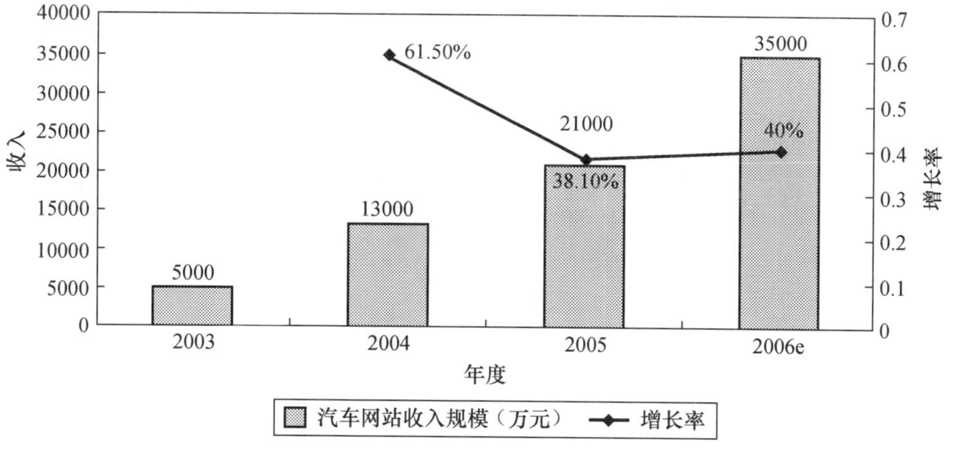

（数据来源：艾瑞市场咨询）

图 9.8 中国汽车类网站收入规模

此外，在汽车网站业务分类方面的报告显示，2005 年中国与汽车相关的网站约 1 200 家，所占比例最大的是各品牌汽车的网站，约占 30%；提供内容信息、购车和俱乐部等服务的网站中，有影响力的约 30 家；2005 年中国汽车类网站营收规模约 3 亿元，其中广告收入约占 2.5 亿元，具体内容如表 9.1 所示。

表 9.1　　中国汽车网站业务模式分类

类　别	简　介	网站举例
信息	提供与汽车有关的新闻、咨询、导购等信息服务	新浪汽车、搜狐汽车频道、中国汽车网、太平洋汽车、TOM 汽车
网上购车平台	提供网上购车的通道，包括新车和二手车等	中国汽车网、易车网、273
社区（俱乐部）	针对特定类型汽车的用户、准用户的主题社区俱乐部	越野 e 族、爱卡动力、1039 车友会、中国汽车网
制造商经销商配件厂商网站	提供制造商经销商自己及其产品的信息	上海大众网站、奥迪中国网站、别克中国网站、合众思壮 GPS
汽车相关服务类	汽车维修、美容、陪练和租赁等相关服务	北京汽车陪练网、北京租车网

（数据来源：艾瑞市场咨询）

9.2.6　文化娱乐网站发展现状

互联网的出现极大地丰富了人们的文化生活。2006 年 1 月，中国互联网络信息中心所做的第 17 次中国互联网络发展状况统计报告显示，38.3%的网民经常使用互联网进行在线音乐的收听及下载，37.1%的网民经常使用互联网进行在线影视的收看及下载，33.2%的网民经常在网上玩网络游戏。另外，有 54.5%的网民认为互联网对自己的娱乐有较大的帮助，27.7%的网民认为有一定的帮助，只有不到 18%的网民认为互联网对自己娱乐的帮助程度一般，甚至有害。

互联网在娱乐行业的广泛运用也带动了一大批新的娱乐产业的出现。目前，在线音乐、网络游戏已经成为民众比较普及的娱乐休闲方式。据“CNET 科技资讯网”2006 年 1 月 20 日报道，1 月 19 日国际唱片协会（IFPI）宣布，2005 年全球数字音乐销售额增长了 2 倍，达到了 11 亿美元。数字音乐的销售占整个音乐产业的比重约为 6%，而在 2003 年这一数字还几乎为 0。

2006 年 1 月，国内著名的 IT 研究咨询机构易观国际公布的《2005 年第 4 季度中国移动增值服务市场数据》显示，2005 年中国的彩铃（CRBT）市场规模为 30.7 亿元，国内彩铃市场的活跃用户数量已经达到 8 269 万。目前表现最为突出的是移动音乐（即彩铃业务）。艾瑞市场咨询 2006 年 1 月根据著名的市场研究咨询机构瑞士第一波士顿（CSFB）提供的资料整理得到的数据显示，中国的移动音乐收入将会从 2004 年的 25 亿元人民币升至 2010 年的 170 亿元人民币，2015 年将会达到 300 亿元人民币。

目前，国内数字音乐市场面临的主要问题是法制环境不健全，对知识产权保护问题不够重视。“赛迪网”2005 年 9 月 14 日消息，IT 行业研究机构 IN-STAT 公司中国总经理殷建松表示，该公司的研究数据显示，目前中国有 7000 家能够提供网上音乐下载的公司，但是其中绝大多数都是非法下载音乐，真正合法的或者相对比较合法的大概只有 10 家。大量的盗版音乐下载服务的存在，使得这些合法的公司一年全部的营业额只占整体市场的十分之一都不到。

网络游戏市场方面，新华社 2006 年 3 月 17 日报道，国内著名 IT 研究机构赛迪顾问 3

月 16 日发布的研究报告显示，2005 年中国网络游戏市场规模超过 40 亿元，占互联网收入总额的三成多。

国内网络游戏市场存在的主要问题是大量青少年沉溺于网络游戏，引发了诸多不良影响，目前已经引起了社会的普遍关注。据新华社 2006 年 1 月 11 日报道，由新闻出版总署音像电子和网络出版管理司主办、中国版协游戏工委和国际数据公司（IDC）完成的《2005 年度中国游戏产业报告》显示，中国网络游戏用户的主要年龄段集中在 19～25 岁之间。其中，19～22 岁的占 33.3%，23～25 岁的占 28.4%，加起来超过 60%。此外，26～30 岁的人也较多，占 16.6%；法定年龄规定已经成年但实际上大多尚未独立生活和工作的 16～18 岁青年占 10.4%；引发各种问题较多、社会也最为关注的 16 岁以下未成年人占 3.4%。网络游戏产业的发展，如何实现社会效益和经济效益的兼顾，引导青少年健康成长，是一个值得研究的问题。

9.2.7　专业知识信息

1．网络专业知识信息服务概况

传统的综合类门户网站尽管能够提供大量丰富的信息，但缺乏专业性；搜索引擎尽管能够大大提高人们对互联网信息的获取效率，但缺乏针对性，因此，专业知识信息网站是互联网应用是为适应人们多样化的需求而诞生的互联网服务。

专业知识信息服务是指专门提供某行业或者某一类专业知识和信息的服务，其具体的表现形式有网上论文库、数字图书馆、网上数据资源库和行业知识信息网站等。

2．网络专业知识信息服务主体

（1）数字图书馆

数字图书馆是将包括多媒体在内的各种信息的数据化、存储管理、查询和发布集成在一起，使这些信息得以在网络上传播，从而最大限度地利用这些信息。数字图书馆利用多媒体数据库技术、超媒体技术，针对数字化书馆中各种媒体的特性，在图像检索、视频点播和文献资料等方面提出了一套有效可行的管理检索方案。中国数字图书馆建设以 1997 年的“中国试验型数字式图书馆项目”为开端，经过几年的运作，已经形成了由国家级图书馆、各省市地方图书馆、各院校图书馆、行业专业化图书馆等各类数字图书馆构成的多元化立体的数字图书馆系统。

（2）行业知识信息网站

行业知识信息网站是按照行业垂直细分，为用户提供行业各类专业知识的信息网站，具有突出的行业特色。通常，这类网站除了提供有关行业的各项知识之外，还提供商务信息服务。

（3）在线数据库

在线数据库的形式较为丰富，有论文库、案例库、数据库等。其中有由专业的市场调查公司或者咨询公司组建的，以向用户提供数据和案例资源为主的网站；也有大量私人创建的，以提供各类论文、信息等为主的小型网站。据国务院信息化工作办公室发布的 2005 年互联网络信息资源调查显示，截止到 2005 年 12 月，全国在线数据库的总量为 295 400 个。其中，企业网站拥有的在线数据库数量最多，占全部在线数据库的 50.4%；其次是个人网站拥有的在线数据库，占全部在线数据库的 21.5%；政府网站拥有的在线数据库排第三位，占全部在线数据库的 9.4%；其他公益性网站的在线数据库占 7.3%；教育科研网站的在线数据库占 6.4%；商业网站拥有的在线数据库占 4.5%；其他类型网站的在线数据库占 0.5%。

这类在线数据库超过 90%的是免费对外服务的，收费的在线数据库主要是依靠会员制收费作为主要收入来源。

9.2.8 旅游信息服务

1．网络旅游服务发展概况

中国旅行信息行业起步于 1997 年，以中国旅游资讯网、华夏旅游网、中华行知网为代表的第一代旅游网站的成立为标志。当时的网站主要以静态介绍为主，内容的实效性和丰富性都较为欠缺。

2000 年，以携程、e 龙为主的第二代旅游网站的出现，将旅游信息网站与人们的旅游消费紧密地结合在一起。借助网络资源，这类网站以提供酒店预订服务创造了网络旅游的概念，并得到了市场的认同。随后，旅游网站建设的热潮开始兴起，2005 年各类旅游信息网站已经达到 1 500 家。

2．网络旅游服务市场规模

在中国旅游市场中，传统旅游业所占市场份额仍是主体，而新兴网络旅游市场份额为 48 亿元，只占到 0.92%，如图 9.9 所示。可以说在每 100 元的旅游收入中，有近 1 元钱是从网络交易中得来的。对于目前仍以传统方式交易为主的旅游业来说，这个数据已经非常可观，它不仅反映了网络旅游的发展速度，更展现了其发展的空间。

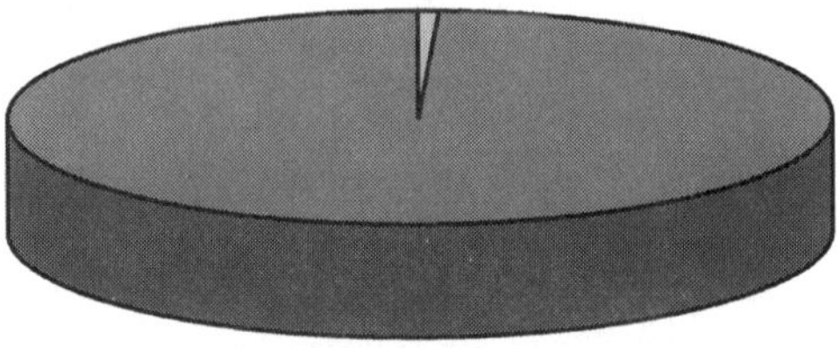

图 9.9　2005 年网络旅游占整个中国旅游市场份额

从市场的增长率来看，传统旅游业市场增长率为 9.74%，而新兴网络旅游市场的增长率却高达 113.54%。可见新兴网络旅游的市场份额虽小，但增长率却很高，市场潜力十分巨大。中国网络旅游的市场规模与预测如图 9.10 所示。

预计在 2008 年中国网络旅游市场规模将达到 334.6 亿元。届时，中国网络旅游将占到整个中国旅游市场的 5%，其在旅游产业中的地位将逐步提高。

3．网络旅游市场赢利模式

分析网络旅游业的细分市场，可以将它分为酒店预订、机票预订和度假旅游，3种模式所占比重如图9.11所示。目前酒店预订业务在网络旅游收入中占据较大比重，而机票预订收入正在以每年100%的速度迅速增长。预计未来几年，机票业务和酒店业务的收入差距将逐步缩小。

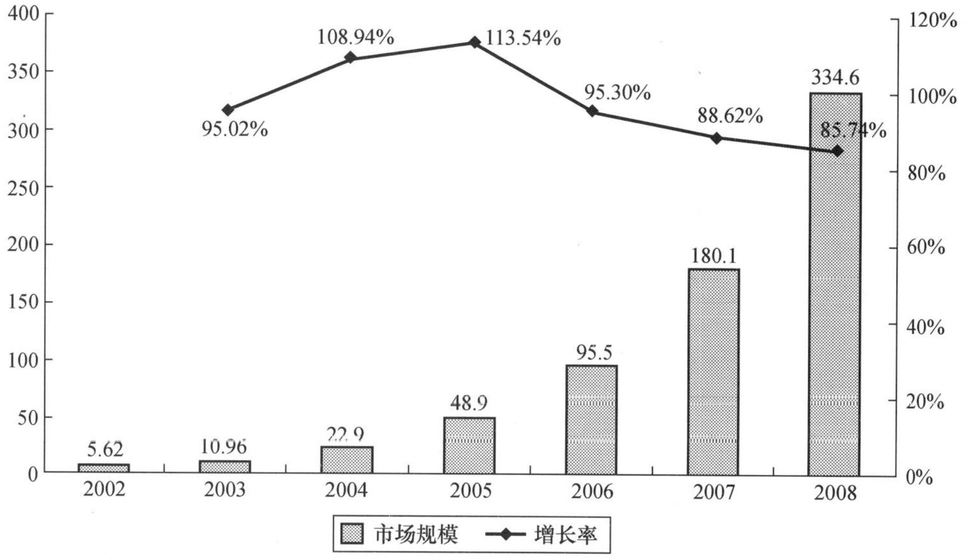

图 9.10　中国网络旅游市场规模与预测

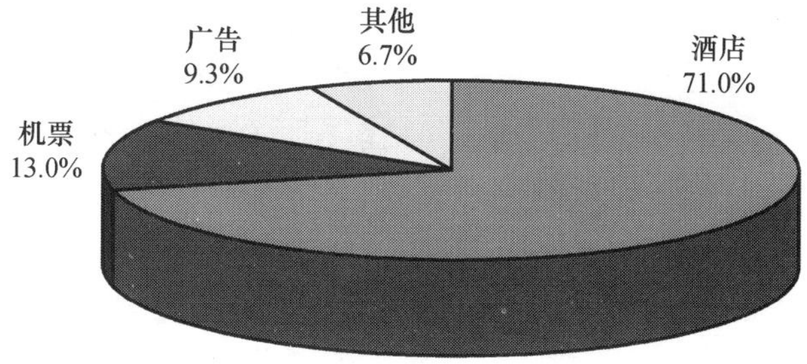

图 9.11　中国网络旅游市场的赢利模式

9.2.9　本地化信息服务

本地化信息服务是指为用户提供当地信息的服务，在 2005 年得到了各界的广泛重视，尤其是本地化搜索服务的推出，将促进这项服务的发展。

1．本地化信息服务主体

目前提供本地化信息服务的主体主要包括以下几个方面。

（1）地方政府及相关部门网站

政府网站是地方信息传播的重要窗口，目前全国地方各市、区级政府基本都已开通了网站，而本地的政治、经济、社会、人文和环境等信息是政府网站提供本地化信息服务的主要内容。这类网站服务仍有不足，如信息的实时性较差、而且信息较为宏观、丰富性和细致性不够。

（2）搜索引擎服务商

搜索引擎企业加入本地化信息服务正在成为一种趋势，搜索引擎能够为用户提供信息量大、内容丰富的各类本地化信息，但同样存在着信息实时性较差、准确率不高，而且搜索结果有效性也有待提高。

（3）本地化信息网

全国各地的各类本地化信息网站大约有上千家，这些网站的规模、实力差异较大。其中，发展较为成熟的是一些旅游城市或者旅游区的信息网站，信息的实时性和有效性较高，能够提供较为完善的本地化信息服务，但通常这类网站的规模较小。

总体上讲，目前本地化信息服务主要以免费为主。

2．本地化信息服务发展趋势

目前，国内的本地化信息服务仍然处于起步阶段，但随着人们需求的增加，这一市场将会有更大的发展空间。

从经营主体上看，搜索引擎服务商的加盟将会带动市场竞争，并促使大型本地化信息网站的诞生，尤其是提供全国主要城市本地化信息服务的网站将会成为市场的主导力量。从赢利模式上看，网络广告、互联网增值以及移动增值服务都会成为本地化信息服务收入的主要来源。

9.2.10 电子地图服务

1．电子地图服务发展概况

电子地图就是利用成熟的网络技术、通信技术和 GIS（地理信息系统）技术实现一种新的地图服务方式。电子地图的应用范围很广泛，从欧美市场来看，电子地图最有价值的应用是在汽车、手机和互联网等领域。

目前，中国的电子地图市场正在起步中，中国提供地图数据的厂商超过 100 家，有大约四维图新、高德、畅想、瑞图万方和灵图等 8 家企业取得了导航电子地图制作资质，分别涉足地理信息软件、导航电子地图制作等。地图管制虽然比以往有所放松，但国家测绘局行业管理司已经出台了相关的管理规范，以促进地图导航产业的发展。

2005 年在互联网领域，地图搜索成为各大搜索引擎厂商竞争的另一大焦点，继 Google 在中国力推本地地图搜索后，百度、雅虎、新浪也纷纷将本地搜索作为下一个业绩增长点。而搜狐旗下的搜狗以千万美元收购了 Go2map 之后，现在正四处出击，频频赴各地与代理商谈判，希望通过代理模式迅速打开市场。

2．相关政策逐步积极完善

尽管现在国家还没有专门的电子地图条例出台，但中国相关部门一直在有步骤地推进电子地图的产业化进程，包括出台了《保密法》，国家测绘局、新闻出版总署、信息产业部三部委曾联合发布了《关于加强网上地图管理的通知》（2005 年 5 月 25 日印发），以及国家测绘局已经制定了导航电子地图强制性国家标准。

在技术层面，国家也给予了大力支持。国家发展和改革委员会在 2002 年曾主导了一个专业化产业化项目——卫星导航产业化应用专项，其中涉及到导航的硬件、软件、应用平台和导航电子地图，并设立了一些项目来直接推进电子地图的产业化。目前，这些产业政策和标准仍在不断完善中。

3．行业发展面临的问题

在目前电子地图行业发展中，仍然存在一些问题。

行业标准体系尚未建立。由于导航电子地图与普通电子地图有很大区别，所以需要制定一系列相关标准。从社会的角度来看，电子地图没有标准将会造成巨大的资源浪费。

出于国家安全的考虑，中国政府对电子地图资源进行严格控制，电子地图的加密、解密也十分复杂，导致了目前国内开放的电子地图还不能满足消费者的全部需求。

中国目前正处于大规模的交通网络建设期，每年地图内容需要更新 30%～40%，这使电子地图生产厂商对地图进行更新与维护非常困难，也影响了消费者的使用效果。

此外，电子地图的公众性和隐私性的博弈也是影响电子地图，尤其是互联网电子地图应用的一个主要原因。

9.3　专业网络信息服务业发展的建议

1．加强法制和诚信建设，营造良好氛围

互联网是一个虚拟的世界，与现实世界相比，在互联网上对各类违反社会公德甚至违法犯罪行为进行治理的相关法律、法规目前仍需进一步完善，相关部门对这些行为的监控和打击的难度也很大。因此，法制和诚信仍是困扰各类网络服务的一大问题，具体体现在侵犯知识产权、侵犯用户隐私、网上欺诈以及忽视社会公益等各个方面。

2．加强制度创新，推动行业发展

随着信息技术的不断发展，传统的行业管理体制开始面临越来越大的挑战，需要通过体制创新来适应互联网领域新技术、新行业不断涌现的局面。而在这方面，中国还面临着诸多问题。例如，随着电信网、有线电视网和互联网"三网融合"趋势的不断加强，对一些专业网站（如文艺、体育和新闻网站）的视频点播、网上实况转播等服务的需求开始不断增长，而国内一些网站也具备了提供相应服务的技术能力。但是，目前相关的管理体制还没有完善，使得相关业务无法开展，投资者也不敢贸然进入这一领域。

3．加强产品和服务创新，贴近网民需求

对于专业网站来说，如何进行产品和服务创新，更好地贴近和满足用户的需求，也是其需要考虑和解决的问题。目前，一些专业网站的业务范围还仅限于提供相关的行业信息，而用户需要的在线服务、互动社区等内容则相对较为缺乏。这样的业务模式非常容易被其他网站复制，使得企业很难形成自身的核心竞争力。另一方面，一些专业网站为了追求提升自己信息的浏览和点击率，不断地通过并购同行业等方式进行"跑马圈地"。但是这样做的结果却是网站本身在付出大量资金的同时，信息的浏览和点击率的提高并没有带来相应的收入。因此，专业网站必须对自身的业务模式进行准确地定位，不能盲目地照搬门户网站的业务模式。专业网站的优势在于专业化的服务，只有通过不断进行技术和服务创新，才能在用户心目中树立起自身的品牌形象，实现可持续发展。

（中国互联网协会　赵志云　赛迪顾问股份有限公司　陈　文）

第10章　互联网在国有大型企业中的应用

近年来，国有大型企业认真贯彻落实党中央、国务院以信息化带动工业化、以工业化促进信息化的方针，紧密围绕企业改革发展要求，坚持在研发设计、生产经营和企业管理等各环节，大力推广应用计算机网络等现代信息技术手段，从广度和深度上开发利用企业信息资源，开发建设了一批信息系统项目，并取得了新的成效。

10.1　数字化设计制造

航天、航空、电子、机械、汽车、建筑和工程等设计制造企业，在新产品设计、制造、试验和检测等过程中，重视深化应用各种计算机辅助技术和数控加工装备，加快转变手工方式，优化产品设计，从而提高了研制质量，缩短了研制周期，降低了研制成本。中国航天科技集团、中国航天科工集团、中国航空工业第一集团、中国航空工业第二集团、中国北方机车集团等一批企业成功应用虚拟样机技术，建立了集成、并行、虚拟、协同的产品开发网络，实现在虚拟环境中进行协同设计、优化分析、性能测试、制造仿真和使用仿真，促使自成体系、相对封闭的生产供应体系向开放、协同、敏捷的研发、生产和服务体系转变，初步形成了产品信息共享、研制过程集成、异地网络协同的先进设计制造模式，不但减少了实物样机数量，降低了开发成本，而且提高了设计质量，加快了研发速度。例如，中国航空工业第二集团在某型号飞机的研制中，建立了全三维虚拟样机，进行虚拟预装配，实现了全机的虚拟协调，工装设计、工艺设计与产品设计并行，部分功能和性能试验虚拟仿真，大大缩短了周期、提高了质量、降低了成本。中国兵器装备集团下属长安汽车集团在重庆、上海、欧洲建立了 3 个汽车研发基地，以及连接三地的专线局域网和产品数据管理系统（PDM），实现了异地协同设计。中国建筑工程总公司将虚拟建筑、结构仿真、卫星定位和自动测温等信息技术应用于建筑工程，科技创新水平得到了提高。

10.2　生产运营自动化、网络化

煤炭、电力、石化和钢铁等流程生产企业，积极推广实施综合自动化改造，建立了生产运行动态监测系统，努力提高生产调度工作的自动化、可视化和网络化管理水平。神华集团在煤炭企业大力实施综合自动化改造工程，实现了辅助运输、供配电、水泵风门控制、洗选加工和装车外运等煤炭生产全过程的综合自动化，使井下作业人员大幅减少，神东矿区 7 个千万吨级矿井都控制在 300 人以下，生产效率由 28.59 吨/工提高到 117 吨/工，控制规模和自动化程度达到了国际领先水平。截至 2005 年 11 月，华能集团 50 多家发电企业均已实现生产过程自动化管理，并基本完成生产实时数据系统建设，实现了总部对下属 37 家火电厂和 5 家水电站生产运行的实时监管。中国中煤能源集团建设了涵盖全集团的广域网系统，集团公司资金管理、人力资源管理、生产调度报表及汇总分析等应用系统都已在这个平台上运行。

钢铁、石化等企业在坚持应用先进控制技术改善生产过程自动控制的同时，针对计划管理与过程控制脱节、生产管理缺乏运行数据等问题，开发建设了对上实时采集报送生产数据、对下优化生产调度与监控的制造执行系统（MES），打通了企业管理系统与生产线过程控制系统（PCS）之间的信息交互桥梁，提高了生产管理与生产控制一体化水平，生产过程的运行、控制、管理进一步优化，在精细化生产等方面取得明显成效。宝钢集团一钢公司在不锈钢基地工程改造中，同步建设了以制造执行系统（MES）为核心的综合自动化系统，将企业生产过程控制、优化、运行、计划与管理作为一个整体进行控制与管理，促使不锈钢生产综合指标达到国际先进水平，为改变中国不锈钢产品长期依靠进口的被动局面做出了积极贡献。采用 MES 以后，劳动生产率提高，综合能耗降低，2004 年节约人工成本 2 600 万元，节省标煤达 23 万吨（2 800 万元）。中国石化集团在其下属茂名分公司、荆门分公司、安庆分公司和济南分公司 4 家炼化企业成功实施了 MES，使物料平衡周期从月度缩短到班次，实现了从原料进厂到产成品出厂的精细化管理。

空运、海运、水运和陆运等运输经营企业，在推广应用各种业务操作自动化系统的同时，着力开发建设以信息网络为依托、以运输信息为基础、以运输调度为核心、以优化业务流程和资源配置为重点、覆盖所有经营网点和运输载体、连接用户及合作方的运输管理系统和物流配送系统，提高了运输组织与调度指挥的效率和水平。中国航空集团成功应用了订座、离港、货运、收入结算、财务管理和飞行管理等信息系统，极大地提升了航空运输经营管理水平。中国远洋运输集团建立集货物运输、客户服务、财务管理为一体的集装箱运输业务管理系统，覆盖全球 167 个经营网点，在提高工作效率、加快周转速度、降低运营成本等方面发挥了积极作用，每年仅北美地区业务就可节约人工成本 320 万美元。中国海运集团为适应集装箱运输资金流量大、流速快的需要，与花旗银行等国际著名银行合作，采取网上银行计算机自动结算先进技术，建立了全球现金结算网络，2003 年网络资金流量和结算量分别超过 3 000 亿元和 2 000 亿元。中国石化集团开发建设的成品油二次物流配送优化系统在 19 家省市石油分公司投入使用，效益十分显著，库存水平下降和车辆利用率提高均在 20%以上，减少库存占压资金约 3.3 亿元，运输成本下降约 0.10 元/吨公里。神华集团下属的黄骅港务公司实现了数据的采集和分析自动化和实时化，领导管理人员可随时全面掌握了解生产现状。

10.3　企业管理信息化

各行业、各类企业加大力度实施应用财务管理信息系统和各种业务管理信息系统，优化业务流程和管理流程，提高了工作效率和管理效率，成效进一步突出。同时，按照优化资源配置、加强协调与控制的要求，更加注重在企业各部门、总部和下属企业、上下游关联企业之间推进财务和业务管理信息系统的横向、纵向一体化集成建设，强化各项管理业务之间、关联协作企业之间的实时沟通与协同。管理信息系统从局部应用向集成应用拓展，从企业内的集成发展到企业间的集成，企业的综合管理和集中管理水平得到进一步提升。武汉钢铁集团、攀枝花钢铁集团建立了以市场为导向、以合同为主轴的整体产销信息系统，有效提高了生产效能和市场竞争力，管理机构向扁平化转变，中间库存明显降低，合同交货期明显缩短。中国通用技术（集团）全面梳理优化下属贸易企业业务流程和管理流程，建成企业资源计划系统（ERP），实现对财务、业务和人力资源的一体化管理。中国盐业总公司下属宏博集团公司成功将生产、财务、销售和库存等信息系统连成一体，每周的生产例会都能够以实时生产经营数据作为依据。中国长江三峡总公司开发实施具有完全自主知识产权的集成化大型工程管理综合控制系统，成为企业各部门和三峡工程参建各方进行工程管理不可或缺的工具。

在加强集中管理方面，中国远洋运输集团、中国五矿集团、中国中煤能源集团等不少企业将加强资金集中管理与信息化建设相结合，开发应用资金集中管理系统，统一财务流程、统一会计科目、统一核算平台，并通过与银行联网，把集团公司各企业分散在各银行的资金及有关信息自动汇总起来，实现了真正意义上对全集团资金的实时监控、统一管理和统一调配。中国外运集团采用数据大集中的方式，将全国主要子公司和主要业务线的财务数据都在集团总部网络财务系统中处理，上级公司可直接查询下级公司的每一笔明细交易，财务信息质量明显提高，财务监控、统计分析、风险评估、管理决策等工作显著加强。中国石化集团在全国 19 个省市石油分公司推广使用统一的加油 IC 卡，取代传统的现金、油票等结算方式，基本实现“一卡在手、各地加油”的目标，到 2005 年累计社会发卡量至少达到 386 万张，实现了成品油零售系统的信息化管理和交易数据的自动采集，堵塞了管理漏洞，增强了抵御市场风险的能力。

10.4 电子商务和网络办公

许多国有大型企业利用信息网络的优势，开展网上信息公告、产品报价、订单处理、在线交易、售后服务、集中采购等电子商务活动。中国石油集团、中国石化集团等企业建成了具有电子采购、电子销售和电子市场等功能的电子商务系统，并组织成员单位对重要物资实行网上集中招标采购，开展网上产品销售，在降低采购成本、规范购销业务、规避暗箱操作、加快信息传递和提高工作效率等方面有明显效果。中国石化集团电子商务网站开通已有 5 年，截止到 2005 年 9 月 30 日，中国石化物资采购网上成交额累计 1 518 亿元，节约采购资金 53 亿元，其中 2005 年网上采购额 550 亿元，节约采购资金 21 亿元。中国远洋运输集团通过开展集装箱网上订舱、货物跟踪监控、远程提单打印等电子商务，使客户可以直接在网上与公司开展商务活动。部分企业将产供销综合管理系统和电子商务系统整合在一起，从而提高了响应市场需求的速度。宝钢集团和一汽集团共同建设了产销协同商务系统，一汽大众的钢材库存委托宝钢管理，宝钢对一汽大众已实现按周订货、按周交货，一汽大众的钢材库存同比下降 45%。

针对成员数量多、分布广、链条长和信息传递慢等问题，国有大型企业大都比较重视利用信息网络，大力推进信息发布、电子公文、视频会议、IP 电话、远程办公和电子邮件等网络办公系统建设，改变传统的办公业务模式，信息传递和办公效率显著提高，节约了大量办公费用。公文运行初步实现无纸化，改变打印装订、交通递送、层层传达等方式，文件运转周期从几天缩短到几分钟。中国中纺集团通过应用协同办公系统，领导决策层全部使用电脑批示文件，日常办公效率显著提高。部分企业集团建立成员企业园区网，提高了多企业协作工作的效率。中国航天科工集团、中国电子科技集团等企业的安全电子邮件和视频会议系统，在“非典”期间为重点型号项目的顺利实施提供了重要保障。中国远洋运输集团可视会议系统联通国内和全球各地分支机构，目前集团会议 80%以上都通过该系统进行，差旅时间和费用大幅减少。中国石油集团在全国范围内集中建设了拥有 12 万用户、年收发邮件量达 3 000 万封的电子邮件系统，比各地区公司分散建设节省了 100 多台服务器。

10.5　信息资源开发利用

针对网络系统多而数据信息少、信息数量多而质量水平低、信息过于分散而难以共享等问题，各类企业进一步围绕生产经营需要，加大力度开发建设各种数据库和信息门户系统，深化挖掘信息资源、强化数据采集管理，编制信息标准体系、推进信息集成共享，加强信息深度加工、提高决策支持水平。信息孤岛问题逐步解决，信息共享水平有所提高。一批科研生产企业开发建设了情报文献、标准档案、成果专利、政策法规等公用数据库，以及产品、工艺和设计等各种专业数据库。中国航天科工集团应用产品数据管理系统（PDM），有效存储和管理部分航天产品电子文档，提高了信息共享程度，使设计任务能够高效、协同地完成。部分企业应用信息门户系统，逐步实现对分散的信息资源和各种信息系统的集成整合和集中管理，信息资源共享和信息交流水平进一步提高。中国石油集团建立了 1 600 个信息门户，上网信息 80 多万个文档，公司员工通过信息门户系统实现了对信息和服务的共享。神华集团下属国华电力公司采用先进的信息集成、数据挖掘和共享工作平台技术，建成的信息门户系统实现生产设备状况、生产实时数据、经营管理数据的实时传递与充分共享，为生产经营活动全过程数字化、规范化、透明化管理奠定了良好基础。一些企业建立决策支持系统，挖掘和分析信息数据，提高决策质量，缩短决策周期。中国通用技术集团建立管理与决策支持系统，对所有贸易业务板块和财务数据进行多角度、多维度分析，对提升管理决策水平起到了重要作用。部分企业编制完成信息分类编码标准和信息交换标准等标准体系，为实现信息交互与共享创造了条件。中国五矿集团建立了一套包含数据元素标准、数据代码标准和数据接口标准的信息化标准体系，为管理决策提供了可靠依据。中国核工业建设集团、国家电网公司和中国铝业公司等不少企业的信息安全保障工作进一步加强。

（国务院国资委信息中心　许丕盛）

第 11 章　中国电子商务发展状况

中国互联网络信息中心统计数据显示，2005 年中国互联网用户数已经增长到 1.11 亿户，较 2004 年增长了 18.1%。中国经济继续保持高速增长，中国国家发改委最新预测数据表明，2005 年中国 GDP 增长 9.8%，人民生活水平快速提高，受此影响中国互联网用户数量仍将保持较高的增长率，中国的电子商务也进入了一个崭新的发展阶段。

11.1　电子商务发展概况

11.1.1　总体概况

从现在来看，虽然 1999 年末才兴起的 B2B 模式是中国电子商务领域中最后一个进入实际应用阶段的，但由于在单笔交易额上拥有先天的优势，B2B 已经成为电子商务市场的主体。据不完全统计，在全球电子商务销售额中，B2B 业务所占比例高达 80%～90%，而在中国，这一比例已经高达 92%。从某种程度上看，B2B 是否可以健康发展已经成为左右电子商务进程的关键。

而 B2C 模式与 C2C 模式虽然在市场规模上无法与 B2B 分庭抗礼，但由于两者都以普通网民为发展基础，所以，其受众群已经远远超过了 B2B，大多数用户正是通过 B2C 与 C2C 的尝试才建立起对电子商务的信心。

据商务部《中国电子商务报告（2004-2005 年）》的数据显示，中国 2005 年电子商务交易额达到 7 400 亿元，比 2004 年增长了 54.2%。另据赛迪顾问预测，今后几年内，中国的电子商务市场将以平均 50%左右的速度增长。

11.1.2　B2B 电子商务发展概况

与全球电子商务市场情况相似，中国电子商务市场以 B2B 电子商务为主。2005 年，中国 B2B 电子商务交易额达到 6 808 亿元人民币，占电子商务总交易额的 92%，与 2004 年相比增长了 44.8%，中国 B2B 电子商务仍然呈持续发展态势。

11.1.3　B2C 电子商务发展概况

据赛迪顾问的数据显示，2005 年中国 B2C 电子商务交易额达 472 亿元人民币，同比 2004 年的 82 亿元人民币，增长幅度达到了惊人的 475.6%。从数据中可以看出，中国网民对待电子商务的态度在 2005 年已经有了质的变化，网民已经接受了 B2C 电子商务这种消费模式，并逐步开始信任、喜爱和使用这种消费模式了。

11.1.4　C2C 电子商务发展概况

在中国的电子商务市场中，C2C 电子商务所占的份额一直是比较少的。不过，这种状况在 2005 年有所缓解。据赛迪顾问的统计数据，2005 年中国 C2C 电子商务交易额达 120 亿元人民币，相比 2004 年的 17 亿元人民币，增长幅度为 605.9%，是电子商务 3 种模式中涨幅最大的。这种大幅度的增长速度一方面得益于淘宝网与 eBay 易趣网在激烈的竞争中所出台的各种优惠措施，另一方面也是由于各个 C2C 电子商务运营商在安全与支付问题上的重视程度。众所周知，安全和支付问题一直是制约 C2C 电子商务快速发展的桎梏。而为了缓解这个问题，各大 C2C 电子商务运营商相继在 2005 年发布了自己在安全和支付方面的辅助交易工具，如淘宝网的支付宝、eBay 易趣网的贝宝和 C2C 新军当当网的当当宝等。这些辅助交易工具的诞生，不仅从一定程度上缓解了一直困扰 C2C 电子商务的安全和支付问题，也增强了网民通过 C2C 进行交易的信心，促使 C2C 电子商务在 2005 年持续、快速地增长。

11.2　典型企业

2005 年，随着电子商务市场的持续发展，电子商务运营商也取得了不俗的业绩。而在看到了电子商务的巨大潜力后，不少有实力、有经验的企业也开始积极介入电子商务的运营中。为了巩固自己在电子商务领域的市场，这些企业采取了一系列的措施并取得了良好的效果，下面我们来逐一分析这些企业在 2005 年的发展与竞争策略，进一步剖析中国的电子商务市场。

11.2.1　B2B 电子商务网站

按经济学的观点，资本往往是流向能获取更多利润的领域。这种资金同向流动的结果，必然造成 B2B 电子商务运营商资本的大量积累，并逐年增大 B2B 电子商务运营商的市场份额。另外，B2B 电子商务的网上业务包括供、产、销或购、销、调、存，其业务的广泛性使其有更多渠道降低成本。还有在物流配送管理、信用和资金安全等方面，B2B 电子商务也有其他模式所无可比拟的优势，所以未来的电子商务市场 B2B 必然是主力军。

据赛迪顾问的数据显示，2005 年，中国 B2B 电子商务交易额达到 6 808 亿元人民币，占电子商务总交易额的 92%，与 2004 年相比增长了 44.8%。从目前的状况看，在 B2B 方面，目前国内的竞争主要在阿里巴巴、慧聪和买麦网之间展开。阿里巴巴凭借先发优势，在该领域抢占了主导地位，其他两个竞争对手尚无法与其抗衡。但阿里巴巴直销模式的弊端逐渐开始呈现，慧聪“直销与代理相结合”和买麦网的“大区独代、分区直销”模式相比之下更能满足客户的要求。不过，随着 2005 年 8 月 11 日阿里巴巴（中国）网络技术有限公司宣布全面收购雅虎中国全部资产，并且获得了 10 亿美元的资金，中国 B2B 领域的格局有可能在 2005 年后发生新的变数。

1．阿里巴巴

阿里巴巴（Alibaba.com）是全球 B2B 电子商务的著名品牌，是全球国际贸易领域内最大、最活跃的网上交易市场和商人社区，拥有超过800万网商的电子商务网站，遍布220个国家和地区，每日向全球各地企业及商家提供810万条商业供求信息。

2005年8月11日，阿里巴巴（中国）网络技术有限公司在北京宣布，全面收购雅虎中国全部业务，其中包括雅虎中国门户网站（http://www.yahoo.com.cn）、搜索门户“一搜”（http://www.yisou.com）、在线拍卖业务（http://www.1pai.com.cn）、3721网络实名服务、媒介与广告销售、无线业务与移动应用、雅虎电子邮箱及即时通信工具“雅虎通”；阿里巴巴公司还将获得雅虎领先全球的互联网品牌在中国的独家使用权。雅虎公司（http://www.yahoo.com）同时宣布，与阿里巴巴（中国）网络技术有限公司达成战略联盟关系，雅虎出资10亿美金购买阿里巴巴40%的股权，但只享有35%的投票权。阿里巴巴公司也将因此享有雅虎公司的强大搜索技术平台，丰富的内容信息及其遍布全球的渠道资源在中国的独家使用权。

按照阿里巴巴CEO马云的说法，搜索技术的运用将在未来电子商务的发展中起到关键性的作用，搜索技术可以进一步丰富和扩大电子商务的内涵，为企业获得更多的国际发展渠道。

2005年11月，阿里巴巴进一步对雅虎中国和自身原来的业务进行了整合，制定了以电子商务和搜索为核心、其他业务为辅助的企业发展策略，印证了阿里巴巴将在电子商务领域融合更多搜索因素的决心。

2. 慧聪网

慧聪网是国内领先的B2B电子商务服务商之一，依托网络平台及先进的搜索技术，为中小企业搭建诚信的供需平台，提供全方位的电子商务服务。慧聪网在商务服务领域拥有13年的丰富经验，在17个城市拥有分公司，100余个城市拥有代理商。目前慧聪网有近200万的企业用户，每天平均有10万个以上的企业发布供应、采购、招标、代理等重要信息，日均商机发布量达数十万条。

在2004年以前，慧聪国际的业务主要有3项，分别是做B2B电子商务的慧聪网、做电视广告业务的华媒盛世和做搜索业务的ChinaSearchInc（中国搜索）。而在2005年，慧聪国际先将旗下华媒盛世电视广告业务的全部股权出售给在美国纳斯达克上市的Metaphor公司，慧聪国际则获得378.5万美元和28.86%的Metaphor普通股股份。而后又将旗下ChinaSearchInc公司42.5%股权作价为474万美元现金，转让予Fidelity、IDGLP、Legend及宇联投资。如此一来，慧聪国际原来的3大业务就只剩下了做B2B电子商务的慧聪网这一项，慧聪国际对电子商务的信心可见一斑。

3. 金银岛

2004年，北京网信在线网络科技有限公司承担了国家“十五”重大科技攻关项目“协同电子商务技术研究与开发”专题之一——“硬信用”，并将成果应用于电子商务，品牌起名为“金银岛”。

2005年，金银岛网站以其“硬信用”支付平台的快速发展为契机，开始发力于B2B电子商务领域。2005年6月22日，金银岛、中国银行、中国国际经济贸易仲裁委员会、中铁快运联合举行了战略合作启动仪式，标志着“硬信用”FC（Force Credit）交易平台的隆重启动，硬信用全程电子商务模式采用“款到发货”和“货到结款”的双向保全机制，有效地解决了制约网上交易的主要瓶颈——“信用缺失”和“交易安全”等关键课题，交易货款由中国银行监管，交易纠纷由中国国际经济贸易仲裁委员会仲裁。在保障了交易安全之后，金银岛网站又收购了主要服务于石油、化工行业的B2B电子商务服务商联贸网（http://www.

lianmao.cn)，正式开始了自己在 B2B 电子商务领域的征程。

与阿里巴巴和慧聪网不同的是，金银岛网站在做 B2B 电子商务时并没有从开始就涵盖所有的行业。金银岛网站的经营内容主要包括石油、化工、塑料、行业机械、通用机械、五金六大行业，而这六大行业的总产值在 2005 年占到了中国国民经济总值的 50%以上，金银岛的 B2B 电子商务模式是一种重点突破、循序渐进的模式。这一方面取决于金银岛还刚刚进入 B2B 电子商务领域，经验不是特别丰富，另一方面，企业专注于少数优势行业有助于更好地从服务方面入手，提升品牌竞争力。

在阿里巴巴和慧聪网几乎垄断了中国 B2B 电子商务市场的情况下，金银岛在 2005 年介入 B2B 电子商务领域的模式对以后意图进入 B2B 电子商务的企业有很好的启示作用，在没有能力兼顾所有行业时，重点突破、专注优势行业可能成为以后其他企业进入 B2B 电子商务领域的有效方法。

4. 买麦网

2004 年 11 月 12 日，中国万网斥巨资成立了专注于 B2B 电子商务领域的买麦网。目前，买麦网已经为采购商和供应商开通了交易信息发布和查询、企业和产品信息的发布和查询、买卖会员个性化设置以及买卖双方在线沟通交流等服务功能。

5. 其他企业或模式

2005 年，其他 B2B 电子商务服务商也取得了不小的进步。其中也有不少经营模式值得业内思考。例如网库黄页，2005 年 8 月，网库黄页在运营全国 600 个地方 114 网的同时，启动上亿资金，联合传统行业知名企业用 3 年时间共同建设 1 000 个行业多媒体黄页网。通过“区域+行业”的模式（“区域+行业”中的“区域”，是指网库黄页在全国的地域范围内建设运营的 600 个地方 114 网，“行业”是指将联合传统行业企业建设的 1 000 个 114 行业网）构建“多媒体矩阵黄页王国”，将中国所有企业的全方位信息囊括其中。目前，网库黄页全国收费企业会员超过 10 万家，分公司 80 余家，市场人员 3 000 多名，年营业额近亿元。

在中国的 B2B 电子商务领域，除了阿里巴巴和慧聪网等几个专注于所有行业的服务商之外，其他大部分服务商均是只服务于一个行业的垂直 B2B 电子商务模式。虽然这种模式占用资金量少、专业程度高，但由于在企业规模与媒体广告宣传上存在先天的劣势，这些企业往往受关注程度低，受众群体单一。网库黄页 B2B 行业联盟的出现从某种程度上解决了这些单一行业 B2B 电子商务服务商的问题，联合应该是现阶段这些垂直 B2B 电子商务服务商发展自己企业的最好办法。

11.2.2 B2C 电子商务网站

B2C 本是中国电子商务最先兴起的商业模式，但在后来的发展中却经历了诸多波折。不过，随着网民对电子商务行业整体认知程度的提高，B2C 电子商务市场在 2005 年也得到了巨大的发展。

据赛迪顾问的数据显示，2005 年中国 B2C 电子商务交易额达 472 亿元人民币，同比 2004 年的 82 亿元人民币，增长幅度达到了惊人的 475.6%。而从目前的情况看，B2C 电子商务已经在中国形成了一定的市场规模。当当网、卓越网等在 B2C 电子商务领域领先的服务商已经开始对自己的企业进行进一步的整合。

1．当当网

当当网由民营的科文公司、美国老虎基金、美国 IDG 集团、卢森堡剑桥集团、亚洲创业投资基金（原名软银中国创业基金）共同投资。自 1999 年 11 月开通以来，当当网已经成为全球最大的中文网上图书音像商城，面向全世界中文读者，提供近 30 多万种中文图书和音像商品，已有全球 600 万的用户在当当网上选购过自己喜爱的商品。

2005 年，当当网将送货上门、货到付款并承诺免费上门收取退换货的服务扩展到全国 66 个城市，使自己的服务更加人性化，从而进一步推动了 B2C 电子商务市场的发展。

另外，在完善并巩固了中文图书和音像商品上的优势后，2005 年当当网开始出台了一系列新的举措。它开始将自己经营产品的范围扩大到中文图书和音像商品以外，先后专门开辟了数码、化妆品、家居用品和家电等多个频道，并开始试行这些产品在 B2C 电子商务领域的销售。

2．卓越网

卓越网（http://www.joyo.com）2000 年 1 月由金山公司分拆，并由国内顶尖 IT 企业金山和联想共同投资组建。2000 年 5 月，卓越网作为 B2C 综合电子商务网站正式发布。2004 年 8 月，全球电子商务领域的领先企业，美国亚马逊公司（Amazon.com）以 7 200 万美元现金，以及为卓越提供价值 300 万美元的员工股票选择权，买下总部设于英属维京群岛的卓越网。

从整体上看，2005 年的卓越网还处在被亚马逊收购后的“阵痛”期。2005 年，卓越网的销售业绩情况还是稳步发展的，但由于亚马逊全球战略的影响，卓越网在 2005 年并没有什么重大的举措，在中国 B2C 电子商务领域的影响力也有所下降。

3．贝塔斯曼

贝塔斯曼集团在中国的历史可以追溯到 1993 年。目前，贝塔斯曼直接集团代表了贝塔斯曼集团在中国的主营业务，其下的贝塔斯曼书友会以在线和离线并进的方式大力拓展中国的图书音像产品零售市场。贝塔斯曼书友会已发展成为国内最大的中外合资图书俱乐部，并在中国已经拥有了一百多万名会员。

贝塔斯曼集团应该是国外企业在中国 B2C 电子商务领域的代表。2005 年，随着中国 B2C 电子商务的快速发展，贝塔斯曼在中国的业务也得到了进一步的加强。不过，相较于当当网、卓越网等在中国本土发展起来的 B2C 电子商务服务商，贝塔斯曼在运作理念上还与中国网民有一定的差距，如何融合东西方的消费观念与进一步贴近中国的网民，将成为贝塔斯曼下一步发展的关键问题。

4．其他

除了以上几大 B2C 电子商务服务商，中国其他的 B2C 服务商主要分为两个部分。一部分是以网易商城、搜狐商城、新浪商城等门户网站商城为代表的服务商，这些 B2C 电子商务服务商主要是以自己众多的互联网用户为发展基础，借助自己门户网站的强大影响力，把 B2C 电子商务作为自己多元化发展的一部分。但由于这些 B2C 电子商务服务商的主要精力并没有放在电子商务上，所以这部分 B2C 电子商务服务商对中国 B2C 电子商务领域的影响微乎其微，另外在运作手段上也缺乏创新。另外一部分则是以众多单一领域产品销售为主的垂直 B2C 电子商务服务商。这些厂商由于规模所限，无法对中国 B2C 电子商务领域的整体产生大的影响。而随着中国 B2C 领域几大巨头的崛起与尝试更多领域产品的销售，这些垂直 B2C 电子商务服务商的生存空间势必将被进一步压缩，对他们而言，如何找到适合自己发展的道路，将成为他们能否继续生存的关键。

11.2.3　C2C 电子商务网站

中国的 C2C 电子商务在 2005 年取得的成果令人瞩目。据易观国际发布的《2005 年第四季度中国 C2C 市场数据》显示，中国 C2C 电子商务的注册用户总数已经达到了 3 787 万，相比 2004 年底的约 1 500 万的注册用户，增长幅度达 152.5%。而据赛迪顾问统计的数据，2005 年中国 C2C 电子商务交易额达 120 亿元人民币，相比 2004 年的 17 亿元人民币，增长幅度为 605.9%。而得益于淘宝网和 ebay 易趣网因激烈竞争所出台的各种优惠措施与活动，众多青睐 C2C 电子商务的网友在 2005 年也得到了更多的实惠。

从目前的状况看，在中国的 C2C 电子商务领域，主要厂商是淘宝、ebay 易趣和 2005 年新加入的当当网、拍拍网。从企业角度理解，依靠免费政策的成功实施，阿里巴巴旗下的淘宝已经后来居上，在不到三年时间里，淘宝就在用户数和商品数方面超过了 ebay 易趣。再加上 2005 年 8 月阿里巴巴收购雅虎中国全部业务后，原雅虎中国占 70%股份、新浪占 30%股份的一拍网也被全面整合进了淘宝网，淘宝已经逐步确立了自己在中国 C2C 电子商务领域的领导地位。而在淘宝咄咄逼人的压力下，ebay 易趣也使出浑身解数应对挑战，但其收费政策仍然是制约其扩大发展的桎梏。据中国互联网络信息中心发布的《2005 年中国 C2C 网上购物调查报告》显示，截至 2005 年底，淘宝网的用户市场份额达到 67.3%，而 eBay 易趣所占的 C2C 电子商务市场份额已经萎缩到了 29.1%。不过，ebay 易趣也意识到了免费的威力，2005 年 12 月 19 日，eBay 易趣网宣布推出免费开店、减少商品登录费等价格调整计划。这是继 2005 年 5 月份之后 eBay 易趣的第二次价格调整。而在 2005 年新加入的当当网、拍拍网虽然有着自己各自的优势，但由于两者进入 C2C 电子商务领域的时间较短，没有形成一定的规模，目前尚无法对淘宝和 ebay 易趣的市场地位构成强有力的威胁和挑战。

1．淘宝网

2003 年 5 月 10 日淘宝网（http://www.taobao.com）由全球最佳 B2B 公司阿里巴巴公司投资 4.5 亿创办，由于发展策略得当，短短三年的时间，淘宝网在市场占有率上就已经超过了当年中国 C2C 电子商务领域的龙头 eBay 易趣，成为中国 C2C 新的领军企业。

在尝到免费所带来的效果后，淘宝在 2005 年进一步明确其免费策略，增加自己的用户粘性，巩固自己在中国 C2C 电子商务领域的地位。2005 年 10 月 20 日，淘宝在京宣布其母公司阿里巴巴决定继续投资 10 亿人民币来扶持淘宝网的发展，至此，包括 2003 年 7 月和 2004 年 7 月的另外两次投资，阿里巴巴对淘宝网的投资总额已经达到了 14.5 亿人民币。据淘宝表示，此次投入的 10 亿人民币资金将用来支持未来三年淘宝的免费政策。看来淘宝誓要将免费进行到底了。

另外，得益于 2005 年 8 月阿里巴巴收购雅虎中国全部业务，淘宝网借机将一拍网全面纳入自己的业务范畴，加上淘宝网原先拥有的市场份额，淘宝已占据国内 C2C 电子商务市场超过 2/3 的份额，进一步确定了自己的领先地位。

2．eBay 易趣网

易趣网创办于 1999 年 8 月，被人们誉为“中国 C2C 电子商务的旗舰网站”。2002 年 3 月，随着 eBay 向易趣投资 3 000 万美元，易趣网成为全球领先的 C2C 电子商务巨头 eBay 在中国的子站。

为了与淘宝在C2C电子商务市场上竞争，eBay易趣网在2005年出台了多项举措并且对公司进行了一定幅度的调整。2005年1月20日，eBay正式宣布：将在2005年向eBay易趣投资1亿美元。在eBay眼里，在美国网上交易市场逐步饱和之后，中国市场将成为eBay未来的主要利润支柱。2005年8月22日，eBay易趣宣布提前对接贝宝在线支付平台，此举将缓解来自包括业绩、市场份额下滑等各方面的压力，被认为是eBay应对阿里巴巴扩张版图最有利的回击方式。2005年9月，eBay易趣宣布原微软大中华区首席营销官吴世雄将担任eBay易趣网的CEO。聘请"足够本地化"的人才来出任CEO职务，证明eBay全球已经重新考虑在中国的本土化问题。另外，为了应对淘宝的免费策略，eBay易趣分别在2005年的5月和12月两次对自己的收费体系进行了调整，在12月19日的调整中，eBay易趣甚至宣布免费开店，并再次减少商品登录费。

另外，2005年6月16日，为了丰富自己的用户结构，eBay与香港B2B企业环球资源结盟，协助自己建立一个网上批发购物渠道。根据eBay和环球资源之间的盟约，后者不仅会将自己平台上供货商的产品直销给eBay的中国站点易趣上的卖家，还将通过eBay旗下专门帮助大卖家采购货源的分销网站（Reseller Marketplace）面向全球用户供货。分析指出，此举也可以看成是eBay为了制约淘宝网的母公司阿里巴巴而出台的举措。

3. 其他

C2C电子商务市场的火爆也吸引了其他企业的目光。2005年9月，当当网获得了一笔5 000万美元左右的巨额风险投资基金，以此为基础，当当网宣布将正式进入其心仪已久的C2C电子商务领域。为了争夺用户，当当网在进入C2C领域开始也选择了和淘宝一样的办法——免费，希望能凭借这个"杀手锏"在C2C领域有所作为。不可否认，当当网在B2C电子商务领域已经取得了一定的成功，从做电子商务的经验上看，当当网并不缺乏。而且当年的阿里巴巴也是凭借做B2B电子商务的经验将淘宝网发展到今天中国第一的地位。但现在的现实情况是，淘宝系（淘宝和原一拍）和eBay易趣已经占到了国内C2C市场的将近95%，并且由于激烈的竞争，二者均已经全面或者大部分免费了，当当网的免费策略相比较于它的竞争对手并没有什么实际上的优势，当当网能否成功地在中国C2C领域占有一席之地还要取决于其下一步的具体战略。

另一个被C2C电子商务市场"魅力"所吸引的企业是腾讯。腾讯公司于1998年11月在深圳成立，是中国最早也是目前中国市场上最大的互联网即时通信软件开发商。2005年9月12日，由腾讯公司开办的C2C网站——拍拍网正式上线，与之一起推出的还有一个类似于淘宝支付宝的产品——财付通。由于有着4.3亿用户的基础，所以，腾讯对自己介入C2C电子商务领域充满信心。不过，在短期内，无论是当当网还是腾讯旗下的拍拍网，在C2C电子商务领域都还不具备与淘宝网和eBay易趣网竞争的实力。

11.3 典型事件分析

2005年是电子商务高速发展的一年，也是电子商务动荡不安的一年。在这一年里，中国的电子商务领域发生了许多足以扭转电子商务以后走势的大事件，下面我们就来回味一下这些事件，再次体会一下其中的震撼。

11.3.1　电子商务企业间并购与合作

2005 年发生的最具震撼性并足以影响到电子商务未来的事件就是阿里巴巴收购雅虎中国全部业务。在 B2B 领域，阿里巴巴收购雅虎中国后，不仅获得了雅虎品牌的使用权，并且进一步提升了自己在国际上的影响力，使得阿里巴巴在短期内国际化成为可能。同时，由于雅虎在搜索方面的强大实力，阿里巴巴完全可以整合搜索与电子商务这两方面的资源，创造出一种新的 B2B 赢利模式，这种新模式对 B2B 电子商务领域来讲，有可能是具有颠覆性的。在 C2C 领域，由于这次阿里巴巴收购雅虎中国全部业务中包括在中国 C2C 市场排名第三的一拍网 70%的股份，所以，淘宝也得以整合了原一拍网的业务，借此机会，淘宝网进一步扩大了自己在 C2C 市场的领先地位，拉大了自己与竞争对手的差距。另外，此次并购，阿里巴巴还获得了 10 亿美元的资金，在中国 C2C 电子商务还处于“烧钱”阶段的今天，这笔资金可以保证淘宝继续与实力强大的对手竞争下去，继续自己赖以成功的免费模式。

另外，淘宝的老对手 eBay 易趣网在 2005 年也没有闲着。在 2005 年 6 月 16 日，为了丰富自己的用户结构，eBay 与香港 B2B 企业环球资源结盟。一方面，eBay 可以通过与环球资源的合作达到优势与用户互补、资源共享的目的，另一方面，eBay 也可以通过环球资源在国内 B2B 市场的运作，给淘宝的母公司——阿里巴巴施加一定的压力，分散阿里巴巴对淘宝的关注程度，减轻自己的竞争压力。此举和当初阿里巴巴创办淘宝网的初衷有异曲同工之妙。

11.3.2　电子商务企业专注度的增加

当然，并不能说扩大规模就一定对企业有好处，具体问题还需要具体分析。慧聪国际在 2005 年就采取了与阿里巴巴和 eBay 完全相反的策略来巩固自己在业内的地位。2005 年，慧聪国际先后卖掉了一直亏损的华媒盛世与中搜，其目的就是集中精力发展自己最看好的 B2B 电子商务。甩掉了包袱还获得了发展资金，慧聪以后在 B2B 电子商务市场上的表现值得期待。

11.3.3　当当网、腾讯进军 C2C 领域

当淘宝网和 eBay 易趣网在 C2C 电子商务领域打得不亦乐乎的时候，另外两家早就看好 C2C 潜力的企业也在 2005 年介入了 C2C 市场的竞争，这就是当当网与腾讯。

当当网在中国 B2C 领域一直做得很好，也积累了很多电子商务方面的经验，进军 C2C 领域应该是当当网早有的想法。但在 2005 年之前，当当网却不敢轻易迈出这一步。一方面，2005 年之前 B2C 领域一直是当当网与卓越网两家争锋的格局，无论是精力上还是资金上，当当网都腾不出手来进入 C2C 领域，一不小心，就可能落个“鸡飞蛋打”的境地。另一方面，现在国内的 C2C 领域由于激烈的竞争，大家都采用了免费的营销策略，当当网的资金不足以支持它在 C2C 领域和竞争对手打一场“消耗战”。不过，这些情况在 2005 年却有所改变。先是国际 B2C 巨头亚马逊在 2004 年收购了当当网最主要的竞争对手——卓越网，由于整体策略的考虑，作为亚马逊中国子站的卓越在 2005 年几乎没有大的动作，这也使当当网乘机甩开了与卓越的差距，首先在精力上腾出了余地。另外，当当网在 2005 年获得了一笔大约 5 000 万美元的投资，这也成为当当敢于杀入 C2C 领域的直接动力。

而腾讯进军 C2C 领域则没有很多的考虑，由于有着 4.3 亿用户的雄厚基础，腾讯做任何互联网相关的产品都不会令人惊讶。不过，到现在为止，腾讯可能还没有在 C2C 领域一家独

大的想法，C2C 只是腾讯多元化的其中一环而已。

11.3.4 电子商务人才争夺加剧

另外一个在电子商务领域值得关注的问题就是人才。由于这几年电子商务在中国飞速发展，而相应的人才却没有随着电子商务的发展而增多。这就造成了熟悉电子商务人才的匮乏，这也成为阻碍中国电子商务产业发展的一大桎梏。最明显的例子就是在 2005 年原慧聪的 CIO 黄海新离职后受到了各大电子商务服务商的追捧，这也从一个侧面反映了现在电子商务人才的缺乏。

11.4 电子商务发展预测

从电子商务的整体趋势上看，未来的电子商务产业还应该是以 B2B 模式为主、以 B2C 模式与 C2C 模式为有效补充的。据赛迪顾问预测，中国的电子商务市场在未来五年将以平均 50%左右的速度增长，到 2010 年，中国电子商务市场的整体规模将达到 52 342 亿元人民币，如表 11.1 和图 11.1 所示。从这些数据可以看到，现在中国电子商务市场的增长速度已经逐步趋于平稳，这也意味着中国电子商务的发展终于从“导入期”进入了“成长期”。

表 11.1　2006～2010 年中国电子商务总体市场规模及增长预测

年度	2006	2007	2008	2009	2010
电子商务总交易额（亿元）	11 248	16 883	25 105	36 654	52 342
增长率	52.0%	50.1%	48.7%	46%	42.8%

数据来源：赛迪顾问，2006.02

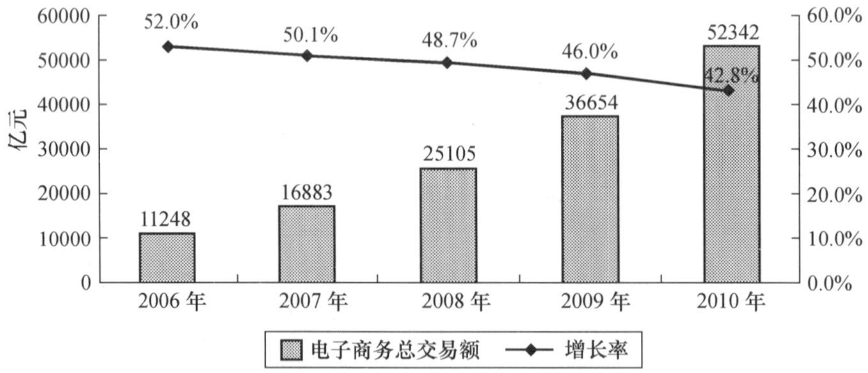

数据来源：赛迪顾问，2006.02

图 11.1　2006～2010 年中国电子商务总体市场规模及增长预测

第 12 章　2005 年中国网上银行发展状况

12.1　中国银行卡发放数量现状及预测

中国银联战略部统计数据显示，截至 2005 年第三季度末，中国共发行银行卡 9.18 亿张，艾瑞市场咨询认为 2005 年中国银行卡发放总量将有望达到 9.6 亿张，其中信用卡占 3.8%。随着信用体系的完善，信用卡的发放将成为未来几年的快速增长点。艾瑞市场咨询预计，到 2010 年中国银行卡数量将突破 16 亿张，人均 1.23 张。2003～2010 年中国银行卡发放总数及增长率如图 12.1 所示。

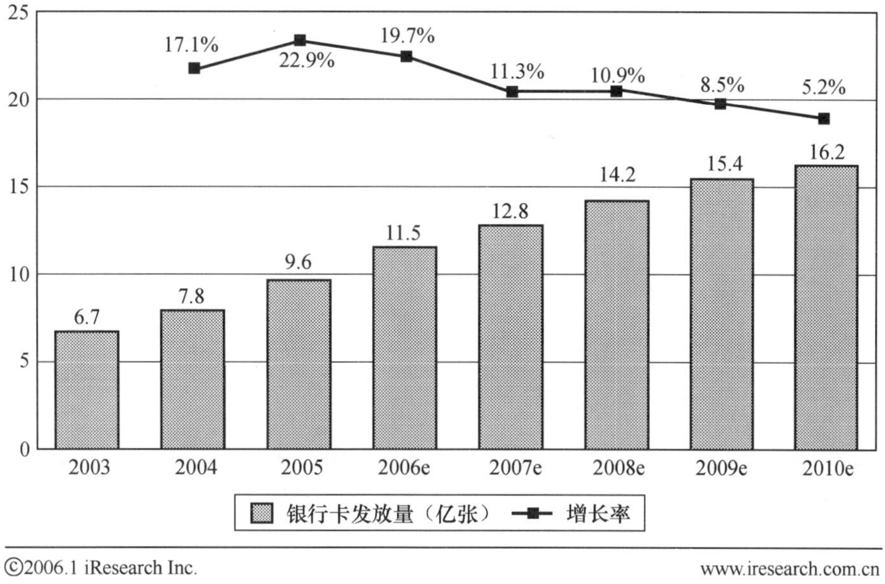

图 12.1　2003～2010 年中国银行卡发放总数及增长率

12.2　中国企业网上银行发展现状及预测

1. 中国企业网上银行用户规模现状及预测

艾瑞市场咨询统计数据显示，2005 年中国企业网上银行用户已达到 74 万户，较 2004 年增长了 27.6%，随着外资银行的进入，未来企业网上银行竞争将十分激烈，使用企业网上银行的企业数量将稳步增长。艾瑞市场咨询预计，2006～2010 年中国企业网上银行的用户数量的复合增长率将达到 20.8%。2003～2010 年中国企业网上银行用户规模及增长率如图 12.2 所示。

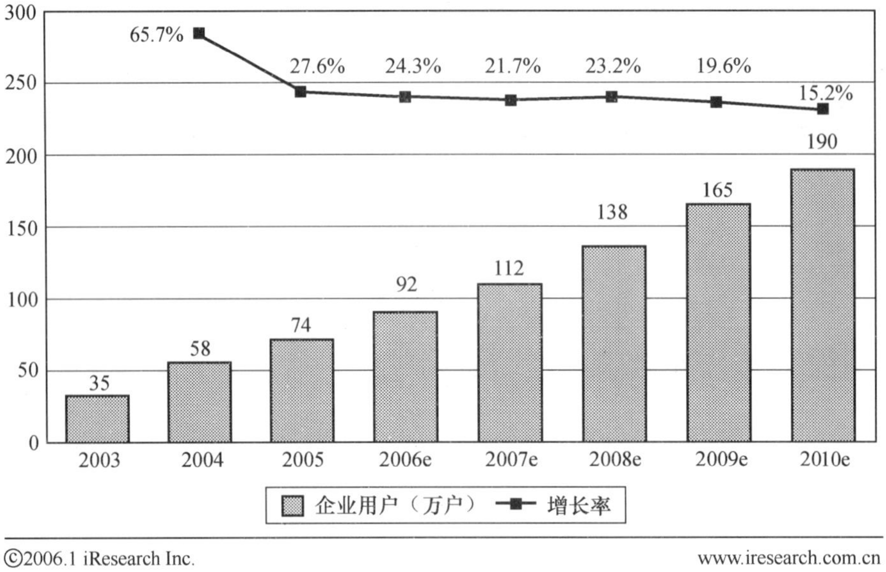

图 12.2　2003～2010 年中国企业网上银行用户规模及增长率

2. 中国企业网上银行交易额现状及预测

艾瑞市场咨询统计，2005 年中国通过企业网上银行的交易额（包括转账、支付等）达到人民币 70 万亿元，较 2004 年增长了 43.6%，企业网上银行依然是网上银行的绝对主力。艾瑞市场咨询预计，2010 年中国企业网上银行的交易额将达到人民币 193 万亿元，2006～2010 年的复合增长率将达 22.5%。2003～2010 年中国企业网上银行交易额及增长率如图 12.3 所示。

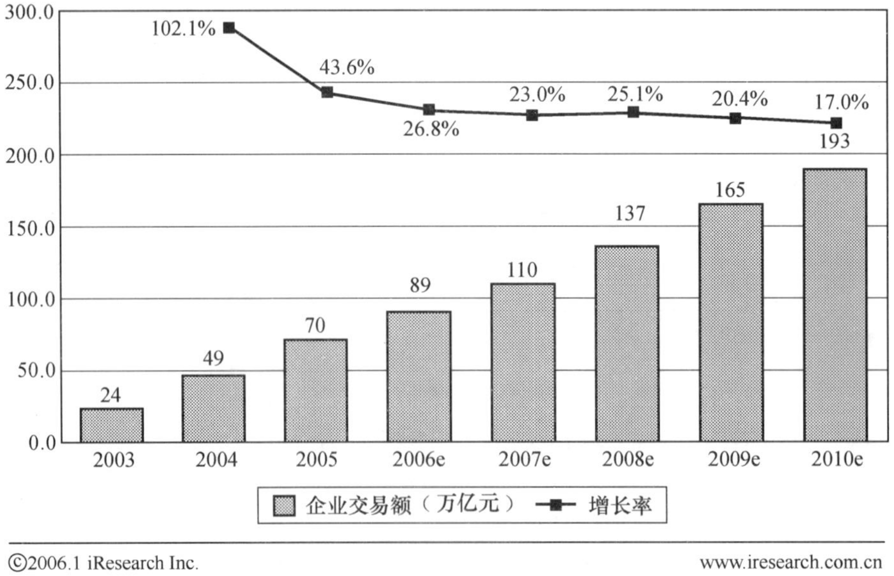

图 12.3　2003～2010 年中国企业网上银行交易额及增长率

3．2005 年中国企业网上银行市场份额

随着全球经济一体化步伐的加快，市场竞争愈演愈烈，国内许多集团企业和超大型集团公司对加强集团财务统一集中的需求更加强烈，也因此使得功能不断强化的企业网上银行已经成为集团企业不可缺少的业务组成。目前，中国网上银行已从提供简单的查询、支付、代发工资向结算、理财甚至是提供资产业务过渡。

艾瑞市场咨询统计数据显示，工商银行的企业网上银行仍占据绝对的优势，市场份额为 59.2%，但较 2004 年下降了近 10 个百分点，其次是中国建设银行（11.8%）和农业银行（6.1%）。2005 年，招商银行网上银行发展非常迅速，企业网上银行市场份额为 4.7%，排在第四位的为中国建设银行，具体内容如图 12.4 所示。

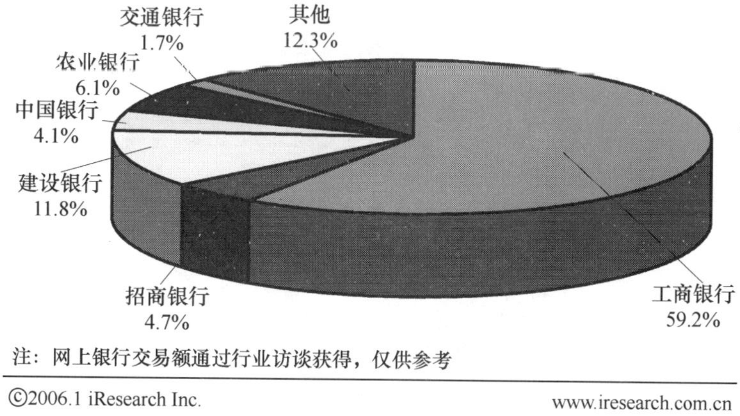

图 12.4　2005 年中国企业网上银行交易额市场份额

12.3　中国个人网上银行发展现状及预测

1．中国个人网上银行用户规模及预测

2005 年中国个人网上银行发展非常迅速，尤其是招商银行、工商银行和农业银行，个人用户增长率都超过 50%。

据艾瑞市场咨询统计，截至 2005 年底，中国个人网上银行用户达到 3 460 万户，较 2004 年增长了 103.5%，占互联网用户的 38.7%。预计未来五年内个人用户仍将较快增长，到 2010 年将有望达到 2.15 亿户，互联网用户覆盖率将达到 92.3%。2003～2010 年个人网上银行用户规模及增长率如图 12.5 所示。

2．中国个人网上银行交易额现状及预测

2005 年个人网上银行快速发展，截止到 12 月底，交易额达 2.4 万亿元人民币，较 2004 年增长了 500%。艾瑞市场咨询预计，未来几年个人网上银行交易将平稳增长，2010 年个人网上银行交易额将突破 15.6 万亿元人民币，2006～2010 年的复合增长率将达到 23.0%。图 12.6 所示为 2003～2010 年个人网上银行交易额及增长率。

3．2005 年中国个人网上银行市场份额

据统计，中国工商银行以其庞大的用户优势使其个人网上银行份额占据第一位，所占份额为 28.2%，招商银行占 16.8%，排在第二位；然后是中国银行，占 10.5%；农业银行，占 7.4%。图 12.7 所示为 2005 年个人网上银行交易额市场份额。

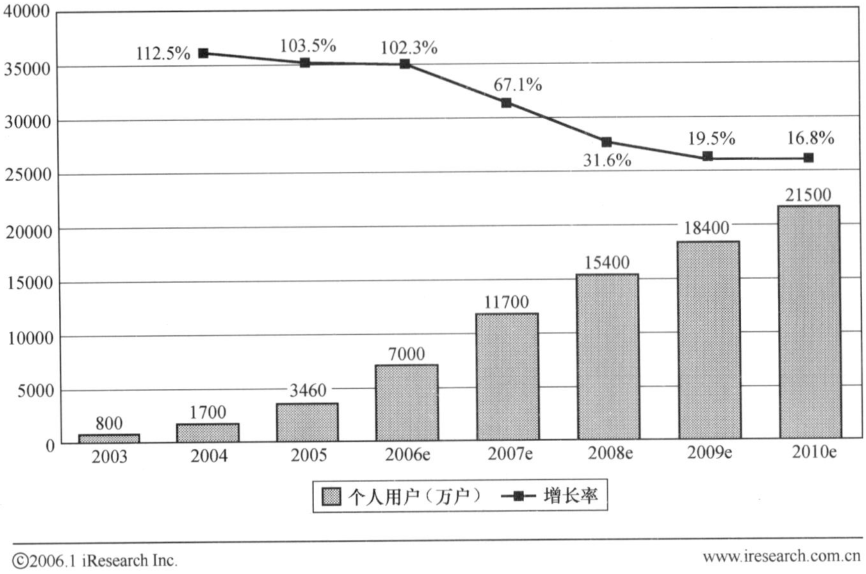

图 12.5　2003～2010 年个人网上银行用户规模及增长率

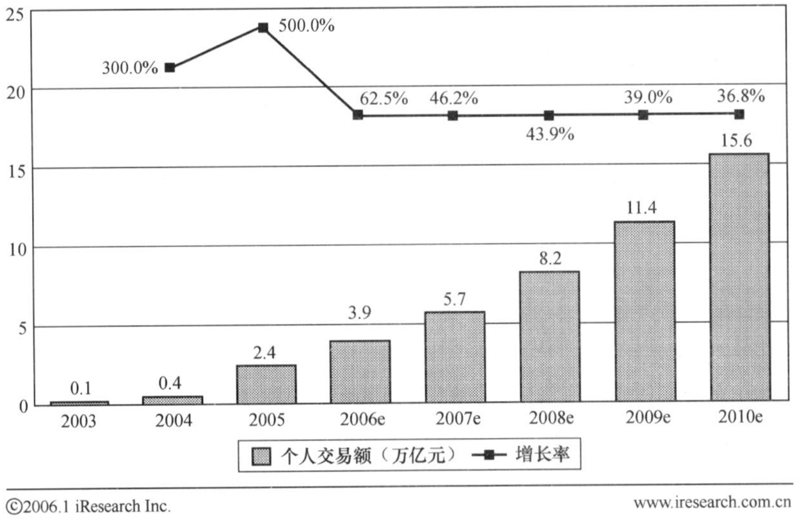

图 12.6　2003～2010 年个人网上银行交易额及增长率

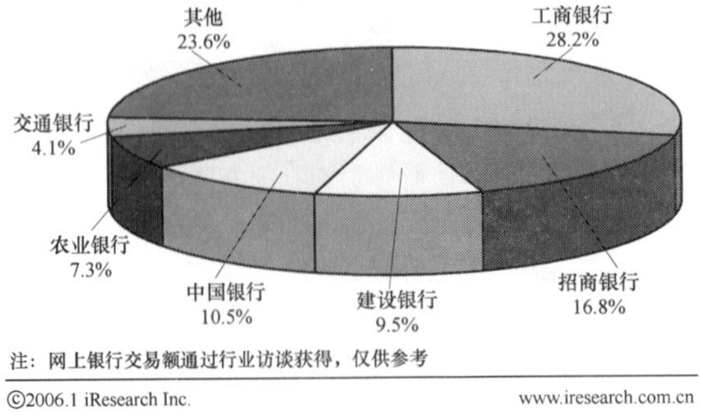

图 12.7　2005 年个人网上银行交易额市场份额

12.4　2005 年网上银行用户分析

1．中国主要银行的网民使用情况

调研数据显示，2005 年网民使用率最高的银行是工商银行，达到 73%，其次是建设银行，使用比例为 53.5%，农业银行以 44.2%的使用比例位居第三；而网民最常光顾的银行排序有所变化，工商银行依然排在首位，为 41.5%，招商银行以 17.1%的最常使用比例排在第二位，紧随其后的是建设银行，最常使用的比例为 15.9%。中国主要银行的网民使用情况如图 12.8 所示。

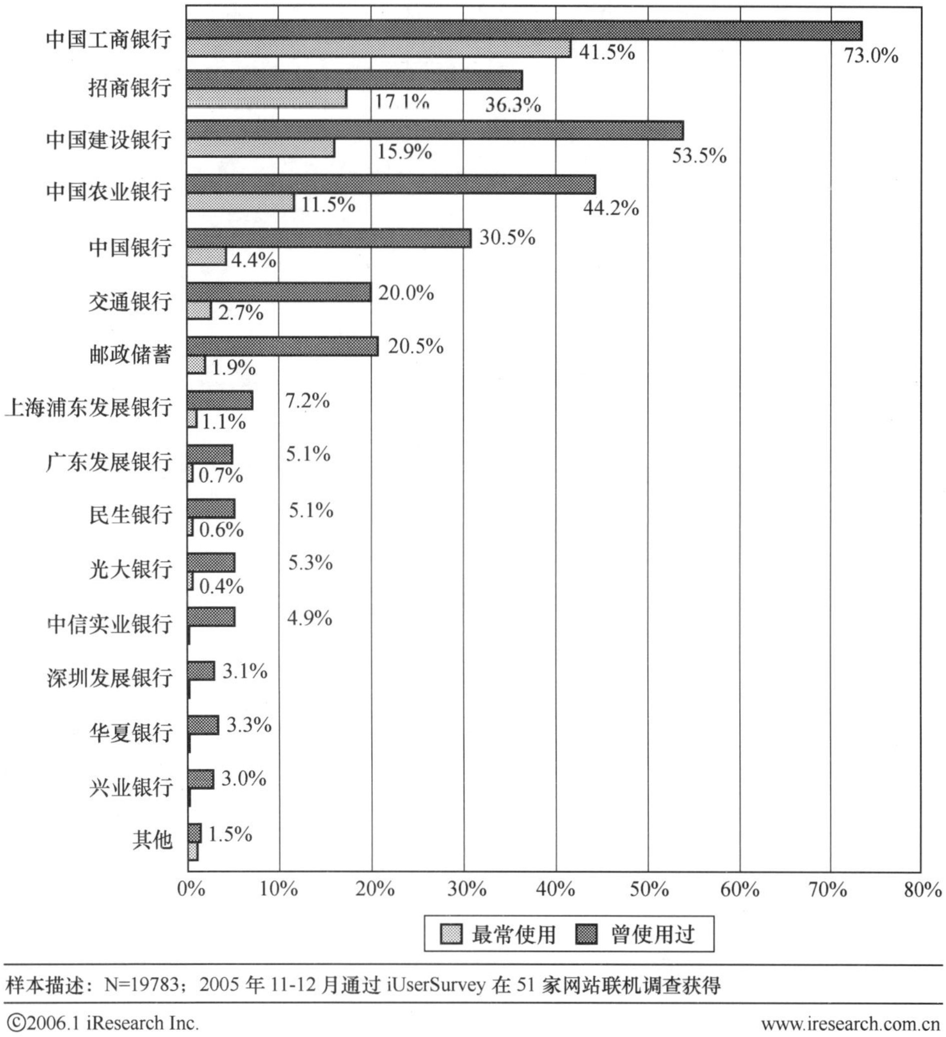

图 12.8　中国主要银行的网民使用情况

2．电子银行/网上银行品牌认知度

调查数据显示，目前招商银行的“一网通”认知度最高，参加调研的网民中有 58.5%知道这个品牌；其次是工商银行的“金融@家”，认知度达到 55.7%；然后是建设银行“e 路通”（43.4%）和工商银行“理财 e 站通”（42.5%）；此外，网民对农业银行的“金 e 顺”也有不错的认知度，如图 12.9 所示。

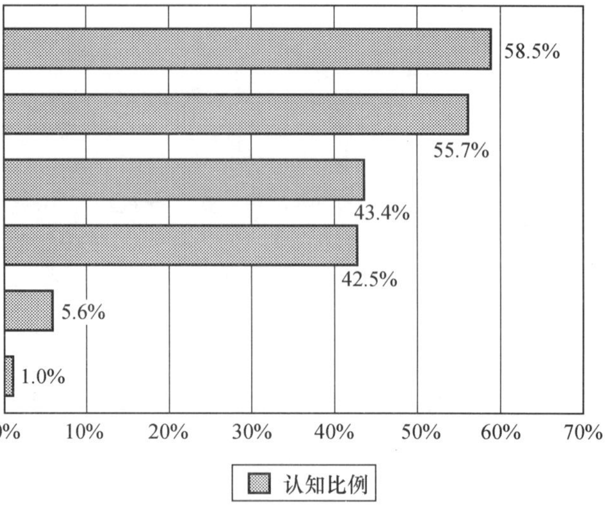

样本描述：N=19783；2005 年 11-12 月通过 iUserSurvey 在 51 家网站联机调查获得

图 12.9　电子银行/网上银行品牌认知度

3．用户对企业版网上银行的满意度分布

用户对企业版网上银行的满意度较高。数据显示，对企业网上银行“非常满意”和“满意”的比例达到 75.5%，其中非常满意的占 25.3%，而“不满意”和“非常不满意”的用户比例仅为 4.6%。具体情况如图 12.10 所示。

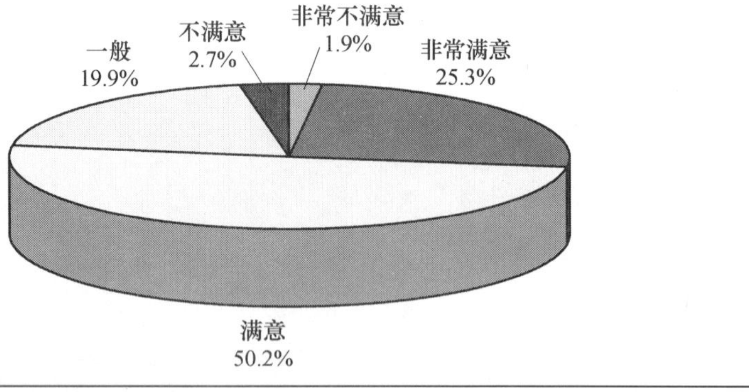

样本描述：N=19783；2005 年 11-12 月通过 iUserSurvey 在 51 家网站联机调查获得

图 12.10　用户对企业版网上银行的满意度分布

4．用户对个人网上银行的安全性评价

调研数据发现，个人用户对网上银行安全性评价较高，其中 25.1%的用户认为非常安全，60.6%的用户认为是安全的，而认为不安全和非常不安全的用户仅占 0.9%。详细情况如图 12.11 所示。

5. 未来用户使用网上银行各项行业务比例

调查显示，未来用户对使用网上银行的主要服务的倾向都在一半以上的比例，尤其是交易付款服务的比例达到 88.1%，转账服务的使用需求比例也将达 78.6%。可以看出，未来网上银行的交易额仍有较大的增长空间。具体情况如图 12.12 所示。

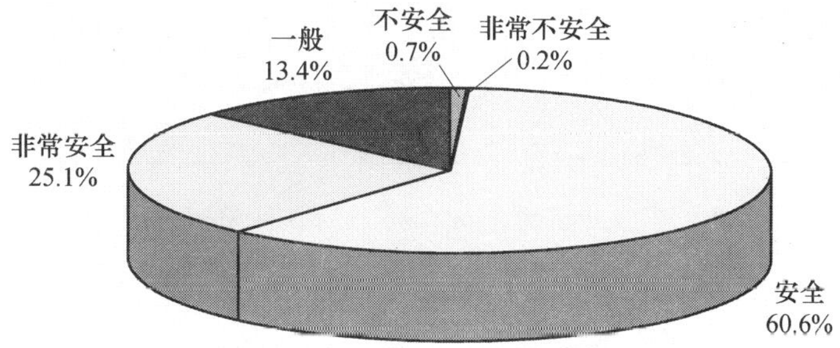

图 12.11　用户对个人网上银行的安全性评价

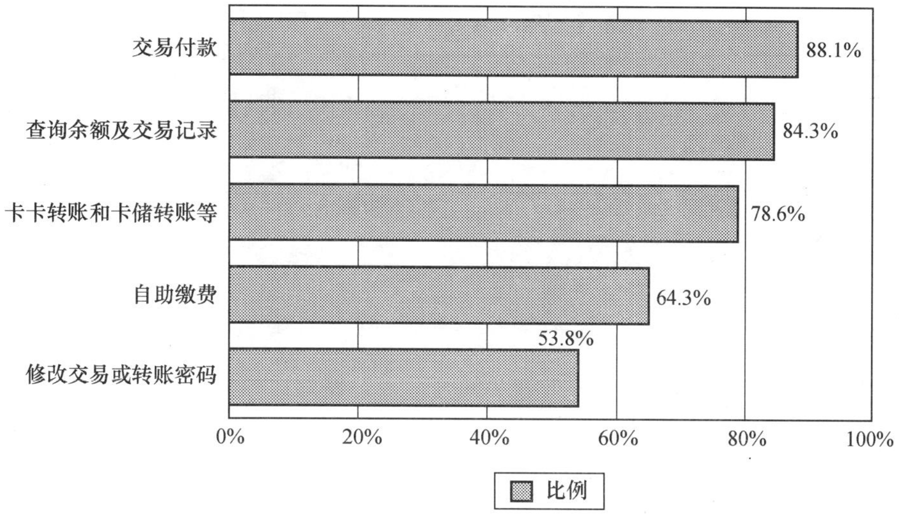

样本描述：N=17294；2005 年 11~12 月通过 iUserSurvey 在 51 家网站联机调查获得

©2006.1 iResearch Inc.　　www.iresearch.com.cn

图 12.12　未来用户主要使用的网上银行业务比例

（天极网　范　锋）

第 13 章　2005 年中国网络文化产业发展状况

作为横跨创意产业和娱乐产业的一个新兴产业，中国网络文化产业具有巨大的发展潜力，在 2005 年得到了快速发展。网络文化产业包括网络游戏、网络音乐、网络视频、网络演出和网络动漫等产业。2005 年网络游戏依然占据主导，网络音乐在下半年成为社会投资热点，网络文化产业整体上得到了中央和地方的认可，但是原创内容不足、发展模式不清晰、多头管理严重等问题依然存在。本文详尽分析了中国网络文化产业的定位、发展背景、主要发展状况以及存在的问题，并提出了发展网络文化面临的挑战和主要思路。我们相信，坚持自主创新、实现自我发展将是中国网络文化产业和网络文化企业崛起的必由之路。

13.1　网络文化产业定位与发展背景

13.1.1　产业定位

从目前来看，网络文化产业仍然是一个新兴产业，外延比较广泛，与其他文化产业相比，其名称及内涵还需要人们不断地进行诠释和丰富。

网络文化产业的“网络”、“文化”、“产业”三要素缺一不可。

从形式上看，它既包括文化上网，即原有文化产品和服务在各种网络上的传播和延伸扩展，如数字电视以及在线点播音像制品；又包括网上文化，即基于网络而产生的新的、独特的互动文化形态，如网络游戏、网络动漫。

网络文化产业既是创意产业，又是娱乐产业。从生产环节说，它需要创作者将网络现代科技与文化结合起来，没有前人的借鉴，只有今人的创造，从这个意义而言，它是十足的创意产业；从消费环节来看，基于网络的互动特性和今天的消费现实（以娱乐创造财富的网络游戏最具有代表性），最具娱乐性的最先产业化，它又是地道的娱乐产业。

13.1.2　国外网络文化产业发展概况

网络文化产业在国际上又被称为“数字娱乐产业”或“在线娱乐产业”，并已经成为少数西方发达国家的一项支柱产业，近年来增长十分迅猛。根据美国电信市场调查公司 RHK 预测，在未来 5 年中，全球在线娱乐产业的规模将在目前基础上增长 3 倍，其中由各大电信公司提供的网络电视及网络游戏将成为拉动市场增长的主要因素。到 2009 年，全球在线娱乐产业（包括网络电视、视频点播、音乐下载、网络游戏和网络博彩等）的总销售收入将上升到

360 亿美元。

根据 RHK 数据显示，2004年全球在线娱乐市场规模达到67.88亿美元，2005年约为158亿美元，增长了133%。对全球在线娱乐产业增长贡献最大的是网络电视，虽然网络电视还处于初生阶段，但是其年增长率超过了100%，所占市场份额为24%。目前网络电视在欧洲各国和日本得到了较大范围的推广。通过特定的机顶盒，运营商可向用户提供基于宽带接入的电视节目、电影及其他服务。为发展更多新用户，各大电信公司与有线电视公司都计划推出集电话、视频及高速数据传输于一体的捆绑式服务，有的还计划再捆绑上无线服务。拉动全球在线娱乐产业增长的第二个因素是多角色网络游戏。与此同时，在线音乐市场的销售额亦呈现快速增长的趋势，2005年销售额为11.3亿美元，比上年增长135.42%，如图13.1所示。

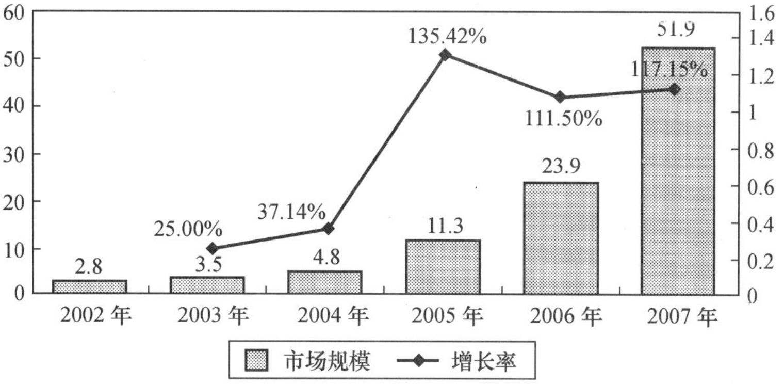

（数据来源：ChinaLabs 整理，2005.12（单位：亿美元））

图 13.1　全球在线音乐市场规模预测

根据日本数字内容产业发展白皮书显示，2004年日本数字内容产业的市场规模已经达到24 685亿日元，保持着年均增长10%的速度，以手机为终端的音乐和游戏市场规模达到1 450亿日元，铃声下载显然占据了主导，但是以 iPod 等为代表的网络下载、存储、播放器的流行使得网络音乐下载迅猛发展。在线网络游戏达到580亿日元（如表13.1所示），2005年达到了820亿日元，与2004年比较增长了42%。新闻出版领域制作过程几乎100%数字化。

表 13.1　　**日本手机与 PC 终端的音乐和游戏产业比较**　　（单位：亿日元）

	音　乐	游　戏	总　计
手机终端	1 100	350	1 450
PC 终端	50	580	630

（资料来源：日本数字内容产业白皮书，2004 年，日本数字内容协会）

韩国数字娱乐产业增长率高达 40%，超过汽车产业，成为第一大产业，成为最具赢利前景的一个产业之一。根据韩国文化观光部统计，其游戏市场规模达到 39 390 亿韩元，网络游戏位居世界首位，2004 年韩国网络游戏的出口总值达到 3.38 亿美元，比 2003 年增长了 29%，主要出口目的地是中国。与网络音乐迅猛增长形成鲜明对比的是传统唱片销售的迅速萎缩，如表 13.2 所示。

表 13.2 韩国传统唱片与数字音乐销售额比较 （单位：亿韩元）

	2003 年	2004 年	2005 年
传统唱片销售额	4 000	1 000	700
数字音乐销售额	450	2 500	5 000

13.1.3 网吧产业发展状况

网吧在中国网络文化产业发展中扮演了一个重要的角色，它是用户接触网络文化的重要终端场所，也是中国网络游戏得到快速发展的重要依托，大部分网吧以玩游戏、看电影、听音乐和聊天为主。2005 年，网吧向丰富内容、提升服务的方向转变。现阶段，尽管依然有多达 60%的网吧消费者是在玩网络游戏，但是这已经不是惟一的选择了。大部分网吧已经建立了自己的内容服务系统，除了一些下载、杀毒等服务软件外，网吧提供了当前最流行的电影、音乐以及游戏服务，甚至还有一些网络游戏"外挂"、"私服"站点等。由于网吧直接面对用户、硬件产品更新快，使得规模化的连锁网吧得到了更多的实惠，不仅成为盛大、九城等网络游戏运营商发布店内广告的必争之地，可口可乐、英特尔、AMD 以及清华同方等企业也在看好这个巨大市场，发布广告、开发网吧专用机以及一整套网吧解决方案。

经过数年的发展，网吧已经成为中国文化市场一个非常庞大的市场。根据国家工商行政管理总局和文化部的最新统计，截至 2004 年 12 月 31 日，全国共有网吧 10.1 万余家，上网计算机近 500 万台，从业人员 33.5 万，连锁网吧经营单位 4 693 家，门店 15 546 个。全国网吧拥有固定资产 132 亿，2004 年营业收入达到 108.9 亿，主营利润为 33 亿，为国家交纳各种税金达 12 亿，创造增加值 49.8 亿元。与上年相比，网吧营业收入、主营利润、税金和增加值均有不同程度的增加，连锁企业和门店数目也在稳步增长。单从数据上看，网吧的确为中国国民经济和社会发展做出了一定的贡献。

随着 2004 年长达近 1 年的网吧整治工作的基本结束，各地也陆续结束了长达 1 年的停止审批，一方面各省正在制定网吧总量布局结构发展规划，另一方面在积极探索建立网吧管理的长效机制，以规模化、连锁化和品牌化来改造和提升网吧产业。因此，对于网络文化产业而言，网吧这个消费终端将持适度发展态势，数量上将告别大幅度增长，但规模和品质将逐步提高。

13.2 当前中国网络文化产业基本状况与产业政策

虽然网络视频（又被称为网络电视，IPTV）在全球快速增长，但由于受到管理体制、赢利模式、传输速度和行业标准等各种因素的影响，其发展受到制约。目前的管理体制是广电部门将其作为电视媒体来管理，不允许社会资本和其他行业资本进入。尽管许多企业对发展 IPTV 跃跃欲试，而当前全国仅有上海文广一家取得了广电总局颁发的 IPTV 牌照。

网络演出在 2006 年春节期间热闹了一阵子，除了中央电视台推出的网络春晚外，有 3 台网络春晚也在春节期间相继登场：由中国网通天天在线联合中唱华夏举办的中国首届宽带网络迎春联欢会，由新浪联合中华网等举办的 2006 全球华人春节联欢会，由中国互联网协会和互联天下举办的 2006 动画春节联欢晚会等。但是基本上属于录播和网络动漫，还不是现场直播的网络演出。网络演出和网络动漫虽然发展潜力巨大，但是产业规模不大，代表性不强。因此这里主要分析网络游戏、网络音乐以及主要产业政策。

13.2.1　网络游戏

1．中国网络游戏产业在争议中快速发展、稳步成熟

纵观中国网络文化产业的发展现状，网络游戏依然是执牛耳者。互联网的普及，特别是宽带进入社区和家庭带来的强大的市场娱乐需求，以上海盛大为代表的企业创造出成功的运营和收费模式，韩国、日本等的产品输出，以软银（SOFTBANK）为代表的日本、美国（包括纳斯达克上市）风险投资和股市的资本输出，基于上述4点原因，网络游戏产业在中国迅速崛起，并创造了一个又一个网络时代的财富神话。

2004年中国网络游戏市场规模为36亿元，据预测，2005年将达55.4亿元人民币，2006年将达83.4亿元人民币，年增长率超过50%。同时，它还强力带动着相关产业的发展，据2005年度中国游戏产业报告显示，其对通信业业务收入直接贡献173.4亿元人民币，对IT产业直接贡献71.6亿元人民币，对媒体及传统出版业贡献37.1亿元人民币，对上述3个产业的贡献分别比上年增加了22.7亿元、7.9亿元和1.3亿元。

2005年是中国网络游戏产业发展中十分关键的一年，在国内网络游戏市场需求依然高涨和国际上数字娱乐产业高速发展的大背景下，整个市场仍处于快速发展和稳步成熟的时期，市场竞争日趋激烈，虽然市场规模在不断扩张，但发展速度较往年呈逐步下降的趋势，政策和社会对该行业的影响力度持续加强，由于青少年网络游戏成瘾引发的社会问题使其发展面临着巨大的争议，市场在有关部门开展的净化网络游戏、互联网站集中整治和网络游戏防沉迷系统实施中得到了逐步规范。

2．国产游戏正在崛起，并占据了国内市场主导

在政府部门扶持国产原创网络游戏的政策引导下，国内游戏企业加大了民族原创游戏的开发力度，新的国产游戏不断涌现，不仅表现在数量的增长，而且游戏品质也得到了大幅提高，并经受了市场的检验，取代进口游戏，成为网络游戏玩家最喜爱的网络游戏。目前在玩家心目中排名前10位的游戏中有6款是国产游戏，进口游戏仅占4款。网易《梦幻西游》位居最受欢迎的网络游戏榜首，同时在线人数突破了70万，网易运营的另一款产品《大话西游》同时在线人数也突破了50万，由此网易游戏创造了国内大型角色扮演游戏市场的第一个百万在线的奇迹。与此形成鲜明对比的是缔造了盛大“传奇”的进口游戏《传奇》的下滑，由原来的雄踞榜首降到屈居第六。根据盛大公司2005年第三季度财务报告显示，盛大核心产品《传奇》收入比第二季度下降了33.5%。

3．产品同质化现象依然严重，休闲游戏受到追捧

以打怪、练级、换装备以及PK为主的角色扮演类游戏（可以被称为《传奇》模式）是市场的主导产品，特别是《传奇》的成功使得许多游戏开发商和引进单位依然在遵循《传奇》模式，最受玩家欢迎的游戏和最具有赢利能力的游戏依然是角色扮演类游戏。但是在政府网络游戏产品结构调整的政策影响下，以及网络游戏用户的多元化倾向，即越来越多的上班族和女性加入了这个队伍，使得棋牌类、音乐类、体育类、竞技类游戏和Q版等休闲、益智、健康的游戏出现了很好的发展势头，除了联众世界外，《泡泡堂》、《冒险岛》、《劲乐团》、《劲舞团》、新浪igame等深受欢迎，腾讯公司依靠强大的QQ用户群带动了QQ游戏的火爆登场，目前QQ游戏平台提供超过30种休闲游戏，实现了同时在线超百万的市场业绩，最高同时在线人数达188万。2005年7月，文化部游戏产品内容审查委员会向社会推荐的15款游戏全部是Q版游戏和棋牌类休闲游戏。

4. 国内网络游戏企业“走出去”步伐明显加快

就在海外网游厂商纷纷抢占中国市场的同时，与2004年相比，国内网络游戏企业也加快了“走出去”的步伐。在路线选择上，既巩固了传统的东南亚路线，又积极开拓了欧美国家及日本等主流游戏强国的市场。金山和蜗牛是国产网络游戏海外市场拓展的先行者。金山《剑侠情缘网络版》的海外征程是典型的东南亚路线，在越南和马来西亚均已经进入正式商业运营阶段，下一步他们已经瞄准了欧美国家及日本市场。蜗牛的《航海世纪》也进入了欧洲和东南亚市场。而以福建网龙《征服》、上海米果《真封神》为代表的是典型的欧美路线。

在出口模式上，则日趋多样化，除了传统的代理运营，如《剑侠情缘网络版》在越南由VINAGAME代理，目标软件自主研发的网络游戏《天骄II》成功签约德国Gamigo公司，放弃了传统的授权金模式，将与Gamigo公司共同开发。而福建网龙的《征服》则是通过在美国的分公司运营，并针对美国的市场环境，采取了销售虚拟装备的赢利模式。目前这款游戏的运营状况良好，网龙的毛利率为70%。《航海世纪》在韩国也采取免费运营、出售道具的方式赢利。

5. 整个产业正在融资和赢利模式上寻求新的变革

受政策和市场预期双重影响，上市企业股价波动剧烈，并呈高开低走态势。2005年以来，网易、盛大和九城等网络游戏上市公司股价呈下跌走势。如，盛大股价由年初的每股40美元下降到12月23日的12.56美元，市值由28亿跌到8.78亿，缩水了近20亿。从股市表现来看，网络游戏业务的高增长时代似乎即将远去。资本市场对此十分敏感，可以预见的是网络游戏上市融资和私募融资难度的加大。2005年，中国网络游戏的领头羊盛大公司向社会宣布了其战略转型，意图从网络游戏企业向互动娱乐企业转型：于2005年11月至12月先后宣布《梦幻国度》、《传奇》、《传奇世界》三款主流游戏免费运营，同时向社会推出EZ STATION、EZ POD和EZ MINI等EZ系列产品，并在业界引起了强烈反响，网络游戏的传统赢利模式（即传统的点卡收费）向免费运营以道具装备收费模式转型。

13.2.2 网络音乐

1. 网络音乐发展迅猛，正成为网络文化和网络经济新的增长点

2005年是音乐产业在网络时代被重新发现的一年。从全球范围来讲，2005年全球音乐产业止跌回升，增长了1%，贡献最大的网络音乐市场年复合增长率达到38.5%，成为扭转音乐市场乾坤的新兴力量。中国网络音乐发展更是迅猛，根据艾瑞市场咨询统计，2005年中国数字音乐市场规模为27.8亿元，比上年增长61%，具体数据如表13.3所示。预计2006、2007、2008年市场规模将分别达到42.9亿元、58.4亿元和81.4亿元，分别比上年增长54%、36%和39%。

这里所说的数字音乐就是我们所指的网络音乐，主要由两部分组成，一是通过电信互联网提供在电脑终端下载或者播放的互联网在线音乐，二是无线网络运营商通过无线增值服务提供在手机终端播放的无线音乐，又被称为移动音乐。随着技术的进一步发展，通过互联网提供以电视机为接收终端、以MTV和在线卡拉OK点播为主要方式的网络音乐也将成为未来网络音乐的一种极具发展潜力的形式。

表 13.3　　近几年来中国网络音乐市场规模　　（单位：亿元人民币）

	2003 年	2004 年	2005 年
在线音乐	0.44	1.5	1.9
无线音乐	7.56	15.8	25.9
网络音乐	8	17.3	27.8

（资料来源：艾瑞市场咨询）

无线音乐中的彩铃和铃声下载业务发展很快，彩铃收入超过 12 亿元，在无线音乐中居头功，远远超过了唱片发行销售总额。在线音乐占整个网络音乐市场规模还不足 10%，但是其用户群十分巨大：其普及率和用户人数远远超过了网络游戏、网络视频和电子商务等各种互联网应用类型。根据艾瑞市场咨询预测，2008 年中国在线音乐用户将突破 2 亿。如何将这种强大的市场需求转换为企业真正有效的需求，即能够产生现金流的需求，将是 2006 年业界需要直面的难题。

2. 音乐的数字化催生了单曲时代，CD 介质将逐渐边缘化

日新月异的技术正在对传统的娱乐业发起新一轮的挑战，新技术和新的音乐播放设备也引发了消费需求的剧烈变化：RealPlay、MP3 和 BT 等数字音乐技术以及相关播放技术在全球范围内得到普及，音乐产品数字化使得其复制和传播速度极大增强，而 iPod 和 MP3 音乐播放器以及手机的普及使得人们对网络音乐的需求强劲增长，遗憾的是大部分唱片公司依然没有醒来，依然在固守传统的经营方式，漠视新一代的消费需求，反映在市场上就是拥有 70% 内容的国际唱片业巨头并没有占据市场的主动。

庆幸的是，当前中国原创的网络音乐单曲占据了市场的主导，以《老鼠爱大米》为例，2005 年其彩铃下载月次数就超过了 600 万，以每首两元计算，其单月收入超过了 1 200 万元，相当于发行 70 多万张唱片的收益，这被视为 2005 年国内娱乐业标志性事件。而倚重《两只蝴蝶》的北京鸟人艺术公司 2005 年获利 2.5 亿元。网络和技术的发展给了中国音乐产业走出低谷、摆脱对国际唱片业的尾随、通过自主创新实现自我发展的历史性契机。购买 CD 不再是歌迷们获得音乐的必经之路，歌手也不用等待录完十几首歌再发行唱片了，无线音乐相对成熟的收费和赢利模式保证了唱片公司和内容提供商的利益，新一代的音乐发行和赢利模式已然初具，CD 介质逐步被边缘化似乎难以避免。

3. 各路资本纷纷进入，网络音乐进入了群雄逐鹿的战国时代

在网络音乐领域，先知先觉的互联网企业依然扮演着十分重要的角色。TOM 作为中国最大的 SP，数字音乐是其主要收入来源，根据易观国际的数据显示，2005 年上半年 TOM 无线音乐收入达到 1.49 亿元，空中网、腾讯、新浪、掌上灵通和盛大均不同程度涉足其中，而百度、中国搜索这样的搜索企业也在力图分其一杯羹，中国搜索富有想象力地提出下载一首歌替网民垫付一分钱。但是，今天的网络音乐业已经不是互联网企业一统天下的局面，这是网络音乐与网络游戏和其他互联网行业的企业结构的最大不同，原因在于网络音乐的本质是音乐、是艺术、是文化，而各种技术只是音乐传播的渠道和载体。

唱片公司正在突围，并显示出其专业的内容优势，推出最受欢迎的《老鼠爱大米》和《两只蝴蝶》的广东飞乐和北京鸟人并不是互联网企业，而是音像企业。但其主要收入已经来自网络，而不是传统唱片：广东飞乐2005年无线收入占总收入的一半，北京鸟人艺术公司则更多，其80%的收入来自无线平台，传统CD仅占20%。

当然，在技术占据主导的当今中国，互联网企业拥有更多的资金、人才和渠道优势，互联网企业投资唱片公司，寻求优势互补，实现技术和内容的融合发展，在2005年下半年已经形成一种自觉的战略合作潮流：华友世纪和华谊兄弟合作，投资1 000万美元；无线艺能与京文合作，投资1 000万美元；华友世纪成立的华友数码传媒刚刚收购了广东飞乐唱片60%的股权。

在中国互联网产业已经掘了一桶又一桶金的风险投资企业不甘人后，在这股网络音乐的掘金热潮中扮演了推波助澜的角色：软银风险基金用1 000万元收购了太合麦田30%的股份，IDG在投资A8音乐网的基础上，又进一步持股A8和许晓峰发起原创联盟音乐。硬件厂商如爱国者，手机制造商如摩托罗拉、联想等也在不同程度涉足其中。

4．版权之争愈演愈烈，正版音乐网站横空出世，网络原创成为必然选择

音像业对DVD压缩碟声讨之声还未停息，网络盗版问题又深深地困扰着传统唱片行业，在相关法律法规尚未完善、产业链尚未正式形成的环境中，为数极少的专门从事正版音乐下载的网站在过去的几年里孤立无援、举步维艰。

2005年网络音乐界中令人瞩目的事件是，最为炙手可热的互联网企业百度公司上市不久就连续两次面临唱片业的诉讼：6月20日，EMI在上海的分支机构上海步升大风起诉百度MP3搜索侵权，9月16日被判侵权成立，并赔偿6.8万元；9月26日，百代、索尼、华纳和环球等7家唱片商集体起诉百度侵权，声势颇为浩大。

这场版权之争直接导致国内正版音乐网站获得了更好的发展环境，除了腾讯音乐和太乐网外，著名的MP3制造商华旗资讯也于2005年10月18日宣布开通“爱国者音乐网”，复制了苹果公司的iPod+iTune模式，每首歌下载收费0.99元。掌上灵通也宣布投资“九天音乐网”，联手在国内拓展合法的网络音乐下载。

这场版权之争的一个意外收获是音乐业受到了异乎寻常的关注，不仅获得了风险投资的支持，使互联网企业团结起来、使互联网企业和民族唱片企业达成了战略合作；更为重要的是使国内企业更加明确了必须走自己的路，摆脱对国际唱片业的依赖，通过自主创新发展中国自主的民族原创网络音乐。艺能与京文合作的酷客网已经有2 000多名注册歌手，原创歌曲累计到8 000首，而过去11年京文公司仅有2 000首原创歌曲的版权，预计2006年将把原创歌手和歌曲数量再翻10倍，以网络原创歌手包装和原创歌曲集成、发行和销售作为企业发展重点。

13.2.3 产业政策

1．发展网络文化产业被视为推进文化产业升级的重要力量，得到了中央和地方的高度重视

2005年12月23日，中共中央国务院发出了《关于深化文化体制改革的若干意见》，明确提出要“用先进科学技术促进文化产业发展，积极采用数字、网络等高新技术和现代生产方式，改造传统的文化创作、生产和传播模式，延伸文化产业链，发展数字广播、数字电视、数字电影、数字出版、动漫和网络游戏等”，同时“培育和规范以网络为载体的新兴文化市场”。

自2003年首届中国国际网络文化博览会成功举办之后，“网络文化产业”作为一个新名词被广泛认同，并在2005年10月4日至6日北京展览馆举办的第三届中国国际网络文化博览会上得到进一步弘扬。本届网博会是中央政府部门与地方政府联合打造的，文化部、科技部、信息产业部、国务院新闻办、国家广播电影电视总局、共青团中央、北京市人民政府等 7 家共同主办，以“创意中国、互联世界”为主题，宗旨是积极引导中国信息产业从网络为王向内容为王转型升级，积极引导中国网络文化产业从引进为主向原创为主转型升级。国务委员陈至立同志代表国务院致辞，充分表明了国家对发展网络文化产业的具体支持。

作为网络文化产业重要组成部分的动漫游戏产业也得到了国家的明确支持。财政部牵头、文化部等十部门参加的扶持动漫产业政策调研小组已经起草了相关文件，国务院明确由文化部牵头实施，随着这个文件的出台，2006 年中央和地方政府对该产业的支持力度将继续加强。2005 年 7 月 28 日～8 月 1 日，由文化部文化市场司、上海市文化广播影视管理局主办，上海国家动漫游戏产业振兴基地承办的首届中国国际动漫游戏博览会暨论坛在上海召开。继上海基地之后，2005 年文化部相继批准筹建了四川、大连、湖南 3 个国家动漫游戏产业振兴基地和浙江国家数字娱乐产业示范基地。

2. 内容与技术携手，发展和管理并重，重点支持原创环节

2005 年 7 月，文化部、信息产业部联合发布了《关于网络游戏发展和管理的若干意见》（以下简称《意见》），首次向社会表明了中国政府关于网络游戏产业的发展和管理政策。其核心是以科学发展观来指导和检验网络游戏发展和管理工作，坚持疏堵结合，发展和管理并重，它是贯彻落实 2004 年 2 月《中共中央国务院关于进一步加强和改进未成年人思想道德建设的若干意见》的具体举措。《意见》明确了网络游戏研发企业享受软件产业优惠政策。

基于当前中国网络游戏运营环节比较强大，而原创开发环节相对薄弱的现状，两部门提出要实施民族游戏精品工程，积极开发一批民族游戏精品，目前这一政策已经初见成效，前面已经有了详细的阐释。同时还将加大对电子信息产业发展基金的支持力度，拿出一部分作为游戏产业的引导资金，重点开发网络游戏研发生产的核心技术。两部门还将联合筹建“国家数字娱乐产业示范基地”，主要开展动漫游戏等相关数字娱乐产业的培训、研发、产业孵化与国际合作，使基地成为中国网络游戏产业的“孵化器”。此外，科技部、广电总局和新闻出版总署等国家相关部门对民族游戏产业也加大了扶持力度，积极参与游戏开发的国内企业可享受政府税收优惠和资金支持，中国民族游戏产业进入一个崭新的发展阶段。

2005年5月30日，由国家版权局、信息产业部共同制定的《互联网著作权行政保护办法》正式实施。该办法规定网络收费引擎必须提供正版音乐。9月初，文化部、公安部、国家版权局、信息产业部和国家工商行政管理局等五部委对网络非法下载内容，如音乐、影视、软件等进行了专项治理，严厉打击没有经过授权而提供相关内容的网站，重点是盗版音乐、软件的下载。10月21日，文化部召开了网络音乐发展和管理座谈会，互联网企业、通信运营商、音像企业和行业协会等就网络音乐问题开展深入探讨，积极制定相关产业政策，引导网络音乐走自主创新、自我发展的道路。

3. 净化网络游戏，保护知识产权

网络游戏在中国的迅速崛起与未成年人沉迷网络游戏问题交织在一起，引起了社会各界的高度关注。为净化网络游戏环境，解决未成年人沉迷网络游戏的问题，2005 年 4 月，由文化部、中央文明办牵头，联合信息产业部、公安部、国家工商总局，组成了净化网络游戏工作联席会议，于2005年4月中旬至9月1日在全国开展了集中净化网络游戏工作，文化部先后查处了3批52个违法游戏及相关运营单位，极大地净化了市场环境。

同时，要求网络游戏企业要加强行业自律，对可能诱发网络游戏成瘾症的游戏规则进行技术改造，并特别要求其中PK类练级游戏（依靠PK来提高级别）应当通过身份证登录，实行实名游戏制度，拒绝未成年人登录进入。净化网络游戏工作始终坚持疏堵结合，不仅对违法游戏及运营单位施以重拳，同时还充分考虑到未成年人的娱乐需求。2005年7月20日，文化部游戏产品内容审查委员会发布了《关于正确引导未成年人健康上网游戏的意见》，并认定了第一批适合未成年人的网络游戏产品名单，包括11款国产游戏，4款国外游戏，以合理引导未成年人的游戏娱乐需求，社会反响良好。此外，国家新闻出版总署还公布了关于网络游戏防沉迷系统，直接从网络游戏最基本的游戏规则入手，大力整顿游戏市场，以推动我国民族游戏产业的发展，同时也为今后中国的国产网络游戏的发展定了一个基调，即绿色健康、积极向上。

网络游戏“私服”和“外挂”问题泛滥，网络音乐和视频节目的非法下载，不仅侵犯知识产权、造成市场的不公平竞争、影响到企业的正常收益，而且也会成为非法内容滋生的温床。打击“私服”、“外挂”和非法下载被列为2005年打击网络侵权盗版行动的一项重要工作。中央有关部门下发文件，严厉打击了网络侵权盗版行为，净化了市场空间，规范了市场秩序，收到了很好的效果。同时，也鼓励了原创和合法的网络文化经营行为。

文化部认为经营“私服”和“外挂”既是侵犯知识产权的违法行为，也是属于未经许可擅自利用互联网从事网络游戏经营活动的违法行为，并将其作为非法经营行为论处，依照《无照经营查处取缔办法》予以取缔。同时加强对网吧的监管，取缔网吧中的“私服”和“外挂”行为。在文化部查处的52个违法游戏中，经营“私服”和“外挂”的网站有23个，占44%强，其中包括中国私服排行榜等含有数千个私服的网站，极大地打击和震慑了“私服”和“外挂”等违法行为。这也被列为2006年举办的全国保护知识产权成果展的一项内容。

13.3 面临的主要挑战和发展思路

2005年，中国网络文化产业在飞速发展的同时也面临着一系列的挑战，依然主要来自内容、企业和产业政策3个方面。其发展政策应当着眼于未来和长远，努力实践我们的价值观：先进科技与先进文化的和谐发展，促进民族产业的大发展。

13.3.1 主要挑战

1. 内容方面

内容问题依然是整个中国当前网络文化产业发展面临的普遍问题，除了内容贫乏、违法内容屡禁不止外，主要是原创不足、知识产权保护不力两个方面。

原创网络文化产品不占主流。尽管2005年国产网络游戏已经占据了主导，但在产品质量、水平方面仍与外国存在不小的差距，目前，我们还没有高水平、受欢迎的3D游戏。5月美国暴雪公司历时数年打造的基于经典单机版游戏《魔兽争霸》的网络游戏

《魔兽世界》正式收费运营，一时之间网吧内的情形可谓是“魔兽一出，谁与争锋”的“魔兽世界”。

在网络音乐领域似乎知识产权问题更为突出，其实正是因为原创不足才导致版权纠纷。国际唱片业与百度的诉讼之争更使我们无法回避原创内容贫乏的困境，逼迫国人走自主创新和自我发展的道路。这种情境与当年上海盛大陷于与韩国 Actoz 公司的版权纠纷，从而被迫走上自主研发的道路何其相似。

2．企业方面

随着百度、阿里巴巴、分众等搜索、电子商务、楼宇媒体企业在中国的成功，国人在互联网领域迸发的创造力令外国资本刮目相看，由于国内风险投资的缺席和境内上市的艰难，获取国外风险投资和跨境上市已经成为国内大部分企业迅速发展壮大的捷径。据称，2006 年将有 30 亿美元的风险投资等待进入中国，互联网企业在当前中国网络文化产业中依然占据主导，境外投资者的利益将会是一道无法越过的屏障，一旦企业发展主导权为他人控制时将会存在不可预期的风险。

资本的持续涌入不断抬高了市场门槛，需要不断创新企业的赢利模式。上海盛大公司谋求转型，将《传奇》等 3 款游戏免费运营之后，网络游戏企业将不得不在发展模式上寻求新的突破，在求索中也许将给业界带来新的希望。网络音乐企业虽然受到了风险投资的追捧，但是除无线音乐外，在线音乐赢利模式尚不清晰，依然处于探索的阶段。

3．政策方面

发展网络文化产业虽然已经成为社会各界的共识，但是网络成瘾的问题也困扰着互联网产业的发展，引起了政府和社会的高度关注，2004 年几乎一年的网吧整治之后，2005 年又开展了净化网络游戏工作，对于互联网这个新生事物还需要穿透眼前的迷雾，洞悉其未来的发展。产业政策的问题依然还是没有稳定、系统、切实的产业政策，缺乏透明、健全的法律环境以及多头管理严重。由于体制原因，多数部门都在各自谋求对这一领域的管理权。这种体制不利于网络文化产业的发展，亟待改革，应当在不断廓清和逐步深化对网络文化产业认识的基础上，出台系统、稳定、切实的产业政策，促进内容产业与信息产业的融合发展。

13.3.2　主要发展思路

当前需要及时把握网络文化产业发展的大好时机，以改善产业发展环境和提高自主创新能力为重点，以提高企业的核心竞争力为突破口，以保护知识产权为保障，大力推动民族原创的、健康向上的网络文化产业大发展。

1．改善产业发展环境，构筑产业支持体系

经国外学者研究，文化产业的增长有 3 个条件：消费者有较为充裕的闲暇时间，国民收入达到一定的水平，政府的大力提倡。在市场需求条件已经具备的情形下，政府的基本态度将成为决定其发展前途的关键。因此，要充分重视和把握以互联网为代表的高科技革命为中国文化产业发展带来历史性契机，要明确网络文化产业优先发展的产业地位，改善产业发展环境。现阶段，不以现行管理格局为限，不单独追求部门和行业利益，应当抓紧制定和出台中国网络文化产业发展规划，整合各种资源，形成一个涵盖网络文化内容及其经营场所的整体产业政策，引导各种资源流向产业发展的关键部分和薄弱环节，构筑产业支持体系。

2. 提高自主创新能力，坚持自主发展

在改善外部宏观发展环境的同时，要着力解决产业内部创新能力不强的问题，提高产业创新能力，这是民族网络文化产业发展的根本。因为自主创新能力是国家综合国力的决定性因素，是实现经济社会可持续发展的关键，也是中国网络文化产业健康、快速发展的战略基点。要增强自主创新能力，一是必须建立网络文化人才培养体系，加大人才培养力度，培养一批网络技术、策划和美工人员，不断提高原创能力和产品的科技含量；二是以各种经济手段提供对产业技术创新的资金支持，实施合理的产业布局政策，并加强国际间的交流与合作；三是要大力发展网上文化，努力开发民族网络文化精品，创造属于网络时代的新文化，切实改变当前民族原创和新型互动的文化产品少、质量不高的状况；四是要加快建立以企业为主体、市场为导向、产学研相结合的国家网络文化创新体系。对国内提供网络内容服务的企业取消国内所有制、行业、地区、部门和规模等各种壁垒，积极鼓励互联网企业和内容企业的融合发展。当前，互联网企业和软件企业等高科技企业是这一先进科技与先进文化结合的市场主体，我们既要以海纳百川的胸襟来吸纳高科技企业进入文化市场的怀抱，传统文化产业也应当变被动观望为主动拥抱，自觉投身到这一极具发展潜力的市场建设之中。传统音像企业已经迈出了第一步。

3. 加强教育引导，保护知识产权

由于互联网本身自由、开放、平等和共享的特性，大部分互联网用户已经习惯了“免费的午餐”，从电子邮件到网络音像产品，原本已经成功建立赢利模式的网络游戏也随着盛大三款主流游戏的免费，加入了免费的行列。要想改变互联网时代“娱乐免费”的消费习惯颇为不易，我们的选择是两手抓，一手抓对消费者的教育引导，一手抓知识产权保护。知识产权保护的目的是为了促进民族原创产业的发展，营造良好的市场环境。

在产业与社会、虚拟与现实、在线企业与传统企业、成年人的娱乐和未成年人的教育等不同力量的博弈中，政府应当秉持公正和中立的立场，教育广大未成年人正确地看待和利用互联网等先进科技，引导企业增强社会责任感，以先进文化和健康内容充实网络空间，自觉守法经营，同时促进产业发展和社会和谐。

13.3.3 发展趋势

未来几年，中国网络用户数目及相应有效需求将呈不断增长的趋势，在风险投资的支持下，在政府鼓励创新、鼓励创业的有利政策下，国内互联网行业从业者将不断探索各种发展模式，中国网络文化产业逐步进入自觉发展时期。自觉发展就是产业体系逐步健全，从最初的网络游戏异军突起、一枝独秀，到网络音乐、网络视频和网络动漫等网络文化娱乐产业齐头并进，企业构成结构也逐步完善，从互联网企业的单打独斗到技术和内容的携手共进。新兴的互联网企业将充当网络文化产业发展的旗手，整合新兴的技术、不断扩张的市场需求以及传统的内容，从而获得资本市场和人才市场的青睐；传统企业将要么被迫寻求转型，要么被彻底边缘化。

原创内容将是国内企业的发展重点，这也是解决各种知识产权问题和国际纷争的有效途径，既可避免受制于人，又可实践自主创新。政府正在采取各种措施支持民族原创网络文化产业的发展。

网络成瘾与青少年教育之间的冲突形成的产业发展与社会期待之间的诉求错位将使其发展面临更多的曲折和风险。国内某网瘾防治研究中心副主任张春良将发起一场对网络游戏行业的公益诉讼，由此可以预见，在整个社会的呼声中，政府对该行业的监管力度将持续加强，政策将继续从紧。

（文化部文化市场司网络文化处　宋奇慧）

第14章　无线信息服务发展状况

无线信息服务业是信息服务业中主要通过移动通信网络向终端用户提供的非通话类语音信息服务或在线信息和数据检索等信息服务的业务。在移动通信服务中，除去传统的点对点语音业务，其他通过移动终端实现的各种生活、工作、学习、娱乐、管理和控制等服务业务都被定义于无线信息服务。因此，无论是基于2G的短信等业务，还是基于2.5G GPRS技术的彩信（MMS）、WAP、KJava等都属于无线信息服务。而随着移动通信技术向第三代的继续发展，新的更多的移动增值业务也将不断出现。

无线信息服务业的发展离不开无线终端的普及。随着拍照、游戏、多媒体短信和内容下载等市场应用的不断开拓，手机演绎成为一种支持多种功能的多媒体载体已是大势所趋。从赛迪数据发布的全国手机消费调查结果来看，在手机功能日渐丰富、产品结构升级明显的另一面，是手机功能应用发展相对迟缓。除了文字短信（80.1%）继续受到手机消费者的热力追捧之外，多媒体短信（23.7%）、拍照、游戏（32.7%）、移动QQ、彩铃等多媒体功能及应用虽然也受到更多的消费者青睐，但相对占有比例仍然偏低，如图14.1所示。

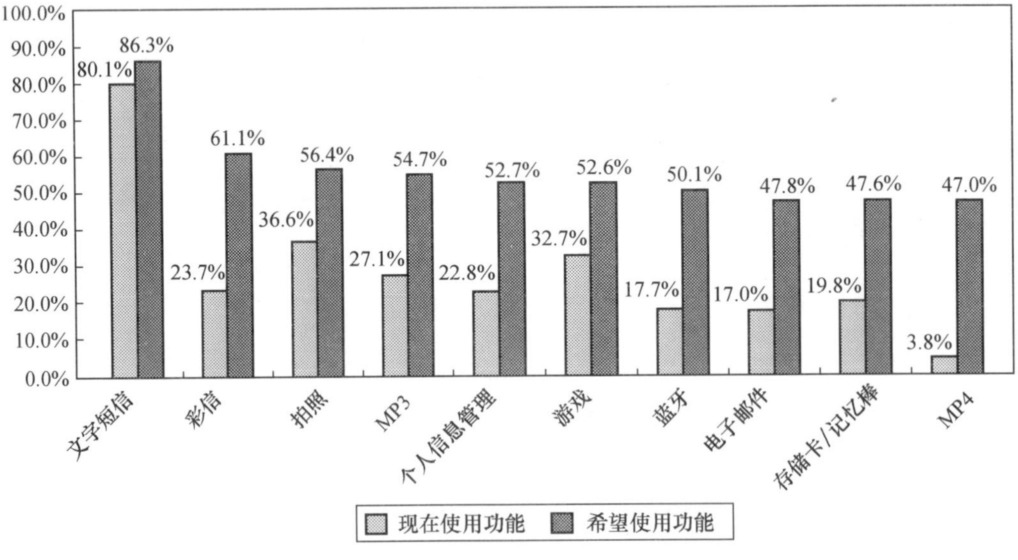

（数据来源：赛迪数据，2005.12）

图14.1　2005年中国手机消费者手机功能使用行为倾向调研结果

2005 年，无线信息服务业发展迅猛，不仅 SMS、MMS 和彩铃等已被广大消费者所熟知的业务获得了长足发展，包括手机游戏、手机搜索和手机定位在内的新兴业务也被业内广泛看好，正在成为各大运营商和服务提供商竞相争夺的战场。本章将对上述业务在 2005 年的发展情况进行介绍，并对业务发展中存在的问题进行简要分析。

14.1 SMS 业务

14.1.1 概况

2005 年，中国手机用户保持增长势头，2005 年全国平均每月新增手机用户近 500 万户，用户总量超过 3.93 亿户，手机普及率达到每百人 30.3 部。手机用户数的持续增加推动了短信市场的不断扩张。据信息产业部 2006 年 1 月公布的统计数字显示，2005 年全国手机短信发送量达 3 046.5 亿条，比 2004 年全国的 2 177.6 亿条增长 39.9%。以最低每条 0.1 元计算，2005 年短信市场收入超过 300 亿元，增长幅度接近 100 亿元。艾瑞市场咨询报告显示，2005 年中国 SMS 市场规模为 376 亿元，较 2004 年增长 35.3%。

2005 年是中国短信市场治理年，信息产业部采取了一系列举措，解决短信服务方面的问题。得益于规范化的发展，2005 年以短信业务为主的增值业务都有不同程度的增长，以两大移动运营商为例：截至 2005 年年底，中国移动总用户数量达 2.47 亿户，净增 4 236 万户，其数据业务收入所占的比例有较大增长，全年短信收入达 246 亿元，新兴的彩铃业务收入较上一年增长了 3 倍，达 34 亿元；截至 2005 年年底，中国联通的移动电话用户总数达到 1.278 亿户，移动增值业务收入比上年同比增长了 65.2%，移动业务收入比重达到 15%，CDMA 1X 无线数据业务用户总数比上年增长 72.7%，计费短信使用量累计达到 545.3 亿条，比上年增长 23.3%，炫铃用户总数已突破 2 194.9 万户。

14.1.2 短信市场的主要特点

2005 年短信市场的主要特点如下。（1）短信市场增长平稳，但增长速度减缓，市场逐渐趋于饱和。（2）短信服务从内容化向功能化发展。用户不仅能通过短信获取信息，还可以通过短信参与活动或实现某种功能，如短信投票、基于短信的手机银行、手机炒股和企业信息通信等。（3）运营商和 SP 逐渐将重心从个人娱乐市场转向企业短信市场。短信产业正在从以手机铃声和图片下载、手机游戏、交友等经典应用为特征的个人市场的商业模式，转向为企业提供及时、准确的市场信息服务的行业应用模式。据统计，企业短信正以每年 20%～30% 的速度递增。（4）SP 的短信营销手法更加多样化，如与传统媒体（电视台、广播电台等）合作的短信竞猜和短信投票等互动方式。

14.1.3 成功经验

2005 年被称为“超女之年”。湖南卫视的一档“平民选秀”节目——“超级女声”不仅在全国掀起了收视狂潮，也成为 2005 年最为成功的一次短信营销的典范。节目承办方湖南卫视及其无线合作伙伴掌上灵通无不赚得盆满钵满。

作为 2005 年度运作得最为成功的娱乐事件，“超级女声”吸引了以几何数字递增的观众。

如今，各类“选秀”电视节目层出不穷，“超级女声”能够脱颖而出原因何在呢？新增加的短信投票环节无疑是网聚人气的重要因素之一。短信投票使得观众对“选秀”的结果有了发言权，参与的热情也被带动起来。为追捧自己喜欢的歌手，歌迷们近乎疯狂的短信投票使得数年前的“短信神话”再次上演，在“超女”最后一场决赛中，前三名选手共获得了800多万张短信选票。“超级女声”在短信营销上的成功动作无疑给日渐饱和的短信市场带来新的希望。据2005年8月22日“大洋网—广州日报”报道，2004年，“超级女声”的短信总收入约1 300万元，而2005年，这个数字估计将达到3 000万元。

“超级女声”的短信收入主要由两块组成：短信投票和向观众发送有关“超女”以及湖南卫视节目信息。参与投票的观众，首先要花1元钱定制短信（联通和小灵通用户为0.5元），收到回复后才能投票，每投一票需要0.1元。而短信利润的真正主要来源，是之后向观众发送有关超级女声及卫视节目信息。一旦用户发送投票短信，就被运营商默认参与接收关于“超女”各类信息与花絮的增值服务，基本服务费为6元。定制之后会在一个月内发送15条“超女”花絮，1元/条。

尽管有人指责主办方利用短信投票“疯狂敛财”，而更多的业内人士却看到，“超女”短信投票的成功运作为SP们指出了一条新路：与强势的内容提供商如电视媒体合作，激活无线增值业务市场的潜力。互动性是传统电视的一个弱点，但其拥有庞大的用户群。传统媒体与手机媒体的合作，就形成了优势互补的双赢局面。不仅如此，从2005年开始，包括“幸运52”、“梦想中国”等一些名牌互动性电视节目，除去电信运营商15%的分成，其短信收入都已占该节目总收入的30%～50%。可以说，与中央电视台和地方电视台合作的这部分增值服务，正在成为SP的重要收入来源。

14.1.4 不良短信泛滥问题日益突出

近几年，国内短信产业蓬勃发展，然而，短信负面影响也越来越引起人们的关注，垃圾短信、短信收费陷阱、欺诈短信和色情短信等，大有愈演愈烈的趋势。

垃圾短信通常包含虚假和欺诈的广告宣传、传销等内容，几乎所有的移动用户都曾经并继续遭受其骚扰。此外，各种色情短信也有日益泛滥的趋势，在青少年中造成的不良影响日益突出，许多家长和老师对此反应强烈。

短信陷阱则是指在消费者不知情的情况下强制订阅和收费。2005年年初，信息产业部电信管理局发布的《2004年第四季度受理电信用户申诉分析报告》中，列举了一些SP服务上存在的问题。其中，有的SP向未定制用户发送短信息并收费，有的是改变收费标准后不通知用户就直接收费，有的SP服务退订难、取消后仍收费，有的则是擅自群发信息、误导用户消费。有的消费者在参加电视台举行的短信竞猜活动时，发一条信息就被收取几元甚至几十元。

与短信收费陷阱相比，短信欺诈带来的危害更为严重，影响更为恶劣。2005年，全国出现了多起假冒“银联”名义发送欺诈短信事件，许多手机用户受骗上当，有的用户损失达十几万元。犯罪分子采用的手法是：假冒银行或“银联”的名义向持卡人发送短信，假称持卡人的银行卡在某处消费或卡的信息资料被泄露，当持卡人拨打短信中的电话后，诈骗分子以所谓银行或银联的“工作人员”的名义，诱骗持卡人在ATM上进行相关操作，将卡内资金转入不法分子预先以虚假身份在银行开立的银行卡账户内。

不良短信泛滥的背后，正是暴利链条在发挥着驱动器的作用。少数 SP 违规行为花样翻新，手段更加隐蔽，令消费者防不胜防。

14.1.5　加强管理势在必行

短信诸多恶性违规、违法事件的不断曝光引起政府有关部门的高度重视，可以说，加强对短信市场的监管、规范 SP 的市场运营行为已经成为大势所趋。

1．政府主管部门加大短信市场管理力度

从 2004 年起，政府和移动运营商加大对短信市场的清理整顿。2004 年 4 月，信息产业部下发了《关于规范短信息服务有关问题的通知》，对强迫订制短信、资费混乱、取消服务难等一系列问题做出了明确规定。

2005 年年初，信息产业部在《关于治理当前电信服务热点问题的指导意见》中，要求各运营商规范各类电信业务宣传和服务提供流程。2005 年 9 月，信息产业部又下发了《关于进一步加强移动通信网络不良信息传播治理的通知》，并要求各运营商开展大规模自查自纠工作。信息产业部会同有关部门以及电信运营商、增值服务运营商、网络安全厂商在内的产业链各个环节积极行动起来，还给电信网络一片“清洁的天空”。

针对短信欺诈问题，2005 年 11 月初，信息产业部会同公安部、中国银监会三部委联合发布通告，从即日起在全国范围内开展手机违法短信息治理工作，在公安机关查实情况后，将对涉案手机停止服务、对涉案银行账户予以冻结。同时依据违法犯罪行为的性质、情节及造成的社会危害程度，追究有关人员的责任。

此外，信息产业部开始着手制定中国首部短信法规《通信短信息服务管理规定》，从法规角度上进一步规定了 SP 经营的行为准则，以及短信用户使用短信的行为准则。违反这一规定的企业或者个人将承担相应的法律责任。该法规将于 2006 年由信息产业部、公安部和国务院新闻办联合发布。

2．四大运营商的 SP 治理行动

有关专家认为，在短信产业链上，电信运营商具有举足轻重的作用。因此，在国家运用行政和法律手段遏制非法短信的同时，运营商也必须从企业管理上和技术上加强把关，对某些 SP 的违规行为和非法行为加以纠正。

- 中国移动：在 2004 年两次大规模处罚违规 SP 的基础上，为对 SP 严加管理，2005 年初中国移动上马了其数据业务管理平台（MISC）。如果用户订购了某网站提供的短信包月服务，中国移动将对用户进行订购关系的确认，只有得到用户回复确认后，中国移动才会对用户进行收费。2005 年 10 月，中国移动正式出台了《移动梦网 SP 短信业务信用积分管理办法》。短信业务信用积分管理旨在衡量移动梦网短信业务 SP 的合作诚信度、业务与服务质量，其考核指标包括 SP 违约行为、客户投诉情况、合作满意度 3 方面。在该办法中，中国移动详细列出了违规程度由重到轻的 5 类违规行为，SP 一旦出现违规行为，则减去相应的信用积分。而对于信用度较差的 SP，中国移动将采取一定的业务限制措施，对于性质严重者则将终止合作。
- 中国电信：先后制定了《中国电信 PHS 短信业务 SP 合作管理办法》和《中国电信 PHS 短信业务全国性 SP 奖惩细则》。2005 年 7 月初，中国电信第一次对 6 家 SP 做出处罚决定。近日，中国电信再次对 19 家 SP 进行处罚。
- 中国联通：2004 年 3 月，“联通在信”业务 SP 管理平台正式上线。2005 年 7 月，中国联通集团下发通知，要求各大SP加强自查自纠。10月，联通终止了与79家不符合条件的SP所有数据业务合作，并于11月下发了《中国联通关于对名称不合格业务进行屏蔽的通知》。

● 中国网通：2005年，对各SP上传产品权限进行规范，并开始正式实施SP分级管理体系，根据SP最近3个月的运营情况进行考核。与此同时，也正式下发了一批罚单。

14.2 MMS（彩信业务）

MMS（Multimedia Message Service）即多媒体短消息业务，它支持包括图像、音频、视频、数据及文本等多种形式的多媒体信息。随着摄像手机的普及，用户使用带摄像头的彩信手机可以随时随地拍照，并将照片发送给亲朋好友。相对于单调的文本短信而言，融合了文字、图片、声音和色彩等各类信息的多媒体短信能够使传送内容更加丰富，更富有个性。

14.2.1 MMS业务发展概况

2001年3月全球第一条MMS被发出，这标志着全球MMS正式开始商用。中国的两大移动运营商不久后也分别推出了MMS业务。2002年10月，中国移动开始提供MMS业务，并将其命名为彩信业务。2003年3月，中国联通也开始提供命名为“彩e”的MMS业务。2003年，彩信市场处于导入期，全年国内合计发送彩信约1.5亿条，市场规模约2亿元。2004年，彩信发送量一举突破6亿条，市场规模达8亿元。

1. MMS市场及用户数增长相对缓慢

艾瑞市场咨询报告显示，由于受信息产业部和中国移动、中国联通对MMS市场规范行为影响，2005年中国MMS市场规模略有下降，为7.2亿元，比2004年的8.1亿元下降11%。但随着MMS市场规范化程度的不断提高，用户对MMS消费需求将逐级增长，国内MMS市场将进入一个稳定的高速增长阶段，规模将成倍增长，2008年有望达到75亿元，如图14.2所示。

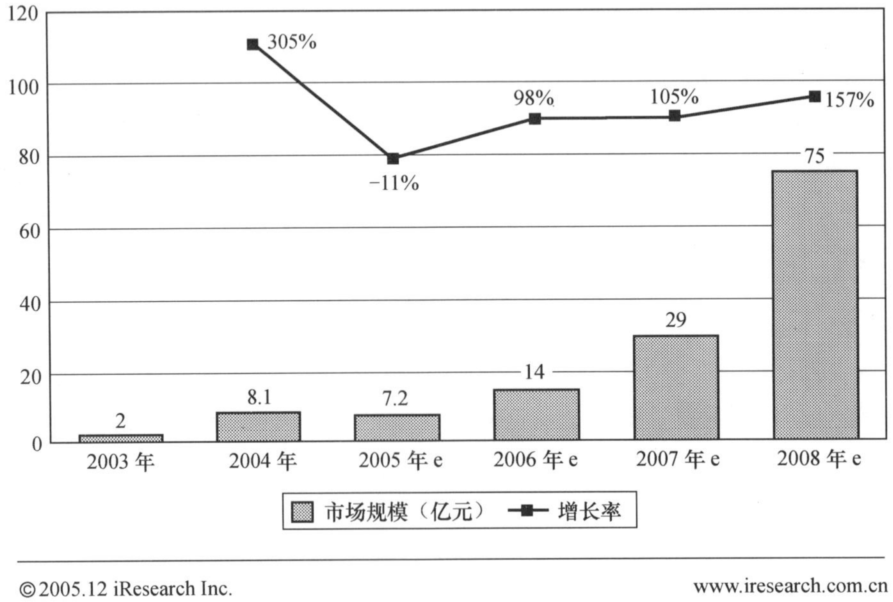

图14.2 中国MMS市场整体规模现状及预测

据艾瑞市场咨询统计，2004 年中国 MMS 手机用户达到 5 500 万户，而 MMS 用户仅占 MMS 手机用户的 24%，还有 76%的用户市场有待开发。2005 年，由于运营商直接介入 MMS 服务市场，MMS 服务从价格和服务内容上都将有较大的改观，预计 2005 年 MMS 用户有望达到 4 100 万户，而 2008 年 MMS 用户将突破 3 亿户，占 MMS 手机用户的 54.1%，如图 14.3 所示。

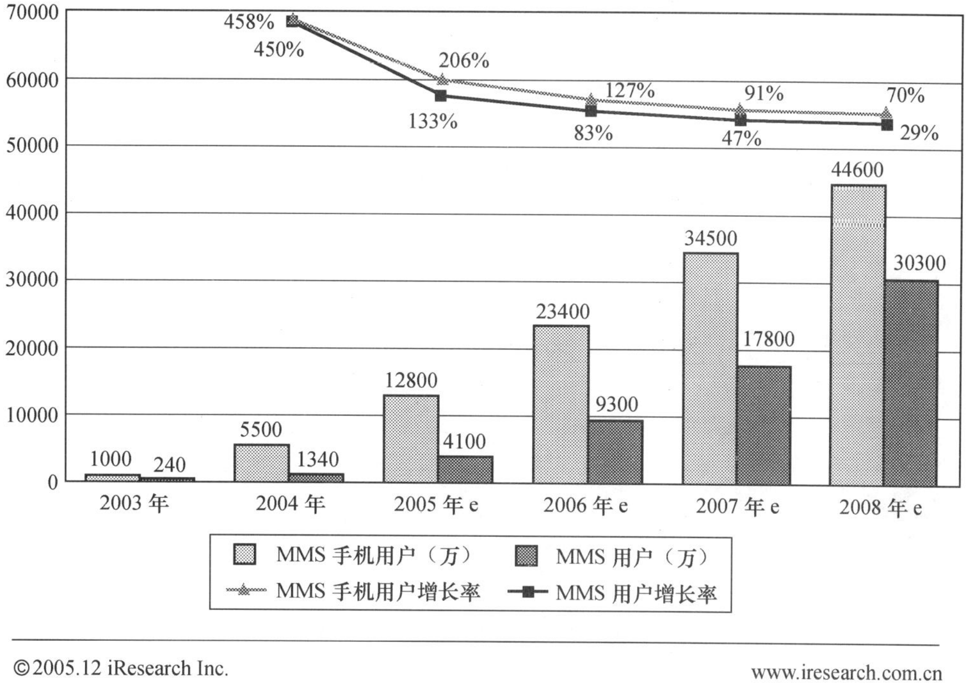

图 14.3　中国 MMS 手机用户/MMS 用户规模现状及预测

2．MMS 市场三足鼎立竞争激烈

计世资讯（CCW Research）对 2005 年 MMS 增值服务市场进行的调查分析显示，空中网、新浪和 TOM 占了超过 70%的市场份额，前 7 家 SP 的市场份额达到 95%左右（如图 14.4 所示）。由于 2005 年市场处于盘整期，新进入的 SP 不会太多，因此 2005 年市场集中度将不会发生较大

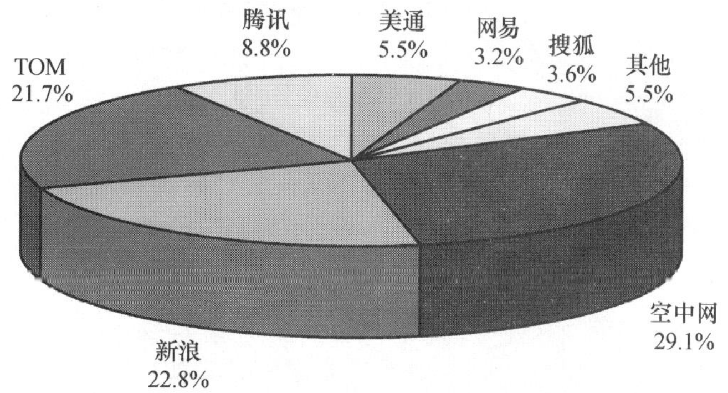

（数据来源：CCW Research，2005.09）

图 14.4　MMS 市场 SP 份额分布

变化，但是市场竞争格局将会发生一些变化。目前，个别 SP 已经开始积极推动产品差异化适应点对点 MMS 服务量的增长。

3. MMS 业务模式

- 终端—终端互动模式：指用户通过彩信手机制作、编写彩信，并发送到多媒体消息中心，由多媒体消息中心将多媒体消息发送到接收方手机。这也是目前彩信业务中使用最普遍、最广泛的一种模式。
- 终端—邮箱互动模式：指用户通过手机直接发送彩信至电子邮箱（或由 MMS 系统转发彩信至电子邮箱）和用户通过电子邮箱发送彩信至手机。通过这种模式，不仅可以为用户提供彩信的个人存储空间，还可以提供对非 MMS 终端用户使用彩信业务的支持。
- 终端—SP 互动模式：与梦网短信的模式类似，用户通过彩信定制、点播 SP 提供的丰富多彩的内容和服务，如彩色图片、动画、铃声下载、新闻定制和位置服务等。

14.2.2 MMS 应用推陈出新

目前，按种类来分，彩信业务主要包括以下几大类：一是新闻类，包括时事新闻、天气预报和财经新闻等；二是娱乐类，主要包括幽默和影视类服务；三是应用类，包括彩信和电子邮件等。按使用类型可分为点对点应用、互联网终端、短信定购和 WAP 订购等。

2005 年，彩信业务出现大量的创新应用，如与报纸媒体、国外内容提供商、企业应用进行合作，推出的新应用包括以下几种。（1）彩信报纸。彩信版手机报纸需要事先定制，类似于短信新闻。和短信新闻相比，彩信版报纸图文并茂；但是由于手机存储容量有限，报纸的彩信版也有局限性。（2）手机小说。在日本、韩国非常流行的手机小说服务，也在国内“生根发芽”。目前，很多国内网站已涉足彩信小说业务，如“红袖添香”、“榕树下”和“黄金书屋”等，均在此领域崭露头角。此外，彩信拜年也开始流行，中国移动的数据显示，2005 年中国移动用户从大年三十到初七共发送彩信 3 800 万条，而 2004 年仅为 1 200 万条。

14.2.3 MMS 业务发展面临的瓶颈

MMS 业务融合了文字、图片和声音等各类信息，打破了地域、时间的限制，用户真正实现了与信息的全方位同步互动，具有传统媒体以及文本短信息所不能比拟的优势，因此业界普遍对 MMS 市场前景寄予厚望。然而，中国的 MMS 服务从 2003 年全面收费以来并未像有关人士预测的那样实现高速增长。综合业界的分析，近几年彩信发展相对缓慢的主要原因如下。

1. 资费偏高

计世资讯（CCW Research）调研发现，彩信使用者八成以上都是 30 岁以下的人群，30 岁以上的人群不到两成。彩信使用者年龄主要集中在 19～30 岁之间的人群。相对而言，年轻人的消费能力较弱，对资费敏感。近两年，中国移动和 SP 们对于彩信资费标准已调整了数次，降幅最高达到 70%。据有关人士介绍，过去一两元钱的彩信目前降到了七八角钱。如果遇到商家促销打折，价格会更低。尽管如此，与每条仅 0.1 元的文本短信相比，彩信的资费仍然偏高，还不能适应当前市场的客观条件。

2. 彩信手机的兼容性有待进一步提高

目前各品牌手机间的彩信标准不一致，图片格式不同造成接收图片变色，音频格式不同造成铃声接收后无法识别，部分手机不能编辑和发送多帧彩信，手机支持彩信容量标准不统一；此外，中国移动的彩信和中国联通的彩e无法互通。

3. 彩信终端仍不普及

因为彩屏、和弦、GPRS 和摄像头等配置需求决定了彩信手机的价格不可能太低。但随着价格的降低和新一轮换机热潮的来临，彩信手机将逐渐成为市场主流。2005 年销售的手机中，支持 MMS 的手机将达到 60%左右，MMS 手机保有量将达到 8 000 万，占总量的 20%左右，为 MMS 的发展提供了终端支持。随着彩屏手机终端的价格有所下降，彩信业务在今后两年将呈现一个较高的发展趋势。

4. 彩信的内容较为单一

彩信的制作具有一定难度，普通用户只有通过数码相机或者拍照手机等拍摄的数字照片作为彩信的主要内容，费时费力，而且这些照片很难进行修改。IDC 公司认为，如果有大量的第三方内容，彩信服务面临的商机将大大增加。

可以说，彩信要崛起，是一个产业链发展成熟的过程，要有运营商们的网络支持，要有彩信手机厂商的支持，还要有 SP 们提供丰富的内容支持。

14.3 彩铃业务

彩铃，全称为CRBT（Coloring Ring Back Tone），即多彩回铃音业务。2002 年 3 月，韩国SK电讯在韩国首次推出彩铃业务，短时间内便风靡全韩。如今，韩国的彩铃业务已遍地开花，超过 50%的手机用户在使用彩铃服务，运营商因此每月能获得 1 500 万美元的收益。

14.3.1 彩铃业务在中国的发展概况

2003 年 5 月，中国移动最先在中国内地提出“彩铃”概念，2003 年 10 月，在北京、上海、广东和浙江 4 省市首先开通试行，后在全国推广。随后，中国联通推出了自己的“炫铃”业务，网通和电信也分别在其平台上对固定电话和小灵通提供“悦铃”下载服务。

2004 年，在彩铃业务推出仅仅一年后，国内彩铃业务市场规模已经突破 10 亿元，市场增长速度超过 100%，成为移动增值业务发展的新的动力。随着彩屏手机的普及、功能的增多及其网络环境的改善，2005 年，彩铃、彩话及七彩铃音等一系列业务纷纷崛起。信息产业部相关数据显示，彩铃已经成为继短信之后的第二大电信增值业务，2005 年中国彩铃业务收入达 25 亿～30 亿元，2006 年彩铃市场规模将达到 50 亿元，2007 年之后，预计中国 80%以上的手机用户会申请并使用彩铃业务。

计世资讯（CCW Research）的调研结果显示，至 2005 年底，彩铃业务用户增长率将达到 102.8%，用户数达到近 6 895.2 万人，市场规模突破 20 亿元。彩铃使用者大多集中在 18～30 岁的群体；超过八成的彩铃使用者是 30 岁以下人群，其中 23～30 岁人群占彩铃使用者的 60%以上，是最大的彩铃使用人群，18 岁以下的彩铃使用者只占 1.0%。仅 2005 年上半年，中国移动彩铃用户数已超过 4 000 万，占中国移动用户总数的近 20%。

14.3.2 彩铃迅速占领市场的主要原因

总体来讲，彩铃的费用低廉，富于个性化和新鲜感，对客户有着极强的吸引力。与其他移动增值业务相比，彩铃业务更具备时尚的元素，自主传播性强。调查显示，因为好奇而使用的用户比例达到 41%，追求时尚的用户比例达到 34%，受到身边朋友影响而使用的用户比例也达到 8%，如图 14.5 所示。

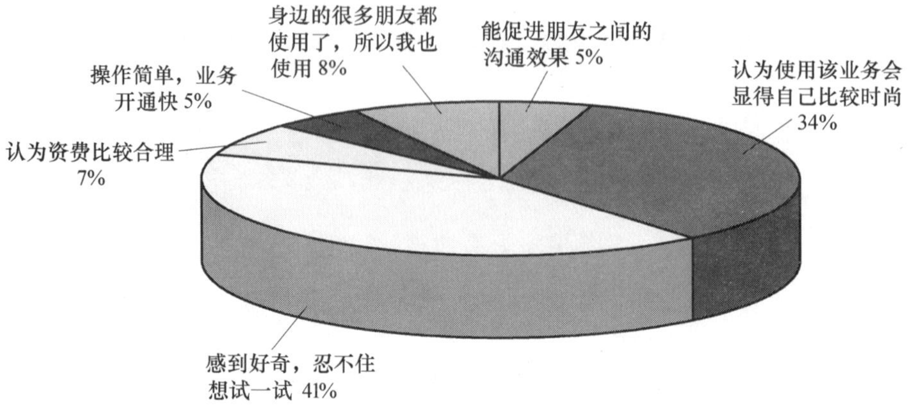

（数据来源：IT 第一调查，2005.05）

图 14.5　彩铃用户使用原因分布

但同时，正是由于彩铃用户追求时尚和好奇心强的特点，使其对于彩铃的兴趣也不断变化。调查显示，彩铃用户的铃声更换频率主要集中在 2 周～1 个月，占全部用户的 29.4%，从而对彩铃内容提出了更高的要求。

从彩铃提供商的角度讲，一条彩铃的产生过程其实是非常简单的，其制作的成本非常低，工具也非常简单，普通人也可以完成。企业的投入包括月基本功能使用费和铃音制作费两部分，月功能费为 5 元/月，企业铃音制作费为 200 元～500 元/首，知名创作人费用面议，但总体而言投入并不高。

14.3.3　彩铃未来发展中面临的问题

1．版权纠纷成最大困扰

与网络歌曲一样，目前彩铃面临的最大困扰在于版权问题，特别是流行歌曲类的彩铃在版权方面尚不规范，彩铃侵权下载的事件时有发生。据调查，目前运营商和 SP 已开始重视版权问题，部分 SP 已经和版权提供商建立有效的合作机制，以此获得彩铃版权。SP 一般是采用一次性买断、预付版权或者签署分成协议 3 种方式，从唱片公司或音乐人手中获得一首歌曲的彩铃制作权和运营权。

2．月租费和下载彩铃费用仍然偏高

当前彩铃业务的收费主要采用月租费和信息费结合的方式：月功能费为 5 元/月，用户开通彩铃业务后按月计收；信息费则根据用户下载彩铃的情况按次收取，每条彩铃信息费 0～5 元不等，信息费由内容提供商定价。

2005 年的有关调查发现，对于潜在用户而言，没有使用彩铃的原因主要包括信息费高、月租费高、没有兴趣以及手机不支持等，其中与资费相关的原因占到 46.7%，如图 14.6 所示。彩铃现实用户对资费的满意比例仅为 47.1%，有超过 48.5%的用户由于资费原因在考虑取消彩铃服务。调查显示，5 元以下的月消费水平是大多数用户能够接受的资费标准，比例为 72.1%。由此可见，无论对彩铃的潜在用户还是现实用户来说，彩铃费用过高都已经成为制约其使用的最主要原因。调整资费标准已经成为彩铃业务继续发展的必然选择。

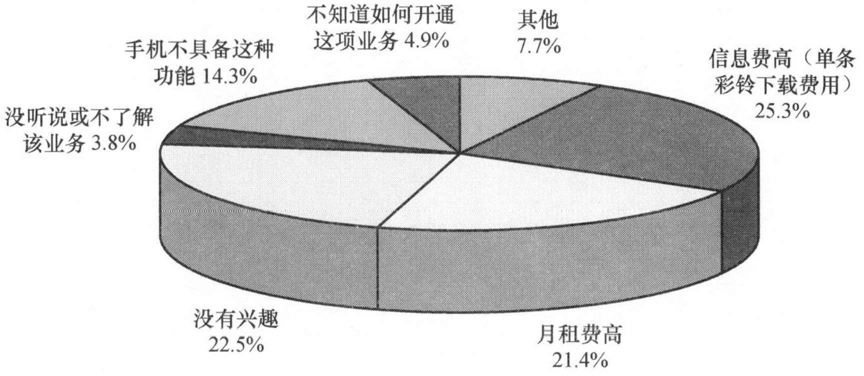

（数据来源：IT 第一调查，2005.05）

图 14.6　潜在用户没有使用彩铃的原因分布

3．彩铃业务的发展依靠内容的不断创新

彩铃热也催生出一种新的职业——彩铃设计师（彩铃写手）。2005 年，彩铃设计师被列入了“最具潜力的十大职业”，主要由一些网络写手、网络音乐爱好者和一些对新事物有较强尝试心理的大学生构成。从目前来看，SP 尚未建立完善的产品开发和创新机制，彩铃资源不够丰富，个性化、差异化不足，SP 之间重复度高。由于彩铃用户的业务忠诚度不高，彩铃功能对用户来说可有可无，因此只有通过业务内容的不断创新才能对用户保持长久的吸引力。

14.4　手机游戏

根据国外研究机构 Informa 分析，手机游戏已经成为全球游戏市场中增长最快的部分，其产值将从 2002 年的 2.43 亿美元上升至 2007 年的 38 亿美元。2005 年，移动游戏市场出现了第一起重大的并购事件，EA（美商艺电）以 7 亿美元收购 Jamdat Mobile。而游戏开发商 Activision 也将联手雅虎、Google 和 Sprint 在该市场“圈地”。总之，移动游戏市场将日益成熟和巩固。

14.4.1　手机游戏的分类

1．按表现形式分类

按表现形式分类，手机游戏可以分成文字类游戏和图形类游戏两种，具体如表 14.1 所示。

（1）文字类游戏是以文字交换为游戏形式的游戏。文字类游戏主要分短信游戏和 WAP 浏览器游戏。综观文字类游戏，都有着一个共同的特点，即游戏是通过文字描述来进行的。游戏过程中，需要玩家进行过多的想象，使得游戏相对比较单调。

（2）图形类游戏更接近我们常说的“电视游戏”，玩家通过动画的形式来发展情节进行游戏。由于游戏采用了更为直观且更为精美的画面直接表现，因此图形类游戏的游戏性和代入感往往较文字类游戏高。图形类游戏主要分为 Java 游戏和 Brew 游戏。

表 14.1　　手机游戏按表现形式分类

游戏表现形式	游 戏 种 类
文字游戏	短信游戏
	彩信游戏
	WAP 游戏
图形游戏	JAVA 游戏
	BREW 游戏

2. 按手机平台分类

按手机平台分类，目前的手机游戏分别依托于短信、WAP 和 KJAVA/BREW 三大技术平台。手机游戏平台及主推的厂商如表 14.2 所示。

表 14.2　　手机游戏平台以及主推的厂商

手 机 平 台	主 推 厂 商	手 机 平 台	主 推 厂 商
Java	中国移动、Sun	UniJa	中国联通、Sun
BREW	中国联通、高通		

在中国，2004 年前由于其他增值业务发展还不成熟，手机游戏业务主要以短信为主。2005 年，短信游戏市场已经进入成熟期，WAP 游戏和 KJAVA/BREW 游戏市场高速成长，手机网络游戏也由概念期进入市场运营。艾瑞市场咨询称，Java 与 BREW 游戏将成为手机游戏市场中增长最快的一个模块，其次是 WAP 游戏，而短信游戏在手机游戏市场中的贡献将越来越小。

14.4.2　手机游戏市场概况

2003 年 9 月，随着中国移动“百宝箱“业务正式收费，国内手机游戏产业正式启动，用户增长十分迅速。当月中国移动便收入 30 万元，次月达 60 万，短短几个月的时间里，手机游戏用户就增长到 200 万。2004 年更被称为是中国手机游戏年，手机游戏市场规模接近 6 亿元。手机游戏异军突起，成为移动运营商和 SP 的一个重要的收入来源业务。

艾瑞市场咨询报告表明，2005 年国内手机游戏市场规模为 9.5 亿元，手机游戏的付费用户达到 1 400 万。在中国手机游戏市场收入中，手机游戏服务商（SP）的收入占到了 47.1%，其次是移动运营商，占到了 35.7%。艾瑞市场咨询预测，到 2008 年，中国手机游戏市场规模将达到 30.9 亿元，签订用户将达到 3 169 万人。

业内普遍认为，与传统的其他游戏相比，手机游戏有容易被普遍接受的几大优势：一是任意性，不受时间、空间限制；二是游戏较小、更新快，容易形成更多的新生市场；三是用户群年轻，与手机主力消费群符合，易被接受，快速形成较大市场。

此外，与 PC 网络游戏（以下简称网游）相比，手机游戏有端口较固定等特点，可控制性较强，网络游戏曾带来的盗版、色情和暴力等不良现象会得到控制。另一方面，受网速、资费、更新快等各方面影响，沉迷于手机游戏的现象也易于得到控制。因此，手机网游可能产生的社会问题相对较小，推广和普及的阻力也会小于 PC 网游。

IDC 预测，从长远来讲，手机游戏市场将最终发展成主流，尤其是在高科技应用程度较高、有相应用户群的国家。

14.4.3　存在的主要问题

1. 精品游戏匮乏

手机游戏是一个“内容为王”的产业。目前国内的手机游戏内容千篇一律，缺乏精品，SP 们为了节省成本，往往是把一个过时的产品改名后继续上报，这样带来的问题就是用户满意度的降低和产品生命周期的缩短。此外，目前的手机游戏大多来自国外，日、韩和欧美国家的游戏开发商几乎占据了中国手机游戏市场 80%的游戏内容。而仅仅将国外游戏针对中国市场进行本地化地改进，对国内的开发商而言绝非长远之计。

2. 完善营收分配模式

游戏产业由游戏开发商、游戏发行商、游戏运营商、网络运营商、平台提供商、设备制造商及用户组成，实际上在手机网络游戏产业中很多大型 SP 肩负游戏开发、发行及运营于一体的责任，而网络运营商和平台运营商则由电信运营商充当，手机厂商是设备制造商。和其他电信增值业务不同的是，手机厂商在手机游戏产业中扮演了更为重要的角色。SP 不仅要与运营商进行利益分成，也要和手机厂商就最后的利益分成进行谈判。在手机游戏的产业链中，运营商、手机终端提供商、服务提供商（SP）等各个环节的参与者都力图使自身处于有利地位，面对前景诱人的手机游戏市场，各方的利益如何瓜分是一个非常实际而又非常棘手的议题。

目前运营商与游戏开发商之间的利益分配主要有两种：一次性买断和运营分成。据业内人士介绍，运营商和开发商之间分成的比例各不相同，有 3∶7 或 4∶6 分成的，也有 1∶9 分成的情况。

整体来看，电信运营商在该产业中握有支配权，而该产业的发展同时受限于手机终端的技术发展，另外还需要 CP（内容提供商）及 SP 的配合来提供最终的游戏产品。

3. 计费模式单一

IDC 分析指出，由于手机游戏的营收分配模式继续有利于内容提供商，而不是运营商或服务提供商，游戏的定价模式必须更加灵活，利润必须更为合理地分配。

以移动“百宝箱”为例，目前百宝箱的计费比较单一，只是单纯的包月和按次，但对相对比较灵活的网络游戏来说，实现道具收费和功能收费是必须的，而用户更希望的是不间断操作的体验（即在游戏内完成付费），而现有的模式无法支持。

4. 支持手机游戏的终端仍有待进一步普及

目前手机游戏的市场发展还是受到有游戏功能的手机数量少而贵的限制。手机网络游戏离不开高分辨率、可上网的彩屏手机，而此类手机的价格往往偏高。据中国信息产业部的统计，截至 2005 年 11 月底，国内手机用户已超过 3.88 亿，其中能够玩游戏的手机接近 7 000 万台，不足 1/5。随着 2006 年越来越多的用户升级使用智能手机以及网络运营商将其网络升级到 3G 技术，这种情况将会改变。

14.4.4　政府扶持政策有望出台

2005 年 11 月，手机网游《神役》运营公司北京掌讯获得文化部颁发的网络文化经营许可证，成为中国手机网游运营公司中首家获得该证的专业手机网游运营公司，这标志着手机网络游戏也已纳入了国家管理的网络文化产品之列。文化部有关负责人曾经表示，在网络游戏的发展上，政府在监管的同时更多的是支持和扶持。国家对于PC网络游戏的各项扶持政策已经陆续出台，相信在不久的将来，随着3G脚步的临近，政府对于手机网游的各项发展支持也会逐步浮出水面。

在行业自律方面，2005年12月，中国软件行业协会、国内最大的手机游戏企业空中网，联合新浪、搜狐、网易、腾讯及TOM等多家大型SP在北京宣布，共同签署《中国手机游戏行业自律公约》，共同规范中国手机游戏行业市场。以“远离非法内容，提倡健康游戏；尊重原创版权，杜绝恶意抄袭；拒绝违规操作，鼓励良性竞争；紧密团结协作，促进产业发展；发扬中国文化，倡导民族精神”为基本准则的《中国手机游戏行业自律公约》，获得了相关主管部门领导的赞同和推崇，也获得了广大手机游戏行业人士的支持和响应。

14.5 其他无线信息服务业务

14.5.1 手机支付

随着互联网向无线移动领域进步，互联网和手机的无线移动功能将密切结合，移动电子商务在未来几年将出现质的飞跃，有关市场调查报告显示，2005年，全球移动电子商务用户预计将达到1.7亿，交易额将达108亿美元。预计2006年移动电子商务市值将达到250亿美元，届时移动电子商务将占全球在线交易市场的15%。

1. 中国手机支付市场概况

在中国，虽然目前手机支付仍处于市场培育阶段，但这一市场蕴藏的巨大潜力正在逐步显现。作为新兴的电子支付方式，移动支付拥有随时随地和方便、快捷等诸多特点。消费者只要拥有一部手机，就可以完成理财或交易，享受移动支付带来的便利。随着中国的手机用户数突破4亿，手机支付市场庞大的潜在用户群和广阔的应用领域极可能产生井喷效果。

据百纳发布的最新报告《中国移动支付业务发展分析报告》显示，2005年，移动支付用户数达到1 560万人，同比增长134%，占移动通信用户总数的4%，产业规模达到3.4亿元。百纳预测，2007年，由于产业链的成熟、用户消费习惯的形成和基础设施的完备，移动支付业务将进入产业规模快速增长的拐点；到2008年，移动支付用户数达到1.39亿人，占移动通信用户总数的24%，产业规模达到32.8亿元。

目前，中国市场上的手机支付业务主要有两种，一种是中国移动和银联联合打造的“手机钱包”，另一种则是中国联通与建设银行打造的“手机银行”。其中，“手机钱包”已与工商银行、中国银行及交通银行、华夏银行、广发行、浦发行、光大、民生等9家国内银行达成合作，手机用户可通过短信、语音、WAP和GPRS四种方式完成彩票购买、数字点卡、购买报刊、金融理财、缴费和小额购物等业务。从消费者的反应来看，目前人们最热衷使用的是查缴话费、个人账务查询以及水、电、气等公共事业缴费等。而起步较慢的“手机银行”也可以完成用手机办理、查询、转账、交费、支付以及汇款等业务，避免了柜台交费等待的烦恼。

手机支付的产业价值链由移动运营商、移动支付平台运营商、行业商户、银行和最终用户等环节组成。其中，移动运营商负责提供通信通道，获取移动支付产生的通信费；移动支付运营商（上海捷银等）负责移动支付的运营管理，获得一定的信息费和交易佣金分成；行业商户（如燃气公司、剧院等）提供移动支付的具体服务内容，而移动支付为其提供方便客户的崭新支付手段；银行则是移动支付的资金管理和结算环节。

2005 年 9 月，从事手机支付服务的上海捷银获得国际知名金融领域投资机构 RRE 的战略融资。同时，该公司原有的投资者，包括 Lunar Group、Accel Partners 等都纷纷追加投资以保持原持股比例。据悉，捷银已获得 2 000 万美元的融资，虽然数额并不惊人，但 RRE 涉足中国手机支付市场本身所蕴涵的重大意义已引起业界广泛关注。

2．手机支付市场的主要问题

手机支付未来发展面临的主要问题包括以下几点。（1）安全问题。目前用户对移动支付安全性的担忧是普遍存在的。很多用户担心银行卡或者手机付款的密码和账号等重要信息发生失窃。从服务提供商的角度而言，只有百分之百地保证手机支付的安全性，才能逐步消除用户的怀疑，使得他们逐步接受这种新兴的支付方式。（2）中国的商业信用体系尚未健全，中国移动通信用户还没有实现完全的实名制。这就为恶意透支等欺诈行为留下了潜在的机会，也使移动运营商和银行对此有所顾忌，并影响了他们对手机支付业务推广的积极性。（3）改变传统的支付习惯仍需假以时日。服务提供商应加强优势宣传和优势沟通，提升用户认知，培养用户的使用习惯。（4）产业链相关环节合作和合作模式存在分歧。手机支付的各个合作方之间在利益分配、权利和责任、费用支付等方面还存在一定的分歧，这也在一定程度上影响了手机支付的推广。

14.5.2　手机搜索

手机搜索引擎是一种面向无线网络的手机短信搜索引擎系统，为互联网用户和手机用户提供搜索短信业务。手机用户只要通过编辑短信，发出一个关键字到手机搜索引擎服务代码，就可以搜索到需要的信息。

作为互联网搜索技术与移动通信技术的结合体，无线搜索技术在数年前就被业内人士所看好。有专家预测，无线搜索技术的应用，必将成为未来移动信息服务的重要组成部分。2004 年 10 月，Google 将搜索带入了手机中，用户只需要发送一条短信便可以搜索想要查询的信息，可以将搜索结果保存到手机桌面上，也可以通过点击网页上的图标来查看。

3 个月之后，雅虎也推出手机搜索业务。两大互联网搜索巨头在数周时间内相继大踏步跨进搜索领域表明，互联网搜索产业在急于扩展势力范围。

2005年，中国已拥有近4亿手机用户，5 000万的手机上网活跃用户。而伴随着3G 业务在中国的开通，中国将会成为全球无线搜索市场中最大的一块蛋糕。中国无线搜索产业自2004年开始萌芽，2004年至2005年，多家先行进入无线搜索行业的技术运营商通过免费方式在测试自己的产品，了解用户需求，培养用户使用习惯。涉足中国手机搜索领域的小企业主要包括：2004年7月，北京锐客空间信息技术有限公司发布了一款手机搜索引擎；2004年12月，Cgogo 推出专业无线搜索软件 cgoo，并于2005年3月开始实施收费运行；2005年11月，UUCUN（悠悠村）中文手机搜索引擎正式上线运营。这类公司提供的手机搜索功能包括网页、图片、铃声、游戏、小说、影音、地图和网站等多方面的内容。

艾瑞市场咨询的最新研究显示，2005 年，中国无线搜索技术运营商收入为 0.26 亿元，预计 2006 年将达到 1.96 亿元，比 2005 年增长 654%。受到 3G 商用及无线搜索赢利模式成熟的影响，2008 年中国无线搜索技术运营商收入将达到 13.5 亿元并继续保持高速增长，2010 年无线搜索产业将进入成熟期，市场规模增长速度将放缓。艾瑞市场咨询预计到 2010 年无线搜索技术运营商收入将增长到 31.0 亿，当年增长率为 49%，如图 14.7 所示。

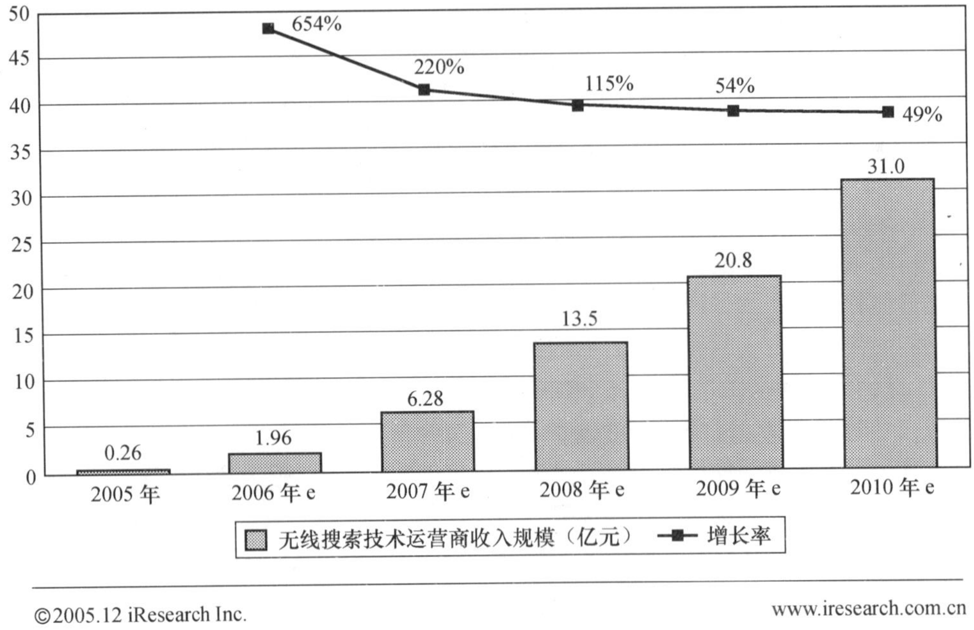

图 14.7　2005～2010 年中国无线搜索技术运营商收入规模

从用户规模来看，2005 年中国无线搜索用户规模为 1 030 万，预计 2006 年将达到 3 400 万，比 2005 年增长 230%。受到 3G 商用及无线搜索模式逐渐丰富的影响，2008 年中国无线搜索用户将达到 12 700 万并继续保持高速增长，2010 年无线搜索行业将进入成熟期，用户增长速度将放缓。艾瑞市场咨询预计到 2010 年无线搜索用户增长到 22 000 万，当年增长率为 26%，如图 14.8 所示。

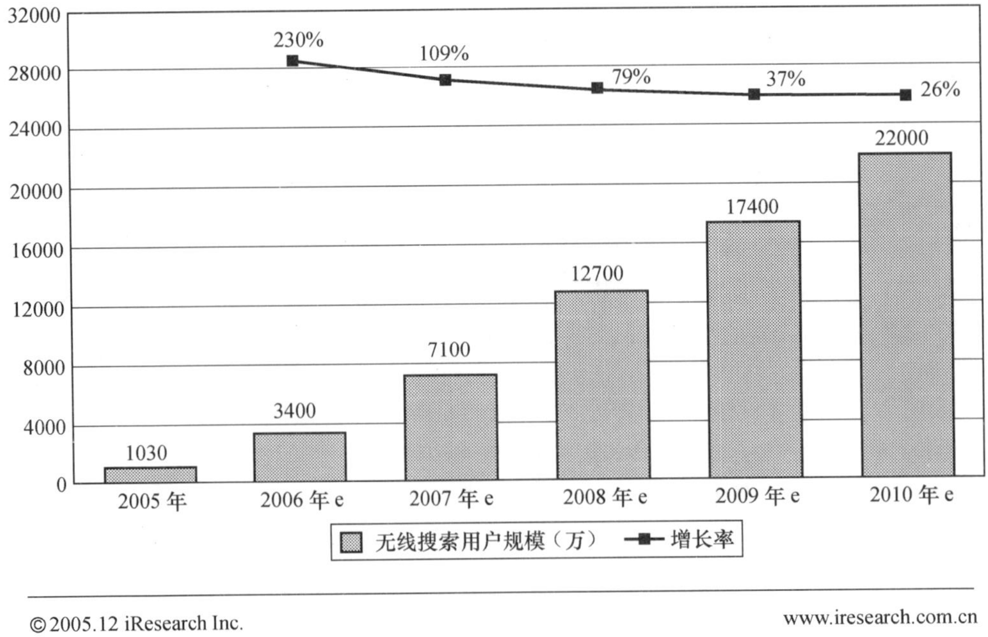

图 14.8　2005～2010 年中国无线搜索用户规模

14.5.3　手机定位

随着社会的不断发展，人们的活动范围越来越大，而且越来越具有不确定性。如何在陌生的环境中确定自己的位置，如何准确到达目的地，如何在危急情况下获得救援，如何随时了解孩子的行踪等人们在生活中可能遇到的难题都为新生的手机定位业务带来了无限商机。随着手机的日益普及，手机定位被业界认为是移动增值业务中具有广阔应用前景的新增长点。近几年来，手机定位在美国、日本和韩国都得到日益广泛的应用。

手机定位是指通过无线终端（手机）和无线网络的配合，确定移动用户的实际位置信息（经纬度坐标数据，包括三维数据），通过 SMS、MMS 和语音发给用户或以此为基础提供某种增值服务。定位服务又叫做移动位置服务（Location Based Service，LBS），它是通过电信移动运营商的网络（如 GSM 网、CDMA 网）获取移动终端用户的位置信息（经纬度坐标），在电子地图平台的支持下，为用户提供相应服务的一种增值业务。

移动位置服务（LBS）是移动运营商近一年来十分看好的业务。早在 2001 年 5 月，北京移动就基于移动梦网卡推出移动位置服务，随后各省陆续推出。2001 年 12 月福建移动建成亚洲第一套移动定位系统，标志着以移动运营商为核心的移动位置服务产业链正式启动。2003 年年初，中国移动率先在 GPRS 业务中捆绑定位功能。不过由于受原有系统升级的影响，中国移动的定位客户现在还不能进行全国漫游。虽然这个问题会随着 3G 的到来而迎刃而解，但对于现阶段的业务推广的确有些不利。

国内的另一大移动运营商——中国联通也于 2003 年 7 月推出了手机定位业务，2005 年 10 月，联通高调推出 114 汽车语音导航计划（即在全国 114 个城市提供汽车语音导航业务）。用户在使用这项服务时，只要在手机上输入出发地和目的地，就可以查到开车路线；如果用语音导航，还能得到实时提示，该项业务还能够实现 5 米到 50 米的连续、精确定位，并已经实现了全国漫游。根据 IDC 的调查，用户对该服务的主要需求多集中在安全保障问题，如紧急呼叫、路旁帮助和路线指南。

据艾瑞市场咨询研究分析，2005年国内移动定位市场规模将达到2.21亿元，比2004年增长80%，这主要得益于中国移动亲子通业务和中国联通手机导航业务的推广。在2006～2008年的3年内，该市场的增长率将保持在150%以上。到2008年中国移动定位市场将达到52.5亿元，成为最具竞争力的3G 核心业务之一。

手机定位服务的应用十分广泛，主要包括：路线规划和实时导航；城市信息查询，分类查询所在地附近的餐馆、酒店、加油站等服务设施；地图查询，显示你现在所在地附近的地图，并标出你的位置；儿童监护及老人关爱服务，为儿童或老人佩戴一个操作极为简便的定位手机或定位跟踪器，能够随时掌握儿童或老人的位置；企业资源管理，通过定位手机对流动工作人员及车辆实施位置监控和实时调度；财产防盗防抢，为车辆、贵重或危险物品的防盗抢及位置监控跟踪提供最先进的手段等。

手机定位服务发展中面临的主要障碍有如下几点。（1）侵犯隐私权问题。个人所在的位置信息也属于个人隐私权的范围，很多手机用户担心，开通手机定位服务等于随时被人监控。服务提供商应在保护隐私方面加强宣传。（2）终端的限制。具备手机定位功能的手机目前价格较高、普及率低，从而影响了手机定位业务的推广。（3）消费习惯有待培养。很多消费者尚未意识到手机定位带来的好处，很多人甚至从未听说过该项服务，因此运营商应加大宣传力度并降低体验成本。（4）产业链如何协作，创造共赢的商务模式也是一项非常棘手的工作。手机定位产业链由移动运营商、系统设备提供商、终端厂商、GIS 开发商、应用提供商以及中间件提供商等多个环节组成。而且，手机定位综合运用了移动通信、卫星导航、互联网、地理信息系统、综合信息服务等多方面的技术和应用，是多个产业、多项技术融合的产物。在移动定位产业合作中，运营商应当解决好各环节的利益分配问题，确保产业各方在合作中实现共赢。

（中国互联网协会　孙小宁）

第 15 章 即时通信服务发展状况

2005 年，即时通信服务因其实时交互、资费低廉等优点，已成为网络生活中不可或缺的一部分，得到了广大互联网用户的追捧和厚爱。通过即时通信服务，互联网用户可以实现异地文字、语音和视频的实时互通交流，结识新朋友、传送文件、收发手机短信甚至玩游戏；同时人们也认识到，即时通信服务能够带来更高的生产力，诸多单位和公司借助即时通信服务来提高业务协同性及反馈的敏感度和快捷度。作为使用频率最高的网络服务之一，即时通信服务已经突破了作为技术工具的极限，被认为是现代交流方式的新象征。

15.1 2005 年中国即时通信服务市场发展概况

根据中国互联网络信息中心（CNNIC）2006 年 1 月发布的《中国互联网络发展状况统计报告》，截至 2005 年底，中国网民数目已达 1.11 亿人，其中有 41.9%的网民经常使用即时通信服务，即经常使用即时通信服务的用户已达 4 651 万人。

中国即时通信市场在经过几年高速发展时期后，已经进入一个烽烟四起、竞争激烈的阶段。然而，与激烈竞争形成对比的是，2005 年的即时通信服务市场仍是维持“一家欢喜几家忧”的局面。艾瑞市场咨询 2006 年 2 月发布的统计数据显示，2005 年，腾讯 QQ 依然保持了绝对领先的态势，在“网民最常使用的即时通信服务软件”之中占据了 78.8%的市场份额，比 2004 年增加了 2.1%。排在第二位的是 MSN，所占比重为 13.0%，比 2004 年下滑了 1.4%。从图 15.1 所示的数据可以看出，仅 QQ 和 MSN 两种即时通信服务软件就占据了近 92%的市场份额，其他即时通信软件所占比例非常小，均不足 3%，而中国即时通信软件互联互通的先驱者 IMU 和 MyIM 则在激烈的竞争中黯然退出人们的视线。

15.2 2005 年国内即时通信服务发展特点

总体来看，2005 年国内即时通信服务市场呈现出国产即时通信服务软件独占鳌头、即时通信服务运营商竞争加剧、商用即时通信服务初步发展等特点。

1. 国产即时通信服务软件独占鳌头

与操作系统、办公软件等领域内国外品牌软件一统国内市场的格局不同，具有自主知识产权的民族品牌腾讯 QQ 由于其强大的功能和出色的表现，牢牢占据了国内近 4/5 的市场。同时，这种一枝独秀的局面也与国外即时通信服务市场上诸强割据的态势形成了鲜明对比。

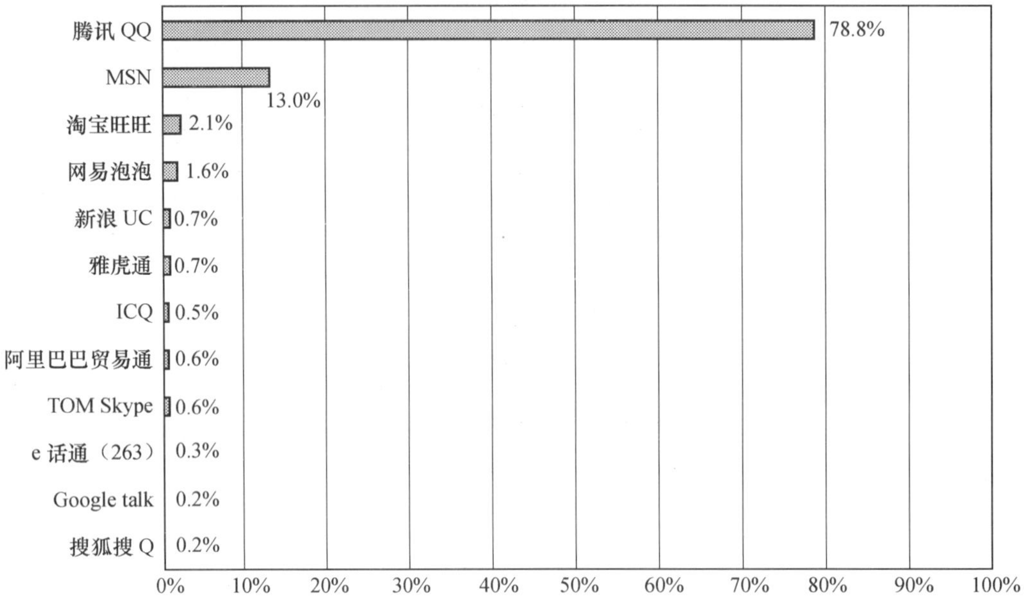

（数据来源：艾瑞市场咨询，2006）

图 15.1　中国互联网用户最常使用的即时通信服务软件

据艾瑞市场咨询统计，美国即时通信软件市场基本被美国在线（AOL）、MSN Messenger 和 Yahoo Messenger 所瓜分，其市场份额分别为 52%、36%和 10%，其他即时通信服务软件的市场占有率仅为 2%。中国和美国即时通信服务市场份额对比如图 15.2 所示。

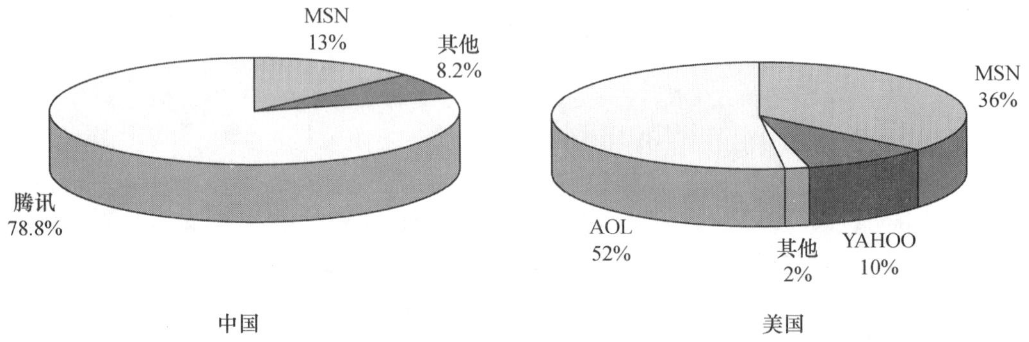

（数据来源：艾瑞市场咨询，2006）

图 15.2　2005 年中美即时通信服务市场份额对比

2. 即时通信服务运营商竞争加剧

2005 年，一场即时通信服务用户争夺战再度展开。腾讯进行了门户网站的内容优化和品牌革新，并更加注重实用性和趣味性功能的开发，MSN 推出门户概念并向“本土化”方面努力，雅虎回归搜索引擎并全面推广其电子商务平台即时通信服务软件，263 推出以视频聊天为主的“e 话通”，网易继续推广聊天工具“网易泡泡”，新浪推进“新浪 UC”，TOM 则结盟 Skype 推出 Skype 中文版，盛大推出“圈圈”，搜狐发布了“搜 Q”，连 Google 也出其不意地推出了 Google Talk。

至此，各大巨头纷纷杀进了这个当初看起来毫不起眼的市场，甚至想方设法花钱请用户泡在各自的即时通信服务软件上，称用户只要开着软件就可以送免费网络硬盘、送超大免费邮箱、送免费短信等。各即时通信服务运营商认识到，如今运营即时通信服务软件本身的收益并不是最重要的，平台所带来的大量的用户群体才是直接竞争目标。

3. 商用即时通信服务有了初步发展

基于网民规模的快速扩大和互联网细分服务的逐步增加，2005 年，在电子商务、网络游戏等特定领域内的专业即时通信服务工具也有了初步发展，其中以“淘宝旺旺”、“网易泡泡”、“阿里巴巴贸易通”为代表，标志着即时通信服务市场的多元发展走向。

其他表现不俗的即时通信服务工具还有“盛大圈圈”、TOM Skype、“TQ 洽谈通”、“慧聪网”的“买卖通”、“IT168”的“商讯 IT 通”、“锦程物流网”的“锦程物流通”、99114 的“黄页通”、51766 的“旅易通”、“农博网”的“农博通”、“全球五金网”的“五金直通车”、“买麦网”的“买麦通”等。

15.3　国内即时通信服务发展趋势

1. 中国即时通信服务市场将稳步发展

摩根斯坦利（Morgan Stanley）发表的研究数字表明，2005 年中国即时通信服务市场规模估为 6 200 万美元，2006 年估为 7 700 万美元（增长率为 19.5%），因而 2006 年将是即时通信服务市场迅速发展的一年。据估计，2010 年这一数字将达到 1.14 亿美元。具体数字如图 15.3 所示。

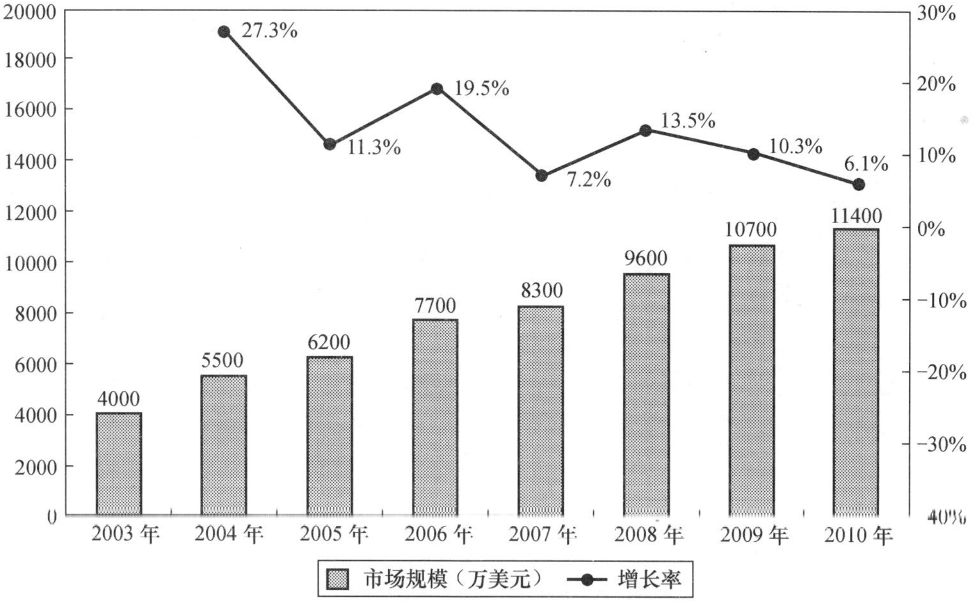

（数据来源：Morgan Stanley，2005）

图 15.3　中国即时通信服务市场规模预测

2. 即时通信服务软件加快互联互通步伐

2005年10月，微软和雅虎宣布将MSN、雅虎通这两款即时通信服务软件的互通提上议事日程，并计划于2006年第二季度在中国市场推出。据称，双方的互通不仅仅限于文字信息，还将在音频、视频以及业务协作等方面展开。2006年3月，美国IBM宣布Lotus Sametime将与AOL、雅虎、Google三巨头实现即时通信服务的互通，Lotus Sametime将专门致力于企业即时通信市场。作为全球统一战略，Lotus Sametime也会在国内与雅虎、Google同步互通。而由于阿里巴巴在2005年收购了雅虎中国，此次互通或许还将有淘宝的“淘宝旺旺”甚至“阿里巴巴贸易通”的加盟。

不过，腾讯公司对于互联互通仍然坚持“不参与”的态度。腾讯公司认为，尽管互联互通是一个趋势，但各软件的标准尚未统一，互联互通后会涉及到很多技术、安全和资费等方面的问题，因此互联互通面临的困难很大。

3. 移动运营商涉足即时通信服务领域

2006年1月，中国移动集团就其自有即时通信讯服务产品做出决策：将基于短信、WAP业务平台的“综合即时通”推进到正式商用阶段，将基于Java、PC以及智能手机终端的“综合即时通”也推进到试商用阶段。至此，中国移动的“综合即时通”战略正式浮出水面。据称，“综合即时通”是一款集成了即时通信服务、PTT（Push To Talk，一键通）、E-mail、文件传送等多种功能特性的综合化移动数据业务，用户可以通过移动终端，以短信、WAP、百宝箱、智能手机客户端等多种方式进行沟通。它是中国移动专门针对手机终端开发的即时通信服务工具，产品定位于基础语音通信之上的第二层基础服务，市场定位则是市场导入期的高增长率业务，运营模式为全网集中运营。

除中国移动之外，中国联通也对即时通信服务市场寄予厚望。2005年10月，中国联通副总裁李正茂首次在公开场合谈到了开发自有即时通信服务的理念，认为推出自有品牌的即时通信服务是联通公司的“当务之急”。据称，联通自有的即时通信服务产品正由中国联通旗下的“联通新时讯”开发，而QQ BREW与MSN BREW等BREW业务正在由联通博路运营。2005年12月，中国联通同MSN达成正式合作协议，在即时通信服务领域开展合作。

4. 即时通信服务将向“一站式”过渡

如今，即时通信服务产品正在从“一专”朝着“多能”的方向发展。所谓一站式服务，指的是通过设定标准较窄的快捷键或设计整合服务的软件平台，将用户所需资料完全呈现于终端用户的电脑桌面上。许多互联网用户在工作时经常用到的不外乎是QQ、MSN、电子邮件、电话和Office办公软件等，这些软件各自独立运作、每天在不同的应用软件和固定电话、手机中来回切换，无法实现共享。因此业内人士认为，即时通信服务的“一站式”已成为互联网行业发展的一大趋势，将来的即时通信服务应是一种支持各类即时聊天，整合主流邮箱入口，免费短信、电话，提供全方位网络通信服务的开放式通信软件，从而为网民带来更多更完美的体验。

5. 安全性问题成为即时通信服务一大挑战

尽管即时通信服务市场竞争愈发激烈，但目前各类的即时通信服务软件及服务都存在着功能雷同、缺乏特色、操作方式繁琐和界面不友好等缺陷，其中最受瞩目的问题当属安全问题。

以腾讯QQ为例，随着QQ软件被越来越多的用户使用，针对该软件的攻击工具也层出不穷，大有“道高一尺，魔高一丈”之势。比较常见的针对 QQ 的攻击行为包括密码被盗、消息炸弹、身份认证炸弹、病毒与木马攻击等，其中仅病毒及木马攻击就可分为利用网页传播的 QQ 病毒、捆绑在 QQ 上的病毒或木马、伪装成 QQ 的病毒或木马、利用 QQ 消息控制电脑的木马等多种形式。江民科技公司 2006 年发布的统计数据显示，针对 QQ 和 MSN 等即时通信服务工具的病毒在 2005 年达到了有史以来数量最多的一年，“QQ 蜜”病毒位居该公司统计的十大病毒之首，而该病毒的其他 3 个变种也位居十大病毒之列，其严重程度可见一斑。

国外情况同样不容乐观，据美国安全厂商IMlogic公司称，2004 年 10 月至 2005 年 10 月间，美国针对即时通信服务的攻击有大幅度增长，增长幅度高达 1 500%。在针对即时通信服务的攻击中，87%属于蠕虫，12%是病毒，1%利用了客户端缺陷。其中受到攻击最多的即时通信服务是MSN Messenger，占攻击数量的 62%，排在第二位的是占攻击总数 31%的AOL的 AIM，排在第三位的是雅虎，占 7%。

15.4 2005 年国内主流即时通信服务工具简介

2005 年国内流行的即时通信服务工具主要有腾讯 QQ、微软 MSN 和淘宝旺旺等。

1. 腾讯 QQ

腾讯 QQ 是由深圳市腾讯计算机系统有限公司开发的个人即时通信服务工具，具有与好友用户进行交流、信息即时发送、即时回复、网上寻呼、聊天室、传输文件、语音邮件和手机短信服务等功能。QQ 不仅仅是虚拟的网络寻呼机，还可与传统的无线寻呼网、GSM 移动电话的短信息系统互联。目前，腾讯 QQ 以绝对优势稳坐国内即时通信服务市场的头把交椅。

腾讯软件的官方网站是 http://im.qq.com。

2. 微软 MSN

MSN Messenger 是微软公司开发的即时通信服务工具，操作简单，运行稳定，具有与他人进行文字聊天、语音对话和视频会议等功能。MSN 通过与 Windows 操作系统的捆绑，普及速度非常快，现在已经成为全球主流即时通信服务工具之一，也是拥有国内最大用户群的国外即时通信服务工具。

MSN 的中文官方网站是 http://china.msn.com。

3. 淘宝旺旺

淘宝旺旺是阿里巴巴旗下网站“淘宝网”推出的一种个人交易沟通软件，它集成了即时文字、语音、视频沟通以及交易提醒、快捷通道、最新商讯等功能，并可以使用该软件购买商品、询问价格和质量，是在该网站进行交易的工具。

淘宝旺旺的官方网站是 http://www.taobao.com。

4. 网易泡泡

网易泡泡是由网易公司开发的一款即时通信服务工具，它集即时聊天、手机短信和在线娱乐等功能于一体，除具备即时聊天的功能外，还拥有自建聊天室、自设软件皮肤、网络文件共享、穿透防火墙的超大文件传输等功能。

网易泡泡的官方网站是 http://popo.163.com。

5．新浪 UC

UC 即时通信服务于 2002 年正式推出，后于 2004 年被新浪收购。在新版本中，新浪 UC 增强了新手乐园、屏幕截图、好友信息备注、好友克隆和多彩心情设置等功能。

新浪 UC 的官方网站是 http://www.51uc.com。

6．雅虎通

雅虎通（Yahoo! Messenger）是 Yahoo 开发的聊天软件，功能包括语音聊天、多方会谈、好友清单、传送即时通信、来信提醒、支持防火墙等，其新版本还增加了拨打全球座机和手机、下载美国本地电话号码、免费 IP 电话、接收即时股市信息等功能。雅虎通不仅可以安装在 PC 上，还可以用于便携式无线设备上。

雅虎通的官方网站是 http://cn.messenger.yahoo.com。

7．ICQ

ICQ（I Seek You）是全球曾经风靡一时的聊天工具，它支持在互联网上聊天、发送消息和文件等，新版本 ICQ 具有查看、查找和打印消息历史，设置随机聊天，使用多种方式查找并添加用户，获得更详细的用户信息，创建自己的 ICQ 主页等功能。

ICQ 的官方网站是 http://www.icq.com。

15.5 即时通信服务典型案例——腾讯 QQ

1996 年 7 月，4 名以色列籍年轻人成立了 Mirabilis 公司，并于同年 11 月推出了 ICQ，这是全球第一个即时通信服务工具。1999 年，当一种叫做“OICQ”的聊天工具在国内出现时，很少人会预料到它将走进并影响上千万人的生活。而如今，腾讯 QQ 已经成为国内最受欢迎的即时通信服务工具，注册用户总数达 4.3 亿，活跃用户数达 1.7 亿，最高同时在线用户数突破 1 950 万，已经牢牢占据了国内近 4/5 的市场份额。

7 年间，“腾讯小企鹅”的飞速发展成为互联网应用中最引人注目的现象之一。如果说腾讯 QQ 的第一个成就是迅速吸引了大量用户接触互联网，推动互联网早期发展，那么随之而来的成就则是，随着腾讯 QQ 在中国的巨大成功，互联网的本质被人们更多认识，一个巨大的以即时通信服务为核心的互联网应用产业也在逐渐形成之中。短短 7 年内，腾讯从一个注册额仅 5 万元的小公司发展成为一个总资产达 30 亿元的“网络巨无霸”，其辉煌的创业史值得许多互联网企业思考和借鉴。腾讯 QQ 历年要事及用户数量如图 15.4 所示。

1．模仿起步：抓住市场先机

腾讯的发展历程就是不断学习对手并超越对手的过程。1998 年，马化腾与张志东等人联合创建了注册资金仅有 5 万元的腾讯公司，并推出了 ICQ 的汉化版本——中文 OICQ。此时虽然 OICQ 只是定位在“网络寻呼机”的概念上，而且功能也非常单一，但由于起步较早，国内市场上并没有什么强大的竞争对手。不久，腾讯 OICQ 便幸运地获得美国 IDG 和香港盈科数码的 220 万美元风险投资（后更名为 QQ），自此开始大踏步发展。

2．免费下载：圈占市场份额

腾讯公司成立之初，只能依靠为移动公司和联通公司建立寻呼平台赚点钱，而 OICQ 只是公司附带的产品。在这个过程中，公司管理层思考的是如何迅速扩大 OICQ 的知名度及影响。

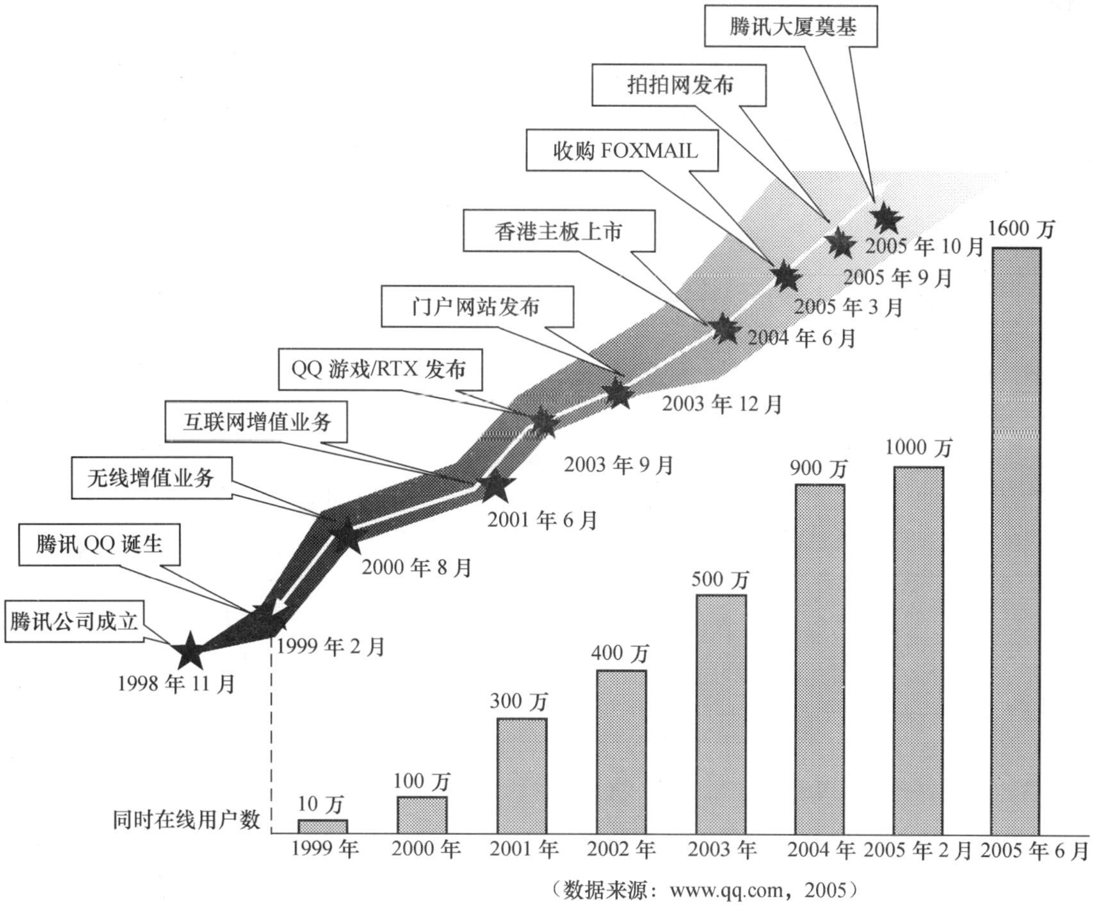

图 15.4　腾讯 QQ 大事记及历年同时在线用户数量增长情况

当时有许多软件为了打开市场，放在网络上供用户下载。受到这一做法的启发，公司决定把 OICQ 也放到网络上供用户免费下载。这一举动可以被认为是 OICQ 命运的转折点，因为在此之后的一年时间里，OICQ 的用户就迅速达到了 500 万人之多。如此之大的用户数完全出乎腾讯公司的意料，此举开创了即时通信服务软件免费下载和使用的先例，同时也为该公司积累了宝贵的用户资源，奠定了业务迅速扩张的基础。

3．大胆尝试：寻找赢利之路

2000 年到 2001 年，随着互联网发展低谷的到来，腾讯公司同样感到了前所未有的压力。作为一个员工仅有 18 人的小公司，腾讯虽已坐拥 2 亿名注册用户的骄人成绩，但由于 QQ 一直免费使用，缺乏收费渠道，导致资金紧张。

当用户数量不再成为问题，赢利便成为继续生存和发展的必由之路。当时韩国流行给虚拟形象"穿衣服"的网络服务，公司深受启发，开始联系耐克和阿迪达斯等服装企业，把他们最新款的衣服放在网络上，供 QQ 用户付费使用。与此同时，电信增值业务的发展也适时地解决了腾讯的资金之渴。腾讯把 QQ 从互联网扩展到手机上，每月只需要缴纳一定的费用，就可以用手机直接上 QQ 与朋友联系，移动 QQ 的诞生使腾讯开始走向赢利。2002 年，移动 QQ 的收入占到腾讯公司整体业务收入的 70%，实现良性运转之后，腾讯在 QQ 秀、QQ 游戏和 QQ 门户网站等领域继续开拓。

4. 不断创新：奠定龙头地位

伴随着互联网的发展以及即时通讯服务等新兴的网络交流方式大规模兴起，郎玛 UC、网易泡泡、微软 MSN 和雅虎通等聊天工具开始出现，一度市面上出现了几十种即时通讯服务工具。业内人士纷纷猜测，腾讯的市场份额将会遭受到分流，特别是微软 MSN 等强劲对手的挑战。但是，善于学习和创新的腾讯公司又一次出乎别人的意料，它不断学习对手的强项，并推出独一无二的“企业版 QQ”。

业内人士指出，对于同类的其他网络公司来说，腾讯简直就是他们的“噩梦”，因为只要是他们推出的新业务和新功能，腾讯很快就会在 QQ 里集成这些业务和功能，并且不只是简单抄袭，而是加入许多创新元素，使之比原创者更发扬光大。

5. 紧跟潮流：实现战略扩张

2005 年以来，腾讯不断在 QQ 中加入各种最新的潮流性的功能，比如推出 Q-ZONE 个人博客产品。腾讯不但注重同行之间的学习，对跨行业之间的学习它也很有兴趣，看到网络休闲游戏的兴盛，腾讯开始在 QQ 里面加入休闲游戏频道，并推出自己的网络游戏“QQ 幻想”。看到 TOM 和 Skype 的合作，腾讯又心生创意，开始谋划推出自己的 VoIP 项目。腾讯的胃口越来越大，“后发制人”的招数也越用越多，已经开始谋划起中国门户三巨头的饭碗。腾讯开始推出自己的门户网站，根据流量统计，目前腾讯打造的娱乐门户网站已经成为中国第四大门户网站。

据统计，2005 年上半年腾讯总收入比上年同期增长 20.1%，达到人民币 6.341 亿元，并已形成四大网络平台：QQ、QQ.com、QQ 游戏和无线 3G。腾讯的赢利也正是建立在这四大平台上。腾讯提供的服务包括核心的即时通讯服务，一系列的增值娱乐以及正起步的电子商务，而主要的赢利业务集中在增值娱乐方面，包括游戏、Qmusic、宠物、QQShow 以及无线彩信、彩铃等。而线下，小企鹅已经开始延伸到玩具、服装以及消费电子的品牌授权加工。现在，腾讯的收入和利润两大指标分别以每年 186%和 255%的速度增长，企业总资产已达 30 亿人民币。

2005 年 12 月，腾讯 QQ 与国内知名 IT 门户网站“IT 世界网”结成联盟，合作包括新闻、评测、导购和市场等方面，并联合打造“2005 中国网友参与度最高的 IT 评测”。业内人士认为，此举意在回应微软 MSN 联合国内 9 家知名 IT 企业联合打造 MSN 内容网站的挑战，一场民族互联网品牌对抗微软“MSN 帝国”的“战争”已经打响。

（中国互联网协会　郝晓伟）

第 16 章　搜索引擎服务发展状况

2005 年搜索引擎市场的发展前景被业界普遍看好。世界市场占有率第一的搜索引擎 Google 的股价 11 月突破 400 美元，股市市值突破 1 000 亿美元，超过 IT 老牌巨头 IBM。在中国，搜索引擎用户也在连年增加，据中国互联网络信息中心调查显示，2005 年已达到 7 580 万人，68.3%的网民都在使用搜索引擎。

搜索引擎公司也看到了这个市场的巨大潜力，在 2005 年都有大动作，力图在进一步巩固市场地位的基础上，扩大所占的市场份额。百度在纳斯达克成功上市，创造了纳斯达克 5 年来首日上市升幅最高的纪录；雅虎以 10 亿美元的代价收购国内最大的 B2B 公司阿里巴巴的 40%股份，并将雅虎中国交给阿里巴巴打理，雅虎中国主页变成搜索引擎界面，专注搜索；搜索引擎巨头 Google 积极筹备全面进入中国市场。所有这些都反映出投资者眼中的中国搜索引擎市场潜力无限。

16.1　2005 年中国搜索引擎市场发展状况和问题

2005 年，全球搜索引擎市场发展迅猛。根据市场调研公司 AC 尼尔森的调研数据，2005 年 12 月全球 65 个搜索引擎的搜索总量达 50 多亿次，其中 80%以上的搜索量来自三大搜索引擎 Google、雅虎和 MSN。其中 Google 的市场份额是 48.8%，比 2004 年的 43.1%又进一步提升；雅虎则占到 21.4%，与 2004 年相比变化不大；微软的 MSN 所占份额则由 2004 年的 14%下降到 10.9%。

中国搜索引擎市场正处于快速发展阶段，不仅用户规模逐年递增，搜索引擎功能也日趋多样化，不仅推出了鼓励网友发言提供答案的社区搜索，还推出了地图搜索、论坛搜索和博客搜索等细分功能。

16.1.1　中国搜索引擎市场发展状况

目前，中国搜索引擎市场上用户规模逐年扩大，预计随着网民的增加，未来几年内搜索引擎用户规模仍会继续扩大。2005 年搜索引擎市场也出现了很多新形式的搜索方式，给网民带来了更多的选择。

但中国搜索引擎市场发展仍旧不够成熟，产业链不够顺畅，尤其是是否进行收费下载和渠道代理问题，成为 2005 年发展较突出的问题。

1．2005 年中国搜索引擎市场规模

随着互联网的飞速发展和中国网民普及率的上升，越来越多的人通过互联网寻找有用的资源。而想在网上快速准确地找到所需的资料，搜索引擎不可或缺。根据中国互联网络信息中心调查结果，历年搜索引擎使用人数如图 16.1 所示，搜索引擎使用人数呈稳定快速增长的势头，2005 年搜索引擎用户达到 7 581 万人，网民中使用搜索引擎的比例达到 68.3%。预计未来 2～3 年内，随着互联网用户的增加，搜索引擎用户仍会持续增长。

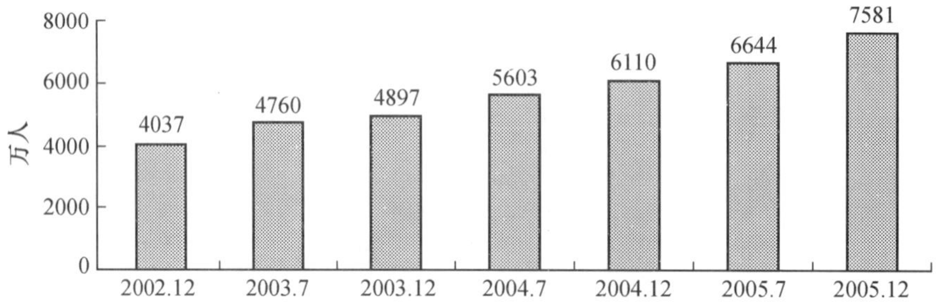

（数据来源：中国互联网络信息中心（CNNIC））

图 16.1　历年搜索引擎用户增长情况

2．2005 年中国搜索引擎市场份额

在中国市场上，中国互联网络信息中心 2005 年 8 月份的调查结果显示，在北京、上海和广州三大城市市场上，百度独霸天下，在用户首选使用的搜索引擎中，占据了 47.9%的市场份额，其次是 Google，占据了搜索引擎市场的 33.3%。目前其他搜索引擎还无法和百度、Google 匹敌。三大城市中百度和 Google 合计占了 81.2%的市场份额，如图 16.2 所示。

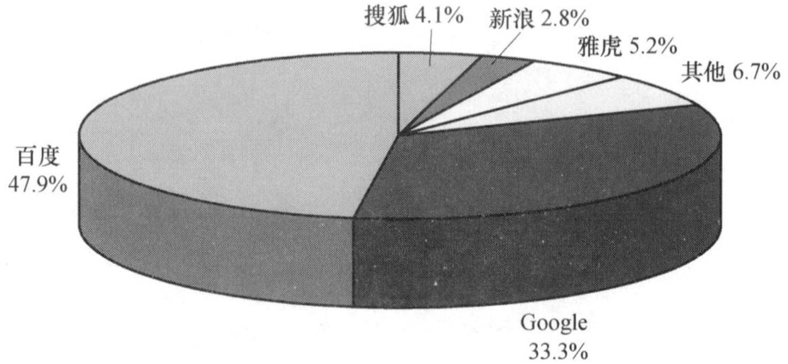

（数据来源：中国互联网络信息中心（CNNIC））

图 16.2　三大城市搜索引擎市场份额

2005 年中国搜索引擎市场高速发展，行业竞争格局初步形成，百度、Google、雅虎、搜狗和新浪等几家搜索引擎企业已经在市场上占据了一定的地位。百度与 Google 保持领先位置，其他搜索引擎也不甘示弱，雅虎、搜狗和新浪经过大量市场宣传运作后，也在中国搜索引擎的市场上拥有一席之地，并有可能继续扩大市场份额。

3．搜索引擎发展特点

2005 年互联网搜索引擎继续往多样化方向发展，不再仅仅局限于页面搜索、MP3 和图片搜索等搜索功能，搜索引擎企业根据自身的优势，提供了丰富多样的搜索功能。

搜索引擎的一个新发展是鼓励网友提供答案，网民提出自己想得到解答的问题，由网民来自由提供答案。推出此项业务的有新浪爱问、百度知道和雅虎知识堂等。

2005年新推出了地图搜索服务。自从2005年2月9日 Google 推出β版在线地图服务 Google Maps 以来，各大搜索引擎都看到这个服务的潜力，纷纷推出地图服务。百度和中搜等推出了具有中国特色的地图搜索，地图搜索服务市场渐渐为大众知晓。

2005 年网页搜索日趋细化，可以对不同类的网页进行搜索。如专业论坛搜索引擎“奇虎”（http://www.qihoo.com/），可以搜索 BBS 帖子，专业博客文章搜索工具——中客搜索引擎（http://www.oao.cn/）等，这些搜索功能的出现，给网民带来了很大的方便。

16.1.2 搜索引擎面临的问题

搜索引擎是发展历史较短的行业，比起兴起稍早的电子邮箱、网络游戏和网络广告等互联网业务，搜索引擎由于收费模式等存在问题，中国搜索引擎市场直到近几年才呈现出发展火爆的势头。发展历史较短，不可避免地，搜索引擎市场还处在摸索的阶段，整个市场产业链并不是非常有序，尤其是免费音乐下载问题，凸显了搜索市场上令人关注的知识产权问题，渠道代理问题则涉及到搜索引擎公司的赢利模式，目前这个市场机制混乱，是搜索引擎市场另外一个值得关注的问题。

1．开始探索音乐下载收费

2005 年搜索引擎市场发展的一大特点是音乐下载收费问题提上日程。步升音乐将百度告上法庭的案件引发了人们对搜索引擎音乐下载收费模式的思索和健全相关法律法规的考虑。

2005 年国内发生第一例因为互联网搜索引擎而产生的音乐传播侵权诉讼案件。步升音乐认为百度提供其签约音乐人歌曲的免费下载，一纸诉状将百度告上了法庭。尽管百度称其为一家中立的搜索引擎服务提供商，否认侵权，但法院仍以百度未能明确相关 MP3 文件的合法来源等理由，判决百度败诉。这件事情给中国所有搜索引擎公司敲响了警钟。百度此次面临的纠纷并不是独立的个案，音乐搜索服务是否侵权，是整个搜索引擎行业遭遇的拷问。

但目前互联网知识产权保护制度的建立仍在探索阶段，有待于政府、音乐提供商和搜索引擎公司三方面的合作，努力完善相关法规，才有可能从根本上解决这个问题。做到这一点不是一朝一夕的事情，可能需要很长的时间。

2．搜索引擎代理渠道问题

渠道代理是目前搜索引擎公司赢利的重要模式。国内市场上最大的搜索引擎公司百度和世界上最大的搜索引擎公司 Google 采取的是两种不同的渠道代理模式。

百度在向中小企业销售产品时，主要采用渠道代理商销售的方式，这些代理商一般采取人海战术作为市场推广手段，目前中国市场上主要的互联网公司，包括新浪、3721 和搜狐等，都是采取这种模式。百度采用的是区域代理制。

Google 在互联网发展比较成熟的欧美国家采取的是网上直销模式，进入中国后，也采用了渠道代理制，但是采用的方式是全国性授权代理模式。2005 年 8 月 8 日、9 日，Google 宣布中企动力、厦门中资源和上海火速三家公司正式成为其授权代理商。

两种渠道代理模式各有利弊。对于全国性授权代理模式来说，可能会出现一个地区存在几个代理商共同争夺市场、恶性竞争的情况，而如果采取地区代理方式，也存在管理成本比较高和地区渠道代理规模不大、竞争力不足的情况。

总体上来说，无论是全国代理，还是区域代理，在中国发展都不够完善。代理渠道门槛不高使得渠道市场比较混乱，成为渠道商很容易，只要销售能力较强，进入这个行业一段时间后，就可以自己做代理商，这样导致了渠道的发展速度远远超过搜索引擎运营商的发展速度。如何理顺和完善代理商体系，成为2005年搜索引擎公司面临的重要问题。

16.2 2005年中国发达城市发展状况

2005年8月，中国互联网络信息中心对北京、上海和广州三大城市搜索引擎用户进行了电话抽样调查，这里给出调查部分结果，主要包括用户主要搜索的内容、搜索引擎用户使用习惯、用户对搜索引擎重要性的评价以及搜索引擎用户使用经验等。

北京、上海和广州是中国南北地域经济发展水平最高的三大城市，也是搜索引擎用户比例最高城市中的三个，从对这三个城市的调查结果的描述，可以看出中国搜索引擎市场发展的一些细节。

2005年中国互联网络信息中心调查数据显示，北京搜索引擎的使用比重为86%，即网民中有86%的人在使用搜索引擎，2005年末北京的网民普及率为28.7%，北京的搜索引擎用户为368万人。

上海搜索引擎的使用比重为85%，即网民中有85%的人在使用搜索引擎，2005年末上海的网民普及率为26.6%，上海的搜索引擎用户为394万，接近400万人。

1. 主要搜索内容

根据中国互联网络信息中心调查结果，用户搜索的主要内容如图16.3所示。用户使用搜索引擎主要还是用来搜索网页，其次是音乐，占到了1/3强。正是由于音乐搜索在搜索引擎

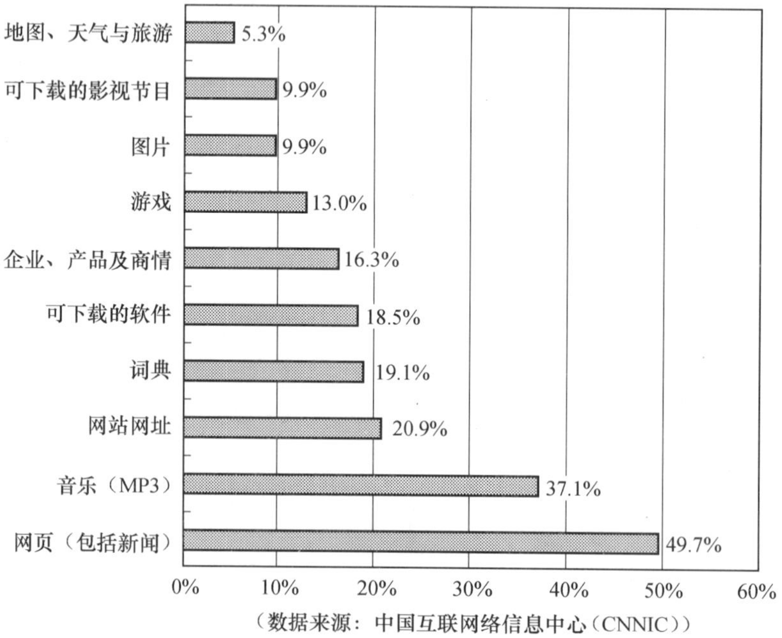

图16.3 三大城市搜索引擎用户的主要搜索内容

中占如此大的比重，才使得搜索引擎公司不敢轻易收取音乐下载的费用，以免造成大量用户的流失。从百度和Google各自的搜索内容来看，用户更偏重于使用百度搜索休闲内容。

2．搜索引擎用户使用习惯

用户使用搜索引擎的频率如图16.4所示，可以看出，有70%以上的人每周至少用一次，有接近一半的人每天都用很多次，这一情况充分说明已经有相当大部分的人非常依赖搜索引擎。

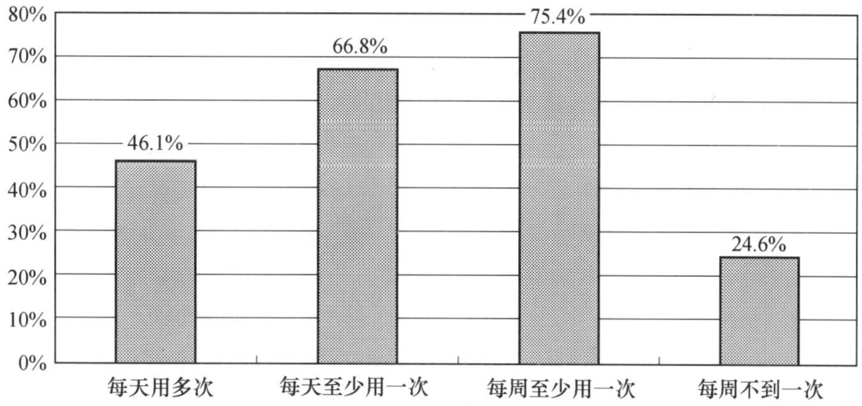

图16.4　三大城市搜索引擎用户使用搜索引擎的频率

3．三大城市搜索引擎用户对搜索引擎重要性评价

从图16.5中可以看出，接近2/3的人认为搜索引擎很重要，只有16.9%的人认为使不使用搜索引擎无所谓。搜索引擎已经成为网民不可缺少的使用工具。

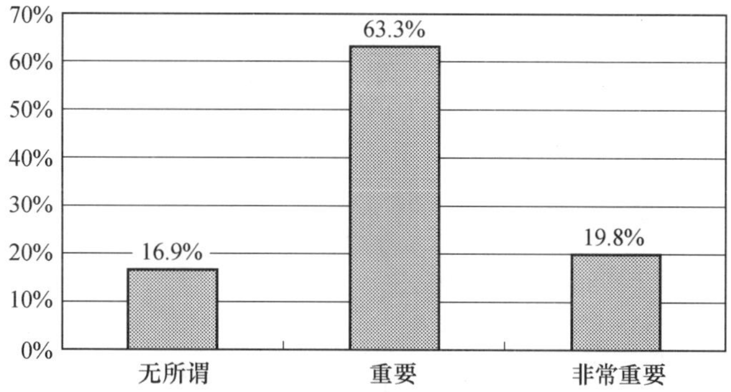

图16.5　三大城市搜索引擎用户对搜索引擎的重要性评价

4．三大城市搜索引擎用户经验

中国互联网络信息中心2005年8月的调查数据显示，用过关键词组合搜索的用户大约是3/4（71.1%）。这个测度可以大致反映出搜索引擎用户的使用经验情况。中国互联网络信息中心认为，使用搜索引擎的经验越多，则越倾向于知道关键词组合搜索。

此外，当用户一次搜索得不到理想的结果时，用户的主要做法如图16.6所示，用户选择最多的是换关键词和增加关键词，分别占到了53.4%和48.1%；约有1/3的人也会选择换用其他的搜索引擎试试。这说明搜索引擎用户对搜索引擎有一定使用惯性。

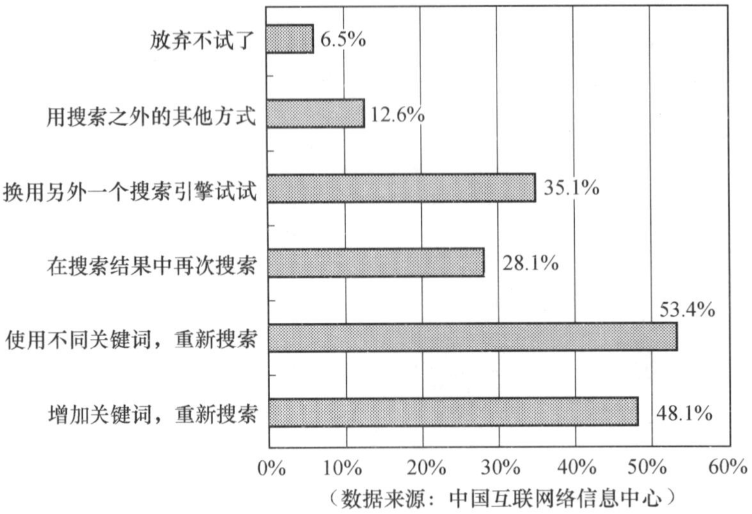

图16.6　三大城市搜索引擎用户搜索不到结果时选择的做法

5. 三大城市搜索引擎用户特征

搜索引擎用户在各个年龄段的分布如图16.7所示。可以看出，搜索引擎用户的年龄分布偏年轻化，尤其偏18～24岁和25～30岁两个年龄段，这两个年龄段用户占到了总数的60%以上。这两个年龄段的人也是使用互联网最多的人群，是网民的中坚力量。从学历上看，则是大学本科生比重最大。

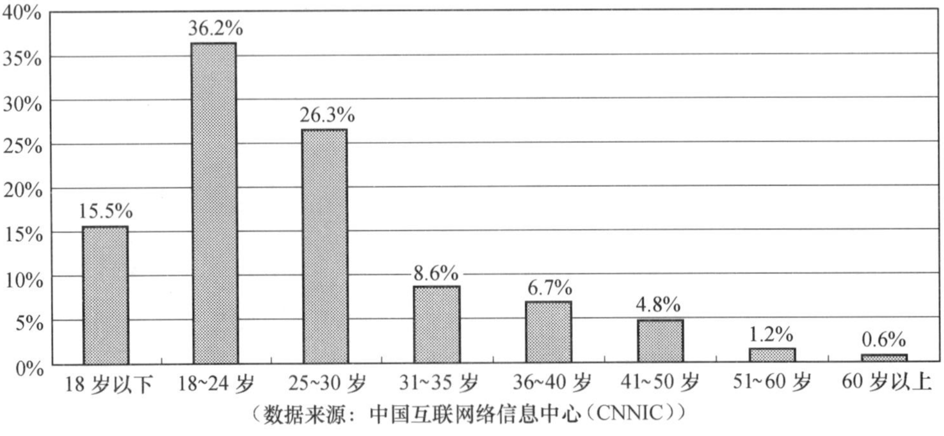

图16.7　三大城市搜索引擎用户年龄段分布

16.3　2005年中国搜索引擎典型事件分析

2005年的搜索引擎市场发生的大事件令人瞩目。首先是百度在纳斯达克辉煌上市，虽然随后股票一路下滑，但目前公司市值仍然高于新浪和搜狐；其次是雅虎中国被中国本土公司阿里巴巴收购后，收缩了门户战线，专注于搜索；再次是世界上最大的搜索引擎公司 Google 正式进入中国；还有新浪和微软 MSN 陆续进入搜索引擎市场。相信 2006 年中国搜索引擎市场会更精彩。

16.3.1　百度纳斯达克上市

2005 年 8 月 5 日，百度在纳斯达克成功上市，掀起了 2005 年中国企业纳斯达克上市的热潮。它的成功上市，反映出风险投资者对中国互联网市场的高度关注，尤其是搜索引擎市场，中国互联网市场迎来新一轮的投资热潮。百度以中文搜索起家，目前已经占据了中文搜索引擎市场上最大的市场份额。

百度成功的原因在于扎根于中国市场，对中国市场较为熟悉。它专注在中文搜索领域，相对于它在中国市场上最大的竞争对手 Google 而言，百度更熟悉中文搜索，对中国文化和用户习惯也更为了解。其次，百度在中国市场占有率最高的一个很重要的原因在于它推出免费的音乐搜索，这一业务为百度引来了大量的用户。

但百度的上市也把百度存在的问题更明显地暴露在公众面前。首先，百度的免费 MP3 搜索涉及到知识产权问题，各种诉讼官司接踵而来。如果完全砍掉百度的免费 MP3 业务或者全部变成搜索指向到收费 MP3 业务，百度的用户会有减少的风险。但是打击网络盗版音乐的呼声越来越强烈，政府出台法律法规来规范网络下载是大势所趋，百度必须做好积极的准备。其次，在全球范围内，很显然，百度的技术优势、资金优势和品牌优势不及 Google，百度如果想在更大范围内推广搜索引擎，还需要加强自己的实力。再次，百度的赢利来源主要是竞价排名，百度目前的做法是把竞价结果放在搜索结果里，这样做存在恶意点击的风险，也可能会对搜索结果准确度造成影响。

16.3.2　雅虎中国变身搜索

2005 年 8 月 11 日，雅虎中国被本土 B2B 企业阿里巴巴收购之后，在阿里巴巴总裁马云的带领下，整合业务，进军搜索引擎市场。雅虎中国新首页很简洁，类似 Google 的搜索条，直观易懂。阿里巴巴与雅虎两大巨头的联盟，使得中国搜索市场的竞争更加白热化。

雅虎中国全力进军搜索引擎市场并非盲目，而是有着强大的技术后盾和渠道优势资源。众所周知，搜索引擎行业是以技术为导向的，而雅虎在搜索引擎技术方面积淀深厚，曾收购了 Inktomi（MSN、Amazon、eBay 搜索服务提供商）、Overture（全球最大的搜索广告商务提供商）、Fast、AltaVista、Kelkoo 等 5 家国际知名搜索服务提供商。新雅虎必会更进一步推进搜索引擎技术的发展。

渠道优势是新雅虎中国能够在中国搜索引擎市场占领一席之地的另外一张王牌。阿里巴巴拥有大量中小企业客户，拥有直销模式，而雅虎旗下的 3721 拥有强大的渠道销售，两项资源结合，新雅虎中国进军搜索引擎市场发展的潜力很大。

新雅虎目前宣称的目标是做一个中国人自己做的面向全世界范围的中文搜索，这与中国搜索引擎市场上竞争对手 Google 和百度的侧重不同，Google 注重的是全球搜索服务，而百度已经明确表示，将继续侧重于立足于中国的中文信息搜索。毫无疑问，新雅虎中国全力进军中国搜索引擎市场，必会给百度和 Google 带来一定的竞争压力。

16.3.3 Google 正式进军中国搜索引擎市场

2005 年 7 月 20 日，Google 宣布将在中国建立产品工程研究院，并聘请前微软全球副总裁、著名计算机科学家李开复博士担任 Google 全球副总裁及中国区总裁，负责公司在中国的发展。Google 的此番举措一举两得，为 Google 进军中国市场做了很好的铺垫。李开复在中国学生群体中享有很高的声望，此次高调聘任李开复做 Google 中国区总裁，本身就是一种很好的宣传，不仅会在中国为 Google 增加人气，还会吸引一些人才加盟 Google。

其次，李开复在技术上有很高的造诣，尤其在自然交互式语言和人工智能等方面。这些技术会加强 Google 技术的纵深发展，提高 Google 的竞争力。但 2005 年 12 月 23 日微软和 Google 达成了和解，李开复目前仅负责 Google 在中国的招聘工作，不负责其他方面，Google 完全利用李开复的这部分能力还有待时日。

除了聘任李开复外，Google 也开始着手进行一些本地化的策略。在欧美市场上，Google 著名的 Ad-Words 关键词广告服务基本上是采取网上直销模式，但是在网络并不算发达的中国，对企业采取这种模式显然不太现实，Google 采取的是全国性授权代理模式。这一模式的缺点是会造成各家代理争夺地方市场、恶性竞争的情况，这一模式是否适合中国还需要时间来证明。勿庸置疑的是，Google 不会停下进军中国搜索引擎市场的步伐。

16.3.4 微软 MSN 杀入中文搜索引擎市场

2005 年 10 月 28 日，微软亚洲研究院对外宣布，互联网搜索技术中心（MSRA Search Technology Center）正式成立。这是微软首次在研究院旗下设立类似研究中心，这无疑是和 Google 进一步争夺中国搜索引擎市场上的人才。

2006 年 1 月，微软正式在中国市场推出 MSN 搜索测试版，微软在中文搜索方面的布局正式启动。本次 MSN 搜索版主要针对网页搜索，捆绑上 MSN 之前发布的桌面 MSN 搜索工具栏，MSN 搜索功能已逐渐显示出一副完整搜索引擎的框架。

在中国，微软 MSN Messenger 是仅次于腾讯 QQ 的即时通讯工具，MSN 搜索又背靠微软强大的技术力量，相信 2006 年微软 MSN 正式推出 MSN 搜索之后，会对中国搜索引擎市场造成一定的冲击，但能否最终被市场接受，还要看 MSN 搜索以后的表现。

16.3.5 新浪推出爱问搜索引擎

2005 年 6 月 30 日，新浪作为中国互联网门户网站的老大，正式进入搜索引擎市场，发布爱问搜索引擎（iAsk）。新浪凭借其作为门户网站带来的巨大流量，尤其是其强大的新闻优势，希望爱问能够快速发展，成为新浪一个新的利润增长点。

爱问的新功能在于，除了传统网页搜索功能之外，还建立了网民间的互动问答，让网友来共同提供搜索结果，让用户彼此分享自己的知识与经验。继新浪之后，其他搜索引擎也开通了类似的搜索功能，比如百度发布了“百度知道”，新雅虎也开通了“雅虎知识堂”等。

截至目前，中国搜索引擎市场上主要存在的商业搜索引擎有百度、Google、雅虎、中国搜索、搜狐搜狗以及新浪爱问等，谁将成为 2006 年的搜索引擎市场最大的赢家，让我们拭目以待。

（中国互联网络信息中心　孙秀秀　王恩海）

第 17 章　2005 年中国网络营销发展综述

与中国互联网的总体发展状况相似，2005 年，中国网络营销领域同样保持着持续快速发展的势头，不仅体现在网络营销服务市场规模的扩大上，而且体现在企业网络营销的专业水平提高、企业对网络营销认识程度和需求层次提升以及更多的网络营销资源和网络营销方法不断出现等方面。网络营销成为 2005 年互联网行业的热点话题，并在应用发展、理念创新和组织规范上都有了突破性发展，但同时也存在一些问题。

17.1　网络营销发展概况

艾瑞市场咨询的调研数据显示，2005 年，中国互联网的网络营销市场，逐渐改变了急功近利的价值追求，更趋向于理性化和专业化，有力地推动了网络营销市场的健康发展，网络营销市场持续快速增长，市场规模（不含渠道代理商收入）达到 41.7 亿元，比 2004 年 23.4 亿元增长了 78.4%，是 2001 年网络营销市场规模的 9 倍。从细分市场来看，2005 年，网络广告为 31.3 亿元，占互联网营销总收入的 75.1%；搜索引擎市场规模增长至 10.4 亿元，占整个市场的 24.9%；随着中国网络营销市场的发展，网络广告市场份额将有所下降，搜索引擎市场份额还将持续提高。

企业对网络营销的认识和需求层次提升。随着企业对网站推广效果提升的进一步期望，购买分散的网站推广产品，如网络实名、通用网址、分类目录登录以及搜索引擎竞价广告等尽管目前仍然是网站推广服务市场的主流，但已经无法满足企业网络营销的需要，向企业提供网站推广的整体方案成为网络营销服务市场的发展趋势之一。这也就意味着众多网络营销服务商将面临如何从产品销售型的网络营销服务 1.0 时代向顾问型网络营销服务 2.0 时代的战略升级问题。同时，网站优化对企业网络营销的价值也逐渐为企业所认识，并已成为网络营销经营策略的必然要求，其基本思想是：通过对网站功能、网站结构、网页布局和网站内容等要素的合理设计，为用户获取信息提供方便，即通过网站更好地向用户传递有价值的网络营销信息，发挥网站最大的网络营销价值。如果企业在网站建设中没有体现出网站优化的基本思想，在网络营销水平普遍提高的网络营销环境中是很难获得竞争优势的。

此外，为了加强网络营销领域的横向探讨和交流、鼓励创新和加快网络营销知识的普及和应用，2005 年 9 月，经国家信息产业部批准，中国互联网协会成立了中国互联网协会网络营销工作委员会，其宗旨是“推进互联网在企事业中的应用，促进网络营销与传播和电子商务的健康发展，为广大企业提供交流、研究、合作等的服务平台”。截至 2005 年底，短短 3

个月时间，已有超过100家企业申请成为会员单位。中国互联网协会网络营销工作委员会的成立，标志着中国网络营销在行业化和规范化等方面有了新的进展，对中国网络营销的发展具有积极意义。

17.2 网络营销主要细分市场发展状况

17.2.1 网络广告营销：蕴含商机

数据显示，在网络营销的各个细分市场中，网络广告仍是主力军，占整个网络营销市场的半壁江山。

艾瑞市场咨询的2005年中国网络广告年度报告显示，2005年，中国网络广告市场规模为31.3亿元，比2004年增长了77.1%，是2001年的7.6倍，并首次超过杂志广告的市场规模（18亿元），逼近广播广告的市场规模（34亿元）。虽然网络广告在广告市场中增长速度是最快的，但是业界普遍认为，网络广告市场的增长仍旧有巨大的发展空间，因为在中国，网络广告还只占到广告市场的3%左右，远低于美国的市场份额比例。

从网络广告主的行业上看，房地产、IT产品以及网络服务类3个行业在网络广告支出中居于主导地位。IT产品青睐网络广告，因为IT产品与互联网有着与生俱来的“血缘关系”。而房地产广告是最需要丰富的信息和互动的，购房人在选购房产前，需要了解大量丰富细致的产品信息。房地产商将电子地图、业主评论和大量互动信息加入到房地产广告中，自然深受网民欢迎。

从网络广告的表现形式上看，在31.3亿元的网络广告市场规模中，品牌图形类占65.2%，比2004年下降了8个百分点，而多媒体广告市场份额翻番，由2004年的1.7%上升到2005年的3.6%。多媒体广告因其综合了音频、视频、互动等因素，更加受到网民的喜爱，尽管目前它在网络广告中所占份额还很小，但毫无疑问将是网络广告在形式上的发展方向。

从网络广告媒体分布上看，2005年也出现了新的发展趋势，虽然主要门户网站仍然是最大的网络广告媒体，但其所占份额明显下降，而专业网站所占份额增加。2005年中国网络媒体前五位所占网络广告比重为53%，比2004年的73%下降了20个百分点。主要门户网站所占份额逐年减少，反映出网络广告市场集中度开始下降。其主要原因在于多家Web 2.0网站的迅速崛起，网络广告媒体资源增加，企业网络广告投放从集中于传统门户网站开始向新兴的网络媒体转移。随着网络媒体的不断发展和细分，越来越多的专业网站开始显示出对广告主的强烈吸引力。

总之，2005年，网络广告市场继续在网络营销领域扮演着主力军的角色，新的网络广告传播模式在管理技术和功能设计以及功能实现方面更贴进广告商各种不同的需求，网站和广告商之间的关系将更加密切。同时与广告代理公司之间的合作也将日益频繁。网络广告代理商将结合目前网络媒体新的传播模式开始从广告商的角度出发，利用互联网网络营销的传播优势为广告商策划“精准营销、联盟营销、整合营销”的广告投放方案，更近一步地拉近了互联网营销平台与广告商需求之间的距离，更加有力地推动了网络广告营销市场的进一步发展。

艾瑞市场咨询根据研究预测2006～2010年中国网络广告市场规模及增长率情况如图

17.1 所示。

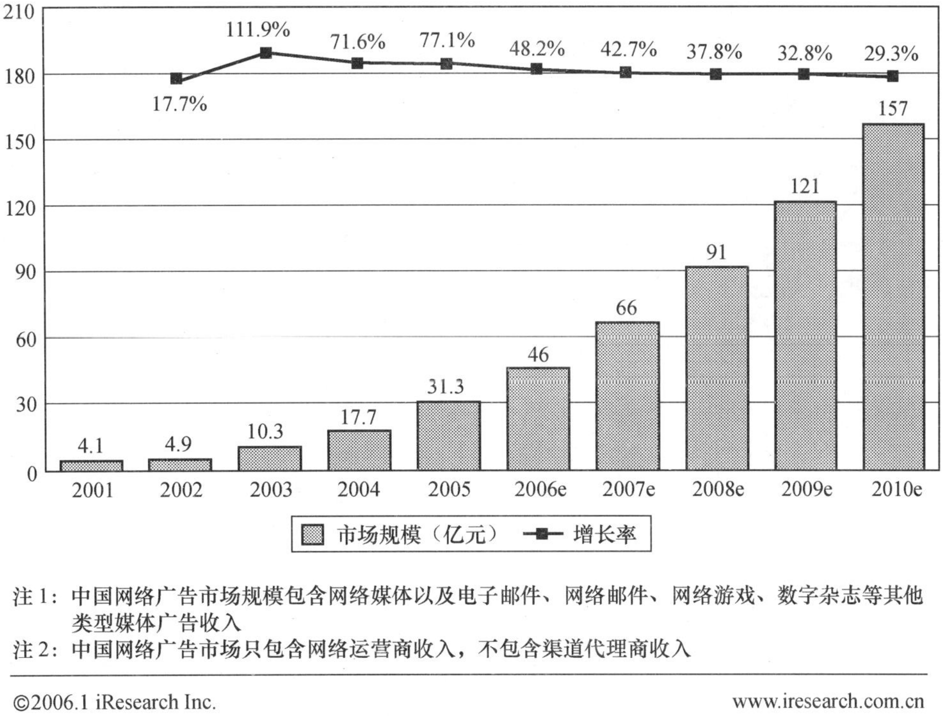

图 17.1　2001～2010 年中国网络广告市场规模及增长率

17.2.2　搜索引擎营销：第四桶金

2005 年，搜索引擎在中国异军突起，尤其是百度公司于 2005 年 8 月在美国成功上市，更是在中国掀起了中国企业广告主对搜索引擎的极大关注和热烈追捧。据艾瑞市场咨询调查数据显示：2005 年中国搜索引擎运营商收入规模达到 10.4 亿元人民币，比 2004 年增长了 81.9 个百分点，比 2001 年搜索引擎起步阶段的 0.5 亿元翻了 20 倍。艾瑞市场咨询根据研究预测，随着搜索引擎的使用逐步融入网民的日常生活以及企业用户对网络营销方式的逐步认可，2006 年中国搜索引擎运营商的收入将达到 19 亿元的规模，到 2010 年，将达到 100 亿元的市场规模，年增长率达到 41.2%。

方便、快捷以及日益平民化的搜索引擎被业界公认为继“广告、网络游戏和无线增值”之后互联网的第四桶金。随着搜索引擎营销市场的蓬勃发展与模式的层出不穷，越来越多的企业接受了搜索引擎这种营销形式。目前，浏览器搜索仍然是市场主流，但搜索引擎平台已经从浏览器逐渐向“桌面、移动”等平台不断延伸，搜索引擎的增值平台也将不断扩大，搜索引擎的应用日益普及，并将不断地扩大延伸到各个领域。

据赛迪顾问的相关调查数据显示，仅 2005 年中国使用搜索引擎营销的企业已经达到 42 万家，每家平均每年投入 2 600 余元。中国企业在 2005 年为使用搜索引擎服务所支付的费用高达 11 亿元多。

从搜索引擎服务市场的竞争格局看，2005 年，搜索引擎市场两强多局的格局初步形成，第二季度百度在中国网络搜索市场占据了 37%的市场份额，Google 的市场份额为 23%，百度和 Google 在中国搜索引擎市场的强势地位确立。另一方面，新浪“爱问”的发布、阿里巴巴整合雅虎中国进军搜索领域，加上早前搜狐推出的“搜狗”，搜索引擎在 2005 年也成为国内互联网市场的兵家必争之地，竞争不断加剧。

从发展趋势看，2005 年搜索引擎营销的发展呈现出专业化、产业化特征。传统的登录免费搜索引擎等简单初级的推广手段已经不适应网络营销环境，搜索引擎服务提供商适时地推出诸如关键词竞价广告、内容关联广告等产品（如百度的主题推广和搜狗的搜索联盟等），进一步增加了搜索引擎营销的渠道，并且扩展了搜索引擎广告的投放空间。对于企业营销人员来说，也就意味着开展搜索引擎营销需要掌握的专业知识更加复杂，例如对于网站优化设计、关键词策划、竞争状况分析、推广预算控制、用户转化率、搜索引擎营销效果的跟踪管理等，搜索引擎营销已经逐渐发展成为一个专业的网络营销知识体系。

搜索引擎营销的专业性提高也为专业的搜索引擎营销服务商提供了发展机会，搜索引擎优化公司和搜索引擎广告代理公司在 2005 年持续涌现，并在各自领域发展出一批有影响力的企业，搜索引擎营销的产业化趋势逐渐形成。不过，同国外搜索引擎营销市场上各种深度产品及服务相比，中国搜索引擎营销的整体水平还处在较低层次。

17.3 存在问题及面临机遇

17.3.1 存在问题

2005 年中国企业网站增长相对比较缓慢，是与网络营销整体发展状况不协调的一个突出问题。

企业网站是开展网络营销的综合性工具，专业性的企业网站是网络营销效果得以保证的基础，因此企业网站的数量和质量是反映网络营销总体发展状况的重要指标之一。根据中国互联网络信息中心的统计，到 2005 年底，中国 WWW 网站数量为 69.4 万个，其中企业网站 419 176 个（占 60.4%），与 2004 年底的企业网站数量（406 022 个）相比，增长了 3.1%。与我国 2 000 万左右的企业总数相比，拥有独立网站的企业所占比例仍比较低。从增长率方面看，企业网站数量的增长率不仅低于 WWW 网站总量增长率（3.8%），而且明显低于域名数量和上网人口等指标的增长率。这种现象反映出前几年企业网站建设发展速度较快，只重视数量而忽视质量，因为网站专业水平等因素的制约，使得企业网站未能为企业带来明显的效益，从而影响了更多企业建设网站的积极性。

企业网站建设的专业化水平不高，也是影响网络营销整体发展的一个重要因素。根据新竞争力网络营销管理顾问的调查，以机械行业为例，超过 75%的企业网站在专业性方面都存在非常突出的问题。这主要是因为大部分企业的网站建设工作都依赖于网络营销服务商的专业水平，而各个网络营销服务商的水平差别很大，由于没有权威性的专业性指导规范，不仅网站建设服务商为企业制作的网站没有可遵循的原则，而且各个服务商之间为争夺客户只能陷于低层次的价格竞争，其结果是，为了节省成本，使得企业建设的网站专业性得不到保证，或者因为服务商自身的水平不高，为企业建设的网站根本就没有实用价值。这种状况无论对于网络营销服务整体市场的进一步发展，还是对于企业的网络营销都是非常不利的。

此外，还有相当一部分企业并没有意识到网络营销对企业的重要性，同时大部分的中小企业不具备网络营销的基本条件，很多企业仍然把网络营销看做一个简单的企业网页或简单的网站。计世资讯的统计数据表明，还有 41.98%的企业对网络营销没有任何接触，而 47.91%的企业用户还处于网络营销的初级阶段，具有完善网络营销体系的企业只有 0.15%。因此，从企业角度来看，中国的网络营销还处在一个比较落后的阶段，当前中国网络营销市场仍然处于市场培养阶段，网络营销市场还有巨大的潜力需要“开荒”。

17.3.2　面临机遇

随着互联网经济再度火热，出现了越来越多的网络营销资源，其中包括可用的免费推广资源以及网络营销管理服务，如免费网络分类广告、网上商店平台和免费网站流量统计系统等，更多有价值的网络资源为企业网络营销提供了新的机会。

网络营销资源的增加不仅表现在免费资源的数量上，同时也表现在网络营销资源可以产生的实际价值方面。例如，现有领先的 B2B 电子商务平台通过与搜索引擎营销策略相整合，为潜在用户获取 B2B 网站中的商业信息提供了更多的机会，从而提高了 B2B 电子商务平台对企业网络营销的商业价值，也使得 B2B 电子商务打破了原有的只有付费会员登录才能获取商业信息的局面，在这方面，阿里巴巴和慧聪等行业领先者已经取得了突破性进展。这些更有价值的网络推广资源扩展了网络营销信息传递渠道，增加了中小企业网络营销的成功机会。

（天极网　范　锋　　新竞争力网络营销管理顾问　冯英建）

第 18 章 电子邮件服务发展状况

电子邮件由于具有电话通信的快速，邮政通信的直观性、方便和价格低廉等特点，同传统的通讯方式相比有着巨大优势，自出现以来便一直飞速发展。截至 2005 年底，中国上网用户总数达到了 1.11 亿，比一年前增长了 18%；2005 年中国电子邮箱总量为 2.7 亿，比 2004 年增长了 29%；网民平均每人拥有电子邮箱 2.2 个，免费邮箱 2.0 个，每周收发邮件数分别为 27.8 封和 12.1 封。

18.1 免费邮件服务模式

到目前为止，国内互联网上出现的免费邮件服务，按不同目的可分为 3 种模式：一是以带动网站的广告价值为主要目的而提供的免费邮件服务，二是以促进该网站的产品销售为主要目的而提供的免费邮件服务，三是对该网站的已有客户的回馈，同时为进一步提供增值服务增添一种营销渠道。

1. 主营业务

主营业务是邮件提供商提供的免费邮件服务中比较普遍的一种模式，最大特点是以广告的投放作为主要赢利方式，目前已成为各大门户网站或知名网站的必备服务项目，如新浪、网易和 Yahoo 等。

这类免费邮件服务对注册用户无任何条件限制。以新浪为例，只要用户登录新浪网站并进行申请、注册，即可获得该网站提供的免费新浪邮件账户，进行邮件的收、发、存储等功能。随着邮件系统功能的不断增强，邮箱服务的款项也不断增多，如提供地址本和自动回复等，部分网站还提供网络硬盘、相册、电子贺卡、积分奖励和个性化设置等附加功能。

可以说，这种免费邮箱的提供为网站与用户的沟通互动提供了一个良好的平台，为网络营销或者邮件营销提供了很好的渠道。

2. 渠道业务

这一类免费邮件的提供，是为了吸引人气，提高点击率，进而提升网站的知名度；同时也可通过提供邮件服务，向用户展示其强大且稳定的系统能力，以便带动其产品的销售。

比较典型的是一个邮件软件供应商亿邮。首先该网站向用户提供较强大的免费邮件服务，用户只要填写个人资料进行申请即可获得亿邮的邮箱。该网站主要提供日历、网摘、游戏下载、彩铃、彩信、手机屏保等产品的出售，通过吸引用户注册免费邮箱，提高了用户浏览该网站的几率，也同时提高了用户购买该网站产品的可能性，其实也就是从某种意义上为亿邮提供了其网站产品营销的渠道。其与第一种模式的本质不同就是，第一种邮件供应商的目的主要是提高网站的广告价值，而此种邮件提供商更主要的目的是带动该网站的产品的销售，同时也增强自己的知名度，提升市场竞争力。

3．增值业务

这种模式主要出现在一些基础运营商的网站，如网通、电信和移动等。该邮件提供商为其已有的客户提供免费邮箱服务，主要目的是作为其回馈客户的一种方式，同时也为今后向已有的客户提供或推广增值服务提供一个渠道。

以北京移动、北京网通为例，北京移动在其网站为移动客户提供免费邮箱服务，只要你是移动用户，登记你的个人资料及手机号码等进行确认即可以获得免费邮箱服务作为其回馈移动用户的方式之一，通俗地说就相当于赠品。北京网通也如此，在他们的网站提供宽带邮服务，凡是ADSL用户只要登录该网站，经过网站的ADSL验证即可注册申请一个免费邮箱，不过，作为邮件服务提供商，他们不仅提供免费邮箱，而且通过开设特别服务的收费邮箱来完善整个的邮件服务系统，同时也为该网站开拓赢利方式。

18.2 收费邮箱服务模式

收费邮箱是在免费邮箱发展到一定程度，用户对邮箱的稳定性、安全性和一些服务的功能提出更高要求的情况下产生的服务模式。收费邮箱的诞生为网站自身开拓了新的赢利空间，它与免费邮箱的主要区别在于，收费邮箱会向用户明确邮箱的增值服务（包括基本服务），并收取相关费用。它分为3种模式：个人收费邮箱、企业邮箱和邮件链接。

1．个人收费邮箱

个人收费邮箱是面向个人用户开设的收费邮箱服务，申请该服务的个人不具备独立的域名，而是用该邮件提供商的域名作为后缀，以自己设立的账户名来区别，同时以自己设立的账户为缴费单元的邮箱服务模式，新浪和263等都提供此种服务。

目前大部分网站提供的VIP邮箱，一般都按照不同的服务等级采取不同的收费标准。以容量选择最多的新浪VIP邮箱为例，其提供的邮箱容量从200MB到2GB不等，月收费最低5元；有些不提供月缴费服务的型号则按等级和类型，每年收取48～798元不等的费用。收费邮箱的安全性较高，同时速度也相对快，没有商业广告干扰，享受多重保护和网站的特别帮助服务，同时还可享受到网站提供的使用贺卡、相册、招聘、交友、日记，获赠自写短信等附加服务和网站提供的在线词典、天气预报、农历公历、计算器、定时发信额外的帮助。

此种模式适用于对邮件的机密和速度要求较高、邮件数量较大的商业人士。

2．企业邮箱

企业邮箱是网站为企业用户提供的一套由企业自主管理的邮件系统，所谓自主管理是指邮箱的分配和管理完全由企业自己的管理员来承担。管理员的账号和密码是在收到购买的服务号码之后进行注册时，由企业自己输入的。注册完成之后，管理员即可用此账号和密码登录自己的企业邮箱，进行邮箱的管理。之后用户就可以通过Web方式或使用客户端软件收发电子邮件。

此种邮件服务比免费邮箱在安全性和速度上都有相对提高，而且自主性更强。以新浪企业邮箱为例，支持把企业申请域名的MX记录直接指向新浪企业邮箱，非常方便，同时允许企业充分管理邮箱用户，自主添加用户，为每个用户分配不同的使用空间；提供邮件列表管理功能，为企业的客户、潜在客户、供应商、代理商、合作伙伴……建立不同的邮件列表，以便随时发送各种相关信息进行资源共享。

3．邮件链接

邮件链接服务是在 2005 年年底出现的一种新的邮件服务模式，代表提供商为微软和 Google。该种服务的前提是用户必须有个免费邮箱，同时用户向可提供邮件链接的服务商申请一个域名，然后即可把域名下所属的邮箱里的邮件转发到其拥有的别的网站的免费邮箱里，同时在别的免费邮箱发出的邮件也可通过此域名发出。

以 Hotmail 为例，如果用户拥有一个 Hotmail 的邮箱，那么就可以把他的一个域名的邮件记录交给微软，微软先验证这个域名是属于它的大写，然后微软便给用户提供几个邮箱账号，让用户设置这些账号的邮件要投到哪个免费邮箱里，简单地说就相当于邮件的转发，行业内称此种邮件为 Livemail。它只提供收和发这两个服务，不提供存储服务，收费也只对收和发这两项进行收费。目前微软也只在其 beta 3 进行测试，还未正式收费，但也将成为未来收费邮件的一种新的模式。

18.3 邮件广告营销

邮件广告营销是指邮件服务发展得比较成熟之后，邮件已成为一个营销的载体，并吸引众多企业通过这个载体进行的营销模式。它与网站的广告营销不同，专指一些企业通过发邮件进行广告宣传、产品推介的营销模式。由于刚开始时对此种广告形式没有形成正规完善的方式进行控制管理，因而部分广告邮件成为了最早的垃圾邮件。不过目前，正规的邮件服务提供商都形成了较成熟的管理模式，总体可分为 3 种：Opt-out、Opt-in 和 Double Opt-in。

1．Opt-out 模式

未经过收件人的任何许可，邮件的服务商向邮件接收者的邮箱中发送各类广告、电子刊物和各种形式的宣传品的电子邮件（即 Opt-out 邮件）的形式。这种模式发送的邮件通常会被用户当做垃圾邮件处理。

2．Opt-in 模式

为目前各大门户网站通常采用的模式，新浪、搜狐和网易都如此，而且一般只运用在免费邮箱中，在用户注册邮箱的时候，邮件服务商在注册协议保留向注册者发送广告邮件的权利，并把各广告营销邮件进行分类，供用户选择，给用户提供选择广告邮件的选择权，当用户确认选择后，邮件服务提供商则在今后对邮件进行筛选分类发给用户。

3．Double Opt-in 模式

此种模式一般都是较专业的邮件行销公司通常采用的模式，像 ChinaLOOP 和 eBay 等都采用此种模式，在用户注册其会员的时候，让用户自由选择要接受的广告邮件的类型，系统会根据这次选择发送确认信到用户指定邮箱，以便用户在下次登录邮箱时再次确认所要接受的信息广告邮件的类型，确保该选择为客户自己真正的选择，同时也避免客户在注册时的匆忙选择所带来的今后接受不喜欢的广告邮件时引起的不快，给用户充分的选择权。

18.4　垃圾邮件概况

垃圾邮件泛指未经请求而发送的电子邮件，如未经发件人请求而发送的商业广告或含有非法信息的电子邮件。通常包括如下 4 种表现形式。

1．病毒邮件

是指由病毒程序产生的邮件，即邮件由病毒自动发出，并肩负着传播病毒任务的行为。目前虽然中国还没有明确的法律法规规定病毒邮件就是垃圾邮件，但这种为病毒传播做载体的邮件，已经被互联网用户普遍认为是垃圾邮件。由于病毒邮件具有传播迅速、传播行为更具攻击性、产生的大量垃圾邮件阻塞信箱并极大消耗网络资源等特点，从普遍意义来讲，病毒邮件对用户造成的危害和影响最大。

2．进行恶意攻击的邮件

对互联网中的某个机构、网站或目标等进行恶意攻击的电子邮件也会被称为垃圾邮件。比如黑客控制一个或多个网络平台，利用平台发出数以万计的垃圾邮件攻击目标，造成被攻击网站网路堵塞，最终瘫痪。而被控制的网络平台则成了黑客的“替罪羊”。这些邮件会被以服务商为主体的人群视作垃圾邮件。

3．带有欺诈性的邮件

即以骗取用户资料或信任以达到非法所得为目的的邮件。通常是职业骗子发送大量电子邮件、弹出窗口及链接的网站，这些信息与用户信任的网站，如用户的银行或信用卡公司等极其相似，以此迷惑用户使其相信这些邮件的合法性。不加防范的用户可能会将其信用卡号、密码、账户信息或其他个人信息回复给这些邮件的发送者。以网络欺诈为目的垃圾邮件在 2004 年出现，在 2005 年给互联网上大量用户造成无法估计的损失。

4．Opt-out 邮件

即收件人事先没有提出要求或者同意接收的广告、电子刊物和各种形式的宣传品等宣传性的电子邮件。2005 年，Opt-out 邮件对互联网造成的影响十分恶劣，在服务商和个体都不容易界定 Opt-out 邮件的情况下，Opt-out 邮件被大量发送，在数量上远远超过其他垃圾邮件；而且在互联网上造成的消耗最大，一是消耗用户邮箱存储空间，二是消耗网络带宽，使用户接收、发送正常邮件时速度变慢。

垃圾邮件对互联网和用户的影响极其恶劣，由此反垃圾邮件企业、组织和法规应运而生。中国目前已经出现了一些专门发送垃圾邮件的企业，并逐渐形成了产业。而国际反垃圾邮件组织也对中国的邮件提供商提出与世界接轨的要求，主要是能接受垃圾邮件的投诉并有专门的机构处理投诉。到目前为止，中国只有为数不多的专业邮件服务供应商，如新浪、网易、搜狐和 21CN 等能接受垃圾邮件投诉并对之做出处理。在这 4 家互联网企业的引领下，中国的反垃圾邮件组织和企业将会日益成熟，推动中国反垃圾邮件产业的发展。

18.5　相关问题

1．邮箱扩容连锁反应

2005 年波及范围最广、影响时间最长的莫过于邮箱扩容。2005 年，Google 率先大幅扩容邮箱，在这种情况下，国内邮件服务商迫于市场压力不得不进行邮箱扩容。但由于其自身技术并未达到支持大容量邮箱的水平，扩容后服务商提供的邮件服务质量明显下降；同时一些用户把大容量邮箱作为移动硬盘使用，过度地消耗带宽和存储资源；更有部分用户甚至不法分子利用大容量邮箱存储大量反动或色情信息。

从某种角度看，国内电子邮箱业已经在服务商间的激烈竞争下出现了“泡沫经济”，宣传上给与用户 2GB、3GB 甚至不限量的免费邮箱空间，而实际对于邮件服务商，在目前的存储技术下每一个用户都使用到数 GB 空间时，从成本上根本无法承受。因此一些服务商，尽管容量上提供了 2GB 以上甚至几十 GB 的空间，但是采用了限制邮箱总封数以及限制用户每日收发邮件总次数的做法来降低自己的成本。

其实对于普通的互联网用户而言，“邮箱”这个名词，从互联网进入中国至今，一直代表着一种互联网的通讯方式，多数用户认为 100MB 的空间已经够用了，更加看重的是邮件收发本身的安全稳定和快捷。同时，对于用户逐渐产生的网上存储的需要，现在有很多网站都推出了自己的网络硬盘产品，邮箱则应该从扩容的盲目市场竞争中重新审视自身的核心竞争力。

此外，邮箱扩容也给周边行业带来了市场机会。有统计称，到 2005 年底，国内免费邮箱的用户人均占用空间已经从 2004 年的 1MB 多增加了将近 10 倍。2005 年 07 月，新浪邮箱因网通机房持续高温而暂停服务的“中暑”事件，从另一个侧面透露了邮件运营商对大容量存储设备以及机房的新的需求。

2. 反垃圾措施有待规范

2005 年，中国互联网上垃圾邮件的泛滥和管制措施的乏力，已经引起国际多家网络安全组织的关注及强烈抗议。截至目前，已有部分国外反垃圾邮件组织针对来自中国的垃圾邮件采取防范和打击措施，如 five-ten-sg.com 从 2001 年 4 月开始就将整个中国内地的 IP 地址列入黑名单；著名的黑名单组织 SPEWS，甚至用“连坐惩罚”的方法对待中国的互联网服务商——只要有一个用户发送垃圾邮件，就把所属服务商的整个 IP 段都封掉，无辜用户无辜受累也只能自认倒霉，网易、新浪和搜狐等门户网站的 IP 地址也都有被封的记录，严重影响了国内用户与国外正常的电子通讯。

当然，这些打击措施中的一些有失公允，但不可否认，过去所有的垃圾邮件事件已经让中国互联网的国际形象严重受损，甚至整个国家都被插上了“不负责任”的标签，后果无疑是十分严重的。可见，中国的垃圾邮件处理问题确实该认真面对了，反垃圾邮件工作与国际的接轨已是刻不容缓。

在国际通行的电子邮箱标准中，邮件服务商需要支持发送邮件 IP 的反解析，使域名和 IP 相对应，接受邮件方很容易判别发送方的真实身份，从而实现了邮件的高发出率。在这方面，国外和中国台湾做得比较到位。而在大陆，由于电信基础设施的不完善，接入商通常不支持 IP 反解析。这样，收到邮件通常就只知道 IP，不知道邮件来自哪家公司。当某家邮件服务商增加了服务器和新的 IP 没有通知到其他服务商的时候，其他服务商就有可能封掉新 IP，而不能真实有效地屏蔽垃圾邮件来源。在这种情况下，国内的几大邮件服务商只能通过自己收集国内 IP 列表，判断仿造发送垃圾邮件的地址。

目前，国际上电子邮件服务通行 RFC 标准，但国内的服务商在这方面都做得不够完善。因为实现 RFC 标准需要一定技术实力，如果国内大型邮件服务商都做到发出的邮件格式符合

RFC 标准，就可以认为不符合 RFC 标准的邮件为垃圾邮件加以过滤。

此外，电子邮件越来越成为被公众认可的正规信息沟通手段，而要想使电子邮件真正成为可以作为法律证据的通讯方式，就有必要根据用户需求采用实名制。从反垃圾邮件的角度看，也是非常有利的。

用户实名同样需要邮件运营商的实名制，这就是高安全性的传输加密协议 HTTPS，它可以确保域名指向其真正的拥有者网站。这种方式，国外的 Gmail 和 Hotmail 等服务商已经采用。

反垃圾邮件是一项艰苦的工作，需要各大邮件服务商的联手合作。垃圾邮件无论怎样伪装成正常邮件，都会留下一个线索，就是最终的受益人。垃圾邮件的发送者一定会留下其宣传的公司名、网址和联系方式、手机号等信息。这样，邮件服务商就可以通过过滤受益人特征来屏蔽垃圾邮件。国内主要的邮件服务商如新浪等都已开展了这项工作，但要想深入进行，需要各大服务商通力合作，共享受益人信息资源。

3．免费邮箱与邮件广告

作为用户认为的垃圾邮件的一种，Opt-out 邮件广告和免费邮箱一直如影随形，引起了诸多的非议。因为未经收件人许可，邮件广告的确给用户带来了不便，但同时也应该看到，一种免费产品，服务商必然需要在其他方面至少收回成本，以维持免费产品的运营。在免费邮箱的最主要收益来源——广告中，邮件广告是其重要组成部分。为了减少用户的不适，一些服务商也在用户使用协议中加入了同意接受广告的相关条款。如果过分限制免费邮箱中的广告，只能让这种免费服务的变更、撤销变得更加不可控，用户和服务商的利益都得不到保障。因此，在对垃圾邮件进行立法规范的同时，有必要规范服务商发送邮件广告的形式，使服务商的合理广告能够合法化，进一步使免费邮箱这种产品长期可持续地发展。

4．邮件运营商与自由软件

随着计算机技术在中国的发展，自由软件也随之蓬勃兴起，其中不乏被广泛应用的优秀软件。在国内的邮件运营商中，也不同程度地使用着自由软件，另一方面，运营商也开始意识到对自由软件支持的重要性，如新浪，通常会倾向于雇用自由软件社区的人员，同时鼓励其员工利用业余时间在自由软件社区进行工作，在使用自由软件中遇到的问题会及时反馈到相关社区人员。

18.6　监管政策

据调查，中国网民每年收到电子邮件 500 亿封，其中 60%以上为垃圾邮件，中国已经成为世界上仅次于美国的第二大垃圾邮件泛滥的国家。2005 年，国家相关部门积极考虑和制定反垃圾邮件的方法、方式、规范、制度甚至立法。2005 年是一个整体行业对垃圾邮件重视度相当多和频繁的一年。

1．发起垃圾邮件立法工作

垃圾邮件的治理需要从两个方面着手，一个是立法，另一个是技术。因为目前中国的邮件过滤技术尚不完善，因此反垃圾邮件立法显得尤为重要。从 20 世纪 90 年代后期开始，美国已经针对反垃圾邮件立法，其相关法律规定：禁止未经互联网用户请求向其信箱发送任何电子邮件，同时允许网民个人向垃圾邮件制造者提起诉讼。中国的反垃圾邮件立法工作早在

2004年初，中国互联网协会反垃圾邮件协调小组就发出呼吁，有关部门应加快反垃圾邮件立法进程，尽快形成依法促进和保障互联网行业健康发展的良好环境。2005年，西方的网络发达国家陆续立法，使我们有所参照，而中国互联网协会也已成立了反垃圾邮件的协调小组，经过一年的努力形成了反垃圾邮件公约，反垃圾邮件立法的基本条件已基本成熟。

2．电子邮件国家标准草案的制定

随着垃圾邮件对互联网和用户的危害日益扩大，国际上出现了一系列反垃圾邮件的草案。对于垃圾邮件的界定，美国已有相关标准，对垃圾邮件有一定的规定和描述，并对治理垃圾邮件进行相关约束。为与国际接轨，2005年中国相关部门也开始着手征集互联网上垃圾邮件的标准。新浪和网易等知名运营商曾多次参与并提出相关提议、建议。

3．《互联网电子邮件服务管理办法》

2006年3月30日，信息产业部颁布的《互联网电子邮件服务管理办法》开始实施。该《办法》对电子邮件服务提供商的服务做了细致规定，对于广告电子邮件，未经互联网接收者明确同意，不得向其发送包含商业广告内容的电子邮件；发送包括广告的电子邮件时，应在邮件标题上注明“广告”或“AD”字样；对发送垃圾邮件情节严重者予以惩罚，受垃圾邮件侵扰的用户从此也将走出邮件服务维权无法可依的尴尬现状。《互联网电子邮件服务管理办法》的实施标志着中国反垃圾邮件事业迈上了新的台阶。

18.7 行业协会以行业自律形式开展反垃圾邮件行动

作为一种极为重要而且广受欢迎的通信方式，电子邮件已经成为全球数以亿计的电子邮件用户赖以进行商务活动或私人联系的通信方式。垃圾邮件在世界上很多国家和地区肆意泛滥，传播欺诈、色情和病毒等有害信息，耗费大量公共网络资源，危害网络信息安全，浪费网民时间，已经成为制约和影响互联网电子邮件服务健康、快速发展的一个全球性问题。中国的垃圾邮件数量位居全球第二。中国对垃圾邮件一直奉行法律规范、政府监管、行业自律和技术支撑的综合治理原则。

中国互联网协会从2002年底成立反垃圾邮件协调小组，至2005年12月联合国内邮件服务提供者、互联网接入服务商、教育科研机构和反垃圾邮件产品制造商等正式成立反垃圾邮件工作委员会工作至今，一直在与垃圾邮件进行着不懈的斗争。针对垃圾邮件在中国泛滥的实际情况，经过调查和分析，采取了如下措施。

（1）制定《中国互联网协会反垃圾邮件规范》和《中国互联网协会互联网公共电子邮件服务规范》，组织包括国内主要邮件服务提供企业在内的协会会员签约，自觉遵守两个规范。

（2）面向网民制定《拒收垃圾邮件指南》，并作宣传普及，分别从如何防止、如何过滤以及如何举报垃圾邮件三方面给予用户指导和帮助。

（3）组织全国有邮件服务器的协会企业会员关闭默认的“开放转发”（Open Relay）和“开放代理”（Open Proxy）功能。

（4）开展反垃圾邮件调查，迄今为止供发布8期《中国互联网协会反垃圾邮件调查报告》，为政府、业界和全社会的反垃圾邮件工作提供数据参考。

（5）定期公布垃圾邮件服务器IP地址黑名单，号召会员单位联合抵制黑名单地址发出的邮件。

（6）积极与反垃圾邮件国际组织建立沟通渠道，如 Spamhaus 和亚太地区反垃圾邮件联盟等，探索、尝试国际间的合作。

经过全行业不懈的努力，垃圾邮件治理工作初见成效。根据中国互联网协会历次反垃圾邮件调查得到的普通网民每周收到的垃圾邮件所占比例和数量，分别如图 18.1 和图 18.2 所示，从 2003 年底至 2004 年 9 月，垃圾邮件一直呈连续上升趋势。但是，在 2005 年 4 月的这次调查中，垃圾邮件数量首次出现下降，并且在随后的两次调查中只呈现了微弱增长，总体来看，2005 年垃圾邮件的泛滥趋势得到了控制。

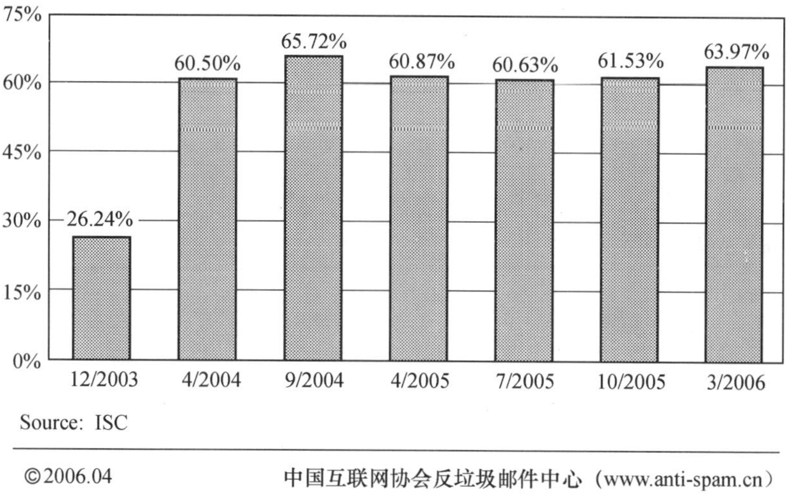

图 18.1　网民每周收到垃圾邮件占全部邮件的比例

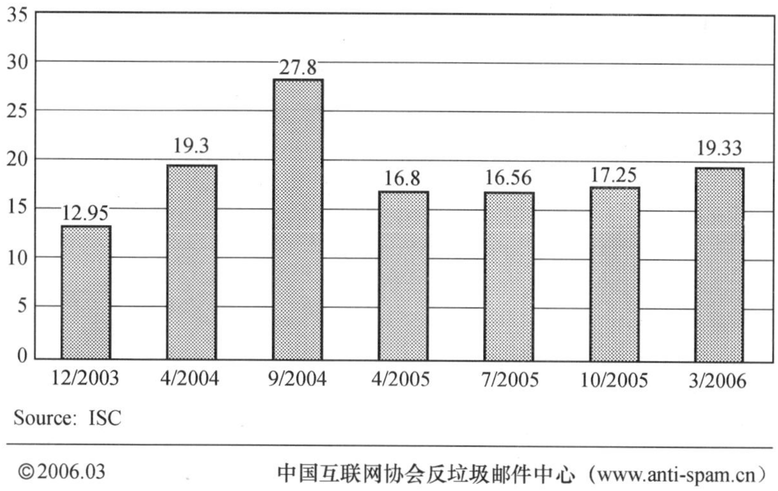

图 18.2　网民每周收到垃圾邮件的数量（封）

然而，在2006年的第一次调查中，垃圾邮件数量出现反弹。为进一步治理提供依据，我们根据调查对垃圾邮件的种类进行了分析，结果表明：网上购物、色情暴力和钓鱼欺诈等类的垃圾邮件泛滥较严重，如图18.3所示。由图例可以看出，网上购物邮件一直是用户收到垃圾邮件最多的一类，其次是色情暴力。两类垃圾邮件在2005年所占比例均居高不下，这3类垃圾邮件在 2005 年全年，均呈现平缓上升趋势，综合治理工作依旧任重而道远。

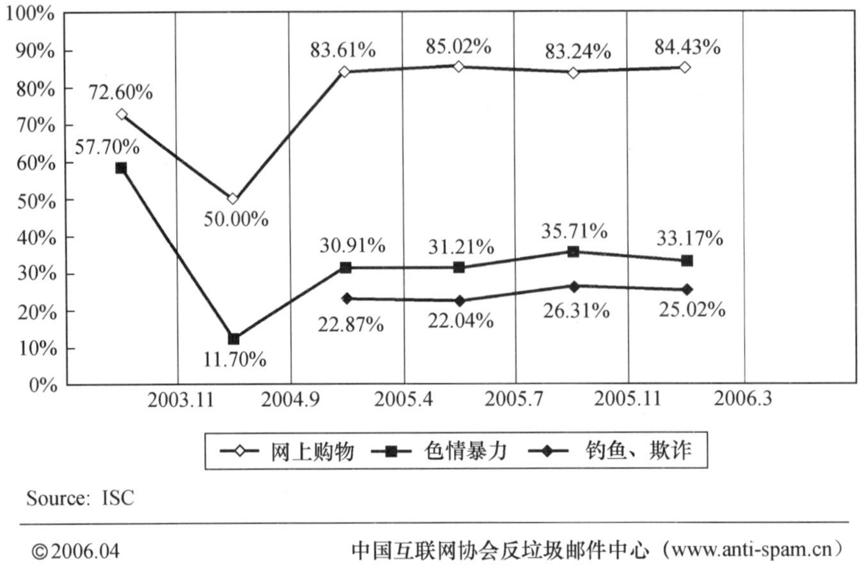

图 18.3　网民收到部分典型垃圾邮件内容的比例

（新浪网技术（中国）有限公司邮件技术部　中国互联网协会反垃圾邮件中心）

第 19 章　中国网络科普调查报告

19.1　中国网络科普基本概况

19.1.1　基本概况

网络科普是以互联网为媒介，向社会公众普及科学技术知识、传播科学思想、科学方法、弘扬科学精神的传播活动形式。本报告中所调查的具体范围是以网络的形式、以公益性目的为主的向社会公众开展网络科普的网站和栏目（频道）。其中，科普网站指的是以科普类信息和服务为主的网站；科普栏目指的是非科普网站的科普频道或栏目，包括公务网站、学术网站、综合性网站及其他网站中的科普频道或栏目。

1．总数

截至 2005 年 12 月，符合本次调查界定范围的科普网站及栏目共计 468 家，其中 60 家在调查期间无法打开，实际运行的科普网站及栏目为 408 家，其中科普网站 253 家、科普栏目 155 个，数字如表 19.1 所示，二者所占比例对比如图 19.1 所示。

表 19.1　　科普网站、科普栏目数量及比例

科普网站科普内容含量	数　　量	所占比例
科普网站	253	62%
科普栏目	155	38%

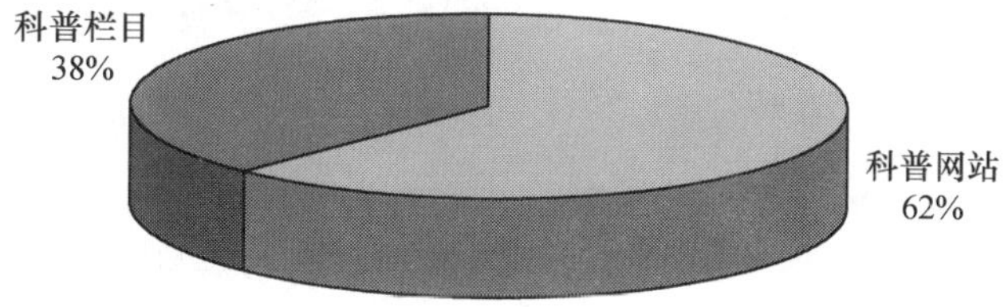

图 19.1　科普网站、科普栏目比例

2．主办方情况

依据科普网站（栏目）的主办方，调查课题组将中国 408 家正常运行的科普网站（栏目）分为 11 个类型，即各级科协的科普网站、中科院系统科普网站、学校等教育机构科普网站、社团学会组织科普网站、科普场馆台网站、政府有关部门科普网站、个人科普网站、媒体科普网站、共青团系统科普栏目、企业科普网站和大型综合性商业网站科普栏目。各类型科普网站数量如表 19.2 所示，各占比例情况如图 19.2 所示。

表 19.2　　各类型科普网站（栏目）数量及比例

类　　型	数　　量	所占比例
个人网站	83	20.34%
科协网站	78	19.11%
媒体网站	51	12.50%
社团学会组织网站	45	11.03%
政府部门网站	44	10.78%
中科院网站	28	6.86%
科普场馆台网站	25	6.13%
学校等教育机构网站	22	5.39%
企业网站	11	2.70%
大型综合性商业网站科普栏目	11	2.70%
共青团网站科普栏目	5	1.22%
其他	5	1.22%
共计	408	100%

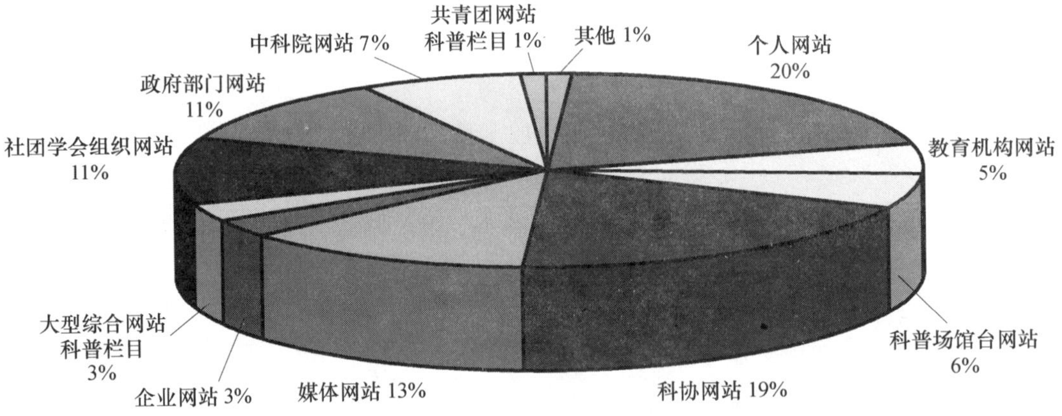

图 19.2　各类型科普网站（栏目）比例

3. 网站的内容定位分类

根据科普网站（栏目）的专业内容定位，本次调查将中国目前的科普网站分为综合性科普网站（栏目）和专业性科普网站（栏目）两大类。二者的具体数量和所占比例分别如表 19.3 和图 19.3 所示。

综合性科普网站（栏目），内容涉及多个不同专业领域的科普信息，如中国科普博览、公众科技网和新浪科学探索频道等。相对于综合性科普网而言，以提供某一个专业领域的科普信息为主的为专业性科普网站（栏目），如天文网和恐龙网等。这类网站主要集中在个人、学校等教育机构、中科院系统和社团学会组织等四类科普网站（栏目）中。

表 19.3　　综合性科普网站（栏目）、专业性科普网站（栏目）数量及比例

内 容 定 位	数　　量	所占比例
综合性科普网站（栏目）	186	45.59%
专业性科普网站（栏目）	212	51.96%
内容定位不明	10	2.45%

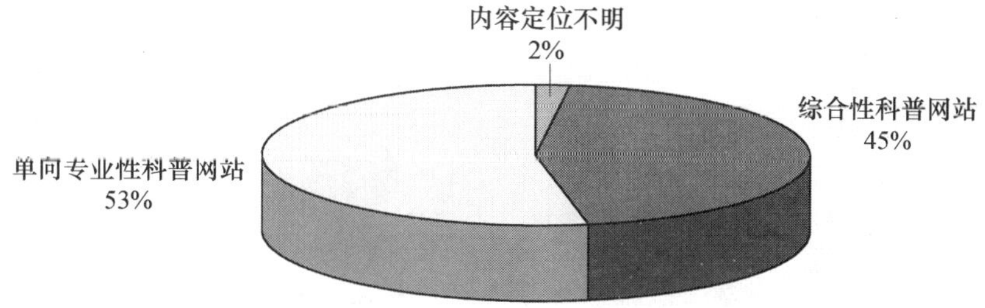

图 19.3　综合性科普网站（栏目）、专业性科普网站（栏目）比例

19.1.2　代表性科普网站（栏目）监测调查结果

1．栏目类型

（1）“网站链接”、“新闻”和“前沿信息”类栏目是科普网站中较为常规的类型。监测调查结果显示，75%的科普网站设置了“网站链接”类栏目，60%有“新闻”类栏目，54%有“前沿信息”类栏目，50%的科普网站有“专稿”类栏目。

（2）“网上科普场馆、画廊”、“专家观点”和“科技人物”属于科普特色栏目，设置了这 3 类栏目的科普网站（栏目或频道）比例分别为 34%、35%和 30%。

（3）“游戏或实验”和“网友交流”类栏目能够体现网络科普交互性强、便于公众参与的优势。有 14%的科普网站（栏目或频道）设置“游戏或实验”类栏目，有 21%的科普网站（栏目或频道）设置了“网友交流”类栏目。

各种类型的栏目在科普网站中所占比例如表 19.4 所示。

表 19.4　　科普网站栏目类型

科普网站栏目类型	具备该项的科普网站比例	科普网站栏目类型	具备该项的科普网站比例
首页目录	98%	服务信息	42%
网站链接	75%	专家观点	35%
新闻	60%	网上科普场馆画廊	34%
前沿信息	54%	科技人物	30%
专稿	50%	网友交流栏目	21%
专业资料	44%	游戏或实验	14%

2．网站架构

（1）50%的科普网站（栏目或频道）其首页有 3～5 个一级栏目；32%的科普网站（栏目或频道）的首页有 6～10 个一级栏目；首页一级栏目超过 10 个，架构较复杂的科普网站（栏

目或频道）占 13%；首页为 1～2 个一级栏目，架构较简单的科普网站（栏目或频道）占 5%，如表 19.5 所示。

表 19.5　首页一级栏目数量

首页一级栏目数量	1～2 个	3～5 个	6～10 个	10 个以上
所占比例	5%	50%	32%	13%

（2）51%的科普栏目具有 3～5 个层次，45%科普栏目具有 0～2 个层次[1]，具有 6 个以上层次的科普栏目占 4%，如表 19.6 所示。

表 19.6　主要栏目的层次数

主要栏目的层次数	0～2 个	3～5 个	6～9 个	10 个以上
所占比例	45%	51%	3%	1%

3. 内容类型

（1）涉及“生物”方面内容的科普网站（栏目）最多，占科普网站（栏目）总数的 52%；涉及“天文航天”方面内容的有 45%；涉及“生命科学”方面内容的有 41%；涉及“环境与生态”方面内容的有 39%。

（2）14%的科普网站（栏目）提供农业方面的科普内容；涉及“探险”、“科学假说或预言”等方面内容的科普网站（栏目）数量也较少，所占比例分别为 14%和 12%。

各方面的内容在科普网站中所占比例如表 19.7 所示。

表 19.7　科普网站信息内容分类

科普网站信息内容分类	具备该项占科普网站比例
生物	52%
天文航天	45%
生命科学	41%
环境与生态	39%
自然地理	34%
历史考古	31%
海洋科学	24%
医药保健	23%
科学轶事	18%
基础科学（数理化等）	17%
探险	14%
农业	14%
科学假说或预言	12%
其他（时间、消防等）	9%

[1] 监测中有个别网站栏目没有细分层级。

4. 信息来源

（1）49%的科普网站中“未标明来源的信息”占信息总量的第一位，可以说信息来源标示不规范现象在科普网站中普遍存在。

（2）28%的科普网站（栏目或频道）主要依靠转载国内媒体信息，4%的科普网站的信息主要译自国外媒体。转载的信息主要来自一些权威性及知名媒体，排名前几位的媒体分别是新华社、中新社、光明日报、大众科技报和人民网。

（3）19%的科普网站其原创或有版权的内容占信息总量的第一位。

监测调查发现，媒体科普网站（栏目或频道）大多登载自己组织的原创或有版权的科普内容，是拥有原创内容最多的一类。其中，一部分媒体网站的内容比其传统母媒体更丰富、多样，如人民网科技频道、新华网科技频道和千龙网科技频道。还有一些媒体科普网站则基本是传统发行物的电子版，如北京科技报网络版、小哥白尼和上海中学生报科学频道。

科普网站的内容来源情况如表 19.8 所示。

表 19.8　　科普网站的内容来源

科普网站的内容来源	未标注来源、无法辨别的信息占总体信息第一位	引自媒体的信息占总体信息第一位	原创或拥有版权的信息占总体信息第一位
所占比例	49%	32%	19%

（4）47%的科普网站（栏目或频道）的部分信息来自知名媒体，主要包括新华社、中新社、人民日报和光明日报等；53%的科普网站（栏目或频道）的信息或未标明来源或信息主要来自博客、论坛等非正规媒体。

（5）分别有 20%左右的科普网站（栏目或频道）提供原始文献以及与文章内容相关的资源，而没有提供的则近 80%。

提供原始文献使科普网站（栏目或频道）发布的信息有据可查，有助于提升受众对信息的信任程度；与信息相关的资源则能够帮助受众检验网站信息是否正确、客观和全面，还有助于受众深入、多角度地理解信息。

科普网站的信息来源情况如表 19.9 所示。

表 19.9　　科普网站信息的准确性

准确性	网站转载信息来源知名	以链接形式提供与文章内容相关的资源	提供原始文献
	47%	22%	21%

5. 时效性

45%的科普网站每月更新一次或更少，其中 1/3 左右的网站一个月以上未更新；26%的科普网站每天更新信息，7%的网站平均每周更新 4 次或以上；另有 9%的网站没有信息发布时间的标示，具体数字如表 19.10 所示。

表 19.10　　科普网站信息的时效性

时效性	每天更新	平均每周更新 4 次或以上	平均每周更新 1～3 次	平均两周更新 1 次或以上	平均每月更新 1 次或以上	一个月或以上未更新	不定期更新或未表明发布时间
	26%	7%	9%	4%	12%	33%	9%

6. 信息表现形式

（1）科普网站（栏目或频道）的表现形式目前主要是文字和图形文件。96%的科普网站（栏目或频道）有图形文件，100家代表性网站（栏目或频道）中有4家个人科普网站的表现形式只有文字。

（2）34%的科普网站（栏目或频道）提供了有效的音频、视频和Flash等多媒体文件。

（3）17%的科普网站设置了游戏或实验。在按主办方类型划分的11类科普网站中，设置游戏或实验的较多的网站主要集中在教育机构和科协系统。

科普网站的信息表现形式情况如表19.11所示。

表19.11　　科普网站信息的趣味性

趣味性	有图形文件	提供有效的音频、视频和Flash等多媒体文件	设置游戏或实验
	96%	34%	17%

7. 信息服务

（1）88%的科普网站（栏目或频道）中信息可以下载，12%的科普网站（栏目或频道）无法下载其中的信息。

（2）科普网站（栏目或频道）的平均链接速度为2.61秒，整体来看偏慢；有1/4的网站链接速度很快，平均在1秒以内；另有16%的科普网站链接速度很慢，100个抽查样本中速度最慢的为13.9秒。

（3）42%的科普网站具有搜索功能；提供指南、导言和网站地图等帮助信息的科普网站占36%。

科普网站的信息服务能力如表19.12所示。

表19.12　　科普网站的信息服务能力

信息服务	信息可以打印、下载	能够按分类、题目和关键词等途径进行检索	提供指南、导言和网站地图等帮助信息	新近或重要信息发布时，网页上有漂浮站标	网站的链接速度
	88%	42%	36%	25%	2.61秒

8. 交互性

（1）68%的科普网站（栏目或频道）提供与网站联系的方式，包括"联系我们"或其他线上线下的联系方式。

（2）20%的科普网站（栏目或频道）提供新闻信息评论，21%提供网络留言板，22%提供论坛。

综合性商业网站的科普栏目中，60%以上提供了新闻信息评论和论坛；50%以上的媒体科普网站提供了新闻信息评论和论坛。

（3）17%的科普网站（栏目或频道）设置"在线调查"。

科普网站的交互性情况如表19.13所示。

表19.13　　科普网站的交互性

交互性	提供联系网站创办者的方式	提供论坛	提供网络留言板	提供新闻信息评论	设置在线调查
	68%	22%	21%	20%	17%

19.2　中国网络科普基本特点和存在问题分析

19.2.1　中国网络科普的基本特点

1. 主办方类型多元

主办方类型多元，大多数网站由国家财政支持建设和维持运转，质量、规模和影响力各具千秋。

中国科普网站（栏目）的主办类型多元。本次调查显示，中国科普网站（栏目）的主办方有 11 类，包括各级科协、中科院系统、共青团系统、教育机构、社团学会组织、科普场馆台、政府有关部门、个人、媒体、企业和综合性商业网站。其中，各级科协、媒体和社团学会组织三类主办方的科普网站占总数的 42.64%。

以个人兴趣为主建设的专题科普网站数量众多（83 个，占总数比例为 20.34%），相比而言规模较小。

在 11 类科普网站中，多数网站的资金来源主要依靠国家财政支持，如各级科协网站、政府部门网站、教育机构网站、中科院系统网站和共青团系统网站等。除企业科普网站和综合性商业网站的科普栏目之外，中国科普网站基本无市场化运作和经营行为。

总体来看，中国开展科普工作和活动的 11 类主要组织和机构基本上都涉及了网络科普，但各个网站（栏目）在规模、质量和影响力等方面参差不齐。

在各类科普网站（栏目）中，综合性商业网站的科普栏目普遍点击率较高、知名度和影响力较高。大部分媒体科普网站由于拥有母体传媒的知名度优势，形成了一定的影响力。

科协和中科院系统中的科普网站（栏目）数量较多，然而其中的信息量、知名度和影响力差异也较大。这些网站（栏目）依靠各自研究所自身的资源与研究成果优势，在网上内容的原创性、知识性和专业性等方面优势明显。

而教育机构、社团学会组织、科普场馆台、政府有关部门、共青团系统以及个人的科普网站则在知名度、影响力、用户群体等方面稍逊一筹。

2. 各种类型的网站初具规模

各种类型的网站初步形成了基本的模式，一批有一定规模、有比较鲜明的特征的优秀网站已经出现。

自 1997 年中国出现第一批科普网站（栏目）以来，各种类型的科普网站（栏目）经过数年的发展建设，可以说基本模式已初步形成，如首页目录、新闻、服务信息、网站链接和专稿等已经成为科普网站（栏目）较为常规的内容模式设置。

一批特征较鲜明的优秀科普网站（栏目）涌现出来。有的是最早的大型专业化科普网站，如中国公众科技网；有的以中英文虚拟博物馆群见长，如中国科普博览；有的地方特色鲜明，如北京科普之窗、苏州科普之窗等；有的在网站内容上独具特色，如时间科普网、御虎——国防科普知识网、地球纵观环境科普图书馆等。地球纵观科普图书馆网站的多媒体内容在 100 个抽查样本中最为丰富，该网站收集了各个组织提供的千余部科教片，并且网速也较快；还有一些科普网站的访问量、知名度和影响力都较高，如人民网科技频道、新浪网科学探索频道和网易科学频道等。

2005 年 9 月，在中国第一届“优秀科普网站和栏目”的评比活动中，北京科普之窗网站、科技之光网站、时间网站、苏州科普之窗网站、中国公众科技网、中国国家地理中文网和中国科普博览网站获得了“优秀科普网站”奖；人民网科技频道、新浪网科学探索频道、网易科学频道则获得了“优秀科普栏目”的称号。

3. 科普网站已经初步形成规模，但整体影响力亟待提高

中国科普网站已经在互联网的发展中占有一席之地，具备了一定的数量，形成了初步的规模，但整体影响力还亟待提高，集中体现在科普网站点击量和其他类型网站的差距上。

科普专业性强、受众细分，因此，不应将科普网站的流量与一般综合性网站和新闻网等做简单比较，而做出质量高低的结论，但点击量还是在一定程度上反映了网站影响力的情况。调查中，课题组参考第三方网站监测机构 Alexa 上的数据，对中国科普网站与其他类型网站的点击量进行了一个比较，当然，这仅仅是为影响力分析提供一些参考。

中国互联网协会网络科普联盟组织的第一届全国优秀科普网站评选活动共有 10 家获优秀奖网站，本课题选出了 8 家，参考第三方网站监测机构 Alexa 上这 8 家网站的点击量情况，数据于 2005 年 11 月 30 日从 Alexa 获取，以 2005 年 9 月～11 月为考察的时间段。这一段时间里，有重大科技事件发生（2005 年 11 月神舟 6 号成功运行），中国公众科技网、科技之光、中国科普博览等多家网站都达到了 2005 年被浏览次数的最大值或者是第二高的数量。其中，点击量最高的是公众科技网，每 1 亿人中访问该网站的平均人次为 10 450；最小的是御虎国防科普知识网，每 1 亿人中访问该网站的平均人次为 450。这 8 家优秀科普网站的平均访问人次在 4 300 左右，不足门户网站平均访问人次的千分之一，只相当于新闻网站平均访问人次的百分之一。各科普网站在 2005 年 9 月～11 月中点击量如表 19.14 所示。

表 19.14　　各科普网站在 2005 年 9 月～11 月中的点击量

网 站 名		2005 年 9 月初～11 月底 3 个月中访问该网站的平均人次（每 1 亿人中）
科普网站	科技之光	7 300
	时间	2 450
	苏州科普之窗	2 350
	御虎国防科普知识网	450
	中国国家地理中文网	5 150
	中国古生物网	1 750
	中国公众科技网	10 450
	中国科普博览	4 600
	科普网站平均	4 300
门户网站	新浪网	5 895 500
	搜狐网	3 905 000
	网易	4 378 500
	门户网站平均	4 726 300

续表

网　站　名		2005 年 9 月初～11 月底 3 个月中访问该网站的平均人次（每 1 亿人中）
新闻网站	新华网	855 000
	人民网	501 500
	中国新闻网	149 500
	新闻网站平均	502 000

通过 Alexa，我们还可以查看到一些网站一年流量变化曲线图以做参考分别如图 19.4、图 19.5 和图 19.6 所示。

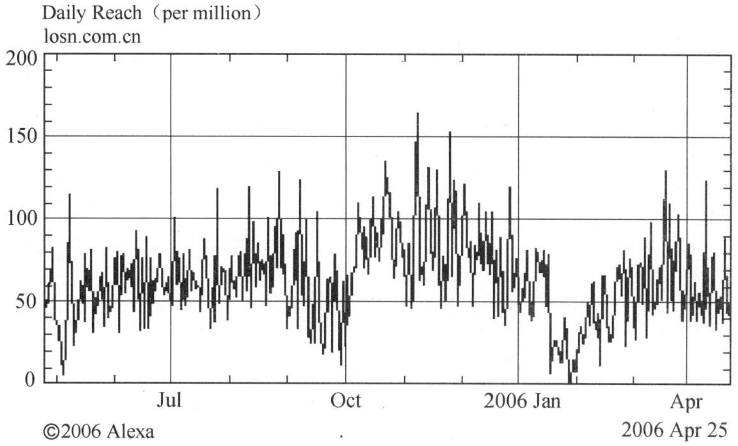

图 19.4　科技之光 2005 年 4 月～2006 年 4 月流量变化曲线图

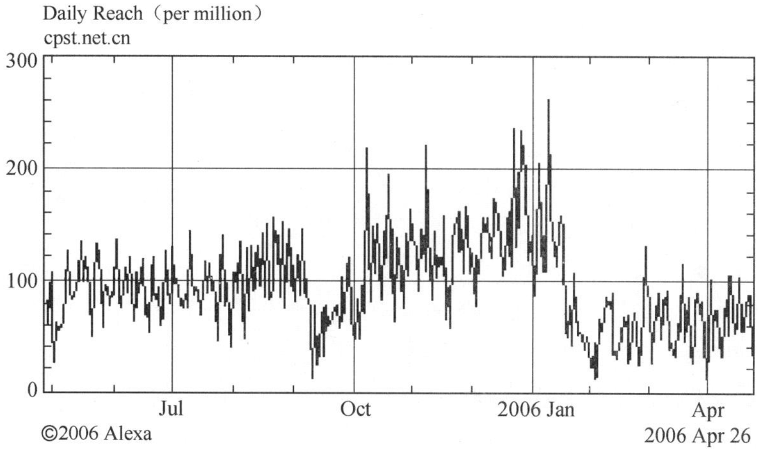

图 19.5　中国公众科技网 2005 年 4 月～2006 年 4 月流量变化曲线图

4．大型科普网站（栏目）少，专业领域的网站数目多

中国科普网站中普遍为公众知晓的大型网站和栏目屈指可数，且主要集中在科协系统、中科院系统和商业性综合网站的科普栏目之中，如中国科协主办的中国公众科技网、中科院主办的中国科普博览，以及属于商业性综合网站的科普栏目——新浪科学探索频道，等等。

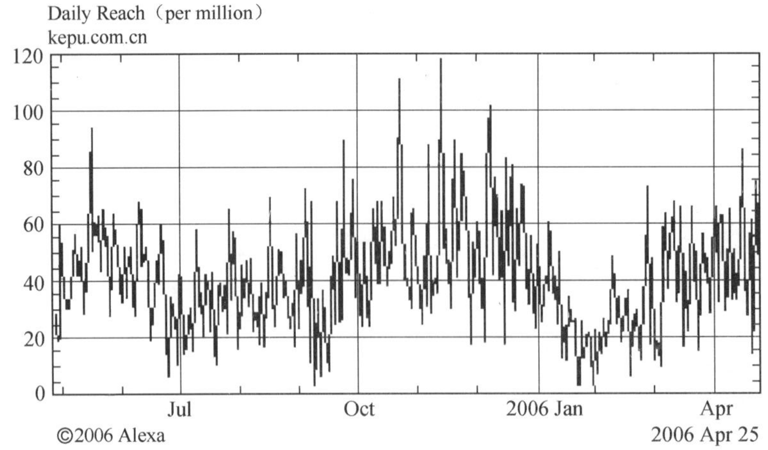

图 19.6　中国科普博览网 2005 年 4 月～2006 年 4 月流量变化曲线图

单位和机构主办的网站（栏目）中，各级科协网站数量最多，达 78 家，占总数的 19.11%，依次是媒体网站为 51 家，占 12.50%，社团学会组织网站为 45 家，占 11.03%，政府部门网站为 44 家，占 10.78%，中科院系统网站有 28 家，占 6.86%，科普场馆台网站为 25 家，占 6.13%，教育机构的科普网站为 22 家，占 5.39%，企业科普网站及大型综合商业网站科普栏目各 11 家，分别各占 2.7%，共青团网站科普栏目有 5 个，占 1.22%。

5. 新闻、前沿信息和专稿是最普遍的内容类型

新闻、前沿信息和专稿是网络科普最普遍的内容类型，内容所涉及的学科专业方向很不均衡。

在内容上，中国科普网站（栏目）最普遍的类型是新闻，有新闻类栏目的是 60%，依次是前沿信息（54%）、专稿（50%）、专业资料（44%）、服务信息（42%）、专家观点（35%）、网上科普场馆画廊（34%）和科技人物（30%），设置游戏或试验栏目的最少，有 14%。

在学科方向上，中国科普网站（栏目）涉及较多的依次是“生物”、“天文航空”和“生命科学”三类，分别有 52%、45%和 41%。在这些网站中，很多都是创办者依据兴趣和知识储备等建设的专业领域的网站，最突出的是“天文航空”，涉及该类内容的网站多达 77 家。

另一方面，一些需要科普的重点领域和人群又缺乏相应的科普网站。较典型的如“农业”，农业科普是科普宣传的重要方面，但涉及这方面内容的网站为 14%，而专门围绕这一领域开展的科普网站则更少。

此外，科普网站中有“探险”和“科学假说或预言”等激发人们对科学的兴趣的也很少，内容涉及此两类的网站（栏目）数量占科普网站（栏目）比例均不到 15%。

6. 多数科普网站及栏目的内容以转载为主

从监测结果看，中国科普网站（栏目）中，原创与转载都无出处、无法统计信息来源的信息占网站信息总量第一位的有 49%；引用国内外媒体的信息占网站信息总量第一位的达到 32%。其中引自国内媒体的信息占网站信息总量第一位的有 28%，主要来自新华网、人民网和中新网等实力较强的媒体；引自国外媒体的信息占网站信息总量第一位的有 4%，主要有 Scientific American、BBC 和 Discovery 等网站。

中国科普网站中原创或拥有版权的信息占网站信息总量第一位的有 19%，其中，以原创信息为主的主要是媒体网站和企业网站。媒体网站的信息主要是来自于其母体媒体，企业网站的原创信息主要是一些服务信息，主要由内部工作人员创作。

信息来源标识不规范现象在科普网站（栏目）中普遍存在。这些不规范的信息分为两种：一类是原创或转载都没有标明出处，有的是只写了作者名，但没有介绍作者背景资料，仍无法弄清其出处；第二类是专业资料、如辞典、服务信息等，难以在文中看到出处。无法辨别来源的信息，直接影响了科普网站的真实和可靠程度。

7. 个人创办的科普网站特色鲜明，数量很多

个人创办的科普网站以其众多的数量和比较鲜明的特色，已形成一种不应忽视的力量。

在中国 11 个细分类型的科普网站中，个人科普网站数量最多，达 83 家，占中国科普网站总量的 20.34%。

个人创办的科普网站普遍规模较小，技术应用也较简单，如个人科普网站没有设置科学游戏或实验的，提供多媒体文件的个人科普网站也不足 1/10，但原创或拥有版权的信息相对比例较大，这些信息主要包括个人撰写的科普小品文和言论观点，个人拍摄的图片等，如中国鲨鱼网和北京昆虫网这两家科普网站的信息全部为原创。

个人科普网站目前主要依靠创办者个人投入其热情、精力、财力和知识储备以维持网站运转，特别需要有关部门引导和扶持其中的优秀网站，充分发挥其科普能力。

19.2.2　中国网络科普存在的主要问题

1. 对优秀科普网站（栏目）的扶持力度不够，亟待建立科学的评价体系

网络科普大多属于公益性质，基本上没有直接经济效益的促动，特别需要政府和有关管理部门根据国家和社会的需要进行鼓励、引导和扶持。

目前中国对网络科普的基础研究不够，评比、奖励等激励评价活动有待加大力度并且制度化。

中国网络科普现状调查分析研究刚刚起步，也还没有进行有效的科普效果调查和分析，评价指标体系也还需进一步探讨和完善。这些问题直接影响到有关部门针对网络科普的发展制定科学的引导方向，以及推出合理的评比奖励制度和扶持措施。

中国网络科普评比、奖励等激励评价活动刚刚展开。2005 年，在中央精神文明建设指导委员会办公室、中国科学技术协会和中国互联网协会支持下，中国互联网协会网络科普联盟主办了第一届“全国优秀科普网站及栏目评比”活动，收到了很好的效果。今后，还需要动员多方力量，加大奖励力度，建设制度化的激励、评价机制，加强对网络科普的引导、扶持和激励工作。

2. 经费等资源投入普遍不足，资源配置的合理性亟待提高

人力和资金等投入不足，直接影响科普网站的规模和水平；而有规模、高水平的科普网站不多，则影响网络跨地域的优势的实现。

除了企业科普网站、商业性综合网站的科普栏目和个人科普网站之外，科普网站主要是以国家财政支持为主建设和维持运转的。虽然各级领导已经注意到科普资源数字化的巨大社会效益，但由于部门管理上的条块分割，有限的资源缺乏统筹规划、科学合理配置，一方面投入分散，各科普网站实力均不足；另一方面，条块分割，资源配置缺乏合理性，又造成科普网站中存在相当程度的重复、低水平建设的问题，这是对国家和社会资源投入的严重浪费。

3. 存在“重建设、轻推广、重规模、轻效果”的问题

科普效果是网络科普传播最应该关注的核心。中国网络科普投入有限，更大的问题则是国家和社会在网络科普方面的资源投入的效率还急待提高。

中国网络科普资源主要是国家政策引导下公益性的科普网站。目前，多数网站建设主要靠政府、科研和教育等机构的投入，属于公益事业管理以及行政管理范畴。

由于目前中国科普经费等资源配置还处于比较粗放管理的阶段，缺少对科普网站科学的评价体系，对科普效果的有效监测不够，网络科普建设者重视向政府和社会机构申请立项建设，而对科普效果的重视不足。

目前，中国已形成一些有较大量信息、技术也比较先进的科普网站，但科普网站普遍存在“重建设、轻推广”，“重表面规模、轻实际效果”的问题。固然受经费、人才等限制，但无可否认，有限的经费和人才等如何配置，指导理念不同，处理方法也不同。网站发展战略的背后则是指导理念和资源配置管理的问题。

另外，中国科普网站的定位情况复杂，命名很不规范，科普网站在搜索引擎，如百度和Google的返回率很低，致使一些优秀的科普网站被湮没在互联网信息的海洋中。

4. 对先进的网络科普传播理念和方法在理论和实践方面的探索不足

先进的网络科普传播理念和方法，是中国网络科普发展迫切需要探索的核心问题，也是难点问题。目前，国内这方面的理论和实践探索都不足。

在理论上，应该发挥网络科普的优势，调动网民的探究性和主动性，应该增强科普的趣味性以吸引公众。但目前的事实是，中国科普网站基本还是以单向发布信息为主，读者仍主要是被动接受信息。网站的表现形式最多的是文字和图片，技术开发往往限于让画面上的主体简单地动一动。

指导网络科普运作的理念是应偏向于教育还是应偏向于传媒？激发公众参与，启发网民思考，寓学于乐，都有哪些好的手段和方法？提高科学素质的关键所在——科学精神应该用什么有效的方式传播……

当前中国网络科普发展迫切需要探讨的理念和方法上的难点问题很多，不同的理念，必然导致不同的建设思路和方法，产生不同的传播效果。

目前，国内这方面的理论和实践探索都非常缺乏。

5. 缺乏成熟的科普门户网站

知识性强、专业性强、受众需要特别细分的网络科普非常需要有科学、专业、服务细致的科普门户网站。互联网行业里，门户正在进入细分时代。作为用户浏览网页起点的网站，一个典型的门户应该包括搜索引擎和大量的网址目录。科普门户网站应该成为用户接触网络科普的入口，提供科普搜索引擎，链接科普相关资源。

目前，中国公众科技网、中国科普博览网和新浪网科学探索频道等大型的科普网站及栏目，链接了一些科普网站，尤其是前两者，从战略上就具有整合各级科协和中科院系统内的科普资源的思路，有了科普门户网站的雏形。

但至今，中国网络科普还缺乏专业、成熟的门户网站，不利于通过检索、链接使公众浏览并使用更广泛的信息，也不利于集成资源、扩大影响。

6. 多数教育机构、科普场馆的科普资源尚未数字化

教育机构、科普场馆的科普资源网络数字化开发严重不足，并且，与科普网站（栏目）

之间缺乏合作。

学校是进行正规科学教育的主要渠道，拥有丰富的科学教育人力、渠道资源和经验，并且在科学教育上拥有重要影响和引导能力。

国外很多科普网站是由大学所建，但在中国，高校建设的科普网站很少。据统计，中国教育部所辖的大学拥有实体博物馆的数量为 119 家，而目前只有 18 家进行了数字化，以虚拟博物馆的形式在网络上开放，其中只有 11 家是科学类虚拟博物馆。绝大多数学校的博物馆科普资源尚未得到数字化。

科普场馆台是进行科普宣传活动的重要场所，是面向全体公众的科普资源宝库。它能够充分调动人的各种感官，把看、听、做和思考统一起来。由于它能够基本还原科学发现和研究的过程，是较为理想的科普方式。这些单位建设科普网站有天生的优势，把其自身的科普资源数字化会带来极大的科普价值。据调查，中国规模较大的科普场馆有千所以上，但据本课题统计，建设了科普网站的科普场馆台只有 25 家，其中还有很多是发布内部工作信息，科普含量低。并且，目前中国由科普场馆台建设的网站更注重服务性以及为实体场馆进行宣传的功能。

目前，中国专业科普机构和社会上的网络科普项目开发活动，与拥有宝贵渠道资源和影响力的学校及教育机构、科普场馆等的合作严重不足，对拥有丰富经验的学校及教育机构、科普场馆中的科学教育人才的吸纳和使用不够，不但影响网络科普有针对性的、高质量的内容和形式的开发，同时严重阻碍了网络科普在青少年等重点科普对象中影响的扩大。并且，影响了网络科普与正规科学教育结合，成为科学教育有效的第二课堂。

7. 针对重点人群的科普内容和形式不够突出

对青少年、农民等科普重点人群，针对性的科普内容和形式不够突出。

青少年、农民是中国科普工作的重点人群。青少年是国家的希望，提高青少年的科学素养对培养国家未来科技人才具有重要意义。中国目前明确面向青少年的科普网数量极为有限，占科普网总量的 8.31%，且其整体尚未形成规模。

“三农”问题在相当长的一段时间内是决定中国发展的重要问题，提高农民科学素质和农业科技水平已被写进“十一五”规划的纲要中，但网络科普却很少有针对性的内容。在中国科普网站中，包含关于农业的科普信息的网站只占 14%，且缺乏针对提高农民科学素养和农业科技水平的信息。

通过对中国网络科普现状的调查，分析并提出存在的问题，是推动中国网络科普创新发展的基础性研究工作。下一步，我们将针对网络科普存在的问题，进行解决办法和创新建议的研究。

19.3　11 大类 105 家典型科普网站列表

说明

（1）排序：在各主办方类型内，名称开头为数字、英文字母的网站排序在名称为汉字的网站之前；名称开头为汉字的网站按拼音字母排序。

（2）共青团系统的网站中有 5 个科普栏目，对其监测的结果不在 100 家典型网站范围内进行对比分析，而在“不同类型科普网站的特点”部分单独分析其特点。

1. 科协系统典型科普网站19家

网 站 名	网 址
2049中国青少年科学素质培育行动计划网	http://www.2049sh.org
安徽省青少年科技网	http://www.5461.org
北京科普之窗	http://www.bjkp.gov.cn/bjkpzc/index.shtml
福建青少年科技活动中心	http://www.fj5461.org.cn
海峡科学网	http://www.hxkp.gov.cn/
湖北科普网	http://www.hast.org.cn/
科学教育网	http://www.sedu.org.cn
全国青少年科技创新活动服务平台	http://www.xiaoxiaotong.org
陕西省青少年科技中心	http://www.sycc.org/index.htm
上海市青少年科技创新网	http://shanghai.xiaoxiaotong.org
上海市青浦区科学技术协会	http://stc.shqp.gov.cn/
苏州科普之窗——青少年科普	http://www.szkp.org.cn/qingshaoniankepu/index.asp
天津科普网——青少年科普	http://www.tjkp.gov.cn/in_qsnkp.htm
网上科学馆	http://www.insm.org/
新疆科普——少科苑	http://www.xjkp.xjinfo.gov.cn/sky.asp
学生科技网	http://www.student.gov.cn
中国公众科技网	http://www.cpst.net.cn/
中国科普网	http://www.kepu.gov.cn/
中国科普研究	http://218.241.72.18/webpage/zgkpyj/index/

2. 教育机构典型科普网站13家

网 站 名	网 址
北京大学科学传播中心	http://www.csc.pku.edu.cn/
北京大学地质博物馆	http://museum.pku.edu.cn/index.asp
北京中医药大学中医药数字博物馆	http://bwg.bjucmp.edu.cn/museum_index.asp
成都理工大学恐龙数字博物馆	http://tfqs.com/～dinosaur/
高中物理参考—科学频道	http://www.wlck.com/Type.asp?TypeId=14
贵州工业大学古生物博物馆	http://www.gzit.edu.cn/mem/index.htm
航天航空数字博物馆	http://digitalmuseum.buaa.edu.cn/
昆明理工大学矿物数字博物馆	http://www.kmust.edu.cn/dm/kw/INDEX.HTM
南京大学地球科学数字博物馆	http://digitalne.nju./museum/edu.cn
上海交通大学船舶数字博物馆	http://shipmuseum.sjtu.edu.cn/
少儿科学探索隧道	http://www.qlex.net/kexuetansuosuidao/kexuetansuosuidao. htm
西安建筑科技大学数字博物馆	http://202.200.144.15/
中国教育和科研计算机网	http://www.edu.cn/HomePage/ke_yan_yu_fa_zhan/

3. 中科院系统典型科普网站 7 家

网 站 名	网 址
神奇兔儿童自然王国	http://www.cas.cn/html/Topic/ertongwangguo/mission01.htm
时间科普网	http://www.time.ac.cn/
野生动物之家	http://animal.ioz.ac.cn/
宇宙驿站	http://cosmostation.lamost.org/website/
中国科普博览	http://www.kepu.com.cn/gb/index.html
中国科学院西双版纳热带植物园	http://www.xtbg.ac.cn/Popscience/
紫金山天文台	http://www.pmo.jsinfo.net/

4. 政府部门典型科普网站 6 家

网 站 名	网 址
北京农业信息网	http://www.agri.ac.cn/updata.asp
北京卫生信息网	http://www.bjhb.gov.cn/
海洋科普	http://www.soa.gov.cn/kepu/index.html
科学探究网	http://kxtj.e21.edu.cn/e21web/
中国地震科普网	http://www.dizhen.ac.cn/uw/gateway.exe/dizhen/index.html
中国科普	http://www.cpus.gov.cn/

5. 共青团系统网站的典型科普栏目 5 家

网 站 名	网 址
我们的文明——科技成就	http://www.china5000.cn/wenming/kjcj/index.jsp
中国少年雏鹰网——知识领航舰	http://blog.chinakids.net.cn/blog/PilotShipIndex.aspx?shipid=13
中华新世纪读书网——科普书籍	http://www.cnread.net/cnread1/kpzp/index.html
中青网——大百科	http://www.cycnet.com/encyclopedia/index.htm
中少网——科技	http://www.ccppg.com.cn/z/ckj/index.htm

6. 媒体典型科普网站 14 家

网 站 名	网 址
CCTV 发现之旅	http://www.cctv.com/science/index.shtml
北京科技报网络版	http://bkb.ynet.com/
大自然探索	http://www.donature.com/
航空模型世界	http://www.dymodel.com/new_page_46.htm
科技之光	http://www.losn.com.cn/
科学网	http://www.sciencetimes.com.cn/
千龙网—千龙科技	http://tech.qianlong.com/
人民网科技频道	http://scitech.people.com.cn/GB/index.html
三思科学报道	http://www.oursci.org/news.htm
上海中学生报科学频道	http://www.sepg.net.cn/news/zxsb_gzb_kxpd.html

续表

网　站　名	网　　址
小哥白尼	http://www.21children.com/
新华网—科技频道	http://www.xinhuanet.com/st/
中国国家地理中文网	http://www.cng.com.cn/index.html
中学生数学网站	http://hybcjzwm.nease.net/index.htm

7．科普场馆台典型科普网站 6 家

网　站　名	网　　址
北京天文馆	http://www.bjp.org.cn/
圣亚海洋世界	http://www.sunasia.com/
上海航宇科普中心	http://www.shapc.org/www/page1.htm
上海科技馆	http://www.sstm.org.cn/
上海网上天文台	http://www.astron.sh.cn/
中国科学技术馆	http://www.cstm.org.cn/

8．社团学会组织典型科普网站 10 家

网　站　名	网　　址
北极光	http://skybook.lamost.org/index.html
北京地球纵观环境科普研究中心	http://www.earthview.org/
老年科技人才网站	http://www.sest.gov.cn/
胎教科普网	http://www.taijiao.com.cn/
御虎——国防科普知识网	http://www.yuhoo.com.cn/
中北大学星光天文协会	http://nuc.lamost.org/
中国地理学会地理科普—地理频道	http://www.dlpd.com/
中国环保网	http://www.ep.net.cn/
中国抗癌协会	http://www.caca.org.cn/
中国古生物网	http://www.dinosaur.net.cn/

9．企业典型科普网站 6 家

网　站　名	网　　址
科学与您	http://www.c-science.com/index_sc.htm
索尼探梦	http://www.explorascience.com.cn/
探索在线	http://www.oct16.org/index1.html
天气在线	http://www.t7online.com/feature/popmeteo.htm
中国电信科普园地	http://www.chinatelecom.com.cn/science/
中国科学鉴赏网	http://www.sinotech.org.cn/

10．大型综合性网站中典型科普栏目 8 家

网　站　名	网　　址
21CN 科学探索	http://it.21cn.com/discovery/
Tom.com 科普频道	http://www.scitom.com.cn/
博客中国—科技频道—科普	http://tech.blogchina.com/115.html
科学频道——搜狐 IT	http://it.sohu.com/science.shtml
网易科技—科学频道	http://tech.163.com/discover/

续表

网　站　名	网　　址
新浪科学探索频道	http://tech.sina.com.cn/discovery/
雅虎——科学新闻	http://cn.news.yahoo.com/science/index.html
中华网—科技频道—科技动态	http://www.inc.china.com/gb/about/overview.php

11．个人典型科普网站 11 家

网　站　名	网　　址
Kosmos.cn	http://krsna.lamost.org/
北京昆虫网	http://www.bjbug.com/indexc/
长空之恋	http://ckzl.6to23.com/
大科普网	http://www.ikepu.com/
大眼睛科技教育网	http://www.being.org.cn/eyecn/
老顽童网站	http://www.oldurchin.com/
谈“天”中文网	http://tosky.lamost.org/
天文在线	http://qbtw.lamost.org/
五柳村——陶世龙个人网站	http://www.taosl.net/
中国蚂蚁网	http://ant.ckzl.com/
中国鲨鱼网	http://vip.6to23.com/changkzl/qihua/sha/

19.4　网络科普网站典型案例分析

19.4.1　中国科普博览

中国科普博览 1999 年 10 月 25 日开通，是由中国科学院网络信息中心负责建设、利用中国科学院科学数据库为基本信息资源、以中国科学院分布在全国各地的近百个专业研究所为依托的大型科普网站。

中国科普博览网目前已累计建设 60 个中文虚拟博物馆、13 个英文虚拟博物馆。内容覆盖了自然科学的大部分学科和社会科学部分领域，逐渐形成了由六大展区组成的主体结构，并有“透视”、“电子杂志”等辅助性栏目。通过中国科技网以中文简体、中文繁体和英文 3 个版本向公众提供服务，并在国内的兰州、大连、南京、台湾地区以及北美国家和韩国建立了镜像站点。截至 2005 年 3 月，累计接待 42 000 000 人次访问者，日平均访问人次将近 30 000。

2004 年 2 月 20 日，中国科普博览获得由网络文明工程委员会颁发的“中国优秀文化网站”称号；2005 年 9 月，在第一届全国优秀科普网站及栏目评选活动中获得“优秀科普网站奖”和“技术奖”；2005 年 11 月 16 日，在联合国“信息社会世界高峰会议”突尼斯阶段会议上，以“卓越的电子内容及创意”获得了“2005 世界信息峰会大奖”。

在全面浏览中国科普博览网页的基础上，本课题组通过对中国科普博览网站有关负责人的访谈交流，就其网站实际定位、经费投入、特色及成因、网站建设中的疑难问题等进行了深入分析和探讨。

1．实际定位分析

目标对象定位于全民。

网站公开信息明确宣称“中国科普博览是一个综合性的以宣传科学知识，提高全民科学文化素质为目的大型科普网站”（见中国科普博览“关于我们”）。可以理解为目标对象定位是全体公众。

成本因素影响下，实际服务对象定位调整为主要针对青少年。

据中国科普博览网站有关负责人介绍，在实际运行中，网站定位出现了一些变化。由于针对特定人群经营独特的内容需要的成本很高，所以该网站目前主要是针对青年人这个群体。过去，该网站也尝试过做一些针对特殊群体，如儿童的频道，放入大量图片，但由于当时网络带宽的问题，导致成本太高，所以当前并没有针对特定受众的频道。

2. 经费投入情况

显性投入：自从中国科普博览网站建立以来，已投入资金约五六百万元，平均每年一百万元左右。但这些资金的形式不是每年固定划拨的，而是根据项目给予的，每一个数字博物馆群的建设都是通过项目来支持。中科院、自然基金委和中国科协都有一些项目的投入。

隐性投入：由于中国科普博览由中科院网络信息中心负责建设，因此有非常便捷和优质的网络发展的环境，另外网站建设的日常经费，包括人员工资等都是网络信息中心自身来投入，每年的网络维护费有一百万元左右。

3. 网站特色及成因分析

（1）有鲜明坚定的理念，有两大资源的支持，原创内容成为突出特色，充分体现科研机构兴办网络科普的优势。

现阶段，中国科普博览的建设理念是以坚持做原创信息为主。

中国科普博览主要负责人之一、中国科学院计算机网络信息中心下属科学数据库中心有关负责人指出，在现阶段的整个网络中，国内的科普内容比较少，在这种情况下“原创显得尤为重要和有价值”。虽然汇集信息也是必要的，但如果每个网站都只是按照一定的主题汇集信息，就会出现很多重复的内容，不可能有太大的价值。当然，信息汇集因其角度、形式等不同，也会有一些创新。

据中国科普博览主要负责人介绍，中国科普博览作为以原创内容见长的优秀科普网站，有两大优势资源，即人力资源和内容资源。

一是人力资源，该网站不仅拥有一支稳定的以理工科高学历背景为主的日常运作策划编辑团队，还拥有中科院科学家顾问团队。

日常运作团队现有全职工作人员 20 人左右，另有数名非全职网站运行服务人员和技术开发人员。全职人员中主要由三部分人组成：一是策划编辑组，稳定的有 8 人，主要是来自清华、北大等高校的理工科学生，没有文科学生；第二是由 5 个有美术功底的人员负责做多媒体、Flash、网页设计内容；第三是 7 个 IT 技术人员。

另一部分是强大的科学家顾问团队。

中国科学院院长路甬祥、中国工程院副院长师昌绪是中国科普博览的顾问。每个网上虚拟博物馆的主编都由该领域的主要专家担任，内容编写工作一般由主编组织一个小组负责，其中大量工作由有社会责任心和精力的离退休专家担任。在科学内容处理上，网站可以请到中科院各科研院所的科研人员做中国科普博览的顾问。

二是内容资源，中科院各学科领域的科研成果、科学知识和前沿信息等是网站内容的宝贵资源。

（2）依据自身资源特点和对公众科普需求的认识，以虚拟博物馆群替代常规科普栏目或频道，突出展示功能，促进科普效果。

中国科普博览建立虚拟博物馆群而非一般性的科普栏目，主要是依据自身资源特点和对公众科普需求的认识决定的。

据中国科普博览有关项目负责人介绍，从1998年开始，中国科学院计算机网络信息中心开始着手网络科普研究，逐渐产生了利用中国科学院几十年积累的科学数据库资料，建立科普网站向社会公众传播科学的想法，并于1999年10月正式开通了中国科普博览网站。

中国科普博览网站的建设者们认为，科学具有很高的专业性，认识科学应该遵循科学的规律。中科院科研数据库的资源都是围绕某一个主题进行组织的，而从更有效地向大众传播知识角度考虑，他们产生了以学科为主题、采用图文并茂以及当时刚刚起步的动画技术展示科学有关原理和发展成果的想法，他们认为这更类似虚拟博物馆。基于此，中国科普博览借助专家力量，依靠多媒体技术的支持展示科普内容，形成了博物馆群这样的内容组织方式。

虚拟博物馆能够还原实体博物馆的功能，如展示、研究和教学等功能。其中，展示功能是非常重要的，因为博物馆能够提供大量平时在书本或生活里无法经常看到的东西，虚拟博物馆不仅将这些展示出来，而且通过多媒体技术、Flash动画技术和各种游戏实现了三维的、更加直观的展示方式。

（3）以中科院主要的大学科方向为依据进行内容分类，创立虚拟博物馆独特的组织结构，保证了各学科知识传播的系统性。

在内容分类上，中国科普博览首先是以中科院主要的大学科方向为依据，保证了各个学科的系统性。

在结构上，中国科普博览与围绕栏目或频道组织内容的科普网站有本质的不同。

① 一般网站的栏目是块状分布的，而作为虚拟博物馆，每一个馆内的信息组织形式相对统一。

② 一般网站的栏目或频道的内容是经过逐层细分、叠加的，打破了学科的系统完整性；而作为虚拟博物馆，内容的组织更系统，含量也更丰富。

③ 虚拟博物馆是按主题来划分内容的，在一个主题下能够包含相关的各种系统知识、原理、前沿研究信息等，其他科普网站（栏目）的常规栏目虽然也是信息分布在不同的主题里，但相对比较零散，系统性和对内容挖掘的深度不及虚拟博物馆。

（4）采编业务的“出版社”模式

在实际操作中，中国科普博览以科学家、策划编辑和技术人员三者紧密结合的方式来做内容。策划负责选题，科学家完善构思、提供内容，并进行科学方面的把关，再由编辑人员将科学内容“翻译”为通俗易懂的科普信息，并对内容进行组织，最后交由技术与美工人员进行实施。这种三者紧密结合、各司其职的方法使得中国科普博览的内容能够更紧密地贴近热点，而且可信度较高，网页设计和网络技术手段的运用也非常专业。

资源组织：虚拟博物馆群的架构是按照大的学科方向来进行的，如生命、地球和基础科学等，也是符合中国科学院几大学科领域方向的。

选题的形成：初期由科研人员和网站工作人员讨论来决定选题和方向。运作成熟后，由网站编辑根据积累的经验，从重大事件或热点问题等中提出选题，然后和相关领域的科研人员联系，讨论可操作性，由科研人员做出内容提纲并负责把握内容。

编辑对信息进行“翻译”和组织：在确定了要做的基本内容后，编辑要将其中比较专业、深奥的科技信息转换成更通俗、趣味性更强的科普信息。在这个阶段编辑需要与科研人员进行讨论，编写脚本，收集相关资料，把科研人员提供的专业内容通俗化，并体现出趣味性，用科普的语言形式表达。另外，编辑还要考虑内容组织结构的问题，就是通过什么样的形式组织这些内容能获得更好的效果。比如有时就需要把内容打散，放到相应的栏目里去。

技术人员进行实施：编辑人员提出以上栏目、页面结构的想法后，与设计人员协商，形成艺术设计方案，并交给技术人员实现。对于一些比较深奥的内容，编辑要和科研人员沟通，用更易于公众理解的方式来表达，比如有的在语言上需要重新组织，有的需要用多媒体、Flash和游戏的形式来表达。

4．网站建设中的疑难问题

（1）以怎样的理念和方式来传播科学。

中国科普博览网站的负责人提出，当前中国网络科普发展的难点是——以怎样的科学传播理念指导网络建设的问题。也就是在内容资源和技术都具备的情况下，以怎样的理念和方式来传播科学。

目前，中国的科普网站基本还是以单向发布信息为主，网民多是被动接受信息。网站上的表现形式最多的是文字和图片，技术开发往往限于让画面上的主体简单地动一动。此外，弘扬科学精神是提高科学素养的关键所在，但科学精神尤其难以用一般的表现形式来进行传播。

是选择把有限的资源和精力更多地致力于建设一个系统、全面的科学知识信息平台，以便于灌输教育的理念为指导来进行科普网站建设，还是更多地注重探索如何更有效地调动受众的探究性和主动性，启发受众更多地思考和参与，这是两种侧重不同的建网理念，必然导致不同的建设思路和方法。

后一种理念、思路和方法是网络科普进一步发展迫切需要探索的问题，而目前，国内在这方面的理论和实践探索都不足。

（2）内容的分类、组织形式和架构怎样更合理。

中国科普博览有关负责人介绍，中国科普博览提供的内容比较系统，学科门类划分清晰，在结构和页面设置上不可能采用树状结构。树状结构设置是逐层递进、深入地展开内容，在遇到某些深入的问题时，树状结构的设置就需要一层一层点击进入，不利于读者阅读和查找信息。而采用扁平结构来组织信息和进行页面设计则会使学科之间的连贯性和交叉性没有办法体现。

中国科普博览的组织形式和架构是力图在树状结构和扁平结构中找到一个最佳的平衡点，使其既能照顾到内容的连贯性、系统性，也能照顾到信息的易读性。中国科普博览与其他网站有很重要的不同，就是虚拟博物馆群在该网站中占很大的比重，各个博物馆之间相对有学科上的独立性，因此在结构上还是略微贴近扁平型，不把结构层次做得太多。

（3）如何把握公众的需求。

中国科普博览的定位是提高全民的科学文化素养，但全民中文化素养、知识背景、年龄等不同的网民的科普需求差异很大——如何把握公众的需求是科普博览面临的主要问题之一。

针对这种情况，中国科普博览对用户的使用情况进行了专门的跟踪调查，还特别开发了网上的用户调查系统，就一些网站管理人员需要了解的事情设计问卷，与读者进行沟通交流，掌握读者的想法，以便于决定网站进一步的建设方向。

19.4.2 新浪科学探索频道

新浪网是一家服务于中国内地及全球华人社群的领先在线媒体。新浪科学探索是新浪网科技频道的子栏目，是中国大型综合性网站有代表性的科普栏目。2005年9月，新浪科学探索在第一届全国优秀科普网站及栏目评选活动中获得“优秀科普栏目奖”。

本课题组与新浪科学探索频道主编进行了多次深入交流，从定位和运作特色等方面对科学探索频道进行了分析，该主编还对未来门户网站网络科普建设提出了自己的建议。

1. 栏目定位

新浪科学探索频道定位于“快速、准确、客观、全面地提供科学新闻资讯”。

2. 栏目运作特色

（1）根据搜集到的信息的排行设置5大主干栏目。

科学探索有5大主干栏目，分别是天文航天、大众健康、自然地理、历史考古和科普博览。

这5大栏目学科的划分，是根据从新浪各合作媒体上搜集到的科学新闻和咨询信息所涉及的学科种类确定的，新浪从合作媒体搜集到的天文航天、大众健康、自然地理、历史考古和科普博览这5个方面的科学信息较多，就设置了这5个主干栏目。

每天，新浪科学探索的编辑从合作媒体上转载当天好的科学新闻，发到主页面上，同时从国外的媒体上，翻译一些可读性强的新闻。对一些重要的科学新闻事件则制作成专题。这部分的新闻、图片和专题都放在了5大主干栏目中。

（2）采取与媒体合作等方法打造品牌栏目。

杂志封面秀、发现之旅、生活科技和科技沙龙，是科学探索频道的4大品牌栏目。其中，“生活科技”是科学探索频道的精品栏目，“科学沙龙”则是重点发展栏目。

据介绍，新浪科学探索根据栏目本身建设发展的需要，与很多不同类型的科学类媒体开展合作，如科技类报纸、科普杂志、专业科学网站及电视台的著名科普节目等。科学探索通过新浪网专门负责媒体合作的部门与这些媒体签订内容合作协议。科学探索频道的一些品牌栏目就是来自与这些媒体进行的合作。

杂志封面秀是科学探索频道的一个老牌特色栏目。一方面给一些精美的杂志封面和重磅文章以展现的平台，吸引并满足了网民，另一方面巩固了与杂志类媒体的合作。

与电视台进行独家内容合作是科学探索频道在媒体合作方面的又一个特色。

发现之旅是科学探索频道与中央电视台“发现之旅”节目独家合作产生的栏目。通过合作，这个优秀的科普节目拓展了网络展示平台，同时也丰富了科学探索频道为读者提供的内容。

此外，科学探索频道还与北京电视台世纪之约节目合作，为科学探索的“人物访谈”栏目提供内容。

“生活科技”是科学探索的一个精品栏目。为了更贴近广大网友的知识面和兴趣点，编辑们从主干栏目的内容中选出读者更为感兴趣的信息，单独集成为一个细分栏目，这就形成了一些热点精品栏目。例如现今有关生活方面的科学信息是读者较为关注的，编辑们就从大众健康、自然地理和科普博览等主栏目中选出与生活科学相关的信息，集成“生活科技”栏目。“生活科技”包括很多子栏目，其中“趣生活”的内容丰富，趣味性很强。

主办方认为，精品栏目的出现符合网民的阅读需求，体现出主栏目不断细分的趋势。

“科学沙龙”是科学探索频道2006年1月策划的一个以“沙龙”为主题的活动，一方面，通过组织一系列形式多样、内容丰富的科学活动，在网民中扩大“科学探索”频道这个品牌的知名度，提升它的影响力；另一方面，也可以通过开展这些类型丰富的科学活动，为科学探索频道的信息来源增加原创性、独创性内容。

“科学沙龙”这个栏目就是“沙龙”活动的网络展示平台。它的主要内容包括：转载自其他媒体的与评论科学话题相关的新闻，沙龙活动的组织者的个人科学博客，以及对专家、学者就科学话题进行访谈的内容。据悉，“科学沙龙”栏目将是科学探索频道的重点发展栏目。

（3）采用中国网民习惯的新闻网页树状结构组织信息。

新浪科学探索频道的首页信息丰富，罗列出了栏目几乎所有的重点内容。在内容结构上，科学探索基本采用了中国网民习惯的新闻网页树状结构、块状模式的信息组织方式。

科学探索首页上方有一些辅助性的栏目，包括滚动新闻、科学论坛、图片库、知识库和专题库。它们不是科学探索频道的主要推介栏目，而是作为一个主页面所应有的服务内容提供给读者，满足读者参与和查找知识的需要。

（4）积极探索品牌推广。

注重品牌推广，是新浪网一贯的运作特色。科学探索频道也一直在积极探索提升自己在网民中的知名度和影响力的方式和方法。据主办方介绍，近期策划的以“沙龙”为主题的活动就是这方面的探索之一。

“沙龙”活动简单说来就是围绕热门科学新闻和话题，以沙龙的组织形式，形成网上与线下群体互动讨论。

沙龙的组织形式包括科技咖啡馆、网上访谈、座谈会、聚餐、聚会、学校辩论赛、报告会和讲座等。

沙龙活动的报道形式包括：

① 建立一个科学沙龙BLOG，在沙龙局部管理者中公开，以争取沙龙的组织者共同管理和维护；

② 同时以新浪科技正文页形式发布；

③ 所有内容进入“科学沙龙”栏目和专题。

具体报道形式有拍照、摄像、速记、网友提问和专访。报道格式分为照片、录像和文字。

该活动的组织流程为：

① 3天前，发布沙龙活动的预告：沙龙主题、主讲嘉宾、时间地点，人数规模、组织次序、联系人和联系方式；

② 网上征集问题和参与网友；

③ 邀请部分专家、科学记者和编辑等参加；

④ 参加沙龙，并现场摄影录像、代表网友提问等活动；

⑤ 现场体现新浪科技，如现场公布沙龙的BLOG地址、桌布、易拉宝、幻灯LOGO、主持人口播等；

⑥ 网上发布相关图文和视频。

3. 对综合性网站科普栏目建设的建议

结合新浪网目前开展的工作，主办方提出未来综合性网站科普栏目建设的3点建议，具体如下。

第一，与专业性科普网站、科研机构建立合作关系，建设一支强大的多学科专家队伍，为科学传播的科学性、真实性、客观性提供保证。同时也为原创科学传播内容提供资源。

第二，突破以转发文字新闻为主的单调的科学传播形式，开发动画、视频、网络游戏、网上博物馆和知识竞赛等新产品，加强科学传播表现形式的多样性、趣味性和交互性，吸引更多公众参与网络科普。

第三，开发网络科普学习和应用平台，为不同层次的人群提供网上学习、交流和应用的系统。科教不能分开，通过网络学习科学知识，并且通过网络学有所用。这将为网络科普的商业开发提供出路，在公益性和商业性两方面和谐发展。

（中国互联网协会网络科普联盟 莫扬 梁琪 李峥 苗苗 袁玥 周琮 杨少莎）

第 20 章　网络媒体发展状况

1994 年中国正式接入互联网。1995 年，《神州学人》、《中国贸易报》、《中国日报》（China Daily）等报刊成为中国互联网上第一批媒体网站。中国媒体网站在互联网上的发展，从形态上说，经历了两个阶段：1995～1999 年下半年，是报刊、广播、电视和通讯社等媒体网络版（或称电子版）阶段；2000 年以后，进入以新闻为主的综合性网站阶段。媒体网站不断紧随互联网技术的发展，积极探索网络媒体的规律，在新闻和信息内容的数量、质量、表现形态、各项服务功能的提供、基础设施和工作平台的改善、内部资源的整合与对外战略合作、自身体制、机制的改革与完善、经营领域的开拓等诸多方面，不断登上新台阶。经过 10 年的发展，尤其是自 2000 年以来 5 年左右的快速发展，已经形成了完整的布局和体系。从中央到地方的布局看，有 3 个梯次：中央重点新闻网站、省级重点新闻网站和中心城市（指省会城市和计划单列市城市）新闻网站。大量的媒体网站、专业新闻网站更构成规模可观的网络新闻传播矩阵。中国网络媒体既担负着网上舆论导向的重任，又担负着社会、经济、文化信息沟通的重任，担负着全心全意为网民服务的重任。

商业网站从 1998 年下半年开始以建立“门户网站”的概念起涉足互联网新闻传播领域，有代表性、有影响力的网站在 2000 年以后陆续取得国务院新闻办公室颁发的互联网新闻信息服务许可证，成为中国互联网新闻传播领域中的一支重要力量。

党中央对互联网媒体工作高度重视。2004 年 9 月 19 日十六届四中全会通过的《中共中央关于加强党的执政能力建设的决定》中指出：“高度重视互联网等新型传媒对社会舆论的影响，加快建立法律规范、行政监管、行业自律、技术保障相结合的管理体制，加强互联网宣传队伍建设，形成网上正面舆论的强势”。

国家各部门、各系统均在 2005 年制定了“十一五”规划。国务院新闻办公室作为网络媒体的主管部门，也完成了《互联网新闻宣传事业“十一五”规划》的制定。也就是说，中央和主管部门层面已经做出了中国网络媒体未来 5 年发展的战略布局。

20.1　网络媒体与和谐社会

党中央提出构建和谐社会后，网络媒体主管部门和新闻网站在 2005 年举办了一系列以此为主题的研讨会。如 4 月 12 日～15 日，“网络发展与和谐社会建设研讨会”在深圳举行；6 月 26 日，中文互联网发展高峰研讨会在海南举行；10 月 17 日，“净化网络环境传播先进文化”互联网高峰论坛在郑州举行；11 月 15～17 日，第五届“中国网络媒体论坛”在杭州举行，主题就是“网络媒体与和谐社会”（本届论坛由“国际在线”承办）。在“中国网络媒体论坛”开幕式上，与会的中央和地方新闻网站共同签署了题为《为构建和谐社会做出共同努力》的倡议书。国务院新闻办公室副主任蔡名照在论坛上发表了《坚持健康有序发展建设和谐网络环境》的主旨讲话。

站在构建和谐社会的高度来认识网络、发展网络、管理网络，这是党中央面临的一个重大课题。对网络媒体来说，则是以社会责任感和历史责任感来推进中国社会的发展。2005年“两会”期间，一条征集“总理记者招待会网民最想问的问题”的帖子于3月11日出现在新华网发展论坛，立刻引起网民的踊跃提问。类似内容的首帖有40余条，跟帖达2600余条，截至14日已汇集近1300个问题，有近10万人次上网点击，点击量超过26万人次。网民所提的问题涉及农业、国企改制、反腐败、科技、教育、再就业、港台、外交等政府工作的方方面面。3月14日，国务院总理温家宝在十届全国人大三次会议闭幕后举行的记者招待会的开场白中说道：“昨天我浏览了一下新华网，网民们知道我今天开记者招待会，竟然给我提出了几百个问题。他们对国事的关心，深深感动了我。他们的许多建议和意见是值得我和我们政府认真考虑的”。

为了推动网站建设健康向上、内容丰富、特色鲜明的栏目和频道，中国互联网协会互联网新闻信息服务工作委员会和互联网新闻研究中心于9月首次举办“网站品牌栏目推荐活动”。经过评选程序，20个网站的22个品牌栏目（频道）榜上有名，12月27日在北京举行了发布仪式。这一活动原则上每年举办一次。主办方表示，要将这一活动办出影响，办出权威。

20.2 网络媒体传播的新形态

20.2.1 网络电台

2005年7月13日，中国国际广播电台网站“国际在线”正式开播多语种（汉语普通话、英语、德语、日语）网络电台；7月28日，中央人民广播电台网站“中国广播网”开通银河网络电台；8月8日，中央电视台网站“央视国际网络”开通网络电视新闻频道和娱乐频道。这是广播电视媒体落实总书记的指示在互联网传播领域采取的重大举措。团中央系统也先后开通两家中国青少年网络电台。从广播媒体网站内容发展看，首先完成的是本台音频节目的上网，在内容方面基本上是传统广播的延伸。而网络电台的开播，则标志着广播媒体网站朝着独立内容制作者和提供者的转化。对网民来说，网络电台是一种完全新的节目形态，如“国际在线”多语种网络电台节目量达11个小时，每天有40万～60万人次上网收听，且上线以后，一般平均收听时间在半个小时左右。这些网络广播的听众往往不是传统广播受众的延伸，而完全是另外一个群体，这些听众一般很少听传统广播，而更习惯于在网上收听。

20.2.2 互动多媒体网络杂志

互动多媒体网络杂志（或称“电子杂志”）在2005年也得到了迅速发展，其特点是包含了文字、图片、Flash动画、音频和视频等多媒体表现形式，提供多种阅读模式，并可通过P2P技术发行。2005年内出现了一批网络杂志发行平台，旗下各拥有若干网络杂志，内容涉及服装、美容、数码、体育、娱乐、摄影、游戏、旅游等各个方面。网络媒体创办的有代表性的网络杂志是南方网于 8 月 15 日创刊的《WOW！ZINE • 物志》，目标受众的年龄为 25～35 岁的城市主力消费人群。此外，传统杂志的两大巨头时尚系和瑞丽系也积极地利用这一形态传播自己的内容。

20.2.3 网络电视（IPTV）

网络电视（IPTV）牌照的发放是 2005 年业界关注的事件之一。4 月 30 日，国家广电总局明确表示，已向上海文广新闻传媒集团发出首张 IPTV 执照，准其开办以电视机、手持设备为接收终端的视听节目传播业务。网络电视是基于 IP 协议的电视广播服务，该业务将电视机或个人计算机为显示终端，通过机顶盒接入宽带网络，可以向用户提供数字广播电视、VOD 点播、视频录像等诸多宽带业务。国家广电总局认为网络电视不仅涉及意识形态，而且涉及本土文化及广电产业的保护，如果对网络电视采取完全开放的政策，势必就会导致对传统广播电视节目内容及其上网传播的冲击，而形成不同媒介形态间不公平竞争的状况。为此，对网络电视牌照的发放十分谨慎。上海文广新闻传媒集团被批准开办的业务类别分别是自办播放和节目集成运营业务，既可以在新的网络（IP）电视平台上播放自己开办的广播电视频道和视频点播节目，又可以将其他机构所播放的节目频道和点播节目依法集成到自己的播出平台上，再向用户提供播放服务。

20.3 网络媒体的报道能量

2005 年国际、国内重大事件和突发事件不断，网络媒体报道的能量又达到新的水平。以神州六号 10 月发射及返回为例，人民网和新华网经授权对神六发射实况进行现场直播。在长达 120 多个小时的直播里，人民网直播页面共发布信息 1 209 条，平均 6 分钟 1 条。在 18 日的 3 时～8 时这个时段，则达到平均不到 2 分钟便发布 1 条信息的高频率。在神六发射的 10 月 12 日，新浪网当天 24 小时的访问量突破 4.5 亿页读数，刷新了此前 2004 年雅典奥运会创造的流量记录。各大新闻网站和门户网站几乎动用了所有的表现形态，新浪网还独家推出了 3D 全程模拟动画大片，以令人震撼的逼真效果演示了神六从发射到回收的全过程，该片推出后受到了网民的大力追捧。

2005 年西部地区尤其是民族自治区重点新闻网站的建设有了引人注目的发展。1 月 1 日，“全国民族自治区重点新闻网站联盟网”在内蒙古新闻网、天山网、中国西藏新闻网、桂龙网、新桂网、宁夏新闻网的共同建设下顺利开通。同年内，相当多的省、区、市开展（有的是连续开展）了网络媒体行采访活动，可称得上是 4 年来开办此类活动规模最大、涉及范围最广的一年。其中最引人注目的是为庆祝西藏自治区成立 40 周年而举办的“首届全国网络媒体西藏行”（7 月 5 日至 12 日）和为庆祝新疆维吾尔自治区成立 50 周年而举办的“50 年风采：全国网络媒体新疆行”（7 月 17 日至 24 日）采访报道活动。“新疆行”创造了多项网络媒体行的全国第一：（1）参与媒体最多，全国 37 家网络媒体全国及自治区 13 家主要新闻媒体，共 50 家媒体参与；（2）举行大型开幕式文艺晚会，并由电视、广播及 35 家网络媒体同时进行网上直播；（3）采访线路最多，在全疆共分 5 路进行采访。网络媒体的 60 多名人员在 8 天中发文字稿 1 020 篇，图片 4 000 多幅，各网站开设专题 35 个，全方位地报道了新疆 50 年来翻天覆地的变化。

11月7日，北京奥组委宣布，搜狐成为北京2008年奥运会互联网内容服务赞助商。这是奥运会历史上第一次设立互联网内容赞助类别。根据协议，搜狐将为北京2008年奥运会、残奥会，北京奥组委、中国奥委会以及中国体育代表团提供官方互联网内容服务，打造官方网站（http://www.beijing2008.cn）。

20.4　网络媒体经营

新闻网站整体实力和水平的提高，不仅使自身的网络新闻传播和网络舆论引导能力得到加强，更重要的是能够对国家和所在省区的信息化、网络化发挥积极作用。2005年10月1日，由新华网承担建设的中国政府网试开通，11月22日英文版试开通。经国务院批准，中国政府网于2006年1月1日正式开通。中国政府网是国务院和国务院各部门，以及各省、自治区、直辖市人民政府在互联网上发布政务信息和提供在线服务的综合平台。此举是新华网为中国电子政务工程做出的一大贡献，显示了重点新闻网站在经营领域扩张的能量。

2005年年内，涉及新闻网站控股的事件，7月发生的两件尤其引人关注：一是北青传媒控股千龙网，二是东方网控股凯迪网络。在与外资网站进行内容合作方面，5月26日，北青网成为MSN的合作伙伴，当日开通的“MSN中国”网站资讯与娱乐频道的全部内容为北青网所提供。在借助他人的平台为我所用、产生良好的报道效益和经济效益方面，北青网进行了积极的探索。

20.5　网络媒体与手机媒体

新闻媒体的图文内容进入手机终端，目前主要有3种方式：新闻短信、手机报、WAP网站。在手机报方面，继2004年7月18日，全国第一家手机报《中国妇女报·彩信版》开通后，有不少媒体网站尝试探索这一新业务，在2005年更掀起一个小高潮，《浙江手机报》、《南方手机报》、《辽宁手机报》、《江西手机报》、《“深圳晚报彩e版”手机报》、《鲁中手机报》、《华西手机报》声讯版、《青岛手机报》、《泉州手机报》等纷纷面世。《中国日报》（China Daily）网站打造的中英文手机信息服务平台，以图文直播重大事件、突发事件为特色，取名为“直播中国”。

2005年2月24日，人民网与中国人大新闻网、中国政协新闻网共同开办的以手机为终端的“两会”无线新闻网站开通。5月25日，上海东方网的无线新闻网站开通。12月16日，人民网、新华网、千龙网更联合创办了“掌上天下”WAP网站。

手机电视的发展也是2005年的一个亮点。自中国移动9月底全网开通手机电视业务以来，截至11月底，中国移动全网的手机电视用户已经突破15万户，上海的实际用户数突破2万户。

12月7日，由中华全国新闻工作者协会主办，诺基亚（中国）投资有限公司协办的“首届移动通信与新闻媒体研讨会”在北京举行，主题为“合作、创新、发展、共赢”。

20.6　网络编辑员新职业

按照网站数量估算，目前中国拥有网络编辑从业人员300多万人，随着未来的发展，其需求将呈上升趋势。2005 年 3 月 31 日，劳动和社会保障部向社会公布了第 3 批共 10 种新职业，“网络编辑员”就名列其中。网络编辑职业分网络编辑员、助理网络编辑师、网络编辑师和高级网络编辑师 4 个等级。网络编辑员资格考试制度推行后，将引导从事网络编辑的工作人员掌握全面的网络和新闻等综合知识，完善知识结构，更好地适应网络编辑工作。

对网络媒体编辑来说，2005 年还有一件喜事：11 月 8 日中国第 6 个记者节，中华全国新闻工作者协会对近几年来在新闻宣传工作中做出突出成绩的 172 名新闻工作者进行了表彰，授予他们“全国优秀新闻工作者”的荣誉称号，人民网评论部主任唐维红、新华网时政部主任杨新华和中国网中文部副主任闫昕霞进入这一行列。这标志着网络媒体的地位不断上升。

20.7 新闻从业人员博客

2005 年互联网界有一个新概念“Web 2.0”被提了出来。从技术的角度看，Blog、RSS、SNS、Tag 和 WiKi 等与其有着密切关系。从新闻传播学角度看，这一概念对网络新闻和网络媒体的影响，主要表现在以下几点：（1）非专业人员在新闻生产领域的深层渗透；（2）网络新闻内容结构的变革；（3）网络新闻生产层次的进一步清晰；（4）网络新闻生产专业分工的细化与合作模式的多样化；（5）网络受众新闻消费模式的多元化与社会化；（6）媒体融合局面的不断明朗。随着网络承载能力的不断改善，媒体融合将越来越多地付诸实践。

2005 年互联网传播领域最抢眼的现象是博客的大面积普及。在这股“博客热”中，一批媒体工作者，甚至包括不少资深或担负领导职务的媒体工作者建立了自己的博客，一些媒体编辑、记者的博客群也应运而生。2005 年举行的第二届“德国之声”博客大赛，新闻博客的分量明显加重。不仅设有“记者无疆界特别奖”，而且 9 个文种均设有最佳新闻博客奖。担任本届中国评委的是新闻记者安替。11 月 14 日评选揭晓，三联生活周刊记者王晓峰的《按摩乳》胜出，获得中文新闻博客金奖，平客（曾任广播电台主持人）和飞猪的《反波》获得博客金奖。与传统媒体不同的是，网络媒体是一个人人可以参与其中发挥自己创造力加以亲自实践的媒体。因此，“独立媒体”、“公民新闻”、“公民记者”等理念必将与网民的实践活动相互作用，不断有所表现。

20.8 网络媒体管理与自律

20.8.1 网络媒体管理

国务院新闻办公室作为互联网新闻传播和网络媒体管理的行政主管部门，曾于 2000 年 11 月 7 日和信息产业部共同发布了《互联网站从事登载新闻业务管理暂行规定》。5 年过去了，互联网领域发生了很多新变化，为适应变化的新情况，国务院新闻办公室对暂行规定进行了修改和补充，并再次和信息产业部共同发布《互联网新闻信息服务管理规定》。该规定所称“新闻信息”，是指时政类新闻信息，包括有关政治、经济、军事、外交等社会公共事务的报道、评论，以及有关社会突发事件的报道、评论。该规定所称“互联网新闻信息服务”，包括通过互联网登载新闻信息、提供时政类电子公告服务和向公众发送时政类通讯信息。截至 2005 年底，经国务院新闻办公室批准取得互联网新闻信息服务资质的网站共 163 家。

广电总局从 1999 年开始出台了一系列相关规定。根据互联网技术与内容的发展变化，2004 年 7 月最新发布了《互联网等信息网络传播视听节目管理办法》（总局 39 号令，2004 年 10 月 11 日起施行）。39 号令第二条指出："本办法适用于以互联网协议（IP）作为主要技术形态，以计算机、电视机和手机等各类电子设备为接收终端，通过移动通信网、固定通信网、微波通信网、有线电视网、卫星或其他城域网、广域网、局域网等信息网络，从事开办、播放（含点播、转播、直播）、集成、传输、下载视听节目服务等活动"。"本办法所称视听节目（包括影视类音像制品），是指利用摄影机、摄像机、录音机和其他视音频摄制设备拍摄、录制的，由可连续运动的图像或可连续收听的声音组成的视音频节目"。39 号令明确指出"国家对从事信息网络传播视听节目业务实行许可制度"，"《信息网络传播视听节目许可证》由广电总局按照信息网络传播视听节目的业务类别、接收终端、传输网络等项目分类核发"，并规定"外商独资、中外合资、中外合作机构，不得从事信息网络传播视听节目业务"。截至 2005 年底，经广电总局批准获得互联网传播视听节目资质的网站共 145 家。

20.8.2 网络媒体自律

为加强和推动网络媒体界的自律，中国互联网协会新闻信息服务工作委员会于 2004 年正式成立。至 2005 年底，成员单位已达 160 多家，其中包括了中国最有影响力的网站。该委员会在督促成员单位做好自我约束、自我管理方面做了大量工作。先后发布了《互联网新闻信息服务自律公约》、《互联网站禁止传播淫秽色情等违法和不良信息自律规范》和《互联网搜索引擎服务商抵制淫秽色情等违法和不良信息自律规范》，填补了中国互联网行业自律规范的空白，得到业界的普遍认可。为落实自律公约和规范，工作委员会与成员单位建立了日常联系制度和公众举报及时分送制度。2005 年，成员单位网站自觉处理公众举报 23 000 多件次，为限制有害信息的传播、净化网络环境作出了重要贡献。

在各地建立行业组织方面，经北京市社会团体登记管理机关核准登记、于 2004 年 10 月 26 日成立的"北京网络媒体协会"最具代表性。因为从属地管理的角度看，北京网络媒体在全国网络媒体中的比重和影响最大。在北京市人民政府新闻办公室的主导下，众多的新闻网站、媒体网站、商业门户网站及通过互联网传播新闻信息的单位组成了这一成员广泛的社会团体，其宗旨是建立网络新闻信息传播行业"自我约束、互相监督、公平竞争、健康发展"的自律机制，同时发挥桥梁与纽带作用，反映行业的愿望和合理要求，保障会员单位的合法权益，向政府相关主管部门提出建议，努力为行业发展提供更多的服务。北京市人民政府新闻办公室和北京网络媒体协会在 2004 年和 2005 年已连续组织了两次特色"红色故土行"活动，使商业门户网站的高管人员先后到井冈山和延安两地接受革命教育和国情教育。

20.8.3 互联网违法和不良信息举报

2004 年 6 月 10 日，中国互联网协会"违法和不良信息举报中心"在北京成立，其网站（http://net.china.cn）同日开通。该中心的宗旨是"举报违法信息，维护公共利益"。2005 年是举报中心迅速发展的一年，在处理公众举报、配合执法和行政机关开展各类打击网上违法犯罪活动专项行动方面成绩显著。举报中心共接到各类公众举报 127 010 多件次，平均每天 345 件次。公众举报中，举报淫秽色情类占 68.2%，诈骗类 5.67%，宣扬邪教类 3.44%，赌博类 2.48%，违背社会公德类 2.39%，侵权类 2.19%，违背宪法基本原则类 1.76%，攻击党和政府类 5.69%，其他类 8.18%。以上数字表明，淫秽色情内容仍然是网上最突出的问题，公众尤其对以色情内容为诱饵骗取手机注册费用的现象反映强烈。举报中心在 2005 年开展的“打击赌博违法犯罪活动”、“打击点对点传输违法内容”和“打击利用互联网视频聊天等从事淫秽色情活动”等多个重要专项行动中，均为执法机关提供了大量重要案件线索。举报中心还向含有违法和不良信息内容的网站发出整改通知 1 166 份。为鼓励公众举报网上违法信息和行为，举报中心建立了奖励制度，对举报有功者进行了及时的奖励。

20.9 网络媒体研究

2005 年内，学界举办的网络及新媒体传播的专门研讨会主要有 4 场。(1)“网络媒体进展研讨会”，由南京邮电大学科技处学报编辑部主办，4 月 23 日在南京举行，研讨的专题有网络传播、网络立法、网络教育、网络文艺、网络伦理。(2)“2005 中国网络传播学年会”，由南京大学新闻传播学院、南京大学网络传播研究中心主办，11 月 5 日至 6 日在南京举行，主题为“网络社会：传播与控制”，研讨的 4 个专题分别为：“网络社会：何以可能与何以可为”、“博客与下一代网络门户”、“数字城市：现状与未来”、“短信时代与电信传播”。(3)“中国新闻传播学科研究生学术年会”，由复旦大学新闻学院主办，11 月 5 日～6 日在上海举行，主题为“传播、和谐、创新”，其中“Web 2.0 时代的网络传播”专题论坛成为本届学术年会的新亮点，年会最后还评出《竞选网站：美国总统大选的新阵地》等 10 篇优秀论文。(4)“2005 新新论坛”（“新新”即新媒体、新思维的简称），由清华大学新闻与传播学院和华中科技大学新闻与信息传播学院主办，11 月 26 日～27 日在北京举行，主题为“新媒体的个人化趋势及其社会影响”。

这些研讨会对一年来互联网及数字新传媒领域中的新发展、新变化和新情况，从学术层面进行了深入的探讨。

在网络传播学科课题立项方面，由南京大学新闻传播学院杜骏飞教授（现任南京大学新闻传播学院传播学系主任和南京大学网络传播研究中心主任）主持申报的“网络社会的传播控制研究”获得 2005 年度国家社会科学基金重大项目立项。2005 年度社科基金项目还设有“手机媒体及其管理研究”（一般项目），由中国人民大学新闻学院匡文波副教授取得。

2005 年内出版的网络传播学专著有：《网络媒体教程》（刘韧著）、《新浪之道》（陈彤著）、《中国网络媒体的第一个十年》（彭兰著）、《网络新闻编辑》（邓炘炘著）、《网络传播与公众表达》（陈红梅著）、《网络出版运作》（王京山著）以及“大学新闻专业网络传播教材”丛书中的 3 本——《新闻网页设计与制作》（秦州著）、《网络广告原理与实务》（巢乃鹏、杜骏飞主编）、《网络伦理与法规》（戴永明、蒋恩铭主编）。这套丛书共 7 本（目前已出版 6 本），由福建人民出版社组织南京大学、武汉大学、浙江大学、暨南大学、四川大学、厦门大学等 6 所南方重点高校从事网络传播教学的部分教师编写，涵盖网络传播基础与网络传播业务两个方面。《中部崛起看河南——第四届“网上看河南”采风活动》（李新全主编）一书，则是网络媒体近年来采访活动的首次正式出版物，为本届活动（2005 年 5 月 15 日～21 日）留下了一份宝贵的记录。

（中国社会科学院新闻与传播研究所　闵大洪）

第 21 章　Web 2.0 发展状况

21.1　Web 2.0 和网络新媒体

互联网商业化 10 年以来，经历了一个向新媒体发展演化的过程。Web 2.0 概念的出现标志着互联网新媒体发展进入新阶段。Web 2.0 利用 RSS 技术帮助用户获取个性化信息，通过博客、播客等方式传播个人信息，通过 SNS 互动平台进行互动交流和协作，甚至还可以利用 P2P 技术分享个人数字内容等。尽管 Web 2.0 还只是一个概念，但是它代表的一些应用（如博客、RSS 等）则凸现了互联网新媒体的本性，而且这些新应用正在步入快速发展的轨道。

“新媒体”的定义可以简单表述为：由所有人面向所有人进行的传播。传统媒体把世界划分为生产者和消费者两大阵营，人们不是作者就是读者，不是广播者就是收看者，不是表演者就是欣赏者，这是一种“一对多”的传播。而新媒体与此相反，是一种“多对多”的传播。它使每个人不仅有“听”的机会，而且有“说”的条件。

在 Web 1.0 时代，信息的生产没有脱离传统的信息生产模式，即“记者—编辑—发布”的精英模式，而 Web 2.0 却完全颠覆了这个模式。麻省理工学院发表的《技术观察》对 Web 2.0 的技术特性进行过分析：“博客、RSS、播客等符合 Web 2.0 定义的技术，都在强调分众传播的对等信息交互，也就是信息接受者同时也是这些信息的创造者，若干的博客汇集成新的信息输出者，每个人在挤奶的时候还要喝奶，这其中自身的商业循环，绝不可能以浅薄的收费服务或者广告来衡量”。

Web 2.0 目前只是一个概念，并没有清楚的定义，一般认为它具有以下 3 个特点：个性化，用户也是消息源，门户对消息的控制将被削弱，消息传播的渠道因此发生改变；真实化，在 Web 1.0 时期，网络上都是虚拟社区、虚拟个体，但 Web 2.0 的基本原则是真实，其社区将推广实名制，即使每个人的名字不算真实，但个人资料起码是可信的，这在 SNS（社会网络软件）中体现得更加明显；相关性，每个用户以自身辐射出一个私有的可信赖的交际网络，无论是一度还是二度，都与每个用户相关。

实际上，互联网上早期的电子公告（BBS）、聊天室（QQ）即时通信都具有新媒体的特征。它们是“热媒体”，接受者不用思索，只需要被动接受即可，参与程度低。其表达必须口语化，追求的是反应的速度。跟帖或评论者也没有多少工夫去进行认真思考，而是想到就说，说了就算，不求经典，拒绝深刻。而今天的博客就开始向“冷媒体”发展。冷媒体是低清晰度的，接受者必须要经过思考、分析，必须要填补文本的空白才能进入接受过程，参与程度高。

21.2 博客（Blog）

博客是一个网页，通常是由简短且经常更新的帖子所构成，这些张贴的文章都按照年份和日期倒序排列网志的内容，从对其他网站的链接、评论，有关公司、个人构想的新闻，到日记、照片、诗歌、散文，甚至科幻小说的发表或张贴都有。许多博客只是记录博客作者的个人所见、所闻、所想，还有一些博客则是一群人基于某个特定主题或共同利益领域的集体创作。博客网站有 3 种类型：一是托管博客，无须自己注册域名、租用空间和编制，只要去免费注册即可拥有自己的博客空间；二是自建独立网站的博客，有自己的域名、空间和页面风格，需要一定的条件；三是附属博客，将自己的博客作为某一个网站的一部分（如一个栏目、一个频道或者一个地址）。

互联网社会化的核心是个人网络化，而随着“博客”的崛起，超越社会精英概念、真正面向社会每一个个人，并以个人为主体的知识过程开始在互联网中兴起，并将为人类社会带来革命性的影响。博客的出现集中体现了互联网时代媒体界所体现的商业化垄断与非商业化自由、大众化传播与个性化（分众化、小众化）表达、单向传播与双向传播 3 个基本矛盾、方向和互动。虽然，博客依然在大多数人的视野之外，但它们改变历史的征程已经启动，博客世界的“颠覆性力量”正在崛起。博客具有五“零”特征，即通过一些软件工具，可以帮助任何一个普通用户实现零体制、零编辑、零技术、零成本、零形式的网上个人发表。人人都是知识工作者，人人都可以参与知识管理，每一个行业和每一个企业都可以成为知识型企业，进一步发展知识社会。

2004 年以前，在人们的观念中，博客只是主流媒体的一种补充。2005 年发生的一系列事件正在改变人们对它的看法：博客正在成为一种主流媒体。

如果说在 2005 年 2 月发生印度洋海啸时，博客还只是传统媒体的补充的话，那么在半年后发生的伦敦系列爆炸案中，博客就正式成为一种主要的报道方式，简单精确的图片，简短直接的文字，在第一时间将新闻事件报道发布到自己的博客中，人们开始习惯通过博客获得信息，而不是电视或者报纸，甚至不是门户网站。

当前，每秒钟就诞生一篇新博客。有人预测，到 2010 年，大约 50%的新闻都将出自博客作者（Blogger）。正是基于此，大量传统报纸已经为博客作者们开辟了在线空间，让他们共享当地新闻和评论。与大型传统报道相比，博客作者们所提供的当地新闻可能是一些“琐碎小事”，但对读者和广告商却颇具吸引力。

在中国，2002 年 7 月，方兴东、王俊秀将 Blog 命名为“博客”，并率先搭建了“博客中国”网站，撰写了《中国博客宣言》。8 月，“博客中国”（blogchina）开通，开始了博客在中国的全面启蒙和推动。此后，中国博客以几何级数增长，2005 年 7 月，中国社会科学院社会发展研究中心的《2005 年互联网使用状况及影响调查报告》显示，中国有 $\frac{1}{3}$ 的网民已成为博客，并且仍然在快速扩散之中。有人称 2005 年是中国博客元年。除专门博客网站如博客网（Bokee.com）、中国博客（Blogcn.com）外，新浪、搜狐等门户网站开始提供博客业务。2005 年 9 月新浪网推出了博客产品 Blog Beta 2.0，成为国内首家推出博客频道的门户网站，并发起“中国首届博客大赛”。与此同时，搜狐也宣布酝酿已久的首届全球中文博客大奖赛正式开赛。此后一些作家名人纷纷在网上开始写博客，开放式地和网友交流，并得到了新浪等网站在显要版面的力推。这些比赛和作家名人的加盟，进一步推动了国内博客水平的提高。同时，也吸引了更多的普通读者关注博客、加入博客。博客的兴旺在很大程度上来自于整体的水准和人气，而门户为博客创造了飞速发展的契机。

9 月，中博传媒与博客网联合宣布推出博客电影，博客网开通了博客电影频道。博客电影首先要在博客群体里发布，维护博客的群体性。博客们可以自己创作剧本，可以自己做导演、演员，投票选出精品，由中博传媒以专业影视公司的角度投入资金拍摄、制作，然后在博客电影频道里展示给大众。这是对传统电影只是由导演和编剧进行创作的一次颠覆。

对于企业来讲，博客是电子邮件、新闻组、局域网和即时通信之外的又一个交流工具。在人们眼里，博客独立于企业控制，因此能引发并促进交流。一些企业已经向博客领域进军，通过公司网站向公众发布帖子，使外界了解企业。博客是开发人员和客户直接深入开展双向交流的好机会。企业能获得有关产品的重要实时反馈，同时，客户也能更好地了解关键技术的发展状况，以此补充在线论坛、新闻组和以客户为目标的邮件发送。博客也成为企业内部共享知识的有力渠道。2005 年 9 月，Google 推出了“Google 与李开复博士”中文博客，有关李开复跳槽引发的纠纷都可以在这里查询和提问。同样微软也鼓励员工们写博客。通用公司副总裁鲍勃·鲁兹的“快车道”博客，已经成为通用公司与公众沟通的重要场所。采取同样举措的公司还有 Sun、宝洁和波音公司等。

根据易观国际数据，截止到 2005 年底，中国 Blog 的累计注册用户数量达到 4 000 万，其用户量占互联网总上网人数的 36%。2005 年 Blog 市场份额分布状况如图 21.1 所示。

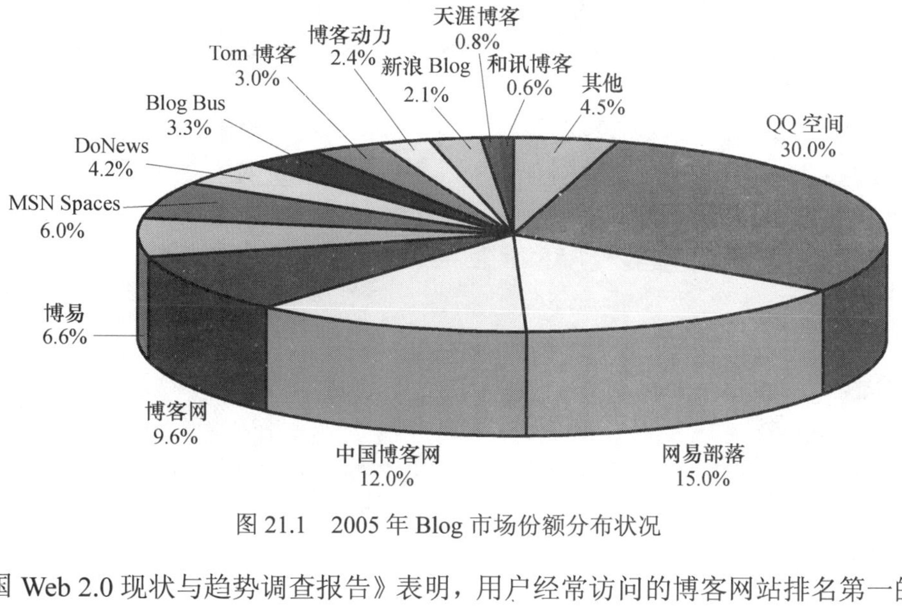

图 21.1　2005 年 Blog 市场份额分布状况

《中国 Web 2.0 现状与趋势调查报告》表明，用户经常访问的博客网站排名第一的是博客网（51.4%），其次是新浪博客（26.3%）、搜狐博客（18.0%）。9%的博客（Blogger）基本每天一次写自己的博客，另外每周写 1～3 次的人为 29%，而每周写一次博客的用户为 35%。用户最希望博客服务提供商增加网络硬盘、社会性网络和图片相册功能。

从目前的发展情况来看，博客比较现实的赢利模式有以下几种：即时通信、博客、搜索和邮件等相融合的门户模式；博客服务托管收费模式；俱乐部模式及行业应用模式；提供企业博客专业服务。此外，随着博客人气的高升、名人博客的发展，博客广告也开始发展。

此外，移动博客将移动数据通信手机与博客结合，可以让移动用户享受到人性化、互动性的服务，让手机成为无线上网和便利服务的终端，打造一个全新的娱乐移动生活平台，一个能集合自己生活中的思考、图像和声音的家园。

21.3 新闻聚合 RSS

互联网的产业格局正在酝酿着一种变化，RSS 技术正在逐渐改变全球网民的浏览习惯。RSS 是一种简单的信息发布和传递方式，它使一个网站可以方便地调用其他提供 RSS 订阅服务的网站的内容，从而形成“新闻聚合”，使网站发布的内容在更大的范围内传播。如果从 RSS 阅读者的角度来看，RSS 获取信息的模式与加入邮件列表获取信息的模式有一定的相似之处，即可以不必登录各个提供信息的网站而通过客户端浏览方式（称为“RSS 阅读器”）或者在线 RSS 方式阅读这些内容。

XML 格式将成为网上新闻与内容聚合的普遍工具，而广告商们已经用 RSS 来投放广告，可见 RSS 已突破专业领域，开始向大众化的 Web 服务迈进。全新的新闻聚合服务将使互联网用户能够控制他们的内容，迫使依靠内容获得用户的门户和电子商务网站重新考虑他们的业务方法。

RSS 随博客的发展而发展，用户查找和阅读需要的博客时，需要搜索和点击大量网站，通过使用 RSS，用户能够自动搜集到来自博客其他信息源的内容。电子商务企业也在迫不及待地拥抱网络日记潮流，以便能够通过博客使搜索、付费搜索服务索引到他们的站点。

2005 年越来越多的网站支持 RSS 订阅功能。《中国 Web 2.0 现状与趋势调查报告》指出，在 RSS 服务的用户当中，使用过在线 RSS 服务的比例高达 60%，是使用离线 RSS 服务比例（15%）的 4 倍，另外有 25%的人既使用在线服务也使用离线服务。用户订阅了 RSS 之后，浏览习惯绝大多数（87.1%）发生了变化，有一半用户以登录网站浏览为主，RSS 为辅；已经有 24.3%的用户以 RSS 浏览为主；另外，有 14%的用户虽然还是经常登录网站，但是比例越来越小了。新浪点点通、博客网 RSS 博览、My MSN、狗狗、周博通、看天下等在该领域处于领先地位。

21.4 播客（Podcast）

在文字博客之外，还有一种新的可以发布声音和图像的“博客”，在 Web 2.0 家族中被称为播客（Podcast），它是收音机、iPod、博客和宽带互联网概念融合的产物。英文的“Podcast”一词是苹果电脑的“iPod”与广播“broadcast”的合成词。播客是一种在互联网上发布文件并允许用户订阅以自动接收新文件的方法，或用此方法来制作的电台节目。这种新方法在 2004 年下半年开始在互联网上流行，并用于发布音频文件。

播客与其他音频内容传送的区别在于其订阅模式，它使用 RSS 2.0 文件格式传送信息。该技术允许个人进行创建与发布，这使得人人可以说出他们想说的话。不仅单纯的音频文件，任何视听文件都可以成为播客，播客可以采用 P2P 的方式下载。任何个人都可以制作节目发布广播，任何拥有 MP3 智能手机的人都可以自由地接收播客节目。相对于传统广播或者电视台而言，播客不需要频道资源，不需要大量的设备，进入门槛非常低。

播客的内容制作和收听方式极具个性化，打破了传统的广播方式，因此，它一经诞生，就受到传媒的注意。目前，海外广播公司纷纷开始增加播客节目，美国波士顿公共电视台、加拿大多伦多音乐电台以及英国 BBC 公司都开通了正常的播客服务，美国卫星广播公司也将启动播客节目。同时播客也在影响娱乐界，唱片公司开始通过播客建立歌手与歌迷之间的联系。

根据《中国 Web 2.0 现状与趋势调查报告》的调查数据，在中国的播客网中，雅虎播客的知名度排名第一，有 32.6%的用户知道它，然后依次是中国播客网、播客天下、土豆网和播客中国。每周访问播客网站 2～3 次和 1 次的人群分别达到 22.6%和 20.5%，每周 4～6 次的人群占 11.1%，另外还有 13.9%的人群每天都访问一次。

21.5　互联网迈向个性化时代

在 Web 1.0 时代，网站之间是互不相通的，各网站自行其道；但在 Web 2.0 时代，借助 RSS 和 XML 技术，实现了网站之间的交流。Sina 点点通、雅虎的 My Yahoo 等就加入数十家网站的内容，读者可以根据自己的喜好，自由选择信息。

Web 2.0 倡导的个性化，与传统网站的个性化有本质的区别。在传统门户网站中，个性化意味着页面设计风格和内容组织方式而非内容本身，不管怎样都没有脱离大而全的中心门户的特点。Web 2.0 倡导的个性化则意味着精而专，网站之间有明确的分工，好像同样报道超女，有人只做李宇春的新闻，有人只做张靓影的新闻一样，通过 RSS 将其组合起来，这时的 RSS 就起到了门户网站的作用，不同的是，其中的内容都是用户自己选择的。

更精彩的是，个性化已经由用户层面进入企业服务层面，IT 精英们已经在实践个性化服务。美国房地产交易地图网（HousingMaps.com）是目前美国最受欢迎的房地产交易网站之一，它的特点就在于把时下流行的 Web 2.0 式网站 Craigslist 的租房信息和 Google Maps 结合起来，以可视图钉的方式将全美房屋交易信息详细显示出来。

简而言之，Web 2.0 时代的个性化不是原来的网页个性化，而是服务个性化，我们面对的将是一个全新的个性化互联网。

此外，移动个人 Web 2.0 门户，将会让用户轻松享受个性化的信息聚合、博客和照片等信息共享、通信中心等功能，个人电台发烧友甚至可以建立自己的电台向 SNS 的网络朋友发送。

将这种个人 Web 2.0 门户与移动硬盘、闪存盘、MP3、MP4 等数码移动存储设备结合，就可以随身携带、随处使用。只要将这种配置了智能身份功能的数码设备与电脑、互联网相连，用户就可以随时享受上述服务了，而移动硬盘、闪存盘、MP3 和 MP4 等都可以被改造成为移动的个人 Web 2.0 门户平台。

21.6　社会网络软件 SNS

社会性网络软件，依据六度理论，以认识朋友的朋友为基础，扩展自己的人脉，并且无限扩张自己的人脉，在需要的时候，可以随时获取一点，得到该人脉的帮助。六度关系理论由美国著名社会心理学家米尔格伦（Stanley Milgram）于 20 世纪 60 年代最先提出，在人际脉络中，要结识任何一位陌生的朋友，这中间最多只要通过 6 个朋友就能达到目的。就是说你想认识一个陌生人，托朋友找朋友找认识他的人，之间不会超过6个人。

在经济高速发展的今天，人际关系的作用愈发明显，人脉资源对于一个人的成功非常重要。目前很多职业人士在人际资源方面其实都比较匮乏，因此SNS这种新兴的网络社交方式一出现，便迅速流行欧美国家，已经成为精英阶层拓展人际关系的主要方式之一。

《中国Web 2.0现状与趋势调查报告》在中国调查反映，60%左右的用户反对SNS交友收费，只有42.4%的人认为如果有价值，可能会交费。用户使用SNS交友服务的频率比较频繁，每周使用1次、2～3次和4～6次的用户分别为20.7%、21.9%和10.2%，另有14.6%的用户每天都使用。使用亿友网、优友地带、中国缘、人际中国、网圈中国、UUME和联络家等网站提供的SNS交友服务的用户相对较多。

与其他互联网应用以及服务产业链相比较，现阶段的SNS产业市场仍处于发展初期，产业链环节少，价值链短，造成可延伸商业模式和赢利空间受限。此外还存在用户细分、挖掘不足和缺乏有竞争力的服务等问题。

由于其技术壁垒低，市场竞争激烈，一些服务商利用自己的品牌以及用户资源优势，通过添加SNS服务增强原有服务的用户粘性，来寻求多元化拓展。此外加强SNS与其他服务的结合，比单纯的SNS服务提供商更具优势。

深圳浩天公司拥有强大的无线资源（600万IVR用户），通过强有力的线下执行，形成了一条贯穿线上、线下和无线的三位一体的影音娱乐交友产业链。建立碰碰网，上线之后短短数月，就已经飙升到国内综合交友网站第2、Alexa专业交友网站第5的位置。其在线总注册会员数已远远超过100万，且这些用户都具有极高的忠诚度，七成的用户每日或隔日造访，超过八成的用户乐于将在网站上获得的乐趣分享给自己的朋友。

作为垂直型专业网站，碰碰网打造的“兴趣+交友”新型SN社交网站模式很有特色，并凭着Internet/Mobile/Offline三线合一的综合互动娱乐兴趣交友平台，在最短时间内已成为第二代交友网站的典范代表。结合深圳浩天公司经营的经验，碰碰网在经营方面采用新的经营模式“Wap 2.0+Web 2.0”，将无线资源与社会网络交友结合在一起，既提升了网站价值，又解决了Web 2.0的赢利瓶颈。碰碰网于2005年获得了软银亚洲1 250万美元的风险投资，并计划2007年登陆纳斯达克，成为国内第一个推出上市计划的Web 2.0网站。不久之后，3G商用可能会有更好的发展前景。

21.7 技术引领Web 2.0

一直以来，技术人员都有这样一个设想，与其安装昂贵的软件，不如通过互联网来使用安装在服务器上的软件，Web 2.0中的AJAX技术使这种设想成为可能。AJAX的全称是Asynchronous JavaScript and XML，它不是一种技术而是数种技术的组合。AJAX采用远程脚本调用技术，将处理由服务器端转移到客户端，减少了服务器的资源占用，加快了数据处理的速度。采用AJAX开发的软件能让用户在使用网络应用软件时感觉就像在本机上一样。

目前，AJAX技术已经广泛应用于网络应用软件开发中，Google也许是AJAX技术开发投入最大、收获最多的公司，AJAX已经成功应用于GMail、Google Suggest和Google Maps等网络应用软件中。

除了Google以外，还有更多的公司在采用AJAX。在AJAX的帮助下，Zimbra公司开发的电子邮件，比GMail和Hotmail更加互动。Meebo.com公司也在即时通信软件中采用了AJAX技术，以创造更好的用户体验。即使微软也不能阻挡 AJAX 的魅力，声称将在下一代 HotMail 中加入 AJAX 工具条。

以前的开放 API（应用程序接口）主要指桌面应用软件，希望通过开放 API 融合更多的应用。在 Web 1.0 时代只有少数网站，比如 Ebay、亚马逊公司（Amazon）、雅虎公司、Google 公司等，在设计之初就遵循各种工业化标准，进而开放 API 接口，正是由于这些开放的 API，他们获得了不少有趣、有意思的应用。最典型的例子就是 Google Map，开放 Google Map 的 API 后，Google 公司无需花费力气做更多的市场推广，其他公司就会主动地整合它的应用，如美国房地产交易地图网就是在其网站中主动整合 Google Map。正是看到开放后的巨大前景，微软、雅虎和 Skype 也纷纷加入其中。

21.8　小结

“Web 2.0”代表着互联网正在由静态网页集合向提供软件服务载体的演进。像博客、社区照片共享服务（以Flickr为代表）、集体编辑服务（Wikipedia）和社会性书签服务（De • licio • us）等以用户为中心的Web现象，正在颠覆软件如何开发、信息如何在互联网上生成、共享和分发的传统概念。这个短语现在每天都被成千上万的博客、企业和其他用户用来形容几乎所有使Web更加互动或更具有参与性或者颠覆传统的软件厂商或娱乐公司的业务模型的变化。

Web 2.0 这个具有巨大影响力的“DIY”趋势震惊了众多行业，从软件与电信业到媒体业、营销业和娱乐业。Web 新服务将迅速抹去隔在 Web 与桌面软件之间的界线。

经过了一年的观察和试验后，Microsoft 与 Yahoo 等曾对 Web 2.0 迟疑不决的大型软件和 Web 公司，很多已义无反顾地加入到这场游戏中：要么通过收购体现“Web 2.0”的小公司，要么建立他们自己的基于 Web 的社区和服务。很多互联网公司甚至在进行了最微不足道的升级后，也会贴上“2.0”标签。

现在有近 50 万人为维基百科（Wikipedian）贡献和编辑文章，9 000 万用户使用开放源代码 Mozilla Firefox 浏览器和 1 890 万博客发表网志（根据博客搜索引擎 Technorati 提供的数据），这不能不让我们相信用户的注意力正在逐渐远离传统出版商、媒体公司和软件开发商的产品的观点。

Web 2.0 大行其道的原因是多种互联网技术的成熟。在 Web 2.0 这股新应用大潮中，开放 API 已成为不可忽视的趋势，RSS（Really Simple Syndication）使用户可以订阅博客和其他网站的内容。AJAX 编程技术集合则将使 Web 应用变得像传统桌面程序一样快。

在寻找区分 Web 1.0 体验和 Web 2.0 体验的差异上，人们总结出了几条大致的特征：与前几年的网络应用相比，用户从内容的消费者变成了内容的创造者；用户从聚集在门户网站和 BBS 等公共空间，到分散至个体网络日志（Blog）的包产到户和全民织网。信息正在日益呈现离散的趋势，分散的“信息岛”与曾经一统天下的门户网站也形成了分庭抗礼之势。

但这些都是表面特征。O'Reilly 媒体公司总裁兼 CEO 提姆 • 奥莱理建议用以下几条来判断是否具有 Web 2.0 特性：服务，而不是打包的软件，具有高成本效益的可伸缩性；控制独特的、难以再造的数据源，并且用户越多内容越丰富；把用户作为共同开发者来信任；利用集体智慧；通过客户的自服务来发挥长尾的力量；软件超越单一设备；轻量型用户界面、开发模式和商业模式。

2004 年 10 月，在美国旧金山举行了首届国际 Web 2.0 会议。2005 年 10 月 7 日，当第二届 Web 2.0 年会开幕时，800 名企业家、经理人、软件开发人员和记者组成的听众将会议大厅挤得水泄不通。互联网已经进入了全新 Web2.0 时代，它的影响已渗透到了各行各业。

中国的互联网产业一直是最新概念的跟随者。一直在互联网行业折腾的方兴东这次终于抓住了机会，创建了中国博客网，并拿到可观的风险投资。当 Flickr 被 Yahoo 以 2 000 万美元收购的时候，国内已经涌现了包括 fotoblog、拉风网和又拍网在内的众多图片博客网。众多的媒体人投身到这轮新的创业大潮中。一时间，博客网站、SNS 网站和 RSS 工具在国内纷纷涌现。

但在这场大潮背后却同样充满了置疑之声。“Web 2.0 网站缺乏独特、创新的商业模式”，“Web 2.0 是个噱头，没有任何新东西”。同时，随着传统网络门户的转型——给自己频道加上 Web 2.0 的各式标签，新兴的 Web 2.0 网站也面临着挑战。“把自己卖个好价钱成为多数新兴网站的最好归宿。Web 2.0 对传统的互联网模式有哪些挑战？Web2.0 有没有独特的商业模式？门户转向 Web 2.0，新兴的网站还有没有机会？Web 2.0 对传统的软件和服务模式会带来哪些深刻影响和变化？国内新兴的 Web 2.0 网站有哪些成功者？风险投资者的机会何在？这些问题成为 Web 2.0 人和 Web 2.0 关注者正在思考的问题”。

（中国科学院　侯自强）

第三篇

技　术　篇

第 22 章　互联网地址资源发展与管理状况

互联网用户访问网络资源获取网络信息时所使用的网络名称、地址等统称为互联网地址资源。从技术角度而言，互联网地址资源是“一次寻址行为结束后能为下一次寻址行为再利用或者直接进行数据通信的输出结果”。标准的互联网地址资源是指由 ICANN（互联网名称与数字地址分配机构）发布的通用域名、国家或地区域名、多国语言域名（如中文域名）及 IP 地址等。

22.1　域名

域名是互联网上用来寻找主机所用的名字，是互联网上的重要标识，相当于主机的门牌号码。每一台主机都对应一个 IP 地址，每一个 IP 地址由一连串的数字组成，如 159.226.11.11。人们为了方便记忆就用域名来代替这些数字来寻找主机，如 mydomain.cn。每一个域名与 IP 地址是一一对应的，人们输入域名，再由域名服务器（DNS）解析成 IP 地址，从而找到相应的主机。在英文国际域名中，域名可以英文字母、阿拉伯数字以及横杠“-”组成，最长可达 67 个字符（包括后缀），并且字母的大小写没有区别，每个层次最长不能超过 22 个字母。在国内域名中，三级域名长度不得超过 20 个字符。

22.1.1　CN 域名

CN域名是由中国管理的国际顶级域名。根据目前的国际互联网域名体系，国际顶级域名分为两类：通用顶级域名（gTLD）和国家/地区代码顶级域名（ccTLD）两种。通用顶级域名是以.com、.net、.org、.biz、.info等结尾的域名，均由国外公司负责管理。国家/地区代码顶级域名是以国家或地区代码为结尾的域名，如“CN”代表中国，“UK”代表英国。国家/地区代码顶级域名一般由各个国家或地区负责管理。

截至 2005 年 12 月底，中国 CN 域名的注册量突破百万，达到 109 万，相较于上年同期，增长幅度达到了 150%，注册拥有量稳居亚洲第一，如图 22.1 所示。

随着 CN 域名的快速增长，如何更好地平衡域名持有者和商标等权利人的利益成为人们关注的重点，经过域名专家讨论，并征求域名业界的意见，中国互联网络信息中心修订了 2002 年 9 月 30 日施行的《中国互联网络信息中心域名争议解决办法》，该办法于 2006 年 2 月 14 日发布，并于 2006 年 3 月 17 日起施行。

新的《中国互联网络信息中心域名争议解决办法》主要作了以下修订：（1）限定了域名争议解决机构受理域名争议的范围，明确“所争议域名注册期限满两年的，域名争议解决机

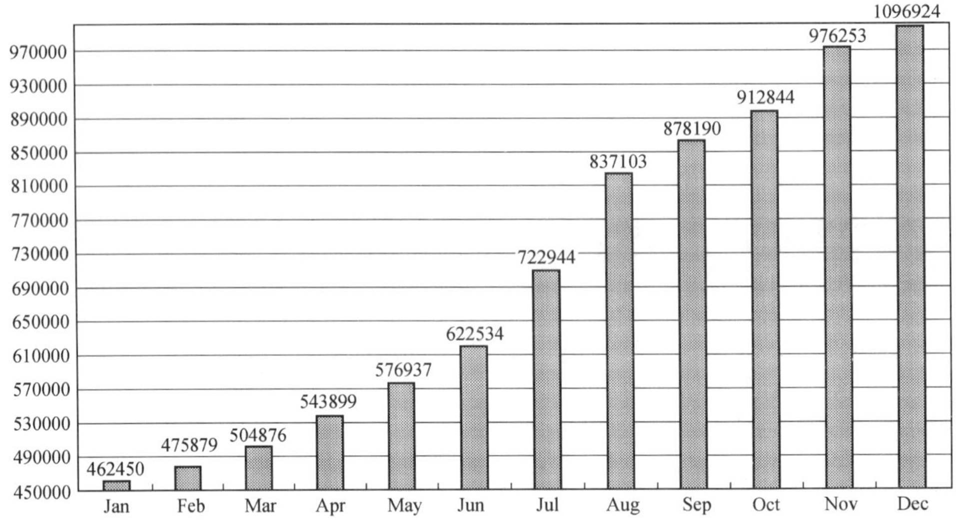

图 22.1　2005 年 CN 域名增长情况

构不予受理”；（2）限定了“恶意”认定的范围，“出售域名”不再被一概认定为“恶意”，明确只有在“注册或者受让域名是为了向作为民事权益所有人的投诉人或其竞争对手出售、出租或者以其他方式转让该域名，以获取不正当利益”时，才能被认定为“恶意”；（3）明确了何种情况下域名持有者对域名享有合法权益，“被投诉人在接到争议解决机构送达的投诉书之前具有下列情形之一的，表明其对该域名享有合法权益：被投诉人在提供商品或服务的过程中已善意地使用该域名或与该域名相对应的名称；被投诉人虽未获得商品商标或有关服务商标，但所持有的域名已经获得一定的知名度；被投诉人合理地使用或非商业性地合法使用该域名，不存在为获取商业利益而误导消费者的意图”。

另外，为满足互联网发展的需要，根据《中国互联网络域名管理办法》第六条的规定，信息产业部发布公告对现行中国互联网络域名体系进行了局部调整，在顶级域名 CN 下增设了.mil 类别域，该域名适用中国的国防机构。该公告于 2006 年 2 月 6 日发布，并于 2006 年 3 月 1 日起施行。

22.1.2　中文域名

全世界使用中文的人口，占总人口数的 25%以上。语言障碍成为中文地区电子商务发展的绊脚石。无论是用自己企业或组织的英译，还是全拼、拼音缩写，甚至是数字，网站的名称都不能直接反映企业或组织的身份，如果不将企业或组织名和域名同时宣传，许多用户只能靠猜测。而且众多的域名后缀不仅会使刚接触网络的人摸不到头脑，而且熟练的网民也会因为用错后缀而无法访问网站。同时，当商家不得不舍弃耳熟能详的中文品牌而另创全然陌生的英文代号时，无疑会使其品牌价值大打折扣，所以一个有意义和容易记忆的中文域名能为一个企业或组织建立良好的外在形象，在宣传、推广和开展他们的品牌方面有极高的广告价值。

CNNIC 推出的中文域名是国际化域名 IDN 的重要组成部分，CNNIC 为了促进中文域名的发展做了不懈的努力。早在 2000 年，CNNIC 就已经在全球范围内推出中文国际化域名服务，走在了 IDN 研究和应用的国际前列。其中文.cn、中文.公司、中文.网络、中文.中国等域名注册服务扫清了全球华人上网的语言障碍，使网络符合华人的习惯，更能帮助企业或建立一个适合与全球华人客户交互的平台。

为了维护广大中文域名用户的利益，以钱华林教授为主的 CNNIC 各方面人员积极倡导和推动中文域名的简繁体异体等效处理，在 IETF 中引起了广泛的关注和重视。最终，促成了以钱华林教授为作者之一的“中日韩多语种域名注册和管理方针”的 IETF 技术标准 RFC 3743 的颁布，这是 7 年来由中国制定的惟一一个互联网国际标准。这一标准直接涉及互联网域名系统这一基础层面，是中国对世界互联网异体字等效互通技术做出的贡献，是我国参与互联网国际技术标准制定的一个重大突破。

ICANN 签署的《多语种域名实施指导原则》则是与此技术标准方案紧密相关的管理政策。值得指出的是，由于包括 CNNIC 在内的中国技术人员的努力推动，IETF 发布的国际技术标准在英文句号“.”的基础上，增加了中文句号作为多语种域名的分隔符，省去了中文域名用户输入域名时中英文之间切换的麻烦。同时，基于 CNNIC 的评估，国际技术标准采用的 Punycode 编码也是对中文域名字段长度的限制最低、效率最高的一种编码方案。

2004 年 7 月，《中文域名总体技术要求》作为中文域名标准系列中的第一个标准被信息产业部科技司立项，它规定了在互联网体系上使用中文域名的总体技术要求，它涉及核心的解析体系规范以及注册管理规范，也是制订其他中文域名标准的基础。本标准主要根据 IETF 的 RFC3490《国际化域名与应用》（英文版）和 RFC3743《国际化域名的注册管理指南》（英文版）等标准文档进行编制。本标准自立项以后，主要由中国互联网络信息中心牵头起草。征求意见稿于 2004 年 12 月完成。2005 年 4 月根据一审的修改意见和建议完成二审稿初稿，5 月通过网络再次征求专家意见，随后进行了再次修改并提交给标准化协会。2005 年 6 月 16 日，信息产业部科技司在北京组织召开了《中文域名总体技术要求》通信行业标准审查讨论会。随后，根据与会专家的意见进行仔细修改调整后，形成了标准报批稿。

将要发行的微软 IE 7.0 浏览器全面支持 IDN，这将对中文域名的应用起到很大推动作用。目前已经支持中文域名的浏览器或应用程序有：

- Foxmail 5.0；
- Mozilla 从版本 1.4 起支持中文域名；
- 腾讯（QQ）从版本起 QQ 2003 III Beta2 支持中文域名；
- Netscape 从版本 7.1 起支持中文域名；
- Opera（从版本 7.0 起支持中文域名）。

22.2　IP 地址

IP 地址是网络中的一种基础性资源，包括 IPv4 地址和 IPv6 地址。我们通常所说的“IP 地址”指 IPv4 地址，它是给每个连接在 Internet 上的主机分配一个在全世界范围惟一的 32 比特地址。IPv4 协议规定，每个互联网上的主机和路由器都有一个惟一的 IP 地址以互相区分和互相联系。只有有了 IP 地址后，网络中的主机才能向别的主机发送数据信息，才能接收别的主机发送过来的数据信息。IP 地址的结构使用户可以在互联网上很方便地寻找某台主机并和它进行数据交换，使互联网成为用户间信息交流和沟通的媒介。因此 IP 地址构成了整个 Internet 的基础，是互联网中的一个最基本也最重要的资源。

随着互联网发展速度的不断加快，无论是无类别域间路由选择（CIDR）技术还是网络地址转换（NAT）技术，都无法阻止 IPv4 地址资源的耗尽，对下一代 IP 协议中足够大的 IP 地址空间的要求已迫在眉睫。为了满足互联网日益膨胀的地址需求，IETF（Internet Engineering Task Force，互联网工程工作组）从 1994 年 7 月开始经过多年的研究后提出了 IP 协议的下一版本 IPv6，目前人们已经开始了对 IPv6 地址的推行和局部应用。IPv6 地址有 128 位（16 个字节）可以写成 8 个 16 位的无符号整数，每个整数用 4 个十六进制位表示，这些数之间用冒号（:）分开，为了简化，只要保证数值不变，就可以将前面的 0 省略，另外，还规定可以用符号::表示一系列的 0。

由于 IPv4 地址的分配采用的是“先到先得，按需要分配”的原则，互联网在全球各个国家和各个国家内的各个区域的发展又是极不均衡的，这就势必造成大量 IP 地址资源集中分布在某些发达国家和各个国家的某些发达地区的情况。全球可提供的 IPv4 地址大约有 40 多亿个，估计在未来 5 年间将被分配完毕；而中国的情况更加严峻，截至 2005 年年底，中国网民已突破 1 亿，而中国总共申请到的 IPv4 地址只有 7 400 万个。

截至 2005 年 12 月底，全球 IP 地址分配情况如图 22.2 所示。全球 IPv4 地址分配数量前 10 名分别为美国（1 324 881 152）、日本（142 992 384）、中国（74 026 752）、英国（73 804 824）、加拿大（67 430 400）、德国（51 064 272）、法国（45 155 712）、韩国（41 841 920）、澳大利亚（26 870 272）和意大利（18 386 784）。中国的 IPv4 地址拥有量排名世界第三。从国家体制上看，发达国家在 IPv4 地址的分配上占主导，如图 22.3 所示。

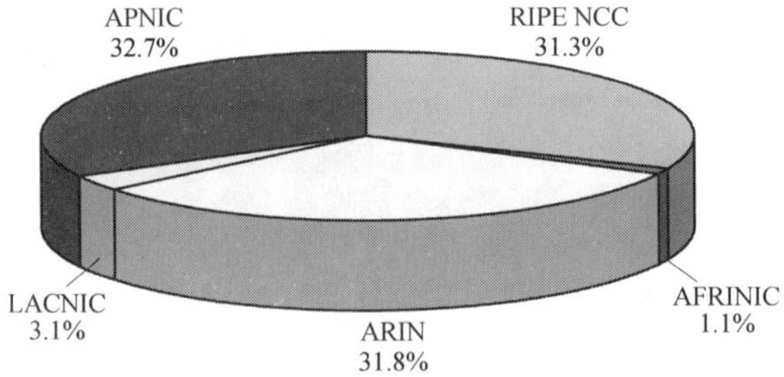

图 22.2　全球 IP 地址分配情况（截至 2005 年 12 月）

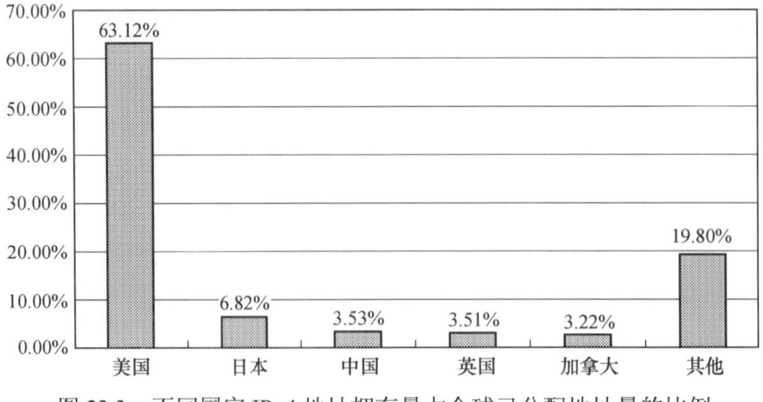

图 22.3　不同国家 IPv4 地址拥有量占全球已分配地址量的比例

22.3　ENUM

ENUM 是 IETF（互联网工程工作组，互联网标准的主要制定组织）ENUM（Telephone Number

Mapping，电话号码映射）工作组设计的网络协议，它的主要功能是将符合国际电联 E.164 标准的电话号码转换为符合域名标准格式的名字，每个电话号码可以绑定多个标准的 URI 地址，然后把转换后的名字以及对应的URI信息存储在DNS服务器的数据库中，并进一步提供如何用一个E.164号码在 DNS 中查找可用服务的方法。作为新一代资源寻址服务，ENUM 不但可以解决在互联网上使用电话号码来查找资源的问题，也可以实现互联网设备的定位。ENUM 是通信网与互联网融合过程中的关键地址资源。随着技术的发展，ENUM 协议在 NGN、NGI 和 3GPP 的标准被广泛采用。

2004 年 4 月，IETF 的 ENUM 工作组陆续推出了 ENUM 的 3 个相关协议：RFC 3761、RFC 3762 和 RFC 3764。其中，RFC3761 是对旧版本协议的更新，进一步描述了如何使用 DNS 存储 E.164 号码，以及怎样用 DNS 标识 E.164 号码相关的业务；RFC3762 定义了 ENUM 中的 H.323 业务注册机制；RFC3764 定义了 ENUM 中的 SIP 注册机制。2005 年初，工作组制定了 RFC3953 和 RFC4002，分别关于 ENUM 的在线服务注册机制，以及 Web 和 FTP 业务注册机制；2005 年 6 月，在某些国家开发、运营 ENUM 注册系统积累了一定经验的基础上，制定出了 ENUM 注册系统协议 RFC4114。此外，工作组还对 ENUM 系统架构、新应用、PSTN 信令交互，以及运营商 ENUM 等课题进行深入研究。

从技术上讲，ENUM 是现有 DNS 系统的新应用，但由于 ENUM 使用了传统电信网络使用的 E.164 号码，因此，ENUM 对促进传统电信网向与互联网的融合具有巨大的推动作用。ENUM 技术本身具有巨大的发展潜力，受到世界各国和国际组织的重视，但是 ENUM 同时带来了电信号码管理、技术实现、安全和商业运营等方面的问题，因此，各国政府、电信运营商和服务提供商都在积极探索如何发展 ENUM 的问题。

22.3.1 ENUM 管理权问题

ENUM 的使用涉及到归属国际电联管辖的 E.164 号码资源，因此各国对于 ENUM 国家码授权的申请都必须由各国政府提交到 ITU，经 ITU 同意后，再由 ITU TSB（国际电联电信标准局）授权 RIPE-NCC 具体执行。

通过收集汇总 RIPE-NCC 网站上各国公开的资料以及 ITU 网站上最新（截至 2005 年 11 月 14 日）资料获知：共有 33 个国家、地区或公司实体经 ITU-TSB（世界电联电信标准局）批准，获得了 ENUM 国家码授权，如表 22.1 所示。2005 年内，新增了包括澳大利亚、韩国、日本、挪威等 7 个成员获得 ENUM 国家码授权。

表 22.1　TSB 批准/RIPE NCC 执行的 ENUM 国家码授权列表

E.164 国家码	国家/地区	部　门	TSB 批准日期（日/月/年）
246	迪戈加西亚	Government	12/08/02
247	Ascension	Government	12/08/02
290	圣赫勒拿	Government	12/08/02
31	荷兰	Ministry	23/05/02
33	法国	DiGITIP（Government）	28/03/03
350	直布罗陀	Gibraltar Regulatory Authority	01/11/05
353	爱尔兰（1）	Commission for Communications Regulation	25/05/04
354	冰岛	Post and Telecom Administration	28/02/05

续表

E.164 国家码	国　　家	部　　门	TSB 批准日期（日/月/年）
358	芬兰	Finnish Communications Regulatory Authority	26/02/03
36	匈牙利	CHIP/ISzT	15/07/02
374	亚美尼亚	Arminco Ltd	11/07/03
39	意大利	Ministerio delle Communicazioni	
40	罗马尼亚	MinCom	10/12/02
41	瑞士	OFCOM	01/10/03
420	捷克	Ministry of Informatics	24/06/03
421	斯洛伐克	Ministry of Transport，Post，and Telecommunications	04/06/03
423	列支敦士登	SWITCH	21/10/03
43	奥地利	Regulator	11/06/02
44	英国	DTI/Nominum	16/05/02
46	瑞典	NPTA	10/12/02
47	挪威	Norwegian Post and Telecommunications Authority	16/03/05
48	波兰	NASK	18/07/02
49	德国	DENIC	16/05/02
55	巴西	Brazilian Internet Registry	19/07/02
61	澳大利亚	Dept of Communications，Information Technology and the Arts	17/01/05
65	新加坡	IDA（Government）	04/06/03
66	泰国	CAT TELECOM	29/06/05
81	日本	Ministry of Internal Affairs and Communications	15/11/05
82	韩国	NIDA（National Internet Development Agency of Korea）	06/05/05
86	中国（2）	CNNIC	02/09/02
878 10	（3）	VISIONng	16/05/02
971	阿联酋	Etisalat	13/01/03
882 34	（4）	Global Networks Switzerland AG	05/03/04

说明：

（1）此为国家码、相关网络标识码（共享国家码）。

（2）已删除，原指向 991001 码，以后不分配或授权给 ENUM 使用。

（3）此为“通用个人电话（UPT）”码。

（4）此为临时授权，用于 ENUM 全球 TLD 试验和评估；授权截至 2006 年 6 月 30 日。若在截止日期之前，终止使用 ITU 过渡期程序或是通过了 E.A-ENUM 建议，则该授权自动终止。

该授权截至 2006 年 4 月 30 日。

22.3.2　国内 ENUM 试验情况

2002 年 3 月，信息产业部成立了 ENUM 应用试验领导小组和 5 个研究组，对 ENUM 进行研究和试验。2002 年 6 月，信息产业部科技司召开专家研讨会，会议建议中国申请 6.8.e164.arpa 用于 ENUM 顶级域评估试验。2002 年 9 月，中国互联网络信息中心建立并运行 6.8.e164.arpa 服务器。2002 年 10 月，RIPE-NCC 在 CNNIC 设置 e164.arpa 辅域名服务器。2002 年 12 月，中国代表在 ITU-T 第二研究组会议上介绍中国 ENUM 试验进展情况。2003 年 3 月 10 日，信息产业部召开 ENUM 试验工作会议，听取电信研究院的在中国引入 ENUM 可行性论证报告和 CNNIC 的 ENUM 顶级域对比试验研究结果汇报，并听取专家对 ENUM 应用试验下一步工作的建议，会议讨论达成的一致意见：要积极开展 ENUM 试验研究，同时将 ENUM 和其他可能的下一代网络寻址技术进行对比，找到适合中国下一代网络寻址发展方向。2003 年 4 月，信息产业部委托中国互联网络信息中心进行国内外 ENUM 研究试验情况的调查。2003 年 10 月，CNNIC 通过信息产业部向 ITU 申请延长 6.8.e164.arpa 的试验期。此外，CNNIC 针对顶级域问题进行了广泛深入的调查和试验，升级并构建了 ENUM 综合试验平台，于 2003 年 12 月初开通 ENUM 综合试验平台，进行面对大众的纯粹试验性注册测试和解析。截至 2005 年 12 月 9 日，注册用户有 1 592 人，申请注册 ENUM 号码将近 1 824 个。

2004 年，CNNIC 在 IETF 等国际组织介绍中国 ENUM 试验状况；参与并发起成立了 APEET 组织；同时着力于试验平台的升级，添加了语音邮件、支持 IPv6、统计功能、用户审核等功能，并开发了支持 ENUM 的 IE 浏览器、Firefox 浏览器客户端插件和电子邮件客户端插件。

2005 年着重研究和探索 ENUM 商用模式，对 ENUM 现有技术平台增加了与运营商合作的接口和数据统计功能；进一步扩大 ENUM 试验范围和规模。ENUM 技术平台增加以下两部分功能。

- 针对运营商提供用户管理平台，包括 ENUM 号码的预留、分配、停用、启用和收回等功能，这些功能的增加使得运营商可以方便地申请 ENUM 号码资源，并对这些资源进行有效地管理和监控；增加了对 ENUM 设备地址的管理，使运营商能够方便地相互查找，进行互联。ENUM 试验平台对运营商的支持，为更大范围、更大力度地试验并推广 ENUM 技术提供了有效的手段。
- 数据统计功能，能及时了解 ENUM 注册用户数量的增长情况，便于跟踪国内用户对 ENUM 的关注程度。

同时，CNNIC 积极推进对外的交流合作，联系 VoIP 运营商，搭建 ENUM 联合测试环境；探索商业应用模式，发现潜在的障碍和问题。ENUM 联合测试计划分为 ENUM 基本功能测试、应用系统测试、相关问题研究 3 个阶段；基本功能测试，用于检验基于 ENUM 的 VoIP 互联互通服务体系中 ENUM 组件的基本功能；应用系统测试，则是测试应用系统中各组成部分模块相互间的相互协作情况，包括数据内容更新的正确性、及时性，操作管理平台的合理性，基于 ENUM 的 VoIP 语音互通性、语音质量等；相关问题研究阶段，是在基于前两个阶段测试的基础上，讨论在测试过程中出现的相关 ENUM 运营管理方面问题，探索适合中国国情的 ENUM 管理方式、可运营的 ENUM 服务体系，为中国将来可能的 ENUM 运营积累经验和提供参考性意见。

（中国互联网络信息中心　李晓东　王　峰　孔　宁　姚健康　陈　卉）

第 23 章　VoIP 发展状况

23.1　中国 VoIP 业务发展综述

根据 2003 年 4 月信息产业部颁布的《电信业务分类目录》的定义，IP 电话定义为："IP 电话业务在此特指由电话网络和 IP 网络共同提供的 Phone-Phone 以及 PC-Phone 的电话业务，其业务范围包括国内长途 IP 电话业务和国际长途 IP 电话业务。IP 电话业务在整个信息传递过程中，中间传输段采用 IP 包方式"。

2005 年，VoIP 仍然是最热门的话题之一，最引人注目的既不是市面上打折接近"市内通话费"底线的 Phone-Phone IP 电话卡，也不是各大基础运营商上门为企业客户安装的各种形式的拨号器，而是基于宽带接入提供的 PC-Phone 电话。从 2004 年开始，这种基于宽带接入的 PC-Phone 电话已经引发了监管问题的大讨论，政府也在各种场合上表明了基本的管制态度。虽然很多企业都胆战心惊，害怕有政策风险，还是无法抵挡低投入高产出的投资机会，还是以各种名目，通过代理、"网络电话"等名义进一步侵蚀长途电话业务市场。同时，以即时通信为载体的 PC-PC 型 VoIP 不断进入中国市场。PC-PC 型 VoIP 已不仅仅是"时尚"的通话方式，甚至已走入部分家庭。信息产业部在 2005 年下半年以正式文件的形式允许中国电信和中国网通两家公司在 4 个城市进行试验。由于缺乏相应的统计基础，目前中国市场上的宽带电话用户数和通话量还无法统计。

虽然 Phone-Phone 形式的 VoIP 市场不再是热点，但是实际上，Phone-Phone 的 IP 电话在目前的市场上还是主流，近几年的高速增长率让用户迅速了解到 IP 电话的低廉价格特性，IP 话音业务在长途业务量中的份额急速攀升，有了最广泛的用户基础。2005 年 3 种业务形式的 Phone-Phone VoIP 电话市场继续保持增长趋势，成为长途业务的基本服务。2005 年该类业务的增长速度为 16.8%，比 2004 年下降了 22 个百分点。3 种形式的业务是 IP 电话卡业务、拨打接入号的 IP 电话业务、IP 拨号器方式的 IP 电话。

VoIP 将来会替代传统的话音业务已经成为业界共识。尽管在位的基础运营商担心 PC-Phone 会冲击原有的长途电话业务收入，但也明白这是未来的发展趋势，不可避免，因此也在积极观望和试验。相对来说，实力弱小的基础运营商有更大动力与 IP 电话经营者合作来抢占既有的长途电话市场，他们为 IP 电话经营者提供本地号码和落地，相当于发展了 IP 电话的代理。而目前语音业务，尤其是长途话音的资费差价（成本与市场价格之间的巨大利润空间），给了违规 IP 电话生存空间。

23.2 Phone-Phone IP 电话业务量分析

在经历了 1999～2002 年的高速增长之后，IP 电话业务量的增长速度在最近几年持续下降，2005 年，增长速度为 16.8%，比 2004 年下降了 22 个百分点，如图 23.1 所示。IP 电话对传统长途的替代作用已经成为共识，而这个替代作用在移动 IP 电话业务增长的同时越发明显。

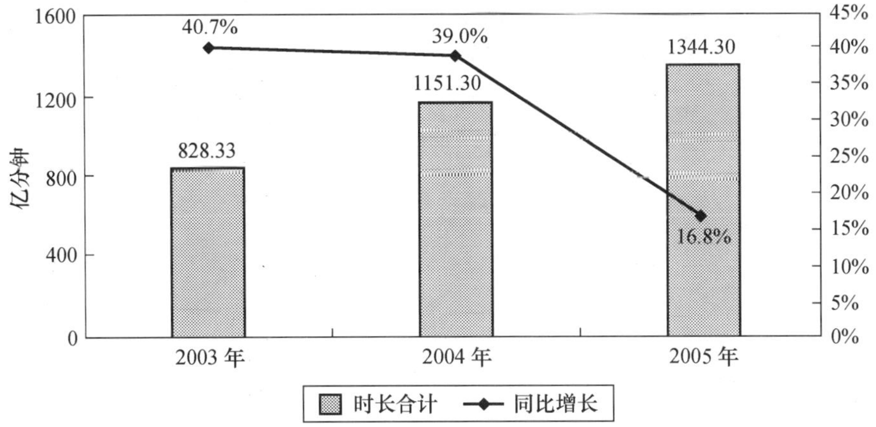

图 23.1 IP 电话业务量增长率比较

2005 年，全国 IP 电话通话时长总计达到 1 344.3 亿分钟，同比增长 16.8%，如图 23.2 所示。其中，IP 电话国内长途通话时长 1 319 亿分钟，国际和港澳台长途通话时长分别为 14 亿分钟和 12 亿分钟。

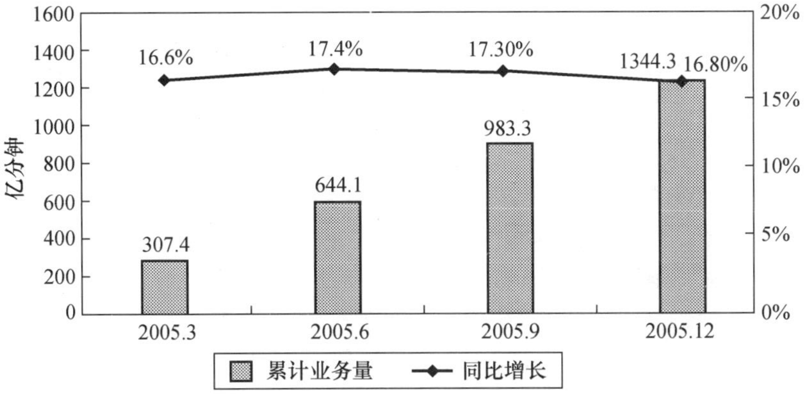

图 23.2 2005 年全国 IP 电话业务量增长态势

目前 Phone to Phone 的 IP 电话经营主体还是基础电信运营商，尤其以传统的两大长途业务运营商中国电信和中国网通为主，充分说明了在电信业务的竞争中，拥有网络的基础电信运营商一旦同样采用类似的技术提供服务，还是具有持续的竞争优势。在非基础电信运营商中，包括 263 等早先进入该业务市场的公司凭借企业的宣传和灵活营销手段，也占据了部分市场，但是类似的公司还是以“代理”身份存在，因此在数据统计时他们的业务量被包含在基础运营商的业务量之中。但是作为市场的主要参与者和业务的主要推动者，这部分企业起到了不可磨灭的作用。与 2004 年相比，2005 年中国电信公司的 IP 电话市场份额降低了两个百分点，中国网通和中国联通分别降低了 1.3 和 1.1 个百分点，中国移动则上升了 4 个百分点，充分说明移动话音业务在逐步替代传统固定本地电话的同时，开始侵蚀长途话音业务市场。2005 年中国各基础运营商 IP 电话业务量市场份额如图 23.3 所示。

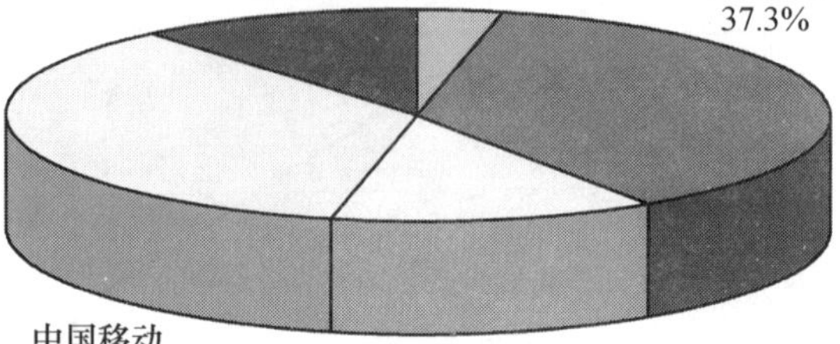

图 23.3 中国各基础运营商 IP 电话业务量市场份额

23.3 基于宽带接入的 IP 电话开始变得不可忽略

所谓基于宽带接入的 IP 电话，简而言之就是用户通过宽带网络获得的话音服务。在目前的市场理解中，基于宽带接入的 IP 电话与网络电话的概念基本等同，经营者在经营时所采用的宣传语言也基本相同。

23.3.1 市场上的基于宽带接入的 IP 电话形式

在电信业务定义中，基于宽带接入的 IP 电话就是指 VoIP 类型中的 PC-Phone 和 Phone-PC 业务，因此属于第二类基础电信业务。按照政策规定，经营基础电信业务的技术门槛和经济门槛很高，要建设自有的全国网络等。但是实际上，由于基础电信运营商以及用户驻地网运营商都已经将宽带接入大范围推广，利用这个接入资源，IP 电话的经营者很容易就能提供业务，VoIP 的技术门槛和经济门槛变得很低，导致目前市场上经营者众多。在现有政策环境下，这些经营者均属于违规经营，粗略估计全国违规经营 IP 电话的企业达上千家。大部分经营者采用网络注册、销售预付费卡和与 IP 电话机捆绑销售的方式，经营 PC-Phone 业务。部分与基础运营商通过签订协议获得本地码号，然后分配给 IP 电话用户，就可以提供 IP 呼入的功能。

与传统 PSNT 长途电话和 Phone-Phone IP 电话资费的巨大差距是违规经营能维持下去的基本要素，违规经营带来了欺诈、质量不受保证等问题。用户消费得不到保护已经成为新的社会问题，从而影响了整个电信行业的社会形象。

目前市场上违规经营基于宽带接入的 IP 电话的经营主体有两大类：基础电信运营商和独立的 IP 电话经营者。

基础运营商已经可以为自己的宽带用户和专线用户提供宽带 IP 电话服务，另外部分基础运营商还为其他 IP 电话经营者提供话音落地。基础运营商因为拥有 Phone-Phone 的 IP 电话经营权，因此进一步提供 PC-Phone 服务时隐密性比较强。但是由于政策的明确限制，基础运营商主要依靠代理商来做市场推广工作。

目前为数众多的独立 IP 电话经营者是市场的主体，他们违规经营基于宽带接入的 IP 电话的方式多种多样，归纳起来主要有以下几种，其中前两种方式是市场上的主流。

1. PC 呼出业务

主要采用网站注册、销售预付费卡等方式，为用户提供长途呼出服务，具体实现方式是通过互联网将业务量汇聚后再通过与基础运营商互联后落地，即通过某个基础运营商达成与其他基础运营商的互联互通来拨打传统的固定电话和移动电话。

2. PC 呼出/呼入业务

与传统的本地电话公司建立合作协议之后，独立的 IP 电话经营者能够获得本地电话号码，把这些号码分配给用户之后，就可以实现基于宽带接入的 IP 电话的“呼入”功能，该业务对中小企业用户和家庭用户都颇具诱惑力。另外因为获得本地号码，对用户而言这种业务对传统的固定电话已经具备替代性，对市场的冲击更加明显。

3. 回拨业务

该业务一般用在国际 IP 电话中，国内用户先将自己和对方的号码登记在某个提供基于宽带接入的 IP 电话的网站上，每次通话前，拨打该电话后挂机等待，过一段时间 IP 电话经营者会自动接通双方的号码。该业务主要适用于家庭用户拨打国际长途电话。

4. 建立 VoIP 的企业专网

目前已经有企业通过租用传统电信运营商的骨干网络，建立全国乃至全球的企业专网。除了满足企业自身的通话需求外，还对外提供通话服务，成为实际上的 VoIP 经营者。

在以上所有基于宽带接入的 IP 电话中，VoIP 经营者都会提到他们所提供的服务具备以下几个传统电话无法比拟的优势：

（1）可拨打市话，无月租费；

（2）可拨打国内国际长途，资费极低，并且无本地通话费；

（3）本网内异地通话免费；

（4）随时随地移机，无移机费；

（5）号码可永久保留，无保号费；

（6）计费准确，可随时上网查询详细话单；

（7）超电信级服务。

23.3.2　宽带发展促进 IP 电话的应用

2003～2005 年这 3 年里，宽带接入处于高速发展阶段，宽带接入用户数高速增长。截至 2005 年底，全国宽带接入用户为 3 750 万，同比增长 53%，宽带用户数已经超过窄带接入用户数，如图 23.4 所示。

互联网宽带接入市场中，固网运营商占据了垄断地位。三大固网运营商中，中国电信的宽带接入用户数总数接近 2 000 万，超过窄带接入用户数，中国网通和中国铁通的宽带接入用户数与窄带接入用户数之间的差距开始拉大。从这点来看，目前基于宽带接入的 IP 电话还要依赖传统电信运营商为用户提供的宽带接入服务，但国内几家基础电信运营商对 VoIP 业务发展持不同态度。

中国的宽带接入经营者其实面临着发展中的困惑，一方面发展宽带接入符合未来社会信息化服务的需求，另一方面在发展宽带的同时，在宽带上提供的各种服务已经冲击或者已经呈现出冲击其传统业务收入根基的趋势。如何协调两种利益关系令运营商头疼。另外，BT、

P2P 等业务也迫使运营商开始重新考虑之前采用的“包月制”用户上网资费方式。可以预测，随着宽带接入用户规模的扩大，运营商可能会采用一些比较“温和”的政策来引导宽带用户的网上行为，同时对违规经营的宽带话音服务加大打击力度，来维护网络运营商的利益。

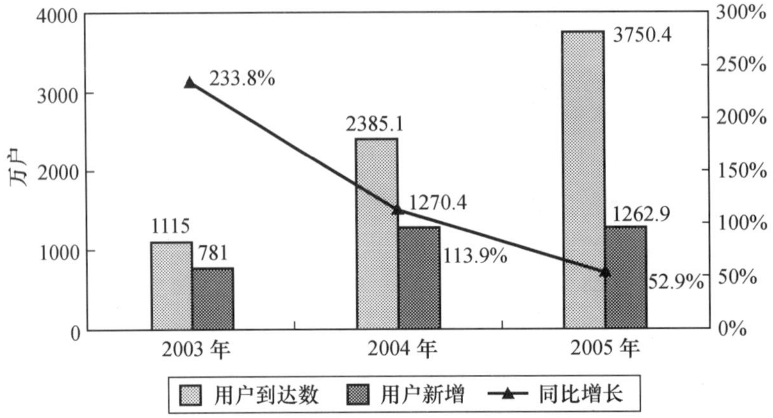

注：互联网宽带接入用户包括采用 xDSL、LAN 和 WLAN 技术接入互联网的用户

图 23.4 中国互联网宽带接入用户发展情况

23.3.3 中国基于宽带接入的 IP 电话的实验进展情况

2005 年 7 月，信息产业部给中国电信和中国网通发了关于开展 PC-Phone 商用试验的通知，通知中明确指出：为了引导和促进 VoIP 业务在中国的应用和健康发展，确保传统电话向 VoIP 的平稳过渡演进，保障语音业务与宽带业务之间的协调发展，信息产业部本着“积极稳妥，先行试验”的原则，先期组织开展 PC-Phone 方式 IP 电话业务（以下简称“PC-Phone 业务”）商用试验，为该业务的正式商用和监管探索、总结经验。

在具体的通知中明确规定，在试验阶段由中国电信在广东深圳和江西上饶、中国网通在吉林长春和山东泰安各两个本地网范围内先行承担 PC-Phone 业务商用试验的任务。所谓的 PC-Phone 业务是特基于互联网接入（包括宽带、窄带接入）的 PC-Phone 业务。在试验过程中的资费方案由中国电信和中国网通自行决定，但报监管部门备案。

另外，通知中明确指出，除试验地区外，其他地区的任何其他单位或个人都不得开展基于互联网接入的 PC-Phone 业务。本次试验没有明确的试验结束期，信息产业部将视市场和试验的情况确定。

23.3.4 2006 年发展趋势

对于普通用户而言，选择 IP 电话最主要原因是价格低廉。但无论是从安全性还是从稳定性看，VoIP 还无法取代传统电话网所提供的有 QoS 保证的话音业务，尤其是基于宽带接入的 IP 电话。从技术看基于宽带接入的 IP 电话还有一些制约因素，一是技术可靠性和稳定性还不够，尚未达到大规模商用的标准；二是宽带网络在中国并不是十分普及，目前有条件开展基于宽带接入的 IP 电话业务的，只能是经济比较发达的大中城市，价格低廉的基于宽带接入的 IP 电话对有需求的农村和城镇依然遥远，VoIP 不可能成为大众消费中的普遍服务；三是基于宽带接入的 IP 电话机必须由住户独立供电，无法解决停电时的供电问题。从这些角度看，宽带 IP 电话还是无法替代传统的电话业务。

2006 年中国的电信运营商仍旧会把基于宽带网和互联网的 VoIP 作为“不成熟”、“不能保证质量”而同时威胁到传统长途业务的一种技术，一方面积极通过自身网络的 IP 化升级做出长远的应对战略，另一方面积极配合信息产业部做好商用试验。另外，市场上灰色经营的独立 VoIP 运营商数量还会继续扩大，相关政策可能会在 2006 年更加明确，因此可能会使部分利用资源进入该领域的独立 IP 运营商被淘汰出局，或者被并购。但总体来说，宽带网络的业务量还会持续保持高速增长趋势，传统的 Phone-Phone IP 电话的业务量增长将进一步放缓。

23.4 国外 VoIP 发展综述

从全球看，VoIP 是绝对的热点话题，它给用户带来的业务体验和价格优势，给管制政策带来的挑战都成为讨论的热点。在国外，VoIP 的讨论也主要集中在宽带网络上提供的 VoIP，也称为 VoN（Voice on Network）业务。

国际上，一些国家允许提供商提供合法的 VoIP 服务，一些国家则明令禁止，还有一些在灰色运营。这些举措反映出不同国家对 VoIP 有不同认识：一些国家将 VoIP 视作新的进步技术，能够给用户提供令人振奋的服务；而另外一些国家则将 VoIP 视作对现有法规的威胁。在保护固定运营商主导地位的发展中国家，主要问题是 VoIP 是否合法；在更成熟、竞争充分的市场中，管理者主要考虑通过政策保证 VoIP 业务能够满足包括紧急呼叫、执法监听等基本话音服务的要求。

无论什么样的政策，似乎都无法抵挡 VoIP 业务的快速发展。目前，知名的 VoIP 国际品牌主要是 Vonage 和 Skype，前者主要在北美地区通过巨额广告铺天盖地地出现在互联网、杂志、电视机上，使得它“妇孺皆知”；后者则大打国际品牌，不断出现在全球各个市场上，与各种类似的电信运营商合作提供服务，“搅乱”该市场的平静。Skype 首先是通过免费的 PC-PC 电话服务获得强劲增长后，才开始提供与传统 Phone 之间的服务，也就是所谓的 Skype in 和 Skype out 服务，目前典型的 Skype（也就是从网络上下载免费软件安装后在计算机上使用的服务）用户超过了 7 500 万，2005 年 Skype 公司以 26 亿美元被 eBay 收购也大大地提高了 VoIP 的知名度。Google、雅虎、AOL 等互联网巨头也在它们最受欢迎的产品中集成了话音通信功能。无论是作为宽带接入商的一种增值服务，还是作为在大多数情况下取代传统通信服务的一种产品，VoIP 在 2005 年都有了显著的增长。

据 ITU 估计，到 2008 年，至少 50%的国际通话时长会通过 IP 网络传输，很多运营商都会拥有全 IP 网络，最近的发展也表明了这一趋势。例如在美国，VoIP 居民用户数已经从 2003 年底的 15 万发展到 2005 年 3 月的 200 多万，估计到 2006 年年底会超过 410 万，总收入会超过 10 亿美元。ITU 同时估计，移动话音业务也逐步会基于 IP 提供，移动 VoIP 的增长将直接影响移动业务中的国际漫游业务。

（信息产业部电信研究院信息所　徐　玉）

第 24 章　IPTV、流媒体与 P2P 应用发展状况

24.1　概况

2005 年，互联网流媒体技术及应用得到快速发展，IPTV 成为发展热点。IPTV 一般泛指通过 IP 网络传输视音频内容，用电视机收看的业务。目前对于如何发展 IPTV 有两种观点，相应发展了两类系统。

一种观点认为 IPTV 应该运营在运营商可管理的 IP 网上，体系结构采用客户机/服务器模式，以保证 QoS、安全和监控。主要运营商、设备制造商、政府主管都持这这种观点。目前电信运营商使用上海文广许可证发展的 IPTV 系统都属于这一类，其主要业务为直播电视（转播电视广播）、时移电视、VoD 点播以及交互信息服务等。这种系统将 TV 从频道移植到 IP 网上，可以称之为电视网络化，这是一次演进。

另外一种观点认为 IPTV 应该运营在公共互联网上，采用 P2P 流媒体技术，拥有互联网无所不在的通达性，进一步与 Web 2.0 等新业务融合发展网络新媒体，可以称为互联网电视，也有人称之为网络电视化，这是一次革命。

为了区分这两种不同的 IPTV，可以称前者为 ipTV，后者为 IPtv。

互联网电视可以以流媒体方式实时收看，也可以下载收看，将下载收看与 RSS 等定制功能融合即产生了播客（Podcast）。2005 年，播客也得到了快速发展。随之而来的是 P2P 下载技术和 P2P CDN 的进一步发展。

制约互联网电视发展的一个重要因素是赢利模式。在美国，影视内容捆绑广告免费下载的运营模式开始兴起，并正在走向成功。广告界开始接受和认同这一模式。这将对中国今后互联网电视的发展产生重大影响。

24.2　运营在可管理的 IP 网上的 IPTV–ipTV

电信业发展 IPTV 的初衷是发展使用电视终端的宽带用户，将宽带用户群宽带到计算机用户群以外，以克服计算机用户增长速率低于宽带用户增长速率造成的瓶颈。根据广电总局 39 号令，电信运营商要发展用电视终端收看的 IPTV 必须拥有许可证。由于只有上海文广拥有 IPTV 许可证，电信运营商运营 IPTV 只能和上海文广合作进行。2005 年 5 月，哈尔滨网通和上海文广合作在哈尔滨开展 IPTV 商用试验。除转播电视节目外，主要业务特色为点播、

互动、时移；可以提供 43 传统频道+15 付费频道以及 3 000 部点播的影片电视剧；收费方式为包月，收费标准为 60 元/月。IPTV 运营在专门的“精品”IP 网上覆盖用户 20 万户，2005 年底用户已超过 4 万。该系统采用 UT 斯达康设备为 C/S 模式，以单播方式提供电视广播、时移电视、VOD 和信息服务等业务。每个节目码流速率约 500KB/s，每个服务器支持 2 000 个并发流，总速率 1Gbit/s。该系统可支持 10 万户，实际使用表明，2 万多户同时使用没有问题。支持 IPTV 运行的精品 IP 网同时支持 VIP 用户提供 MPLS 等业务；一般宽带用户不能进此网。哈尔滨有 75 万有线电视用户，IPTV 用户有 4 万，他们同时也是有线电视用户。IPTV 用户中有一半同时是宽带用户。目前开始向农村扩展，降低收视费用，基本收费 20 元/月，已经发展了几千用户。这是目前中国规模最大的电信运营商运营的 IPTV 网络。此外，在上海还有两个小区的几千户的试验网。

这种 IPTV 的建设和运营成本均较宽带接入业务高，而收入却要低一半，是否能够达到电信运营商发展宽带用户的目的还很难说。尽管如此，出于发展的考虑，目前中国网通和中国电信准备以这种模式在 30 多个城市发展 IPTV，已经进行了各地区试验网用设备的招标。

数字电视和 IPTV 之间的关系应该是互补的，而不应该是竞争的。竞争将导致双输，互补合作可以双赢。但是目前在一些地方出现了 IPTV 与有线电视数字化平移争夺用户的局面。如果用户需要同时接收数字电视和 IPTV 就需要两个机顶盒，这显然是不合理的。出现这种现象的原因是由于广电没有抓好数字电视和 IPTV 融合的统一业务部署。如果广电不将 IPTV 看成是和自己竞争的业务，相反将 IPTV 看成自己必须做的业务，问题就很容易解决。数字电视的特长是广播，成本低，质量高，IPTV 的特点是交互性和个性化。如果 IPTV 机顶盒可以同时支持数字电视广播接收业务，那么 IPTV 接入服务商在发展 IPTV 的同时也发展了数字电视，推动数字化平移，竞争将不再发生在 IPTV 和数字电视之间，而是在各种 IPTV 接入运营商之间。这样既解决了多模机顶盒功能融合的问题，方便了用户，又降低了广电推进数字化平移的成本。

这种模式的成功案例是杭州的华数在线。以广电为主、网通参股的华数公司在杭州发展数字电视和 IPTV 综合服务——华数在线，采用双模机顶盒同时连接有线电视网和以太网宽带网。其基本交互型用户有 32 万户，主要业务是数字电视广播（14 元/月），包括免费信息互动（准交互数据广播）和付费频道（10～40 元）；增强型用户有 10 万户，主要业务为数字电视广播（14 元/月）和 IPTV（35 元/月）。这是中国最大的 IPTV 网络，也是惟一的 IPTV 与数字电视融合的网络，被称为杭州模式。尽管是在同一运营商管理之下实现的融合，相信今后会出现电信与广电合作发展融合业务的趋势。

IPTV 与数字电视的互补性除功能互补之外，还表现在覆盖区域的互补上。在那些有线电视不能覆盖的地区，IPTV 有发展空间。如中国网通同河南组织部合作，采用基于 ADSL 的 IPTV 为农村党员提供远程教育，进一步提供农业科普、农业生产和市场信息，解决有线电视在农村覆盖不足的问题。其业务特色为：点播、互动、信息、娱乐。资费标准为 30 元/月，已经完成网络改造覆盖 20 万户，发展试点用户 8 万户，进一步准备扩大增值业务内容，增加视频通信等电信业务和增加电视节目。在此基础上，网通河南投资 70 亿元建设信息村，推进 5 大工程：（1）实施农村信息高速公路建设工程，用 3 年左右时间，投资 70 亿元，大力推进“退铜进光、光缆进村”；（2）以“宽带网络+机顶盒”的创新模式建设农村党员干部现代远程教育工程，确保在 2005 年年底完成 2 万个终端接收站点的建设任务；（3）实施“村村通宽带”工程，到2006年年底，使全省68%以上的行政村通宽带，到2007年年底，使全省90%以上的行政村通宽带，到2008年，基本实现村村通宽带；（4）实施“服务新农村、建设信息村”工程，“信息村”是指通光缆、通宽带、电话入户率达到70%以上，实现以涉农信息为主的综合信息交互式服务的行政村，每年发展1万个左右信息村；（5）实施农村信息平台建设工程。

目前中国的IPTV系统采用客户机/服务器（C/S）模式提供单播和点播（包括VoD和时移电视）业务。由于服务器I/O瓶颈限制，一台服务器只能支持有限（千）的并发流。要解决十万、百万用户同时收看，不仅需要大量服务器，还需要极宽的网络带宽。目前的解决方法一是采用组播来提供广播，二是采用CDN技术将服务器尽量放到离客户近的地方以减轻网络负荷。而现有网络要支持组播需要进行改造，这不仅导致增加成本，还将损失互联网无所不在的通达能力，只能在经过改造的局部网络内提供广播。对于IPTV进一步向网络新媒体演化，目前的客户机/服务器模式也不能很好地支持。

客户机/服务器已经成为制约IPTV的发展的瓶颈，解决方法是体系结构向对等连接P2P模式演化。

24.3 P2P流媒体直播互联网电视

传统的互联网电视采用客户机/服务器模式，以单播方式提供广播业务。由于受到服务器I/O带宽和网络带宽限制，只能对少量客户提供低码率、小画面的电视广播和点播服务，如此前中央台网站通过客户机/服务器模式加CDN服务器向全世界提供广播服务，但是画面很小，同时在线人数也受限制。

2004年5月，Coolstreaming原型实验成功后，2005年中国开始出现采用P2P流媒体技术在互联网上进行电视直播的网站。目前中国有10多个网站使用各自发展的软件提供P2P流媒体直播业务，掀起了一股P2P互联网电视浪潮。主要有：

- PPLive（采用Synacast软件）；
- ppStream；
- QQ直播（已与新版QQ进行了捆绑）；
- 猫眼网络电视（猫扑网）；
- TVKoo（沸点网络电视）；
- Rox磊客网（原CoolStreaming，光芒传媒Roxbeam）；
- Tvants（电视蚂蚁）；
- Gridmedia（清华大学开发）；
- Uusee（悠视网）；
- Mysee（美视网）。

一些电信运营商也开始进入这一潮流，贵州网通采用上海网用软件公司的技术开展实验运营，上海电信也在实验。

如果采用P2P模式，既可以保持互联网的通达性覆盖到全球，又可以保证质量，支持大量用户同时收看。P2P流媒体还可以降低广播电视播出门槛，用很简单的服务器就可以实现网上流媒体广播。P2P共享下载可以降低内容分发的门槛。

2006 年春节联欢晚会期间，中央电视台联合使用 P2P 和 CDN 技术向全球进行同步视频直播，除在全球布设（CDN）服务，采用 C/S 模式用流媒体技术单播提供直播外，还采用悠视网的 UUSee 平台进行 P2P 流媒体电视直播。1 月 28 日 16 点整至 1 月 29 日 1 点整，央视网站页面点击量达到 2.96 亿次，访问页次达 4 792 万，收看春节晚会视频直播的人次为 410 万，其中 89 万来自海外。最高同时在线人数为 46.7 万，其中 7.5 万来自海外，最大带宽超过 5.38Gbit/s，国际带宽最大 4.9Gbit/s。

2005 年超女总决赛中，PPLive 网上直播，50 万人同时在线收看。2005 年 12 月 31 日晚，使用 PPLive 直播软件看“2005-2006 超女跨年演唱会”的用户数突破百万大关。其中 30%来自海外。国内基于 E-mail 和手机号码的网上收付费平台——快钱公司（http://www.99bill.com）和上海天娱传媒有限公司合作，首次应用 P2P 内容版权保护技术于网络直播活动，用户需要免费领取“门票”。

国内已经开始 P2P 流媒体网上新闻直播，如“神六”升空和返回，搜狐、新浪和网易等门户网站使用 P2P 流媒体技术进行视频直播。山东省三大新闻网之一的山东新闻网与拥有国际领先流媒体技术的光芒传媒合作，成功开通了网上视频新闻栏目。搜狐 2006 年将推出“我形我秀”的 P2P 网络电视台。

P2P 流媒体技术和业务在中国的快速发展受到了资本市场的青睐，软银投资 CoolStreaming 建立光芒传媒 Roxbeam 公司运营 Rox 磊客网，并且向 Yahoo BB 提供技术。此外 UUsee、Mysee、PPlive、PPstream 和千橡等也都得到 VC 的投资。

P2P 互联网电视在短短的一年多时间内快速发展，截至 2005 年底注册用户已达到 250 万户，显示出巨大的生命力。但是，也应该看到，其发展还面临着很多困难和问题。

首先是缺乏能够赢利、可以持续发展的运营模式和产业链。目前基本上都是免费收看争取用户提高点击率，以获取 VC 的投资。结果是不能通过健康的产业链，得到合法的内容，大部分是转播现有的电视频道和以灰色方式得到的内容。

其次是接入门槛很低，众多的新兴公司进入竞争行列，导致竞争加剧。而大多数创业者是搞技术出身，不熟悉媒体业，资本不足形不成规模，结果只能导致低水平竞争。

从技术发展看，P2P 流媒体互联网电视直播技术相对比较成熟，可以提供 VCD 质量的节目，而 P2P 实时点播技术尚在发展中，有待进一步提高。

此外，在网上建立诚信、安全、高效的 P2P 应用环境和分布式管理系统，形成新的产业链，对于 P2P 业务的健康发展也是必不可少的。

P2P 互联网电视的发展将引发一系列法律问题。传统电视是本地服务的，有一系列监管的法律法规。简单地将目前用于电视的法规移植到互联网上是不可行的。目前欧共体已经开始制定适用于互联网电视的新法规。

此外，P2P 互联网电视将会引发利益分配的问题。在中国出现电信运营商要封堵 BT 和 Skype 的传言，在美国一些电信运营商推出分两等级服务的计划，导致要求国会立法保持网络中性的争论。

（中国科学院　侯自强）

第 25 章　计算机网络与信息安全现状

25.1　2005 年计算机网络与信息安全管理发展概况

25.1.1　互联网及应用快速发展，黑客攻击更具目的性

根据中国互联网络信息中心 2006 年 1 月 17 日公布的《中国互联网络发展状况统计报告》显示，截至 2005 年 12 月 31 日，中国网民人数已达 11 100 万人，宽带上网网民数达 6 430 万人，IP 地址达 7 400 多万个，国际出口带宽总量达到 136G，上网计算机总数达 4 950 万台，CN 域名超过了 100 万个。与此同时，电子政务、电子商务、网络游戏、网络博客等互联网业务正在快速扩展，新的操作系统、新的应用软件不断投入使用，这些都导致大量人为主观疏忽和网络系统漏洞的客观存在。而黑客攻击动机已经从单纯的追求“荣耀感”向获取多方面实际利益和表达政治情绪的方向转移，黑客技术的发展也将重点放在网上木马、间谍程序、恶意网站、身份窃取、僵尸网络等方面，因此，网络安全问题变得更加错综复杂，涉及范围将不断扩大。网络与信息安全问题已经成为阻碍互联网应用发展的主要因素之一。

总体来看，2005 年没有发生造成严重影响和后果的大规模网络安全事件，利用系统漏洞进行传播的蠕虫已经不再是安全事件中的主角，而以僵尸网络、间谍软件、身份窃取为代表的攻击行为逐渐成为最大威胁，同时，拒绝服务攻击、垃圾邮件等安全事件仍然频繁。和往年相比，2005 年虽然没有爆发造成严重影响和后果的大规模网络安全事件，但是发生的安全事件数量显著上升。这主要是因为现在黑客攻击更多的是带有政治或者经济方面的目的，这种趋势导致直观显现的恶意代码攻击逐渐不占主流，取而代之的是越来越隐蔽的其他攻击手段。因此，互联网用户的直接利益实际上受到越来越大的威胁。

25.1.2　国家对网络与信息安全工作的重视程度进一步加强

在信息通信业的发展过程中，中国政府一直对网络和信息安全问题给予了密切关注和高度重视。2002 年成立了国家网络与信息安全协调小组，2004 年召开了全国信息安全工作会议，全面部署了信息安全方面的工作。在各方面的共同努力下，信息安全保障工作逐步加强。

2005 年 6 月，信息产业部在《国家突发公共事件总体应急预案》的总体框架下，正式颁布了《互联网网络安全应急预案》。12 月 20 日，信息产业部应急工作办又及时依据预案委托国家计算机网络应急技术处理协调中心（以下简称 CNCERT/CC）组织开展了“2005 年互联网网络安全应急演练”，这对进一步贯彻落实预案起到了积极作用。信息产业部应急工作办、

CNCERT/CC 以及中国电信、中国网通、中国联通、中国移动、中国铁通五大骨干网运营商参加了本次演练。观摩演练的领导有信息产业部奚国华副部长、国信办、中编办、国家发展和改革委员会、财政部、公安部、商务部、中科院、国家奖励办、北京市奥组委以及骨干网运营商、信息产业部相关司局、各省通信管理局、CNCERT/CC 及其分中心的领导和同志。本次演练不仅检验了应急预案的科学性和可操作性，也是对应急队伍的一次很好的锻炼。

25.1.3 互联网网络安全应急体系进一步扩展

由于互联网跨国家、跨地区的特性，很多安全威胁都不可能仅仅依靠一个国家、一个部门来独立解决，而且，越来越多的网络攻击事件更是充分利用互联网的这一特性来逃脱调查和处罚。因此，网络安全问题的解决必须依赖各国政府、管理组织与机构的共同努力。中国在建设网络安全应急体系的过程中，始终注重加强与国内其他部门、与国际同行的交流与合作，力争与更多的部门、更多的国家建立在网络安全应急方面的合作机制。2005 年，中国在现有应急体系的基础上又与东盟各国开始建立网络与信息安全应急处理协作框架，并将在未来的几年内具体落实应急处理协作框架下的各项工作。

中国与东盟各国是友好邻邦，近年来，双方的友好关系进一步发展。在 2005 年 5 月“中国-东盟通信电信周”活动中，双方在网络信息安全方面的合作得到特别的关注。国务院有关领导在讲话中明确提出，双方应在现有合作项目的基础上，重点推动包括网络信息安全在内的多个领域的合作，将中国-东盟信息通信领域的合作提高到新的水平。中国、东盟各国电信部长以及东盟秘书长围绕本地区信息通信发展与合作深入交换了意见，一致通过了《中国-东盟建立面向共同发展的信息通信领域伙伴关系北京宣言》。《北京宣言》强调，目前中国和东盟各国网络与信息安全正面临着严峻挑战，应加强双方在网络与信息安全领域的沟通与合作，探讨建立中国-东盟网络与信息安全应急处理协作框架。

2005 年 9 月 5 日～12 日，由北京邮电大学国际电信开发培训中心与 CNCERT/CC 联合承办的中国-东盟国家计算机应急组织能力建设与地区合作研讨班在北京成功举办。来自柬埔寨、缅甸、越南、老挝、新加坡、泰国 6 个东盟地区不同国家的共 14 名学员参加了本次研讨班。其中，10 名学员是东盟国家邮电部和信息通信部门的官员，2 名是国家信息委员会的官员，其余 2 名是大学的项目主管。培训期间，CNCERT/CC 派讲师分别就网络安全趋势与应急组织的发展、国家级应急组织的建立与管理、国家网络安全预警能力建设综述、主要网络安全事件的应对措施等几大类培训内容作了讲解。同时，为了让学员能更深入地了解中国的网络安全技术及发展经验，CNCERT/CC 与北京邮电大学国际电信开发培训中心还安排学员们参观了相关的网络安全厂商、电信设备厂商及运营商。此次培训提供了一个中国和东盟各国就网络安全问题进行相互沟通的平台，增进了相互的了解。

25.1.4 网络安全意识有待提高

网络安全重在制度、重在技术、重在手段，但更重在人们的意识。在网络安全领域，人们常说的一个例子就是木桶理论，即一个木桶如果有一块木板是短的，那么即使其他的木板再长，水也会从短木板处流出来。这块短木板就是人的安全意识，也即是人的警惕性。由于中国 IT 技术发展起步晚，全社会普遍存在网络安全意识薄弱的问题，虽然这两年已有所提高，但仍然不足，中国必须长期投入力量加强有关宣传工作。

2005年9月17日，由CNCERT/CC主办的“健康网中行网络安全知识电视竞赛”在北京电视台BTV-3《知识就是力量》栏目首次播出，并于同年12月份在中国教育电视台连续两次向全国播出。本次竞赛集知识性、趣味性及技术性于一身，将网络安全方面的专业知识以一种通俗化、大众化的形式传递给了广大电视观众。如何让网络安全更有保障，如何让人们对网络安全有正确的认识，并借此提高全社会的网络安全防范和保护意识，是组织本次竞赛的主要目的。

25.2 2005年全国网络安全状况调查

为了更加全面地了解全国行业用户的网络安全状况，切实了解各个行业在加强网络安全保障方面的需求，提高用户的网络安全意识以及对网络安全问题的重视程度，CNCERT/CC 在 2004年的成功经验基础之上，在全国范围组织开展了第二次网络安全状况调查。调查涉及全国23个省会城市共5 544家企事业单位。通过调查，全面地了解掌握了中国各行业网络安全状况，了解了企业对网络安全法规、网络安全技术、产品和服务的需求，促进了社会各界对网络与信息安全管理工作的重视，宣传和普及了网络安全防范知识。下面对这次调查反映出的中国2005年网络安全整体情况简要介绍，这次调查的详细报告可以从CNCERT/CC的网站上免费下载。

需要说明的是，这种调查是从被调查者的角度来审视网络安全的有关状况，因此，有些问题的反馈结果和被调查者的相关知识水平、经验有一定关系。

25.2.1 网络安全技术与管理水平

1. 网络安全技术应用状况

据2005年全国网络安全状况调查显示，与2004年相同的是，“防火墙”和“防病毒软件”依然是使用率最高的两种安全产品，分别达到75.5%和52.8%，如图25.1所示，但是作为最基础的网络安全技术产品，这个比例显然依然偏低。同样作为重要技术的“入侵检测系统”的使用率也依然低于20%。不过调查显示与2004年相比，其他一些网络安全技术的应用得到加强，如“使用用户名和口令登录系统”、“物理隔离”以及“数字证书”的使用等。生物识别技术和虚拟专用网络的使用率较低，其中有很多人不清楚这些技术，还需要一段时间才能得到市场的认可。

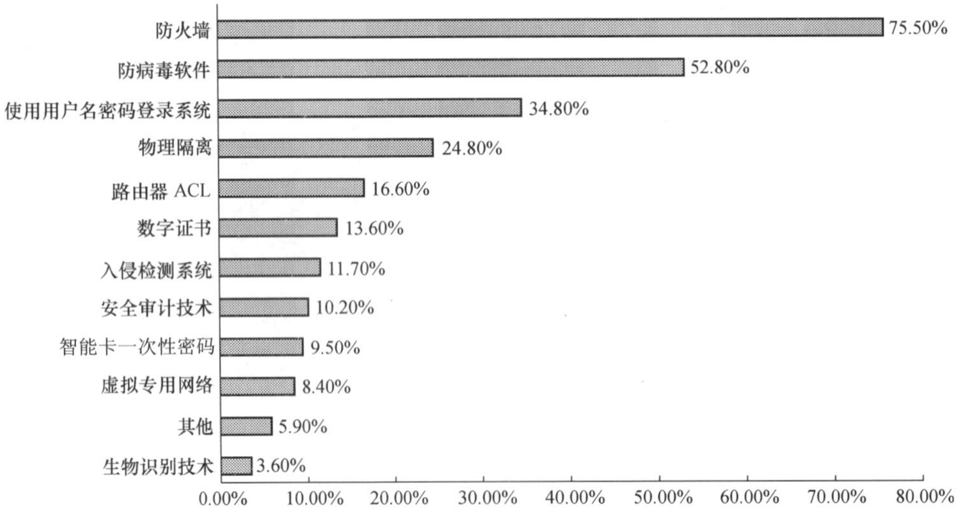

图25.1 2005年全国行业网络安全技术应用状况

2. 网络安全规章与流程应用状况

调查表明，2005 年采用“整体安全策略”的占到 46.4%，提及率最高；其次是“业务系统访问权限管理”占到 37.1%，如图 25.2 所示。而 2004 年则是“为重要信息安全备份规章与流程”占到 60.7%。通过两年的数据对比可以看出，2004 年大多数单位对于网络安全事件采用方法较为被动，为了防范计算机病毒的攻击采取了重要信息备份的流程，而 2005 年各单位在网络安全事件的处理上比较主动，更多地考虑整体安全策略。根据数据显示，2005 年企事业单位已经把网络安全作为一项重要的工作来看待，有的单位甚至专门设立了一个工作组来负责网络安全方面的工作，对整体安全策略进行统筹安排，并对各项工作流程进行合理的规范化。但各项关于网络安全的工作比例还是相对较低，需加强各个方面的重视。

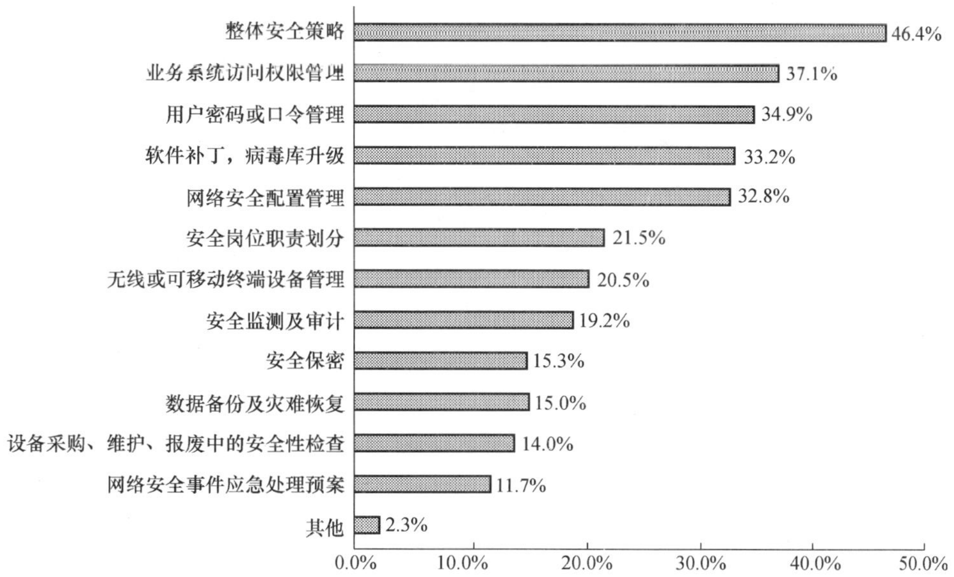

图 25.2 2005 年各类网络安全规章与流程的应用比例

3. 网络与信息安全相关标准的采用情况

被调查单位对采用网络与信息安全相关标准作为指导的意识相对较弱，调查表明，只有 36.3%的被调查单位采用相关标准作为指导，比 2004 年的 35.9%仅有微小提高。

进一步的调查显示，采用最多的标准是国家主管部门制定的信息安全标准，达到 48.3%，具体如图 25.3 所示。

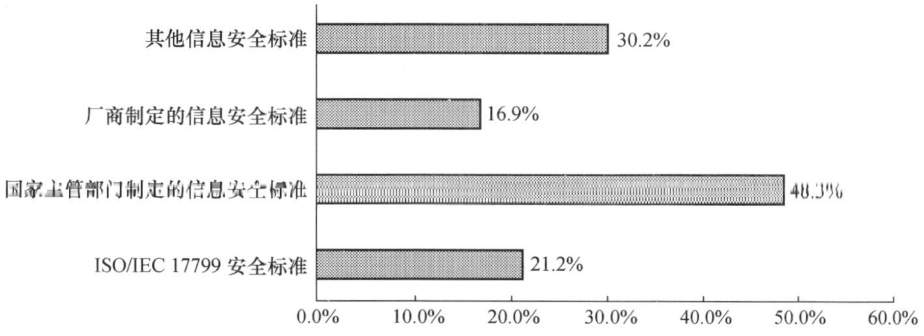

图 25.3 2005 年各类标准的采用比例

4. 人员和组织机构保障

调查表明近年来使用单位对管理人员的要求普遍提高，各行业都以要求管理人员在信息安全方面拥有一定的工作经验和相关学历为主要衡量标准，这两项的提及率分别为 20.8%和19.8%。此外，各被调查单位在 2005 年还是偏重对安全专业人员和管理人员的培训或认证，认为应对其进行培训或认证的比例均达到 30%左右。与 2004 年相比，对普通人员的培训或认证要求比重也略有提高。

调查显示，74.5%的被调查单位能够有专人负责定期升级或指导员工升级系统补丁和安全防护软件，有 66.7%的被调查单位有固定的机构或组织来保障信息安全。

5. 安全评估或检查

在对“最近一次进行安全评估或检查的时间”的调查中发现，超过 50%的单位在 1 个月内或 1～3 个月内进行过评估或检查，比例比 2004 年有明显升高，而从没进行过网络安全方面评估或检查的被调查单位从 2004 年的超过 32%降到了 12.4%，如图 25.4 所示。从调查数据可见，人们对安全评估的重视程度有所增加。

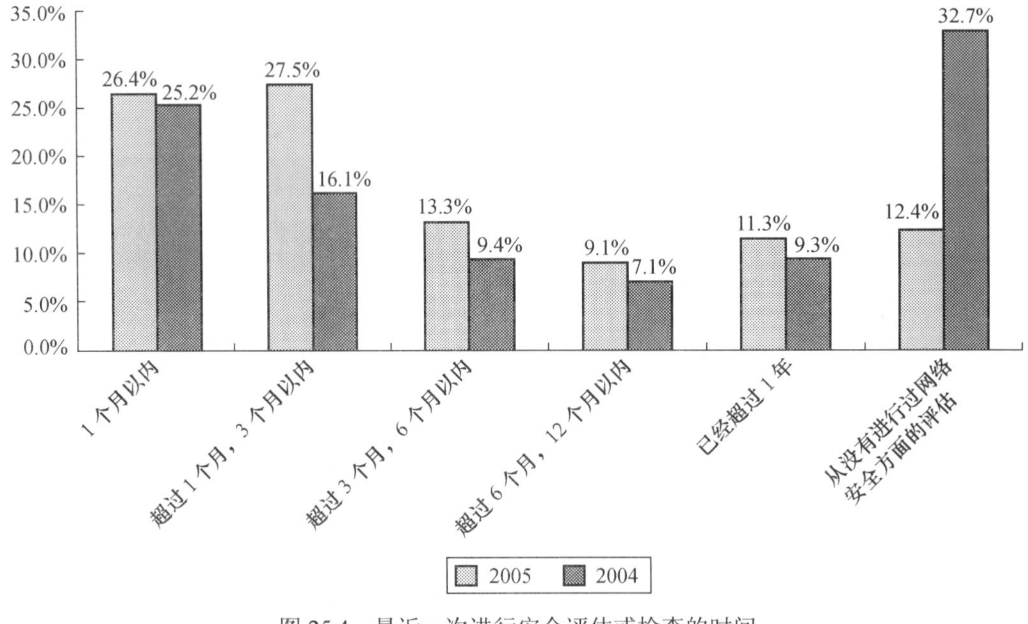

图 25.4　最近一次进行安全评估或检查的时间

在评估方式的调查中，单位“自评估”占到了 59.2%，主管单位检查和第三方评估仅占38.8%和 1.9%。

6. 网络安全服务资源来源

在“安全服务的资源来自企业内部还是外包”的调查中，76.7%的被调查单位选择内部，而仅有 23.3%的单位选择外包。这说明中国多数用户对安全服务外包还有顾虑。

25.2.2　网络安全事件及其造成的影响

1. 网络安全事件发生频次

调查数据显示，只有 11.5%的被调查者回答在最近 12 个月内自己单位的网络发生过安全事件，71.2%的被调查者回答没有发生过，还有 17.3%的被调查者不清楚是否发生过网络安全事件。目前各行业、各单位对网络安全事件的定义有很大的区别，这对回答这个问题会有所影响；很多单位没有建立网络安全事件处理预案，网络安全事件处理被当作一般系统故障由维护人员进行处理，从而不能反映到被调查者那里；很多处理网络安全事件人员也不愿意向主管人员报告，认为这会影响其业绩，所以使一些网络安全事件被掩盖了；但也不排除被调查单位加强网络安全基础工作，大大避免了网络安全事件的发生。

通过对近 12 个月发生过网络安全事件的单位进行追踪访问及分析得出，近 12 个月发生网络安全事件的最多频次是 6～10 次，所占比例为 64.5%；其次为 1～5 次，占 16.2%。

2. 单位发生网络安全事件的主要内部原因

在被访者认为本单位发生网络安全事件的主要内部原因中，提及率最高的是“网络和系统存在安全漏洞”，为 37.0%；其次是“工作人员缺乏安全意识”，提及率为 28.0%；而 13.4%的被访者则告知是由于“没有部属足够的安全防护系统”，如图 25.5 所示。

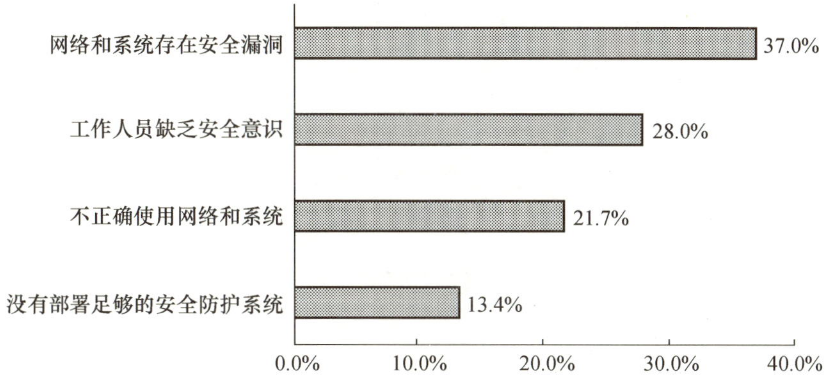

图 25.5　发生网络安全事件的主要内部原因

3. 按发生次数对各类网络安全事件的排序

数据分析显示，被调查者认为近 12 个月受到过的网络攻击类型中最普遍的是“恶意代码”，其占比例为 32.9%；其次是“破坏数据、系统和网络”，其占比例为 8.3%；“大量网络扫描导致网络性能降低的安全事件”、“未授权访问”和“信息窃取”提及率也较高，在 7%左右。

4. 按造成损失大小对各类网络安全事件的排序

被调查者认为，带来财产损失的攻击类型同样最多的是“恶意代码”，占 17.7%；其次是“信息窃取”，占 11.9%，如图 25.6 所示。在被调查单位对因网络安全问题造成财产损失的严重程度的描述中，回答“损失不大”的占 44.7%，“损失严重”的占 30.3%。可见由网络安全造成的财产损失已经成为不可忽视的问题。

5. 最能引发本单位发生网络安全事件的主要原因

在被访者认为最能引发本单位发生网络安全事件的主要原因中，“员工缺乏安全操作指导”的提及率最高，为 40.6%；其次是“系统存在未打补丁的软件漏洞”，提及率 36.0%。此外，值得注意的是，有 32.9%的被调查单位提及“网络或者系统的错误配置”，如图 25.7 所示。

6. 最近 12 月内面临的最主要的网络安全威胁

被调查者认为最近 12 月内面临的最主要的网络安全威胁中，排在第一位的是“使用自动化网络攻击工具，例如蠕虫或自动传播恶意代码”，占 53.5%；其次是“垃圾邮件”占 39.9%；

排在第三位的是“有熟练攻击经验的攻击者成功绕过网络安全防护措施”，其比例为24.4%，如图25.8所示。

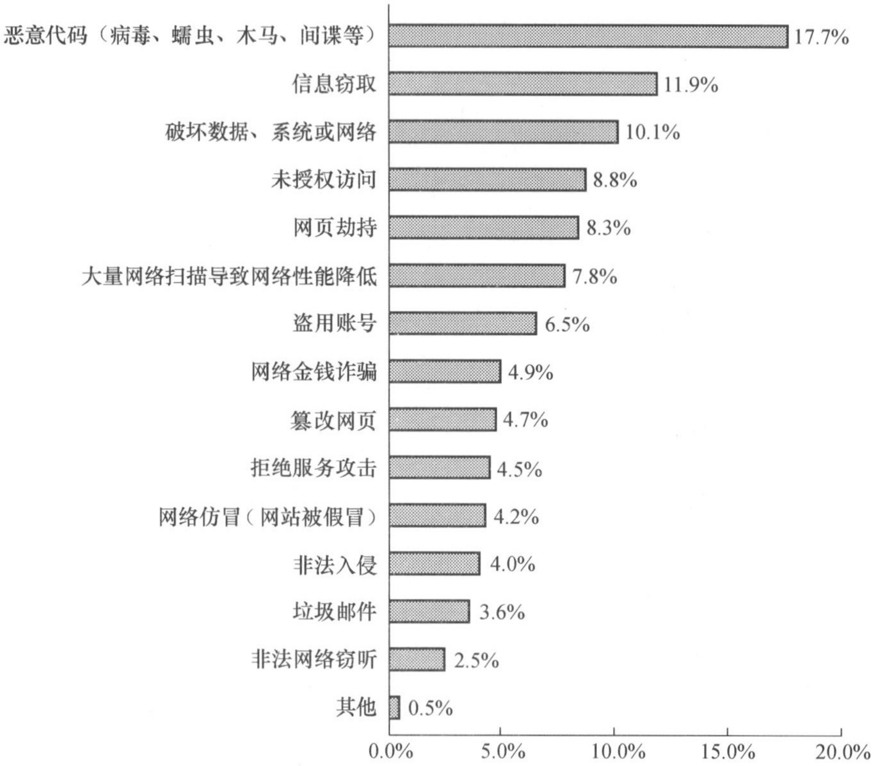

图25.6　按造成损失大小对各类网络安全事件的排序

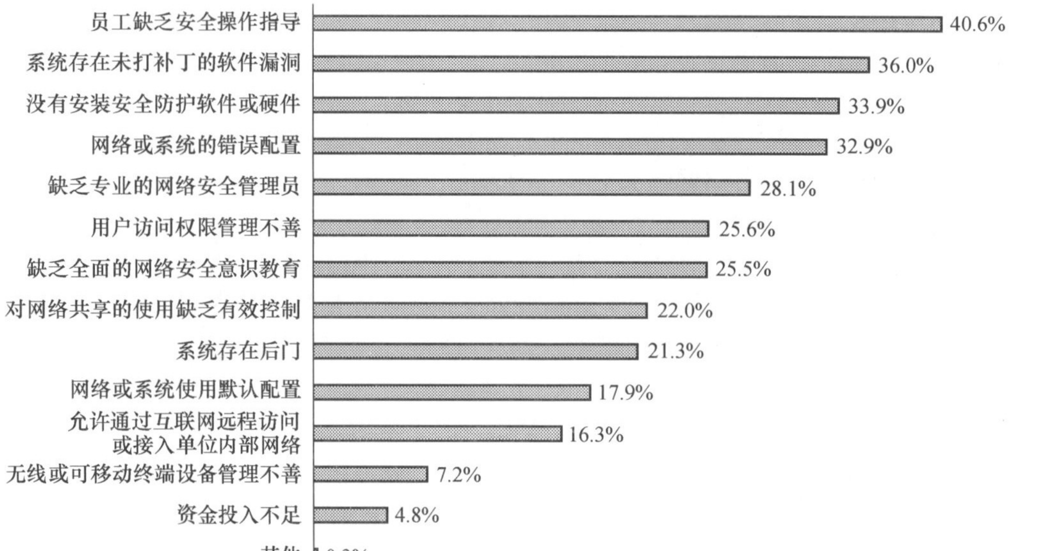

图25.7　最能引发本单位发生网络安全事件的主要原因

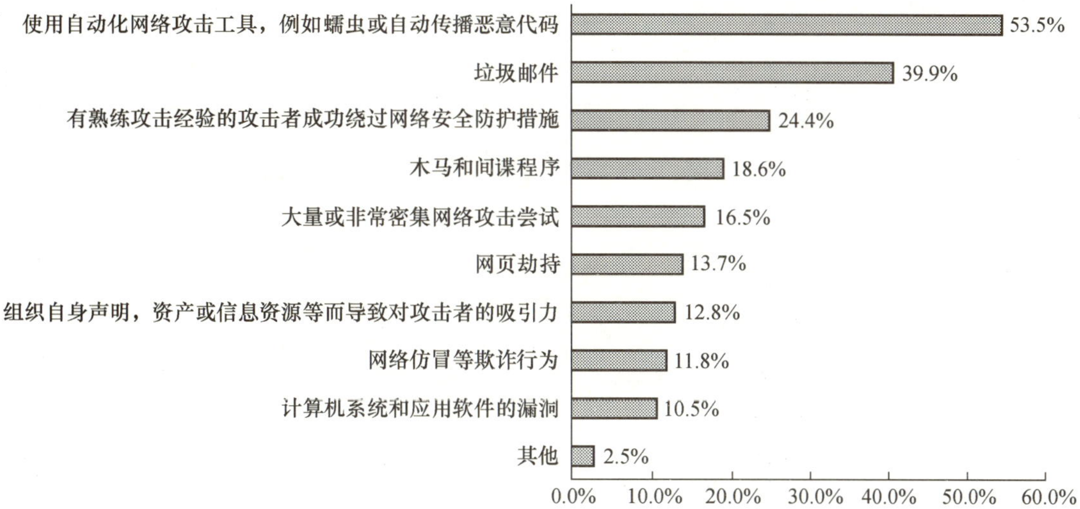

图 25.8　最近 12 月内面临的最主要的网络安全威胁

25.2.3　网络安全意识和态度

调查数据显示，被调查对象认为提高本单位网络安全水平的最重要的 3 个方面依次是：提高高层管理者对网络安全问题的认识程度（62.5%）；获得高层管理者对提高网络安全水平方面的更多支持（44.7%）；提高用户对网络安全的重视程度以及安全操作水平（41.0%）。

调查结果还显示，52.7%的被调查单位在最近的 12 个月中增加了网络安全的支出。

在网络安全事件报告方面，在最近 12 月内从未向任何组织报告过安全事件的情况占 33.9%；向上级主管部门或组织内的应急组织报告过的占 22.2%；向其他组织或机构报告的较少。从意愿上看，被调查单位更愿意向上级主管部门或组织内的应急组织报告并请求协助处理，占 29.5%；其次是向公安机关请求协助，占 23.8%。

对提高中国互联网网络安全水平的重要宏观措施中，选择最多的是“建立完善国家网络安全应急处理体系措施”，占 22.7%；其次是“完善网络安全法律法规”，占 19.7%；其他的宏观措施，相对比例都在 10%左右。

25.3　2005 年计算机网络安全事件监测与分析

25.3.1　漏洞发布

根据美国 CERT/CC 统计[1]，2005 年全年收到漏洞报告 5 990 个，平均每天超过 15 个。自 1995 年以来共计收到漏洞报告总数 22 716 个，具体统计结果如图 25.9 所示。从统计情况来看漏洞数量比 2003 年和 2004 年有了很大程度的增加。

微软 2004 年正式公布了 34 个安全漏洞，2005 年则公布了 48 个安全漏洞，是 2004 年的 1.4 倍。除操作系统和浏览器外，应用软件出现的安全漏洞也在不断增加。CNCERT/CC 2005 年共整理发布漏洞公告 75 个。

---

[1] 数据来自于 CERT/CC 的网站，http://www.cert.org

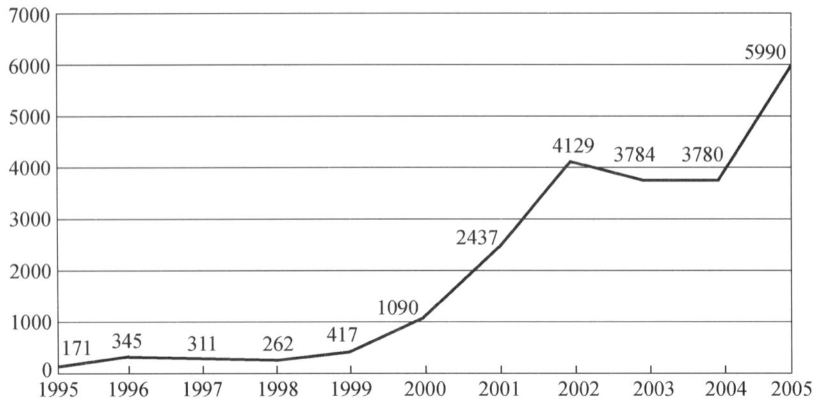

图 25.9　1995～2005 年安全漏洞报告

漏洞的大量存在是网络安全问题的总体形势趋于严峻的重要原因之一。

25.3.2　恶意代码情况

2005 年，蠕虫、木马、间谍软件等恶意代码在网上的传播和活动仍然频繁。据安天实验室统计，从 2005 年 1 月 1 日～12 月 31 日接收到不同渠道的 278 697 次样本上报，较前一年同期增长 2.2 倍，入库有效样本 150 902 个，较前一年增长 1.8 倍，最终合并出 24 275 个新病毒名称（含变种）。瑞星全球反病毒监测网的统计数据[1]（中国内地部分）显示，2005 年截获的新病毒数量达到了 72 836 个，比 2004 年增长了一倍还多。

2005 年出现了几个利用系统漏洞进行传播的蠕虫，比如利用 MS05039 的.ZoTob（狙击波）家族，还有 2005 年末利用多个漏洞的 Dasher（黛蛇）家族，但都没有造成过大的影响。这与微软的 Windows XP SP2 出现有一定关系，由于 Windows XP SP2 的 DEP/NX 保护技术，使得许多常规的缓冲区溢出无法正常利用，所以即使许多用户没有打补丁，一些常规利用系统漏洞传播的蠕虫流传范围也大大缩小。

2005 年利用电子邮件手段传播的蠕虫整体呈下降趋势，而即时通信（主要是通过 QQ/MSN/ICQ）蠕虫迅速增多。出现的针对 Symbian 系统的手机蠕虫也值得关注。总体来看，2005 年的恶意代码呈现出 5 大趋势。

1．即时通信蠕虫（IM-Worm）迅速增多

利用 MSN/ICQ/QQ 等即时通讯软件传播的蠕虫在 2005 年迅速增多，出现了 Summon、Kelver、Briopa 等利用 MSN 传播和 QQRRober、QQTran 等利用国产的 QQ 传播的蠕虫。这其中有几种较先进的即时通信蠕虫，比如可以随机跟好友聊天，可以将聊天语言设置为本地语言的即时通信蠕虫，即时通信蠕虫已经成为一种趋势。

2．群发邮件蠕虫（MassMail-Worm）逐渐减少

2004 年出现了 Mydoom、NetSky、Bagle 和 Zafi 等非常活跃的邮件蠕虫。2005 年，这类蠕虫（包括新出现的 Mytob）仍然活跃，占九成以上，但较 2004 年显著降低。原因包括多个方面：媒体广泛宣传，用户安全意识加强；杀毒软件改进了对受密码保护的邮件附件的处理技术，对邮件附件中可执行文件提前扫描；微软对 Outlook、Outlook Express 出现的漏洞及时

[1] 数据来自于《中国大陆地区 2005 年电脑病毒疫情和安全趋势报告》，http://www.rising.com.cn

打补丁。这些都使得邮件蠕虫走向衰退。但是 2005 年存活率较高的 Mytob 家族却发展得较平稳，Mytob 家族不仅采用邮件传播这种单一的手法，而且运用僵尸网络控制、漏洞扫描攻击等多种传播手法才得以存活。

3. 手机病毒/蠕虫技术的进化

2004 出现的 Cabir 蠕虫感染 Symbian 手机操作系统，利用 Bluetooth 作为传播途径。2005 年，出现了更多的利用 Bluetooth 传播的手机蠕虫，这些蠕虫仍然瞄准 Symbian 系统，但传播手段趋于多样化。出现了利用彩信（MMS）传播的 Comwar 蠕虫和感染.sis 文件的 Lasco 病毒。需要说明，很多 Symbian 蠕虫都利用了公开源代码的 Cabir 蠕虫的代码。Lasco 虽然感染文件，但.sis 格式类似于.zip 或.rar 这类压缩文件，并且它利用 Bluetooth 作为传播手段，也可认为它是蠕虫。SymbOS.Pbstealer 家族已经出现了多个变种，手机病毒虽然还没有大规模流传，但进化速度迅速，朝着大规模感染、难以清除、欺骗性高的方向演进。

4. Rootkit 技术的应用呈增加趋势

蠕虫、僵尸程序（Bot）甚至广告软件（Adware）都在使用 Rootkit 技术隐藏自身，提高生存能力。Rootkit 技术的普及和广泛应用将给用户清除恶意代码带来很大困难。2005 年 Net-Worm.Win32.Dasher 是第一个利用 Rookit 技术隐藏自身大范围传播的蠕虫家族。Rookit 技术不仅仅在蠕虫家族被应用，在市场上也曾利用了该技术，包括 SONY 的 CD、symantec 的软件等，导致许多纠纷。Rootkit 技术使得计算机专业人员，也难以发现和清除这类恶意代码，这种隐蔽性的攻击将越来越难以发现和清除。

5. 木马与间谍软件数量迅速增加

蠕虫同比 2004 年有减少的趋势，而以窃取银行账号、密码等个人信息，获得经济利益为目的的木马和间谍软件（Spyware）迅速增多，成为当前黑客手中的主要工具。2005 年，网络攻击比以往隐晦得多，许多攻击手法在地下流传，定向的木马攻击较为频繁，针对网络游戏、网络银行的木马、间谍软件种类繁多，变种繁多。

蠕虫和木马等恶意代码的不断发展进化，给网络和用户带来了更大的威胁。

25.3.3 木马事件

各类安全事件中，木马和后门事件的危害是极为严重的，因为此类事件隐蔽性非常强，被植入木马的计算机会被攻击者通过网络秘密控制，是造成泄密危害的重要原因。

2005 年，CNCERT/CC 对一些常见木马程序的活动状况进行了抽样监测，发现中国内地有 22 500 多个 IP 地址的主机被植入木马，中国内地木马活动分布情况如图 25.10 所示，最多的地区分别为广东省（21%）、上海（15%）和江苏（10%）。

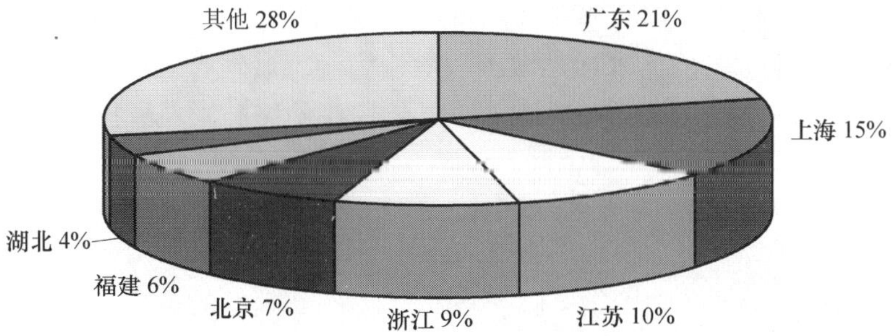

图 25.10 2005 年中国内地木马分布抽样检测情况

CNCERT/CC 发现，中国内地以外 2 万多个主机地址对这些木马进行控制，这些主机主要位于美国（25%）、中国台湾省（18%）、中国香港特别行政区（18%）、日本（12%）等地，具体如图 25.11 所示。

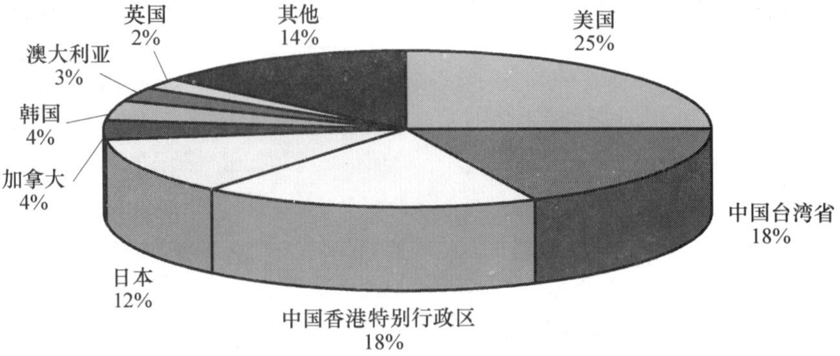

图 25.11　2005 年对中国内地进行木马攻击主机按国家和地区分布图

以上的数据只是对中国互联网上木马活动情况的简单抽样统计，实际情况会更加严重和复杂。随着中国互联网应用日益普及，日益增加的木马程序将造成计算机数据的失窃和被控，感染木马的计算机不仅面临严重的泄密威胁，还容易被黑客利用而发起其他攻击甚至从事违法犯罪活动。而且木马类程序不断出现，用户很难发觉，因此造成的影响往往比较长久。

25.3.4　僵尸网络

僵尸网络（恶意的 Botnet）不同于特定的安全事件，它是攻击者手中的一个攻击平台。这个攻击平台由互联网上的几十到上百万台计算机构成，这些计算机被黑客通过蠕虫等手段植入僵尸程序，然后黑客能够对这些计算机进行集中控制和指挥。利用这样的攻击平台，攻击者可以实施各种各样的破坏行为，可以使各种传统的攻击行为造成更大的危害，也更难防范。例如，攻击者利用这个平台，可以发动更强大灵活的分布式拒绝服务（DDoS）攻击或蠕虫攻击，也可以窃取敏感信息、监视用户行为、从事各种网络诈骗、发送垃圾邮件等。

通过僵尸网络实施这些攻击行为，不仅简化了攻击步骤，提高了攻击效率，而且更易于隐藏攻击者的身份。僵尸网络的控制者可以从这些攻击中获得经济利益，例如通过 DDoS 攻击进行敲诈、发送垃圾邮件、窃取个人（账户）信息、或非法从事金融操作等，这使得僵尸网络成为一种有价值的地下资源，成为僵尸网络发展的重要推动力。

从技术角度来看，僵尸网络的编写者已经不局限于利用 IRC 协议进行控制。Agobot 的一个变种 PhatBot 就同时具有 P2P 和 IRC 两种通信和控制协议，基于 P2P 技术的僵尸网络在健壮性、安全性和隐蔽性等方面都有很大的提高，给僵尸网络的发现和控制带来挑战。

2005 年出现了利用 rootkit 原理隐藏进程的 bot（rBot 变种），以后很可能出现更多的利用 rootkit 技术的 bot，这符合 bot 的特点，即不像传统蠕虫一样快速扫描，引起异常，而是强调隐蔽性。

2005 年 CNCERT/CC 发现中国内地有 250 多万个 IP 地址的主机被僵尸网络控制，其中同时在线的节点数大于 5 000 的僵尸网络有 143 个，最大的 Diablo 僵尸网络最多时有 157 142

个客户端。这些僵尸网络不断扫描扩张、更新版本、下载间谍软件和木马、发动各种形式的拒绝服务攻击。

需要说明的是，2005 年 8 月 15 日出现的 Zotob 蠕虫引起较大的社会关注，不过该蠕虫所创建的僵尸网络实际上影响并不大。从北京时间 8 月 16 日～8 月 23 日，CNCERT/CC 通过抽样监测发现感染 Zotob.a 和 Zotob.b 的主机分别为 128 个和 208 个。

僵尸网络正在成为最需要关注的网络安全威胁，一些国家和地区开始将其列为安全威胁的专题，一些公司也开始专门针对僵尸网络推出对抗技术或产品。

2005 年 CNCERT/CC 监测到的节点数大于 1 000 的僵尸网络规模与数量对比如图 25.12 所示。

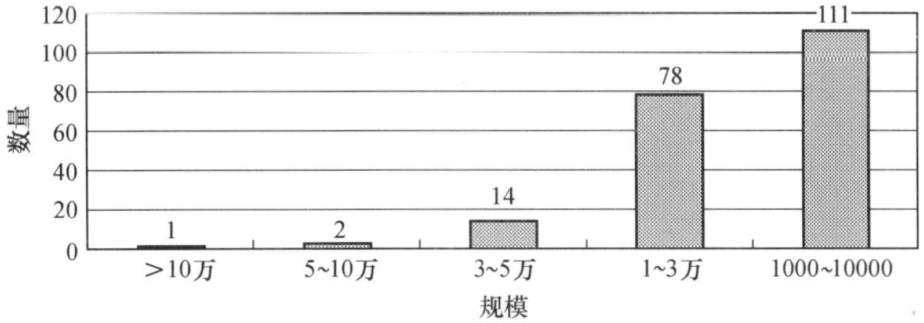

图 25.12　2005 年 CNCERT/CC 监测到的节点数大于 1 000 的僵尸网络规模与数量对比

25.3.5　间谍软件

间谍软件（Spyware）通常是一个独立的程序。间谍软件监视用户和系统活动、窃取用户敏感信息，包括用户名、密码、银行卡和信用卡信息等，然后将窃取到的信息以加密的方式发送给攻击者。从 2004 年至今，间谍软件的数量、种类和危害不断增加，引起了广泛重视。2005 年，大部分蠕虫、木马等恶意代码也都加入了间谍软件功能，敏感信息失窃成为用户面临的主要威胁。

2005 年，CNCERT/CC 对一些常见间谍软件的活动情况进行了抽样监测，发现中国内地至少有 70 万台主机被植入了某种类型的间谍软件。这些间谍软件向服务器汇报搜集到的信息；从服务器读取关键字、下载更新版本。这些接收间谍软件发送信息的服务器绝大多数位于中国境外，其中最多的是美国（42 个）和韩国（26 个）。

25.3.6　网页篡改

2005 年 CNCERT/CC 发现中国被篡改网站总数达到 13 653 个，其中内地政府网站被篡改数量共计 2 027 个。这在中国加强电子政务等建设的进程中是一个不能忽视的问题。CNCERT/CC 通过各省中心为用户提供这类事件处理服务 250 起。

2005 年中国被篡改网站数量按月统计情况如图 25.13 所示，2005 年中国内地的政府网站被篡改情况如图 25.14 所示。

总体上看，2005 年在中国内地被篡改的网站中，有 22%是政府网站，明显大于中国.cn 域名下的政府网站所占的 2.2%比例（注：该数据来自中国互联网络信息中心 2006 年 1 月中国互联网发展状况统计报告），从而说明中国政府网站容易遭受黑客攻击，其安全性亟待提高。

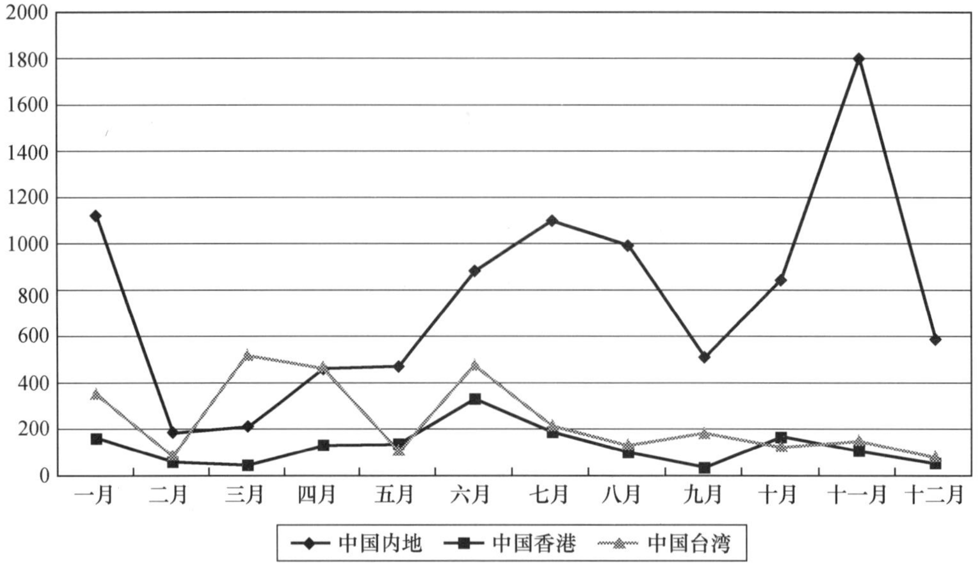

图 25.13　2005 年中国被篡改网页的数量

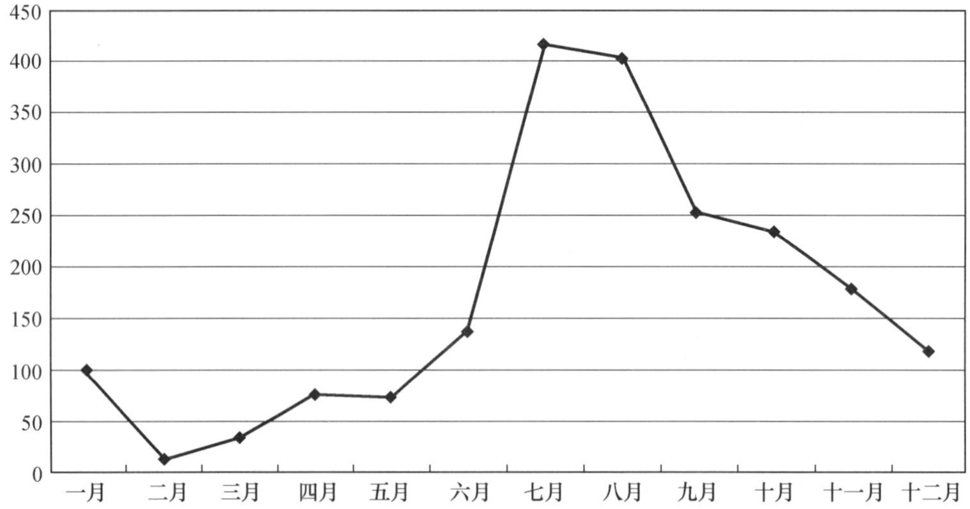

图 25.14　2005 年中国内地的政府网站被篡改数量

事实上，近几年来中国政府机构网站连年遭到大量的攻击，很多重要的政府机构网站都不同程度地遭受过黑客们的破坏，更有甚者被作为黑客们宣传反动言论的窗口。CNCERT/CC 的监测结果显示，2003 年～2005 年中国政府机构网站被攻击的情况非常严重，每年都约占中国被攻击网站数量的 20%以上。其中，不少政府网站都被植入过带有政治色彩的文字或图片，不仅影响了网站正常业务的开展，更严重影响了中国政府网站的形象，详细数据如图 25.15 所示。

CNCERT/CC 及各省分中心在协调处理政府网站被攻击事件的过程中发现，绝大部分黑客都是利用了政府机构网站应用程序中存在的漏洞，直接绕过后台管理，将带有恶意代码的图片或页面上传到网站上。上传成功后，黑客们就会利用这些恶意代码修改网站内容或植入新的网页以发布带有政治色彩的文字、图片或宣传性语言，窃取重要的信息内容，甚至通过控制整个网站进行其他的恶意攻击。

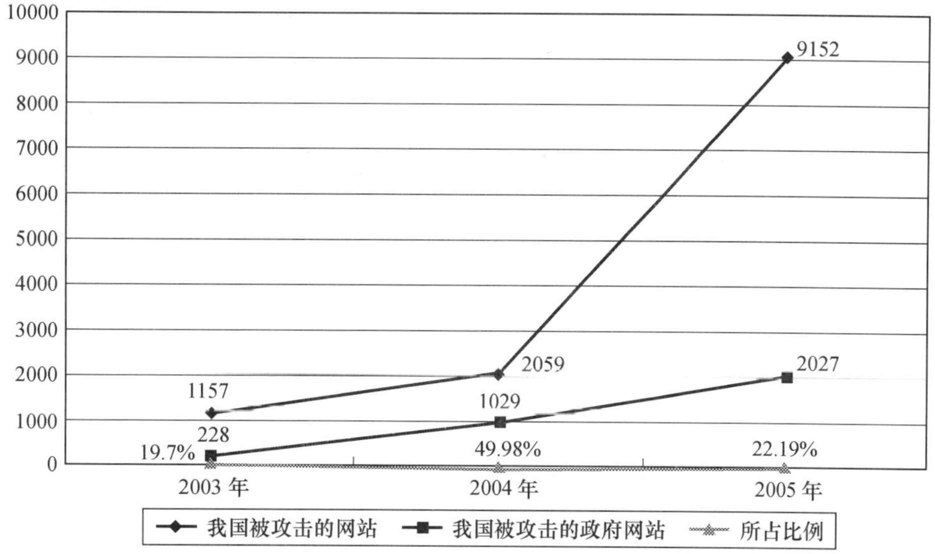

图 25.15 2003～2005 年中国网站被篡改情况

CNCERT/CC 分析发现，其实黑客们攻击政府网站所普遍采用的入侵方式十分简单，所用到的技术也很基础。这些站点如果加强更新软硬件设备的投入和升级，并进一步加强网络安全意识、提高安全防范措施，就能在很大程度上改善这一状况。而对于影响力大的或者其他重要的网站，则需要增强对这类攻击的重视程度，在加强一般安全防范措施的同时，还要做好应急处理的准备，避免重大损失或危害。

25.3.7 流量监测分析

网络业务流量的监测，对网络运行状况、业务特点分析以及一些突发安全事件的发现具有重要参考意义。

根据 CNCERT/CC 网络安全监测系统的流量数据的抽样统计显示：当前最消耗带宽的网络应用应属 Web 浏览（37.82%）和利用 P2P 软件（15.43%）共享文件。TCP 25 号端口的电子邮件协议（6.00%），是现在应用最广泛的协议之一，不过除正常使用外，该端口还充斥着大量的蠕虫和垃圾邮件流量。TCP 135/445 端口是最经常被攻击的端口，人们熟悉的冲击波类蠕虫就利用 135 端口，震荡波利用 445 端口。监测僵尸网络时发现，多数僵尸程序（bot）也在利用这两个端口进行扩散传播。各种应用对带宽的占用情况如图 25.16 所示。

监测发现 P2P 软件占用的带宽增长迅速。2005 年 4 月，CNCERT/CC 对某运营商中常用 P2P 软件占用的带宽做了抽样调查。结果表明，P2P 软件引起的总流量占 IP 协议总流量的 24.7%，超过 HTTP 协议占 IP 协议总流量的 21.7%和 SMTP 的 1%。在 P2P 软件引起的 TCP 流量中，以 eMule（19.7%）和 Bittorrent（5.5%）为主；在 UDP 流量中，除 eMule（13%）和 Bittorrent（2%）外，Gnutella 类 P2P 软件引起了很大的流量（4%）。

（1）使用 TCP 协议的各类 P2P 软件引起的流量在 TCP 协议总流量中的比例如图 25.17 所示。

（2）HTTP 和 eMule 流量-时间变化如图 25.18 所示。

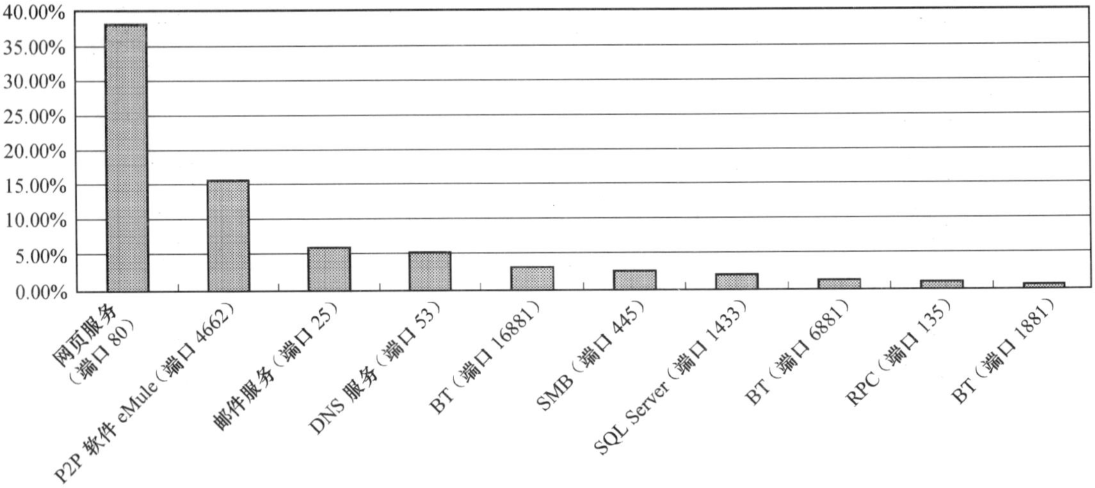

图 25.16　宽带占用的排名

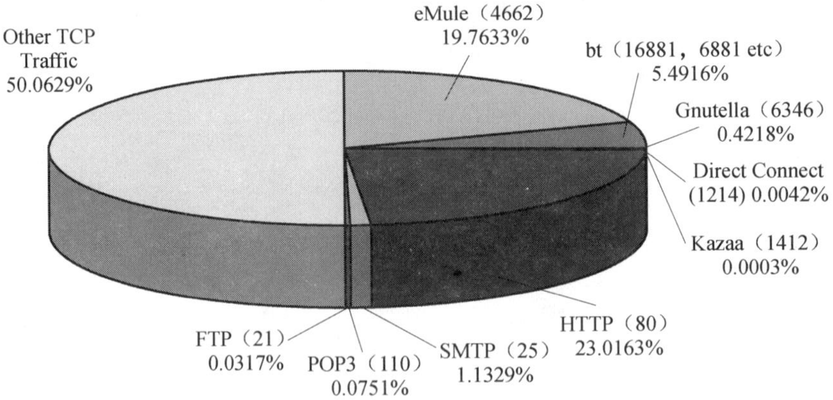

图 25.17　使用 TCP 协议的 P2P 软件引起的流量分布

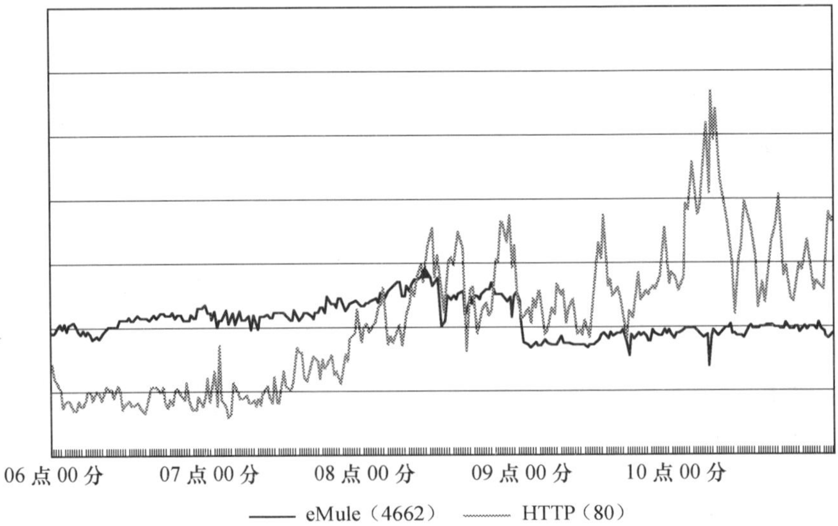

图 25.18　HTTP 与 eMule 的流量对比图

此外，还值得关注的是从 2005 年 4 月开始，利用 UDP 1026/1027 端口向 PC 直接发送垃圾信息的数量非常多，一度导致这两个端口所占流量在某些公共互联网中远远超过电子邮件流量，仅次于 Web 服务和 P2P 软件引起的流量，后来经有关各方的积极处理，该垃圾信息流量得到了控制。

25.4　2005 年计算机网络安全事件报告处理情况

CNCERT/CC 是接收国内网络安全事件报告的重要机构，同时作为国际应急组织 FIRST 和亚太地区应急组织 APCERT 的成员，CNCERT/CC 负责接收国际网络安全事件报告。目前 CNCERT/CC 有专门接收事件报告的热线电话、电子邮件，CNCERT/CC 网站有专门的事件报告系统，网络用户可以在线填写网络安全事件报告表单，提交网络安全事件信息。CNCERT/CC 有专人对用户报告网络安全事件进行分析处理，向用户提供技术支持，遇重大网络安全事件还将向有关部门报告，进入紧急处理程序。

25.4.1　网络安全事件报告统计

1．网络安全事件报告数量统计

2005 年，CNCERT/CC 共收到国内外通过应急热线、网站、电子邮件等报告的网络安全事件 12 万多件，平均每月 1 万多件。需要说明的是，在 2005 年收到的事件报告中约有 93% 为扫描类网络安全事件，除扫描外的国内外网络安全事件报告共 9 112 件。

2005 年 CNCERT/CC 接收的无论是非扫描类还是扫描类事件报告，与 2004 年相比，数量都增长了一倍左右。与 2003 年相比，2004 年和 2005 年事件报告数量的增长更加明显。2003～2005 年事件报告数量比较情况如图 25.19 所示。

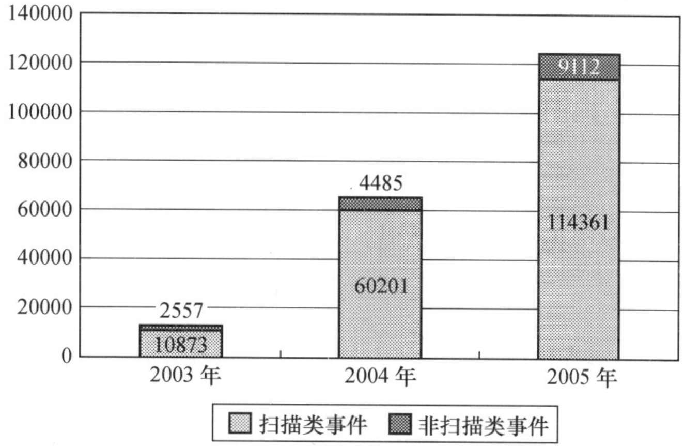

图 25.19　2003～2005 年事件报告数量比较

2．网络安全事件分类统计

2005 年，CNCERT/CC 收到的 9 112 件非扫描类网络安全事件报告按类型统计情况如图 25.20 所示，报告较多的是网页篡改（8 130 件）、网络仿冒（475 件）和垃圾邮件（161 件）。

3．国外网络安全事件报告

2005 年，CNCERT/CC 共收到来自国外的非扫描类事件报告 464 件，其中网络仿冒（Phishing）456 件、木马 4 件、拒绝服务攻击 1 件、主机入侵 1 件、其他 2 件。

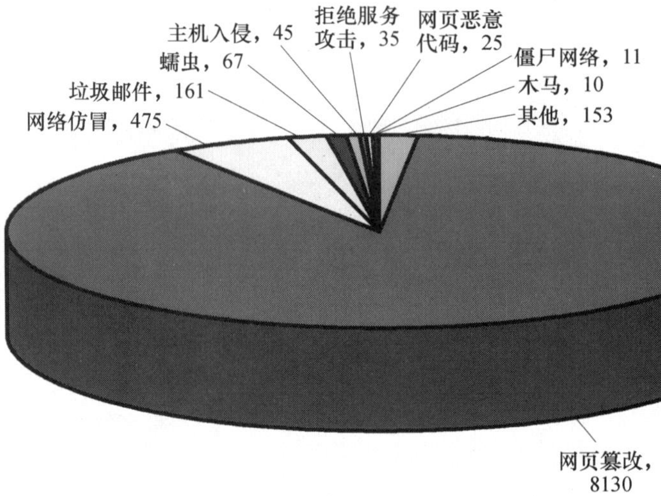

图 25.20　2005 年时间报告类型分布

可以看到，在来自国外的非扫描类事件报告中，绝大部分是网络仿冒的报告，它们共来自 40 多个国外的组织机构，其中 40%来自 eBay。

表 25.1 列出了报告网络仿冒事件数量最多（前 10 名）的组织机构，它们全部来自国外。

表 25.1　　报告网络仿冒事件最多的组织机构（前 10 名）

网络仿冒事件报告者（前 10 个报告数量最多的组织机构）	数量
eBay	207
MarkMornitor（美国安全公司）	43
Brandimension（加拿大安全公司）	22
BFKCERT（德国 CERT）	17
VeriSign	17
AUSCERT（澳大利亚 CERT）	15
Inter identitiy（美国安全公司）	14
MasterCard（万事达卡）	13
HSBC（汇丰银行）	10
Royal Bank of Scotland（苏格兰皇家银行）	10
KrCERT（韩国 CERT）	7
Citigroup（花旗银行）	6

25.4.2　网络安全事件处理

CNCERT/CC 协助用户进行事件处理，以便尽快消除网络安全事件对用户造成的各方面危害，帮助用户尽量减少损失。同时，按照国际惯例，在事件处理的过程中，帮助用户保存必要的证据，以便用户需要寻求司法协助时参考使用。

2005 年，CNCERT/CC 共处理网络安全事件 400 余件，大部分事件是 CNCERT/CC 国家中心根据事件涉及主机的所属地区，协调各省分中心进行处理的，其中各省分中心参与处理的事件数目对比情况如图 25.21 所示，其中广东、上海和福建等地处理事件数量较多。

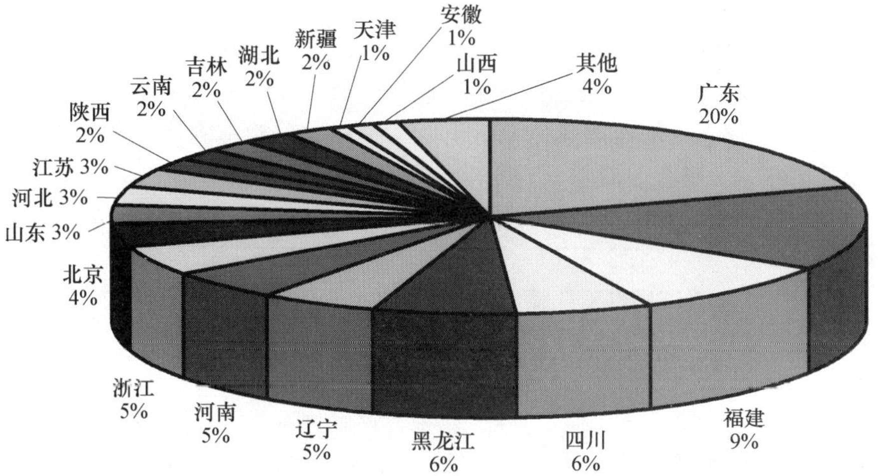

图 25.21　2005 年 CNCERT/CC 各省分中心参与事件处理数目对比

2005 年，CNCERT/CC 处理的主要事件类型包括网页篡改、网络仿冒、僵尸网络、主机入侵、拒绝服务攻击和恶意代码等。各类事件所占比例如图 25.22 所示，其中网页篡改（53%）和网络仿冒（31%）类事件所占比例较大。

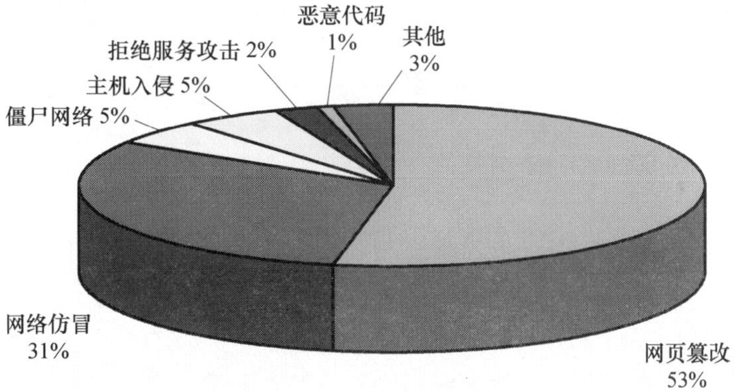

图 25.22　2005 年 CNCERT/CC 参与处理事件类型分布

25.4.3　网络安全热点事件有关情况

1．UDP 1026 和 1027 端口流量异常事件

2005 年 6 月，CNCERT/CC 监测发现，中国公共互联网上 UDP 1026 和 1027 端口对应的 UDP 协议流量急剧上升。6～7 月 UDP 1026 和 1027 端口流量合计在某些公共互联网的总流量中所占比率达到 11.49%。由于该端口不提供任何常见网络服务，CNCERT/CC 判定这是一起严重占用公共互联网带宽的异常流量事件。

对此事件，CNCERT/CC 给予了高度关注，进行了持续跟踪监测分析，分析结果表明：此异常流量是由于有人利用专门发送“垃圾信息”的程序大量发送垃圾信息所导致的。垃圾信息的内容都相同，大意是“用户系统有危险，请访问某网站进行修复”。经验证，该网站并未对访问用户进行恶意操作，仅提示用户下载一个正常的查杀间谍软件的工具。

由于发送“垃圾信息”的程序可能严重影响网络传输质量，CNCERT/CC 对发送垃圾信息的源头进行了调查，并陆续发现了位于某几个省内的多台机器在向大量 IP 发送此垃圾信息，于是立即协调 CNCERT/CC 当地分中心对这些主机进行了处理。

同时 CNCERT/CC 将有关分析报告通报了相关运营商，建议采取相应过滤措施，并通知用户采取打补定、升级系统的防范措施。某骨干运营商根据 CNCERT/CC 的建议采取了相应的措施后，控制了 3Gbit/s 左右的流量，效果非常明显。

在 9 月中旬，UDP 1026 和 1027 端口流量大幅减少，恢复了正常水平。

2. Toxbot 僵尸网络事件

2005 年 10 月 17 日，CNCERT/CC 接到荷兰 SURFnet CERT 应急小组的事件报告，称有 29 万多个属于中国的 IP 被植入 W32/Toxbot 家族程序，这些 IP 成为一个巨型僵尸网络的成员。同时，CNCERT/CC 也注意到“informationweek”网站在 10 月 10 日报道：“荷兰警方日前宣布捣毁了一个巨型计算机僵尸网络。目前，警方已经逮捕了 3 名涉嫌制造该僵尸网络的荷兰男子。荷兰警方称，被逮捕的 3 名嫌犯利用 Toxbot 木马程序感染用户的计算机，然后在染毒计算机上安装广告插件和间谍软件”。CNCERT/CC 与 SURFnet CERT 联系后确认，其提供的属于中国的 29 万个 IP 正是报道中所提到的僵尸网络的成员。SURFnet CERT 称此僵尸网络的规模非常大，受控计算机数目达到 120 万台左右。

由于此事件涉及中国主机的数目较多，可能产生严重危害，CNCERT/CC 迅速采取如下应对措施。

（1）追踪僵尸程序样本，通过分析实验研究其检测、清除和防护方法。根据荷方提供的地址，迅速定位到某受控主机并成功提取出僵尸程序，在多家技术支撑单位的支持下，及时分析出该僵尸网络的运行信息，研究出检测、清除和预防方法。

（2）通过 863-917 平台监测僵尸网络发展趋势。监测结果表明，该僵尸网络的规模在监测时已经大幅度减少。

（3）协调有关单位共同采取保护措施，清除僵尸程序。首先按照与重点保障部门的合作流程将涉及该部门的受害主机通知对方，然后将其余涉及主机 IP 分发给所属互联网运营单位的应急组织，请其向受害网络用户告知该事件的危害性和处理办法，并提醒用户采取必要的安全加固措施。同时，通过 CNCERT/CC 网站和互联网网络安全工作委员会成员宣传此事的危害和解决办法。

3.“黛蛇”蠕虫事件

临近 2005 年岁末国内互联网上出现了一次较大规模的蠕虫事件，12 月 15 日，CNCERT/CC 截获了一个可利用 MS Windows 操作系统最新高危漏洞——微软 MS05-051——传播的名为“黛蛇”(Dasher.B)的蠕虫。该蠕虫主要针对 Windows 2000、部分 Windows XP 和部分 Windows Server 2003 操作系统，通过攻击 TCP 1025 端口获得远程执行命令的权限；此外，该蠕虫还可以针对微软 MS04-045、MS04-039 漏洞和利用 SQL 溢出工具进行攻击。Dasher.B 蠕虫运行后，会扫描并试图利用漏洞来攻击目标主机，目标主机的地址是根据该蠕虫自身携带的地址列表随机生成的，多数为中国用户。该蠕虫攻击目标主机成功后，会操纵目标主机自动连接到某控制服务器（位于湖南长沙）等待黑客指令，然后按照该黑客指令从某个 FTP 服务器（由控制服务器动态指定）下载并运行一个键盘记录软件和 Dasher 蠕虫文件包，从而完成传染过程。

众多迹象表明，该蠕虫事件是一次有计划的、专门针对中国互联网用户的攻击，经过对蠕虫的整个传染过程分析，如果该蠕虫大规模感染扩散成功将造成以下几种危害。

（1）用户数据有被窃取的可能，如果被感染的是重要信息系统用户，还会存在信息失泄密的危险。

（2）伴随大量的扫描，会影响网络性能。

（3）键盘记录程序还会自动连接一个网站（位于广东汕头）下载 SDBot 僵尸程序，形成一个巨大的僵尸网络。

CNCERT/CC 协调 CNCERT/CC 分中心切断了蠕虫传播路径，并于第一时间在网站上发布了蠕虫预警公告，同时通报了相关互联网运营单位进行统一处理，根据自身情况采取必要措施，协助用户清除蠕虫，防止蠕虫继续传播。

4．西太平洋银行-万事达卡网络仿冒事件

2005 年 10 月 25 日，CNCERT/CC 接到 IBM 应急小组投诉，称中国境内某主机被人利用运行了澳大利亚西太平洋（West Pacific）银行的仿冒网站。CNCERT/CC 立即协调相关分中心进行核实、定位，并按照 IBM 应急小组提供的路径，通过远程技术分析发现了其投诉的仿冒西太平洋银行网页内容和部分用户信息，CNCERT/CC 按照网页仿冒事件处理流程立即对仿冒网页和有关信息进行了删除处理。

在远程分析过程中，CNCERT/CC 还在该主机上意外发现了攻击者仿冒其他银行网页的痕迹，并最终排查到一个包含有 11 个用户信息的文本文件，信息内容具体全面，包括有用户地址、姓名、信用卡号、ATM 机密码号、生日、地址交易保障号等。CNCERT/CC 立即联络国际上数家知名的银行，根据国际反欺诈工作组（APWG）成员提供的银行卡号的特点与分类，查得该 11 个被盗的用户账号都属于万事达卡，并归还了相应的账号及相关信息，帮助用户和银行挽回了损失。

5．其他网络仿冒事件

2005 年 CNCERT/CC 共接到网络仿冒类事件报告 400 多件，其中完成处理 145 件。这些网络仿冒类事件绝大部分是国际应急组织和安全小组报告并要求协助处理的，被仿冒的网站大都是国外的著名金融机构，也有少量仿冒国内工商银行和淘宝网的事件报告。2005 年每月网络仿冒事件报告数量情况如图 25.23 所示。

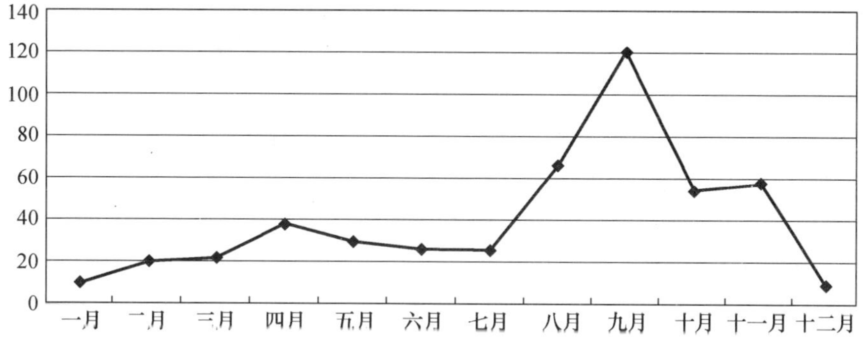

图 25.23　2005 年网络仿冒时间报告月度统计

网络仿冒行为通常会选择其他国家地区的计算机来建立仿冒网页，以逃避本国司法和执法部门的调查和处罚。目前，很多境外黑客利用其所入侵并控制的中国境内的主机来建立仿冒网页。CNCERT/CC 对网络仿冒的处理大都是由 CNCERT/CC 各省分中心具体承担，其过程一般是定位仿冒主机，然后联系该主机用户并介绍有关情况，协助用户及时清除仿冒网页或进一步清除黑客植入的后门，建议用户加强网络安全防范工作等。从事件处理情况看，很多被黑客利用的主机处于无人维护的状态，在没有安装补丁、防病毒软件、防火墙的情况下连接互联网，给黑客留下可乘之机。尽管许多用户对网络仿冒事件的处理提供了积极的帮助，但仍然有一些用户对网络仿冒的危害没有充分认识，只是简单删除了主机内的仿冒网页或格式化硬盘，没有做必要的漏洞和木马清除等防范工作，结果出现同一主机被多次利用的情况。

由于 CNCERT/CC 在网络仿冒事件处置方面积极进行处理，在相关国际会议和国际反网络仿冒工作组（APWG）里，引起许多国家 CERT 组织以及有关公司和机构的关注，纷纷加大了与 CNCERT/CC 的合作力度。

随着中国网上银行、网上购物等电子商务的普及，中国面临的网络仿冒事件威胁必将逐渐增大，也引起了国内执法、银行、金融等部门足够重视。中国国内需要发挥各部门各机构的优势，加强与有关国际组织的合作交流，以更好地应对威胁网络仿冒的威胁。

6．拒绝服务攻击

2005 年，拒绝服务攻击事件（DoS）仍频繁发生，CNCERT/CC 也接到多起拒绝服务攻击事件的报告。攻击者主要是针对知名的互联网业务站点和重要的应用服务器，导致一些业务不能正常进行，给被攻击者带来业务收入、客户资源、企业形象等各方面的损失。

2004 年 11 月，CNCERT/CC 接到了一起严重的分布式拒绝服务攻击（DDoS）事件报告，对该事件的处理一直持续到 2005 年 1 月。在该事件中，用户遭到长时间持续不断的 DDoS 攻击，攻击流量一度超过 1 000Mbit/s，攻击类型超过了 11 种，用户的经营行为几乎无法进行，直接经济损失超过上百万元。CNCERT/CC 通过协调多个分中心和运营商进行了处理，并配合公安部门进行调查和取证。结果显示黑客是通过所控制的一个大型僵尸网络发起攻击，目的是通过影响受害者的网站业务来达到商业竞争优势。

2005 年 4 月，深圳市某人才交流服务网站因受到来历不明的 DDoS 攻击，导致该网站无法正常访问，损失相当严重，遂向 CNCERT/CC 广东分中心报告。CNCERT/CC 广东分中心技术人员分析后确认该网站受到了 SYN-Flood 攻击，并在攻击再次发生时，在 CNCERT/CC 国家中心、相关互联网运营商各方的通力配合下，逐级排查，最终确定攻击流量来自国外，采取措施之后使网站恢复正常访问。

2005 年 8 月，中国某域名注册和虚拟主机服务提供商遭受 SYN Flood DDoS 攻击，CNCERT/CC 在接到该事件报告后，立即协调有关分中心和运营商开展了积极有效的追查攻击源工作，并最终在较短时间内追查和排除了其中一个最具危害性的攻击源，这使得该公司业务很快恢复了正常。

由于目前互联网上广泛使用的 IPv4 协议存在的缺陷和僵尸网络的出现，彻底杜绝 DoS 是非常困难的，因此 CNCERT/CC 主要通过不断加强技术能力和协调能力来重点处理规模大、影响严重的 DoS 事件，并积极推动与公安部门的合作，对恶意攻击者诉诸法律。

25.5 2006 年网络安全状况预测

由于黑客发动攻击的主要动机的转变，2006 年发生类似传统蠕虫那样的大规模网络安全事件的可能性比较小，但是僵尸网络、间谍软件、身份窃取（包括网络仿冒、网址嫁接/劫持等）等事件会继续增加，手段也会不断更新和复杂。同时，这种转变也将导致很多传统的攻击手段在方法和特点上都发生很多变化，给网络安全保障工作带来新的挑战。

2006 年利用系统漏洞进行传播的蠕虫将不会是主角，但是漏洞的利用周期将继续缩短。蠕虫全面 0day（注：指漏洞被公布的当天就出现利用这种漏洞进行攻击的恶意代码）化将成为事实，扫描型蠕虫对整体网络的压力、影响力继续减少，蠕虫逐步走慢速扫描、可靠扩散的道路。

僵尸网络将进一步获得发展，从技术上来说，僵尸网络使用的通信协议将变得更加多样化，甚至出现自定义的通信协议，很多公用的服务器将被利用成为僵尸网络的控制指挥中心。为了更好地隐蔽自己，会出现更多较小规模的僵尸网络，但是一些僵尸网络在选择被控制计算机时会更加讲究策略，例如，选择资源更加丰富的节点，或者选择特定行业的计算机等。

通过网络盗取个人身份信息将继续成为热点，具体的手段不断翻新。例如，网络钓鱼（phishing）会演变出新的形势，网址嫁接（pharming）与网址劫持（hijack）事件将不断增多。间谍软件（包括广告件、色情件等）将继续发展，越来越多地走向半合法化的灰色地带，手机上的间谍软件将会出现。基于 Symbian 的手机病毒将进一步增多，但 Linux 和 Windows CE 平台是否会出现大量病毒还要观望。随着 VoIP 业务的逐渐普及，Voicespam 出现的可能性增大。出于竞争等经济目的，VoIP 网关被攻击的可能性也逐渐增大。

无线网应用日益广泛，由无线协议本身导致的安全事件将有所增加。

骨干网网络设备本身的漏洞依然存在，发生由于骨干网络设备故障引起的网络中断等安全事件还是存在可能。

总之，在中国互联网产业继续快速发展的同时，网络安全形势将注定趋于复杂和严重，需要不断研究总结新的威胁形式，以不断调整网络安全事件的综合防范与应对能力。

（国家计算机网络应急技术处理协调中心　杜跃进　宋蔚敏　周勇林　陈明奇　纪玉春
崔　翔　焦绪录　吴　冰）

第 26 章 互联网新技术研发综述

26.1 中国互联网技术最新进展综述

全球信息网络技术正处于更新换代的历史性时期。传统的互联网已经成功运行了 30 多年，一方面，它形成了完整的技术和产业化体系，积累了大量的资源，新的互联网技术必然是在此基础上的继承和发展；另一方面，它的地址、路由和应用的体系结构也已陈旧，越来越不适应其飞速发展所带来了可扩展性、开放和安全性、性能和服务质量方面的挑战。2005 年中国互联网技术的发展仍然以下一代互联网为主题，在下一代互联网的关键设备、运营和服务、研究和试验、国际合作等方面继续进步。

26.1.1 自主知识产权的网络关键设备

2005 年自主知识产权的网络关键设备取得了长足的进步。特别是在 IPv6 下一代互联网的路由交换设备方面，已经接近替代进口的水平。国产路由器和国外知名品牌的技术差距不再表现在性能方面，而主要表现在对互联网协议的全面支持上，如对 IPv6 组播的支持，跟进国际标准化进程的步伐略显落后。

中国生产下一代互联网路由器设备的主要厂商有华为、中兴、港湾、比威等。其中，华为数据通信研发人员超过 2 300 人，在北京、深圳、南京、印度班加罗尔及美国硅谷均设有研究机构，华为已通过国际 CMM5 认证，其软件投入是同类厂商中最大的。华为核心路由器 2005 年在市场中取得了长足进步。而清华大学和比威网络共同研发的 IPv6 核心路由器——BitEngine 12000 系列获得 2005 年度国家科技进步二等奖。比威 IPv6 网络关键设备具有良好的可移植性、将 TCP/IP、实时操作技术、设备管理技术和各种网络应用技术，通过先进的体系结构设计融为一体。在多处理器平台上运行时，支持分布式的转发，具有软件代码级和硬件芯片级自主知识产权。

在运营商的核心路由器入围选型测试中，国产路由器表现出卓越的性能，如图 26.1 所示是 CNGI 某运营商在 IPv6 大路由和 ACL 下测试各厂商的路由器的性能比较。测试设备包括华为 NetEngine 80、爱立信/Juniper M40e、Cisco 7609、中兴 ZXR10 T64E、比威 BitEngine 12008。

国产网络核心设备主要攻克了以下关键技术。

（1）硬件部分。

- 设计实现高速的网络接口 10GE/OC192，FPGA 硬件设计具有很大的技术难度。

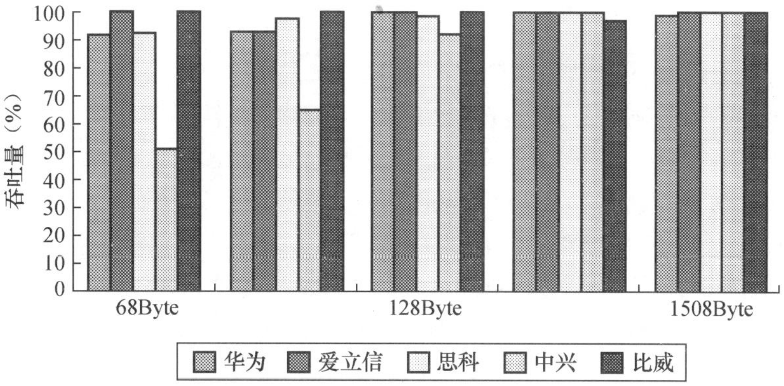

图 26.1　国产路由器和国外同类产品的测试对比

● 硬件支持策略路由、ACL、QoS 等需要对每个 IPv4 或 IPv6 数据包进行分析转发，达到线速转发需要有很高的 FPGA 设计技术。

（2）软件部分研发的主要技术难点。

● IPv6 协议栈和 IPv4 协议栈。

● 支持 IPv6 与 IPv4 的互操作功能，包括手工配置和自动配置隧道、GRE 隧道、6to4 隧道以及适应复杂网络拓扑结构下的 IPv4 over IPv6 隧道。

● IS-ISv6 协议属于大型的网络的路由协议，软件工程量远大于 OSPFv3。

● IP、TCP、OSPF 和 BGP 等关键协议，设计实现高容错能力。

● SNMPv3 网络管理协议并实现相应的 MIB，这个网管协议支持认证，目前还处于 Draft 阶段。

● MPLS 流量工程和 L2/L3 MPLS VPN。

● 先进的防攻击技术是当今核心路由器的前沿课题，也是运营商级核心路由器的必备特性之一。

26.1.2　下一代互联网的运营

2005 年中国互联网运营技术的进步主要表现在开辟了下一代互联网运营模式的新途径。其中，最为突出的事件是中国电信第二张 IP 承载网 CN2 项目正式启动。

CN2 项目是中国电信着力为下一代网络与业务打造的业务承载平台，其主要设计思路是充分利用现有的比较成熟的新技术搭建一个可扩展、高可用、具备一定 QoS 和安全性的融合的业务承载平台。在网络架构上分为 2 个网络功能层面和 4 个网络结构层面。2 个功能层分别是高速转发层和业务提供层，前者称为骨干网络，后者称为业务提供网络。4 个结构层分别指核心层、汇聚层、边缘层和业务接入层。

CN2 的基本建网特点是大容量和轻载运行，核心层采用 MPLS FRR，全网采用快速路由收敛，以硬件线速转发方式支持 IPv6，具备差分服务、组播、有保证的 MPLS VPN、协议平稳重启、BFD 功能以及简化的业务开放策略等。

在 CN2 网络的具体设计上有很多独到之处，例如，物理拓扑设计在保持网络层次化的同时，尽量简化网络结构，打破行政区限制，减少设备和节点数量，减少端到端的路由跳数，以保证网络的可管理性；在业务量较小的地市不设置节点，就近合并城域网，从而控制节点数量。

在路由设计上采用扁平化思路。IGP 采用简单高效成熟的 IS-IS 协议，所有路由器在同一 IS-IS Level 2 平面内，充分利用多等价路径负载分担技术，按照单子面设计路由。BGP 采用 BGP-4 协议和一级路由反射器（RR）结构，利用一些设计技巧，实现 iBGP 和 eBGP 在多等价路径情况下的负载分担，实现 IGP 和 BGP 的完美配合。

CN2 的核心技术是 IP/MPLS。在 IP 层面，可以实现小于 1s 的快速路由收敛、8 条等价路径负载分担、IGP/BGP 的协议平稳重启、基于 DiffServ 架构的 8 个等级的 QoS 业务、全网组播，具备平稳升级到 IPv6 的能力；在 MPLS 层面，核心节点之间 50 条链路部署了 FRR，可实现 50ms 的保护切换；CN2 可以提供全网 MPLS 二层/三层 VPN 业务。

CN2 还配套建设了网络管理系统，采用全网集中管理的思路，重点建设 VPN 业务、QoS 业务、网络安全和大客户业务相关的业务管理系统。

除了技术措施外，业务策略的设计也很关键，按照目前的技术水平，不能指望一个高质量的网络对所有业务和所有用户都开放，那将是十分复杂被动的局面。因而，CN2 网络将采用尽量简单的业务策略，初期主要开放 4 类重要业务，即承载有质量保证的企业互联和大客户接入、3G 中继、软交换中继以及重要的互联星空（Vnet）业务。中国电信现有的 ChinaNet 互联网将作为普通互联网业务的承载网络，两张网络将长期并存和互补，共同承载中国电信的 IP 业务。

简而言之，CN2 的建设将为中国电信下一代网络的发展奠定一个统一的有较高质量保证的业务承载平台，其自身也将构成下一代网络的一部分。有理由相信，这一网络的建设将在很大程度上促进中国下一代网络技术业务的全面展开和向融合网络的演进步伐。

26.1.3 下一代互联网技术试验和应用示范

1．CNGI 研究开发、产业化和应用示范项目

中国下一代互联网（CNGI）示范工程的研究开发、产业化和应用试验是 2005 年中国在大规模组织互联网新技术研发方面的重要举措。CNGI 研究开发、产业化和应用试验的总体要求是：围绕 CNGI“建设国家创新能力信息基础设施平台，提供基础性研究和技术开发试验环境，攻克下一代互联网及其重大应用的基础性技术和关键技术，进一步推动并实现产业化”的总体目标，瞄准 CNGI 网络建设和应用中面临的关键技术问题，深入研究并掌握下一代互联网络的关键核心技术，研发具有自主知识产权的关键设备和软件，促进国产设备在工程建设中的使用，建设支持国家创新能力的信息基础设施平台，开展网络技术和业务试验，开发应用推动中国信息化建设。

2005 年度 CNGI 研究开发、产业化和应用试验项目指南共分为四大类，共计 37 个分项，经过中国工程院组织评审，最终批准立项 69 项。

（1）设备和软件研究开发及产业化类，含 IPv6 终端设备、组网设备、IPv4/IPv6 互连互通设备、IPv6 无线城域网关键技术及设备、网络存储系统、网络安全设备与技术、网络监控管理、网络测量技术与工具、视频监控网络、传感器网络、家庭网络及 P2P 存取网络等 12 个方向 18 个分项。

（2）关键技术研究与试验类，包括 CNGI QoS 技术、CNGI 大规模路由和组播技术的研究与试验、通用业务平台、CNGI 开放研究与开发等 4 个分项。

（3）业务试验和应用示范类，包括具有行业特点的基于 IPv6 的传感器网络、家庭网络的应用示范、基于 IPv6 的 P2P 内容存取应用系统、CNGI 视讯会议系统、CNGI 视频多媒体点播系统、远程教学公用通信平台系统、支持移动/漫游的多媒体会晤业务系统、智能交通的监控管理系统、网络电视业务系统、基于 IPv6 的大规模高性能网格应用、基于 IPv6 的高性能视频传输和共享虚拟现实、CNGI 开放试验和应用示范等 12 个分项。

（4）标准和规范研究类，含 CNGI 网络总体研究、IPv6 网络地址规划研究、CNGI 主要应用示范系统的系列标准等 3 个分项。

CNGI 项目强调技术上的原创性和产业化、标准化的要求相结合，着力于快速提高我们在下一代互联网领域的国际竞争力，增加在相应的国际标准化组织中的话语权。获得批准立项的大部分项目体现了这一要求。如图 26.2 所示是“CNGI 大规模路由和组播的研究与试验”项目的体系结构，项目瞄准互联网最根本的单播和组播路由的可扩展性、安全和开放性、性能和服务质量问题，通过部署试验平台、开发测量工具、研制路由管理系统、开展应用示范，力图在下一代互联网的应用、运营模式、技术标准等方面取得突破，反映了项目体现技术原创性和产业化、标准化要求相结合的总体思路。

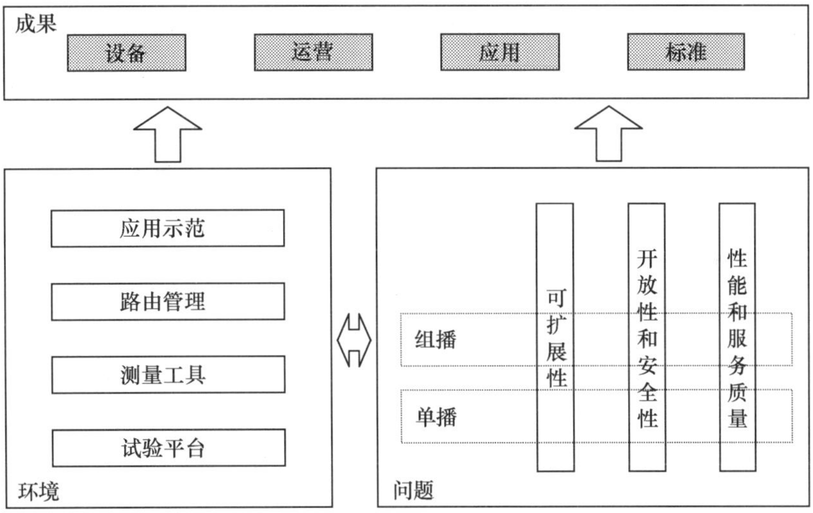

图 26.2　CNGI 大规模路由和组播研究与试验项目总体设计框图

2. 国家自然科学基金项目

2005 年度，国家自然科学基金计算机科学及网络与信息安全领域获得资助的项目中，共有近 30 项涉及互联网技术，占该领域全部面上项目总数的 10%。其中：（1）含主题词“互联网”的共有 4 项，其中有两项与复杂网络的时空关联和动态演化有关；（2）含主题词“路由”的有 11 项，其中 4 项涉及无线传感器网络，同时涉及“路由”主题的项目数量连续第 3 年超过 10 项；（3）含主题词“组播”的有 8 项；（4）含主题词“拥塞控制”的有 8 项；（5）含主题词“搜索引擎”的有 2 项，值得注意的是，这两个项目是近 5 年来有关非特定学科类搜索引擎基础理论方面的重要进步，一个面向用户动机推演模型，另一个则利用复杂网络理论研究语义 Web 的无尺度网络模型。总的来说，从自然科学基金资助的互联网技术研究课题可以得到以下基本结论：

- 复杂网络理论和研究方法越来越深入应用到对互联网行为的研究中；
- 路由始终是互联网理论研究和技术开发的重点；
- 已经过 10 年商业实践的搜索引擎技术，其基础理论模型方面的研究还大有可为。

3. 国家 863 计划

2005 年，国家 863 计划高性能宽带信息网（3Tnet）继续取得重要进展。3Tnet 项目有创新的思想和领先的技术，将广电、电信运营商、设备提供商、地方政府捆绑搭建一个新网络是一种创新的组织模式，为“三网合一”技术做出了一种新的尝试。

由解放军信息工程大学、华为技术有限公司等单位承担的 863 计划 3Tnet 重大课题“可扩展到 T 比特的高性能 IPv4/v6 路由器基础平台及实验系统”于 2005 年 11 月在上海通过验收。该课题研制的 T 比特 IPv4/IPv6 路由器系统单机架交换容量为 320Gbit/s，扩展容量可达 1.28Tbit/s，相关设备通过了信息产业部电信传输所的测试。另外，该课题还完成了具有自主知识产权的核心硬件芯片的开发，包括 320Gbit/s 交换网络套片、10Gbit/s IPv4/v6 包处理引擎芯片和流量管理芯片等。

2005 年度 3Tnet 总体技术二期、三期先后启动。同期还有高性能宽带信息网（3Tnet）规模试验（上海地区），3Tnet 上海地区网络研究、建设与试验，可扩展到 80X40 3Tnet 长途试验系统设计、建设、测试与试运行，3Tnet 网络电视内容运营平台的研制，3Tnet 可扩展到 80×40 DWDM 传输系统设备工程化与试验，基于 3Tnet 网络的大规模并发/互动流媒体业务性能评估等项目获得批准立项，标志着 3Tnet 的建设进入大规模试验的阶段。

2005 年 863 计划资助立项的互联网领域的重要项目还有由清华大学承担的新一代互联网技术综合实验环境研发、由中国科学院计算技术研究所承担的高速网络安全与信息动态监控技术和系统的研究与实现、北京航空航天大学承担的基于 Web 服务的计算网格体系结构及其应用研究等。

26.1.4 下一代互联网的国际合作

2005 年中国在下一代互联网领域继续积极开展国际合作。在前些年接入亚太地区的高速网络 APAN、美国下一代互联网 Internet2、欧洲 GEANT 以后，2005 年清华大学代表中国通过国际竞标承建“第二代跨欧亚信息网络”（TEIN2）的网络运行中心，是在国际合作方面的重大进步。TEIN2 项目是在欧盟第 6 框架计划下，欧洲为促进亚欧学术网络之间的高速互联而启动的，该项目通过建立欧洲 GEANT2 和亚洲学术网络之间的高速互联，为两大洲共同开展网络带宽需求高的科研项目提供信息基础设施，并促进相关领域技术的研究与发展。

2005 年 9 月 27 日～28 日，CERNET 网络中心在香港承办第 8 届 TEIN2 技术委员会会议，来自中国、韩国、日本等 10 个国家和地区以及欧盟项目协调方 DANTE（Delivery of Advanced Network Technology to Europe）代表共 36 人参加了会议。到本次会议为止，北京和香港分别取得 TEIN2 主干网核心节点位置（共设 3 个核心节点，分别在北京、香港地区，以及新加坡），北京通过 CERNET 与欧洲将有一条 622Mbit/s 的直接高速互联线路。同时，经过欧盟严格招标，清华大学网络中心中标成为 TEIN2 主干网管理与运行中心（TEIN2 NOC）。TEIN2 NOC 办公室设在香港。这是中国的科研管理机构首次被授权管理国际性互联网络，也是国际上对中国管理并运行大规模学术网络能力的肯定。中国在 TEIN2 项目中处于重要的主导地位，对推动中国学术网络与世界先进网络的互联和合作具有重要意义。

2005 年中国在参与互联网领域的国际标准化进程方面继续进步，主要体现在进一步深入参与 IETF 的工作。7 月 31 日～8 月 6 日，由邬贺铨副院长率领的中国下一代互联网项目（CNGI）专家委员会一行 8 人出席了在法国巴黎召开的国际互联网工程工作组（IETF）第 63 届会议。在会议间隙，代表团还参观了法国电信，并与法国 6WIND 公司、日立公司、Cisco 公司和 Nokia 公司的代表分别进行了交流。同期参加本次 IETF 会议的还包括数十位来自中国各大互联网运营商的一线技术工作人员。

在此次 IETF 大会上，中国教育和科研计算机网网络中心与 Cisco 公司针对 CERNET 的 CNGI IPv6 部署问题一起开了 BoF（Birds of a Feather，IETF 中特指对某一问题共同感兴趣的一群人召开的小会），取得了成功，并被 IETF 接受。这也是首次由中国内地代表在 IETF 大会上开 BoF 取得成功。CNGI 代表团成员、清华大学教授吴建平和李星为此做了许多工作。由 CNGI 资助的北航学生和日立（中国）一起在此次大会 MIP6 工作组上就 MIP6 启动问题做了报告，问题被 MIP6 工作组接受；此外，清华大学、中国联通、中国移动等单位的提案也被相关工作组接受。

自第 63 次 IETF 大会起，中国网络工程师和专家学者在新成立的 Softwires 工作组中发挥重要作用，主导该工作组的第一份关于问题描述的 Internet-draft 起草、修改和讨论过程，同时积极推动中国工程师研制开发的 IPv4 over IPv6 过渡系统框架的标准化进程。

26.2　国际互联网技术发展的重要动向

2005年国际上互联网技术发展也随着信息技术领域的经济回暖而继续恢复迅速上升的势头。企业和研究机构对涉及重大体系结构的技术革新投入更大的支持力度，突出表现在覆盖网络、光网络和移动网络方面。

26.2.1　网络创新的全球支撑平台——GENI

网络创新的全球环境（Global Environment for Network Innovation）是由美国计算科学界所提出的概念，其主要目的是增加在网络化和分布式环境中的研究成果的数量和质量，并加快这些成果转移为具体产品或服务的速率，从而增强国家经济的竞争力、保障国民安全。设计者期望，GENI 的实施将有望使人们今天所理解的互联网发生根本性的变化。

GENI的设施将是一种前所未有的试验平台，它被设计用于同时支持研究和部署，有效地弥合实验室的小规模试验和可用于商业实践的成熟技术之间的鸿沟。GENI的设计者预想，研究人员能够利用GENI在全球化的大规模系统上评估新的网络技术，能够在用户采用这些试验系统时就获知真实的工作情况，并且能够在用户认同增加的同时强化一个成功的系统。

从物理层面上看，GENI由一组物理网络设备组成，包括链路、转发设备、存储设备、处理器集群和无线子网。这些资源被统称为“GENI基”（GENI Substrate）。在“GENI基”之上，一个“软件管理框架”将所有的网络试验变成在“GENI基”上运行的“覆盖网络”（Overlay），每个试验被称为在“GENI基”的一个“切片”（Slice）上运行。

GENI 的这一思想包含 4 个关键部分。

（1）GENI 基的组成部分是可编程的。这使得人们能够向 GENI 中加入任何类型的网络试验，甚至包括和今天的互联网体系结构与协议机制截然不同的全新设计。

（2）GENI 基是可虚拟化的。这使得人们能够同时加入若干个“切片”、同时运行于相同的“GENI 基”基础设施上。这一点尤其重要，因为它能够保证试验项目的服务或体系结构连续不断地运行，而不是仅仅在某个预约的时间段上才能进行试验。

（3）GENI 包含允许最终用户随时无缝参加试验服务的一系列机制。这将能够吸引真正的用户，其可能非常苛求在真实世界条件下评估新的网络服务，同时，它也支持渐进的、增量式的接纳，这是实现广泛部署的关键。

（4）GENI 应该是模块化的，有一个良好定义的体系结构和一组接口。这意味着 GENI 能够在新的网络技术产生时得以进一步扩展。从这个意义上说，GENI 不是一个静态的产物，而是一个不断更新的动态基础设施。

事实上，GENI 的思想早在 PlanetLab 的实践中就开始逐渐成形了，PlanetLab 被看成是 GENI 的一个原型。

26.2.2 光互联网的新体系结构——UCLP

加拿大的 CANARIE 于 2002 年提出了“用户控制的光通路”（User Controlled Light-Paths，UCLP）的概念，设计了一种的光互联网体系结构，到 2005 年已经推出正式的软件版本。

可以把 UCLP 看作一个光路配置与资源分配器，它以“对象”或“服务”的方式开放物理网络中的每一条光路和与光路关联的每一个网元，网络用户可以通过控制这些“对象”或“服务”创建自己的逻辑 IP 网络。比如，用户可以通过 UCLP 创建专门的 IP 网络，用于他们的特殊应用，尤其是高端网格应用。例如一群高能物理学家可以创建他们自己的独立 IP 网络，这个 IP 网络的拓扑和体系结构可以面向特殊的应用需求进行优化。更重要的是，这些网络可以由用户动态地实时配置，而不需要运营商的参与。用户不但可以创建光 VPN，并且可以将这些 VPN 租赁给其他用户。

UCLP 的核心思想是“用户控制”，其关键假设是“不存在规范的网络体系结构”。从两个方面可以印证这个假设，第一，越来越多的用户正在拥有、控制和管理他们自己的网络资源；第二，大型科研机构和企业的高端应用需要专门的网络进行数据传输。UCLP 的基本概念是：运行于一个或多个跨域的底层网络之上的许多单独且独立管理的 APN（Articulated Private Networks）。这一概念与 GENI 类似，尤其在网络虚拟化方面。UCLP 将所有的网元、设备和链路表示为服务，用户可以通过 UCLP 定义他们自己的包交换或电路交换网络体系结构，包括拓扑、路由、虚拟路由器、虚拟交换机、虚拟设备和协议。可以认为 APN 是下一代 VPN，用户不仅可以建立一条单独的端对端连接，还可以任意创建复杂的网络结构，用户可以捆绑 1 层和 3 层网络链路、设备、计算机、时隙和虚拟或物理路由或交换节点。用户通过 Web Services Workflow 还可以将其 APN 作为 Web Services 全部或部分发布出来供其他用户使用。

目前 UCLP 系统的体系结构分为 3 层，分别是：基于 Web 的用户接口层、基于 SOA（Service-Oriented Architecture）的光路操作服务层和交换设备的统一管理接口层。UCLP 将网络“分层”的概念转变为网络“服务”。目前的网络体系结构是分层的网络模型，每一层只与其相邻层通信，并且对用户是透明的。UCLP 基于 SOA 的思想，将所有的网络链路发布成 Web Services。

26.2.3　无线移动技术的发展与应用——WiFi/WiMAX

2005 年，作为下一代无线宽带关键技术，WiFi/WiMAX 在技术发展、产业化进程和应用部署推广等各个方面得到了长足的发展。

首先，WiFi/WiMAX 标准化工作不断推进，促进了技术的完善与发展。针对安全、性能的一些不足，WiFi 正在制定一系列新的协议标准：如 802.11i 对 WiFi 进行安全扩展；802.11n 采用 MIMO 技术和 OFDM 技术，有望将 WLAN 的传输速率增加到 540Mbit/s，并已形成两大标准草案 GnSync 和 WwiSE；802.11e 增加带宽、流量管理机制，为无线多媒体提供 QoS 支持；802.11r 制定 AP 之间的通信机制，以使用户更方便、快速地进行漫游切换；802.11k 对无线频段、通道和载波进行动态管理，有效提高带宽利用率。WiMAX 标准化方面，新的 802.16e 标准的无线接口物理层和 MAC 层规范也基本制定完毕。此外，围绕网络的部署和管理，适合大规模组网的无线 Mesh 技术和基于 CAPWAP 进行集中式管理的无线交换技术在世界范围内得到了广泛的关注和验证。

其次，WiFi/WiMAX 的产业化进程加快了脚步。WiFi 组网技术进一步成熟和丰富，新型无线 Mesh 架构和无线交换架构推向市场；WiMAX 开始进行 802.16d 设备的互通测试，并加速推出 WiMAX 论坛认证计划，促进 WiMAX 产业发展的日益成熟。在用户终端方面，笔记本电脑普遍配置无线网卡，支持 WiFi 的单模/多模手机、PDA 不断涌现，无线摄像头等监控设备也走向市场，组成了多样化的无线端系统。

第三，基于 WiFi/WiMAX 的多种应用在许多地方得到了部署和推广。WiFi“热点”、“热区”乃至“热城”的广泛部署，不仅将无线宽带数据接入呈现在用户面前，还随之衍生了语音、视频等丰富的多媒体无线应用。在国内外许多场所，基于 WiFi 的 VoIP、视频点播和 IPTV 等多媒体应用已经推向用户；无线监控也在现代化小区、交通、运输、水利、航运、治安、消防等领域得到了广泛的应用。

此外，WiFi/WiMAX 在 2005 年还显现出宽带移动化、同 IPv6 相结合的发展趋势，在支持高速车载、开发 IPv6 设备等方面都有广泛的尝试。

26.2.4　EAI 国际化邮件地址

国际化邮件地址是在国际化域名之后又一实现互联网通信国际化/多语种化的重要技术，为全球非英文国家的互联网用户使用自己的母语作为电子邮件地址提供切实可行的技术解决方案。

国际化邮件地址（EAI）工作组是 IETF 专门研究国际化邮件地址技术的工作组。

随着国际化域名问题的解决，EAI 问题又引起各国关心国际化域名应用的相关人士的重视，EAI 可以算作国际化域名的一种应用。各国的工程师和专家纷纷就 EAI 问题商讨解决的办法。亚太的相关网络中心（NIC）也积极联合推进 EAI 工作，并联合向 IETF 提交关于 EAI 问题的草案。2005 年 7 月底，CNNIC 工程师向 IETF 申请设立 IMA@ietf.org 邮件列表，该列表将主要讨论 EAI 的技术问题，通过此列表将把所有关心 EAI 的人士组织起来共同讨论，为将来在 IETF 建立 BoF 或 WG 打下良好基础。2005 年 8 月，关心 EAI 工作的工程师、技术专家与 IETF 的重要专家详细讨论了关于 EAI 的当前情况及解决方案，设立 Maillist 等问题。2005 年 11 月，IETF 在第 64 届 IETF 会议上召开了国际化邮件地址工作组兴趣小组（BoF）会议。

2006 年 3 月关于 IETF 正式宣布 EAI 工作成立。

26.3　小结

2005 年中国互联网技术在关键设备、运营、研究试验、国际合作等方面取得了巨大的进步，但是和国际上新一轮围绕下一代互联网体系结构的革新浪潮相比，中国取得的进步并不迅速。从这个意义上说，互联网技术更新换代的历史机遇，同时也是更为严峻的挑战。中国的科技工作者必须意识到这一点，并且放宽眼光、立足中国、着眼全球，还需要加倍抓紧工作，取得更大的创新性成果。

（清华大学网络中心　李　星　陈茂科）

第四篇

统 计 篇

第 27 章　2005 年中国互联网络发展状况统计报告

27.1　中国互联网络发展的宏观概况

注：（1）本部分题号前标注*者为电话抽样调查结果，不带*者为网上联机调查结果。
（2）除特别说明外，本书涉及的中国均指中国内地。

27.1.1　中国网民人数

*（1）网民总人数为 11 100 万人，95%置信度下的置信区间为【10 810 万人，11 390 万人】。

*（2）按上网方式划分的网民统计，如表 27.1 所示。

表 27.1　不同上网方式的网民数

专线上网网民数	拨号上网网民数	宽带上网网民数
2 910 万人	5 100 万人	6 430 万人

注 1：通过多种方式上网的网民被重复计入各种上网方式中，故各种方式上网网民数之和大于上网网民总数。
注 2：专线上网网民指通过以太网方式接入局域网，然后再通过专线的方式接入互联网的网民。
注 3：拨号上网网民包括 ISDN 网民。
注 4：宽带上网网民指使用 xDSL、Cable Modem 等方式上网的网民。

（3）按地域划分的网民统计，如表 27.2 所示。

表 27.2　按地域划分的网民数

	网民数（万人）	占全国网民比例	占本省人口比例
广　东	1 486	13.4%	17.9%
山　东	988	8.9%	10.8%
江　苏	790	7.1%	10.6%
浙　江	707	6.4%	15.0%
四　川	609	5.5%	7.0%
河　北	486	4.4%	7.1%
上　海	463	4.2%	26.6%
湖　北	463	4.2%	7.7%
北　京	428	3.9%	28.7%

续表

	网民数（万人）	占全国网民比例	占本省人口比例
福　建	397	3.6%	11.3%
河　南	396	3.6%	4.1%
辽　宁	372	3.3%	8.8%
湖　南	348	3.1%	5.2%
广　西	330	3.0%	6.7%
黑龙江	316	2.8%	8.3%
陕　西	314	2.8%	8.5%
安　徽	276	2.5%	4.3%
山　西	269	2.4%	8.1%
云　南	241	2.2%	5.5%
天　津	229	2.1%	22.4%
吉　林	201	1.8%	7.4%
重　庆	189	1.7%	6.1%
江　西	187	1.7%	4.4%
新　疆	126	1.1%	6.4%
甘　肃	125	1.1%	4.8%
内蒙古	116	1.0%	4.9%
贵　州	109	1.0%	2.8%
海　南	69	0.6%	8.4%
宁　夏	32	0.3%	5.4%
青　海	29	0.2%	5.4%
西　藏	9	0.1%	3.3%

（4）除计算机外同时使用其他设备（移动终端、信息家电）上网的网民人数为 610 万人。

27.1.2　中国上网计算机数

*（1）上网计算机总数为 4 950 万台。

*（2）按上网方式划分，如表 27.3 所示。

表 27.3　　不同方式上网计算机数

专线上网计算机数	拨号上网计算机数	宽带上网计算机数
650 万台	2 060 万台	2 240 万台

27.1.3　域名数

（1）域名总数约为 2 592 410 个，包括中国国家顶级域名 CN 和通用顶级域名（gTLD，如 COM 域名）两部分，其中 CN 域名为 1 096 924 个。

（2）按类别划分，如表 27.4 和表 27.5 所示。

表 27.4　　按类别划分的域名总数

	数量（个）	占域名总数比例		数量（个）	占域名总数比例
CN	1 096 924	42.3%	ORG	76 456	2.9%
COM	1 202 497	46.4%	合计	2 592 410	100.0%
NET	216 533	8.4%			

表 27.5　　按类别划分的 CN 域名数

	数量（个）	占 CN 域名数比例		数量（个）	占 CN 域名数比例
.CN（二级域名）	588 748	53.7%	ORG.CN	15 752	1.4%
COM.CN	385 847	35.2%	EDU.CN	2 454	0.2%
NET.CN	41 602	3.8%	AC.CN	1 602	0.1%
行政区域名.CN	37 167	3.4%	合计	1 096 924	100.0%
GOV.CN	23 752	2.2%			

（3）按地域划分（不含 EDU.CN），如表 27.6 所示。

表 27.6　　按地域划分的域名

	域 名 总 数		CN 域名数	
	数量（个）	占域名总数比例	数量（个）	占 CN 域名数比例
广　东	434 832	16.8%	170 843	15.6%
北　京	356 463	13.8%	195 082	17.8%
福　建	246 258	9.5%	105 630	9.7%
上　海	234 957	9.1%	104 040	9.5%
浙　江	219 290	8.5%	75 379	6.9%
江　苏	198 482	7.7%	67 504	6.2%
山　东	124 406	4.8%	47 602	4.4%
四　川	91 138	3.5%	23 955	2.2%
辽　宁	76 636	3.0%	27 803	2.5%
河　南	55 662	2.2%	21 968	2.0%
湖　北	53 590	2.1%	20 891	1.9%
河　北	52 325	2.0%	23 136	2.1%
安　徽	42 308	1.6%	14 374	1.3%
湖　南	41 994	1.6%	14 097	1.3%
天　津	33 640	1.3%	15 190	1.4%
黑龙江	33 238	1.3%	11 488	1.1%
陕　西	32 330	1.2%	11 697	1.1%

续表

	域名总数		CN 域名数	
	数量（个）	占域名总数比例	数量（个）	占 CN 域名数比例
重　庆	26 949	1.0%	10 831	1.0%
广　西	24 359	0.9%	9 225	0.8%
江　西	23 881	0.9%	10 140	0.9%
吉　林	21 956	0.9%	9 955	0.9%
云　南	21 418	0.8%	9 243	0.8%
山　西	17 069	0.7%	7 700	0.7%
新　疆	13 028	0.5%	4 626	0.4%
内蒙古	11 258	0.4%	4 879	0.4%
海　南	10 163	0.4%	3 262	0.3%
贵　州	9 752	0.4%	4 666	0.4%
甘　肃	8 820	0.3%	3 293	0.3%
宁　夏	5 590	0.2%	2 768	0.3%
西　藏	4 332	0.2%	1 311	0.1%
青　海	3 003	0.1%	1 063	0.1%
海　外	60 829	2.3%	60 829	5.6%
合　计	2 589 956	100.0%	1 094 470	100.0%

注 1：地域分布是按域名注册单位所在地来划分的，海外是指通过海外域名注册服务机构注册的 CN 域名。
注 2：该表的分省数据中不含 EDU.CN 数据。
注 3：按域名总数降序排列。

27.1.4 网站数

（1）中国网站总数约为 694 200 个。

（2）按类别划分的网站统计，如表 27.7 和表 27.8 所示。

表 27.7　　按类别划分的网站总数

	数量（个）	占网站总数比例		数量（个）	占网站总数比例
.cn	299 530	43.2%	.org	18 230	2.6%
.com	315 917	45.5%	合计	694 200	100.0%
.net	60 523	8.7%			

表 27.8　　按类别划分的 CN 网站数

	数量（个）	占 CN 网站数比例		数量（个）	占 CN 网站数比例
.cn（二级域名）	143 792	48.0%	.org.cn	6 164	2.1%
.com.cn	119 256	39.8%	.行政区域名.cn	4 786	1.6%
.net.cn	13 121	4.4%	.ac.cn	416	0.1%
.gov.cn	11 995	4.0%	合计	299 530	100.0%

（3）按地域划分的网站统计，如表 27.9 所示。

表 27.9　　　　按地域划分的网站数

	数　量	百　分　比		数　量	百　分　比
北　京	128 963	18.6%	天　津	7 272	1.0%
广　东	115 111	16.6%	黑龙江	6 978	1.0%
浙　江	67 206	9.7%	陕　西	6 728	1.0%
上　海	59 837	8.6%	山　西	5 288	0.8%
江　苏	53 829	7.8%	云　南	5 102	0.7%
福　建	36 787	5.3%	吉　林	4 800	0.7%
山　东	28 548	4.1%	内蒙古	3 250	0.5%
辽　宁	22 665	3.3%	贵　州	3 052	0.4%
河　北	17 360	2.5%	新　疆	2 851	0.4%
湖　北	15 586	2.2%	海　南	2 726	0.4%
四　川	14 769	2.1%	甘　肃	2 579	0.4%
河　南	14 109	2.0%	西　藏	2 459	0.4%
安　徽	12 034	1.7%	宁　夏	1 550	0.2%
湖　南	9 401	1.4%	青　海	686	0.1%
广　西	8 355	1.2%	海　外	18 277	2.6%
重　庆	8 169	1.2%	合　计	694 200	100%
江　西	7 873	1.1%			

注：地域分布是按域名注册单位所在地来划分的，海外是指通过海外域名注册服务机构注册的 CN 域名下的网站。

27.1.5　中国网络国际出口带宽数

（1）国际出口带宽总量为 136 106Mbit/s，连接的国家有美国、俄罗斯、法国、英国、德国、日本、韩国、新加坡等。

（2）按运营商划分，各国际出口带宽数如下。

- 中国公用计算机互联网（CHINANET）70 622Mbit/s。
- 中国网络通信集团（宽带中国 CHINA169 网）38 941Mbit/s。
- 中国科技网（CSTNET）15 120Mbit/s。
- 中国教育和科研计算机网（CERNET）4 064Mbit/s。
- 中国移动互联网（CMNET）3 705Mbit/s。
- 中国联通互联网（UNINET）3 652Mbit/s。
- 中国国际经济贸易互联网（CIETNET）2Mbit/s。
- 中国长城互联网（CGWNET）（建设中）。
- 中国卫星集团互联网（CSNET）（建设中）。

27.1.6　中国 IP 地址数

（1）中国内地的 IPv4 地址总数为 74 391 296 个，合 4A+111B+31C。

中国台湾省 IPv4 地址总数为 16 280 064 个，合 248B+106C。

中国香港特别行政区的 IPv4 地址总数为 6 288 640 个，合 95B+245C。

中国澳门特别行政区的 IPv4 地址总数为 144 640 个，合 2B+53C。

（2）中国内地的 IPv4 地址按地域划分，如表 27.10 所示。

表 27.10　　按地域划分的 IPv4 地址

	百分比		百分比		百分比
广　东	10.4%	重　庆	2.8%	广　西	1.5%
北　京	10.1%	黑龙江	2.8%	海　南	1.5%
江　苏	8.1%	福　建	2.8%	贵　州	1.1%
浙　江	7.8%	湖　南	2.6%	新　疆	1.0%
上　海	6.5%	安　徽	2.5%	内蒙古	0.7%
山　东	5.8%	江　西	2.4%	甘　肃	0.7%
四　川	4.3%	天　津	2.3%	宁　夏	0.4%
河　南	4.2%	吉　林	2.2%	青　海	0.3%
辽　宁	4.0%	云　南	1.7%	西　藏	0.2%
湖　北	3.1%	陕　西	1.7%	合　计	100%
河　北	3.0%	山　西	1.5%		

（3）中国内地 IPv4 地址按分配单位划分，具体情况如表 27.11 所示。

表 27.11　　中国内地 IPv4 地址分配情况

单位名称	地址数	折合数
中国电信集团公司	27 908 096	1A+169B+216C
中国网络通信集团公司	15 540 224	237B+32C
中国教育和科研计算机网	10 805 248	164B+224C
国家信息中心	4 194 304	64B
中国铁通集团有限公司	2 818 048	43B
中国联合通信有限公司	1 875 968	28B+160C
中国移动通信集团公司	1 736 704	26B+128C
北京教育信息网服务中心有限公司	917 504	14B
上海东方有线网络有限公司	483 328	7B+96C
北京电信通电信工程有限公司	472 064	7B+52C
华数电视通信控股有限公司	393 216	6B
百灵信息科技有限公司	327 680	5B
江西广电信息网络有限公司	327 680	5B
北京歌华有线电视网络股份有限公司	278 528	4B+64C
北京中电飞华通信股份有限公司	278 528	4B+64C

续表

单 位 名 称	地 址 数	折 合 数
济南广电嘉和数字电视有限责任公司	270 336	4B+32C
中国科技网	221 184	3B+96C
中国长城互联网	204 800	3B+32C
长城宽带网络服务有限公司	196 608	3B
广东金万邦科技投资有限公司	184 320	2B+208C
柳州非凡电子有限公司	172 032	2B+160C
深圳市天威视讯股份有限公司	163 840	2B+128C
中电华通通信有限公司	159 744	2B+112C
263 网络通信股份有限公司	154 624	2B+92C
北京世纪互联数据中心有限公司	149 504	2B+72C
宁波网通信息港有限公司	147 456	2B+64C
北京北大方正宽带网络科技有限公司	139 264	2B+32C
中国有线电视网络有限公司	139 264	2B+32C
大庆中基石油通信建设有限公司	110 592	1B+176C
广州恒汇网络通信有限公司	102 400	1B+144C
中企网络通信技术有限公司	98 304	1B+128C
天津广播电视网络有限公司	77 824	1B+48C
北京通科信息技术开发公司	73 728	1B+32C
北京博升拓网络技术有限责任公司	73 728	1B+32C
北京畅捷无限通讯技术有限公司	73 728	1B+32C
北京畅捷科技有限公司	65 536	1B
中广亚广播信息网络有限公司	65 536	1B
润迅通信集团有限公司	65 536	1B
金汉王通信有限公司	65 536	1B
重庆网通信息港宽带网络有限公司	65 536	1B
中国国际电子商务中心	65 536	1B
四川省广播电视网络有限责任公司	65 536	1B
中信网络有限公司	65 536	1B
北京中关村信息工程股份有限公司	65 536	1B
北京国研网络数据科技有限公司	57 344	224C
北京首信网创网络信息服务有限责任公司	49 152	192C
天津无限时代科技发展有限公司	49 152	192C
上海环球信息网络有限公司	40 960	160C

续表

单位名称	地址数	折合数
神州在线通信有限公司	40 960	160C
北京光环新网数字技术有限公司	36 864	144C
上海科技网络通信有限公司	34 816	136C
重庆广播电视网络传输有限责任公司	32 768	128C
广东有线广播电视网络股份有限公司	32 768	128C
北京国都天信应用技术有限责任公司	32 768	128C
广东盈通网络投资有限公司	32 768	128C
陕西省广播电视网络股份有限公司	28 672	112C
广东恒敦通信技术开发有限公司	26 624	104C
北京安莱信息通信技术有限公司	24 576	96C
深圳市南凌科技发展有限公司	24 576	96C
上海闵行广电科技发展有限公司	24 576	96C
网宿科技发展有限公司	20 480	80C
航天通信中心	16 384	64C
广东金科信息网络中心	16 384	64C
中国电信集团北方电信有限公司太原市分公司	16 384	64C
深圳市信息网络中心	16 384	64C
辽河石油勘探局通信公司	16 384	64C
北京瑞通通信工程有限公司	16 384	64C
东莞市博路电信科技有限公司	16 384	64C
北京互联通网络科技有限公司	16 384	64C
广西柳州市视通网络信息有限责任公司	16 384	64C
创联万网国际信息技术（北京）有限公司	16 384	64C
上海市互联网络交换中心	16 384	64C
北京电信发展总公司	16 384	64C
华北石油通信公司信息中心	16 384	64C
山西广电网络集团有限公司	16 384	64C
东风通信技术有限公司	16 384	64C
中广有线信息网络有限公司温州分公司	16 384	64C
南京唐桥科技有限公司	16 384	64C
广州市广播电视网络有限公司	16 384	64C
上海世纪互联信息系统有限公司	16 384	64C
天津瑞鼎数字科技有限公司	16 384	64C

续表

单 位 名 称	地 址 数	折 合 数
佛山市视通宽带网络有限公司	16 384	64C
广州光通通信发展有限公司	12 288	48C
北京天地互连信息技术有限公司	9 216	36C
其他单位	1 575 680	24B+11C
合计	74 391 296	4A+111B+31C

资料来源：APNIC、中国互联网络信息中心（CNNIC）

注 1：APNIC 是亚太互联网络信息中心的简称，负责亚太地区 IP 地址的分配与管理，在亚太地区许多国家拥有成员单位，网址是 http://www.apnic.net/；中国互联网络信息中心作为经 APNIC 认定并由信息产业部认可的中国国家互联网注册机构（NIR），召集国内有一定规模和影响力的 ISP，组成 IP 地址分配联盟，目前中国互联网络信息中心分配联盟共有 163 家成员，IP 地址持有量为 15 959 040 个，合 243B＋132C。表 27.11 中大部分都是中国互联网络信息中心分配联盟成员单位。

注 2：IPv4 地址分配表只列出拥有 IPv4 地址数大于 32C 的单位。

（4）中国内地 IPv6 地址总数为 19*/32+/48。

中国台湾省 IPv6 地址总数为 114*/32+/48。

中国香港特别行政区 IPv6 地址总数为 4*/32+/64。

中国澳门特别行政区 IPv6 地址总数为 2*/32。

（5）中国内地 IPv6 地址按分配单位划分，具体情况如表 27.12 所示。

表 27.12　　中国内地 IPv6 地址分配情况

单 位 名 称	IPv6 地址数	单 位 名 称	IPv6 地址数
中国教育和科研计算机网	7*/32+/48	中国移动通信集团公司	/32
北京英纳特网络研究所	2*/32	中国电信集团公司	/32
中国互联网络信息中心	/32	中国联合通信有限公司	/32
铁道通信信息有限责任公司	/32	中国网络通信集团公司	/32
中国国际电子商务中心	/32	重庆网通信息港宽带网络有限公司	/32
中国科技网	/32	北京电信通电信工程有限公司	/32

资料来源：APNIC、中国互联网络信息中心（CNNIC）

注：IPv6 地址分配表中的/32 是 IPv6 的地址表示方法，对应的地址数量是 $2^{(128-32)}=2^{96}$ 个，同样，/48 对应的地址数量是 $2^{(128-48)}=2^{80}$ 个。

27.2　网民行为意识调查结果

*注：以下结果中题号前加注*者为电话抽样调查结果，没有*者为网上联机调查结果。*

27.2.1　网民个人信息

*（1）网民的性别分布：男性占 58.7%，女性占 41.3%，如图 27.1 所示。

*（2）网民的年龄分布，如表 27.13 和图 27.2 所示。

*（3）网民的婚姻状况：未婚占 57.9%，已婚占 42.1%，如图 27.3 所示。

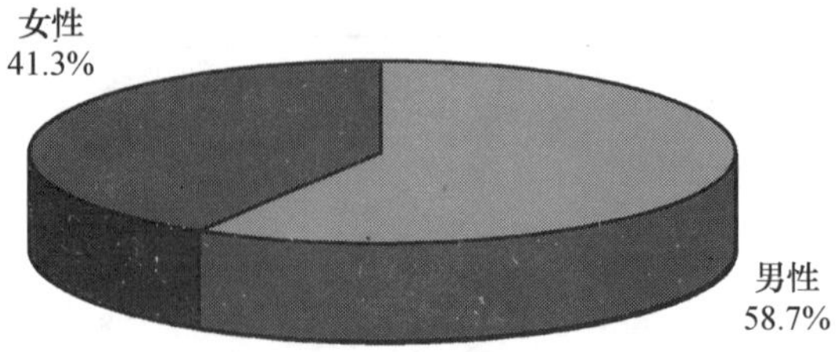

（数据来源：中国互联网络信息中心（CNNIC））

图 27.1　网民的性别分布

表 27.13　网民的年龄分布

18 岁以下	18～24 岁	25～30 岁	31～35 岁	36～40 岁	41～50 岁	51～60 岁	60 岁以上
16.6%	35.1%	19.3%	11.6%	7.1%	6.8%	2.7%	0.8%

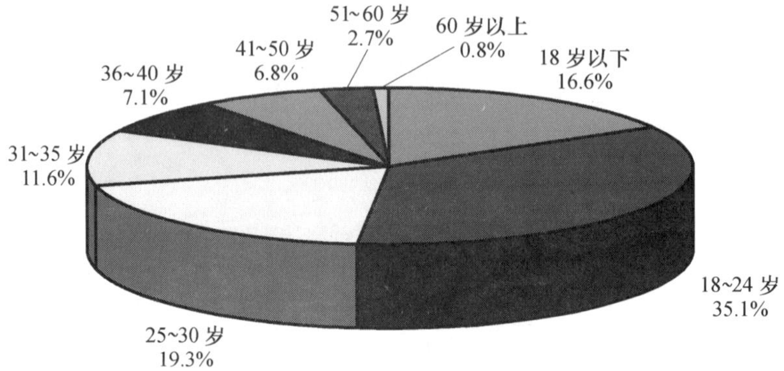

（数据来源：中国互联网络信息中心（CNNIC））

图 27.2　网民的年龄分布

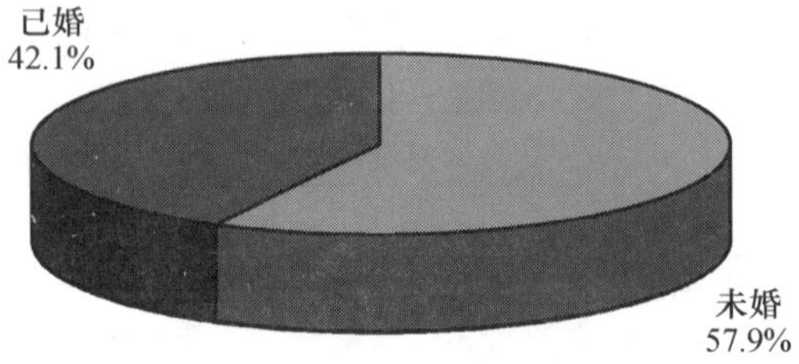

（数据来源：中国互联网络信息中心（CNNIC））

图 27.3　网民的婚姻状况

*（4）网民的文化程度分布，如表 27.14 和图 27.4 所示。

表 27.14　网民的文化程度分布

高中（中专）以下	高中（中专）	大　专	本　科	硕　士	博　士
16.2%	30.2%	24.4%	26.3%	2.4%	0.5%

*（5）网民的职业分布，如表 27.15 所示。

*（6）家庭网民的个人月收入分布，如表 27.16 所示。

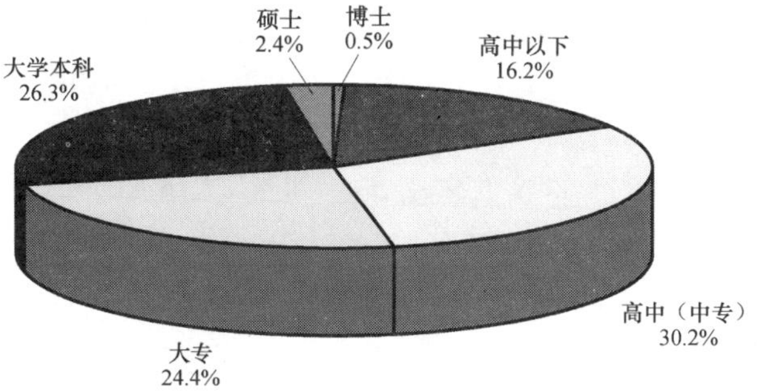

（数据来源：中国互联网络信息中心（CNNIC））

图 27.4　网民的文化程度分布

表 27.15　网民的职业分布

学　　生	企业单位工作人员	学校教师及行政人员	国家机关、党群组织工作人员
35.1%	29.7%	7.3%	6.6%
事业单位工作人员	自由职业	农民	无业
6.5%	4.1%	1.4%	6.9%
退休	其他（包括军人）		
1.8%	0.6%		

表 27.16　家庭网民的个人月收入分布

500 元以下	501～1 000 元	1 001～1 500 元	1 501～2 000 元	2 001～2 500 元	2 501～3 000 元
21.8%	15.7%	13.4%	11.8%	6.9%	5.9%
3 001～4 000 元	4 001～5 000 元	5 001～6 000 元	6 001～10 000 元	10 000 元以上	无收入
5.4%	4.5%	1.8%	2.3%	2.3%	8.2%

注：家庭网民是指不包含在校大学生。

27.2.2　网民对互联网的使用情况及满意度

*（1）网民上网的主要地点（多选题），如表 27.17 和图 27.5 所示。

表 27.17　网民主要上网地点

家　　里	工作场所	网　　吧	学　　校	公共场所	其　　他
70.5%	37.6%	27.0%	19.0%	0.8%	0.1%

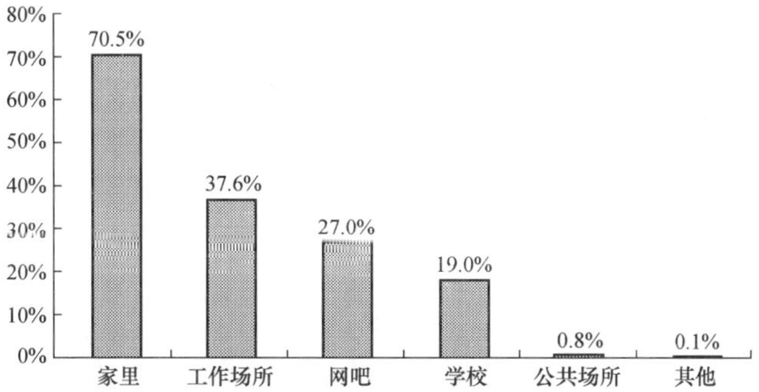

（数据来源：中国互联网络信息中心（CNNIC））

图 27.5　网民主要上网地点

*（2）除免费上网用户外的网民每月实际花费的上网平均费用：103.6 元。

注：此费用指的是上网费和用于上网的电话费，不包括其他的日常电话费用。

*（3）网民平均每周上网时间：15.9 小时。

*（4）网民通常在什么时间上网（多选题），如表 27.18 所示。

表 27.18　网民通常上网的时间段分布

0 点	1 点	2 点	3 点
20.6%	7.8%	6.4%	4.1%
4 点	5 点	6 点	7 点
3.0%	2.7%	3.1%	4.4%
8 点	9 点	10 点	11 点
16.0%	26.7%	31.2%	29.3%
12 点	13 点	14 点	15 点
33.3%	34.9%	38.4%	38.9%
16 点	17 点	18 点	19 点
37.1%	33.2%	31.1%	44.7%
20 点	21 点	22 点	23 点
61.1%	60.2%	50.0%	31.4%

（5）网民经常使用的网络服务/功能（多选题）：

浏览新闻　67.9%
搜索引擎　65.7%
收发邮件　64.7%
即时通讯　41.9%
论坛/BBS/讨论组等　41.6%
获取信息（产品服务查询、工作信息查询、医疗健康服务查询、政府信息查询等）　39.8%
在线音乐收听及下载（在线广播）　38.3%
在线影视收看及下载（在线电视）　37.1%
文件上传下载（不包含音乐、影视下载）　33.8%
网上游戏　33.2%
网上校友录　28.6%
网上购物　24.5%
网络聊天室　23.1%
网上招聘　18.9%
电子杂志　16.7%
个人主页空间　14.2%
博客（Blog、网络日志）　14.2%
网上金融（包括银行、网上炒股）　14.1%
网上教育　14.1%

网上销售（含网上推广、网上拍卖）　9.9%
短信息/彩信服务　9.5%
网络电话（包括网上 IP 电话、PC to Phone）　6.5%
电子政务（网上投诉、网上审批、网上监督等）　5.1%
网上预订（酒店、票务、挂号等）　4.6%
征婚、交友、社区俱乐部　3.8%
其他　4.0%

（6）网民认为当前互联网在如下几方面的帮助程度，如表 27.19 所示。

表 27.19　网民认为当前互联网的帮助程度

	有较大帮助	有一定帮助	一　般	有一定害处	有较大害处
学习	49.9%	35.9%	12.2%	1.5%	0.5%
工作	54.4%	32.0%	12.8%	0.6%	0.2%
生活	41.8%	38.0%	18.3%	1.7%	0.3%
娱乐	54.5%	27.7%	15.6%	1.7%	0.5%

（7）网民对当前互联网在如下几方面的满意程度及总体满意度，如表 27.20 所示。

表 27.20　网民对互联网的满意度

	非常满意	比较满意	一　般	不太满意	很不满意
网络速度	6.8%	33.9%	39.8%	15.0%	4.5%
费用及收费规则	4.7%	18.7%	43.7%	25.2%	7.7%
安全性	4.3%	20.2%	44.6%	23.0%	7.9%
内容的真实性	5.2%	25.4%	47.4%	18.2%	3.8%
内容的健康性	4.8%	22.7%	47.7%	19.2%	5.6%
对个人隐私的保护	5.5%	22.7%	45.4%	19.3%	7.2%
操作简便	14.1%	46.6%	34.0%	4.3%	1.0%
总体满意度	5.0%	40.7%	47.3%	6.4%	0.6%

（8）网民对互联网最反感的方面是：

弹出式广告/窗口　22.1%
网络病毒　19.9%
网上收费陷阱　12.8%
网络入侵/攻击（包括木马）　11.7%
网上虚假信息　9.3%
垃圾邮件　8.7%
诱骗/欺诈/网络钓鱼　6.1%
网上不良信息　5.1%
隐私泄漏　3.7%
其他　0.6%

27.2.3 网民对互联网热点问题的回答

第（1）～（2）题为经常使用即时通讯工具的网民的情况：

（1）除了使用文字聊天功能外，您还经常使用即时通信软件的哪些功能（多选题）：

二人视频	68.6%
二人语音	61.6%
文件传输	47.9%
在线游戏	40.0%
网络硬盘	39.8%
在线音乐	38.9%
在线电视	33.6%
搜索引擎功能	31.1%
发短信/彩信	25.4%
多人语音	24.3%
视频点播	18.7%
Blog/心情日记	14.8%
多人视频	14.8%
IP 电话	12.9%
其他	0.5%

（2）半年中最常使用的即时通信工具是否更换过：

更换过	12.2%
没更换过	87.8%

第（3）～（8）题为有网上购物经历的网民的情况：

（3）最近半年内网民通过互联网购买过的商品（多选题）：

图书、报纸、杂志及其他纸质出版物	47.2%
音像制品（包括 CD、DVD 等）	34.4%
电脑、电脑配件（如内存、硬盘）及电脑周边设备（如打印机、扫描仪等）	29.7%
服装	21.9%
手机	18.2%
生活、家居用品及服务	17.8%
MP3 播放机	17.6%
网络游戏用品（含游戏卡、虚拟道具等）	17.4%
化妆用品	15.6%
电脑软件	15.3%
数码相机	11.2%
IP 电话卡、手机充值卡及其他点卡	10.6%
付费订阅与付费会员服务	10.1%
其他数码电子产品	9.4%

体育用品	8.4%
旅行票务与旅店预定服务	7.4%
教育学习服务（付费注册网上学校、培训班等）	7.0%
鲜花、蛋糕及其他礼品服务	5.7%
办公用品	5.4%
家电产品	5.1%
医药、医疗保健用品及服务	4.0%
食品	2.4%
理财、保险类产品及服务	2.2%
其他	3.4%

（4）最近半年内平均购物次数：8.4 次。

（5）最近半年内进行网络购物的累计金额：

0～100 元	8.4%
101～200 元	11.3%
201～500 元	23.7%
501～1000 元	19.5%
1001～2000 元	14.7%
2001～3000 元	9.1%
3001～5000 元	6.7%
5000 元以上	6.6%

（6）最近半年内是否在互联网上进行过需要实物配送的异地购物：

有	67.1%
没有	32.9%

（7）采取哪种付款方式（多选题）：

网上支付	61.5%
货到付款（现金结算）	36.1%
银行汇款	25.8%
邮局汇款	18.2%
手机支付	3.5%
其他	0.9%

（8）一般通过什么方式得到购买的商品或服务（多选题）：

普通邮寄	47.8%
EMS	39.3%
其他快递	37.7%
送货上门	34.1%
网络下载、电子邮件传送	13.5%
航空、铁路发运	4.4%
其他	1.2%

（中国互联网络信息中心）

第 28 章　2005 年中国互联网络信息资源数量调查报告（节选）

28.1　网站性质及服务内容

28.1.1　网站按性质分类

将网站按照主体性质的不同分为政府网站、企业网站、商业网站、教育科研网站、个人网站、其他公益性网站以及其他网站等。

本次调查结果显示，企业网站所占的比例最大，占网站总体的 60.4%；其次为个人网站，占 21.9%；第三是教育科研类网站，占 5.1%；随后依次为政府网站占 4.4%，其他公益性网站占 3.8%，商业网站占 3.5%，其他网站占 0.9%。分布图如图 28.1 所示。

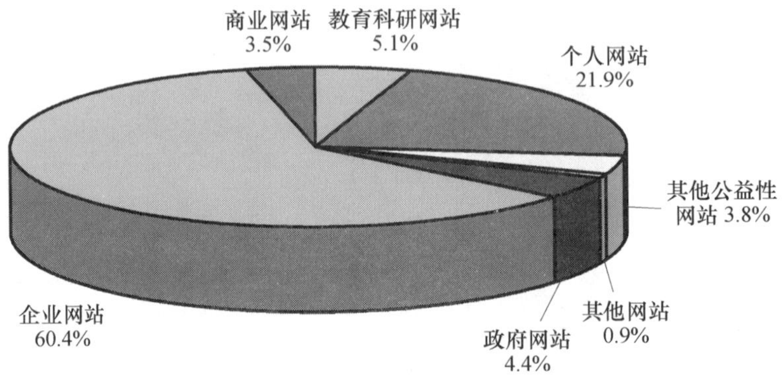

图 28.1　不同性质类型网站分布图

28.1.2　网站的基本情况

1. 网站每天的页面访问数

各类网站每天的页面访问量（Pageview）如表 28.1 所示。总体上看，近 40%的网站每天的页面访问量在 50 个以下，每天页面访问量在 200 个以下的比例为 62.1%，在 1 000 个以下的比例为 82.3%。分网站类型看，每天页面访问量在 50 个以下的网站中企业网站所占比例最高，超过了一半为 51.5%；每天页面访问量在 200 个以下的网站中也是企业网站所占比例最高，为 75.0%，比例最低的为其他公益性网站，为 30.3%。每天页面访问量在 1 000 个以上的比例最高的为商业网站，达到了 39.5%，访问量在 5 000 个以上的网站中商业网站所占的比例也达到了 27.3%。

表 28.1　　**各类网站每天页面访问情况**

Pageview \ %	政府网站	企业网站	商业网站	教育科研网站	个人网站	其他公益性网站	总体
50 个以下	17.6	51.5	27.3	36.2	35.5	7.0	39.6
51～200 个	29.4	23.5	15.6	29.8	20.0	23.3	22.5
201～1000 个	31.4	16.4	22.3	17.0	21.6	30.2	20.2
1001～5000 个	11.8	5.1	6.8	4.3	12.3	18.6	8.8
5000 个以上	9.8	3.5	27.3	12.8	10.6	20.9	8.8

2. 网站的链接数[1]

各类网站的网站链接情况如图 28.2 所示。

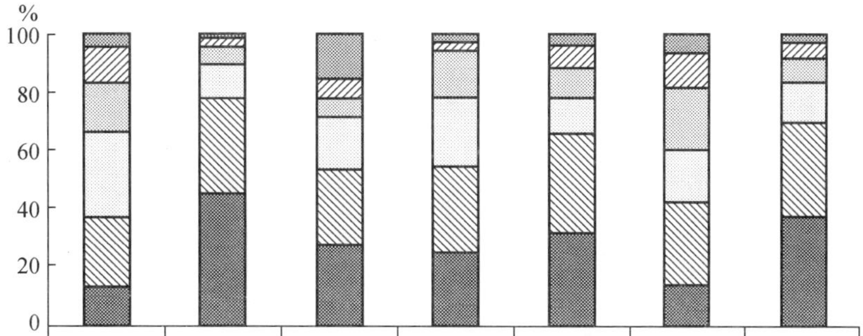

	政府网站	企业网站	商业网站	教育科研机构网站	个人网站	其他公益性网站	总体（加权）
50 家以上	4.3	1.4	15.1	2.9	4.1	6.4	2.9
21~50 家	12	3	6.8	2.9	7.4	11.5	5.0
11~20 家	17.4	6	6.8	16.2	10.5	21.8	8.8
6~10 家	29.3	11.8	17.8	23.8	12.2	17.9	13.6
1~5 家	23.9	32.7	26	29.5	34.1	28.2	32.1
没有链接	13	45.2	27.4	24.8	31.8	14.1	37.6

注：网站总体情况为各类网站加权平均所得，“权数”为各类网站占总网站的比例

图 28.2　各类网站的网站链接情况

3. 网站信息的主要来源

各类网站的信息的主要来源情况如图 28.3 所示。

4. 网站的网页上提供联系方式的情况

各类网站的网页上提供联系方式的情况如图 28.4 所示。

5. 网站的服务器拥有情况

各类网站的服务器总体拥有情况如图 28.5 所示。

[1] 链接数是指该网站在自己网站上提供与其他网站的链接数量。

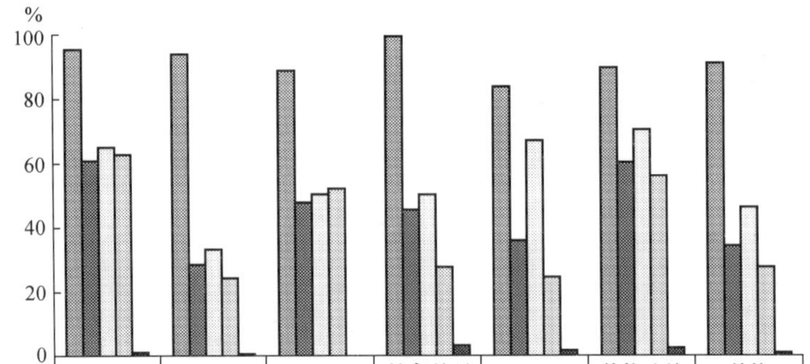

	政府网站	企业网站	商业网站	教育科研机构网站	个人网站	其他公益性网站	总体（加权）
自己采集	95.7	94.1	89.0	100.0	84.0	89.7	91.4
传统媒体	60.9	28.5	47.9	45.7	35.5	60.3	34.2
其他网站	65.2	33.1	50.7	50.5	67.4	70.5	46.4
商业企业提供	63.0	24.0	52.1	27.6	24.5	56.4	27.9
其他	1.1	0.6	–	2.9	1.5	2.6	1.0

图 28.3　各类网站的信息主要来源情况

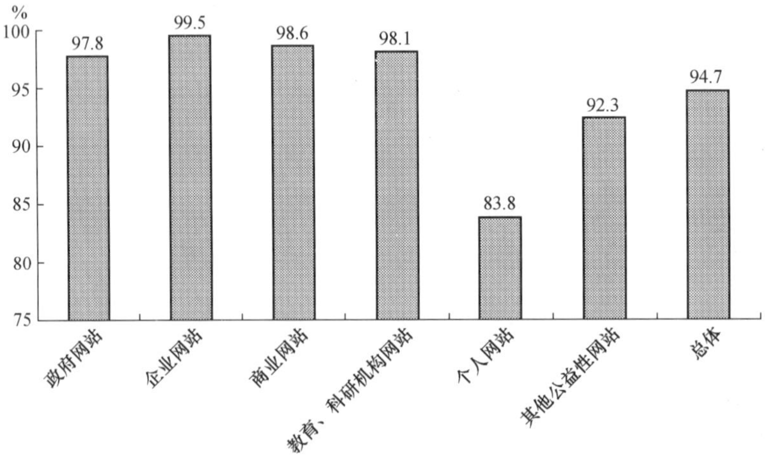

图 28.4　各类网站的网页上提供联系方式的情况

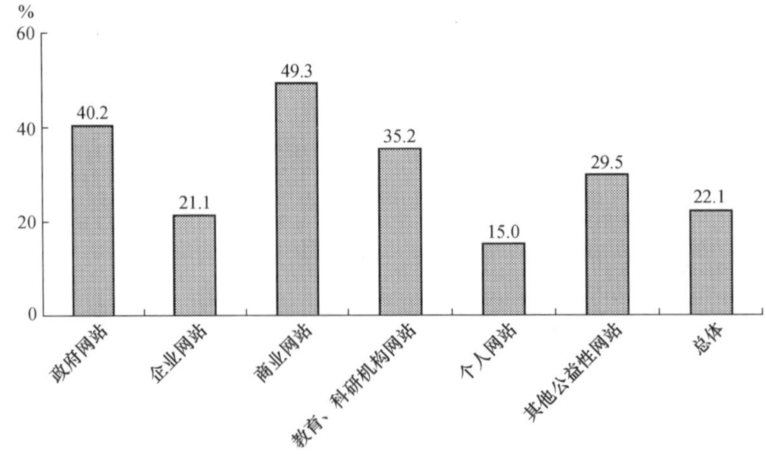

图 28.5　各类网站服务器总体拥有情况

拥有不同服务器数量的网站情况如图 28.6 所示。

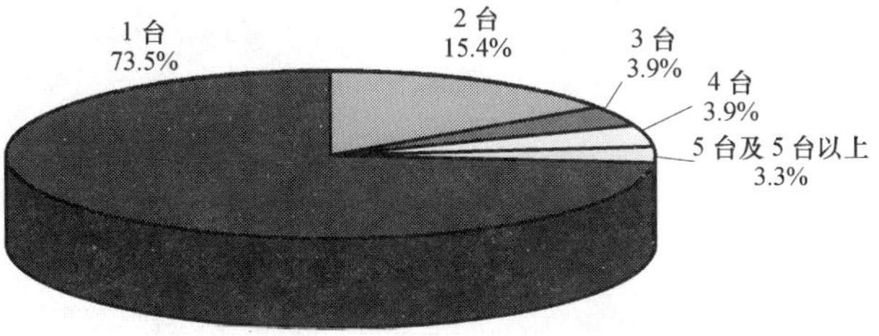

图 28.6　拥有不同服务器数量的网站情况

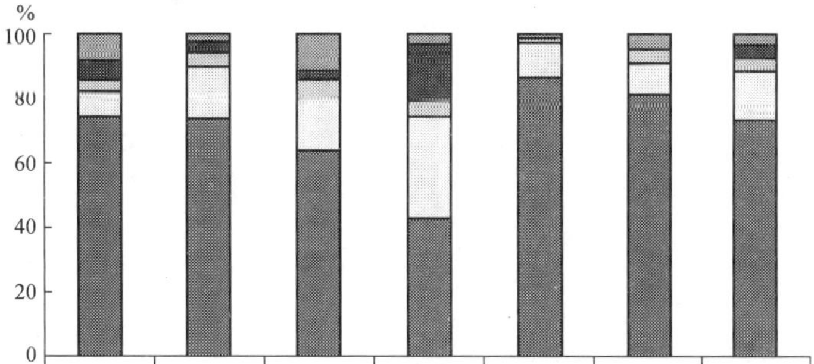

	政府网站	企业网站	商业网站	教育科研机构网站	个人网站	其他公益性网站	总体（加权）
5台及5台以上	8.6	2.1	11.1	2.9	1.2	4.5	3.3
4台	5.7	3.7	2.8	17.1	–	–	3.9
3台	2.9	4.5	5.6	5.7	1.2	4.5	3.9
2台	8.6	16.0	16.7	31.4	10.7	9.1	15.4
1台	74.3	73.7	63.9	42.9	86.9	81.8	73.5

图 28.7　各类网站拥有不同服务器数量情况

6. 网站拥有的服务器所采用的操作系统情况

各类网站拥有的服务器所采用的操作系统情况如图 28.8 所示。

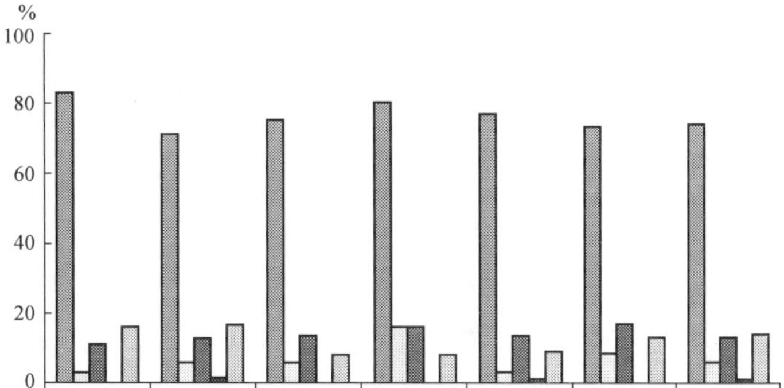

	政府网站	企业网站	商业网站	教育科研机构网站	个人网站	其他公益性网站	总体（加权）
Windows	83.8	71.6	75.7	81.1	77.5	73.9	74.8
UNIX	2.7	6.1	5.4	16.2	3.4	8.7	6.1
Linux	10.8	12.9	13.5	16.2	13.5	17.4	13.3
其他	0	1.5	0	0	1.1	–	1
不清楚	16.2	17	8.1	8.1	9	13	13.9

图 28.8　各类网站拥有的服务器所采用的操作系统情况

7. 服务器是否有防火墙等保护措施

各类网站服务器有防火墙等保护措施的比例情况如图 28.9 所示。

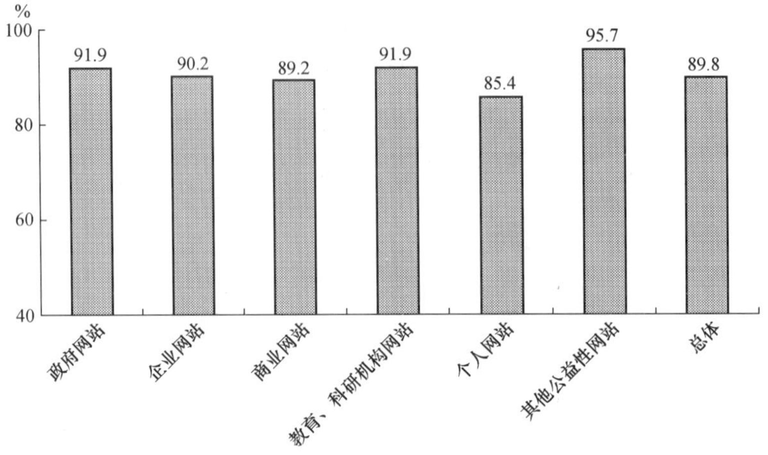

图 28.9　各类网站服务器有防火墙等保护措施的比例

8. 负责网站运营的全职员工人数

负责网站运营的全职员工人数情况如图 28.10 所示。

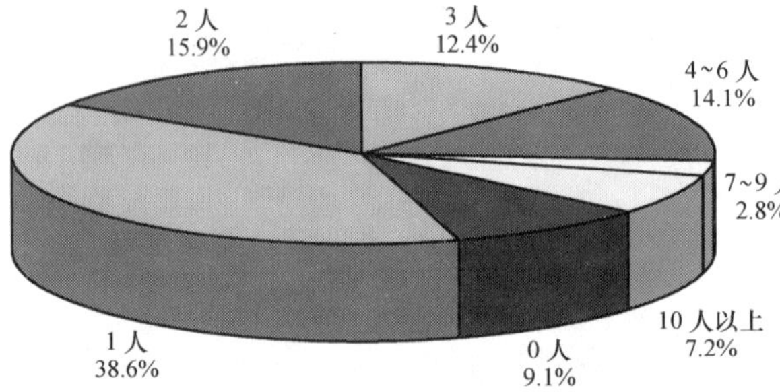

图 28.10　负责网站运营的全职员工人数情况

负责各类网站运营的平均全职员工人数情况如图 28.11 所示。

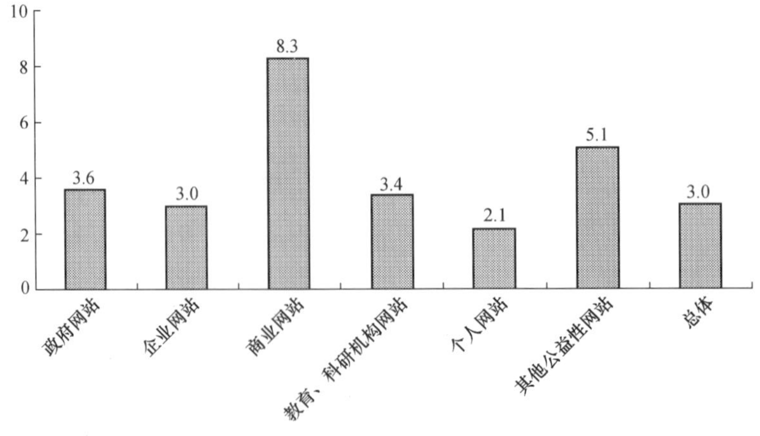

图 28.11　负责各类网站运营的平均全职员工人数

各类网站负责运营的全职员工人数拥有情况如图 28.12 所示。

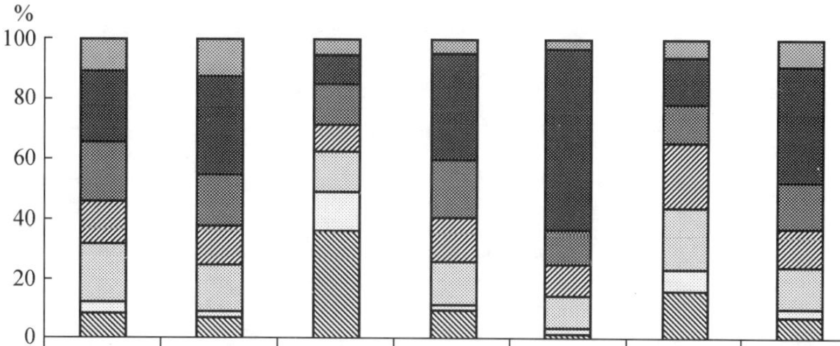

	政府网站	企业网站	商业网站	教育、科研机构网站	个人网站	其他公益性网站	总体
0 人	10.9	12.6	5.5	4.8	3.0	6.4	9.1
1 人	23.9	32.4	9.6	35.2	60.5	15.4	38.6
2 人	19.6	17.6	13.7	20.0	12.2	12.8	15.9
3 人	14.1	13.1	8.2	14.3	9.8	21.8	12.4
4~6 人	19.6	15.1	13.7	14.3	10.6	20.5	14.1
7~9 人	3.3	2.2	13.7	1.9	1.9	7.7	2.8
10 人及以上	8.7	7.0	35.6	9.5	2.0	15.4	7.2

图 28.12　各类网站负责运营的全职员工人数拥有情况

9．网站的成立时间

各网站成立时间的情况如图 28.13 所示。

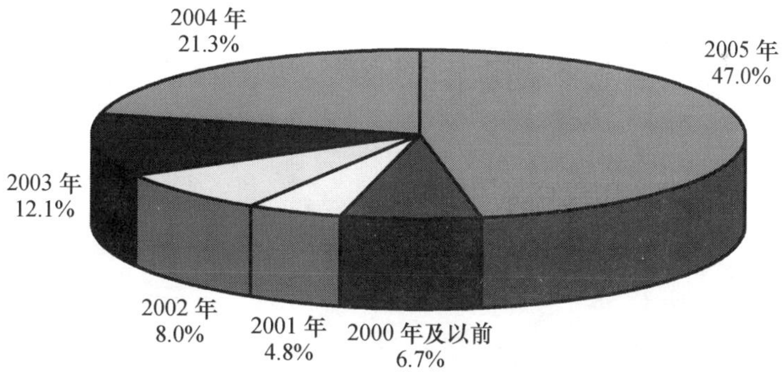

图 28.13　网站的成立时间

28.1.3　各类型网站信息服务内容及信息更新状况

1．政府网站

（1）政府网站信息内容提供情况

政府网站所提供的主要信息服务包括政府新闻、政府职能/业务介绍、统计数据/资料查询、法律法规/政策文件、办事指南/说明、通知/公告、企业/行业经济信息、便民生活/住行信息等。

调查结果显示，在信息服务提供方面，绝大多数的政府网站提供“友情链接（91.3%）”、“法律法规/政策/文件（85.9%）”、“部门介绍（84.8%）”，政府网站提供比例较高的还有“政府职能/业务介绍（79.3%）”、“办事指南/说明（78.3%）”、“政府新闻（71.7%）”、“政府通知/

公告（67.4%）”等。具体结果如图 28.14 所示。

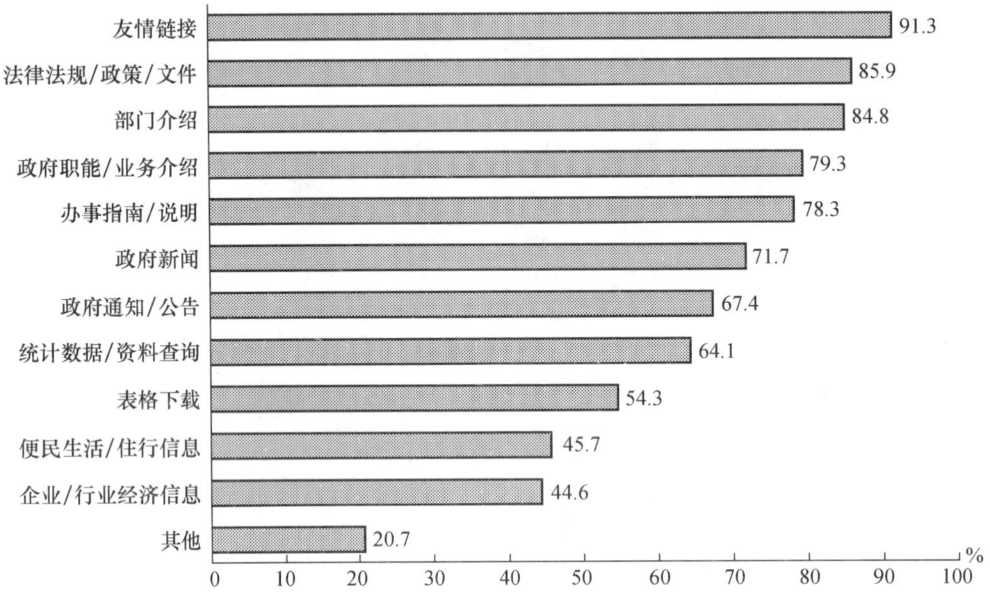

图 28.14　政府网站提供各类信息的比例

（2）政府网站信息更新状况

根据表 28.2 所示，“政府新闻”、“企业/行业经济信息”和“统计数据/资料查询”的更新频率最高，每周（含每周）以内更新的政府网站比例分别为 56.1%、46.4%和 28.8%；更新频率在 6 个月以上所占比例较高的有“部门介绍”、“友情链接”。

表 28.2　　政府网站各类信息更新比例

（%）	每日	每 3 日	每周	每 2 周	每月	每 3 个月	每 6 个月	6 个月以上	不固定
政府新闻	36.4	9.1	10.6	1.5	4.5	4.5	-	-	33.3
部门介绍	1.3	-	6.4	-	3.8	5.1	5.1	41.0	37.2
政府职能/业务介绍	1.4	-	-	1.4	4.1	6.8	2.7	31.5	52.1
统计数据/资料查询	16.9	3.4	8.5	-	8.5	6.8	5.1	13.6	37.3
法律法规/政策/文件	2.5	1.3	5.1	-	7.6	3.8	-	7.6	72.2
办事指南/说明	1.4	1.4	2.8	-	5.6	5.6	5.6	22.3	55.6
政府通知/公告	11.3	-	8.1	-	4.8	-	-	1.6	74.2
企业/行业经济信息	22.0	2.4	22.0	-	-	-	4.9	9.7	39
便民生活/住行信息	9.5	2.4	4.8	2.4	11.9	-	2.4	11.9	54.8
表格下载	6.0	-	8.0	-	8.0	4.0	4.0	18.0	52.0
友情链接	-	-	-	1.2	2.4	2.4	1.2	40.4	52.4
其他	15.8	5.3	10.5	5.3	15.8	-	-	5.3	42.1

（3）政府网站服务提供情况

本次调查对政府网站提供的服务进行了调查，调查结果如图 28.15 所示，“留言板（65.2%）”、

“政府信箱(64.1%)”的比例最高，其他提供比例较高的服务有“办公/业务相关信息查询(58.7%)”、“办公/业务咨询（57.6%)”、“在线投诉/举报/信访（57.6%)”、“民意调查/意见征集（52.2%)”。

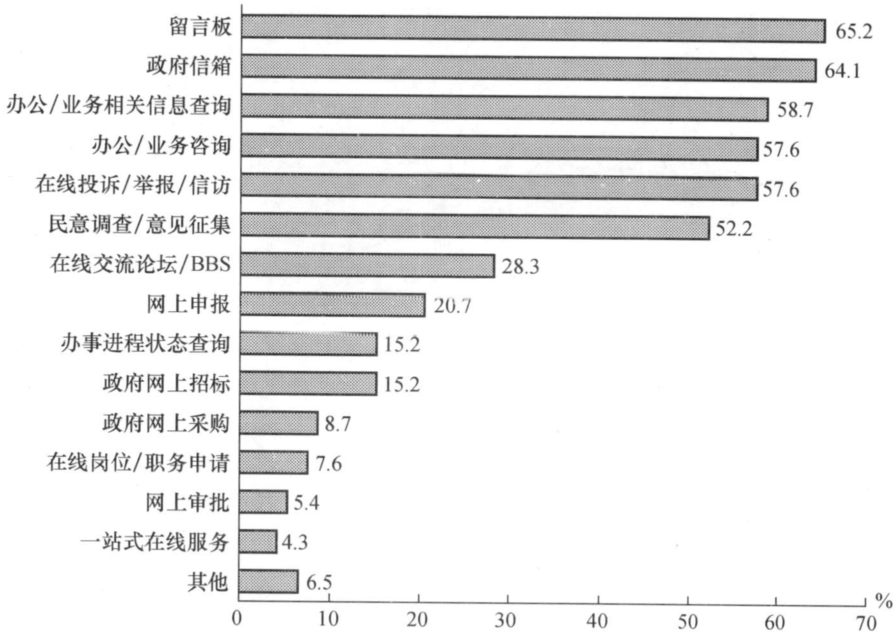

图 28.15　政府网站提供各种服务的比例

（4）政府网站服务的反馈周期

政府网站各种服务的更新周期如表 28.3 所示。

表 28.3　　政府网站各种服务的更新周期

（%）	1 个工作日	3 个工作日以内	3～5 个工作日	5～10 个工作日	10 个工作日以上	无反馈	不确定
民意调查/意见征集	12.5	14.6	25.0	8.3	10.4	4.2	25.0
在线投诉/举报/信访	13.2	18.9	20.8	11.3	3.8	3.8	28.3
在线岗位/职务申请	-	14.3	-	14.3	28.6	-	42.9
网上申报	21.1	5.3	10.5	5.3	5.3	15.8	36.8
网上审批	20.0	-	-	40.0	20.0	-	20.0
政府网上采购	12.5	12.5	12.5	-	25.0	12.5	25.0
政府网上招标	-	7.1	7.1	14.3	14.3	-	57.1
办公/业务咨询	17.3	19.2	13.5	9.6	3.8	13.5	23.1
办公/业务相关信息查询	16.7	14.8	13.0	9.3	1.9	18.5	25.9
办事进程状态查询	21.4	21.4	14.3	14.3	-	14.3	14.3
政府信箱	13.6	23.7	18.6	6.8	3.4	5.1	28.8
留言板	28.3	20.0	18.3	10.0	1.7	1.7	20.0
在线交流论坛/BBS	38.5	3.8	15.4	3.8	11.5	7.7	19.2

（5）政府网站的利用效果

政府公告、新闻和政策等信息通过网站发布的情况如图 28.16 所示，通过网站发布信息的比例超过 60%的网站占全部政府网站的 44.5%，发布比例低于 20%的网站占全部政府网站的 21.7%。

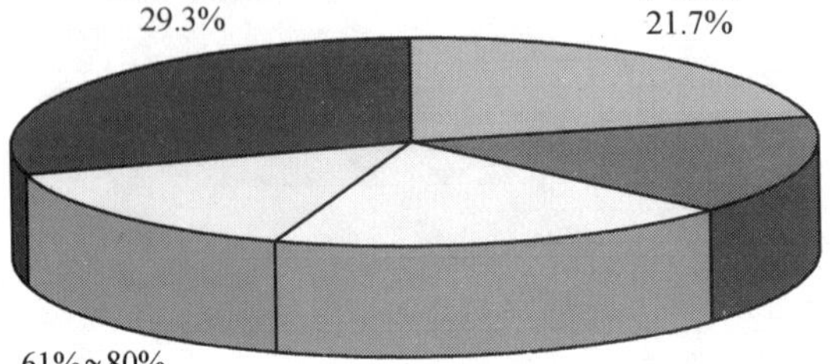

图 28.16　政府公告、新闻和政策等信息通过网站发布的情况

政府日常办公事务与网站相关服务的结合程度如图 28.17 所示。政府日常办公事务与网站相关服务结合比较紧密和非常紧密的政府网站比例为 65.2%；政府日常办公事务与网站相关服务结合不太紧密的政府网站比例为 27.2%；政府日常办公事务与网站相关服务基本没有关系的政府网站比例为 4.3%。

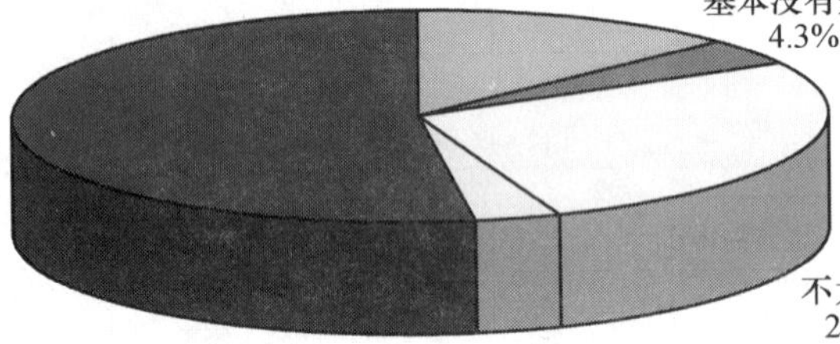

图 28.17　政府日常办公事务与网站相关服务的结合程度

2. 企业网站

（1）企业网站信息内容提供情况

企业网站所提供的主要信息服务包括企业介绍、产品/服务介绍、企业动态/新闻、售后服务/技术支持、行业新闻、招聘信息、友情链接、行业解决方案、行业报告和电子期刊等。

绝大部分企业网站提供“企业介绍（97.0%）”和“产品/服务介绍（92.9%）”，其他提供比例较高的有“售后服务/技术支持（58.0%）”、“友情链接（53.1%）”和“企业动态/新闻（53.0%）”等。具体信息所占比例如图 28.18 所示。

（2）企业网站服务提供情况

企业网站提供的主要服务包括产品查询、民意调查/在线征集、在线咨询/投诉、会员服务、网上采购、针对最终用户的网上销售、针对代理商、经销商的网上销售、虚拟社区/BBS 论坛等。

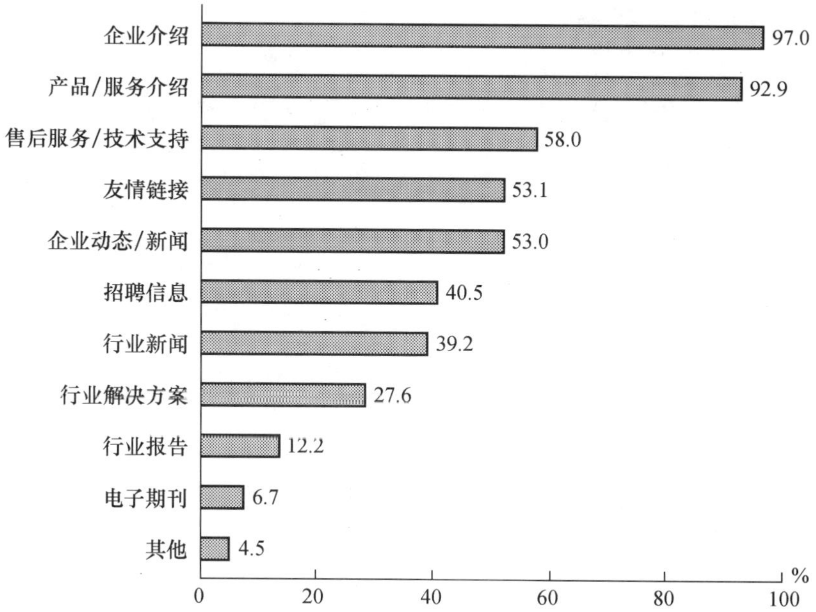

图 28.18　企业网站提供各种信息的比例

调查结果显示，68.5%的企业网站提供“产品查询”；45.6%的企业网站提供“在线咨询/投诉”；26.3%的企业网站提供“企业会员服务”；22.7%的企业网站提供“网上采购”；22.6%的企业网站提供“虚拟社区/BBS 论坛”；21.0%的企业网站提供“针对最终用户的网上销售”。提供各种服务的比例情况如图 28.19 所示。

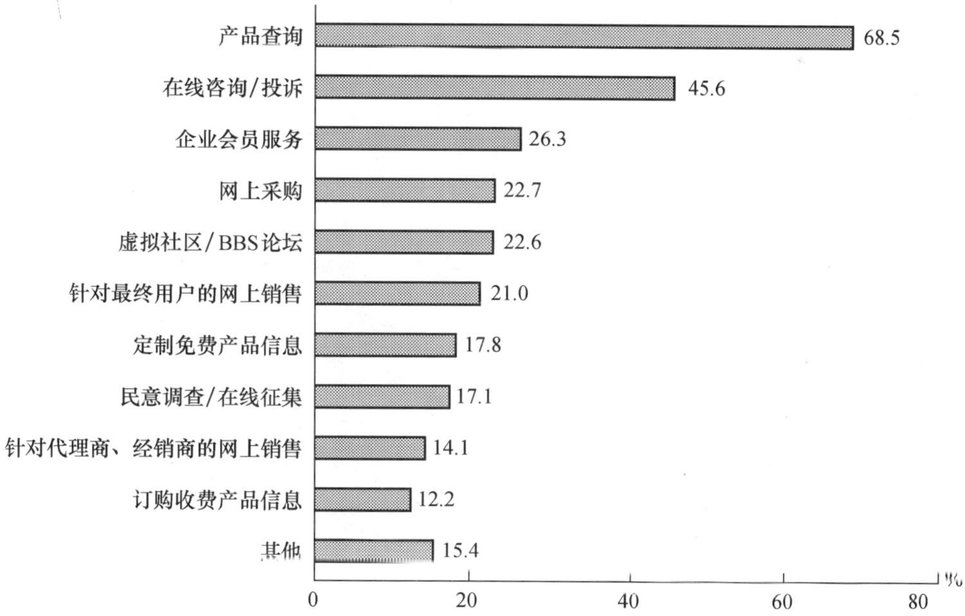

图 28.19　企业网站提供各种服务的比例

（3）企业网站信息更新状况

如表 28.4 所示，“行业新闻”和“企业动态/新闻”的更新频率较高，更新周期在一周（含一个周）以下的企业网站分别占了 30.5%和 23.2%。

表 28.4　　企业网站各类信息更新比例

（%）	每日	每 3 日	每周	每 2 周	每月	每 3 个月	每 6 个月	6 个月以上	不固定
企业介绍	2.6	0.2	3.3	1.1	6.8	8.8	10.0	41.6	25.6
产品/服务介绍	4.4	0.7	5.3	2.4	10.4	11.2	7.2	21.5	36.9
行业新闻	13.7	3.1	13.7	2.2	14.1	5.7	3.3	9.7	34.5
企业动态/新闻	7.8	2.4	13.0	3.3	14.8	7.5	3.3	6.2	41.7
售后服务/技术支持	5.5	0.4	3.4	1.8	8.8	7.0	7.9	31.5	33.7
行业解决方案	3.5	0.9	5.5	1.4	8.1	10.1	8.7	20.8	41.0
行业报告	3.9	-	5.8	2.6	9.7	13.0	8.4	21.4	35.2
电子期刊	8.2	-	8.2	3.5	17.6	16.5	5.9	17.7	22.4
招聘信息	2.4	-	2.6	1.2	8.3	7.9	5.7	15.6	56.3
友情链接	2.0	0.2	1.8	0.8	5.7	3.9	5.0	47.2	33.4
其他	9.7	3.2	1.6	1.6	3.2	11.3	4.8	41.9	22.7

（4）企业网站的利用效果

企业产品、服务和企业新闻等信息通过网站发布的情况如图 28.20 所示。超过 60%的信息通过网站进行发布的企业网站比例为 28.5%；通过网站发布信息比例低于 20%的企业网站比例为 36.3%。

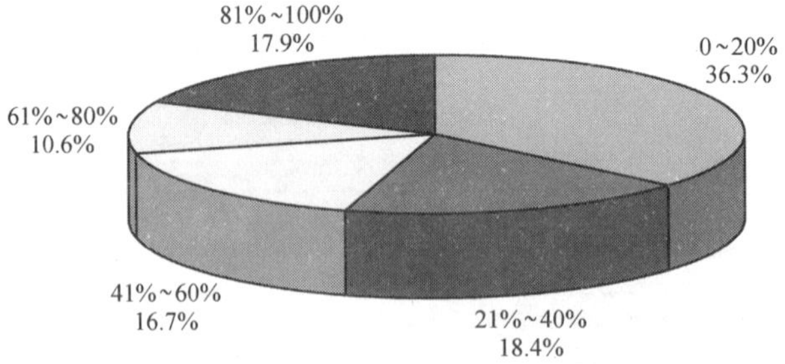

图 28.20　企业产品、服务和企业新闻等信息通过网站发布的情况

企业业务与网站的结合程度情况如图 28.21 所示。企业业务与网站结合比较紧密和非常紧密的企业网站比例为 48.7%；企业业务与网站结合不太紧密的企业网站比例为 34.2%；企业业务与网站基本没有关系的企业网站比例为 9.6%。

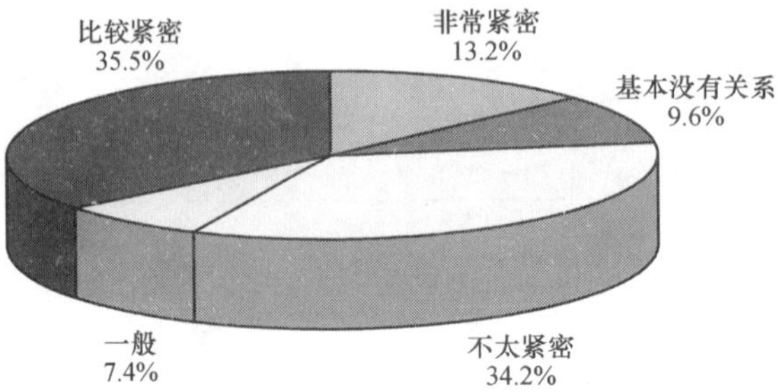

图 28.21　企业业务与网站的结合程度

3. 商业网站

（1）商业网站信息服务提供情况

商业网站提供的主要信息服务包括网站/网页浏览、新闻、网上社区、网上购物、免费电子信箱、搜索引擎、收费电子信箱、免费主页空间、软件下载、收费主页空间、网上教育、B2B 电子商务、在线游戏、邮件订阅、网上酒店预订、网上股票交易、网上订票、拍卖/集体议价等。

如图 28.22 所示，提供各类服务的商业网站中，提供“网站/网页浏览”服务的比例最高，占到了 70.4%，其次是“网上购物（B2C/C2C）”占到 46.5%，“BBS 论坛/网上社区/讨论组等”为 45.1%，“免费电子信箱”为 40.8%。

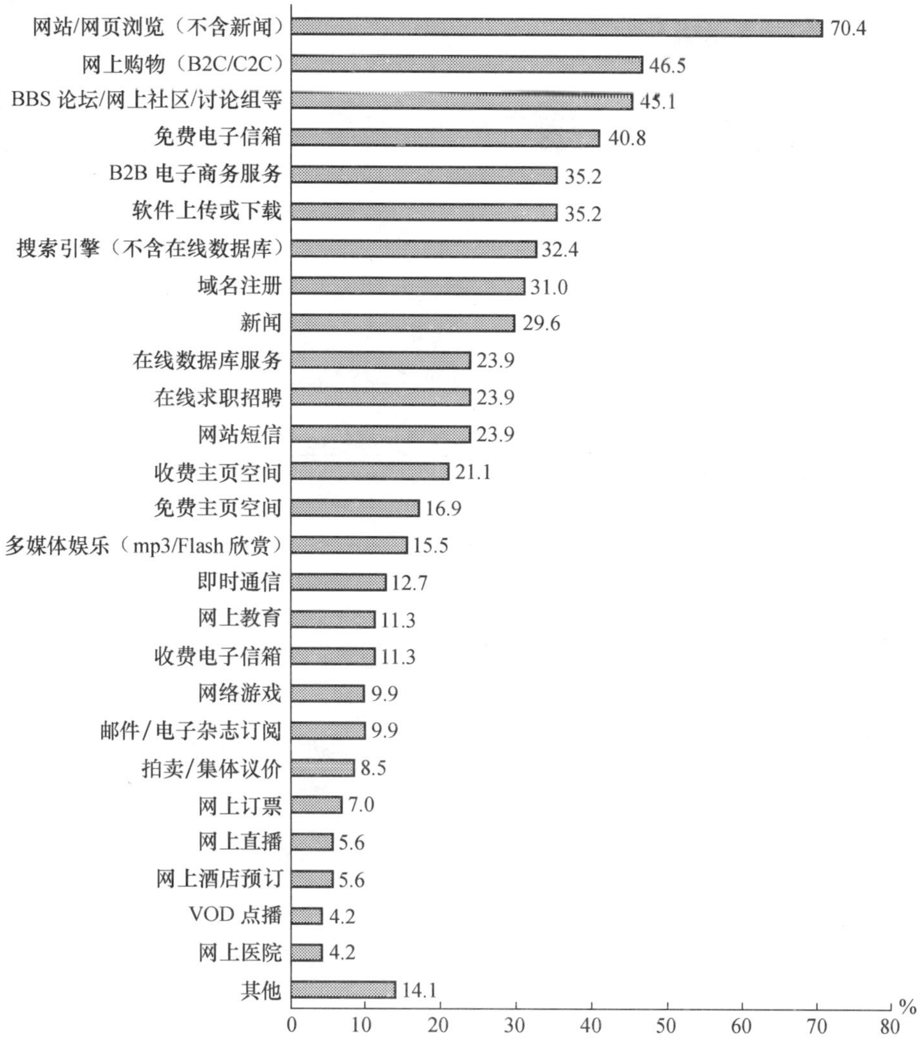

图 28.22　商业网站提供各类服务的比例

如图 28.23 所示，在各种信息服务的商业网站中，提供“产品信息”的网站比例最高，为 85.9%；其次是提供“企业信息”的网站，为 66.2%；第三是提供“商贸信息”的网站，为 50.7%。

商业网站提供的各种信息的收费情况如表 28.5 所示，绝大多数信息以免费为主，其中收费比例最高的有“企业信息（18.8%）”、“产品信息（17.5%）”和“商贸信息（13.5%）”。

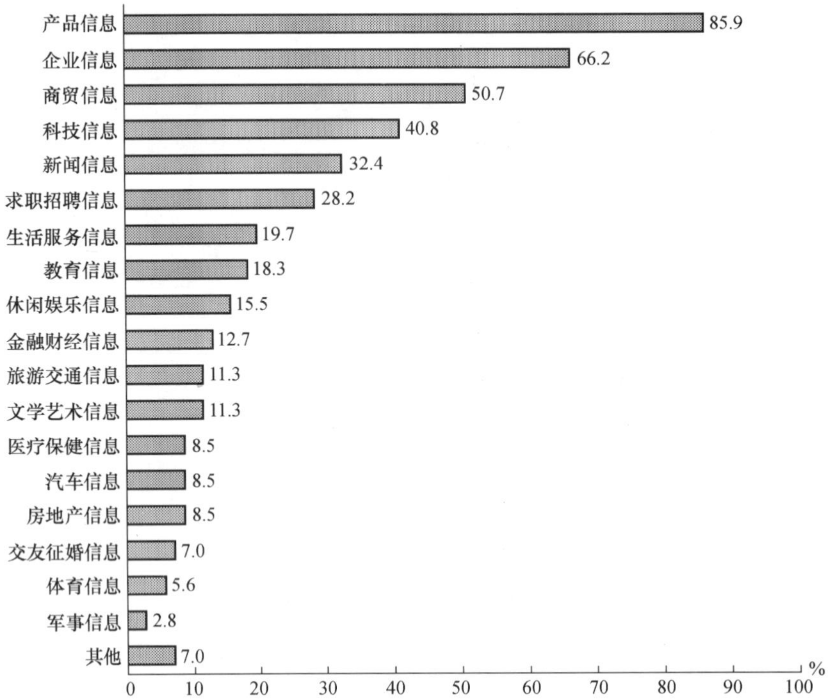

图 28.23　商业网站提供各类信息的比例

表 28.5　　**商业网站各类信息收费情况的比例**

（%）	免费	收费	二者均有	（%）	免费	收费	二者均有
新闻信息	100	-	-	汽车信息	100	-	-
产品信息	77.8	17.5	4.8	休闲娱乐信息	100	-	-
商贸信息	78.4	13.5	8.1	生活服务信息	92.9	7.1	-
企业信息	81.3	18.8	-	体育信息	100	-	-
科技信息	93.1	6.9	-	医疗保健信息	100	-	-
教育信息	100	-	-	文学艺术信息	100	-	-
军事信息	100	-	-	旅游交通信息	100	-	-
求职招聘信息	100	-	-	交友征婚信息	100	-	-
金融财经信息	88.9	11.1	-	其他	80	20	-
房地产信息	83.3	-	16.7				

（2）商业网站信息更新状况

商业网站信息更新频率如表28.6所示，可以看出商业网站各种信息的更新频率相对较高。

表 28.6　　**商业网站各种信息的更新状况**

（%）	每日	每 3 日	每周	每 2 周	每月	每 3 个月	每 6 个月	6 个月以上	不固定
新闻信息	39.1	13	4.3	8.7	8.7	-	-	4.3	21.7
产品信息	20.6	7.9	15.9	-	12.7	9.5	1.6	6.4	25.4
商贸信息	27	8.1	18.9	-	16.2	-	-	8.1	21.6

续表

（%）	每日	每 3 日	每周	每 2 周	每月	每 3 个月	每 6 个月	6 个月以上	不固定
企业信息	20.8	6.3	4.2	4.2	10.4	6.3	4.2	18.8	25
科技信息	10.3	10.3	20.7	3.4	10.3	-	3.4	6.8	34.5
教育信息	23.1	7.7	15.4	-	15.4	7.7	-	-	30.8
军事信息	-	-	50	-	-	0	-	-	50
求职招聘信息	42.9	9.5	14.3	-	4.8	0	-	-	28.6
金融财经信息	33.3	11.1	22.2	-	-	0	11.1	-	22.2
房地产信息	16.7	-	50	-	16.7	0	-	-	16.7
汽车信息	-	28.6	42.9	-	-	0	-	-	28.6
休闲娱乐信息	9.1	-	36.4	-	18.2	0	-	-	36.4
生活服务信息	21.4	21.4	21.4	7.1	-	0	-	-	28.6
体育信息	50	-	25	-	-	25	-	-	-
医疗保健信息	16.7	16.7	50	16.7	-	0	-	-	-
文学艺术信息	12.5	12.5	25	-	25	12.5	-	-	12.5
旅游交通信息	-	12.5	37.5	-	12.5	12.5	-	-	25
交友征婚信息	-	-	60	-	-	-	-	-	40
其他	20	-	20	-	-	-	-	40	20

4．教育科研网站

（1）教育科研网站信息内容提供情况

教育科研网站提供的各类信息中，“学校/机构概况（87.6%）”的提供比例最高，其次为“友情链接（82.9%）”、“学校新闻（71.4%）”和“校内信息（69.5%）”。具体提供各类信息的比例如图 28.24 所示。

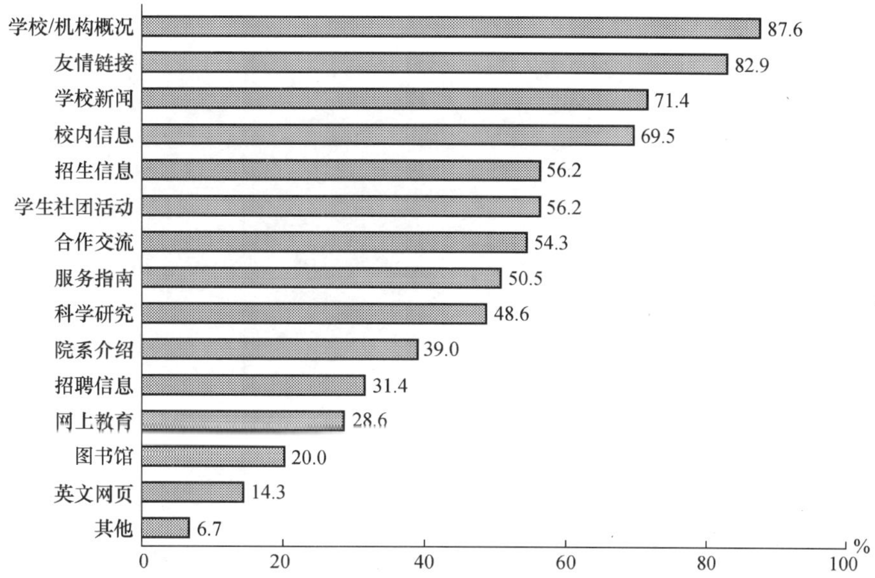

图 28.24　教育科研网站提供各类信息的比例

（2）教育科研网站服务提供情况

教育科研网站提供的服务情况如图 28.25 所示，提供比例较高的有“意见信箱（58.1%）”、“咨询信箱（57.1%）”和“电子邮箱（52.4%）”。

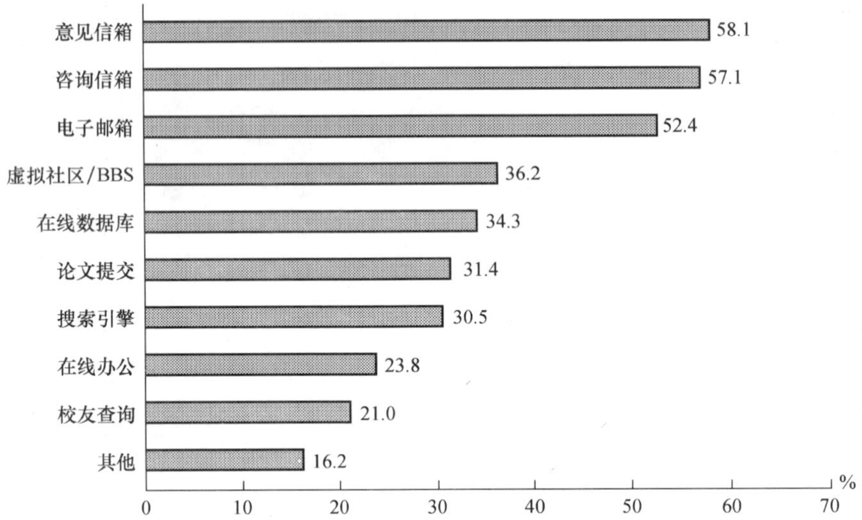

图 28.25　教育科研网站提供各种服务的比例

（3）教育科研网站信息更新状况

教育科研网站信息的更新情况如表 28.7 所示。

表 28.7　　教育科研网站信息更新情况

（%）	每日	每 3 日	每周	每 2 周	每月	每 3 个月	每 6 个月	6 个月以上	不固定
学校/机构概况	5.4	5.4	5.4	3.3	6.5	4.3	7.6	35.8	26.1
院系介绍	4.9	-	4.9	2.4	4.9	12.2	14.6	34.2	22.0
服务指南	1.9	-	3.8	5.7	11.3	7.5	5.7	33.9	30.2
校内信息	16.4	8.2	20.5	2.7	4.1	11.0	2.7	8.2	26.0
科学研究	11.8	2.0	11.8	3.9	13.7	5.9	5.9	4.0	41.2
学生社团活动	11.9	5.1	16.9	1.7	10.2	10.2	1.7	11.9	30.5
招生信息	3.4	3.4	3.4	-	1.7	11.9	11.9	47.5	16.9
招聘信息	3.0	3.0	-	3.0	3.0	3.0	9.1	21.2	54.5
图书馆	19.0	-	4.8	-	4.8	9.5	4.8	23.8	33.3
合作交流	7.0	3.5	3.5	1.8	7.0	12.3	5.3	15.8	43.9
英文网页	-	-	6.7	6.7	6.7	6.7	6.7	33.3	33.3
网上教育	10.0	6.7	13.3	-	13.3	10.0	6.7	10.0	30.0
学校新闻	24.0	9.3	17.3	2.7	9.3	2.7	-	6.7	28.0
友情链接	1.1	1.1	-	2.3	5.7	4.6	6.9	46.0	32.2
其他	28.6	-	14.3	-	-	28.6	-	-	28.6

（4）教育科研网站的利用效果

教育科研单位新闻、服务等信息通过网站发布的情况如图 28.26 所示，超过 60%的信息通过网站进行了发布的教育科研网站比例为 42.8%；通过网站发布的信息比例低于 20%的教育科研网站为 21.0%。

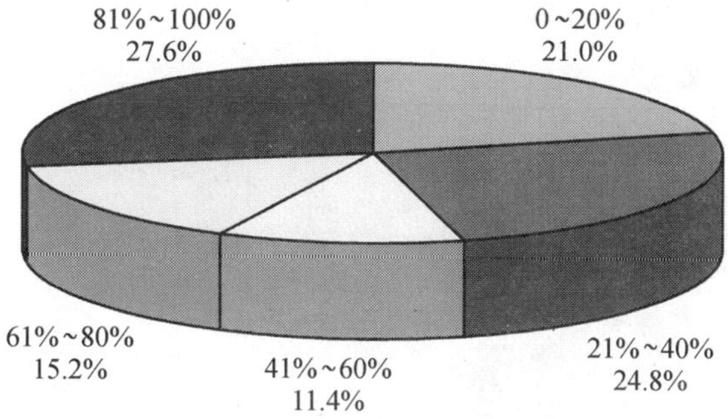

图 28.26　新闻、服务等信息通过网站发布情况

教育科研单位日常办公事务与网站相关服务的结合程度情况如图 28.27 所示。教育科研单位日常办公事务与网站相关服务结合比较紧密和非常紧密的教育科研网站比例为 52.4%；教育科研单位日常办公事务与网站相关服务结合不太紧密的教育科研网站比例为 28.6%；教育科研单位日常办公事务与网站相关服务基本没有关系的教育科研网站比例为 15.2%。

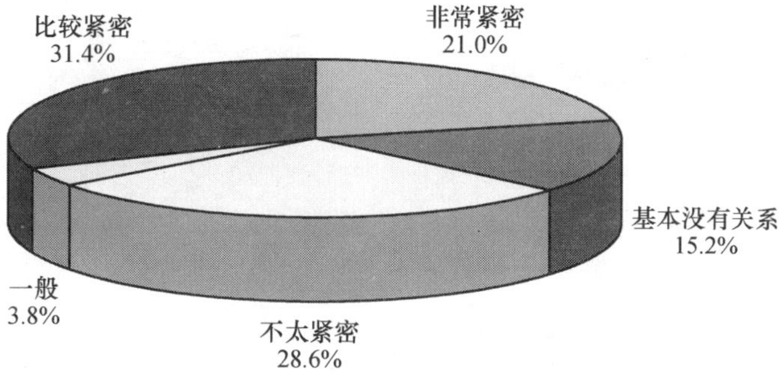

图 28.27　教育科研单位日常办公事务与网站相关服务的结合程度

5. 个人网站

（1）个人网站信息提供情况

个人网站所提供的主要信息有“BBS（43.5%）”、“娱乐（35.7%）”和“学术讨论（24.9%）”等，具体情况如图 28.28 所示。

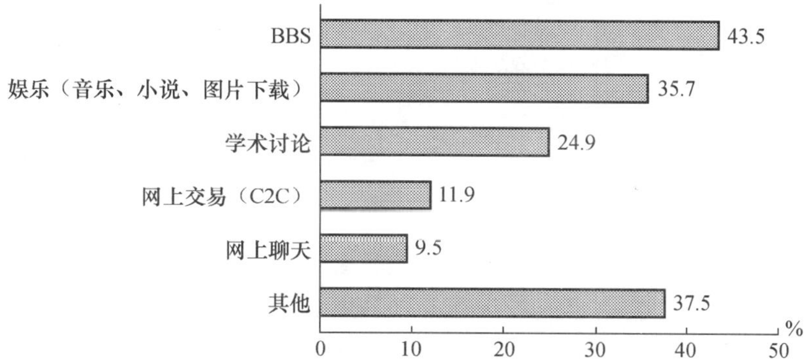

图 28.28　个人网站提供各类信息服务的比例

（2）建立个人网站的目的

建立个人网站的目的主要有“出于兴趣，尝试做一件自己想做的事情（44.2%）”、“和外界交流，放一些自己的资料让朋友/网友看（31.4%）”以及“作为创业的基础，对外开放（16.2%）”等，具体情况如图 28.29 所示。

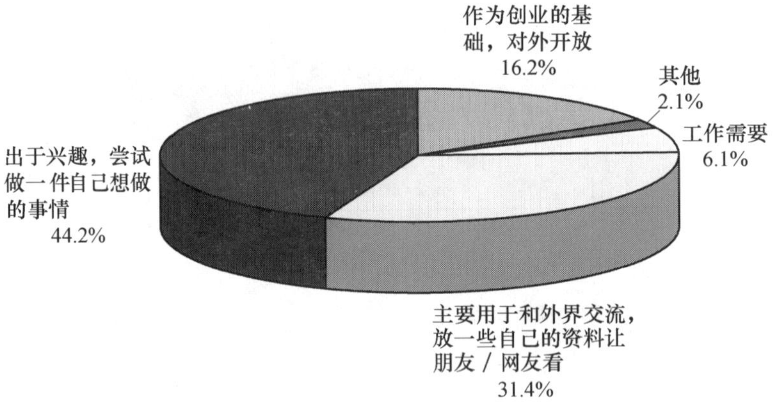

图 28.29　建立个人网站的目的

28.2　网页数量及性质特征

28.2.1　全国网站的网页情况

1．网页数及网页字节数

网页数及网页字节数的情况如表 28.8 所示。

表 28.8　网页数及网页字节数情况

网页数	全国网页总数	2 601 901 378 个[2] 去掉重复后为 2 402 075 352 个
	静态网页数	947 872 672 个
	动态网页数	1 654 028 706 个
	静、动态网页数比例	0.57∶1
	平均每个网站的网页数	3 748 个
网页字节数（kB）	全国网页总字节数	67 300 106 000kB
	每个网页平均字节数	25.9kB
	平均每个网站的网页字节数	96 946kB

2．网页的编码分类

网页的编码情况如表 28.9 所示。

表 28.9　网页的编码情况

简体比例（GB）	繁体比例（BIG5）	英文比例	其他比例
91.93%	7.91%	0.15%	0.01%

[2] 本次统计在先行剔除了网站与网站之间的完全重复等大量重复后网页总数为 2 601 901 378 个，再去掉网页与网页的重复后的网页总数为 2 402 075 352 个。

3. 网页的内容分类情况（按多媒体形式）

网页的内容分类情况（按多媒体形式）如表 28.10 所示。

表 28.10　　网页的内容分类情况（按多媒体形式）

图　　像	音　　频	视　　频
98.75%	1.13%	0.11%

4. 网页形式分类

网页形式分类如表 28.11 所示。

表 28.11　　网页形式分类

网 页 形 式	比　　例	网 页 形 式	比　　例
asp	21.59%	cgi	1.18%
/	12.93%	xml	0.03%
htm	10.83%	pl	0.02%
php	9.59%	txt	0.01%
html	5.85%	nsf	0.01%
shtml	1.64%	其他（例如 doc，ppt，gif，etc）	34.92%
jsp	1.40%		

5. 网页多媒体形式分类（在多媒体网页中）

在多媒体网页中，网页多媒体形式分类如表 28.12 所示。

表 28.12　　网页多媒体形式分类（在多媒体网页中）

多媒体形式分类	比　　例	多媒体形式分类	比　　例
gif	90.47%	doc	0.02%
jpg	8.40%	pdf	0.02%
swf	1.02%	rm	0.02%
mp3	0.04%	mid	0.01%
zip	0.03%		

6. 网页的更新周期

网页的更新周期情况如表 28.13 所示。

表 28.13　　网页的更新周期情况

更 新 周 期	比　　例	更 新 周 期	比　　例
1 周以内	17.62%	3 个月～6 个月	16.09%
1 周～1 个月	18.24%	6 个月以上	18.58%
1 个月～3 个月	29.47%		

28.2.2　分省的网页情况

1. 网页数及网页字节数

分省网页数的情况如表 28.14 所示。

表 28.14　　分省网页数情况

	网页数（个）				
	全国网页总数	静态网页数	动态网页数	静、动态网页数比例	平均每个网站的网页数
总　计	2 601 901 000	947 872 000	1 654 029 000	0.57：1	3 748
北　京	604 234 000	261 749 000	342 485 000	0.76：1	4 685.3
上　海	439 988 000	171 947 000	268 041 000	0.64：1	7 353.1
广　东	311 440 000	104 210 000	207 231 000	0.50：1	2 705.6
浙　江	181 215 000	70 998 000	110 217 000	0.64：1	2 696.4
江　苏	146 947 000	47 365 000	99 582 000	0.48：1	2 729.9
福　建	92 409 000	24 014 000	68 396 000	0.35：1	2 512.0
四　川	87 679 000	23 023 000	64 656 000	0.36：1	5 936.7
湖　北	80 583 000	19 444 000	61 139 000	0.32：1	5 170.2
天　津	78 713 000	34 832 000	43 880 000	0.79：1	10 824.1
山　东	78 658 000	28 037 000	50 620 000	0.55：1	2 755.3
河　南	74 285 000	31 534 000	42 750 000	0.74：1	5 265.1
重　庆	61 331 000	23 340 000	37 990 000	0.61：1	7 507.8
河　北	61 276 000	23 619 000	37 657 000	0.63：1	3 529.7
辽　宁	61 166 000	17 311 000	43 855 000	0.39：1	2 698.7
黑龙江	41 172 000	9 059 000	32 112 000	0.28：1	5 900.3
湖　南	36 139 000	13 040 000	23 099 000	0.56：1	3 844.2
安　徽	24 835 000	8 168 000	16 667 000	0.49：1	2 063.7
陕　西	23 900 000	5 816 000	18 084 000	0.32：1	3 552.3
江　西	19 774 000	7 188 000	12 586 000	0.57：1	2 511.6
广　西	16 209 000	6 216 000	9 993 000	0.62：1	1 940.0
云　南	14 769 000	6 302 000	8 467 000	0.74：1	2 894.7
山　西	12 816 000	3 159 000	9 658 000	0.33：1	2 423.6
海　南	10 644 000	2 781 000	7 862 000	0.35：1	3 904.6
新　疆	10 369 000	2 609 000	7 759 000	0.34：1	3 637.0
吉　林	8 966 000	1 626 000	7 340 000	0.22：1	1 867.9
甘　肃	8 416 000	3 262 000	5 154 000	0.63：1	3 263.3
内蒙古	5 088 000	2 680 000	2 408 000	1.11：1	1 565.5
贵　州	4 675 000	913 000	3 762 000	0.24：1	1 531.8
宁　夏	3 603 000	620 000	2 983 000	0.21：1	2 324.5
青　海	495 000	154 000	341 000	0.45：1	721.6
西　藏	110 000	17 000	93 000	0.18：1	44.7

分省网页字节数的情况如表 28.15 所示。

表 28.15　分省网页字节数情况

	网页总字节数（kB）	每个网页平均字节数（kB）	平均每个网站的网页字节数（kB）
总　计	67 300 106 000	25.9	96 946
北　京	17 074 240 000	28.3	132 396
上　海	11 399 095 000	25.9	190 502
广　东	8 188 266 000	26.3	71 134
浙　江	4 419 951 000	24.4	65 767
江　苏	3 893 787 000	26.5	72 336
福　建	2 356 499 000	25.0	64 058
天　津	2 117 694 000	26.9	291 212
四　川	2 056 428 000	23.5	139 239
湖　北	2 008 960 000	24.9	128 895
河　南	1 844 990 000	24.8	130 767
山　东	1 832 254 000	23.3	64 182
河　北	1 628 637 000	26.6	93 815
辽　宁	1 532 185 000	25.1	67 601
重　庆	1 438 745 000	23.5	176 123
湖　南	883 373 000	24.5	93 966
黑龙江	731 855 000	17.8	104 880
安　徽	661 612 000	26.7	54 979
陕　西	533 491 000	22.3	79 294
江　西	448 339 000	22.7	56 946
广　西	439 795 000	27.0	52 639
云　南	322 568 000	21.9	63 224
海　南	311 500 000	29.3	114 270
山　西	284 763 000	22.2	53 851
吉　林	226 634 000	25.3	47 215
新　疆	211 808 000	20.4	74 293
甘　肃	174 489 000	20.7	67 658
贵　州	99 619 000	21.3	32 641
内蒙古	97 065 000	19.0	29 866
宁　夏	68 548 000	19.1	44 225
青　海	10 919 000	21.5	15 917
西　藏	1 997 000	17.7	812

2．网页的编码分类

分省网页的编码情况如表 28.16 所示。

表 28.16　　分省网页的编码情况

	简体比例（GB）	繁体比例（BIG5）	英文比例
总　计	91.93%	7.91%	0.15%
安　徽	95.97%	4.02%	0.01%
北　京	98.65%	1.34%	0.01%
重　庆	99.72%	0.28%	0.00%
福　建	98.18%	1.81%	0.01%
甘　肃	99.96%	0.04%	0.00%
广　东	99.04%	0.95%	0.01%
广　西	99.27%	0.73%	0.00%
贵　州	99.99%	0.00%	0.01%
海　南	99.82%	0.18%	0.00%
河　北	99.86%	0.13%	0.01%
河　南	99.61%	0.39%	0.00%
黑龙江	99.93%	0.07%	0.00%
湖　北	99.59%	0. 406%	0.00%
湖　南	99.95%	0.05%	0.01%
吉　林	99.97%	0.03%	0.00%
江　苏	99.39%	0.61%	0.01%
江　西	99.59%	0. 407%	0.00%
辽　宁	99.47%	0.54%	0.01%
内蒙古	99.85%	0.14%	0.01%
宁　夏	100.00%	0.01%	0.00%
青　海	99.12%	0.85%	0.03%
山　东	99.91%	0.09%	0.03%
山　西	98.82%	1.18%	0.00%
陕　西	99.35%	0. 645%	0.01%
上　海	99.31%	0.68%	0.01%
四　川	99.13%	0.85%	0.02%
天　津	99.35%	0.64%	0.01%
西　藏	100.00%	0.00%	0.00%
新　疆	98.15%	1.85%	0.01%
云　南	99.98%	0.02%	0.00%
浙　江	98.93%	1.06%	0.01%

3. 各省网页的更新周期

各省网页的更新周期情况如表 28.17 所示。

表 28.17　　各省网页的更新周期

	1 周以内	1 周～1 个月	1 个月～3 个月	3 个月～6 个月	6 个月以上
总　计	17.62%	18.64%	29.47%	16.09%	18.58%
安　徽	18.44%	21.53%	31.18%	11.96%	16.86%
北　京	17.15%	16.95%	27.53%	13.95%	24.42%
重　庆	19.10%	19.21%	31.22%	17.66%	12.81%
福　建	17.25%	19.49%	30.43%	14.00%	18.82%
甘　肃	17.01%	11.73%	23.49%	17.53%	30.14%
广　东	17.59%	18.61%	30.78%	18.27%	14.78%
广　西	17.40%	16.11%	32.35%	12.55%	21.59%
贵　州	17.13%	14.18%	33.03%	18.31%	17.35%
海　南	16.24%	23.60%	32.49%	17.80%	9.87%
河　北	18.18%	19.57%	30.71%	18.07%	13.48%
河　南	17.56%	18.73%	31.93%	13.47%	18.32%
黑龙江	16.90%	18.86%	32.58%	14.08%	17.58%
湖　北	17.19%	21.45%	30.81%	13.74%	17.81%
湖　南	17.41%	14.29%	23.42%	21.39%	23.49%
吉　林	16.53%	13.04%	21.99%	20.26%	28.18%
江　苏	18.33%	24.77%	37.04%	13.53%	8.33%
江　西	21.28%	20.92%	34.16%	9.23%	14.41%
辽　宁	16.52%	23.43%	26.70%	18.19%	15.16%
内蒙古	16.38%	10.20%	26.42%	25.34%	21.65%
宁　夏	16.36%	24.16%	24.83%	14.23%	20.43%
青　海	16.26%	25.87%	20.55%	11.88%	25.44%
山　东	16.89%	17.69%	25.22%	16.22%	23.98%
山　西	17.19%	22.06%	28.33%	17.30%	15.11%
陕　西	17.74%	22.99%	35.06%	10.33%	13.88%
上　海	17.67%	21.39%	31.92%	14.88%	14.14%
四　川	17.18%	20.17%	30.04%	16.21%	16.40%
天　津	21.40%	23.73%	27.69%	11.91%	15.17%
西　藏	16.73%	14.91%	21.45%	17.09%	29.82%
新　疆	16.31%	9.45%	26.17%	16.24%	31.84%
云　南	17.13%	13.48%	26.65%	18.80%	23.94%
浙　江	17.16%	20.05%	30.66%	16.60%	15.54%

28.3 在线数据库数量及性质

28.3.1 在线数据库数量及各类网站拥有在线数据库情况

1. 全国在线数据库数量

全国在线数据库的总量为 29.54 万个。

其中，企业网站拥有的在线数据库数量最多，占全部在线数据库的 50.4%；其次是个人网站拥有的在线数据库，占全部在线数据库的 21.5%；政府网站拥有的在线数据库排第三位，占全部在线数据库的 9.4%；其他公益性网站的在线数据库占 7.3%；教育科研网站的在线数据库占 6.4%；商业网站拥有的在线数据库占 4.5%；其他类型网站的在线数据库占 0.5%。具体情况如表 28.18 和图 28.30 所示。

表 28.18 在线数据库数量及分布情况

网站类型	总体	政府网站	企业网站	商业网站	教育科研网站	个人网站	其他公益性网站	其他类型网站
在线数据库数量（个）	295 400	27 770	148 880	13 290	18 910	63 510	21 560	1 480
占在线数据库总体比例	100%	9.4%	50.4%	4.5%	6.4%	21.5%	7.3%	0.5%

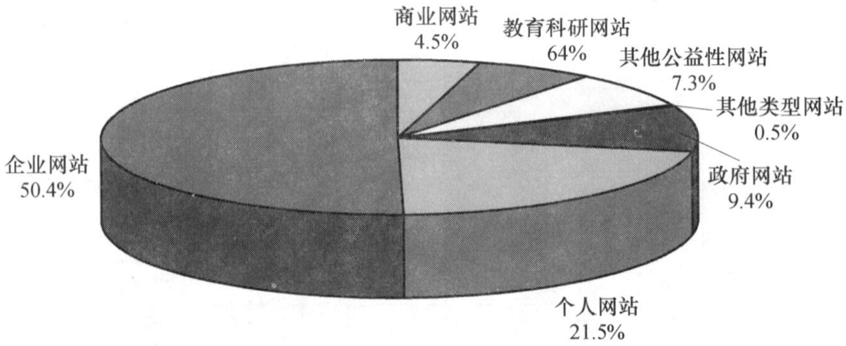

图 28.30 各类网站拥有的在线数据库占全部在线数据库的比例

与上年的结果相比，全国在线数据库的总量一年内减少了 10 600 个，其中商业网站的在线数据库有较大幅度减少，企业网站和教育科研网站的在线数据库数量也有一定幅度的减少，但与此同时政府网站和个人网站的在线数据库数量有明显的增加。

2. 拥有在线数据库的网站数量

全国网站中拥有在线数据库的网站数为 17.0 万个，约占全部网站的 24.5%。

从拥有在线数据库的各类网站比例来看，其他公益性网站中拥有在线数据库的网站比例最高，达到 37.8%；其次为政府网站，比例为 36.3%；排第三位的是商业网站，比例为 31.7%；教育科研网站为 25.1%；个人网站为 24.8%；企业网站为 22.3%。具体情况如表 28.19 和图 28.31 所示。

表 28.19　　各类网站拥有在线数据库情况

网站类型	总　　体	政府网站	企业网站	商业网站	教育科研网站	个人网站	其他公益性网站	其他类型网站
拥有在线数据库的网站数（个）	170 320	11 210	93 370	7 750	8 840	37 820	9 880	1 450
占各类网站总数的比例	24.5%	36.3%	22.3%	31.7%	25.1%	24.8%	37.8%	22.8%

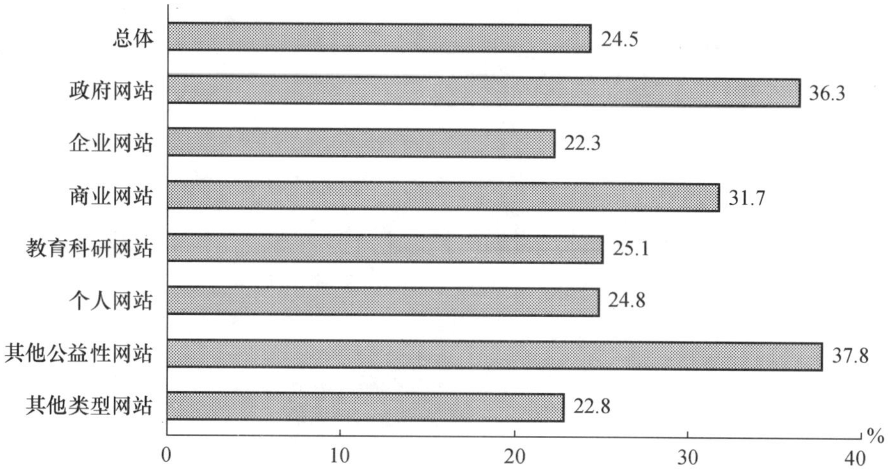

图 28.31　各类网站拥有在线数据库的比例

3. 各类网站平均每个网站拥有在线数据库数量情况

（1）如图 28.32 所示，以拥有在线数据库的网站为基数，全国平均每个网站拥有 1.73 个数据库。

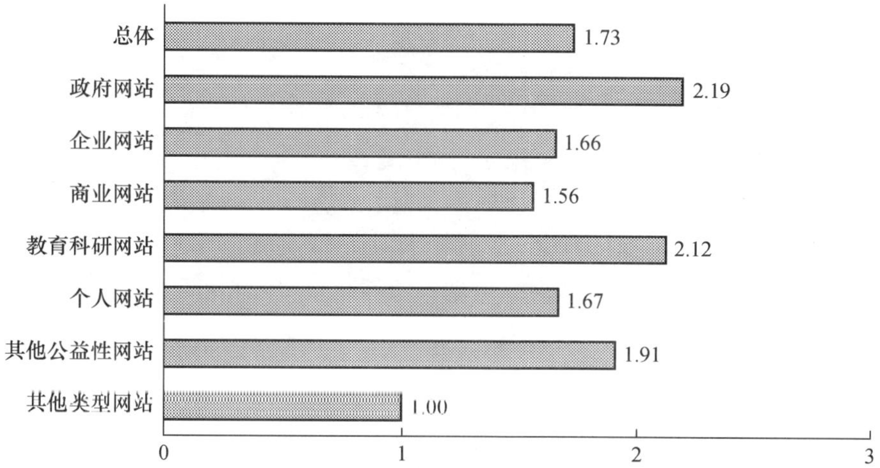

图 28.32　各类网站平均每个网站拥有数据库数量情况

（2）如图 28.33 所示，以所有网站为基数，全国平均每个网站拥有 0.43 个在线数据库。

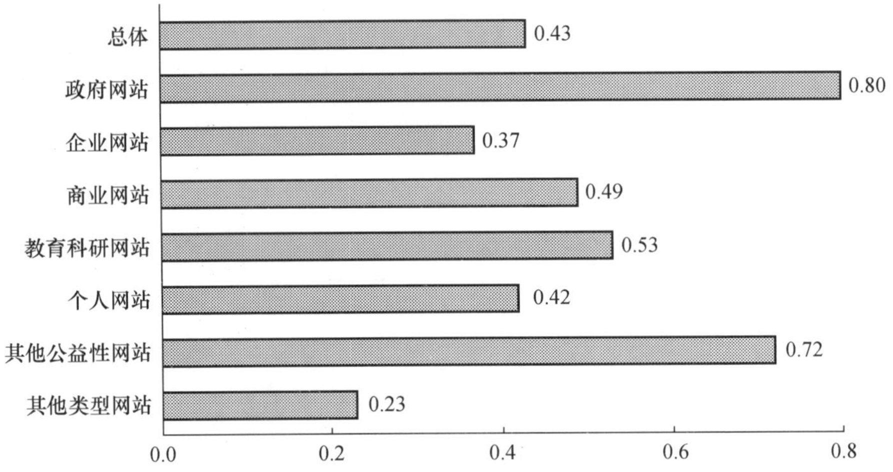

图 28.33　各类网站平均拥有在线数据库数量情况

4．网站拥有不同数量在线数据库的情况（基数为拥有在线数据库的网站）

如图 28.34 所示，在拥有在线数据库的网站中，68.1%的网站只拥有 1 个在线数据库；18.2%的网站拥有 2 个在线数据库；13.7%的网站拥有 3 个及以上的在线数据库。

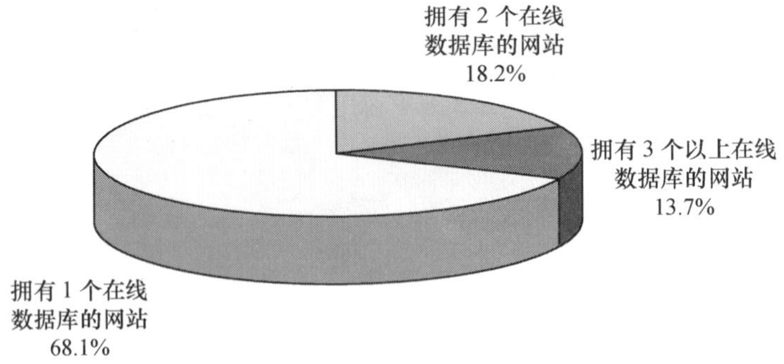

图 28.34　拥有不同数量的在线数据库数的网站比例

28.3.2　在线数据库按内容和记录数分类情况

1．拥有各类在线数据库的网站比例

在拥有在线数据库的网站中，拥有“产品信息数据库”的网站最多，占到 61.0%；其次是拥有“图片数据库”的网站占到 37.7%；之后依次为拥有“企业名录数据库”的网站为 20.4%；拥有“报刊新闻数据库”的网站为 17.0%；拥有“科技信息数据库”的网站为 16.2%。具体情况如表 28.20 和图 28.35 所示。

表 28.20　　拥有各类在线数据库的网站比例情况

政策法规数据库	金融股票信息数据库	报刊新闻数据库	科技信息数据库	产品数据库
15.1%	4.0%	17.0%	16.2%	61.0%
企业名录数据库	人物数据库	图片数据库	期刊、论文数据库	其他
20.4%	10.3%	37.7%	11.9%	21.0%

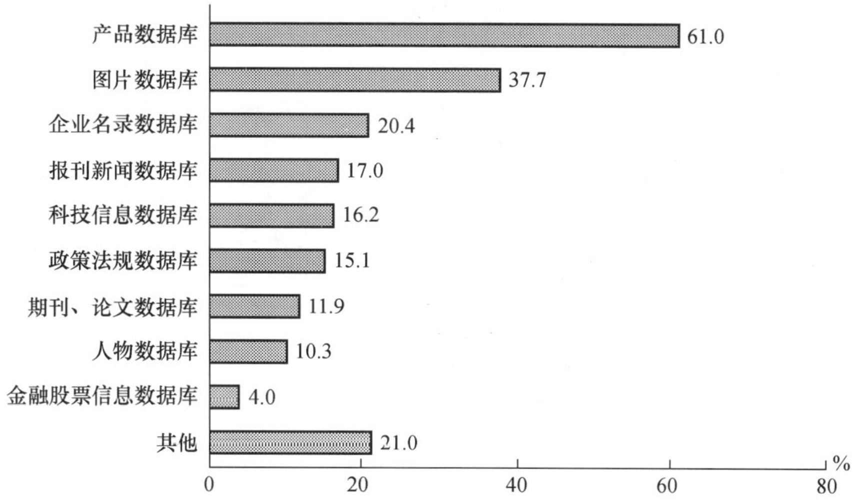

图 28.35　拥有各类在线数据库的网站比例情况

2. 各类在线数据库拥有的记录数

各类在线数据库拥有的记录情况如表 28.21 所示。就总体而言，记录数在 1 000 条以上的数据库占全部数据库的 29.8%。

表 28.21　　各类在线数据库拥有的记录数分布

	50 条及以下	51～100 条	101～500 条	501～1 000 条	1 001～5 000 条	5 001～10 000 条	10 000 条以上
总体	20.6%	14.9%	24.9%	9.8%	17.3%	4.6%	7.9%
政策法规	37.5%	6.3%	25.0%	15.6%	9.4%	6.3%	-
金融股票信息	40.0%	-	20.0%	-	20.0%	20.0%	-
报刊新闻	30.8%	11.5%	7.7%	19.2%	19.2%	7.7%	3.8%
科技信息	29.6%	11.1%	18.5%	14.8%	18.5%	3.7%	3.7%
产品	18.6%	21.2%	26.3%	6.8%	16.9%	4.2%	5.9%
企业名录	18.6%	16.3%	23.3%	11.6%	16.3%	2.3%	11.6%
人物	38.1%	4.8%	33.3%	9.5%	4.8%	-	9.5%
图片	13.3%	21.3%	25.3%	8.0%	20.0%	5.3%	6.7%
期刊、论文	20.8%	-	33.3%	16.7%	16.7%	4.2%	8.3%
其他	6.5%	10.9%	28.3%	4.3%	23.9%	4.3%	21.7%

3. 各类在线数据库的字节数

各类在线数据库的字节数情况如表 28.22 所示。就总体而言，字节数在 50MB 以上的数据库占全部数据库的 28.9%。

4. 各类在线数据库的更新周期

各类在线数据库的更新情况如表 28.23 所示。其中更新周期在一周内的比例中金融股票信息数据库、报刊新闻数据库和期刊/论文数据库的较高。

表 28.22　　各类在线数据库的字节数分布

	1MB 及以下	1～5MB	5～10MB	10～50MB	50～100MB	100～500MB	500MB 以上
总体	22.9%	17.2%	11.4%	19.5%	7.1%	11.4%	10.4%
政策法规	25.0%	18.8%	12.5%	18.8%	6.3%	6.3%	12.5%
金融股票信息	60.0%	-	-	20.0%	20.0%	-	-
报刊新闻	25.0%	18.8%	12.5%	31.3%	6.3%	6.3%	-
科技信息	17.4%	8.7%	17.4%	30.4%	4.3%	17.4%	4.3%
产品	24.7%	21.2%	11.8%	16.5%	7.1%	9.4%	9.4%
企业名录	21.7%	17.4%	17.4%	8.7%	-	17.4%	17.4%
人物	18.8%	37.5%	6.3%	18.8%	6.3%	-	12.5%
图片	20.7%	15.5%	5.2%	15.5%	12.1%	15.5%	15.5%
期刊、论文	20.0%	5.0%	30.0%	15.0%	10.0%	5.0%	15.0%
其他	22.9%	14.3%	5.7%	31.4%	2.9%	17.1%	5.7%

表 28.23　　各类在线数据库的更新周期情况

（%）	每日	每 3 日	每周	每 2 周	每月	每3个月	每 6 个月	6 个月以上	不固定
政策法规	15.8	1.8	10.5	-	15.8	1.8	1.8	10.6	42.1
金融股票信息	40	-	20	-	-	6.7	6.7	13.3	13.3
报刊新闻	26.6	9.4	15.6	-	9.4	7.8	-	14.1	17.2
科技信息	18	-	14.8	3.3	16.4	8.2	3.3	18.1	18
产品	17.4	3.9	11.3	4.8	11.3	7.4	2.2	9.5	32.2
企业名录	27.3	1.3	11.7	3.9	13	-	2.6	16.9	23.4
人物	23.1	2.6	-	2.6	15.4	2.6	2.6	23.1	28.2
图片	14.1	5.6	12.7	3.5	12	9.2	4.9	9.8	28.2
期刊、论文	15.6	6.7	20	-	6.7	8.9	2.2	13.3	26.7
其他	29.1	3.8	8.9	5.1	2.5	6.3	3.8	16.5	24.1

5. 各类在线数据库每次更新的记录所占比例

各类在线数据库的更新比例如表 28.24 所示。

表 28.24　　在线数据库的每次更新记录比例情况

（%）	≤1%	1%～5%（含 5%）	5%～10%（含 10%）	10%～20%（含 20%）	>20%
政策法规	29.4%	14.7%	41.2%	2.9%	11.8%
金融股票信息	25.0%	25.0%	25.0%	-	25.0%
报刊新闻	15.4%	17.9%	25.6%	15.4%	25.6%
科技信息	24.3%	21.6%	21.6%	13.5%	18.9%
产品	21.2%	19.9%	21.2%	14.4%	23.3%
企业名录	24.0%	30.0%	20.0%	10.0%	16.0%
人物	25.0%	25.0%	33.3%	4.2%	12.5%

续表

（%）	≤1%	1%～5%（含 5%）	5%～10%（含 10%）	10%～20%（含 20%）	>20%
图片	13.3%	15.6%	31.1%	12.2%	27.8%
期刊、论文	22.6%	16.1%	29.0%	9.7%	22.6%
其他	34.0%	16.0%	8.0%	16.0%	26.0%

6. 在线数据库同时具有其他载体情况

在拥有在线数据库的网站中，13.8%的网站拥有在线数据库的其他载体。其中，37.0%的政府网站拥有在线数据库的其他载体，13.1%的企业网站拥有在线数据库的其他载体，22.2%的商业网站拥有在线数据库的其他载体，10.5%的教育科研网站拥有在线数据库的其他载体等。具体情况如表 28.25 所示。

表 28.25　在线数据库同时具有其他载体的情况

网站类型	政府网站	企业网站	商业网站	教育科研网站	个人网站	其他公益性网站	总体
在线数据库拥有其他载体的网站比例	37.0%	13.1%	22.2%	10.5%	5.3%	25%	13.8%

各类网站在线数据库的具体载体形式分布情况如表 28.26 所示。

表 28.26　各类网站在线数据库具体载体形式

载体形式	总体	政府网站	企业网站	商业网站	教育科研网站	个人网站	其他公益性网站
光盘	57.1%	77.8%	62.5%	33.3%	50.0%	20.0%	50.0%
纸质	61.2%	44.4%	62.5%	66.7%	100.0%	60.0%	66.7%
其他	20.4%	11.1%	20.8%	-	-	40.0%	33.3%

7. 在线数据库收费情况

各类在线数据库的收费情况如图 28.36 所示。

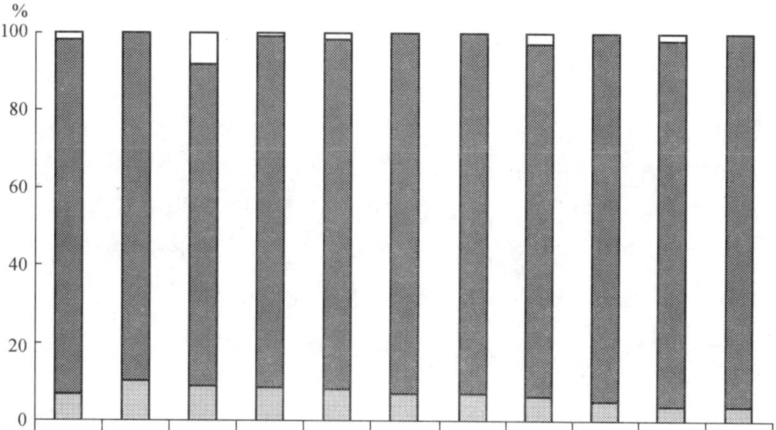

	全部	人物	企业名录	图片	科技信息	金融股票信息	期刊/论文	产品	报刊新闻	政策法规	其他
□ 二者均有	1.8	–	7.8	0.7	1.6	–	–	2.6	–	1.8	–
■ 免费	91.5	89.7	83.1	90.8	90.2	93.3	93.3	91.3	95.3	94.7	96.2
▨ 收费	6.7	10.3	9.1	8.5	8.2	6.7	6.7	6.1	4.7	3.5	3.8

图 28.36　在线数据库收费情况

8．在线数据库面向对象情况

从在线数据库的面向对象情况来看，面向社会公众的在线数据库比例最高，占 75.1%；其次是商业机构的在线数据库，比例为 61.5%；第三是面向学生的在线数据库，所占比例为 51.5%。具体情况如图 28.37 所示。

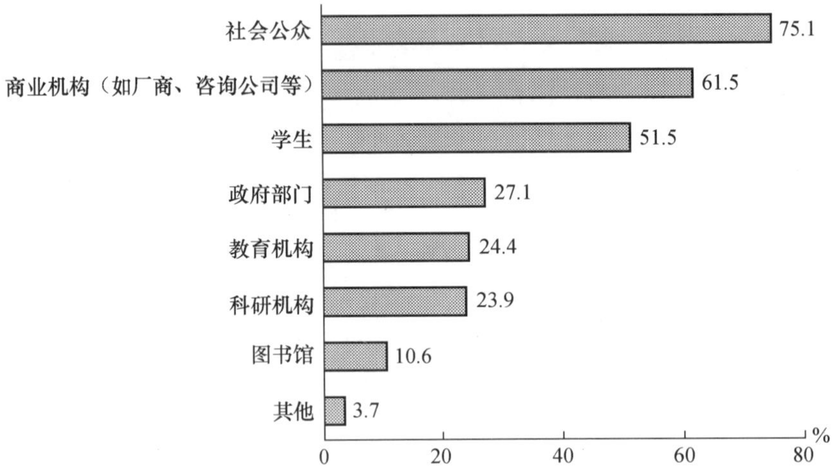

图 28.37　在线数据库面向对象情况分布

28.4　总结

此次调查结果显示，2005 年中国网络信息资源在数量、质量和服务上都有进一步的提高。中国域名数（尤其是国家顶级域名 CN）、网页数和网上信息量等方面显示出了强劲的增长势头，网站数略有上升，在线数据库数出现微降。另据中国互联网络信息中心统计，中国网民人数也在 2005 年首次突破 1 亿人，在规模上稳居世界第二位。所有这些数据都充分表明中国互联网进入了新的发展时期，互联网络信息资源总体上继续保持健康、快速的发展态势，也意味着中国信息化建设取得了较大进展。

1．网页数

截止到 2005 年 12 月 31 日，全国网页总数约有 24.0 亿个。一年内增长 17.5 亿个，年增长率高达 269%，其中动态网页的增长量占总增长量的 71.6%，如图 28.38 所示。对于此次网页数量的大幅增加，百度公司认为，这比较客观地反映了 2005 年中国互联网的实际发展情况。网页的增加可能与网民的增加、Web 2.0 的发展使得由网民产生的内容大量产生、互联网得到更广泛的重视等因素有关。

2．网页字节数

截止到 2005 年 12 月 31 日，全国网页字节总数约为 67 300GB。随着网页总数的急剧增长，网页字节数也同样出现剧增，一年内增长 46 763GB，年增长率达到 227.7%，如图 28.39 所示。这充分说明了 2005 年中国网上信息量的高速增长，也反映出中国网络信息资源的快速增长。

3．在线数据库数

截止到 2005 年 12 月，全国在线数据库的总量为 295 400 个，比 2004 年减少了 10 600 个，如图 28.40 所示。

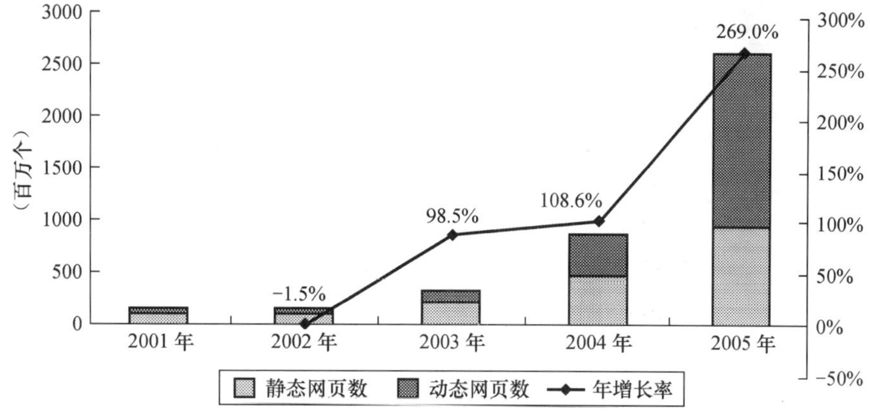

图 28.38　历年网页数及发展情况

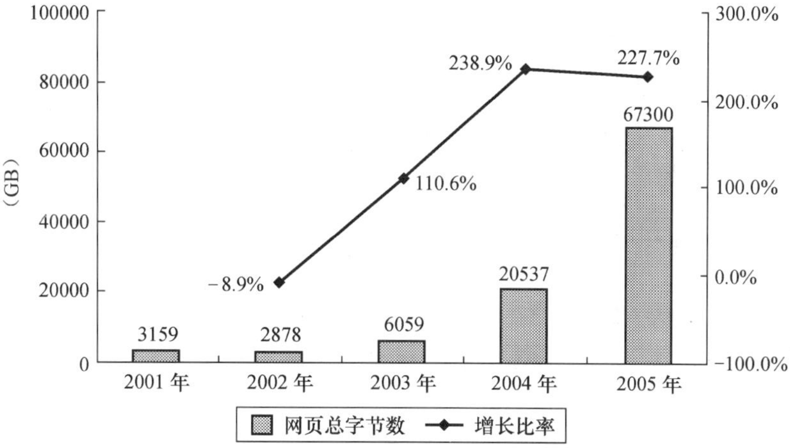

图 28.39　历年网页字节数及发展情况

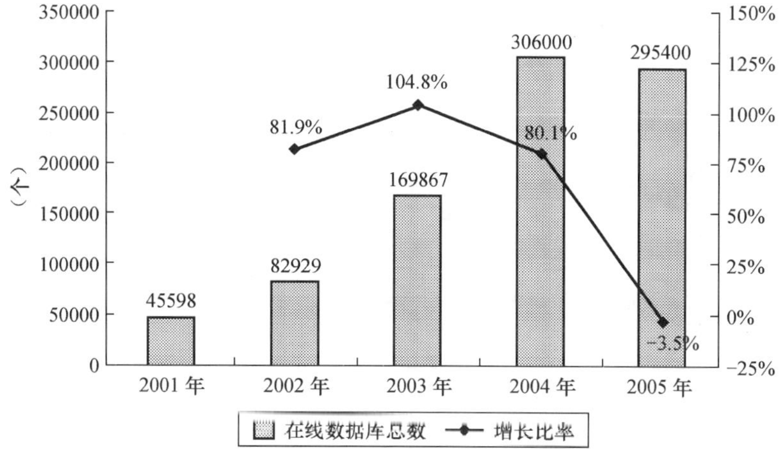

图 28.40　历年在线数据库数及发展情况

（中国互联网络信息中心）

第 29 章　香港特区互联网使用现状调查报告

29.1　调查说明

1．网民：本调查采用了两种“网民”的定义。其一是从 2000 年度香港特区调查起一直采用的“全球互联网研究计划”的定义（“你现在是否使用互联网”，简称 WIP 定义），以下部分内容将沿用此定义，以便与我们 2000～2004 年间的 5 次调查结果作比较。其二是从 2002 年度起采用的中国互联网络信息中心（CNNIC）的定义（“平均每周使用互联网至少 1 小时”），以便与中国互联网络信息中心的调查结果作比较。两种定义的统计结果略有不同，敬请读者引用时予以注明。

2．上网计算机：指家庭内连入互联网络的桌面电脑和手提电脑，但不计入可以上网的掌上电脑或带 PDA 功能的手机电话。

3．本调查由香港城市大学传播研究中心资助、祝建华教授负责。本报告内容，并不代表香港城市大学。本次调查统计数据截止日期为 2005 年 12 月 31 日。

29.2　调查结果

29.2.1　香港特区互联网络发展的宏观概况

1．家庭上网计算机数

香港特区家庭上网计算机数的情况如表 29.1 和图 29.1 所示。

表 29.1　　**家庭上网计算机数**

家 庭 总 数	上网计算机总数	拨号上网家庭数	宽带上网家庭数*
229 万	178 万	10 万	168 万
占家庭总数的比例	78%	4%	73%
占上网家庭的比例	100%	6%	94%

* 宽带上网包括 ADSL 和 Cable Modem 方式，但不包括 ISDN（计入拨号上网）和手机上网。

2．网民人数

（1）按中国互联网络信息中心（CNNIC）定义计，在年龄为 6～84 岁之间的香港特区常住居民中，有 400 万为网民（即占对应总体 653 万中的 61%），如考虑到抽样误差，实际网民可能为 388 万～411 万。

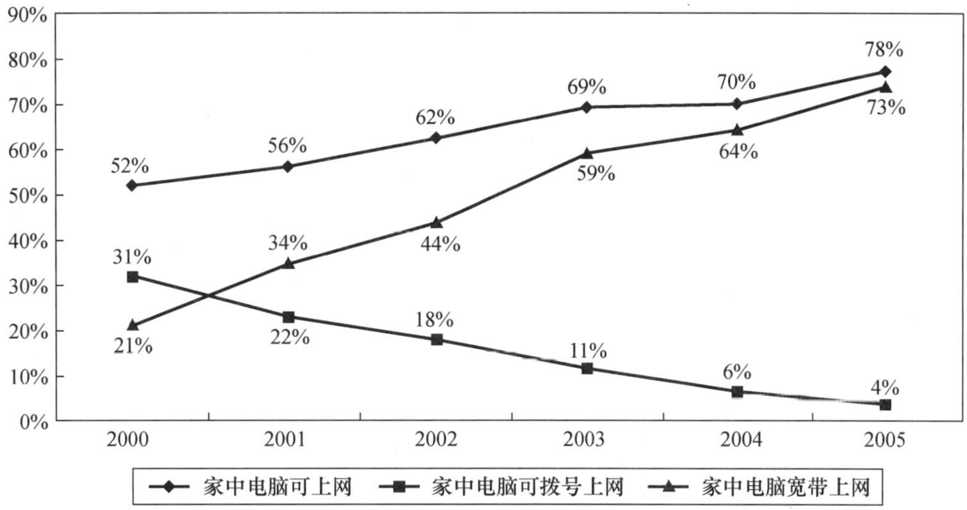

（数据来源：香港互联网研究计划，2000~2005）

图 29.1　香港特区居民家庭上网情况

（2）按 WIP 定义计，在年龄为 18～74 岁之间的香港特区常住居民中，有 329 万为网民（即占对应总体 539 万中的 61%），如考虑到抽样误差，实际网民可能为 319 万～338 万。香港特区网民逐年增长趋势如图 29.2 所示。

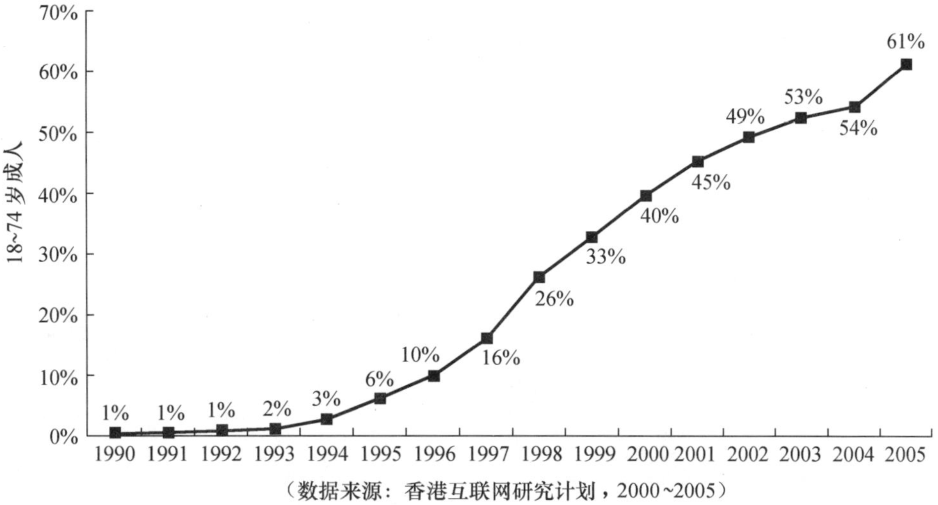

（数据来源：香港互联网研究计划，2000~2005）

图 29.2　香港特区网民（WIP 定义）逐年增长趋势

29.2.2　网民行为意识调查结果

注：本部分的“网民”，如不注明为“WIP 定义”（18～74 岁），即按中国互联网络信息中心（CNNIC）定义（6～84 岁）统计。问题带*者为中国互联网络信息中心网下抽样调查问题，不带*者为香港特区抽样调查问题。

1．网民个人信息

*（1）网民的性别：男性占 51%，女性占 49%，如表 29.2 上半部和图 29.3 所示。

表 29.2　网民性别分布

	2000.12	2001.12	2002.12	2003.12	2004.12	2005.12
网民构成						
男性	53%	54%	55%	53%	50%	51%
女性	47%	46%	45%	47%	50%	49%
网民普及率						
男性	44%	50%	53%	54%	57%	66%
女性	38%	39%	42%	43%	51%	57%

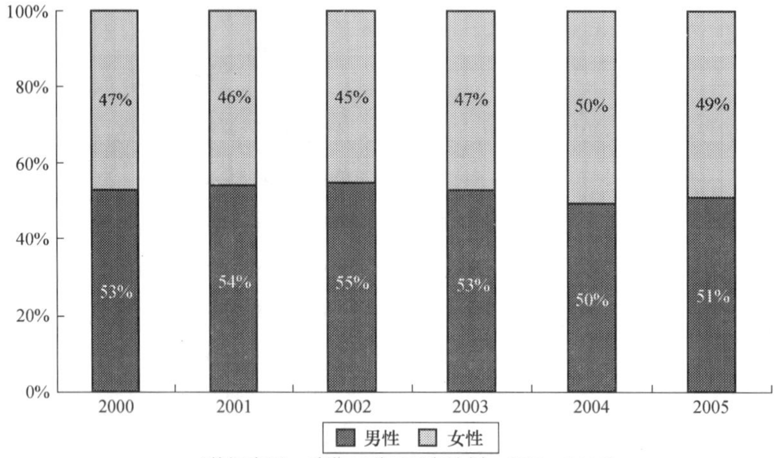

（数据来源：香港互联网研究计划，2000～2005）

图 29.3　网民的性别分布

从普及率的角度来看，男性网民占香港特区同龄男性总人口的 66%，女性网民占香港特区同龄女性总人口的 57%。男女性中的网民普及率之间有 9%的差别，与过去 5 次调查的情况相仿，如图 29.4 所示。

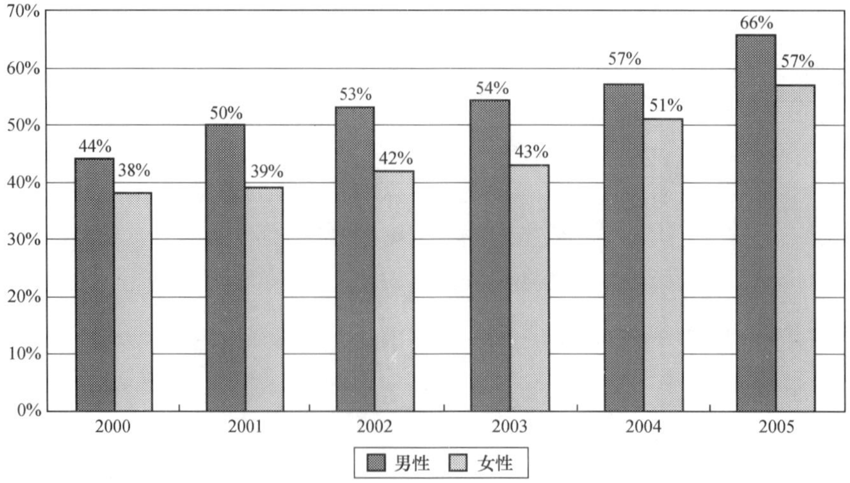

（数据来源：香港互联网研究计划，2000～2005）

图 29.4　不同性别的网民普及率

*（2）网民的年龄分布，如表 29.3 第 1 行和图 29.5 所示。

表 29.3　　网民年龄分布

	18 岁以下	18～24 岁	25～30 岁	31～35 岁	36～40 岁	41～50 岁	51～60 岁	60 岁以上
网民构成	21%	15%	16%	8%	14%	20%	4%	2%
网民普及率	94%	98%	88%	78%	76%	60%	20%	7%

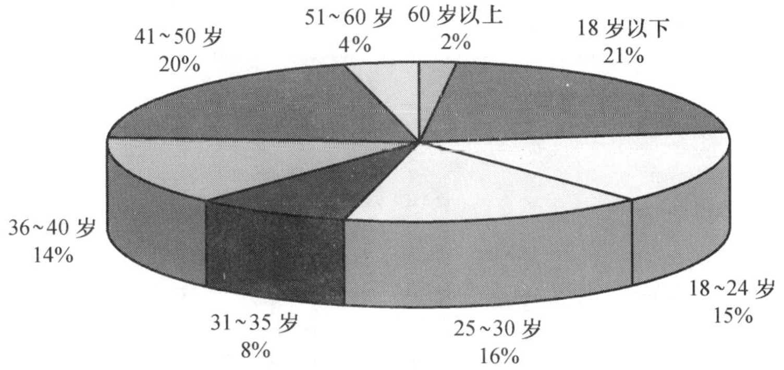

（数据来源：香港互联网研究计划，2000～2005）

图 29.5　网民的年龄构成分布

从普及率的角度来看，普及率随年龄而递减，尤其是超过 50 岁和 60 岁以后，其普及率分别只有 20%和 7%，如图 29.6 所示。

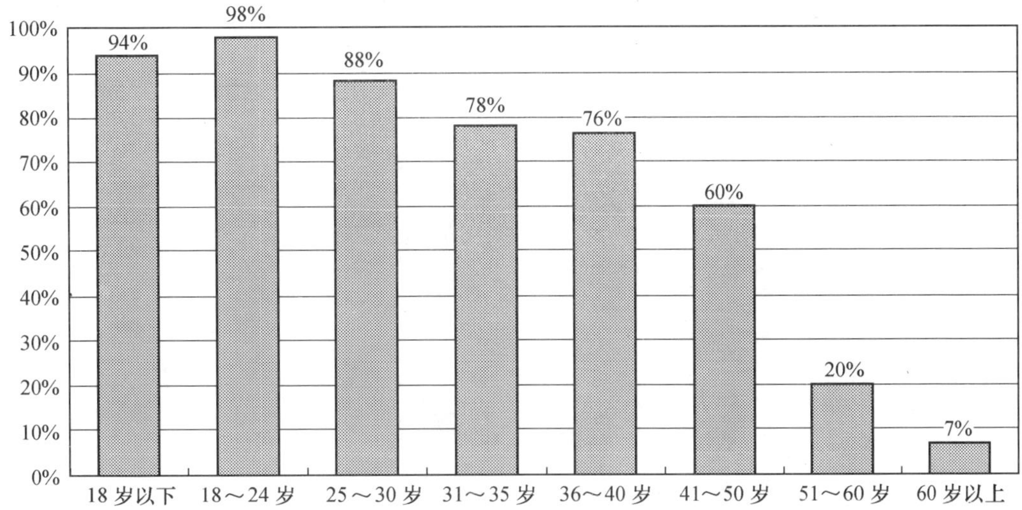

（数据来源：香港互联网研究计划，2000～2005）

图 29.6　不同年龄的网民普及率

*（3）网民的婚姻状况：在 6～84 岁的全部网民中，未婚占 56%，已婚占 44%。18～74 岁的成年网民中的婚姻状况如表 29.4 上半部和图 29.7 所示。

表 29.4　　成年网民婚姻状况分布

	2000.12	2001.12	2002.12	2003.12	2004.12	2005.12
网民构成						
已婚	49%	53%	52%	52%	51%	53%
未婚	51%	47%	48%	48%	49%	47%
网民普及率						
已婚	30%	36%	36%	37%	42%	50%
未婚	65%	61%	64%	67%	74%	86%

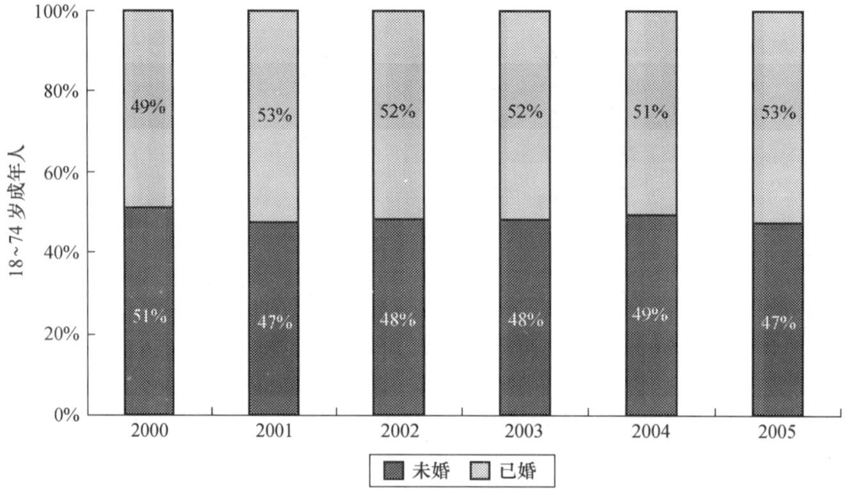

（数据来源：香港互联网研究计划，2000～2005）

图 29.7　成年网民的婚姻状况分布

从普及率的角度来看，未婚（包括离婚和丧偶）人口中的网民普及率比已婚人口的网民普及率要高 30%以上，如图 29.8 所示，这种差别在过去的 5 次调查中亦同样存在。

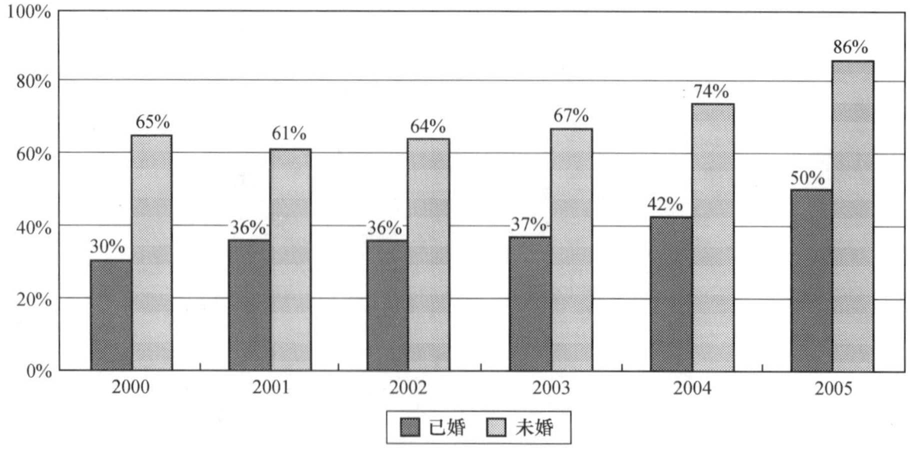

（数据来源：香港互联网研究计划，2000～2005）

图 29.8　不同婚姻状况下的成年网民普及率

*（4）网民的文化程度，如表 29.5 第 1 行和图 29.9 所示。

表 29.5　　网民文化程度分布

	高中（中专）以下	高中（中专）	大专	本科	硕士、博士
网民构成	55%	10%	7%	24%	4%
网民普及率	52%	79%	87%	94%	97%

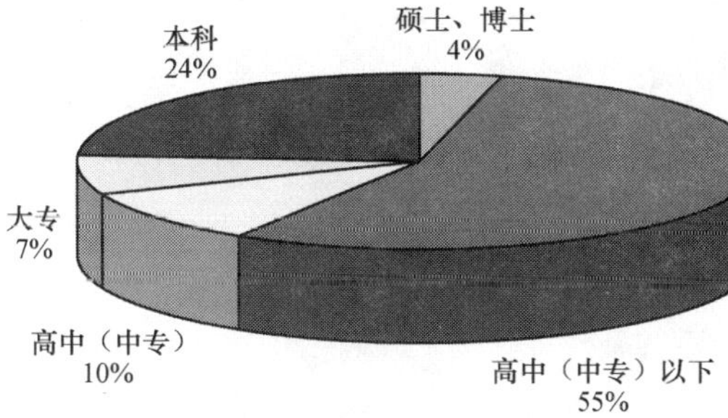

（数据来源：香港互联网研究计划，2000～2005）

图 29.9　网民的文化程度分布

*（5）网民的职业分布，如表 29.6 第 1 行所示。

表 29.6　　网民职业分布

	公务员、军警	管理、科教文卫、公司职员	工人、商业/服务业人员	个体或私营劳动者	学　生	退休、无业	其　他
网民构成	3%	14%	29%	2%	33%	10%	9%
网民普及率	77%	94%	70%	63%	95%	26%	44%

从普及率的角度来看，学生、管理和其他专业人士中几乎全部上网，其他从业人员中的普及率也较高，闲散在家者中的普及率就很低，如图 29.10 所示。

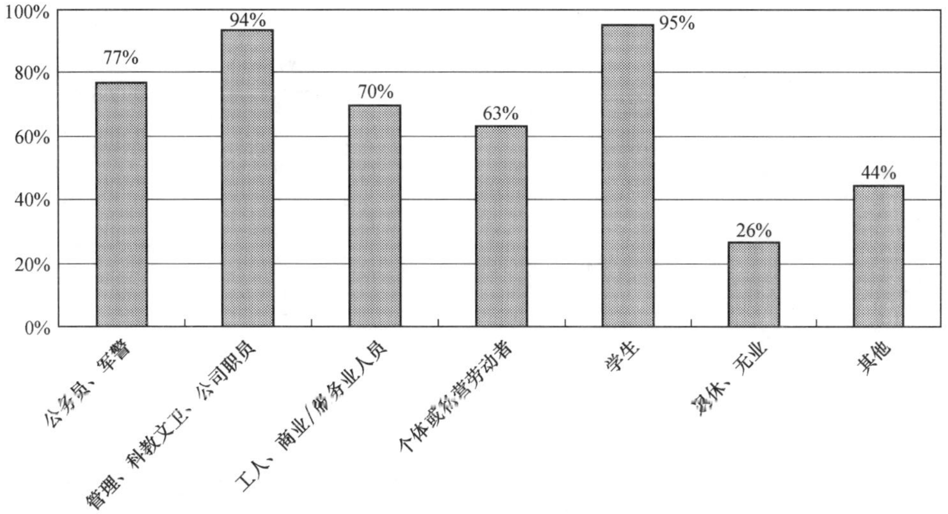

（数据来源：香港互联网研究计划，2000～2005）

图 29.10　不同职业的网民普及率

*（6）网民的家庭月收入，如表 29.7 第 1 行所示。

表 29.7　　网民家庭月收入分布

	1 万港币以下	1～2 万港币	2～3 万港币	3～4 万港币	4 万港币以上
网民构成	14%	30%	21%	15%	20%
网民普及率	35%	63%	81%	79%	85%

从普及率的角度来看，中、高收入各阶层之间的普及率相差不大，而最低收入阶层的普及率明显低于其他阶层，如图 29.11 所示。

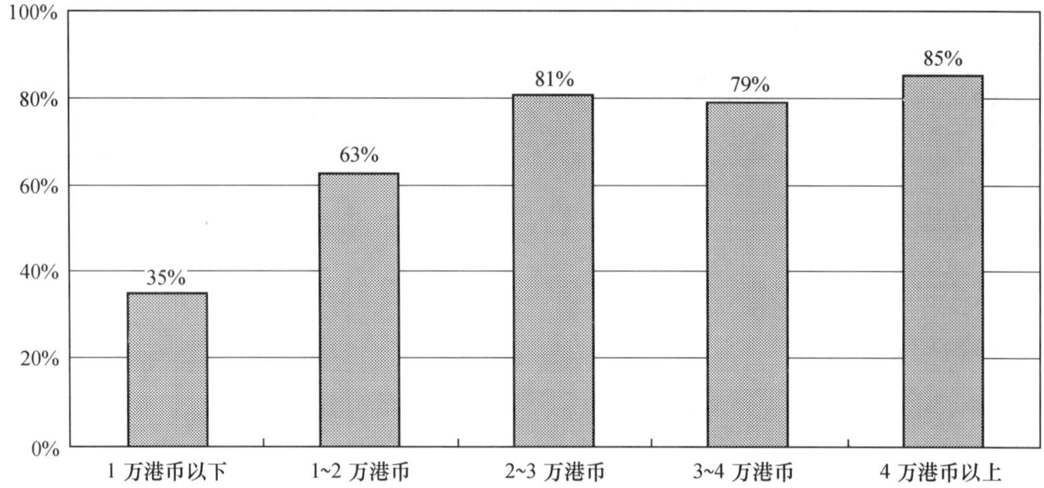

（数据来源：香港互联网研究计划，2000~2005）

图 29.11　不同家庭收入的网民普及率

2. 网民使用互联网的情况和上网习惯

*（1）网民上网的主要地点（多选题），如表 29.8 和图 29.12 所示。

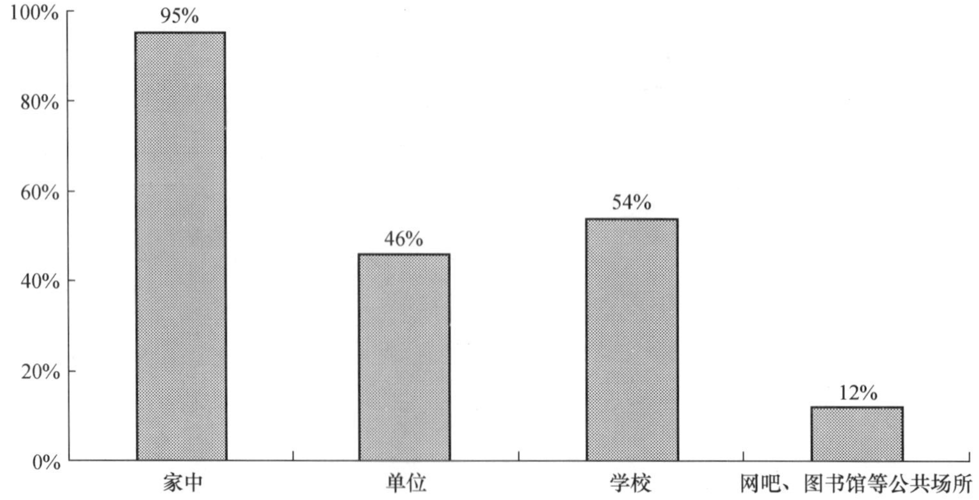

（数据来源：香港互联网研究计划，2000~2005）

图 29.12　网民主要上网地点

表 29.8 网民主要上网地点

家 中	单 位	学 校	网吧、图书馆等公共场所
95%	46%	54%	12%

*（2）网民每月用于连接互联网的费用（平均 153 港币或 20 美元），如表 29.9 和图 29.13 所示。

表 29.9 网民每月连接互联网的费用（港币）

低于 50	51～100	101～200	201～300	301～400	401～500	500 以上
8%	19%	59%	12%	2%	0.4%	0.1%

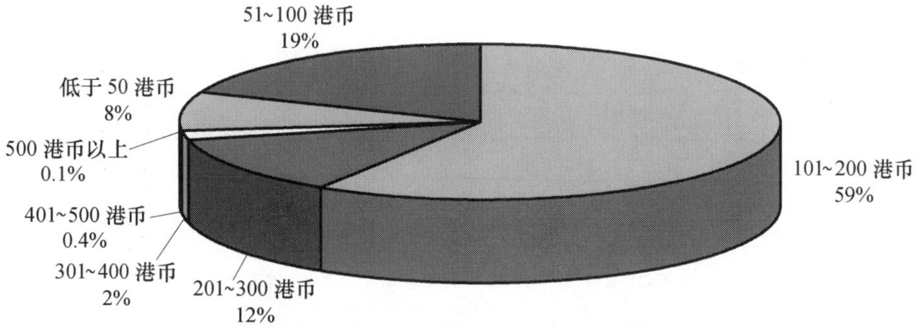

（数据来源：香港互联网研究计划，2000~2005）

图 29.13 网民每月连接互联网的花费

*（3）网民上网经验。

- 2 年以下 5%
- 2～4 年 13%
- 5～7 年 36%
- 7 年以上 45%

*（4）网民连接互联网的方法（多选），无线方式上网比例的变化如图 29.14 所示。

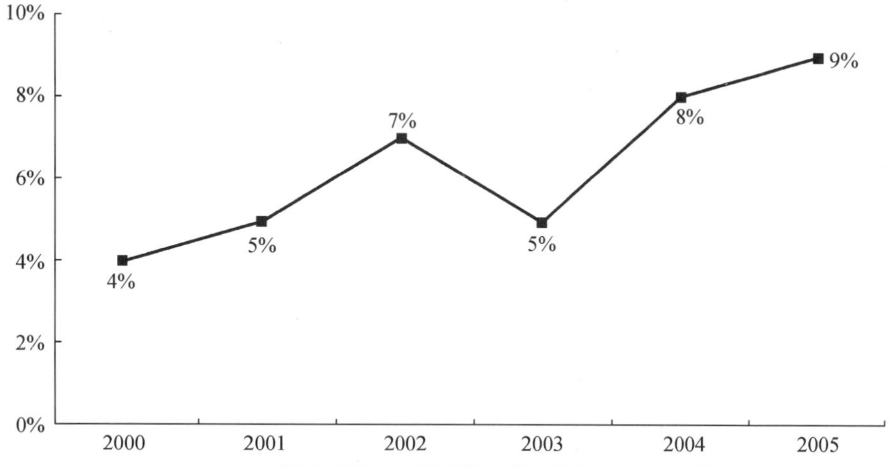

（数据来源：香港互联网研究计划，2000~2005）

图 29.14 网民采用无线方式上网的比例变化

- 电话　5%
- 宽带　88%
- 有线电视　5%
- 无线（包括 WLAN、GPRS、WAP、EDGE、3G）　9%
- 不知道　2%

*（5）网民平均每周上网时间：14.8 小时。

*（6）网民平均每周上网天数：5.5 天。

*（7）网民通常在什么时间上网（多选题），如表 29.10 和图 29.15 所示。

表 29.10　网民上网时间分布

1 点	2 点	3 点	4 点	5 点	6 点
9%	6%	3%	2%	2%	1%
7 点	8 点	9 点	10 点	11 点	12 点
1%	2%	3%	16%	19%	18%
13 点	14 点	15 点	16 点	17 点	18 点
17%	19%	20%	22%	24%	21%
19 点	20 点	21 点	22 点	23 点	24 点
21%	25%	33%	40%	36%	27%

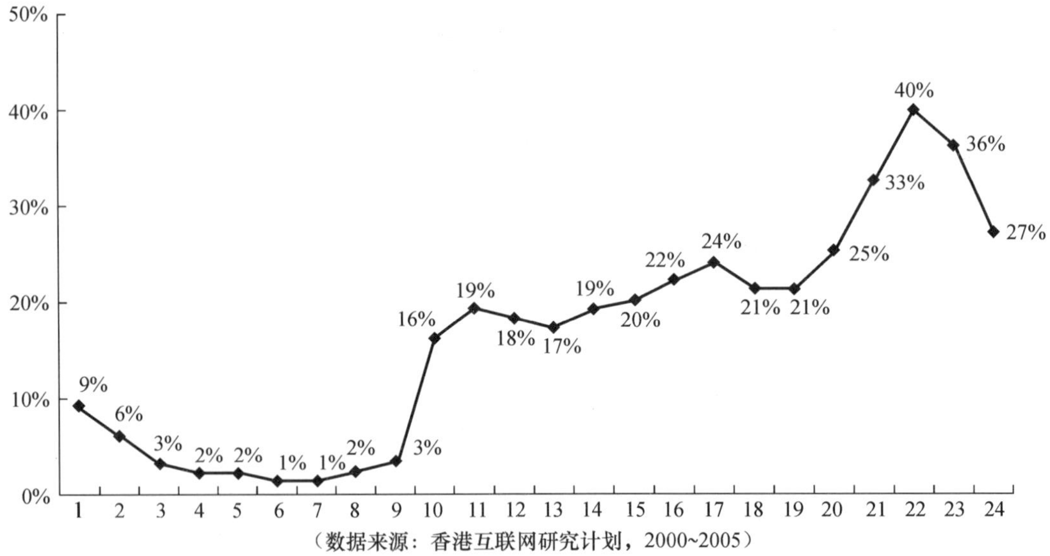

（数据来源：香港互联网研究计划，2000~2005）

图 29.15　网民每天 24 小时上网时间分布

*（8）网民拥有 E-mail 账号平均值：2.2 个。

其中免费 E-mail 账号平均值：2.0 个。

*（9）网民平均每周收到电子邮件数（不包括垃圾邮件）：27.8 封。

收到垃圾邮件数：57.5 封。

发出电子邮件数：12.1 封。

*（10）网民上网最主要的目的。

- 获取信息　50.0%
- 休闲娱乐　22.2%
- 与人联络（如收发邮件、IM、SMS 和聊天等）　10.7%
- 学习　9.1%
- 其他　3.7%
- 网上银行、买股票、付账等　2.1%
- 获得各种免费资源（如免费邮箱、个人主页空间、各种免费资源下载等）　1.7%
- 交友　0.5%
- 网上购物　0.0%

*（11）网民经常使用的网络服务（多选题）。

- 浏览网页　49%
- 电子邮箱　24%
- 搜索引擎　20%
- 网上聊天（如 MSN、ICQ、Yahoo Messenger 和 chat room 等）　18%
- 新闻组　16%
- 网上游戏　16%
- 多媒体娱乐（如电影、音乐、广播和 Flash 等）　12%
- 网上教育　7%
- 其他　7%
- BBS 论坛、社区、讨论组　5%
- 网上银行　4%
- 软件上传或下载服务　3%
- 网上购物或商务活动　3%
- 网上招聘　1%
- 短信服务　1%
- 票务、旅店预订　1%
- 校友会网页　0%
- 视像（视频）会议　0%
- 网络电话　0%

*（12）网民在过去一年中是否通过购物网站购买过商品或服务。

- 是：　12%
- 否：　88%

*（13）网上购物网民在过去一年中在网上实际购买过哪些产品或服务（多选）。

- 休闲娱乐（如电影票、球票）　24%
- 计算机　17%
- 书籍　13%
- 纺织、服装　9%

- 家居、工艺品 8%
- 医疗、保健 6%
- 食品 5%
- 其他 5%
- 家电 3%
- 旅游（飞机、火车、饭店） 1%

（14）网民每周用于网上 6 种主要活动的时间，变化趋势如图 29.16 所示。

- 看网上新闻 0.9 小时
- 收发电子邮件 2.0 小时
- 参加网上聊天、讨论 0.7 小时
- 搜寻与工作/学习有关的信息 2.2 小时
- 搜寻与个人生活有关的信息 1.7 小时
- 参加网上的游戏、娱乐 0.9 小时

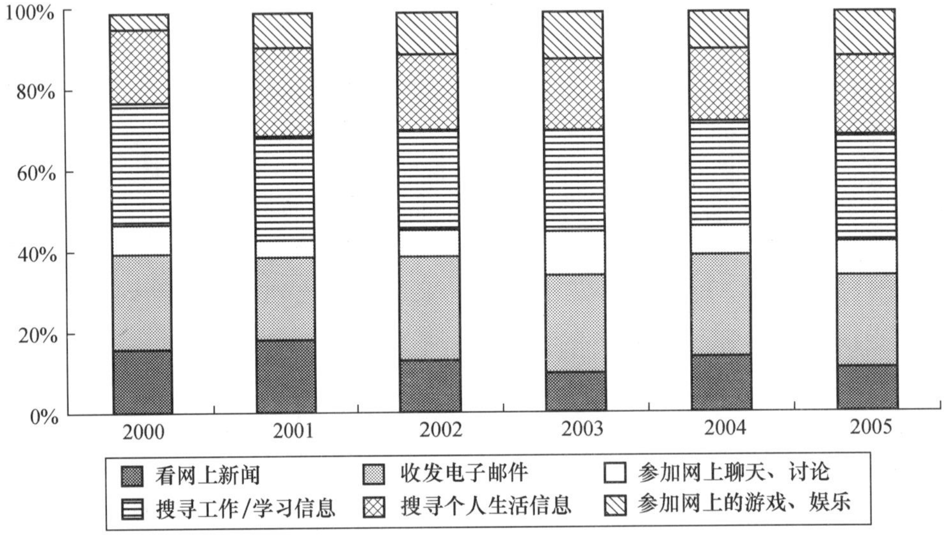

（数据来源：香港互联网研究计划，2000~2005）

图 29.16 18～74 岁网民上网时间分配

（15）网民用于各种语言网站的时间占所有上网时间的比例，变化趋势如图 29.17 所示。

- 香港特区本地中文网站 64%
- 香港特区本地非中文网站 6%
- 海外中文网站 15%
- 海外非中文网站 15%

*（16）是否经常浏览/点击网络广告。

- 经常浏览/点击 1%
- 有时浏览/点击 4%
- 很少浏览/点击 29%

- 从来不浏览/点击　　66%

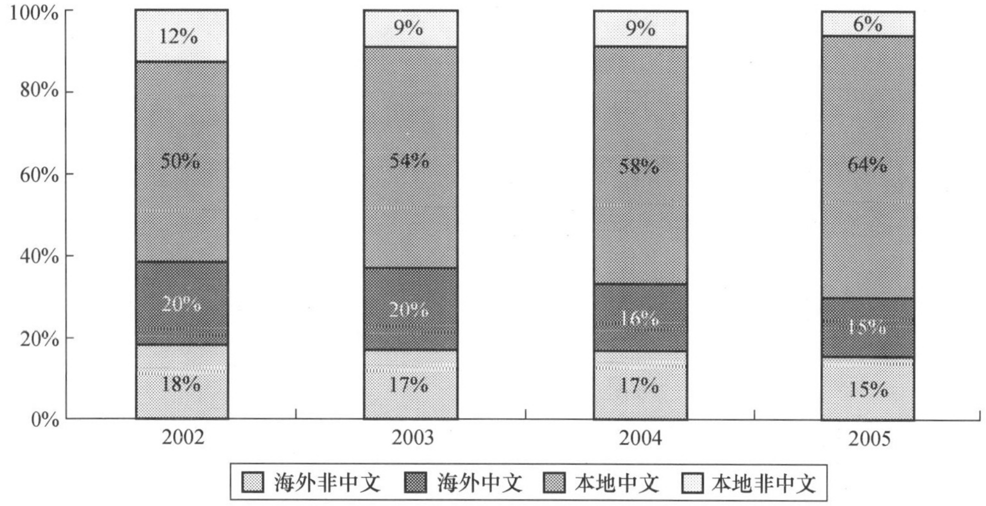

（数据来源：香港互联网研究计划，2000~2005）

图 29.17　网民上网时间分配

（17）在最近 12 个月中，是否因为上网而遇到（多选题）。

- 由于各种电脑病毒而遗失资料或耽误时间　　38%
- 被人冒用信用卡付账　　1.4%
- 被人盗用私人信息或滥用私人账号　　5%

29.2.3　香港特区非网民概况

*（1）非网民不上网的原因（多选题）。

- 不懂如何上网/对上网技术感到恐惧和困惑　　44%
- 无计算机/无电话/电脑不能上网/电脑不够好　　17%
- 无兴趣　　16%
- 工作太忙，无上网　　10%
- 年龄太老/小、健康问题　　9%
- 语言问题/不懂英文　　7%
- 觉得上网没用/无需要　　5%
- 上网费用太贵　　1%
- 担心孩子受到不好影响　　1%
- 感兴趣的网站或信息太少　　1%
- 担心网上安全　　1%
- 病毒太多　　0%
- 担心泄露私隐　　0%
- 经常断线、网络繁忙、不容易登入　　0%
- 传输速度太慢　　0%

- 其他困难 7%
- 无困难 7%
- 不知道 3%

*（2）非网民预期上网时间，如图 29.18 所示。

- 1 个月内 3%
- 1～3 个月内 2%
- 3～6 个月内 3%
- 6～12 个月内 3%
- 1 年以后 3%
- 不知道/无法预计 6%
- 根本不打算上网 80%

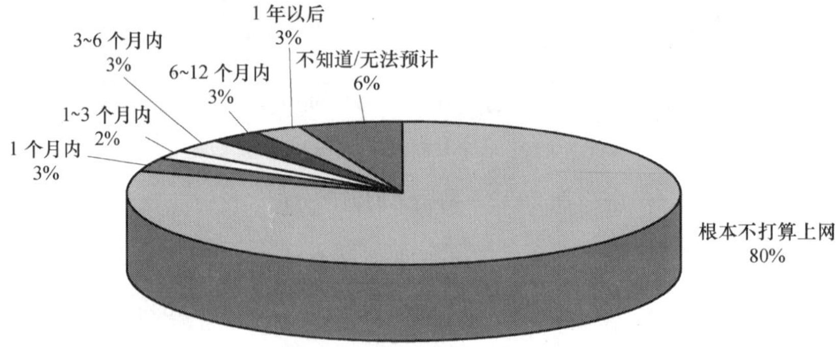

（数据来源：香港互联网研究计划，2000～2005）

图 29.18 非网民上网预期

（3）按 WIP 定义计，香港特区 18～74 岁成年人中的网民比例从 2000 年的 40%，增加到 2001 年的 45%、2002 年的 49%、2003 年的 53%、2004 年的 54%和 2005 年的 60%，平均年增长率为 8.4%。与此同时，非网民的比例从 2000 年的 60%，下降到 2001 年的 55%、2002 年的 51%、2003 年的 47%、2004 年的 46%和 2005 年的 40%，平均年减少率为 7.8%，如图 29.19 所示。

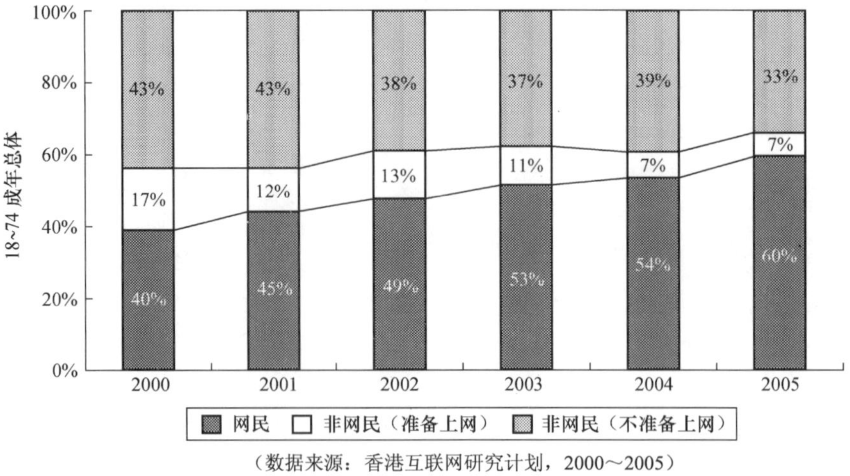

（数据来源：香港互联网研究计划，2000～2005）

图 29.19 香港特区网民、非网民之比（按 WIP 定义计）

*（4）非网民因不上网而遇到的经历，如表 29.11 所示。

表 29.11　　不上网对非网民的影响

	从　不	很　少	有　时	经　常
因为不使用互联网而有过感到难堪的经历	79%	7%	12%	3%
因为不使用互联网而有过有人鼓励您使用互联网的经历	57%	10%	25%	8%
因为不使用互联网而有过被排斥在朋友的交流沟通圈之外的经历	93%	5%	1%	1%
因为不使用互联网而有过在升学/就业/本单位内升职涨薪时处于不利地位的经历	96%	1%	2%	1%
因为不使用互联网而有过别人说难以与您联络的经历	96%	2%	2%	1%

29.2.4　网民与非网民对互联网的看法

*（1）您是否信任互联网，如表 29.12 和图 29.20 所示。

表 29.12　　对互联网的信任程度

	网　　民	非　网　民	总　　计
完全不信	1%	2%	1%
不太信任	9%	14%	11%
半信半疑	46%	46%	46%
比较信任	38%	20%	32%
完全信任	4%	3%	3%
不知道/说不准	1%	16%	7%

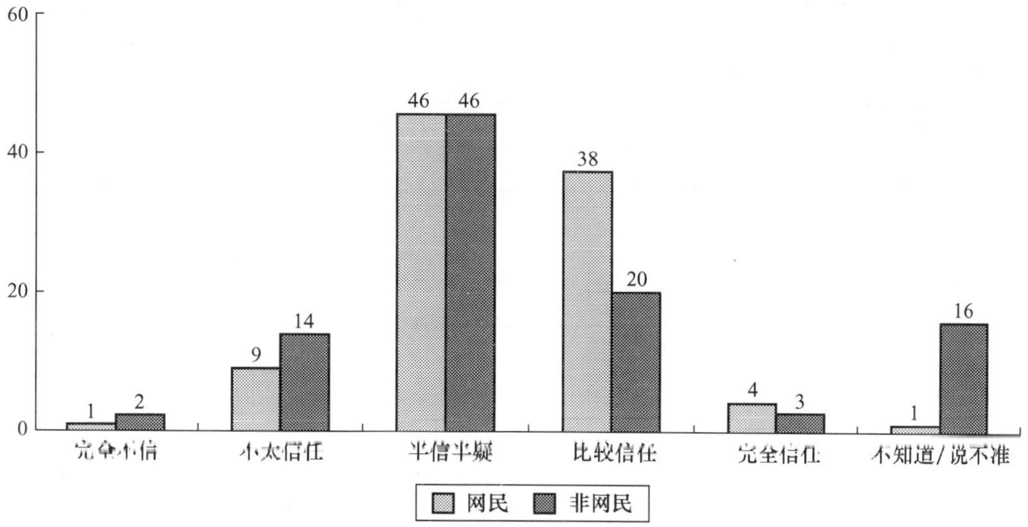

（数据来源：香港互联网研究计划，2000~2005）

图 29.20　网民、非网民对互联网信任度的比较

（2）网上信息是否需要管理和控制，如表 29.13 所示。

表 29.13　　网上信息是否需要管理和控制

	网　民	非　网　民	总　计
非常需要	2%	2%	2%
比较需要	8%	4%	7%
不太需要	34%	32%	33%
完全不需要	51%	41%	47%
说不准	5%	21%	10%

*（3）对互联网的作用和影响的看法，如表 29.14 所示。

表 29.14　　对互联网的作用和影响的看法

	很不赞成	不太赞成	一半赞成、一半不赞成	比较赞成	非常赞成	不知道/说不准
使用互联网可以提高工作/学习和生活的效率	1%	6%	6%	50%	34%	3%
在单位/学校/邻里中，会上网的人好像高人一等	24%	54%	5%	11%	3%	4%
使用互联网容易结交不好的朋友	5%	26%	9%	35%	18%	6%
使用互联网容易暴露隐私	5%	23%	10%	38%	18%	6%
使用互联网容易受不良信息影响	4%	22%	9%	40%	20%	6%

（4）互联网在您的生活、工作/学习中有多重要，如表 29.15 所示。

表 29.15　　互联网的重要性评价

	网　民	非　网　民	总　计
非常重要	30%	7%	21%
比较重要	42%	19%	33%
无所谓	20%	30%	24%
不太重要	7%	23%	13%
完全不重要	1%	12%	5%
不知道/难讲	0%	10%	4%

（香港城市大学传播研究中心　祝建华）

第 30 章　澳门特区互联网使用现状统计报告

30.1　调查说明

网民：本调查采用了两种“网民”的定义。其一是从 2001 年度澳门特区调查起一直采用的“全球互联网研究计划”（World Internet Project，缩写为 WIP）的定义（“你现在是否使用互联网”，抽样调查对象是 18～74 岁的澳门特区居民，简称 WIP 定义），以下部分内容将沿用此定义。其二是从 2003 年起采用的中国互联网络信息中心（CNNIC）的定义（“平均每周使用互联网至少 1 小时的网民”，抽样调查对象是 6～84 岁的澳门特区居民，简称 CNNIC 定义），以便与 CNNIC 的调查结果作比较。两种定义的统计结果略有不同，敬请读者垂注。

上网计算机：指家庭内连入互联网的桌面电脑和手提电脑，但掌上电脑或带 PDA 功能的手机电话不在此列。

说明：本报告内容乃“澳门互联网研究计划”调查结果的一部分，该计划由澳门大学研究委员会及澳门基金会资助经费。本报告内容，并不代表资助机构的立场。本次调查统计数据截止日期为 2005 年 12 月 29 日。

30.2　调查结果

30.2.1　澳门特区互联网络发展的宏观概况

1. 家庭上网计算机的上网情况

澳门特区家庭上网计算机数如表 30.1 所示。

表 30.1　　家庭上网计算机数（2005 年）

家庭总数 (1)	上网计算机总数	拨号上网计算机数 (2)	宽带上网计算机数 (3)
15.3 万	9.5 万	1.9 万	7.5 万
占家庭总数的比例	62%	12%	49%
占上网家庭的比例	100%	20%	79%

注：（1）家庭总数根据总人口数及平均每个家庭之人口数计算所得。

（2）及（3）不包括租用专线、无线和手机上网。

澳门特区家庭上网计算机增长情况如表 30.2 和图 30.1 所示。

表 30.2　　家庭上网计算机增长情况

	上网计算机占家庭总数	拨号上网计算机占家庭总数	宽带上网计算机占家庭总数
2003	57%	30%	27%
2004	59%	23%	35%
2005	62%	12%	49%

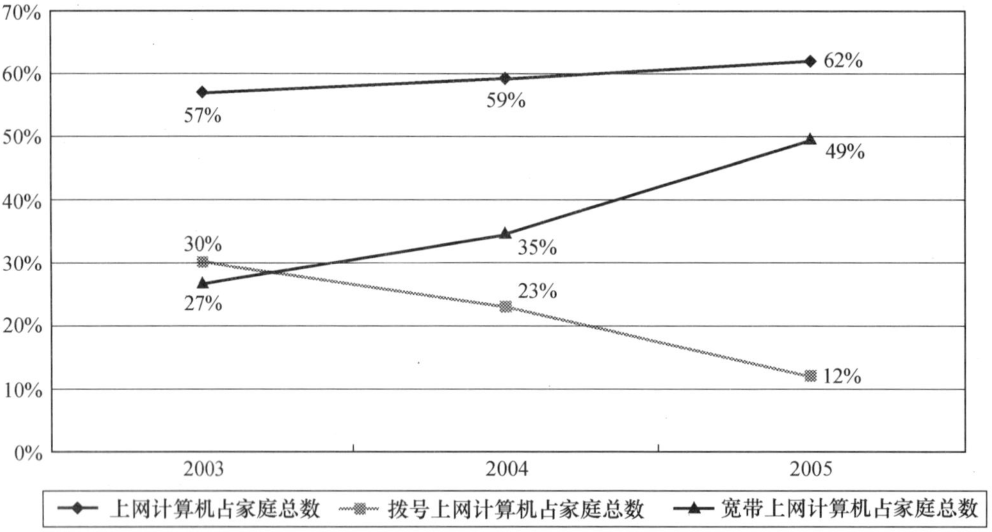

（数据来源：澳门互联网研究计划，2001~2005）

图 30.1　家庭上网计算机增长情况

历年调查的计算机上网方式情况如表 30.3 和图 30.2 所示。

表 30.3　　历年调查之计算机上网方式(1)

	宽带上网	拨号上网	其他方式（包括租用专线、无线等）
2001(2)	22%	78%	0%
2003	47%	51%	2%
2004	60%	39%	1%
2005	79%	20%	1%

注：（1）2002 年没有进行相关调查。（2）WIP 定义。

在宏观方面，截至 2005 年年底，澳门特区的家庭计算机上网率为 62%，在所有已上网的计算机当中，79%为宽带上网，20%为拨号上网。从 2001 年到 2005 年，宽带上网的家庭计算机比例由 22%上升至 79%，拨号上网的比例则由 78%下降至 20%。因此，宽带上网已经成为澳门特区家庭计算机主要的上网方式。

2．澳门特区的网民人数及各阶层人群的普及率

根据 2005 年的调查结果显示，以 CNNIC 定义计，在年龄为 6～84 岁的澳门特区常住居民中，有 23.3 万为网民（即占对应总体 44.3 万人口中的 52.7%），如表 30.4 和图 30.3 所示。

如考虑到抽样误差（±2.3%），实际网民可能为 22.3 万～24.4 万。

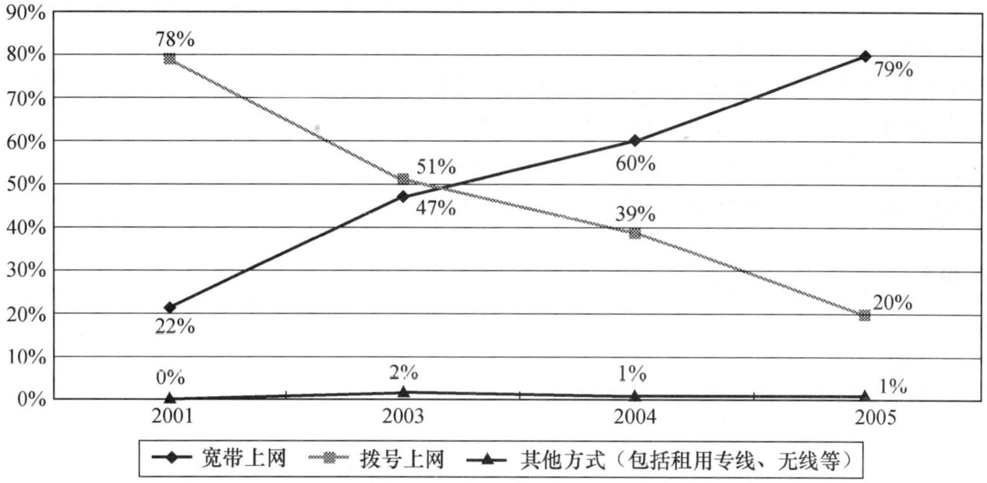

（数据来源：澳门互联网研究计划，2001~2005）

图 30.2 历年调查之计算机上网方式

表 30.4 以 CNNIC 定义计，网民与非网民的增减情况

	网 民	曾为网民	非 网 民
2001 [1]	32.9%	15.0%	52.0%
2003	39.5%	10.0%	51.0%
2004	46.2%	8.0%	46.0%
2005	52.7%	6.9%	40.4%

注：（1）WIP 定义。

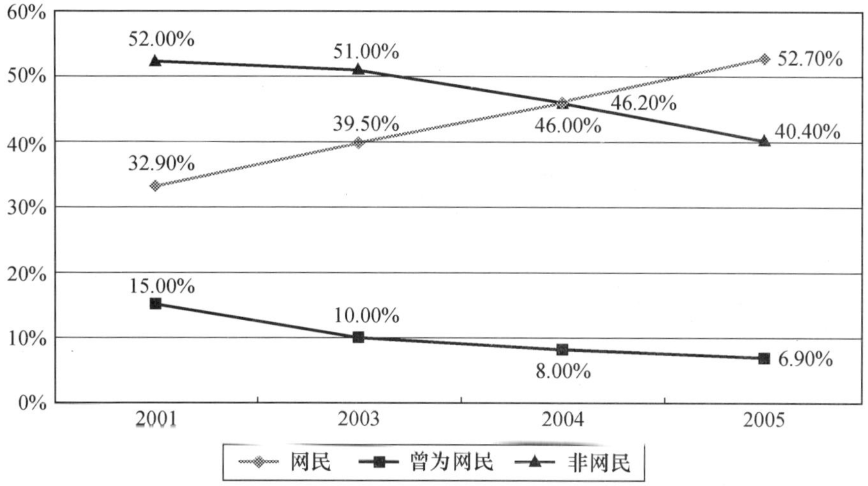

（数据来源：澳门互联网研究计划，2001~2005）

图 30.3 以 CNNIC 定义计，网民与非网民的增减情况

以 WIP 定义计，在年龄为 18～74 岁的澳门特区常住居民中，则有 17.0 万为网民（即

占对应总体 34 万中的 50%），如考虑到抽样误差（±2.7%），实际网民可能为 16.1 万～18.0 万。

从表 30.4 所示的历年的调查结果来看，澳门特区的互联网普及率持续上升，由 2001 年的 32.9%上升至 2005 年的 52.7%，平均年增长率为 12.5%；另一方面，非网民的比例则逐年下降，从 2001 年的 52%下降至 2005 年的 40.4%，平均年减少率为 6.3%。

表 30.5 和图 30.4 所示的上网率数据是根据网民的上网年期推估出来的逐年增长情况。自 1995 年澳门特区正式开通公众上网以来，平均年增长率为 35%。

表 30.5 网民逐年增长趋势

年　份	普　及　率	年　份	普　及　率
1995	3%	2001	33%
1996	4%	2002	36%
1997	6%	2003	40%
1998	10%	2004	46%
1999	16%	2005	53%
2000	25%		

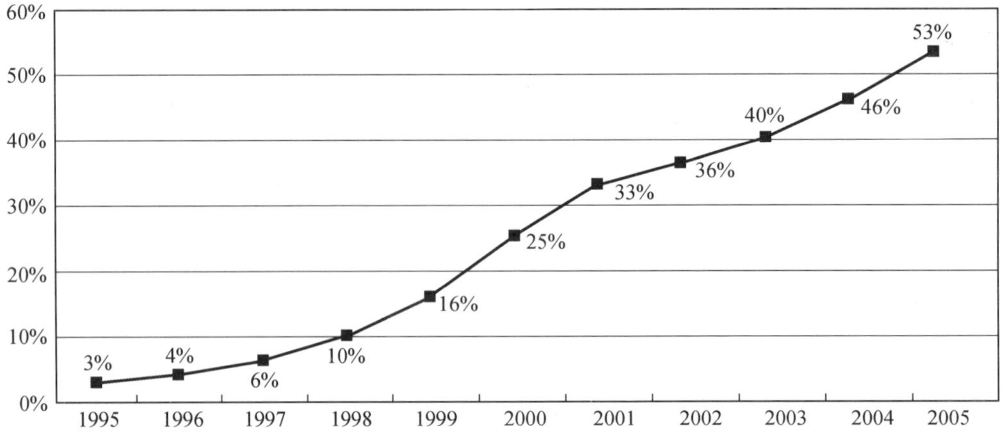

（数据来源：澳门互联网研究计划，2001~2005）

图 30.4 网民逐年增长趋势

3. 按人口特征统计的互联网普及率

（1）男女的网民普及率

澳门特区居民中男女的网民普及率情况如表 30.6 和图 30.5 所示。

表 30.6 男女的网民普及率

性别 \ 年份	2003	2004	2005
男	42%	49%	53%
女	37%	43%	53%

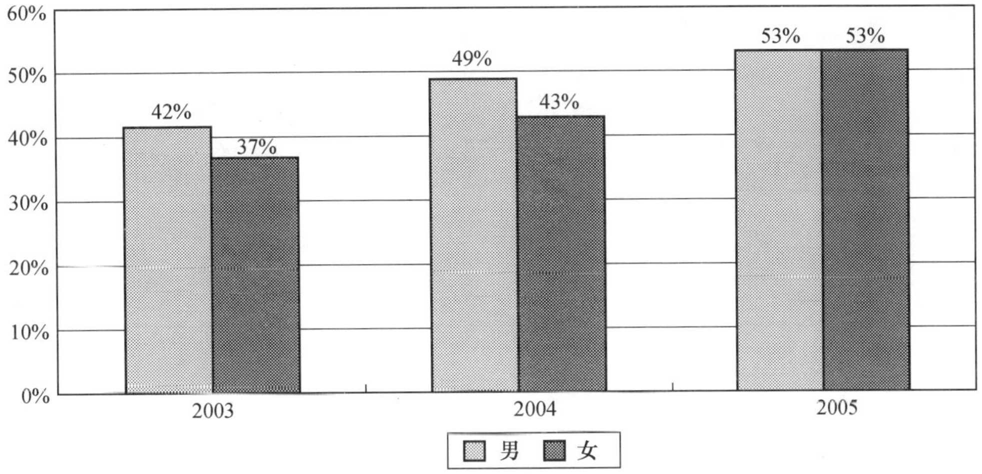

（数据来源：澳门互联网研究计划，2001~2005）

图 30.5　男女的网民普及率

从性别来看，过去男性的普及率都比女性高，但是 2004 年的调查结果显示，男女的上网比例首次出现一样，皆占同龄总人口的 53%。

（2）不同年龄层的网民普及率

澳门特区居民中不同年龄层的网民普及率情况如表 30.7 所示。

表 30.7　　不同年龄层的网民普及率

年份 年龄	2003	2004	2005
18 岁以下	44%	67%	74%
18～24 岁	84%	88%	95%
25～30 岁	70%	78%	81%
31～35 岁	48%	59%	61%
36～40 岁	40%	41%	56%
41～50 岁	20%	22%	33%
51～60 岁	14%	9%	18%
60 岁以上	1%	1%	6%

过去 3 年，在不同年龄层的居民中，其上网比率基本呈上升趋势，不过各组别之间的普及率有明显差异。其中除了 18 岁以下的组别外，普及率随着年龄的增加而递减，从 18～24 岁组的 95%下降至 60 岁以上组的 6%，如图 30.6 所示。

（3）不同职业的网民普及率

澳门特区居民中不同职业的网民普及率情况如表 30.8 所示。

表 30.8　　不同职业的网民普及率

年份 职业	2003	2004	2005
管理阶层、专业人士、白领、文职人员	72%	78%	83%
公务员	68%	88%	81%

续表

职业＼年份	2003	2004	2005
学生	54%	72%	80%
自雇人士	36%	32%	52%
蓝领、劳动工人、服务员	22%	25%	27%
失学、退休、无业、家庭主妇	13%	11%	17%
其他	42%	50%	33%

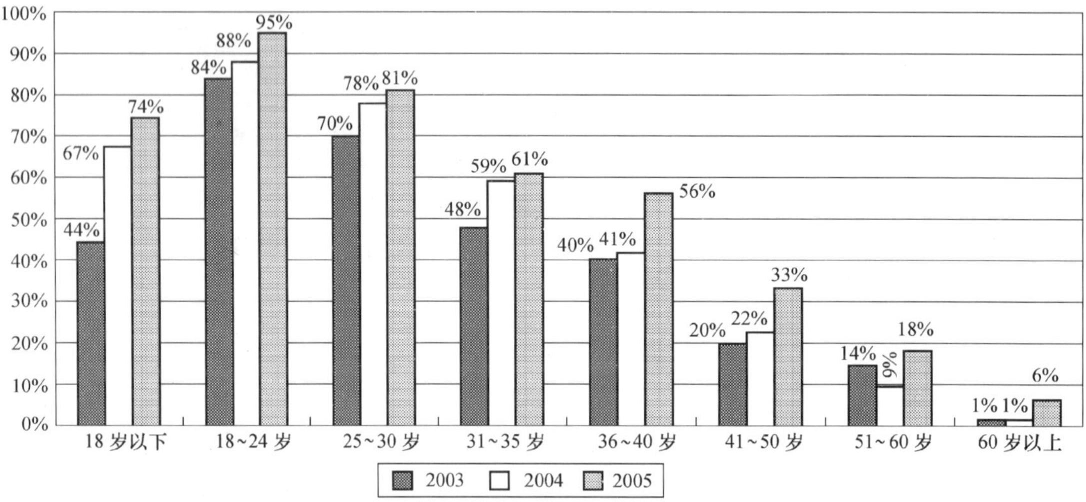

（数据来源：澳门互联网研究计划，2001~2005）

图 30.6　不同年龄层的网民普及率

历年调查数据显示，从职业来看，从事专业性、办公室事务以及学生阶层的人士的普及率比其他阶层显著地高，从事劳力、服务性行业以及没有工作的人群的网民普及率偏低。自雇人士 2004 年的上网比率比前年有显著增幅，达 20 个百分点。具体普及率如图 30.7 所示。

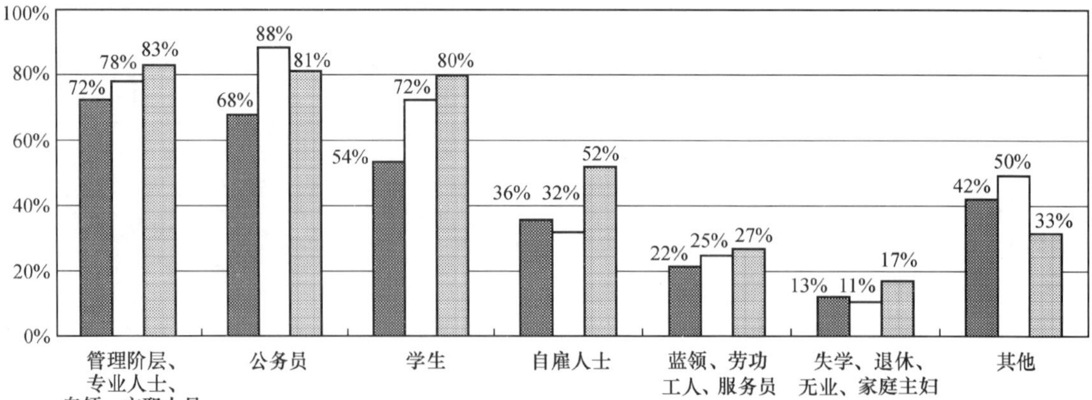

（数据来源：澳门互联网研究计划，2001~2005）

图 30.7　不同职业的网民普及率

（4）不同文化程度的网民普及率

澳门特区居民中不同文化程度的网民普及率情况如表 30.9 所示。

表 30.9　　不同文化程度的网民普及率

文化程度＼年份	2003	2004	2005
高中以下	23%	26%	32%
高中	54%	65%	70%
大专文凭/副学士	80%	90%	80%
大学本科	91%	86%	92%
硕士、博士	88%	100%	94%

过去 3 年，文化程度越高，其上网率也越高（除 2004 年大学本科程度的普及率稍微比大专的低之外），大学或以上的人士几乎全部已经上网，高中以下的相对显著偏低，如图 30.8 所示。

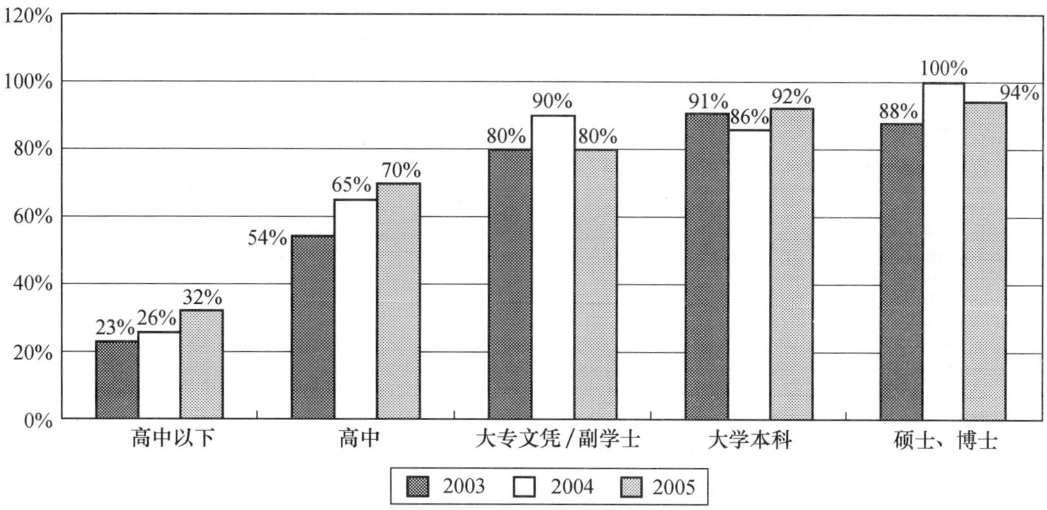

（数据来源：澳门互联网研究计划，2001~2005）

图 30.8　不同文化程度的网民普及率

（5）不同婚姻状况的网民普及率

澳门特区居民中不同婚姻状况的网民普及率情况如表 30.10 所示。

表 30.10　　不同婚姻状况的网民普及率

婚姻状况＼年份	2003	2004	2005
已婚	27%	27%	35%
未婚	56%	69%	73%

对于未婚（包括离婚及丧偶）人士而言，其网民普及率要比已婚人士的普及率显著地高，历年调查数据皆显示两者之间的差别为 30%～40%，如图 30.9 所示。

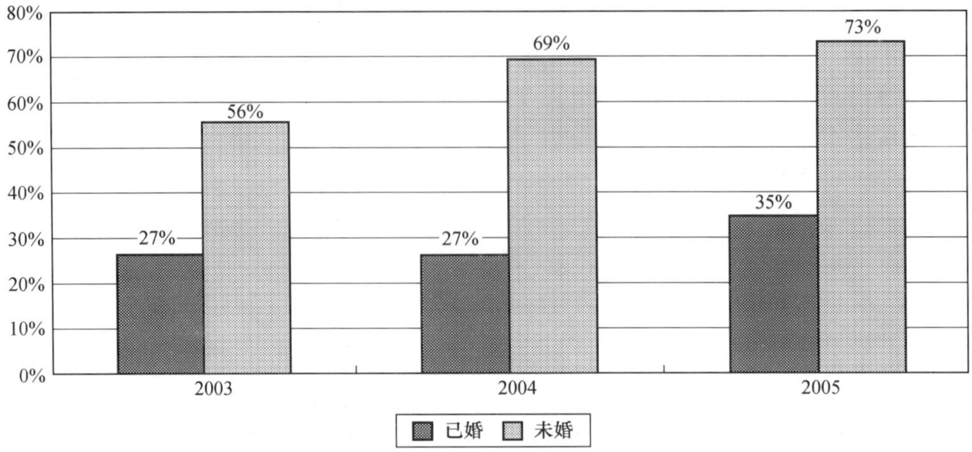

（数据来源：澳门互联网研究计划，2001～2005）

图 30.9　不同婚姻状况的网民普及率

（6）不同家庭月收入的网民普及率

澳门特区居民中不同家庭月收入（澳门元）的网民普及率情况如表 30.11 和图 30.10 所示。

表 30.11　　不同家庭月收入的网民普及率

家庭月收入（澳门元）＼年份	2003	2004	2005
6 千元以下	20%	14%	21%
6 千～1.2 万元	40%	44%	40%
1.2 万～1.8 万元	54%	55%	66%
1.8 万～2.4 万元	69%	66%	78%
2.4 万元以上	75%	84%	90%

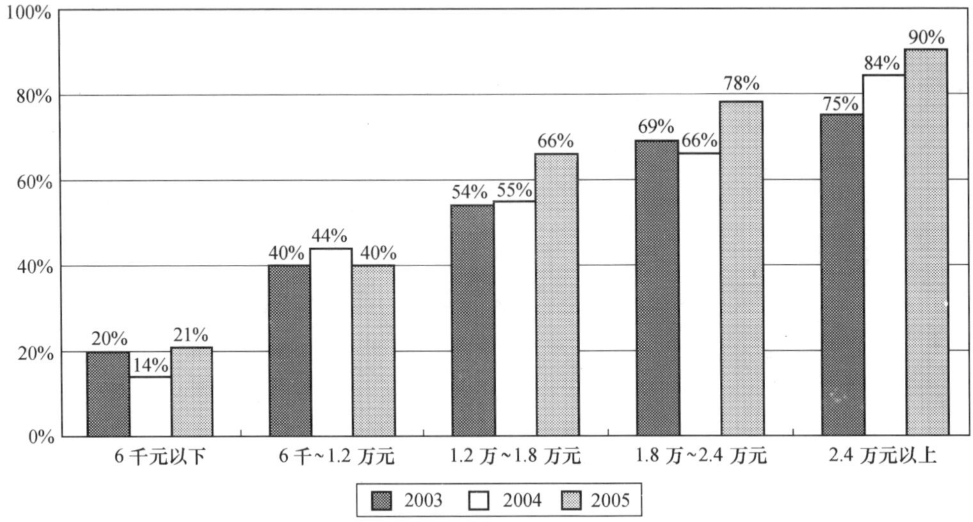

（数据来源：澳门互联网研究计划，2001～2005）

图 30.10　不同家庭月收入的网民普及率

30.2.2　网民行为意识调查结果

为了比较，本部分所指的“网民”，如不注明为“WIP 定义（18～74 岁）”，即按中国互联网络信息中心（CNNIC）定义（6～84 岁）统计。问题带*者为 CNNIC 网下抽样调查问题，不带*者为澳门特区抽样调查问题。

1．网民的特征

（1）网民的性别

网民的性别分布如表 30.12 所示。

表 30.12　　网民的性别分布

男	女
48%	52%

在所有网民人口中，男性占 48%，女性占 52%，基本上与澳门特区的同龄人口的构成分布一致，如图 30.11 所示。

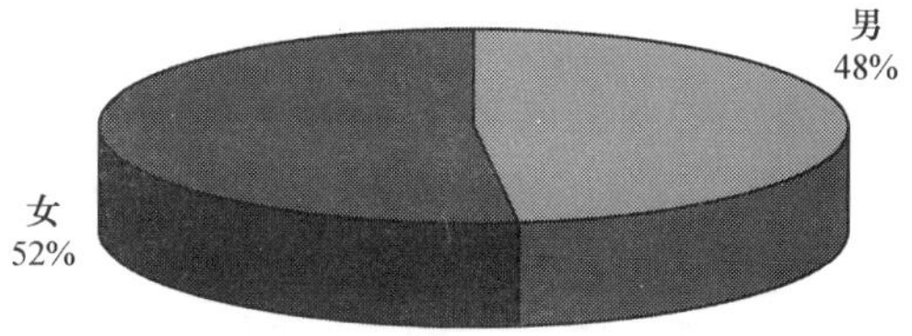

（数据来源：澳门互联网研究计划，2001～2005）

图 30.11　网民的性别分布

*（2）网民的年龄

网民的年龄分布情况如表 30.13 所示。

表 30.13　　网民的年龄分布

18 岁以下	18～24 岁	25～30 岁	31～35 岁	36～40 岁	41～50 岁	51～60 岁	60 岁以上
28%	20%	14%	9%	11%	13%	4%	1%

网民中以 18 岁以下及 18～24 岁所占比例较大，合占接近一半的网民数量，年龄在 50 岁以上的网民只合占总体的 5%，如图 30.12 所示。

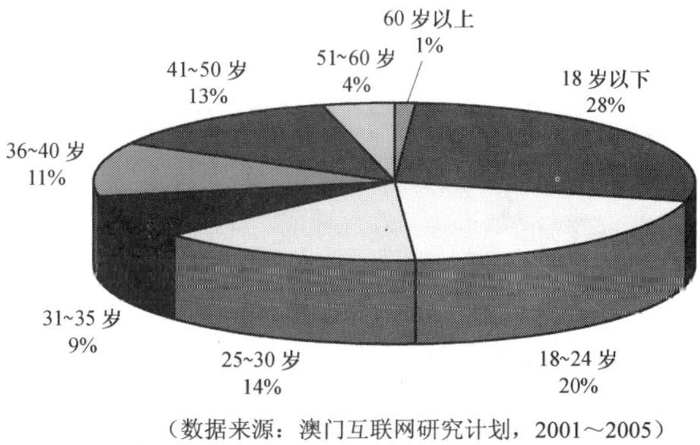

（数据来源：澳门互联网研究计划，2001～2005）

图 30.12　网民的年龄分布

*（3）网民的婚姻状况

未婚的网民占 65%，已婚的则占 35%，如表 30.14 和图 30.13 所示。

表 30.14　　网民的婚姻状况

已　婚	未　婚
35%	65%

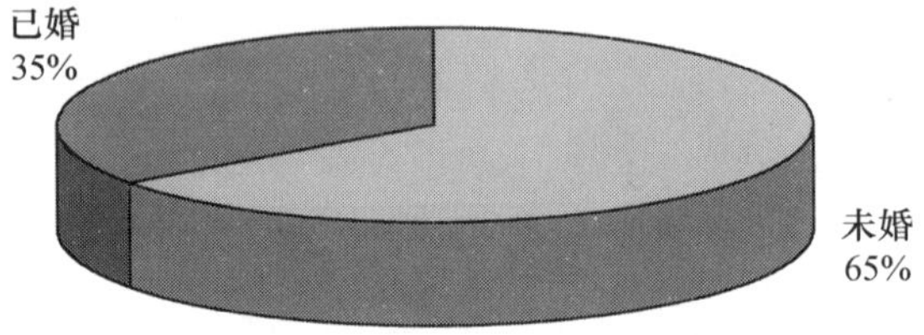

（数据来源：澳门互联网研究计划，2001~2005）

图 30.13　网民的婚姻状况

*（4）网民的文化程度

在所有网民中，超过三分之二的网民具高中或以下文化程度，大学本科的网民占 20%，具大专/副学士及硕士/博士学历的分别占 9%和 3%，如表 30.15 和图 30.14 所示。

表 30.15　　网民的文化程度分布

高中以下	高　中	大专文凭/副学士	大学本科	硕士/博士
33%	35%	9%	20%	3%

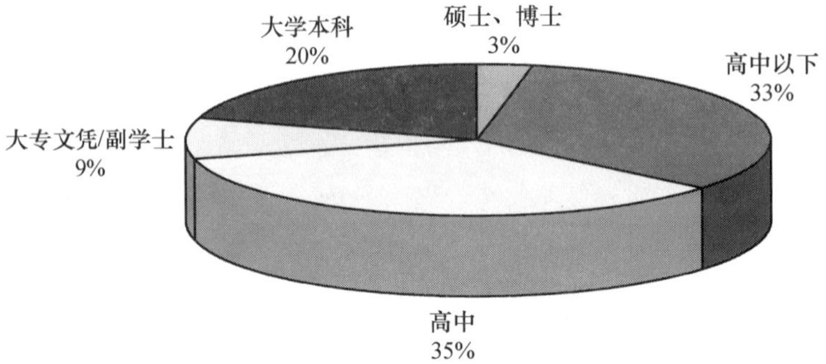

（数据来源：澳门互联网研究计划，2001~2005）

图 30.14　网民的文化程度分布

*（5）网民的职业

在所有网民中，以学生及专业/管理/文员等阶层占多数，分别为 39%和 33%，劳动阶层只占 13%，其他阶层则更占少数，如表 30.16 和图 30.15 所示。

表 30.16　　网民的职业分布

公务员	管理阶层、专业人士、白领、文职人员	蓝领、劳动工人、服务员	自雇人士	学　生	失学、退休、无业、家庭主妇	其　他
5%	33%	13%	1%	39%	7%	0.7%

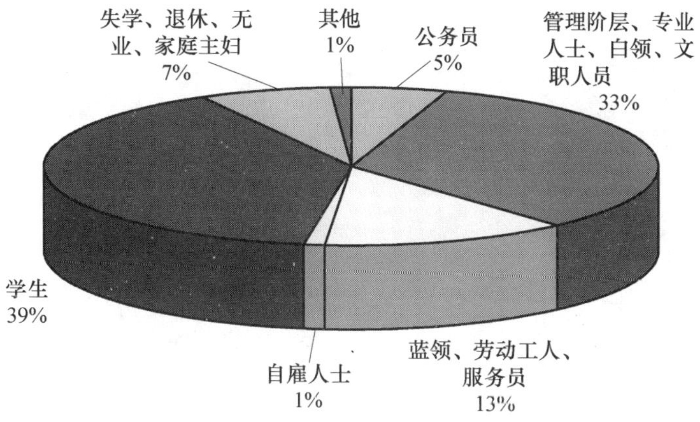

（数据来源：澳门互联网研究计划，2001~2005）

图 30.15 网民的职业分布

*（6）网民的家庭月收入（澳门元）

除了家庭月收入在 6 千元澳门元以下的网民只占总体的 12%之外，其余收入级别的网民所占的比率相若，介乎 20%至 23%之间，分布较平均，如表 30.17 和图 30.16 所示。

表 30.17 **网民的家庭收入分布**

6 千元以下	6 千～1.2 万元	1.2 万～1.8 万元	1.8 万～2.4 万元	2.4 万元以上
12%	23%	22%	20%	23%

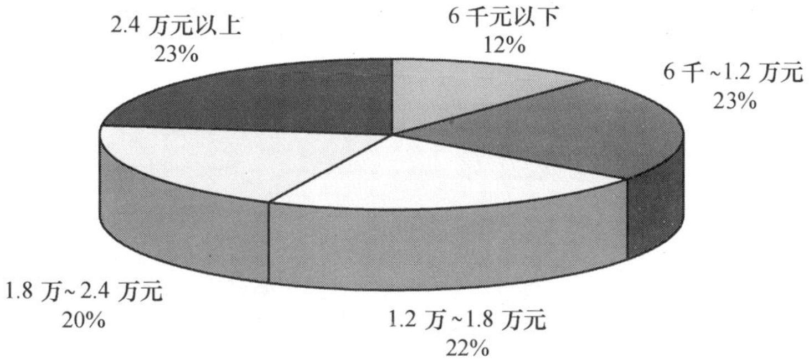

（数据来源：澳门互联网研究计划，2001~2005）

图 30.16 网民的家庭收入分布

2. 网民使用互联网的情况和上网习惯

*（1）网民上网的主要地点（多选题）

网民的上网地点主要在家里，其次是在单位/公司，在学校和其他公共场所的相对较少，如表 30.18 和图 30.17 所示。

表 30.18 **网民上网地点分布**

家 中	单位/公司	学 校	网吧、图书馆等公共场所	不能确定
88%	27%	18%	16%	4%

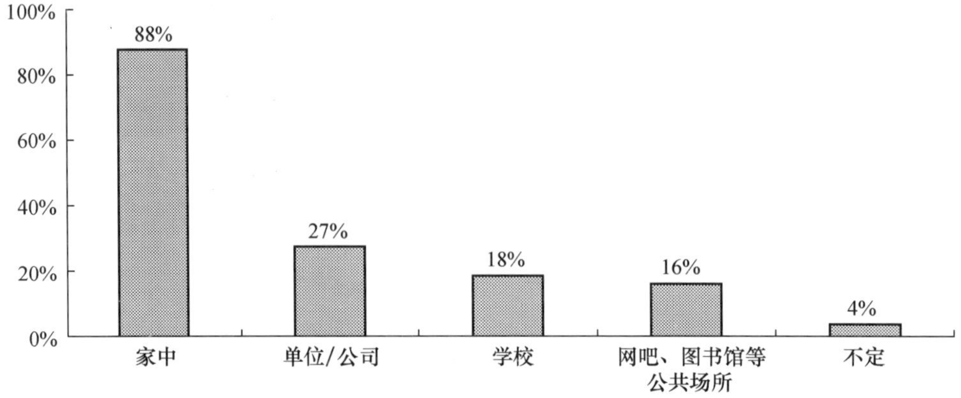

（数据来源：澳门互联网研究计划，2001~2005）

图 30.17 网民上网地点分布

*（2a）网民家庭每月用于连接互联网的费用（澳门元）

调查结果显示，网民家庭每月平均花在上网的费用为港币 181 元，折合约为美金 23 元，若以全澳门特区的 9.5 万已上网的家庭计算机来推算，则网民花在上网的总支出每月约为一千七百多万。其中接近一半的家庭的支出介乎 101 元～200 元之间，只有少数不到 2%的家庭每月会花费超过 400 元的上网费，低于 50 元的家庭也只有 2%而已，如表 30.19 和图 30.18 所示。

表 30.19 **上网费用分布**

低于 51 元	51～100 元	101～200 元	201～300 元	301～400 元	401～500 元	500 元以上
2%	24%	47%	18%	7%	1.8%	0.8%

注：以港元算。

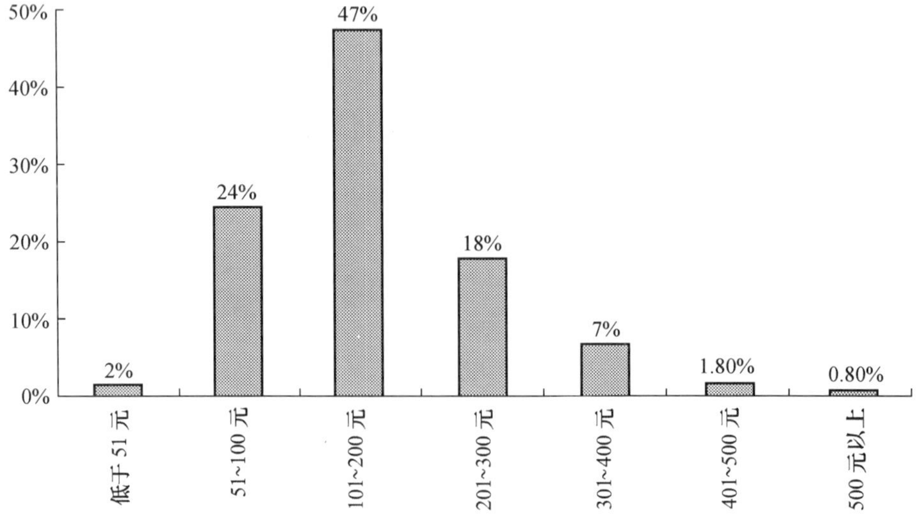

（数据来源：澳门互联网研究计划，2001~2005）

图 30.18 上网费用分布

*（2b）网民上网经验

具有 2～4 年上网经验的网民达 41%，具有 5～7 年经验的有 26%，具有不到两年经验的新手有 20%，至于经验丰富的、上网超过 7 年的网民则有 13%。另外，根据统计结果，网民的平均上网年期为 4 年，最多的达 15 年，最少的则不到一个月，如表 30.20 和图 30.19 所示。

表 30.20　　上网经验

上网经验	所占比例	上网经验	所占比例
2 年以下	20%	5～7 年	26%
2～4 年	41%	7 年以上	13%

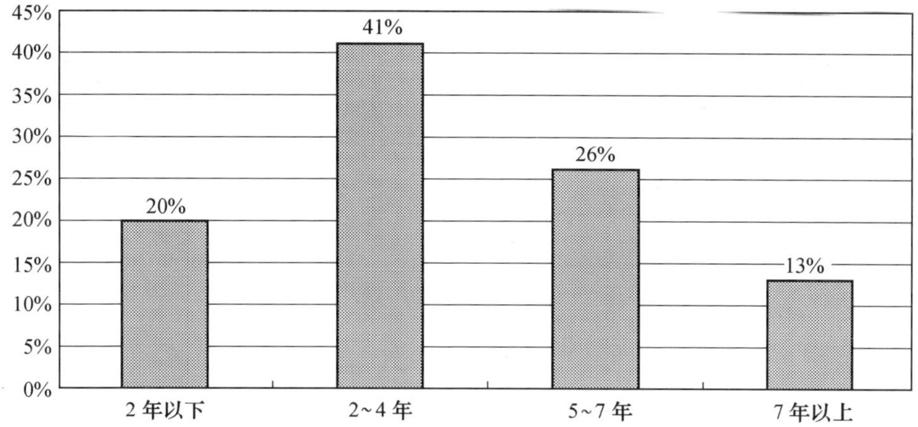

（数据来源：澳门互联网研究计划，2001~2005）

图 30.19　上网经验

*（2c）网民连接互联网的方式（多选题）

就网民个人来说，85%表示以宽带方式上网，只有 17%仍然使用拨号上网，利用无线上网的网民也有 12%，如表 30.21 和图 30.20 所示。日后无线上网是否有上升的趋势，值得关注。

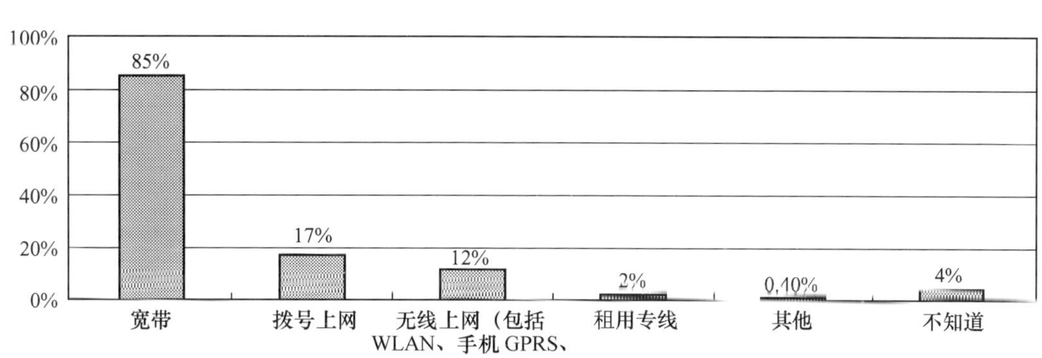

（数据来源：澳门互联网研究计划，2001~2005）

图 30.20　上网方式

表 30.21　　上网方式

上 网 方 式	比　例
宽带	85%
拨号上网	17%
无线上网（包括 WLAN、手机 GPRS、WAP、WiFi）	12%
租用专线	2%
其他	0.4%
不知道	4%

*（3）网民平均每周上网的时间

调查结果显示，网民平均每周上网的时间为 13.3 小时，其中青少年（6～17 岁）的网民平均每周上网 11 小时，成人（18～84 岁）的网民平均每周上网 14.3 小时，成人的上网时间与青少年相比明显较多，如表 30.22 所示。

表 30.22　　网民平均每周上网的时间

	每周上网时间		每周上网时间
所有网民	13.3 小时	18～84 岁网民	14.3 小时
6～17 岁网民	11 小时		

*（4）网民平均每周上网天数

调查结果显示，网民平均每周上网 4.8 天。

*（5）网民通常在什么时间上网（多选题）

调查结果显示，从下午 2 点开始，网民开始逐渐增多，晚上 9 点～11 点的时段为网民的上网高峰期，早上 4 点～8 点则是上网的低潮期，如表 30.23 和图 30.21 所示。

表 30.23　　网民的上网时段

时　间	1 点	2 点	3 点	4 点	5 点	6 点
比　例	14%	9%	5%	3%	2%	2%
时　间	7 点	8 点	9 点	10 点	11 点	12 点
比　例	1%	2%	10%	13%	12%	12%
时　间	13 点	14 点	15 点	16 点	17 点	18 点
比　例	11%	14%	15%	18%	21%	24%
时　间	19 点	20 点	21 点	22 点	23 点	24 点
比　例	27%	40%	48%	54%	42%	32%

*（6）网民拥有的 E-mail 账号

网民平均拥有 2.4 个电子邮箱的账号，其中免费的有 2.2 个，只有少数账号是付费的，如表 30.24 所示。

表 30.24　　网民的 E-mail 账号数

平均拥有 E-mail 账号数	2.4 个
其中免费的 E-mail 账号数	2.2 个

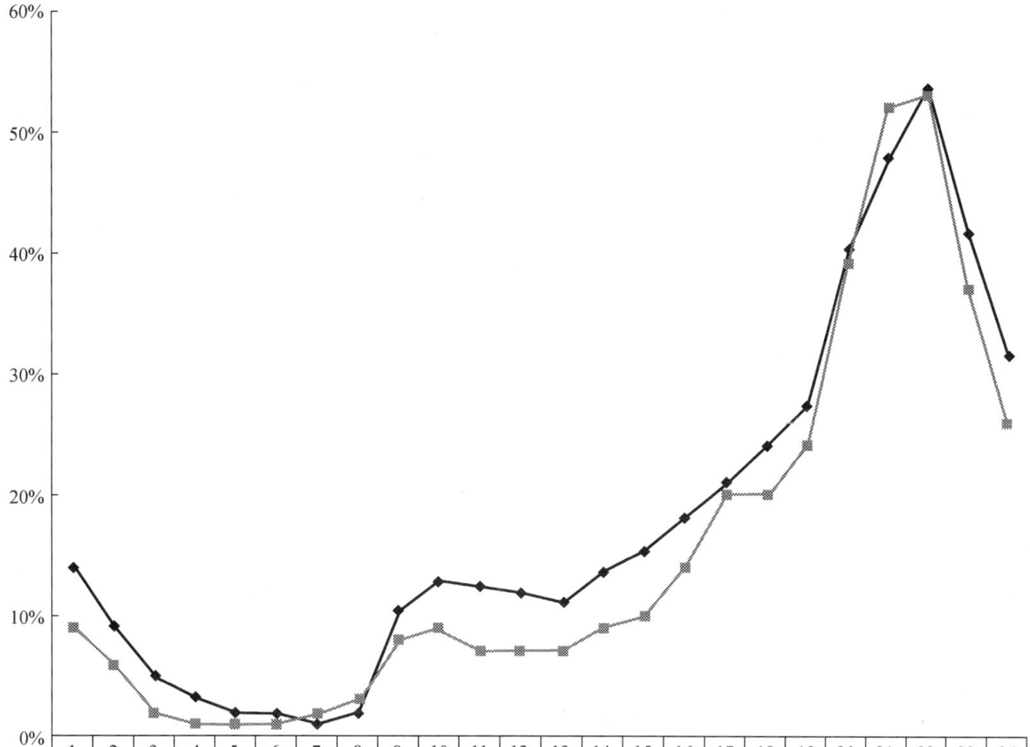

	1	2	3	4	5	6	7	8	9	10	11	12	13	14	15	16	17	18	19	20	21	22	23	24
2005	14%	9%	5%	3%	2%	2%	1%	2%	10%	13%	12%	12%	11%	14%	15%	18%	21%	24%	27%	40%	48%	54%	42%	32%
2004	9%	6%	2%	1%	1%	1%	2%	3%	8%	9%	7%	7%	7%	9%	10%	14%	20%	20%	24%	39%	52%	53%	37%	26%

2005　2004

（数据来源：澳门互联网研究计划，2001～2005）

图 30.21　网民的上网时段

（7）网民平均每周处理电子邮件的数量

网民平均每周接收和发出的正常电子邮件分别有 24.7 件和 12.0 件，另外需要处理的垃圾电子邮件则有 23.9 件，可见网民接收到的正常与垃圾电子邮件的数量差不多，如表 30.25 所示。

表 30.25　　网民平均每周处理电子邮件的数量

收到电子邮件数（不包括垃圾邮件）	24.7 件
收到垃圾邮件数	23.9 件
发出电子邮件数	12.0 件

（8a）网民上网最主要的目的（多选题）

网民上网最主要的目的是透过互联网获取信息，其次主要是与人沟通、消闲娱乐和阅读新闻，如表 30.26 所示。

（8b）网上看新闻的频率

网民网上看新闻的频率如表 30.27 和图 30.22 所示。

表 30.26　网民上网的主要目的

获取信息	80%	公共服务	5%
与人沟通	48%	网上购物	3%
消闲娱乐	40%	网上求职	2.7%
网上新闻	25%	网页制作	1.9%
教育/学习	11%	网上博彩	1.6%
下载或上载软件	11%	网上电话	1.2%
网上社区	6%	售卖货品或服务	0.7%
网上理财	5%	其他	3%

表 30.27　网上看新闻的频率

	从　不	很　少	有　时	经　常	每　日
网民有否看网上新闻	24%	21%	27%	20%	8%

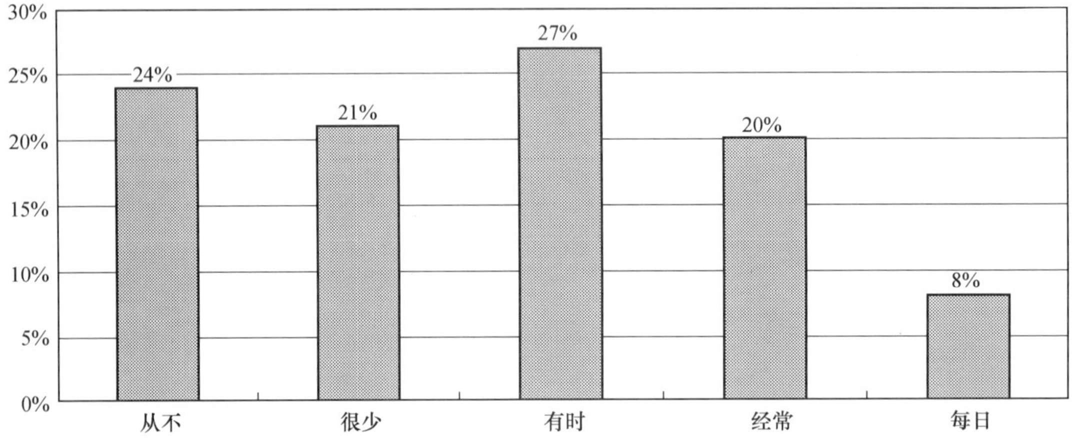

（数据来源：澳门互联网研究计划，2001~2005）

图 30.22　网上看新闻的频率

（8c）网上新闻的类型（多选题）

从表 30.27 和表 30.28 可以看到，有 24%的网民从来不看网上新闻，经常和每天都看的合占 28%。在看网上新闻的网民中，主要是看本地和香港地区的新闻的分别占 73.8%和 65.4%，如图 30.23 所示。

表 30.28　网上新闻的类型

澳门特区新闻	73.8%	中国内地新闻	21.7%
香港特区新闻	65.4%	台湾地区新闻	19.7%
国际新闻	30.1%		

*（9）网民在过去一年中是否通过购物网站购买过商品或服务

网民在过去一年中是否通过购物网站购买过商品或服务的比例如表 30.29 和图 30.24 所示。

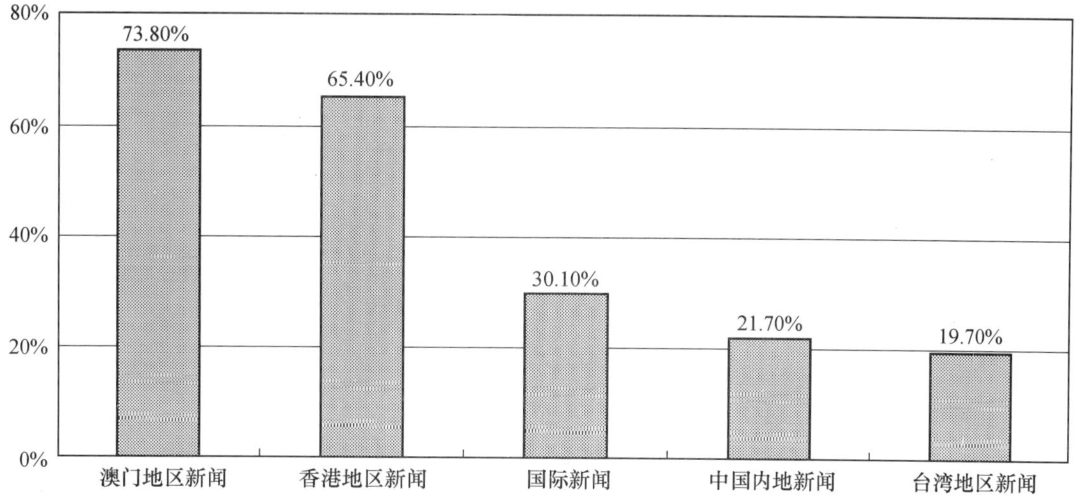

（数据来源：澳门互联网研究计划，2001~2005）

图 30.23　网上新闻的类型

表 30.29　网上购物的网民比例

是	19%	否	81%

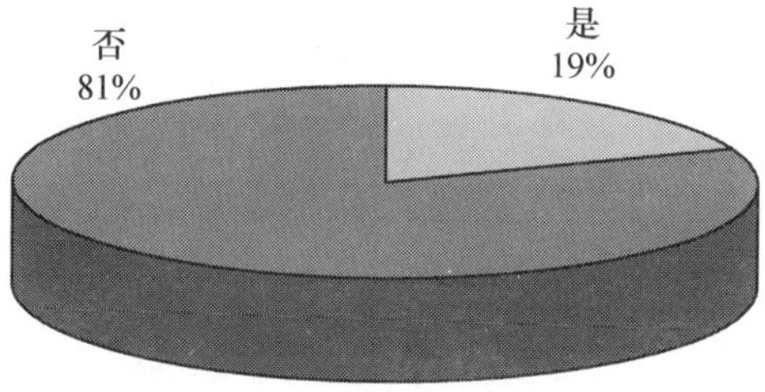

（数据来源：澳门互联网研究计划，2001~2005）

图 30.24　网上购物的网民比例

*（10）网民在过去一年中在网上实际购买过哪些产品或服务（多选题）

在 2005 年，有 19%的网民在网上购买过商品或服务，书籍是最多网民购买的物品，其次是旅游产品、服装、休闲娱乐产品及计算机等，如表 30.30 和图 30.25 所示。

表 30.30　网上购物的种类

种　　类	比　　例	种　　类	比　　例
书籍	28%	网上博彩（足球、篮球等）	5%
旅游（飞机、火车、饭店）	20%	股票买卖投资	4%
纺织、服装	16%	美容、护肤	4%
休闲娱乐（如订购电影票及门票）	14%	食品	3%
计算机	10%	订阅网上信息/成为会员	2%
家居、工艺品	9%	影音产品	1%
网上游戏	8%	其他	14%
家电	7%	不定	4%

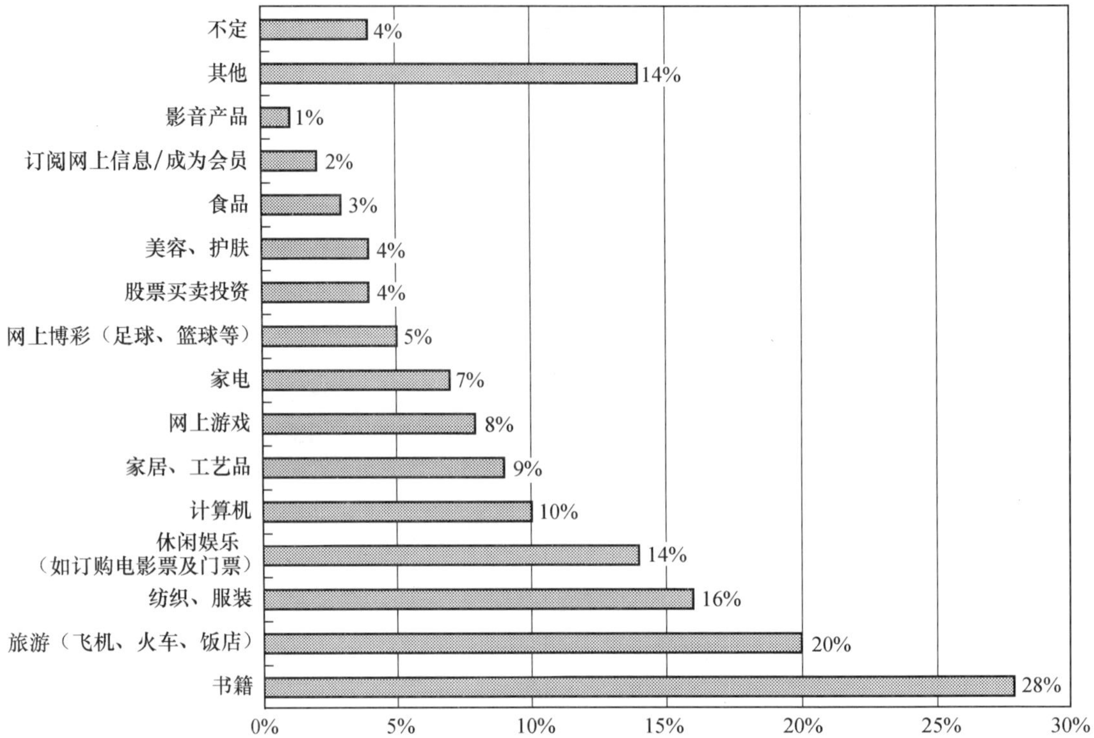

（数据来源：澳门互联网研究计划，2001~2005）

图 30.25　网上购物的种类

（11）网民每周用于网上 6 种主要活动的时间

表 30.31 及图 30.26 的数据显示，过去 3 年网民花在网上的活动时间主要是搜寻信息、看新闻及收发电子邮件。不过，随着网上即时交谈的流行，网民花在此类活动的时间也显著增多。

表 30.31　　网民的网上活动时间（小时）

活动 \ 年份	2003	2004	2005
搜寻信息	4.1	4.3	4.8
网上即时交谈（ICQ 或 MSN 等）	—	1.9	3.2
看网上新闻	2.0	2.5	2.5
收发电子邮件	1.9	2.7	2.4
玩网上的游戏	1.7	1.1	1.3
参加网上聊天、讨论	2.3	0.5	0.8

（12a）网民平时主要浏览的网站（多选题）

澳门特区网民平时主要浏览的网站以香港的网站为主，占 77%；其次是澳门特区的网站，占 40%，浏览台湾地区及中国内地的网站分别占 23%及 22%，至于其他外国或海外的网站则较少，占 15%。具体分布如表 30.32 和图 30.27 所示。

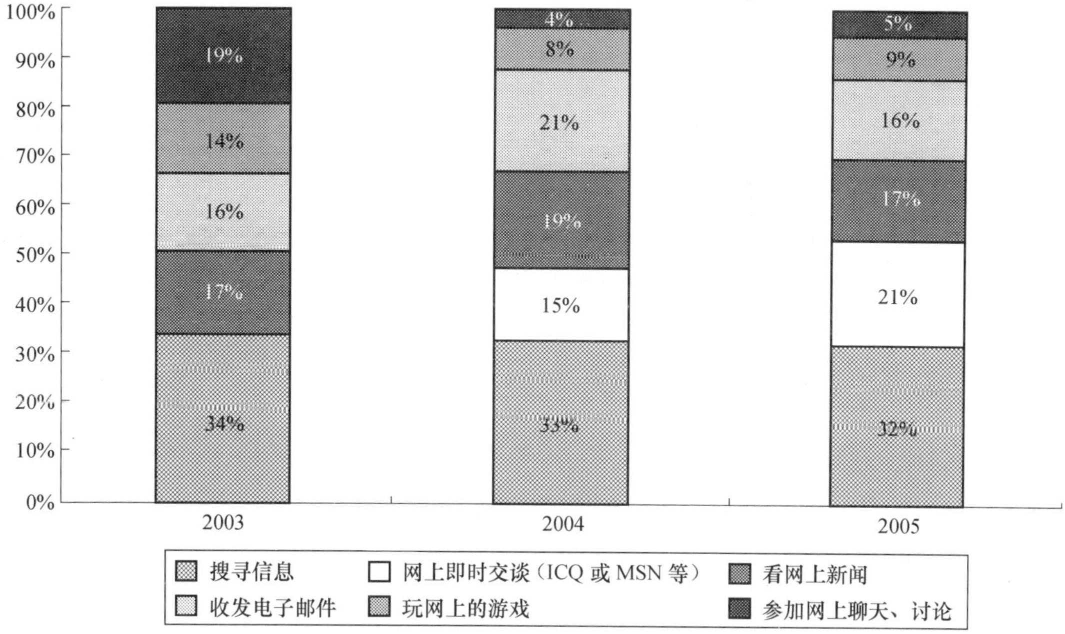

（数据来源：澳门互联网研究计划，2001~2005）

图 30.26 网民的网上活动时间

表 30.32 网民平时主要浏览的网站

香港特区网站	77%	中国内地网站	22%
澳门特区网站	40%	外国/海外网站	15%
台湾地区网站	23%	其他	1%

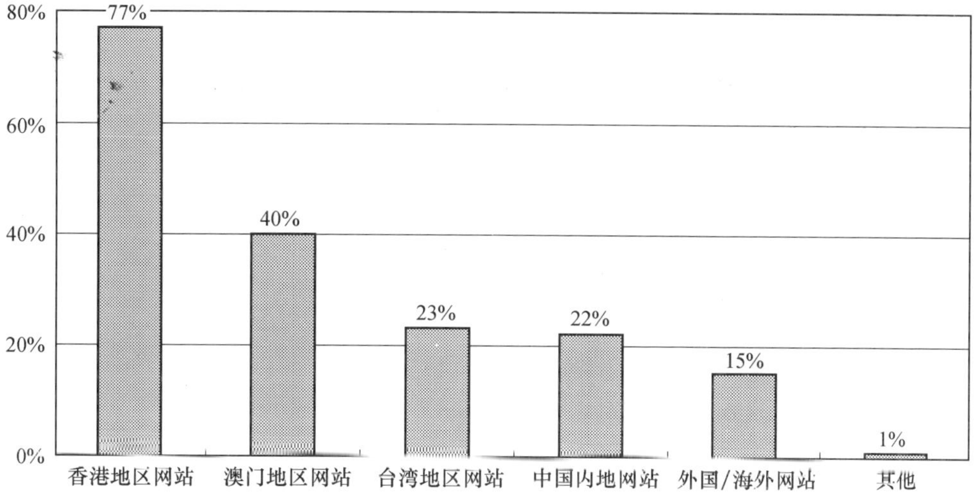

（数据来源：澳门互联网研究计划，2001~2005）

图 30.27 网民平时主要浏览的网站

（12b）年轻（6～17 岁）网民平时主要浏览的网站（多选题）

表 30.33　　年轻人平时主要浏览的网站

网　　站	比　　例	网　　站	比　　例
搜索引擎（Yahoo/Google 等）	71%	CTM 网	11%
网上游戏网站	29%	其他网站	11%
娱乐网站	25%	新闻网站	9%
MSN、ICQ	22%	同学/自己做的网站	6%
学校网站	19%	不知道/很难说	4%

在问及青少年网民平时主要浏览的网站是哪些时，71%表示的是搜索引擎类的网站，其次是只有不到三成的青少年网民表示上游戏、娱乐或者 MSN 通信等网站。

（13a）网民使用政府部门网站的频率

网民使用政府部门网站的频率如表 30.34 和图 30.28 所示。

表 30.34　　网民使用政府网站的频率

频　　率	比　　例	频　　率	比　　例
每天都上	7%	一年多次	17%
一星期多次	18%	绝少/从不	30%
一个月多次	24%	不知道/很难说	4%

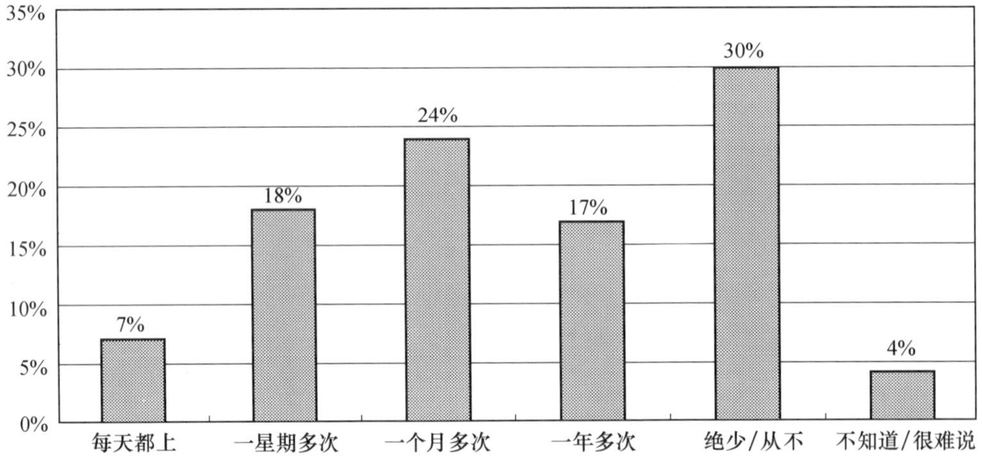

（数据来源：澳门互联网研究计划，2001~2005）

图 30.28　网民使用政府网站的频率

（13b）网民使用政府部门网站的服务（多选题）

网民使用政府网站的服务种类的比例如表 30.35 和图 30.29 所示。

表 30.35　　网民使用政府网站的服务种类

服 务 种 类	比　　例	服 务 种 类	比　　例
查资料	95%	下载表格	15%
查询（用 E-mail、留言版等）	19%	投诉（用 E-mail、留言版等）	3%
下载资料	16%	其他	6%

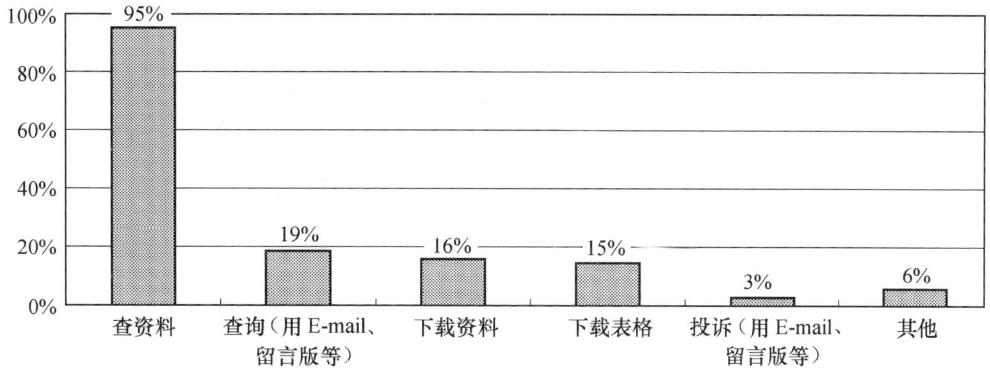

（数据来源：澳门互联网研究计划，2001~2005）

图 30.29　网民使用政府网站的服务种类

在政府网站的使用方面，有 30%的网民表示绝少或者从来没有使用过政府网站的服务，只有 7%的网民每天都会上，最多的是一个月上多次的，占 24%。在上政府网站的网民中，95%的目的是查阅资料，提交查询、下载资料和表格的都不超过两成，至于利用网站作为投诉途径的网民，则只有 3%。

30.2.3　澳门特区非网民概况

*（1）非网民不上网的原因（多选题）

2005 年的调查发现，有 47.3%的澳门特区居民为非网民（包括曾经上过网，后来停用的）。表 30.36 显示，这些人没有再上网或者一直没有上网的主要原因是不懂上网或没有所需技能，占 37%，其次是没有时间（20%）、没有需要/没有用途（19%）、不感兴趣（占 17%），以及没有设备（15%）等。

表 30.36　非网民不上网的原因

原　因	比　例	原　因	比　例
不懂上网/没有所需技能	37%	计算机不够先进	2%
没有时间	20%	中文信息太少/不懂英文	1%
没有需要/没有用途	19%	担心网上安全	0.6%
不感兴趣	17%	感兴趣的网站或信息太少	0.5%
没有计算机/相关设备	15%	传输速度太慢	0.5%
上网费用太贵	6%	担心泄露隐私	0.4%
不清楚/没有原因	5%	病毒太多	0.3%
担心孩子受到不良影响	4%	想找的东西总是找不着	0.3%
父母不批准	3%	其他	7%

*（2）非网民预期上网时间

在所有非网民中，根本不打算上网的占 76%，大约有一成的人表示在半年之内可能会上网，而无法预计的则有 9%，如表 30.37 所示。

表 30.37　　非网民预期的上网时间

1 个月内	3%	1 年以后	3%
2～3 个月内	3%	不知道/无法预计	9%
4～6 个月内	4%	根本不打算上网	76%
7～12 个月内	2%		

*（3）非网民因不上网而遇到的经历

非网民因不上网而遇到的经历如表 30.38 所示。

表 30.38　　非网民的经历

	从不	很少	有时	经常
因为不上网而有过觉得不合潮流的经历	54%	9%	23%	14%
因为不上网而有过有人鼓励您使用互联网的经历	72%	7%	15%	5%
因为不上网而有过被朋友排斥的经历	95%	3%	1%	1%
因为不上网而有过对升学/工作不顺利的经历	86%	5%	6%	3%
因为不上网而有过别人说很难与您联络的经历	95%	2%	2%	1%
因为不上网而有过觉得比别人知道的时事新闻少的经历	66%	8%	18%	7%
因为不上网而有过觉得生活上少了乐趣的经历	77%	6%	12%	5%

30.2.4　网民与非网民对互联网的看法

*（1）您是否信任互联网

网民与非网民对互联网的信任度如表 30.39 所示。

表 30.39　　网民与非网民对互联网的信任度

	网　民	非 网 民	总　计
完全不信	3%	3%	3%
不太信任	18%	19%	19%
半信半疑	51%	22%	36%
比较信任	22%	13%	17%
完全信任	1%	2%	1%
不知道/说不准	5%	42%	24%

（2）网上信息是否需要管理和控制

网民与非网民对网上信息管制的态度如表 30.40 所示。

表 30.40　　网民与非网民对网上信息管制的态度

	网　民	非 网 民	总　计
完全不需要	5%	3%	4%
不太需要	15%	9%	12%
比较需要	49%	40%	45%

续表

	网　民	非　网　民	总　计
非常需要	28%	26%	27%
说不准	3%	23%	12%

*（3）澳门特区居民对互联网的作用和影响的看法

澳门特区居民对互联网的作用和影响的态度如表 30.41 所示。

表 30.41　澳门特区居民对互联网的作用和影响的态度

	很不赞成	不太赞成	一半一半	比较赞成	非常赞成	不知道/说不准
使用互联网可以提高生活效率	2%	13%	10%	53%	15%	8%
使用互联网容易结交不好的朋友	5%	24%	12%	38%	9%	12%
使用互联网容易暴露隐私	6%	33%	11%	32%	5%	15%
使用互联网容易受不良信息影响	4%	24%	10%	42%	10%	10%
使用互联网容易使人上瘾	4%	21%	8%	46%	11%	10%

（4）网上信息的准确程度

网民与非网民对网上信息准确程度的看法如表 30.42 所示。

表 30.42　网民与非网民对网上信息准确程度的看法

	网　民	非　网　民	总　计
完全不准确	0.4%	1%	1%
不太准确	34%	29%	32%
比较准确	53%	26%	41%
非常准确	2%	2%	2%
不知道/很难说	11%	42%	25%

（5）是否愿意在网上提供个人身份资料

网民与非网民对在网上提供个人资料的意愿情况如表 30.43 所示。

表 30.43　网民与非网民对在网上提供个人资料的意愿

	网　民	非　网　民	总　计
完全不愿意	46%	55%	50%
不太愿意	40%	22%	32%
比较愿意	9%	7%	8%
非常愿意	1%	2%	1%
不知道/很难说	4%	15%	9%

（6）是否愿意在网上提供个人信用卡资料

网民与非网民对在网上提供个人信用卡资料的意愿情况如表 30.44 所示。

表 30.44　　网民与非网民对在网上提供个人信用卡资料的意愿

	网　民	非　网　民	总　计
完全不愿意	59%	63%	61%
不太愿意	28%	15%	22%
比较愿意	5%	2%	3%
非常愿意	1%	0.3%	0.4%
不知道/很难说	7%	20%	13%

（7）是否愿意在网上提供个人感想资料（博客/网上日志等）

网民与非网民对在网上提供个人感想资料的意愿情况如表 30.45 所示。

表 30.45　　网民与非网民对在网上提供个人感想资料的意愿

	网　民	非　网　民	总　计
完全不愿意	23%	37%	29%
不太愿意	25%	20%	23%
比较愿意	43%	21%	33%
非常愿意	6%	3%	5%
不知道/很难说	3%	20%	10%

30.2.5　结语

此次调查结果主要体现以下特征。

第一，在宏观方面，澳门特区的上网计算机数及网民普及率持续增长，中途停止上网（曾经为网民）的人群的增长比例开始缓和。

第二，网民从拨号上网转移至宽带上网，非常明显；宽带成为主流的上网方式。

第三，女性与男性的网民普及率首次相同。在上网的人口里，女性网民首次超越男性，其比例与澳门特区总体人口结构一致。已婚、年纪较大、学历较高的网民比例增加，学生网民比例有所降低。

第四，与过去调查结果一样，网民以家中上网为主，而且集中在晚上进行，显示互联网成为家庭活动中一个重要的媒介。

第五，虽然宽频已经成为上网的主要方式，然而速度的加快并不与网民的上网时间长短直接相关，过去两年网民的上网时间维持在每周约 13 小时。

第六，网民主要使用互联网的工具性功能（如查找信息、沟通和看新闻等）、其次是娱乐性功能（如游戏、影音下载等）。

第七，搜寻信息依然是网民主要的网上活动，不过，使用 MSN 等网上即时通信的时间及比例有明显的增加，可能暗示网上沟通形态的一种转变。

第八，澳门特区网民常去的网站以中文为主，香港特区的网站占大多数，其次才是本地的，这与其他传统的媒介消费形态差不多，例如澳门特区居民平时主要看香港特区的电视节目，反映澳门特区居民对香港媒介的依赖，也显示两地类似的媒介消费文化。

第九，在网上购物方面，过去两年的比例均有增长，不过，与欧美国家相比，网民在上网进行购物的频繁程度仍处于低水平。消费项目以书籍、旅游产品、电子产品为主。

第十，对非网民来说，欠缺上网技能是他们没有上网的主要原因，其次是没有时间和需要。

最后，总体来说，接近六成的居民对互联网抱着半信半疑或者不信任的态度，接近三分之二的居民认为网上信息需要管制，而且非网民的比例高于网民，反映相当比例的澳门特区居民对互联网持警惕和怀疑态度，非网民比网民的态度更保守。

（澳门大学　张荣显　王　旭）

第31章　台湾地区宽带互联网使用报告

31.1　调查说明

一、调查目的

本调查欲了解台湾地区民众使用网络的情形，与使用宽带上网[1]、无线上网[2]、行动上网[3]的使用状况与行为、台湾地区偏远及非偏远地区其网络使用行为的差异；另外，也针对台湾地区家庭，了解其使用网络与宽带的状况与行为。

二、调查范围与对象

（一）调查范围

本调查以台湾地区为调查区域，包括其所属的23县市（基隆市、台北市、台北县、桃园县、新竹市、新竹县、苗栗县、台中市、台中县、彰化县、南投县、云林县、嘉义市、嘉义县、台南市、台南县、高雄市、高雄县、屏东县、宜兰县、花莲县、台东县、澎湖县）。

（二）调查对象

本调查的调查对象为居住在台湾地区、年满12足岁以上（1993年12月1日之前出生）的民众。

三、调查执行时间

本调查执行时间为2005年12月5日～2006年1月16日。电访调查执行时间为2005年12月14日～2006年1月4日。

四、调查方法

本调查采用CATI（计算机辅助电话调查系统）进行电话访问。

31.2　个人与家庭网络及宽带使用人数与户数推估

31.2.1　台湾地区民众网络及宽带使用人数推估

1．网络使用人数部分

本调查依据受访者居住地区别与家中人数二维分层推估台湾地区 12 岁以下的上网人口

[1] 宽带上网包含ADSL（非对称数字用户线路）、有线电视电缆线（Cabel Modem）、固接专线（Leased Line）、局域网络（LAN）、小区网络（光纤入户＋局域网络；FTTB＋LAN）、公共无线局域网络上网（Public Wireless Lan；WLAN）

[2] 无线上网是指通过无线网络卡连接无线局域网络

[3] 行动上网是指例如WAP、GPRS、PHS及3G等使用移动电话上网

数，共计有 1 969 875 人曾上网；以居住地区别、性别与年龄层三维加权推估台湾地区 12 岁以上的上网人口数，共计有 12 789 114 人曾上网，如表 31.1 所示；全体民众共计有 14 758 989 人曾上网。

表 31.1　　台湾地区 12 岁以上网络使用人数推估（按年龄层分）

单位：人；%；百分点

项目 / 年龄层	2006 年 1 月母体人数	个人曾上网				增减百分点
		2006 年 1 月		2005 年 7 月		
		人数	百分比	人数	百分比	
总计	19 387 289	12 789 114	65.97	12 378 985	64.26	1.71
12 岁～15 岁	1 294 861	1 243 813	96.06	1 247 835	98.02	–1.96
16 岁～20 岁	1 589 464	1 565 975	98.52	1 561 718	95.57	2.95
21 岁～25 岁	1 925 584	1 834 058	95.25	1 850 239	95.65	–0.40
26 岁～35 岁	3 742 486	3 286 415	87.81	3 215 156	86.12	1.70
36 岁～45 岁	3 784 281	2 568 446	67.87	2 521 565	66.72	1.15
46 岁～55 岁	3 585 380	1 766 016	49.26	1 411 137	44.00	5.26
56 岁以上	3 465 233	524 391	15.13	571 335	15.43	–0.30

从性别来分，台湾地区 12 岁以上民众上网比例男性高于女性，男性为 68.68%，女性为 63.27%。12 岁以上网络使用人数推估如表 31.2 所示。

表 31.2　　台湾地区 12 岁以上网络使用人数推估（按性别分）

单位：人；%；百分点

项目 / 性别	2006 年 1 月母体人数	个人曾上网				增减百分点
		2006 年 1 月		2005 年 7 月		
		人数	百分比	人数	百分比	
总计	19 387 289	12 789 114	65.97	12 378 985	64.26	1.71
男	9 661 296	6 635 095	68.68	6 595 659	67.66	1.02
女	9 725 993	6 154 019	63.27	5 783 326	60.78	2.49

以教育程度来分，台湾地区 12 岁以上民众上网比例“研究生及以上”最高，为 96.78%；其次为“大学”，为 93.89%；再其次为“专科”，为 87.42%。具体数据如表 31.3 所示。

表 31.3　　台湾地区 12 岁以上网络使用人数推估（按教育程度分）

单位：人；%；百分点

项目 / 教育程度	2006 年 1 月母体人数	个人曾上网				增减百分点
		2006 年 1 月		2005 年 7 月		
		人数	百分比	人数	百分比	
总计	19 387 289	12 789 114	65.97	12 378 985	64.26	1.71
小学及以下	2 664 542	259 420	9.74	397 073	12.00	–2.57

续表

项目 教育程度	2006年1月 母体人数	个人曾上网				增减 百分点
		2006年1月		2005年7月		
		人数	百分比	人数	百分比	
初中	2 560 598	1 371 308	53.55	1 406 538	51.33	2.23
高中	5 715 764	3 514 671	61.49	3 565 924	63.29	–1.80
专科	3 035 013	2 653 309	87.42	2 580 902	88.89	–1.46
大学	4 321 767	4 057 637	93.89	3 589 497	93.43	0.45
研究生及以上	903 611	874 509	96.78	829 704	97.92	–1.14
拒答	185 992	58 260	31.32	9 349	13.57	17.75

从平均月收入来分，台湾地区12岁以上民众上网的比例“2 401～2 700美元”最高，为98.64%，其次为“2 701～3 000美元”、“1 801～2 100美元”，分别为96.14%、92.96%。具体数据如表31.4所示。整体看来，在个人平均月收入高于1 201美元者中，有八成以上曾上网；另因为分层后，部分有效样本数较少，故不宜过度分析或探讨。按年龄层分，台湾地区12岁以上宽带使用人数推估如表31.5所示。

表31.4　　　　台湾地区12岁以上网络使用人数推估（按平均月收入分）

单位：人；%；百分点

项目 平均月收入（美元）	2006年1月 母体人数	个人曾上网				增减 百分点
		2006年1月		2005年7月		
		人数	百分比	人数	百分比	
总计	19 387 289	12 789 114	65.97	12 378 985	64.26	1.71
没有收入	7 035 361	3 953 427	56.19	3 992 908	57.64	–1.45
300以下	492 924	389 600	79.04	448 733	34.99	44.05
301～600	702 073	415 840	59.23	450 939	46.40	12.83
601～900	1 716 631	1 154 468	67.25	1 479 793	64.37	2.88
901～1 200	2 106 025	1 686 471	80.08	1 608 095	79.99	0.09
1 201～1 500	1 382 928	1 139 041	82.36	1 229 638	86.23	–3.87
1 501～1 800	1 150 084	958 570	83.35	770 390	81.58	1.77
1 801～2 100	369 622	343 598	92.96	311 072	94.06	–1.10
2 101～2 400	243 722	207 133	84.99	318 936	84.94	0.05
2 401～2 700	156 627	154 493	98.64	100 725	96.98	1.66
2 701～3 000	127 981	123 037	96.14	120 472	94.46	1.68
3 001以上	362 564	300 727	82.94	265 954	83.66	–0.72
收入不稳定，不一定	1 804 831	670 486	37.15	370 572	37.58	–0.43
不知道	301 604	203 143	67.35	79 837	48.77	18.58
拒答	1 434 313	1 089 080	75.93	830 922	83.3	–7.37

表 31.5　　台湾地区 12 岁以上宽带使用人数推估（按年龄层分）

单位：人；%；百分点

项目 / 年龄层	2006 年 1 月母体人数	个人使用宽带上网				增减百分点
		2006 年 1 月		2005 年 7 月		
		人数	百分比	人数	百分比	
总计	19 387 289	11 619 708	59.93	10 538 017	54.70	5.23
12 岁～15 岁	1 294 861	1 065 696	82.30	904 466	71.04	11.26
16 岁～20 岁	1 589 464	1 448 136	91.11	1 458 462	89.25	1.86
21 岁～25 岁	1 925 584	1 736 601	90.19	1 739 023	89.90	0.29
26 岁～35 岁	3 742 486	3 046 881	81.41	2 748 095	73.61	7.81
36 岁～45 岁	3 784 281	2 262 387	59.78	2 068 081	54.72	5.06
46 岁～55 岁	3 585 380	1 606 060	44.79	1 255 374	39.14	5.66
56 岁以上	3 465 233	453 948	13.10	364 515	9.85	3.25

按性别来分，台湾地区 12 岁以上民众使用宽带上网比例男性高于女性，男性为 63.22%，女性为 56.67%。具体数据如表 31.6 所示。

表 31.6　　台湾地区 12 岁以上宽带使用人数推估（按性别分）

单位：人；%；百分点

项目 / 性别	2006 年 1 月母体人数	个人使用宽带上网				增减百分点
		2006 年 1 月		2005 年 7 月		
		人数	百分比	人数	百分比	
总计	19 387 289	11 619 708	59.93	10 538 017	54.70	5.23
男	9 661 296	6 107 546	63.22	5 798 302	59.48	3.74
女	9 725 993	5 512 163	56.67	4 739 715	49.81	6.86

以教育程度来分，台湾地区 12 岁以上民众使用宽带上网比例“研究生及以上”最高，为 92.59%；其次为“大学”，为 87.71%；再其次为“专科”，为 80.86%。整体而言，教育程度愈高，其个人使用宽带上网比例愈高。具体数据如表 31.7 所示。

表 31.7　　台湾地区 12 岁以上宽带使用人数推估（按教育程度分）

单位：人；%；百分点

项目 / 教育程度	2006 年 1 月母体人数	个人使用宽带上网				增减百分点
		2006 年 1 月		2005 年 7 月		
		人数	百分比	人数	百分比	
总计	19 387 289	11 619 708	59.93	10 538 017	54.70	5.23
小学及以下	2 664 542	206 233	7.74	281 541	8.72	–0.98
初中	2 560 598	1 146 451	44.77	1 036 499	37.82	6.95
高中	5 715 764	3 147 064	55.06	2 938 334	52.15	2.91

续表

教育程度 \ 项目	2006年1月母体人数	个人使用宽带上网				增减百分点
		2006年1月		2005年7月		
		人数	百分比	人数	百分比	
专科	3 035 013	2 453 978	80.86	2 275 408	78.37	2.49
大学	4 321 767	3 790 748	87.71	3 220 780	83.84	3.88
研究生及以上	903 611	836 631	92.59	779 125	91.95	0.64
拒答	185 992	38 603	20.75	6 330	9.19	11.56

按平均月收入来分，台湾地区12岁以上民众使用宽带上网的比例“2 401～2 700美元”最高，为98.64%，其次为“2 701～3 000美元”，为89.68%。整体看来，平均月收入高于901美元者，有七成以上曾使用宽带。具体数据如表31.8所示。另因为分层后，部分有效样本数较少，故不宜过度分析或探讨。

表31.8　　台湾地区12岁以上宽带使用人数推估（按平均月收入分）

单位：人；%；百分点

平均月收入（美元） \ 项目	2006年1月母体人数	个人使用宽带上网				增减百分点
		2006年1月		2005年7月		
		人数	百分比	人数	百分比	
总计	19 387 289	11 619 708	59.93	10 538 017	54.7	5.23
没有收入	7 035 361	3 504 068	49.81	3 323 637	47.98	1.83
300以下	492 924	380 863	77.27	392 971	30.64	46.63
301～600	702 073	382 407	54.47	368 390	37.91	16.56
601～900	1 716 631	1 090 745	63.54	1 281 485	55.74	7.80
901～1 200	2 106 025	1 549 573	73.58	1 348 030	67.06	6.52
1 201～1 500	1 382 928	1 024 690	74.10	1 098 509	77.03	–2.94
1 501～1 800	1 150 084	887 233	77.15	686 048	72.65	4.49
1 801～2 100	369 622	302 830	81.93	247 402	74.81	7.12
2 101～2 400	243 722	197 727	81.13	276 373	73.61	7.52
2 401～2 700	156 627	154 493	98.64	87 586	84.33	14.31
2 701～3 000	127 981	114 778	89.68	120 472	94.46	–4.78
3 001以上	362 564	281 911	77.76	220 127	69.24	8.51
收入不稳定，不一定	1 804 831	570 746	31.62	338 680	34.34	–2.72
不知道	301 604	175 585	58.22	70 358	42.98	15.23
拒答	1 434 313	1 002 058	69.86	677 949	67.97	1.90

按年龄层分，台湾地区12岁以上无线上网使用人数推估如表31.9所示。

表 31.9　　台湾地区 12 岁以上无线上网使用人数推估（按年龄层分）

单位：人；%；百分点

项目 / 年龄层	2006 年 1 月母体人数	个人使用无线上网				增减百分点
		2006 年 1 月		2005 年 7 月		
		人数	百分比	人数	百分比	
总计	19 387 289	3 564 119	18.38	3 070 482	15.94	2.44
12 岁～15 岁	1 294 861	223 680	17.27	220 915	17.35	–0.08
16 岁～20 岁	1 589 464	394 412	24.81	371 186	22.71	2.10
21 岁～25 岁	1 925 584	628 733	32.65	450 625	23.29	9.36
26 岁～35 岁	3 742 486	1 101 607	29.44	985 626	26.40	3.04
36 岁～45 岁	3 784 281	723 502	19.12	745 142	19.72	–0.60
46 岁～55 岁	3 585 380	434 757	12.13	244 248	7.62	4.51
56 岁以上	3 465 233	57 428	1.66	52 740	1.42	0.23

注：该百分比是指使用无线上网人数÷母体人数

按年龄层分，台湾地区 12 岁以上使用互联网且无线上网使用人数推估如表 31.10 所示。

表 31.10　台湾地区 12 岁以上使用互联网且无线上网使用人数推估（按年龄层分）

单位：人；%；百分点

项目 / 年龄层	2006 年 1 月母体人数	个人使用无线上网				增减百分点
		2006 年 1 月		2005 年 7 月		
		人数	百分比	人数	百分比	
总计	12 789 114	3 564 119	27.87	3 002 562	24.26	3.61
12 岁～15 岁	1 243 813	223 680	17.98	220 915	17.70	0.28
16 岁～20 岁	1 565 975	394 412	25.19	371 186	23.77	1.42
21 岁～25 岁	1 834 058	628 733	34.28	446 734	24.14	10.14
26 岁～35 岁	3 286 415	1 101 607	33.52	976 297	30.37	3.15
36 岁～45 岁	2 568 446	723 502	28.17	702 957	27.88	0.29
46 岁～55 岁	1 766 016	434 757	24.62	231 732	16.42	8.20
56 岁以上	524 391	57 428	10.95	52 740	9.23	1.72

注：该百分比是指使用无线上网人数÷使用互联网人数

2. 个人行动上网使用人数部分（以台湾地区 12 岁以上民众为母体）

以性别来分，台湾地区 12 岁以上民众使用无线上网的男性比例与女性比例分别为 20.28%、16.50%。具体数据如表 31.11～表 31.13 所示。

表 31.11　　台湾地区 12 岁以上无线上网使用人数推估（按性别分）

单位：人；%；百分点

项目 / 性别	2006 年 1 月母体人数	个人使用无线上网				增减百分点
		2006 年 1 月		2005 年 7 月		
		人数	百分比	人数	百分比	
总计	19 387 289	3 564 119	18.38	3 070 482	15.94	2.44
男	9 661 296	1 959 628	20.28	1 630 399	16.72	3.56
女	9 725 993	1 604 491	16.50	1 440 083	15.13	1.36

注：该百分比是指使用无线上网人数÷母体人数

表 31.12　　台湾地区 12 岁以上使用互联网且无线上网使用人数推估（按性别分）

单位：人；%；百分点

项目 / 性别	2006 年 1 月母体人数	个人使用无线上网				增减百分点
		2006 年 1 月		2005 年 7 月		
		人数	百分比	人数	百分比	
总计	12 789 114	3 564 119	27.87	3 002 562	24.26	3.61
男	6 635 095	1 959 628	29.53	1 618 165	24.53	5.00
女	6 154 019	1 604 491	26.07	1 384 397	23.94	2.13

注：该百分比是指使用无线上网人数÷使用互联网人数

表 31.13　　台湾地区 12 岁以上行动上网使用人数推估（按年龄层分）

单位：人；%；百分点

项目 / 年龄层	2006 年 1 月母体人数	个人使用行动上网				增减百分点
		2006 年 1 月		2005 年 7 月		
		人数	百分比	人数	百分比	
总计	19 387 289	1 662 500	8.58	1 484 712	7.71	0.87
12 岁～15 岁	1 294 861	130 826	10.10	128 488	10.09	0.01
16 岁～20 岁	1 589 464	335 645	21.12	238 430	14.59	6.53
21 岁～25 岁	1 925 584	410 007	21.29	358 833	18.55	2.74
26 岁～35 岁	3 742 486	491 400	13.13	462 677	12.39	0.74
36 岁～45 岁	3 784 281	211 924	5.60	237 431	6.28	–0.68
46 岁～55 岁	3 585 380	72 908	2.03	28 143	0.88	1.16
56 岁以上	3 465 233	9 790	0.28	30 710	0.83	–0.55

以性别来分，台湾地区 12 岁以上民众使用行动上网比例男性高于女性，男性为 10.01%，女性为 7.15%。具体数据如表 31.14 所示。

表 31.14　　台湾地区 12 岁以上行动上网使用人数推估（按性别分）

单位：人；%；百分点

项目 性别	2006 年 1 月 母体人数	个人使用行动上网				增减 百分点
		2006 年 1 月		2005 年 7 月		
		人数	百分比	人数	百分比	
总计	19 387 289	1 662 500	8.58	1 484 712	7.71	0.87
男	9 661 296	967 518	10.01	873 716	8.96	1.05
女	9 725 993	694 982	7.15	610 996	6.42	0.72

以教育程度来分，台湾地区 12 岁以上民众使用行动上网比例“大学”最高，为 15.20%；其次为“研究生及以上”，约为 10.44%。具体数据如表 31.15 所示。

表 31.15　　台湾地区 12 岁以上行动上网使用人数推估（按教育程度分）

单位：人；%；百分点

项目 教育程度	2006 年 1 月 母体人数	个人使用行动上网				增减 百分点
		2006 年 1 月		2005 年 7 月		
		人数	百分比	人数	百分比	
总计	19 387 289	1 662 500	8.58	1 484 712	7.71	0.87
小学及以下	2 664 542	27 656	1.04	8 350	0.26	0.78
初中	2 560 598	191 367	7.47	181 940	6.64	0.83
高中	5 715 764	404 552	7.08	352 972	6.26	0.81
专科	3 035 013	281 673	9.28	286 864	9.88	−0.60
大学	4 321 767	656 847	15.20	552 743	14.39	0.81
研究生及以上	903 611	94 307	10.44	101 841	12.02	−1.58
拒答	185 992	6 098	3.28	—	0.00	3.28

注：“—”表本调查该特性之受访者无此行为

按平均月收入来分，台湾地区 12 岁以上民众使用行动上网的比例“300 美元以下”最高，为 20.47%，其次为“2 401～2 700 美元”、“1 801～2 100 美元”、“3 001 美元以上”及“901～1 200 美元”，分别为 16.06%、14.15%、12.70%及 12.47%；再其次为“301～600 美元”，为 12.31%。具体数据如表 31.16 所示。另因为分层后，部分有效样本数较少，故不宜过度分析或探讨。

表 31.16　　台湾地区 12 岁以上行动上网使用人数推估（按平均月收入分）

单位：人；%；百分点

项目 平均月收入	2006 年 1 月 母体人数	个人使用行动上网				增减 百分点
		2006 年 1 月		2005 年 7 月		
		人数	百分比	人数	百分比	
总计	19 387 289	1 662 500	8.58	1 484 712	7.71	0.87
没有收入	7 035 361	503 790	7.16	447 087	6.45	0.71

续表

项　　目 平均月收入（美元）	2006年1月 母体人数	个人使用行动上网				增减 百分点
		2006年1月		2005年7月		
		人　　数	百分比	人　　数	百分比	
300以下	492 924	100 881	20.47	35 908	2.80	17.67
301～600	702 073	86 400	12.31	68 362	7.03	5.27
601～900	1 716 631	177 598	10.35	188 581	8.20	2.14
901～1 200	2 106 025	262 685	12.47	222 904	11.09	1.38
1 201～1 500	1 382 928	152 748	11.05	158 982	11.15	−0.10
1 501～1 800	1 150 084	114 665	9.97	85 987	9.11	0.86
1 801～2 100	369 622	52 291	14.15	26 454	8.00	6.15
2 101～2 400	243 722	5 892	2.42	54 155	14.42	−12.01
2 401～2 700	156 627	25 148	16.06	3 513	3.38	12.67
2 701～3 000	127 981	8 259	6.45	14 326	11.23	−4.78
3 001以上	362 564	46 054	12.70	34 157	10.74	1.96
收入不稳定，不一定	1 804 831	60 866	3.37	50 992	5.17	−1.80
不知道	301 604	9 096	3.02	—	0.00	3.02
拒答	1 434 313	56 128	3.91	93 305	9.35	−5.44

注：「—」表本调查该特性之受访者无此行为

31.2.2 家庭网络及宽带使用户数推估

1. 家庭网络使用户数

按经济户长教育程度分，台湾地区家庭是否上网户数推估如表31.17所示。

表31.17　　台湾地区家庭是否上网户数推估（按经济户长教育程度分）

单位：户；%；百分点

项　　目 经济户长 教育程度	2006年1月 母体户数	家中可上网				增减 百分点
		2006年1月		2005年7月		
		户　　数	百分比	户　　数	百分比	
总计	7 259 110	5 327 766	73.39	4 909 528	68.34	5.06
小学及以下	884 147	294 070	33.26	290 082	36.66	−3.40
初中	741 255	466 816	62.98	499 723	61.36	1.62
高中	2 003 129	1 519 486	75.86	1 379 138	70.64	5.22
专科	1 126 281	906 854	80.52	792 355	79.77	0.75
大学	1 642 462	1 422 806	86.63	1 228 546	86.55	0.08
研究生及以上	394 063	379 639	96.34	509 607	94.56	1.78
拒答	467 773	338 094	72.28	175 086	70.59	1.68

从家庭平均月收入来看，可上网的台湾地区家庭中月收入为“6 000 美元以上”的比例最高，为 96.54%；其次为“3 001～4 500 美元”、“2 401～3 000 美元”，分别为 93.75%、92.37%；再其次为“4 501～6 000 美元”，为 90.19%。具体数据如表 31.18 所示。

表 31.18　　台湾地区家庭是否上网户数推估（按家庭平均月收入分）

单位：户；%；百分点

项目 / 家庭平均月收入（美元）	2006 年 1 月母体户数	家中可上网				增减百分点
		2006 年 1 月		2005 年 7 月		
		户数	百分比	户数	百分比	
总计	7 259 110	5 327 766	73.39	4 909 528	68.34	5.06
没有收入	375 678	52 130	13.88	69 571	15.67	−1.79
600 以下	198 475	38 491	19.39	69 515	11.27	8.12
601～1 200	775 650	534 148	68.86	724 707	67.74	1.13
1 201～1 800	1 015 121	867 172	85.43	827 073	77.58	7.85
1 801～2 400	545 144	463 260	84.98	531 196	86.11	−1.13
2 401～3 000	417 130	385 292	92.37	365 053	92.62	−0.26
3 001～4 500	486 615	456 207	93.75	427 388	91.29	2.46
4 501～6 000	120 885	109 024	90.19	127 338	90.93	−0.74
6 001 以上	150 253	145 058	96.54	79 599	89.01	7.54
收入不稳定	742 849	343 215	46.20	199 555	47.27	−1.07
不知道	1 630 896	1 322 686	81.10	965 058	81.14	−0.04
拒答	800 414	611 084	76.35	523 476	78.44	−2.09

2. 家庭宽带使用户数（以台湾地区家庭为母体）

按经济户长教育程度分，台湾地区家庭宽带使用户数推估如表 31.19 所示。

表 31.19　　台湾地区家庭宽带使用户数推估（按经济户长教育程度分）

单位：人；%；百分点

项目 / 经济户长教育程度	2006 年 1 月母体户数	家中宽带上网				增减百分点
		2006 年 1 月		2005 年 7 月		
		户数	百分比	户数	百分比	
总计	7 259 110	4 704 485	64.81	4 083 526	56.84	7.97
小学及以下	884 147	235 605	26.65	232 848	19.39	7.26
初中	741 255	387 104	52.22	435 287	53.45	−1.22
高中	2 003 129	1 360 384	67.91	1 123 937	57.57	10.34
专科	1 126 281	775 514	68.86	672 882	67.74	1.11
大学	1 642 462	1 328 449	80.88	1 044 167	73.56	7.32
研究生及以上	394 063	369 758	93.83	435 626	80.83	13.00
拒答	467 773	247 672	52.95	130 762	52.72	0.22

从家庭平均月收入来看，台湾地区家庭使用宽带上网比例“6 001 美元以上”最高，为92.20%；其次为“3 001～4 500 美元”与“4 501～6 000 美元”，分别为 89.13%、88.34%。整体看来，平均月收入较高的家庭，其家中使用宽带的比例皆较高，在月收入高于 1 800 美元的家庭中，有八成以上已有使用宽带上网。具体数据如表 31.20 所示。

表 31.20　　台湾地区家庭宽带使用户数推估（按家庭平均月收入分）

单位：人；%；百分点

项目 家庭平均月收入（美元）	2006 年 1 月母体户数	家中宽带上网				增减百分点
		2006 年 1 月		2005 年 7 月		
		户数	百分比	户数	百分比	
总计	7 259 110	4 704 485	64.81	4 083 526	56.84	7.97
没有收入	375 678	18 547	4.94	47 196	10.63	–5.69
600 以下	198 475	34 509	17.39	42 342	6.87	10.52
601～1 200	775 650	459 371	59.22	563 878	52.70	6.52
1 201～1 800	1 015 121	777 824	76.62	702 810	65.92	10.70
1 801～2 400	545 144	442 219	81.12	449 700	72.90	8.22
2 401～3 000	417 130	357 130	85.62	333 714	84.67	0.94
3 001～4 500	486 615	433 727	89.13	369 762	78.98	10.15
4 501～6 000	120 885	106 796	88.34	103 219	73.71	14.64
6 001 以上	150 253	138 529	92.20	69 932	78.20	14.00
收入不稳定/不一定	742 849	258 772	34.84	165 785	39.27	–4.44
不知道	1 630 896	1 141 826	70.01	804 309	67.63	2.38
拒答	800 414	535 234	66.87	430 880	64.57	2.30

3．非使用宽带连接网络的家庭其未来使用意愿户数（以台湾地区非使用宽带连接网络之家庭为母体）

按经济户长教育程度分，台湾地区未使用宽带连接网络的家庭未来使用宽带上网的意愿户数推估如表 31.21 所示。

表 31.21 台湾地区家庭非使用宽带连接网络其未来使用宽带意愿户数推估（按经济户长教育程度分）

单位：户；%；百分点

项目 经济户长教育程度	2006 年 1 月母体户数	未来半年内会使用宽带上网				增减百分点
		2006 年 1 月		2005 年 7 月		
		户数	百分比	户数	百分比	
总计	2 180 102	385 710	17.69	420 461	15.34	2.36
小学及以下	615 397	48 369	7.86	31 580	3.26	4.60
初中	289 901	81 437	28.09	58 772	16.71	11.38
高中	553 264	128 583	23.24	194 459	27.05	–3.81
专科	285 965	58 897	20.60	58 751	23.25	–2.65

续表

经济户长教育程度 \ 项目	2006 年 1 月母体户数	未来半年内会使用宽带上网				增减百分点
		2006 年 1 月		2005 年 7 月		
		户数	百分比	户数	百分比	
大学	272 508	56 099	20.59	55 644	17.96	2.63
研究生及以上	14 932	2 675	17.92	13 476	13.57	4.35
拒答	148 134	9 650	6.51	7 780	8.39	–1.88

注：该百分比是指未来使用宽带意愿户数÷非使用宽带连接互联网户数（未包含不清楚、不知道家庭上网方式的受访户）

从家庭平均月收入来看，台湾地区非使用宽带连接网络方式上网其未来半年内宽带使用意愿比例“1 801～2 400 美元”最高，分别为 46.75%；其次为“2 401～3 000 美元”，约为 39.75%。具体数据如表 31.22 所示。

表 31.22　台湾地区家庭非使用宽带连接网络其未来使用宽带意愿户数推估（按家庭平均月收入分）

单位：户；%；百分点

家庭平均月收入（美元） \ 项目	2006 年 1 月母体户数	未来半年内会使用宽带上网				增减百分点
		2006 年 1 月		2005 年 7 月		
		户数	百分比	户数	百分比	
总计	2 180 102	385 710	17.69	420 461	15.34	2.36
没有收入	336 028	1 576	0.47	23 932	6.31	–5.84
600 以下	162 222	14 555	8.97	12 405	2.20	6.77
601～1 200	281 034	72 201	25.69	63 571	15.21	10.48
1 201～1 800	187 818	49 893	26.56	87 260	27.46	–0.90
1 801～2 400	95 461	44 628	46.75	38 897	27.91	18.84
2 401～3 000	49 618	19 722	39.75	11 774	23.78	15.96
3 001～4 500	39 207	13 712	34.97	23 421	25.46	9.51
4 501～6 000	12 167	3 361	27.62	11 456	34.25	–6.63
6 001 以上	10 865	4 195	38.61	7 081	55.54	–16.93
收入不稳定/不一定	424 005	64 184	15.14	32 783	14.01	1.12
不知道	353 611	66 391	18.78	69 685	23.21	–4.43
拒答	228 065	31 293	13.72	38 195	18.83	–5.11

注：该百分比是指未来使用宽带意愿户数÷非使用宽带连接互联网户数（未包含不清楚、不知道家庭上网方式的受访户）

31.3　上网人口分析

31.3.1　台湾地区 12 岁以上民众整体上网比例

在台湾地区 12 岁以上 3 039 位受访民众中，曾经上网的民众为 65.97%；没有上网的民众为 34.03%。具体数据如表 31.23 所示。

表 31.23 台湾地区 **12** 岁以上民众整体上网比例

2006 年 1 月　单位：%

项　目　别	百　分　比	项　目　别	百　分　比
总计	100.00	否	34.03
是	65.97		

在台湾地区 12 岁以上且曾经上网的 2005 位受访民众中，个人上网设备中“个人台式计算机”最多；其次为“笔记本计算机”；再其次为“移动电话”。具体数据如表 31.24 所示。

表 31.24 台湾地区 **12** 岁以上民众个人上网设备

2006 年 1 月　单位：相对次数

项　目　别	相 对 次 数	项　目　别	相 对 次 数
个人台式计算机	92.72	家庭电器设备	1.15
笔记本计算机	24.50	其他	1.40
移动电话	5.23	不知道	0.72

注：本题为复选题

“在台湾地区 12 岁以上且曾经上网的 2005 位受访民众中，接触网络时间比例最高的是 10 年以上”，为 17.23%；其次是“5 年以上～未满 6 年”，为 14.23%；再其次是“3 年以上～未满 4 年”、“2 年以上～未满 3 年”及“4 年以上～未满 5 年”，分别为 9.99%、9.62%、9.06%。具体数据如表 31.25 所示。

表 31.25 台湾地区 **12** 岁以上民众整体接触网络时间

2006 年 1 月　单位：%

项　目　别	百　分　比	项　目　别	百　分　比
总计	100.00	5 年以上～未满 6 年	14.23
未满半年	1.72	6 年以上～未满 7 年	7.27
半年以上～未满 1 年	2.63	7 年以上～未满 8 年	7.80
1 年以上～未满 2 年	4.66	8 年以上～未满 9 年	4.10
2 年以上～未满 3 年	9.62	9 年以上～未满 10 年	2.70
3 年以上～未满 4 年	9.99	10 年以上	17.23
4 年以上～未满 5 年	9.06	不知道	8.99

31.3.2　台湾地区 12 岁以上民众宽带上网使用情形

在台湾地区 12 岁以上且曾经上网的 2005 位受访民众中，其上网方式中 ADSL 为最多，为 84.75%；其次为 Cable Modem，为 4.11%。

另外，本调查所谓宽带是指使用 ADSL、有线电视频道的电缆线连接（Cable Modem）、固接专线连接、小区网络（光纤入户+局域网络）、无线局域网络上网（WLAN）及移动电话的方式连接上网。

在曾使用过互联网的受访者中，由表 31.26 得知，台湾地区 12 岁以上民众中有 90.86%使用宽带上网，另有 9.14%的民众非使用宽带上网或不清楚其是否宽带上网。

表 31.26　　台湾地区 12 岁以上民众上网方式

2006 年 1 月　单位：%

项　目　别	百　分　比	项　目　别	百　分　比
总计	100.00	固接专线（Leased Line）	1.01
免费电话拨号	1.07	无线局域网络上网	0.32
付费电话拨号	2.81	移动电话上网	0.08
ADSL	84.75	非在家中上网，所以不清楚	2.80
Cable Modem	4.11	因某些原因，目前无上网	1.80
小区网络	0.59	其他	0.66

以下针对使用宽带上网的 1 821 位受访者，探讨其过去拨号上网使用经验、平日与假日宽带网络时数与时段、使用宽带网络的地点、使用功能、拥有电子邮件账号个数、使用网站类型及宽带特殊应用功能的付费使用状况与意愿。

在使用宽带上网的 1 821 位受访者中，有拨号上网经验的受访者为 72.12%，没有拨号上网经验的受访者为 27.88%，如表 31.27 所示。

表 31.27　　台湾地区 12 岁以上有使用宽带上网民众之拨号上网经验

2006 年 1 月　单位：%

项　目　别	百　分　比	项　目　别	百　分　比
总计	100.00	没有	27.88
有	72.12		

台湾地区 12 岁以上民众曾使用宽带上网的 1 821 位受访者中，平日（星期一～星期五）平均一天使用宽带时数，最多的是“1 小时以上，未满 2 小时”，为 15.88%；其次为“2 小时以上，未满 3 小时”，为 14.49%；再其次为“3 小时以上，未满 4 小时”，为 9.83%。合计一天使用宽带时数为“1 小时以上，未满 4 小时”之间比例，达 40.20%。具体数据如表 31.28 所示。

表 31.28　　台湾地区 12 岁以上民众平日使用宽带时数

2006 年 1 月　单位：%

项　目　别	百　分　比	项　目　别	百　分　比
总计	100.00	3 小时以上，未满 4 小时	9.83
未满半小时	6.06	4 小时以上，未满 5 小时	5.90
半小时以上，未满 1 小时	9.13	5 小时以上，未满 6 小时	4.57
1 小时以上，未满 2 小时	15.88	6 小时以上，未满 7 小时	2.07
2 小时以上，未满 3 小时	14.49	7 小时以上，未满 8 小时	1.28

续表

项　目　别	百　分　比	项　目　别	百　分　比
8 小时以上，未满 9 小时	3.42	13 小时以上，未满 14 小时	0.13
9 小时以上，未满 10 小时	0.37	14 小时以上，未满 15 小时	0.11
10 小时以上，未满 11 小时	2.69	15 小时以上，未满 16 小时	0.23
11 小时以上，未满 12 小时	0.24	16 小时以上	2.31
12 小时以上，未满 13 小时	1.35	不一定	19.92

平日使用宽带上网的 1 821 位受访者中，使用宽带时段呈现双峰形态，最高峰的使用时段为“晚上 6 点～晚上 12 点以前”；另一高峰使用时段为“早上 9 点～下午 1 点以前”具体数据如表 31.29 所示。

表 31.29　　　　台湾地区 12 岁以上民众平日最常使用宽带时段

2006 年 1 月　单位：相对次数

项　目　别	相 对 次 数	项　目　别	相 对 次 数
6:00～6:59	0.93	19:00～19:59	21.77
7:00～7:59	0.98	20:00～20:59	28.95
8:00～8:59	5.53	21:00～21:59	28.56
9:00～9:59	10.44	22:00～22:59	23.55
10:00～10:59	11.81	23:00～23:59	15.10
11:00～11:59	11.01	0:00～0:59	5.27
12:00～12:59	10.41	1:00～1:59	2.72
13:00～13:59	8.85	2:00～2:59	1.83
14:00～14:59	8.60	3:00～3:59	1.20
15:00～15:59	8.58	4:00～4:59	0.80
16:00～16:59	8.44	5:00～5:59	0.70
17:00～17:59	9.29	不一定	34.37
18:00～18:59	14.86		

注：本题为复选题

台湾地区 12 岁以上民众曾使用宽带上网的 1 821 位受访者中，假日（星期六～星期日）平均一天使用宽带时数，最多的是“未满半小时”，为 14.37%；其次为“1 小时以上，未满 2 小时”（10.72%）及“2 小时以上，未满 3 小时”（10.14%）。具体数据如表 31.30 所示。

表 31.30　　　　台湾地区 12 岁以上民众假日使用宽带时数

2006 年 1 月　单位：%

项　目　别	百　分　比	项　目　别	百　分　比
总计	100.00	半小时以上，未满 1 小时	4.90
未满半小时	14.37	1 小时以上，未满 2 小时	10.72

续表

项　目　别	百　分　比	项　目　别	百　分　比
2 小时以上，未满 3 小时	10.14	10 小时以上，未满 11 小时	1.63
3 小时以上，未满 4 小时	7.21	11 小时以上，未满 12 小时	0.19
4 小时以上，未满 5 小时	5.77	12 小时以上，未满 13 小时	1.71
5 小时以上，未满 6 小时	5.52	13 小时以上，未满 14 小时	0.10
6 小时以上，未满 7 小时	1.85	14 小时以上，未满 15 小时	0.05
7 小时以上，未满 8 小时	1.03	15 小时以上，未满 16 小时	0.18
8 小时以上，未满 9 小时	2.95	16 小时以上	3.50
9 小时以上，未满 10 小时	0.56	不一定	27.64

假日使用宽带上网的 1 821 位受访者中，使用宽带时段呈现双峰形态，第一个高峰时段为“下午 2 点～下午 5 点以前”；第二个高峰时段为“晚上 7 点～晚上 11 点以前”。具体数据如表 31.31 所示。

表 31.31　　台湾地区 12 岁以上民众假日最常使用宽带时段

2006 年 1 月　单位：相对次数

项　目　别	相 对 次 数	项　目　别	相 对 次 数
6:00～6:59	0.70	19:00～19:59	12.67
7:00～7:59	0.90	20:00～20:59	16.56
8:00～8:59	2.19	21:00～21:59	17.44
9:00～9:59	4.51	22:00～22:59	14.81
10:00～10:59	7.06	23:00～23:59	9.98
11:00～11:59	6.98	0:00～0:59	4.61
12:00～12:59	8.42	1:00～1:59	2.60
13:00～13:59	10.68	2:00～2:59	1.75
14:00～14:59	13.13	3:00～3:59	1.26
15:00～15:59	14.15	4:00～4:59	0.85
16:00～16:59	13.13	5:00～5:59	0.67
17:00～17:59	11.13	不一定	54.38
18:00～18:59	10.57		

注：本题为复选题

使用宽带上网的 1 821 位受访者中，其最常使用宽带上网的地点为“家中”；其次为“工作场所”；再其次为“学校”。具体数据如表 31.32 所示。

表 31.32 台湾地区 12 岁以上民众最常使用宽带上网的地点

2006 年 1 月 单位：相对次数

项 目 别	相 对 次 数	项 目 别	相 对 次 数
家中	94.63	图书馆	9.32
工作场所	38.91	咖啡厅、餐厅、快餐店	4.95
学校	26.56	车站	0.81
网吧	19.58	其他场所	2.94
朋友及同学家	12.68		

注：本题为复选题

台湾地区 12 岁以上民众常使用宽带上网的功能如表 31.33 所示。

表 31.33 台湾地区 12 岁以上民众常使用宽带上网的功能

2006 年 1 月 单位：相对次数

项 目 别	相 对 次 数	项 目 别	相 对 次 数
浏览信息、网页（WWW）	73.68	网络论坛（NEWS）	6.52
电子邮件（E-mail）	53.96	网络电话	5.12
网络实时传呼或聊天室	32.06	网络金融服务	4.17
搜寻信息	29.57	电子布告栏（上 BBS）	3.95
网络游戏	21.27	远距教学与在线学习	3.37
下载软件数据（Download）	18.16	在线观赏影片	2.39
下载影音文档	15.41	视讯会议	2.16
网络购物	12.64	收看网络电视节目	1.81
收听网络电台、音乐	9.10	网站（页）维护	1.26
上传资料	8.56	其他	1.05
电子档案传送（FTP 或 P2P）	6.73	不知道	0.28

注：本题为复选题

在使用宽带上网的 1 821 位受访者中，有 87.04%的民众有 E-mail 账号，有 12.96%的民众没有 E-mail 账号。具体数据如表 31.34 所示。

表 31.34 是否拥有电子邮件（E-mail）账号

2006 年 1 月 单位：%

项 目 别	百 分 比	项 目 别	百 分 比
总计	100.00	否	12.96
是	87.04		

在使用宽带上网且有E-mail账号的1 585位受访者中，拥有“1个”的比例最高，为39.17%；其次为“2个”，为34.84%；再其次为“3个”，为14.87%。具体数据如表31.35所示。

表31.35　　拥有几个电子邮件账号

2006年1月　单位：%

项　目　别	百　分　比	项　目　别	百　分　比
总计	100.00	6个	1.65
1个	39.17	7个	0.17
2个	34.84	8个	0.43
3个	14.87	9个	0.00
4个	5.02	10个	0.14
5个	3.49	11个以上	0.24

在使用宽带上网的1 821位受访者中，其常使用宽带上网的网站类型最多的是“入口网站类”；其次为“搜索引擎”；再其次为“新闻媒体”、“购物网站”及“游戏网站”。具体数据如表31.36所示。

表31.36　　台湾地区12岁以上民众使用宽带上网的网站类型

2006年1月　单位：相对次数

项　目　别	相对次数	项　目　别	相对次数
入口网站类（如雅虎、蕃薯藤）	65.33	软件下载	5.54
搜索引擎（如Google、Openfind）	27.71	计算机信息	5.53
新闻媒体（如中时、联合报网站）	14.23	医疗保健	4.20
购物网站	13.80	文化艺术	3.83
游戏网站	13.58	聊天交友	3.66
生活休闲旅游	10.99	星座血型算命	2.71
银行金融	8.68	美容养生	2.65
影视娱乐	8.12	求职求才	2.41
校园学术	6.73	成人娱乐	1.77
音乐广播	6.58	亲子儿童	1.69
个人网站	6.54	社会团体	1.20
政府机关	6.00	不一定，没有特定网站	11.46
教育学习	5.95	其他	3.59

注：本题为复选题

在使用宽带上网的1 821位受访者中，其使用宽带付费的比例最高的是“网络音乐”为35.36%；其次为“在线游戏”，为33.33%；再其次为“网络电话”，为23.35%。具体数据如表31.37所示。

表 31.37　　台湾地区 12 岁以上民众使用宽带付费情形

2006 年 1 月　单位：%

项 目 别	百 分 比		项 目 别	百 分 比	
	是	否		是	否
网络音乐	35.36	64.64	网络金融	16.72	83.28
在线游戏	33.33	66.67	在线学习与远距教学	15.01	84.99
网络电话	23.35	76.65	网络电视电影	13.40	86.60

注：本题为宽带使用者使用情形

31.4 家庭上网分析

31.4.1 家庭使用宽带网络状况

1．家庭计算机设备

在受访的 3 039 家庭中，家中拥有个人台式计算机的家庭约占 73.96%；家中没有个人台式计算机的家庭约占 26.04%。具体数据如表 31.38 所示。

表 31.38　　台湾地区家中是否拥有台式计算机

2006 年 1 月　单位：%

项 目 别	百 分 比	项 目 别	百 分 比
总计	100.00	否	26.04
是	73.96		

在拥有台式计算机的 2 248 户受访家庭中，拥有 1 台计算机的比例最高，为 60.69%；其次为拥有 2 台计算机，为 27.24%。具体数据如表 31.39 所示。

表 31.39　　台湾地区拥有台式计算机家中的台式计算机数

2006 年 1 月　单位：%

项 目	百 分 比	项 目	百 分 比
总计	100.00	3 台	8.40
1 台	60.69	4 台	2.04
2 台	27.24	5 台以上	1.63

在受访的 3 039 家庭中，家中拥有笔记本计算机的家庭约占 30.37%；家中没有笔记本计算机的家庭约占 69.63%。具体数据如表 31.40 所示。

表 31.40　　台湾地区家中是否拥有笔记本计算机

2006 年 1 月　单位：%

项 目 别	百 分 比	项 目 别	百 分 比
总计	100.00	否	69.63
是	30.37		

在拥有笔记本计算机的 923 户受访家庭中，拥有 1 台笔记本计算机的比例最高，为 74.92%；其次为拥有 2 台笔记本计算机，为 19.95%。具体数据如表 31.41 所示。

表 31.41　　台湾地区拥有笔记本计算机家中之笔记本计算机数

2006 年 1 月　单位：%

项　目	百　分　比	项　目	百　分　比
总计	100.00	3 台	3.80
1 台	74.92	4 台	1.25
2 台	19.95	5 台以上	0.08

2. 家中可上网

在受访的 3 039 家庭中，家中可上网的家庭为 73.39%，而目前家中不可上网的为 26.61%，如表 31.42 所示。

表 31.42　　台湾地区家庭目前是否可上网

2006 年 1 月　单位：%

项　目	百　分　比	项　目	百　分　比
总计	100.00	否	26.61
是	73.39		

3. 家庭上网设备

家中可上网的 2 230 家庭中，主要上网设备以个人台式计算机为主；其次为笔记本计算机，再其次为移动电话。具体数据如表 31.43 所示。

表 31.43　　台湾地区家中的上网设备

2006 年 1 月　单位：相对次数

项　目　别	相 对 次 数
个人台式计算机（PC，包括苹果电脑）	92.65
笔记本计算机	29.84
移动电话（WAP、GPRS、PHS 手机）	3.13
家庭电器设备（电视机或机上盒）	0.57
其他	0.63
不知道	1.64

注：本题为复选题

4. 家庭上网方式

家中可上网的 2 230 家庭中，以 ADSL 连接上网的家庭比例最高，为 82.20%，其次是有线电视电缆线连接线缆调制解调器（Cable Modem），为 4.50%；以付费电话拨号连接者只有 3.09%。具体数据如表 31.44 所示。

由调查结果可知，大约有 88.30%的家庭使用宽带上网（此处宽带上网包括 ADSL、有线电视电缆线连接线缆调制解调器（Cable Modem）、固接专线及小区网络）。

表 31.44　　台湾地区家中上网方式

2006 年 1 月　单位：%

项　目	百　分　比	项　目	百　分　比
总计	100.00	免付费电话拨号	1.34
ADSL	82.20	固接专线	0.24
Cable Modem	4.50	其他	0.19
付费电话拨号	3.09	不清楚、不知道	7.08
小区网络	1.36		

家中可上网且上网方式以 ADSL 连接上网的 1 834 家庭中，比例最高的是使用“中华电信”的家庭，为 77.34%；其次为“联合数字网络”，为 4.16%。具体数据如表 31.45 所示。

表 31.45　　台湾地区家中 ADSL 的服务提供商

2006 年 1 月　单位：%

项　目	百　分　比	项　目	百　分　比
总计	100.00	以太固网宽带	2.04
“中华电信”	77.34	和信超媒体	1.23
联合数字网络	4.16	速博网	0.36
台湾固网	2.60	其他	1.03
So-Net	2.32	不知道	8.92

家中可上网且上网方式以线缆调制解调器（Cable Modem）连接上网的 100 个家庭中，比例最高的是使用当地有线电视服务商的家庭，为 55.83%，其次为“以太固网宽带”，为 21.46%。具体数据如表 31.46 所示。

表 31.46　　台湾地区家中 Cable Modem 的服务提供商

2006 年 1 月　单位：%

项　目	百　分　比	项　目	百　分　比
总计	100.00	和信超媒体	1.74
当地有线电视服务商	55.83	其他	12.02
以太固网宽带	21.46	不知道	6.49
SeedNet	2.46		

5. 家庭宽带上网下载速度

家中可上网且上网方式以 ADSL 连接上网的 1 834 家庭中，其下载/上行速度所占比例最高的是“2Mbit/s/64kbit/s”，为 7.81%，其次为“256kbit/s/64kbit/s”，为 6.95%。具体数据如表 31.47 和表 31.48 所示。

表 31.47　　台湾地区家中 ADSL 下载速度

2006 年 1 月　单位：%

项　目	百　分　比	项　目	百　分　比
总计	100.00	2Mbit/s/384kbit/s	0.92
2Mbit/s/64kbit/s	7.81	1.5Mbit/s/128kbit/s	0.66
256kbit/s/64kbit/s	6.95	3Mbit/s/128kbit/s	0.34
512kbit/s/64kbit/s	4.23	3Mbit/s/384kbit/s	0.25
1.5Mbit/s/64kbit/s	3.55	3Mbit/s/64Mbit/s	0.25
2Mbit/s/128kbit/s	3.19	1.5Mbit/s/384kbit/s	0.08
2Mbit/s/256kbit/s	1.62	其他	5.64
512kbit/s/512kbit/s	1.27	不知道	62.10
2Mbit/s/512kbit/s	1.14		

表 31.48　　台湾地区家中 Cable Modem 下载速度

2006 年 1 月　单位：%

项　目	百　分　比	项　目	百　分　比
总计	100.00	3Mbit/s	0.76
1.5Mbit/s	8.76	其他	15.20
256kbit/s	7.65	不知道	61.32
512kbit/s	6.31		

以下（6）～（13）将针对使用宽带网络（包括使用 ADSL、Cable Modem、固接专线及小区网络上网）的 1970 户受访家庭，探讨家庭的宽带固定或动态 IP、受访家庭选择宽带业者考虑原因、月租费用、宽带上网困扰，以及满意度。

6. 家庭宽带 IP 使用形式

在使用宽带上网的 1970 家庭中，有 39.60%的家庭采用固定 IP，22.01%的家庭采用动态 IP。

表 31.49　　台湾地区家中的 IP 使用形式

2006 年 1 月　单位：%

项　目	百　分　比	项　目	百　分　比
总计	100.00	固定 IP 加动态 IP	1.60
固定 IP	39.60	不知道	36.79
动态 IP	22.01		

7. 家庭选择宽带互联网服务提供商考虑因素

在使用宽带上网的 1970 家庭中，其选择宽带互联网服务提供商考虑因素以“安全稳定”为主；其次为“速度快”，再其次为“费用低”。具体数据如表 31.50 所示。

表 31.50　　台湾地区家中选择 **ISP** 的考虑因素

2006 年 1 月　单位：相对次数

项　目　别	相 对 次 数	项　目　别	相 对 次 数
安全稳定	18.94	增值服务多	3.34
速度快	18.33	集体选择	2.58
费用低	18.31	受到消费者满意度调查报告影响	1.24
业者形象佳	12.88	有线电视套装组合	1.03
别无选择，只有一家服务商	9.38	想尝试新的服务商	0.50
亲友推荐	9.10	提供专属带宽	0.49
优惠方案	6.29	提供固定 IP	0.46
随便订的	4.35	其他	7.25
方便	3.49	不知道	18.24

注：本题为复选题

8. 家庭每月宽带上网费用

在使用宽带上网的 1 970 家庭中，其每月上网费用比例最高的为“751～1 000 元”，为 29.26%，其次为“1 001～1 250 元”（15.47%）；约有七成左右其每月上网费用介于“251～1 250 元”。

表 31.51　　台湾地区家中每月宽带上网费用

2006 年 1 月　单位：%

项　目	百　分　比	项　目	百　分　比
总计	100.00	1 251～1 500 元	2.34
免费	1.10	1 501～1 750 元	0.77
250 元以下	1.79	1 751～2 000 元	1.03
251～500 元	14.40	2 001 元以上	1.47
501～750 元	9.06	其他	0.98
751～1 000 元	29.26	不知道	22.33
1 001～1 250 元	15.47		

9. 家庭认为每月宽带上网费用是否合理

在使用宽带上网且知道家中每月宽带上网费用的 1 528 家庭中，认为每月宽带上网费用合理的约有 22.86%（其中认为非常合理的有 0.81%及合理的有 22.05%）；认为不合理的有 44.61%（其中认为非常不合理的为 8.24%及不合理的有 36.37%）。具体数据如表 31.52 所示。

表 31.52　　台湾地区家庭认为每月宽带上网费用是否合理

2006 年 1 月　单位：%

项　目	百　分　比	项　目	百　分　比
总计	100.00	普通	32.53
非常合理	0.81	不合理	36.37
合理	22.05	非常不合理	8.24

10．家庭认为宽带以下载速率 2Mbit/s 为主力合理的上网费用

在使用宽带上网的 1 970 家庭中，其认为 2Mbit/s 每月合理的上网费用比例最高的是"10～15 美元"，为 18.18%，其次为"15～20 美元"（13.03%）。具体数据如表 31.53 所示。

表 31.53　　台湾地区家庭认为宽带以下载速率 2Mbit/s 为主力合理的上网费用

2006 年 1 月　单位：%

项　目	百　分　比	项　目	百　分　比
总计	100.00	40～45 美元	0.67
免费	3.67	45～55 美元	0.30
10 美元以下	4.23	55～60 美元	0.13
10～15 美元	18.18	60 美元以上	0.80
15～20 美元	13.03	其他	2.46
20～30 美元	10.51	不知道	43.04
30～40 美元	2.98		

11．家庭使用宽带上网是否认为有困扰

在使用宽带上网的 1 970 家庭中，有 57.79%的家庭宽带上网者认为"有困扰"；有 42.21%的家庭宽带上网者认为"没有困扰"。具体如表 31.54 所示。

表 31.54　　台湾地区家中宽带上网是否认为有困扰

2006 年 1 月　单位：%

项　目　别	百　分　比	项　目　别	百　分　比
有困扰	57.79	没有困扰	42.21

12．家庭宽带上网常遇到的困扰

在使用宽带上网有困扰的 1 139 家庭中，认为最常遇到的困扰是"下载速度太慢"，其次则是"线路不稳、联机质量不佳"，再其次则是"尖峰时刻容易堵塞"。具体数据如表 31.55 所示。

表 31.55　　台湾地区家中宽带上网最常遇到的困扰

2006 年 1 月　单位：相对次数

项　目　别	相 对 次 数	项　目　别	相 对 次 数
下载速度太慢	21.97	尖峰时刻容易堵塞	14.86
线路不稳、联机质量不佳	20.56	上传速度太慢	13.94

续表

项 目 别	相对次数	项 目 别	相对次数
怕中毒	13.60	连接国外网站速度太慢	1.29
垃圾信息太多	10.21	网络内容不够丰富	1.21
网络安全问题	4.41	家人限制	1.19
费用上觉得划不来	2.96	多人共享设置不易	0.93
服务商技术支持不足	1.96	其他	3.42
计算机设置或拨号方式不便	1.52		

注：本题为复选题

13．家庭对宽带网络服务提供商的满意度

在使用宽带上网的1970家庭中，其对宽带网络服务提供商感到满意的有39.56%（其中感到满意的有38.23%，感到非常满意的有1.33%）；而约有一成的家庭感到不满意。具体数据如表31.56所示。

表31.56　　台湾地区家中ISP满意度

2006年1月　单位：%

项 目	百分比	项 目	百分比
总计	100.00	很难说（普通）	50.91
非常满意	1.33	不满意	8.77
满意	38.23	非常不满意	0.76

31.4.2　未来使用宽带网络家庭状况

此小节将针对未使用宽带上网的1069户受访家庭，探讨其不使用宽带上网的原因、家中在未来半年内改装宽带网络的可能性、家中在未来半年内会选择改装的上网方式与考虑因素。

1．家庭未使用宽带上网的原因

在使用互联网但未使用宽带上网的家庭及目前未使用互联网的1069户家庭中，未使用宽带上网的主要原因为“不需要”，其次为“没设备”，再其次为“年龄太老或太小”。具体数据如表31.57所示。

表31.57　　台湾地区家中未使用宽带的原因

2006年1月　单位：相对次数

项 目 别	相对次数	项 目 别	相对次数
不需要	56.27	无兴趣	6.92
没设备	18.89	费用太高	6.60
年龄太老或太小	13.63	无时间使用	4.89
对计算机恐惧或不熟悉	12.51	个人隐私因素	3.73

续表

项 目 别	相对次数	项 目 别	相对次数
担心网络内容有害	1.20	怕中毒	0.24
缺乏有用的讯息	0.72	联机速度太慢	0.20
常断线、忙线或联机困难	0.47	其他	0.41

注：本题为复选题

2. 家庭目前未使用宽带上网但未来计划使用宽带上网

在使用互联网但未使用宽带上网的家庭及目前未使用互联网的1 069户家庭中，有17.69%的家庭计划未来半年内使用宽带上网，而有82.31%的家庭不计划在未来半年内改用宽带上网，如表31.58所示。

表31.58　台湾地区家中未来半年内是否使用宽带

2006年1月　单位：%

项 目	百分比	项 目	百分比
总计	100.00	否	82.31
是	17.69		

3. 家庭计划未来使用宽带上网的方式

在计划未来半年内使用宽带的161户家庭中，大部分的家庭会采用ADSL宽带上网（53.62%），其次有3.34%的家庭计划采用Cable Modem宽带上网。具体数据如表31.59所示。

表31.59　台湾地区家中未来半年内使用宽带方式

2006年1月　单位：%

项 目	百分比	项 目	百分比
总计	100.00	小区网络	2.12
ADSL	53.62	其他	3.30
Cable Modem	3.34	不知道	37.62

在计划未来半年内以ADSL连接上网的87户家庭中，有77.65%的家庭选择使用“中华电信”，选择其余宽带服务提供商均不到2%，而不知道者将近二成。具体数据如表31.60所示。

表31.60　台湾地区家中未来半年内使用ADSL的ISP

2006年1月　单位：%

项 目	百分比	项 目	百分比
总计	100.00	联合数字网络	0.51
“中华电信”	77.65	其他	0.96
台湾固网	1.84	不知道	18.04
以太固网宽带	1.00		

由于以线缆调制解调器（Cable Modem）连接上网的样本数过少，故不宜过度分析或探讨，其结果仅供参考。具体数据如表 31.61 所示。

表 31.61　　台湾地区家中未来半年内使用 Cable Modem 的 ISP

2006 年 1 月　单位：%

项　目	百　分　比	项　目	百　分　比
总计	100.00	Seednet	0.00
以太固网宽带	0.00	其他	77.38
和信超媒体	0.00	不知道	22.62

4．家庭选择宽带互联网服务提供商考虑因素

在未来计划使用宽带上网的 161 户家庭中，其选择宽带网络服务提供商考虑因素比例最高的是“费用低”；其次为“业者形象佳”、“速度快”等。具体数据如表 31.62 所示。

表 31.62　　台湾地区家中选择 ISP 的考虑因素

2006 年 1 月　单位：相对次数

项　目　别	相 对 次 数	项　目　别	相 对 次 数
费用低	18.41	优惠方案	1.19
服务商形象佳	16.23	提供固定 IP	0.90
速度快	15.48	提供专属带宽	0.90
安全稳定	11.00	有线电视的套装组合	0.82
别无选择，只有一家服务商	10.64	想尝试新的服务商	0.50
靠亲友推荐	8.95	随便订的	0.50
方便（安装、申请）	8.08	受到消费者满意度调查报告影响	0.21
集体选择	3.92	其他	3.32
增值服务多	2.02	不知道	33.90

注：本题为复选题

（本报告摘自台湾网路资讯中心 TWNIC）

第五篇

附录篇

附录 A　2005 年中国互联网发展大事记

（1）2005 年 1 月 17 日，中国互联网络信息中心（CNNIC）在北京发布了《第 15 次中国互联网络发展状况统计报告》。截止到 2004 年 12 月 31 日，中国上网计算机数约为 4 160 万台，上网用户数约为 9 400 万人，CN 下注册的域名为 432 077 个，WWW 站点约为 668 900 个，国际出口带宽为 74 429M。6 月 30 日，我国网民首次突破 1 亿，达到 1.03 亿人，宽带用户数首次超过网民用户的一半。

（2）2005 年 1 月 28 日，中国互联网协会行业自律工作委员会网络版权联盟在北京成立，联盟致力于加强行业自律，推动互联网内容产业的健康、有序发展。

（3）2005 年 2 月 8 日，信息产业部发布了《非经营性互联网信息服务备案管理办法》。根据此办法，信息产业部会同中宣部、国务院新闻办公室、教育部、公安部等 13 个部门，联合开展了全国互联网站集中备案工作。备案工作将建立 ICP 备案信息、IP 地址使用信息、域名信息 3 个基础数据库，为加强互联网管理奠定基础。

（4）2005 年 2 月 8 日，信息产业部发布《电子认证服务管理办法》。该办法与《电子签名法》同步实施，为我国电子认证服务业的发展奠定了基础。

（5）2005 年 4 月底，上海文广新闻传媒集团下属上海电视台正式获国家广电总局批准开办以电视机、手持设备为接收终端的视听节目传播业务。这是广电总局在国内发放的首张 IPTV 业务经营牌照。

（6）2005 年 8 月 5 日，百度公司在美国纳斯达克挂牌上市。股票发行价为 27 美元，在首日的交易中，以 66 美元跳空开盘，股价最高达 151.21 美元，收盘价 122.54 美元，涨幅达 354%，创下 2000 年互联网泡沫以来 5 年间纳斯达克 IPO 首发上市日涨幅最高的纪录。

（7）2005 年 8 月 11 日，雅虎宣布以 10 亿美元以及雅虎中国的全部资产换取阿里巴巴 40%的股份及 35%的投票权，雅虎在中国的全部业务交给阿里巴巴经营管理，开创了国际互联网巨头的中国业务交由中国本地公司主导经营的先例。

（8）2005 年 9 月 25 日，国务院新闻办公室、信息产业部联合发布《互联网新闻信息服务管理规定》，自发布之日起实施。

（9）2005 年 11 月 7 日，北京奥组委宣布，搜狐成为北京 2008 年奥运会互联网内容服务赞助商。这是奥运会历史上第一次设立互联网内容赞助类别。

（10）2005 年 11 月 3 日，温家宝总理主持召开国家信息化领导小组第五次会议，审议并原则通过了《国家信息化发展战略（2006-2020）》。会议认为，制定和实施国家信息化发展战略，是顺应世界信息化发展潮流的重要部署，是实现经济和社会发展新阶段任务的重要举措。

（11）2005年11月17日，“中国科普博览”和“天府农业信息网”获得“信息社会世界高峰会议”突尼斯阶段会议上揭晓的“世界信息峰会大奖”，这是中国网站首次获此国际大奖。

（12）2005年12月31日，我国CN国家域名注册量首次突破百万大关，达到1 096 924个，在所有亚洲国家和地区顶级域名（ccTLD）的注册量中位居第一，在全球所有国家和地区顶级域名中位居第六。

（13）2005年，以博客为代表的Web 2.0概念推动了中国互联网的发展。Web 2.0概念的出现标志着互联网新媒体发展进入新阶段。在其被广泛使用的同时，也催生出了一系列社会化的新事物，比如Blog、RSS、WIKI、SNS交友网络等。

（中国互联网络信息中心）

附录B　2005年中国互联网政策法规

一、电子认证服务管理办法

中华人民共和国信息产业部令第35号

《电子认证服务管理办法》已经2005年1月28日中华人民共和国信息产业部第十二次部务会议审议通过，现予发布，自2005年4月1日起施行。

部长：王旭东

二〇〇五年二月八日

电子认证服务管理办法

第一章　总　则

第一条　为了规范电子认证服务行为，对电子认证服务提供者实施监督管理，依照《中华人民共和国电子签名法》和其他法律、行政法规的规定，制定本办法。

第二条　本办法所称电子认证服务，是指为电子签名相关各方提供真实性、可靠性验证的公众服务活动。

本办法所称电子认证服务提供者，是指为电子签名人和电子签名依赖方提供电子认证服务的第三方机构（以下称为“电子认证服务机构”）。

第三条　在中华人民共和国境内设立电子认证服务机构和为电子签名提供电子认证服务，适用本办法。

第四条　中华人民共和国信息产业部（以下简称“信息产业部”）依法对电子认证服务机构和电子认证服务实施监督管理。

第二章　电子认证服务机构

第五条　电子认证服务机构，应当具备下列条件：

（一）具有独立的企业法人资格；

（二）从事电子认证服务的专业技术人员、运营管理人员、安全管理人员和客户服务人员不少于三十名；

（三）注册资金不低于人民币三千万元；

（四）具有固定的经营场所和满足电子认证服务要求的物理环境；

（五）具有符合国家有关安全标准的技术和设备；

（六）具有国家密码管理机构同意使用密码的证明文件；

（七）法律、行政法规规定的其他条件。

第六条 申请电子认证服务许可的，应当向信息产业部提交下列材料：

（一）书面申请；

（二）专业技术人员和管理人员证明；

（三）资金和经营场所证明；

（四）国家有关认证检测机构出具的技术设备、物理环境符合国家有关安全标准的凭证；

（五）国家密码管理机构同意使用密码的证明文件。

第七条 信息产业部对提交的申请材料进行形式审查，依法作出是否受理的决定。

第八条 信息产业部对决定受理的申请材料进行实质审查。需要对有关内容进行核实的，指派两名以上工作人员实地进行核查。

第九条 信息产业部对与申请人有关事项书面征求中华人民共和国商务部等有关部门的意见。

第十条 信息产业部自接到申请之日起四十五日内作出许可或者不予许可的书面决定。不予许可的，说明理由并书面通知申请人；准予许可的，颁发《电子认证服务许可证》，并公布下列信息：

（一）《电子认证服务许可证》编号；

（二）电子认证服务机构名称；

（三）发证机关和发证日期。

电子认证服务许可相关信息发生变更的，信息产业部应当及时公布。

《电子认证服务许可证》的有效期为五年。

第十一条 取得电子认证服务许可的，应当持《电子认证服务许可证》到工商行政管理机关办理相关手续。

第十二条 取得认证资格的电子认证服务机构，在提供电子认证服务之前，应当通过互联网公布下列信息：

（一）机构名称和法定代表人；

（二）机构住所和联系办法；

（三）《电子认证服务许可证》编号；

（四）发证机关和发证日期；

（五）《电子认证服务许可证》有效期的起止时间。

第十三条 电子认证服务机构在《电子认证服务许可证》的有效期内变更法人名称、住所、注册资本、法定代表人的，应自完成相关变更手续之日起五日内按照本办法第十二条的规定公布变更后的信息，并自公布之日起十五日内向信息产业部备案。

第十四条 《电子认证服务许可证》的有效期届满要求续展的，电子认证服务机构应在许可证有效期届满三十日前向信息产业部申请办理续展手续，并自办结之日起五日内按照本办法第十二条的规定公布相关信息。

第三章　电子认证服务

第十五条　电子认证服务机构应当按照信息产业部公布的《电子认证业务规则规范》的要求，制定本机构的电子认证业务规则，并在提供电子认证服务前予以公布，向信息产业部备案。

电子认证业务规则发生变更的，电子认证服务机构应当予以公布，并自公布之日起三十日内向信息产业部备案。

第十六条　电子认证服务机构应当按照公布的电子认证业务规则提供电子认证服务。

第十七条　电子认证服务机构应当保证提供下列服务：

（一）制作、签发、管理电子签名认证证书；

（二）确认签发的电子签名认证证书的真实性；

（三）提供电子签名认证证书目录信息查询服务；

（四）提供电子签名认证证书状态信息查询服务。

第十八条　电子认证服务机构应当履行下列义务：

（一）保证电子签名认证证书内容在有效期内完整、准确；

（二）保证电子签名依赖方能够证实或者了解电子签名认证证书所载内容及其他有关事项；

（三）妥善保存与电子认证服务相关的信息。

第十九条　电子认证服务机构应当建立完善的安全管理和内部审计制度，并接受信息产业部的监督管理。

第二十条　电子认证服务机构应当遵守国家的保密规定，建立完善的保密制度。

电子认证服务机构对电子签名人和电子签名依赖方的资料，负有保密的义务。

第二十一条　电子认证服务机构在受理电子签名认证证书申请前，应当向申请人告知下列事项：

（一）电子签名认证证书和电子签名的使用条件；

（二）服务收费的项目和标准；

（三）保存和使用证书持有人信息的权限和责任；

（四）电子认证服务机构的责任范围；

（五）证书持有人的责任范围；

（六）其他需要事先告知的事项。

第二十二条　电子认证服务机构受理电子签名认证申请后，应当与证书申请人签订合同，明确双方的权利义务。

第四章　电子认证服务的暂停、终止

第二十三条　电子认证服务机构在《电子认证服务许可证》的有效期内拟终止电子认证服务的，应在终止服务六十日前向信息产业部报告，同时向信息产业部申请办理证书注销手续，并持信息产业部的相关证明文件向工商行政管理机关申请办理注销登记或者变更登记。

第二十四条　电子认证服务机构拟暂停或者终止电子认证服务的，应在暂停或者终止电子认证服务九十日前，就业务承接及其他有关事项通知有关各方。

电子认证服务机构拟暂停或者终止电子认证服务的，应当在暂停或者终止电子认证服务六十日前向信息产业部报告，并与其他电子认证服务机构就业务承接进行协商，做出妥善安排。

第二十五条 电子认证服务机构拟暂停或者终止电子认证服务，未能就业务承接事项与其他电子认证服务机构达成协议的，应当申请信息产业部安排其他电子认证服务机构承接其业务。

第二十六条 电子认证服务机构被依法吊销电子认证服务许可的，其业务承接事项的处理按照信息产业部的规定进行。

第二十七条 电子认证服务机构有根据信息产业部的安排承接其他机构开展的电子认证服务业务的义务。

第五章 电子签名认证证书

第二十八条 电子签名认证证书应当准确载明下列内容：

（一）签发电子签名认证证书的电子认证服务机构名称；

（二）证书持有人名称；

（三）证书序列号；

（四）证书有效期；

（五）证书持有人的电子签名验证数据；

（六）电子认证服务机构的电子签名；

（七）信息产业部规定的其他内容。

第二十九条 有下列情况之一的，电子认证服务机构可以撤销其签发的电子签名认证证书：

（一）证书持有人申请撤销证书；

（二）证书持有人提供的信息不真实；

（三）证书持有人没有履行双方合同规定的义务；

（四）证书的安全性不能得到保证；

（五）法律、行政法规规定的其他情况。

第三十条 有下列情况之一的，电子认证服务机构应当对申请人提供的证明身份的有关材料进行查验，并对有关材料进行审查：

（一）申请人申请电子签名认证证书；

（二）证书持有人申请更新证书；

（三）证书持有人申请撤销证书。

第三十一条 电子认证服务机构更新或者撤销电子签名认证证书时，应当予以公告。

第六章 监督管理

第三十二条 信息产业部对电子认证服务机构进行年度检查并公布检查结果。年度检查采取报告审查和现场核查相结合的方式。

第三十三条 取得电子认证服务许可的电子认证服务机构，在电子认证服务许可的有效期内不得降低其设立时所应具备的条件。

第三十四条　电子认证服务机构应当按照信息产业部信息统计的要求，按时和如实报送认证业务开展情况及有关资料。

第三十五条　电子认证服务机构应当对其从业人员进行岗位培训。

第三十六条　信息产业部根据监督管理工作的需要，可以委托有关省、自治区和直辖市的信息产业主管部门承担具体的监督管理事项。

第七章　罚　　则

第三十七条　电子认证服务机构向信息产业部隐瞒有关情况、提供虚假材料或者拒绝提供反映其活动的真实材料的，由信息产业部依据职权责令改正，并处警告或者五千元以上一万元以下罚款。

第三十八条　信息产业部和省、自治区和直辖市的信息产业主管部门的工作人员，不依法履行监督管理职责的，由信息产业部或者省、自治区和直辖市的信息产业主管部门依据职权视情节轻重，分别给予警告、记过、记大过、降级、撤职、开除的行政处分；构成犯罪的，依法追究刑事责任。

第三十九条　电子认证服务机构违反本办法第十六条、第二十七条的规定的，由信息产业部依据职权责令限期改正，并处警告或一万元以下的罚款，或者同时处以以上两种处罚。

第四十条　电子认证服务机构违反本办法第三十三条的规定的，由信息产业部依据职权责令限期改正，并处三万元以下罚款。

第八章　附　　则

第四十一条　本办法施行前已从事电子认证服务的机构拟继续从事电子认证服务的，应在2005年9月30日前依照本办法取得电子认证服务许可；拟终止电子认证服务的，应当对终止业务的相关事项作出妥善安排。自2005年10月1日起，未取得电子认证服务许可的，不得继续从事电子认证服务。

第四十二条　经信息产业部根据有关协议或者对等原则核准后，中华人民共和国境外的电子认证服务机构在境外签发的电子签名认证证书与依照本办法设立的电子认证服务机构签发的电子签名认证证书具有同等的法律效力。

第四十三条　本办法自2005年4月1日起施行。

二、非经营性互联网信息服务备案管理办法

《非经营性互联网信息服务备案管理办法》已经2005年1月28日中华人民共和国信息产业部第十二次部务会议审议通过，现予发布，自2005年3月20日起施行。

部长：王旭东

二〇〇五年二月八日

非经营性互联网信息服务备案管理办法

第一条　为规范非经营性互联网信息服务备案及备案管理，促进互联网信息服务业的健康发展，根据《互联网信息服务管理办法》、《中华人民共和国电信条例》及其他相关法律、

行政法规的规定，制定本办法。

第二条 在中华人民共和国境内提供非经营性互联网信息服务，履行备案手续，实施备案管理，适用本办法。

第三条 中华人民共和国信息产业部（以下简称“信息产业部”）对全国非经营性互联网信息服务备案管理工作进行监督指导，省、自治区、直辖市通信管理局（以下简称“省通信管理局”）具体实施非经营性互联网信息服务的备案管理工作。

拟从事非经营性互联网信息服务的，应当向其住所所在地省通信管理局履行备案手续。

第四条 省通信管理局在备案管理中应当遵循公开、公平、公正的原则，提供便民、优质、高效的服务。

非经营性互联网信息服务提供者从事非经营性互联网信息服务时，应当遵守国家的有关规定，接受有关部门依法实施的监督管理。

第五条 在中华人民共和国境内提供非经营性互联网信息服务，应当依法履行备案手续。

未经备案，不得在中华人民共和国境内从事非经营性互联网信息服务。

本办法所称在中华人民共和国境内提供非经营性互联网信息服务，是指在中华人民共和国境内的组织或个人利用通过互联网域名访问的网站或者利用仅能通过互联网 IP 地址访问的网站，提供非经营性互联网信息服务。

第六条 省通信管理局通过信息产业部备案管理系统，采用网上备案方式进行备案管理。

第七条 拟从事非经营性互联网信息服务的，应当通过信息产业部备案管理系统如实填报《非经营性互联网信息服务备案登记表》（以下简称“《备案登记表》”，格式见本办法附录），履行备案手续。

信息产业部根据实际情况，对《备案登记表》进行调整和公布。

第八条 拟通过接入经营性互联网络从事非经营性互联网信息服务的，可以委托因特网接入服务业务经营者、因特网数据中心业务经营者和以其他方式为其网站提供接入服务的电信业务经营者代为履行备案、备案变更、备案注销等手续。

第九条 拟通过接入中国教育和科研计算机网、中国科学技术网、中国国际经济贸易互联网、中国长城互联网等公益性互联网络从事非经营性互联网信息服务的，可以由为其网站提供互联网接入服务的公益性互联网络单位代为履行备案、备案变更、备案注销等手续。

第十条 因特网接入服务业务经营者、因特网数据中心业务经营者以及以其他方式为网站提供接入服务的电信业务经营者和公益性互联网络单位（以下统称“互联网接入服务提供者”）不得在已知或应知拟从事非经营性互联网信息服务的组织或者个人的备案信息不真实的情况下，为其代为履行备案、备案变更、备案注销等手续。

第十一条 拟从事新闻、出版、教育、医疗保健、药品和医疗器械、文化、广播电影电视节目等互联网信息服务，根据法律、行政法规以及国家有关规定应经有关主管部门审核同意的，在履行备案手续时，还应向其住所所在地省通信管理局提交相关主管部门审核同意的文件。

拟从事电子公告服务的，在履行备案手续时，还应当向其住所所在地省通信管理局提交电子公告服务专项备案材料。

第十二条 省通信管理局在收到备案人提交的备案材料后，材料齐全的，应在二十个工作日内予以备案，向其发放备案电子验证标识和备案编号，并通过信息产业部备案管理系统向社会公布有关备案信息；材料不齐全的，不予备案，在二十个工作日内通知备案人并说明理由。

第十三条　非经营性互联网信息服务提供者应当在其网站开通时在主页底部的中央位置标明其备案编号，并在备案编号下方按要求链接信息产业部备案管理系统网址，供公众查询核对。

非经营性互联网信息服务提供者应当在其网站开通时，按照信息产业部备案管理系统的要求，将备案电子验证标识放置在其网站的指定目录下。

第十四条　非经营性互联网信息服务提供者在备案有效期内需要变更其《备案登记表》中填报的信息的，应当提前三十日登陆信息产业部备案系统向原备案机关履行备案变更手续。

第十五条　非经营性互联网信息服务提供者在备案有效期内需要终止提供服务的，应当在服务终止之日登陆信息产业部备案系统向原备案机关履行备案注销手续。

第十六条　非经营性互联网信息服务提供者应当保证所提供的信息内容合法。

本办法所称非经营性互联网信息服务提供者提供的信息内容，是指互联网信息服务提供者的网站的互联网域名或IP地址下所包括的信息内容。

第十七条　省通信管理局应当建立信誉管理、社会监督、情况调查等管理机制，对非经营性互联网信息服务活动实施监督管理。

第十八条　互联网接入服务提供者不得为未经备案的组织或者个人从事非经营性互联网信息服务提供互联网接入服务。

对被省通信管理局处以暂时关闭网站或关闭网站处罚的非经营性互联网信息服务提供者或者非法从事非经营性互联网信息服务的组织或者个人，互联网接入服务提供者应立即暂停或终止向其提供互联网接入服务。

第十九条　互联网接入服务提供者应当记录其接入的非经营性互联网信息服务提供者的备案信息。

互联网接入服务提供者应当依照国家有关规定做好用户信息动态管理、记录留存、有害信息报告等网络信息安全管理工作，根据信息产业部和省通信管理局的要求对所接入用户进行监督。

第二十条　省通信管理局依法对非经营性互联网信息服务备案实行年度审核。

省通信管理局通过信息产业部备案管理系统，采用网上方式进行年度审核。

第二十一条　非经营性互联网信息服务提供者应当在每年规定时间登陆信息产业部备案管理系统，履行年度审核手续。

第二十二条　违反本办法第五条的规定，未履行备案手续提供非经营性互联网信息服务的，由住所所在地省通信管理局责令限期改正，并处一万元罚款；拒不改正的，关闭网站。

超出备案的项目提供服务的，由住所所在地省通信管理局责令限期改正，并处五千元以上一万元以下罚款；拒不改正的，关闭网站并注销备案。

第二十三条　违反本办法第七条第一款的规定，填报虚假备案信息的，由住所所在地省通信管理局关闭网站并注销备案。

第二十四条　违反本办法第十条、第十八条、第十九条的规定的，由违法行为发生地省通信管理局责令改正，并处一万元罚款。

第二十五条　违反本办法第十三条的规定，未在其备案编号下方链接信息产业部备案管理系统网址的，或未将备案电子验证标识放置在其网站指定目录下的，由住所所在地省通信管理局责令改正，并处五千元以上一万元以下罚款。

第二十六条 违反本办法第十四条、第十五条的规定，未在规定时间履行备案变更手续，或未依法履行备案注销手续的，由住所所在地省通信管理局责令限期改正，并处一万元罚款。

第二十七条 非经营性信息服务提供者违反国家有关法律规定，依法应暂停或终止服务的，省通信管理局可根据法律、行政法规授权的同级机关的书面认定意见，暂时关闭网站，或关闭网站并注销备案。

第二十八条 在年度审核时，非经营性互联网信息服务提供者有下列情况之一的，由其住所所在地的省通信管理局通过信息产业部备案系统等媒体通告责令其限期改正；拒不改正的，关闭网站并注销备案：

（一）未在规定时间登陆备案网站提交年度审核信息的；

（二）新闻、教育、公安、安全、文化、广播电影电视、出版、保密等国家部门依法对各自主管的专项内容提出年度审核否决意见的。

第二十九条 本办法自2005年3月20日起施行。

三、互联网新闻信息服务管理规定

中华人民共和国国务院新闻办公室、中华人民共和国信息产业部令第37号

《互联网新闻信息服务管理规定》现予公布，自公布之日起施行。

国务院新闻办公室主任：蔡　武

信息产业部部长：王旭东

二〇〇五年九月二十五日

第一章　总　　则

第一条 为了规范互联网新闻信息服务，满足公众对互联网新闻信息的需求，维护国家安全和公共利益，保护互联网新闻信息服务单位的合法权益，促进互联网新闻信息服务健康、有序发展，制定本规定。

第二条 在中华人民共和国境内从事互联网新闻信息服务，应当遵守本规定。

本规定所称新闻信息，是指时政类新闻信息，包括有关政治、经济、军事、外交等社会公共事务的报道、评论，以及有关社会突发事件的报道、评论。

本规定所称互联网新闻信息服务，包括通过互联网登载新闻信息、提供时政类电子公告服务和向公众发送时政类通讯信息。

第三条 互联网新闻信息服务单位从事互联网新闻信息服务，应当遵守宪法、法律和法规，坚持为人民服务、为社会主义服务的方向，坚持正确的舆论导向，维护国家利益和公共利益。

国家鼓励互联网新闻信息服务单位传播有益于提高民族素质、推动经济发展、促进社会进步的健康、文明的新闻信息。

第四条 国务院新闻办公室主管全国的互联网新闻信息服务监督管理工作。省、自治区、

直辖市人民政府新闻办公室负责本行政区域内的互联网新闻信息服务监督管理工作。

第二章 互联网新闻信息服务单位的设立

第五条 互联网新闻信息服务单位分为以下三类：

(一)新闻单位设立的登载超出本单位已刊登播发的新闻信息、提供时政类电子公告服务、向公众发送时政类通讯信息的互联网新闻信息服务单位；

(二)非新闻单位设立的转载新闻信息、提供时政类电子公告服务、向公众发送时政类通讯信息的互联网新闻信息服务单位；

(三)新闻单位设立的登载本单位已刊登播发的新闻信息的互联网新闻信息服务单位。

根据《国务院对确需保留的行政审批项目设定行政许可的决定》和有关行政法规，设立前款第（一）项、第（二）项规定的互联网新闻信息服务单位，应当经国务院新闻办公室审批。

设立本条第一款第（三）项规定的互联网新闻信息服务单位，应当向国务院新闻办公室或者省、自治区、直辖市人民政府新闻办公室备案。

第六条 新闻单位与非新闻单位合作设立互联网新闻信息服务单位，新闻单位拥有的股权不低于51%的，视为新闻单位设立互联网新闻信息服务单位；新闻单位拥有的股权低于51%的，视为非新闻单位设立互联网新闻信息服务单位。

第七条 设立本规定第五条第一款第（一）项规定的互联网新闻信息服务单位，应当具备下列条件：

（一）有健全的互联网新闻信息服务管理规章制度；

（二）有5名以上在新闻单位从事新闻工作3年以上的专职新闻编辑人员；

（三）有必要的场所、设备和资金，资金来源应当合法。

可以申请设立前款规定的互联网新闻信息服务单位的机构，应当是中央新闻单位，省、自治区、直辖市直属新闻单位，以及省、自治区人民政府所在地的市直属新闻单位。

审批设立本条第一款规定的互联网新闻信息服务单位，除应当依照本条规定条件外，还应当符合国务院新闻办公室关于互联网新闻信息服务行业发展的总量、结构、布局的要求。

第八条 设立本规定第五条第一款第（二）项规定的互联网新闻信息服务单位，除应当具备本规定第七条第一款第（一）项、第（三）项规定条件外，还应当有10名以上专职新闻编辑人员；其中，在新闻单位从事新闻工作3年以上的新闻编辑人员不少于5名。

可以申请设立前款规定的互联网新闻信息服务单位的组织，应当是依法设立2年以上的从事互联网信息服务的法人，并在最近2年内没有因违反有关互联网信息服务管理的法律、法规、规章的规定受到行政处罚；申请组织为企业法人的，注册资本应当不低于1 000万元人民币。

审批设立本条第一款规定的互联网新闻信息服务单位，除应当依照本条规定条件外，还应当符合国务院新闻办公室关于互联网新闻信息服务行业发展的总量、结构、布局的要求。

第九条 任何组织不得设立中外合资经营、中外合作经营和外资经营的互联网新闻信息服务单位。

互联网新闻信息服务单位与境内外中外合资经营、中外合作经营和外资经营的企业进行涉及互联网新闻信息服务业务的合作，应当报经国务院新闻办公室进行安全评估。

第十条 申请设立本规定第五条第一款第（一）项、第（二）项规定的互联网新闻信息服务单位，应当填写申请登记表，并提交下列材料：

（一）互联网新闻信息服务管理规章制度；

（二）场所的产权证明或者使用权证明和资金的来源、数额证明；

（三）新闻编辑人员的从业资格证明。

申请设立本规定第五条第一款第（一）项规定的互联网新闻信息服务单位的机构，还应当提交新闻单位资质证明；申请设立本规定第五条第一款第（二）项规定的互联网新闻信息服务单位的组织，还应当提交法人资格证明。

第十一条 申请设立本规定第五条第一款第（一）项、第（二）项规定的互联网新闻信息服务单位，中央新闻单位应当向国务院新闻办公室提出申请；省、自治区、直辖市直属新闻单位和省、自治区人民政府所在地的市直属新闻单位以及非新闻单位应当通过所在地省、自治区、直辖市人民政府新闻办公室向国务院新闻办公室提出申请。

通过省、自治区、直辖市人民政府新闻办公室提出申请的，省、自治区、直辖市人民政府新闻办公室应当自收到申请之日起20日内进行实地检查，提出初审意见报国务院新闻办公室；国务院新闻办公室应当自收到初审意见之日起40日内作出决定。向国务院新闻办公室提出申请的，国务院新闻办公室应当自收到申请之日起40日内进行实地检查，作出决定。批准的，发给互联网新闻信息服务许可证；不批准的，应当书面通知申请人并说明理由。

第十二条 本规定第五条第一款第（三）项规定的互联网新闻信息服务单位，属于中央新闻单位设立的，应当自从事互联网新闻信息服务之日起1个月内向国务院新闻办公室备案；属于其他新闻单位设立的，应当自从事互联网新闻信息服务之日起1个月内向所在地省、自治区、直辖市人民政府新闻办公室备案。

办理备案时，应当填写备案登记表，并提交互联网新闻信息服务管理规章制度和新闻单位资质证明。

第十三条 互联网新闻信息服务单位依照本规定设立后，应当依照有关互联网信息服务管理的行政法规向电信主管部门办理有关手续。

第十四条 本规定第五条第一款第（一）项、第（二）项规定的互联网新闻信息服务单位变更名称、住所、法定代表人或者主要负责人、股权构成、服务项目、网站网址等事项的，应当向国务院新闻办公室申请换发互联网新闻信息服务许可证。根据电信管理的有关规定，需报电信主管部门批准或者需要电信主管部门办理许可证或者备案变更手续的，依照有关规定办理。

本规定第五条第一款第（三）项规定的互联网新闻信息服务单位变更名称、住所、法定代表人或者主要负责人、股权构成、网站网址等事项的，应当向原备案机关重新备案；但是，股权构成变更后，新闻单位拥有的股权低于51%的，应当依照本规定办理许可手续。根据电信管理的有关规定，需报电信主管部门批准或者需要电信主管部门办理许可证或者备案变更手续的，依照有关规定办理。

第三章　互联网新闻信息服务规范

第十五条 互联网新闻信息服务单位应当按照核定的服务项目提供互联网新闻信息服务。

第十六条 本规定第五条第一款第（一）项、第（二）项规定的互联网新闻信息服务单位，转载新闻信息或者向公众发送时政类通讯信息，应当转载、发送中央新闻单位或者省、自治区、直辖市直属新闻单位发布的新闻信息，并应当注明新闻信息来源，不得歪曲原新闻信息的内容。

本规定第五条第一款第（二）项规定的互联网新闻信息服务单位，不得登载自行采编的新闻信息。

第十七条 本规定第五条第一款第（一）项、第（二）项规定的互联网新闻信息服务单位转载新闻信息，应当与中央新闻单位或者省、自治区、直辖市直属新闻单位签订书面协议。中央新闻单位设立的互联网新闻信息服务单位，应当将协议副本报国务院新闻办公室备案；其他互联网新闻信息服务单位，应当将协议副本报所在地省、自治区、直辖市人民政府新闻办公室备案。

中央新闻单位或者省、自治区、直辖市直属新闻单位签订前款规定的协议，应当核验对方的互联网新闻信息服务许可证，不得向没有互联网新闻信息服务许可证的单位提供新闻信息。

第十八条 中央新闻单位与本规定第五条第一款第（二）项规定的互联网新闻信息服务单位开展除供稿之外的互联网新闻业务合作，应当在开展合作业务10日前向国务院新闻办公室报告；其他新闻单位与本规定第五条第一款第（二）项规定的互联网新闻信息服务单位开展除供稿之外的互联网新闻业务合作，应当在开展合作业务10日前向所在地省、自治区、直辖市人民政府新闻办公室报告。

第十九条 互联网新闻信息服务单位登载、发送的新闻信息或者提供的时政类电子公告服务，不得含有下列内容：

（一）违反宪法确定的基本原则的；

（二）危害国家安全，泄露国家秘密，颠覆国家政权，破坏国家统一的；

（三）损害国家荣誉和利益的；

（四）煽动民族仇恨、民族歧视，破坏民族团结的；

（五）破坏国家宗教政策，宣扬邪教和封建迷信的；

（六）散布谣言，扰乱社会秩序，破坏社会稳定的；

（七）散布淫秽、色情、赌博、暴力、恐怖或者教唆犯罪的；

（八）侮辱或者诽谤他人，侵害他人合法权益的；

（九）煽动非法集会、结社、游行、示威、聚众扰乱社会秩序的；

（十）以非法民间组织名义活动的；

（十一）含有法律、行政法规禁止的其他内容的。

第二十条 互联网新闻信息服务单位应当建立新闻信息内容管理责任制度。不得登载、发送含有违反本规定第三条第一款、第十九条规定内容的新闻信息；发现提供的时政类电子公告服务中含有违反本规定第三条第一款、第十九条规定内容的，应当立即删除，保存有关记录，并在有关部门依法查询时予以提供。

第二十一条 互联网新闻信息服务单位应当记录所登载、发送的新闻信息内容及其时间、互联网地址，记录备份应当至少保存60日，并在有关部门依法查询时予以提供。

第四章 监督管理

第二十二条 国务院新闻办公室和省、自治区、直辖市人民政府新闻办公室，依法对互联网新闻信息服务单位进行监督检查，有关单位、个人应当予以配合。

国务院新闻办公室和省、自治区、直辖市人民政府新闻办公室的工作人员依法进行实地检查时，应当出示执法证件。

第二十三条 国务院新闻办公室和省、自治区、直辖市人民政府新闻办公室，应当对互联网新闻信息服务进行监督；发现互联网新闻信息服务单位登载、发送的新闻信息或者提供的时政类电子公告服务中含有违反本规定第三条第一款、第十九条规定内容的，应当通知其删除。互联网新闻信息服务单位应当立即删除，保存有关记录，并在有关部门依法查询时予以提供。

第二十四条 本规定第五条第一款第（一）项、第（二）项规定的互联网新闻信息服务单位，属于中央新闻单位设立的，应当每年在规定期限内向国务院新闻办公室提交年度业务报告；属于其他新闻单位或者非新闻单位设立的，应当每年在规定期限内通过所在地省、自治区、直辖市人民政府新闻办公室向国务院新闻办公室提交年度业务报告。

国务院新闻办公室根据报告情况，可以对互联网新闻信息服务单位的管理制度、人员资质、服务内容等进行检查。

第二十五条 互联网新闻信息服务单位应当接受公众监督。

国务院新闻办公室应当公布举报网站网址、电话，接受公众举报并依法处理；属于其他部门职责范围的举报，应当移交有关部门处理。

第五章 法律责任

第二十六条 违反本规定第五条第二款规定，擅自从事互联网新闻信息服务，或者违反本规定第十五条规定，超出核定的服务项目从事互联网新闻信息服务的，由国务院新闻办公室或者省、自治区、直辖市人民政府新闻办公室依据各自职权责令停止违法活动，并处1万元以上3万元以下的罚款；情节严重的，由电信主管部门根据国务院新闻办公室或者省、自治区、直辖市人民政府新闻办公室的书面认定意见，按照有关互联网信息服务管理的行政法规的规定停止其互联网信息服务或者责令互联网接入服务者停止接入服务。

第二十七条 互联网新闻信息服务单位登载、发送的新闻信息含有本规定第十九条禁止内容，或者拒不履行删除义务的，由国务院新闻办公室或者省、自治区、直辖市人民政府新闻办公室给予警告，可以并处1万元以上3万元以下的罚款；情节严重的，由电信主管部门根据有关主管部门的书面认定意见，按照有关互联网信息服务管理的行政法规的规定停止其互联网信息服务或者责令互联网接入服务者停止接入服务。

互联网新闻信息服务单位登载、发送的新闻信息含有违反本规定第三条第一款规定内容的，由国务院新闻办公室或者省、自治区、直辖市人民政府新闻办公室依据各自职权依照前款规定的处罚种类、幅度予以处罚。

第二十八条 违反本规定第十六条规定，转载来源不合法的新闻信息、登载自行采编的新闻信息或者歪曲原新闻信息内容的，由国务院新闻办公室或者省、自治区、直辖市人民政府新闻办公室依据各自职权责令改正，给予警告，并处5 000元以上3万元以下的罚款。

违反本规定第十六条规定，未注明新闻信息来源的，由国务院新闻办公室或者省、自治区、直辖市人民政府新闻办公室依据各自职权责令改正，给予警告，可以并处5 000元以上2万元以下的罚款。

第二十九条　违反本规定有下列行为之一的，由国务院新闻办公室或者省、自治区、直辖市人民政府新闻办公室依据各自职权责令改正，给予警告，可以并处3万元以下的罚款：

（一）未履行备案义务的；

（二）未履行报告义务的；

（三）未履行记录、记录备份保存或者提供义务的。

第三十条　违反本规定第十七条第二款规定，向没有互联网新闻信息服务许可证的单位提供新闻信息的，对负有责任的主管人员和其他直接责任人员依法给予行政处分。

第三十一条　国务院新闻办公室和省、自治区、直辖市人民政府新闻办公室以及电信主管部门的工作人员，玩忽职守、滥用职权、徇私舞弊，造成严重后果，构成犯罪的，依法追究刑事责任；尚不构成犯罪的，对负有责任的主管人员和其他直接责任人员依法给予行政处分。

第六章　附　　则

第三十二条　本规定所称新闻单位是指依法设立的报社、广播电台、电视台和通讯社；其中，中央新闻单位包括中央国家机关各部门设立的新闻单位。

第三十三条　本规定自公布之日起施行。

四、互联网电子邮件服务管理办法

中华人民共和国信息产业部令第38号

《互联网电子邮件服务管理办法》已经2005年11月7日中华人民共和国信息产业部第十五次部务会议审议通过，现予公布，自2006年3月30日起施行。

部长：王旭东

二〇〇六年二月二十日

互联网电子邮件服务管理办法

第一条　为了规范互联网电子邮件服务，保障互联网电子邮件服务使用者的合法权利，根据《中华人民共和国电信条例》和《互联网信息服务管理办法》等法律、行政法规的规定，制定本办法。

第二条　在中华人民共和国境内提供互联网电子邮件服务以及为互联网电子邮件服务提供接入服务和发送互联网电子邮件，适用本办法。

本办法所称互联网电子邮件服务，是指设置互联网电子邮件服务器，为互联网用户发送、接收互联网电子邮件提供条件的行为。

第三条　公民使用互联网电子邮件服务的通信秘密受法律保护。除因国家安全或者追查刑事犯罪的需要，由公安机关或者检察机关依照法律规定的程序对通信内容进行检查外，任何组织或者个人不得以任何理由侵犯公民的通信秘密。

第四条　提供互联网电子邮件服务，应当事先取得增值电信业务经营许可或者依法履行非经营性互联网信息服务备案手续。

未取得增值电信业务经营许可或者未履行非经营性互联网信息服务备案手续，任何组织或者个人不得在中华人民共和国境内开展互联网电子邮件服务。

第五条 互联网接入服务提供者等电信业务提供者，不得为未取得增值电信业务经营许可或者未履行非经营性互联网信息服务备案手续的组织或者个人开展互联网电子邮件服务提供接入服务。

第六条 国家对互联网电子邮件服务提供者的电子邮件服务器IP地址实行登记管理。互联网电子邮件服务提供者应当在电子邮件服务器开通前二十日将互联网电子邮件服务器所使用的IP地址向中华人民共和国信息产业部（以下简称“信息产业部”）或者省、自治区、直辖市通信管理局（以下简称“通信管理局”）登记。

互联网电子邮件服务提供者拟变更电子邮件服务器IP地址的，应当提前三十日办理变更手续。

第七条 互联网电子邮件服务提供者应当按照信息产业部制定的技术标准建设互联网电子邮件服务系统，关闭电子邮件服务器匿名转发功能，并加强电子邮件服务系统的安全管理，发现网络安全漏洞后应当及时采取安全防范措施。

第八条 互联网电子邮件服务提供者向用户提供服务，应当明确告知用户服务内容和使用规则。

第九条 互联网电子邮件服务提供者对用户的个人注册信息和互联网电子邮件地址，负有保密的义务。

互联网电子邮件服务提供者及其工作人员不得非法使用用户的个人注册信息资料和互联网电子邮件地址；未经用户同意，不得泄露用户的个人注册信息和互联网电子邮件地址，但法律、行政法规另有规定的除外。

第十条 互联网电子邮件服务提供者应当记录经其电子邮件服务器发送或者接收的互联网电子邮件的发送或者接收时间、发送者和接收者的互联网电子邮件地址及IP地址。上述记录应当保存六十日，并在国家有关机关依法查询时予以提供。

第十一条 任何组织或者个人不得制作、复制、发布、传播包含《中华人民共和国电信条例》第五十七条规定内容的互联网电子邮件。

任何组织或者个人不得利用互联网电子邮件从事《中华人民共和国电信条例》第五十八条禁止的危害网络安全和信息安全的活动。

第十二条 任何组织或者个人不得有下列行为：

（一）未经授权利用他人的计算机系统发送互联网电子邮件；

（二）将采用在线自动收集、字母或者数字任意组合等手段获得的他人的互联网电子邮件地址用于出售、共享、交换或者向通过上述方式获得的电子邮件地址发送互联网电子邮件。

第十三条 任何组织或者个人不得有下列发送或者委托发送互联网电子邮件的行为：

（一）故意隐匿或者伪造互联网电子邮件信封信息；

（二）未经互联网电子邮件接收者明确同意，向其发送包含商业广告内容的互联网电子邮件；

（三）发送包含商业广告内容的互联网电子邮件时，未在互联网电子邮件标题信息前部注明“广告”或者“AD”字样。

第十四条 互联网电子邮件接收者明确同意接收包含商业广告内容的互联网电子邮件

后，拒绝继续接收的，互联网电子邮件发送者应当停止发送。双方另有约定的除外。

互联网电子邮件服务发送者发送包含商业广告内容的互联网电子邮件，应当向接收者提供拒绝继续接收的联系方式，包括发送者的电子邮件地址，并保证所提供的联系方式在 30 日内有效。

第十五条　互联网电子邮件服务提供者、为互联网电子邮件服务提供接入服务的电信业务提供者应当受理用户对互联网电子邮件的举报，并为用户提供便捷的举报方式。

第十六条　互联网电子邮件服务提供者、为互联网电子邮件服务提供接入服务的电信业务提供者应当按照下列要求处理用户举报：

（一）发现被举报的互联网电子邮件明显含有本办法第十一条第一款规定的禁止内容的，应当及时向国家有关机关报告；

（二）本条第（一）项规定之外的其他被举报的互联网电子邮件，应当向信息产业部委托中国互联网协会设立的互联网电子邮件举报受理中心（以下简称“互联网电子邮件举报受理中心”）报告；

（三）被举报的互联网电子邮件涉及本单位的，应当立即开展调查，采取合理有效的防范或处理措施，并将有关情况和调查结果及时向国家有关机关或者互联网电子邮件举报受理中心报告。

第十七条　互联网电子邮件举报受理中心依照信息产业部制定的工作制度和流程开展以下工作：

（一）受理有关互联网电子邮件的举报；

（二）协助信息产业部或者通信管理局认定被举报的互联网电子邮件是否违反本办法有关条款的规定，并协助追查相关责任人；

（三）协助国家有关机关追查违反本办法第十一条规定的相关责任人。

第十八条　互联网电子邮件服务提供者、为互联网电子邮件服务提供接入服务的电信业务提供者，应当积极配合国家有关机关和互联网电子邮件举报受理中心开展调查工作。

第十九条　违反本办法第四条规定，未取得增值电信业务经营许可或者未履行非经营性互联网信息服务备案手续开展互联网电子邮件服务的，依据《互联网信息服务管理办法》第十九条的规定处罚。

第二十条　违反本办法第五条规定的，由信息产业部或者通信管理局依据职权责令改正，并处一万元以下的罚款。

第二十一条　未履行本办法第六条、第七条、第八条、第十条规定义务的，由信息产业部或者通信管理局依据职权责令改正，并处五千元以上一万元以下的罚款。

第二十二条　违反本办法第九条规定的，由信息产业部或者通信管理局依据职权责令改正，并处一万元以下的罚款；有违法所得的，并处三万元以下的罚款。

第二十三条　违反本办法第十一条规定的，依据《中华人民共和国电信条例》第六十七条的规定处理。

互联网电子邮件服务提供者等电信业务提供者有本办法第十一条规定的禁止行为的，信息产业部或者通信管理局依据《中华人民共和国电信条例》第七十八条、《互联网信息服务管理办法》第二十条的规定处罚。

第二十四条　违反本办法第十二条、第十三条、第十四条规定的，由信息产业部或者通信管理局依据职权责令改正，并处一万元以下的罚款；有违法所得的，并处三万元以下的罚款。

第二十五条 违反本办法第十五条、第十六条和第十八条规定的，由信息产业部或者通信管理局依据职权予以警告，并处五千元以上一万元以下的罚款。

第二十六条 本办法所称互联网电子邮件地址是指由一个用户名与一个互联网域名共同构成的、可据此向互联网电子邮件用户发送电子邮件的全球惟一性的终点标识。

本办法所称互联网电子邮件信封信息是指附加在互联网电子邮件上，用于标识互联网电子邮件发送者、接收者和传递路由等反映互联网电子邮件来源、终点和传递过程的信息。

本办法所称互联网电子邮件标题信息是指附加在互联网电子邮件上，用于标识互联网电子邮件内容主题的信息。

第二十七条 本办法自2006年3月30日起施行。

五、互联网安全保护技术措施规定

（2005年12月13日公安部发布）

第一条 为加强和规范互联网安全技术防范工作，保障互联网网络安全和信息安全，促进互联网健康、有序发展，维护国家安全、社会秩序和公共利益，根据《计算机信息网络国际联网安全保护管理办法》，制定本规定。

第二条 本规定所称互联网安全保护技术措施，是指保障互联网网络安全和信息安全、防范违法犯罪的技术设施和技术方法。

第三条 互联网服务提供者、联网使用单位负责落实互联网安全保护技术措施，并保障互联网安全保护技术措施功能的正常发挥。

第四条 互联网服务提供者、联网使用单位应当建立相应的管理制度。未经用户同意不得公开、泄露用户注册信息，但法律、法规另有规定的除外。互联网服务提供者、联网使用单位应当依法使用互联网安全保护技术措施，不得利用互联网安全保护技术措施侵犯用户的通信自由和通信秘密。

第五条 公安机关公共信息网络安全监察部门负责对互联网安全保护技术措施的落实情况依法实施监督管理。

第六条 互联网安全保护技术措施应当符合国家标准。没有国家标准的，应当符合公共安全行业技术标准。

第七条 互联网服务提供者和联网使用单位应当落实以下互联网安全保护技术措施：

（一）防范计算机病毒、网络入侵和攻击破坏等危害网络安全事项或者行为的技术措施；

（二）重要数据库和系统主要设备的冗灾备份措施；

（三）记录并留存用户登录和退出时间、主叫号码、账号、互联网地址或域名、系统维护日志的技术措施；

（四）法律、法规和规章规定应当落实的其他安全保护技术措施。

第八条 提供互联网接入服务的单位除落实本规定第七条规定的互联网安全保护技术措施外，还应当落实具有以下功能的安全保护技术措施：

（一）记录并留存用户注册信息；

（二）使用内部网络地址与互联网网络地址转换方式为用户提供接入服务的，能够记录并留存用户使用的互联网网络地址和内部网络地址对应关系；

（三）记录、跟踪网络运行状态，监测、记录网络安全事件等安全审计功能。

第九条　提供互联网信息服务的单位除落实本规定第七条规定的互联网安全保护技术措施外，还应当落实具有以下功能的安全保护技术措施：

（一）在公共信息服务中发现、停止传输违法信息，并保留相关记录；

（二）提供新闻、出版以及电子公告等服务的，能够记录并留存发布的信息内容及发布时间；

（三）开办门户网站、新闻网站、电子商务网站的，能够防范网站、网页被篡改，被篡改后能够自动恢复；

（四）开办电子公告服务的，具有用户注册信息和发布信息审计功能；

（五）开办电子邮件和网上短信息服务的，能够防范、清除以群发方式发送伪造、隐匿信息发送者真实标记的电子邮件或者短信息。

第十条　提供互联网数据中心服务的单位和联网使用单位除落实本规定第七条规定的互联网安全保护技术措施外，还应当落实具有以下功能的安全保护技术措施：

（一）记录并留存用户注册信息；

（二）在公共信息服务中发现、停止传输违法信息，并保留相关记录；

（三）联网使用单位使用内部网络地址与互联网网络地址转换方式向用户提供接入服务的，能够记录并留存用户使用的互联网网络地址和内部网络地址对应关系。

第十一条　提供互联网上网服务的单位，除落实本规定第七条规定的互联网安全保护技术措施外，还应当安装并运行互联网公共上网服务场所安全管理系统。

第十二条　互联网服务提供者依照本规定采取的互联网安全保护技术措施应当具有符合公共安全行业技术标准的联网接口。

第十三条　互联网服务提供者和联网使用单位依照本规定落实的记录留存技术措施，应当具有至少保存六十天记录备份的功能。

第十四条　互联网服务提供者和联网使用单位不得实施下列破坏互联网安全保护技术措施的行为：

（一）擅自停止或者部分停止安全保护技术设施、技术手段运行；

（二）故意破坏安全保护技术设施；

（三）擅自删除、篡改安全保护技术设施、技术手段运行程序和记录；

（四）擅自改变安全保护技术措施的用途和范围；

（五）其他故意破坏安全保护技术措施或者妨碍其功能正常发挥的行为。

第十五条　违反本规定第七条至第十四条规定的，由公安机关依照《计算机信息网络国际联网安全保护管理办法》第二十一条的规定予以处罚。

第十六条　公安机关应当依法对辖区内互联网服务提供者和联网使用单位安全保护技术措施的落实情况进行指导、监督和检查。公安机关在依法监督检查时，互联网服务提供者、联网使用单位应当派人参加。公安机关对监督检查发现的问题，应当提出改进意见，通知互联网服务提供者、联网使用单位及时整改。公安机关在监督检查时，监督检查人员不得少于二人，并应当出示执法身份证件。

第十七条 公安机关及其工作人员违反本规定，有滥用职权，徇私舞弊行为的，对直接负责的主管人员和其他直接责任人员依法给予行政处分；构成犯罪的，依法追究刑事责任。

第十八条 本规定所称互联网服务提供者，是指向用户提供互联网接入服务、互联网数据中心服务、互联网信息服务和互联网上网服务的单位。本规定所称联网使用单位，是指为本单位应用需要连接并使用互联网的单位。

本规定所称提供互联网数据中心服务的单位，是指提供主机托管、租赁和虚拟空间租用等服务的单位。

第十九条 本规定自2006年3月1日起施行。

六、信息产业部关于发布《互联网站管理工作细则》的通告

信部电[2005]501号

各省、自治区、直辖市通信管理局，各互联网接入服务提供者、各互联网信息服务提供者、各IP地址备案单位、各域名注册服务机构：

为切实加强互联网站管理工作，规范、细化互联网行业管理流程，促进中国互联网全面、协调、可持续发展，根据国家有关法规，我部制定了《互联网站管理工作细则》，现予发布，请遵照执行。在执行中遇到问题，请及时反馈我部电信管理局。

中华人民共和国信息产业部

二〇〇五年十月二十五日

互联网站管理工作细则

第一章 总 则

第一条 为切实加强互联网站管理工作，建立互联网站管理工作长效机制，规范、细化互联网行业内部管理流程，不断提高互联网信息服务提供者（ICP）、互联网IP地址、互联网络域名等网站管理基础信息数据库的完整性、准确性，根据《互联网信息服务管理办法》、《中国互联网络域名管理办法》、《非经营性互联网信息服务管理办法》、《互联网IP地址备案管理办法》等有关规定，制定本细则。

第二条 互联网站管理工作坚持属地管理原则。按照“谁运营谁负责”、“谁接入谁负责”的要求，辅以相应的技术手段，做到政府管理、行业自律和社会监督相结合。

第三条 互联网站管理有关数据使用和发布应严格遵守国家和信息产业部有关保密规定。

第四条 本细则涉及的主体有：信息产业部、省（自治区、直辖市）通信管理局（以下简称“省通信管理局”）、互联网接入服务提供者（以下简称“接入提供者”）、互联网信息服务提供者（以下简称“网站主办者”）、IP地址备案单位、域名注册管理机构、域名注册服务机构等。

接入服务提供者是因特网接入服务业务经营者、因特网数据中心业务经营者以及以其他方式为网站提供接入服务的电信业务经营者的统称。

IP 地址备案单位是指直接从亚太互联网络信息中心等具有 IP 地址管理权的国际机构获得 IP 地址的单位和具有分配 IP 地址供其他单位或个人使用行为的单位。

第二章　相关主体职责与义务

第五条　信息产业部对全国 ICP、IP 地址及域名信息备案管理工作及相关工作进行监督、指导及协调。

（一）根据互联网站管理工作的需要制定相关管理规定。

（二）指导、检查、督促省通信管理局开展互联网站管理工作。

（三）了解掌握备案管理工作中存在的问题和情况，组织研究解决。

（四）组织开展“信息产业部 ICP、IP 地址、域名信息备案管理系统”（以下简称“备案管理系统”）的优化、完善等工作。

（五）负责对跨地区经营性互联网信息服务提供者 ICP 备案信息进行录入、审核。

（六）对域名注册服务机构和相关 IP 地址备案单位的备案工作进行业务指导和监督检查。

（七）定期通报备案工作进展情况和及时通报未备案网站、备案信息真实性等备案信息的相关情况。

（八）协调部级前置审批部门、专项内容主管部门、公益性互联网站主管部门等相关部门开展互联网站管理工作。

第六条　省通信管理局具体负责本行政区 ICP、IP 地址信息备案管理，查处违法违规网站、监管互联网接入服务市场、对网站进行年度审核等工作。

（一）依法对 ICP 备案信息进行日常审核工作。

（二）指导监督本行政区接入提供者、网站主办者、IP 地址备案单位的 ICP 和 IP 地址信息备案工作；加强对其制度建立、机构设置、数据库系统建设等日常工作的监督检查。

（三）依法采用多种手段切实加强对互联网接入服务市场的监管，将接入提供者对互联网站的管理情况纳入其经营许可证年检、行风评议等考核工作中。

（四）依法做好接入提供者、IP 地址备案单位、网站主办者等违法违规行为的查处工作。

（五）负责本行政区互联网站年度审核工作。

（六）负责对本行政区经营性互联网信息服务提供者 ICP 备案信息进行录入、审核。

（七）协同本行政区前置审批部门、专项内容主管部门等相关部门开展互联网站管理工作。

（八）积极支持引导互联网协会、通信企业协会等社团组织配合做好网站管理工作。

（九）建立健全社会监督渠道，公布举报电话（传真）、电子信箱等举报方式，广泛听取并认真查处社会各界对网站未经备案擅自提供互联网信息服务、备案信息不真实、接入提供者违规提供接入服务等违法违规行为的举报。

第七条　接入提供者是为网站主办者提供互联网接入服务的主体。接入提供者应当按照“谁运营谁负责”、“谁接入谁负责”的要求，切实加强内部管理和对所接入互联网站的管理。

（一）设立专岗专职，负责网站备案、规范网站行为及相关管理工作，专岗专职名单报省通信管理局备案。人员发生变动时要做好工作交接，变化后人员名单及时报省通信管理局备案。

（二）按照“先备案后接入”的要求制定完善接入服务流程，建立健全为用户代为备案信息的事前核验制度、对用户行为的事中监督制度、配合对违法违规网站的事后查处制度、网络与信息安全责任制等工作制度。

（三）应记录网站主办者的备案信息，对所接入网站主办者的备案信息进行动态核实，保证备案信息的真实、准确。

（四）接入提供者要杜绝为未备案的网站主办者提供接入服务，实时搜索已接入的未备案网站信息，及时停止并督促网站主办者履行备案手续。

（五）受网站主办者的委托应依法为网站主办单位履行备案、备案变更、备案注销等手续。代为备案时，用户名、密码和系统提示信息要及时移交网站主办者，并指导、督促网站主办者下载安装电子证书。不得在已知或应知互联网站主办者备案信息不真实或不准确的情况下，为其代为履行备案、备案变更、备案注销手续。

（六）对直接接入及间接接入的网站客户负有管理责任。

（七）应建设必要的业务管理系统，满足行业主管部门对网站管理的要求。

（八）做好用户记录留存、有害信息报告等网络信息安全管理工作。

（九）配合省通信管理局开展互联网站年度审核工作。

（十）配合省通信管理局对违法违规网站依法进行查处。

（十一）自觉接受省通信管理局的监督和管理。

第八条 网站主办者应依法开展互联网信息服务业务。

（一）应当自行或委托接入提供者履行备案、备案变更、备案注销手续。

（二）应当保证备案信息内容的真实准确。

（三）在通过备案审核后，应当在网站开通时在主页底部中央位置标明备案编号，在备案编号下方链接信息产业部“备案管理系统”网址，按要求将电子验证标识放置在其网站指定目录下。

（四）备案信息发生变化时应及时进行变更，同时再次安装电子证书。

（五）涉及前置审批及电子公告服务的，应在取得前置审批部门和专项审批部门批准并办理相关备案手续后方可提供相关内容信息。

（六）网站主办者应妥善保管用户名和密码，用户明和密码丢失的，应提交书面申请，省通信管理局经确认后予以补发。

（七）按照省通信管理局和相关内容主管部门的要求做好年度审核工作。

（八）应当自觉接受互联网行业主管部门的监督和管理。

第九条 IP 地址备案单位具体承担 IP 地址信息报备工作。

（一）IP 地址备案单位应当按要求通过“备案管理系统”报备 IP 地址信息。其中，基础电信运营公司 IP 地址信息的报备由总部和省级公司共同完成，基础电信运营公司总部应对其省级公司的 IP 地址信息报备工作进行指导和监督。公益性互联网络的管理单位负责统一完成其网络上使用的所有 IP 地址信息的报备。跨省经营因特网接入服务业务提供者 IP 地址信息的报备由其开展业务所在地的所有分支机构共同完成。

（二）IP 地址备案单位应当确保其所报备的 IP 地址信息完整、准确。

（三）IP 地址备案信息发生变化时，IP 地址备案单位应按规定要求自变化之日起五个工作日内向“备案管理系统”提交变更后的 IP 地址信息。

（四）IP 地址备案单位应当建立健全本单位的 IP 地址管理制度。

（五）应当自觉接受互联网行业主管部门的监督和管理。

第十条 中国互联网络信息中心和相关域名注册服务机构具体承担域名信息的报备工作。

（一）中国互联网络信息中心和相关域名注册服务机构应当按要求通过“备案管理系统”报备域名信息。其中，中国互联网络信息中心负责报备所有CN和中文域名注册信息；相关域名注册服务机构负责报备所有境外域名注册信息。

（二）中国互联网络信息中心和相关域名注册服务机构应当确保所报备的域名注册信息完整、准确。

（三）域名注册信息、域名备案联系人等信息发生变化时，中国互联网络信息中心和相关域名注册服务机构应当自变化之日起五个工作日内向“备案管理系统”提交变更后的域名报备信息。

第三章 相关处理流程

第十一条 接入提供者为互联网站提供接入互联网络服务流程：

（一）网站主办者向接入提供者提出接入申请。

（二）接入提供者向网站主办者预分配IP地址。

（三）网站主办者获得接入提供者预分配的IP地址后履行备案手续（网站主办者可自行备案也可由接入提供者代为备案）。

1. 网站主办者自行备案的，网站主办者在收到“备案管理系统”反馈的备案编号后告知接入提供者备案成功，并将备案编号和备案信息一并提供给接入提供者，接入提供者登录“备案管理系统”核实该备案信息，在确认备案信息真实、准确的前提下为网站开通接入服务。如果发现备案信息不真实、不准确，不得开通接入服务，应当督促网站主办者核实相关信息，经备案后方可为其提供接入服务。

2. 接入提供者代为履行备案的，接入提供者收到“备案管理系统”反馈的备案编号后即可为网站提供接入服务。

第十二条 网站主办者委托接入提供者代为履行ICP备案、备案变更的处理流程：

（一）网站主办者将相关ICP备案信息提交给其接入提供者。

（二）接入提供者对网站主办者提交的信息进行核实，在确认信息真实、准确的前提下将ICP备案信息导入“备案管理系统”；如存在不真实、不准确的信息，接入提供者要求网站主办者重新填报或补充相关信息。

（三）“备案管理系统”对接入提供者导入的信息进行自动核查，经识别没有发现问题的转相关省通信管理局；存在问题的，将相关意见反馈接入提供者。

（四）相关省通信管理局对备案信息进行审核，符合备案条件的予以备案；不符合备案条件的不予备案，并说明理由。

（五）“备案管理系统”对予以备案的，核配备案编号，生成备案电子验证标识（简称电子证书），同时将审核意见反馈接入提供者；对不予以备案的，“备案管理系统”将不予备案理由反馈相关接入提供者。并通知相关接入提供者对相关信息进行修改，重新填报。

（六）对予以备案的，接入提供者将审核意见、用户名和密码及时反馈给网站主办者，并指导网站主办者下载、安装电子证书。网站主办者在接入提供者的指导下及时完成电子证书下载、安装等后续工作，并保管好用户名和密码。

（七）对不予备案的，接入提供者及时通知网站主办者对相关信息进行修改，重新填报或补报信息。

第十三条 网站主办者自行履行 ICP 备案、备案变更处理流程：

（一）网站主办者向“备案管理系统”输入相关备案信息。

（二）“备案管理系统”收到网站主办者提交的信息后，对信息进行自动核查，没有发现问题的转相关省通信管理局；存在问题的，将相关意见反馈网站主办者。

（三）相关省通信管理局对备案信息进行审核，符合备案条件的予以备案；不符合备案条件的不予备案，并说明理由。

（四）“备案管理系统”对予以备案的，核配备案编号，生成电子证书，同时将审核意见反馈网站主办者；对不予以备案的，“备案管理系统”将不予备案理由反馈相关网站主办者，并通知网站主办者对相关信息进行修改，重新填报或补报信息。

（五）网站主办者收到备案编号和电子证书后，及时完成证书下载、安装等工作。

第十四条 涉及前置审批的 ICP 备案流程：

（一）拟从事新闻、出版、教育、医疗保健、药品和医疗器械、视听节目、网络文化等互联网信息服务的，在履行 ICP 备案手续前应获得相关前置审批部门的批准。

（二）网站主办者获得前置审批部门批准后，按本细则第十二条或者第十三条相关流程履行备案手续，同时需向住所（身份证住所/注册住所）所在地省通信管理局书面提交相关前置审批部门的审批文件。

（三）网站主办者提交备案信息后五个工作日内尚未提交审批文件的，不予备案。

（四）备案完成后，省通信管理局向相关省级前置审批部门通报网站备案信息。

第十五条 ICP 备案注销处理流程：

（一）网站主办者停止互联网信息服务时应注销其备案信息。网站主办者可以直接履行备案注销手续，也可以由接入提供者代为履行备案注销手续。

（二）网站主办者直接履行备案注销手续的，由网站主办者直接将备案注销申请提交“备案管理系统”；接入提供者代为履行备案注销手续的，接入提供者向“备案管理系统”提交网站注销申请，同时提交该网站主办者相应的书面委托书。

（三）“备案管理系统”收到网站备案注销申请信息后，将注销申请转相关省通信管理局。

（四）相关省通信管理局进行审核，符合注销条件的予以注销，并将相关意见反馈注销申请者。

（五）对注销的网站，接入提供者应及时停止接入服务。

第十六条 查处违法违规网站流程：

（一）省通信管理局根据涉嫌违法违规网站线索（包括举报材料、省通信管理局例行检查、信息产业部的通报、相关部门要求协助查处意见等），对确属违法违规网站进行依法处理。

（二）涉嫌违法违规网站主办者住所所在地不在本行政区的，省通信管理局应及时将违法违规网站基本资料转送至网站主办者住所所在地省通信管理局，由该省通信管理局依法处理。

（三）网站主办者住所所在地在本行政区的，省通信管理局应依法处理。

（四）对依法应当关闭网站的，省通信管理局应向书面通知相关接入提供者停止接入，相关接入提供者应及时将执行情况上报省通信管理局。

（五）网站接入地不在本行政区的，省通信管理局可以直接发函要求接入地省通信管理局配合关闭网站，接入地省通信管理局应积极予以配合，及时书面通知相关接入提供者停止接入，并将执行情况反馈网站主办者住所所在地省通信管理局。

第十七条　查处接入提供者违规行为的流程：

省通信管理局应加强对接入提供者的管理，监督检查接入提供者对用户代为备案信息的事前核验、用户行为的事中监督、违法违规网站的事后查处配合等责任的落实情况。

对违法违规的接入提供者，违法违规行为发生地通信管理局要立案调查，接入提供者主体所在地不在本行政区的，可以请相关省通信管理局配合。

第十八条　互联网站年度审核工作流程：

（一）每年第一季度开始对互联网站进行年度审核工作。

（二）对“备案管理系统”搜索出IP地址、域名等信息与ICP备案信息不一致的，要求相关网站主办者及时更新备案信息。

（三）对于相关内容主管部门年度审核意见是“取消业务资格”、“关闭网站”的，属于年度审核不合格意见，根据相关内容主管部门提供的书面年度审核意见，实行一票否决制。

第十九条　IP地址备案工作流程：

（一）IP地址备案单位向“备案管理系统”导入IP地址备案信息。

（二）“备案管理系统”对导入的IP地址信息进行自动核查，输出核查报告，并分送给信息产业部或相关通信管理局。

（三）信息产业部或相关通信管理局对核查报告进行分析处理。

第二十条　域名备案工作流程：

（一）中国互联网络信息中心和相关域名注册服务机构（以下简称域名备案单位）向“备案管理系统”导入域名备案信息。

（二）“备案管理系统”自动进行数据处理定期输出统计报告。

（三）信息产业部对统计报告进行分析，发现未备案的，依法处理。

第四章　附　　则

第二十一条　本细则由信息产业部电信管理局解释。

第二十二条　本细则自2005年12月1日起施行。

（本部分由中国互联网络信息中心　周　镇　收集整理）

附录 C　2005 年中国电信业发展回顾

2005 年是国家“十五”和“十一五”计划的交接年，同时也是我国电信业向信息服务大行业转型的起始年。按照构建社会主义和谐社会、实现小康目标的要求，中国电信业抓住信息化建设的大好机遇，加快战略转型，积极推动市场、业务、网络、技术与服务的协调，统筹城乡和区域发展，全面完成了“十五”计划目标，为经济发展和社会进步做出了积极贡献。

全年电信业务总量完成 11 403.0 亿元，同比增长 24.7%；实现电信业务收入 5 840.1 亿元，同比增长 11.4%；电信固定资产投资 2 097.8 亿元，同比下降 4.6%。

全国新增电话用户 9 727.0 万户，电话用户总数达到 7.4 亿户，用户规模居世界首位。其中，固定电话用户新增 3 868.9 万户，达到 35 044.5 万户；移动电话用户新增 5 858.1 万户，达到 39 340.6 万户。固定和移动电话普及率分别达到 27.0 部/百人和 30.3 部/百人。基础电信运营商的互联网接入用户总数减少 315.0 万户，至 7 301.2 万户。全社会互联网上网人数新增约 1 700 万，总数达到 1.11 亿人，居世界第二位，互联网普及率达到 8.5%。

全国光缆线路长度新增 55.4 万公里，达到 407.3 万公里。局用交换机容量新增 4 849.2 万门，达到 47 196.1 万门。移动电话交换机容量新增 8 557.4 万户，达到 48 241.7 万户。互联网接入端口新增 1 350.8 万个，达到 5 385.9 万个。国际互联网出口带宽增至 136 106M。

电信业的发展主要呈现以下几个特点。

（1）电信业步入成熟期，规模增长放缓，传统电信业务收入增长率相对于 GDP 增长率的超前度逐渐缩小。

作为国民经济的基础产业和先导产业，我国电信业多年来一直以高于同期 GDP 的增长速度快速发展，在拉动整体经济增长和提高人民生活水平方面起到了巨大作用。比较自 20 世纪 60 年代至 2005 年我国电信业务收入增长率与 GDP 增长率可以发现，自 70 年代后期开始，我国电信业长期持续超前于国民经济发展，这个发展过程大致可以分为 3 个阶段：

- 第 1 阶段：“五五”、“六五”时期（1976～1985 年）我国电信业 5 年平均增长率的超前度在 10 个百分点以下。1978 年我国开始改革开放，1979～1985 年这段时间，当时的邮电部首先把工作重点转移到了以发展为中心上来。
- 第 2 阶段：“七五”到“九五”时期（1986～2000 年）我国电信业 5 年平均增长率超前度在 15 个百分点以上。总体来看，这一时期国民经济发展较快，邮电通信也迈入到加速发展阶段。特别是 1994 年我国电信业开始打破垄断，以及 1998 年电信体制改革实现政企分开，市场竞争逐步趋于激烈，在提高电信业通信供给能力的同时，有效刺激了通信消费需求，带动了行业价值跨越式增长。

● 第3阶段："十五"时期我国电信业虽然保持超前发展，但是超前度在逐年降低。2005年各类电话用户增长均出现了放缓迹象，电信业务收入增速与GDP增速进一步趋近，预示着我国电信业开始由高速发展期进入增长较为平缓的成熟期。

（2）电信业务和网络转型步伐加快，宽带增值、移动数据和信息化应用成为转型重点。

在行业增长放缓的大背景下，运营商纷纷加快了战略转型步伐，挖掘企业后续增长点。目前，固网运营商已经提出向综合信息服务提供商转型的战略目标，严格控制电话网扩张性投资，转而以宽带和增值业务开发为核心，大力推进IP城域网优化、固网智能化改造和软交换网络引入步伐，力图最大限度地挖掘固网潜力，寻求发展新突破。移动运营商也把定位调整为"移动信息运营商"，积极推动移动网络优化和升级，加快开发手机上网、移动多媒体等无线宽带数据业务，为网络升级到3G进行前期储备。运营企业都高度重视经济社会信息化发展带来的机遇，以行业信息化应用为突破口，积极开发专业化、差异化的信息化应用方案，使信息服务融入政府管理、医疗卫生、教育培训和生产生活等经济社会发展的方方面面。

在业绩表现上，2005年数据及增值业务发展强劲，收入比重持续上升，成为带动行业收入增长的重要力量。在移动通信领域，短信、彩铃和手机上网等移动数据业务发展迅速，2005年占到移动通信业务收入的15.7%；在固定通信领域，互联网、增值等非话业务收入占固定通信收入的比例也达到了20.3%。

在非话业务高速增长的背后，仍然存在着隐忧：随着这些关键业务的渗透率逐渐提高，其增长率也在逐步下降。在传统话音业务收入增长乏力的情况下，必须探寻与促进更多非话新业务的发展，才能支撑行业实现持续较快增长。以宽带增值、移动数据和信息化应用为重点，促进业务全面发展，推动向信息服务业转型，成为电信业未来发展的战略选择和历史机遇。

（3）移动对固网业务冲击加剧，企业赢利水平差异显著，市场竞争格局呈非均衡状态。

"十五"期间，由于移动通信业务资费和终端价格的下调，在话音业务特别是本地话音方面，移动对固网冲击不断加剧，这一方面反映在业务量的分流和转移上，另一方面则体现为固话收入贡献率的持续下跌。2005年固定电话用户增长了12.4%，但本地通话量仅增长2.4%，本地电话业务收入同比增长2.1%，本地网收入份额下降了0.2个百分点；而同期移动电话用户增长17.5%，移动本地通话时长增长了33.3%，移动本地通话费收入同比增长16.4%，移动网收入份额则上升了2.1个百分点。移动对固话业务的替代效应更趋明显。

由于政企分开后我国电信业实行的是分专业运营，惟一的全业务运营商中国联通也以经营移动业务为主，专业领域的限制在很大程度上影响了各运营商的业绩表现。以用户、收入和利润3项指标来衡量，2005年中国移动独占鳌头，尤其是其利润份额遥遥领先，占行业总利润的60%以上，已经成为名副其实的第一大运营商。在移动业务分流的影响下，传统固网运营商增长乏力，单靠宽带业务的发展已不足以弥补固网收入的下滑，而用以参与移动市场竞争的无线市话业务受技术所限，只在低端市场造成冲击，并未对高端市场产生实质性影响。另外两家运营商规模较小，又处于网络基础建设时期，应对激烈市场竞争的能力较弱。综合来看，目前运营商之间的实力差距有进一步拉大的趋势，电信市场竞争格局不均衡的矛盾相当突出。

（4）"村通工程"顺利推进，"中部崛起"战略初见成效，但电信发展的地域差异依然明显。

2005 年 11 月，历时两年的“村通工程”提前完成计划任务，全国行政村通电话比率从“村通工程”实施前的 89%上升到了 97%。在“村通工程”中，移动、卫星等新兴技术在中西部和偏远农村地区找到了发展新空间，为通信企业长远发展和开拓农村潜在市场打下了基础，也为下一步农村通信发展积累了宝贵的经验。

我国幅员辽阔，城乡、区域经济发展长期处于不平衡的状态，东部对中西部、城市对农村的电信基础优势十分明显。近年来在“西部大开发”、“中部崛起”及“村通工程”等一系列政策措施的扶持下，电信发展的城乡、区域“鸿沟”正在逐步缩小：中部地区移动业务发展迅猛，带动电信收入快速增长，市场潜力初步显现；农村和西部地区的电信基础设施建设也已基本到位，为未来发展打下良好基础。但就整体而言，受经济环境、教育及消费水平等根本性因素影响，现阶段电信发展的地域差距仍然十分明显，在互联网、移动等高端业务方面，尤为突出。

C.1 电信业对国民经济的贡献

1. 电信增加值/业务收入与 GDP 比值

2005 年，我国电信业累计完成增加值 3 831.0 亿元，同比增长 11.7%，占同期 GDP 的比重为 2.1%，比上年微降了 0.09 个百分点。电信业务收入与 GDP 之比也减少了 0.1 个百分点，为 3.2%。

电信业务收入、电信增加值与 GDP 之比的双双下滑从一个侧面反映出以传统话音为主的基础电信业已由高速成长期进入增长较为平缓的成熟期。1978 年以来，依靠从无到有的规模扩张，我国基础电信业的发展速度持续超前于国民经济整体，但目前传统电信业务的增长率已呈现下滑趋势，而在新兴的宽带和移动数据领域，电信产业链正不断裂变分化，产生更多的价值增值环节，这些环节所产生的经济效益并未被包含在电信行业现有的统计数据之中。据不完全统计，2005 年社会增值电信企业已达 17 795 家，业务收入达到 350 亿元左右，如果将这部分收入计算在内，电信业整体对 GDP 的贡献率则至少上升了 0.19 个百分点，达到 3.39%。其中，增值电信企业的贡献占了 5.6%，且呈逐年上升趋势。

未来电信行业价值能否以超过 GDP 的增速发展，取决于是否拥有关键的行业增长引擎的支撑。由于传统电信业务增长趋缓，“十一五”时期电信业要保持适度超前的发展模式，必须加快行业转型，快速提升增值（包括社会 SP 提供的增值服务）、移动数据、宽带等信息服务的发展速度，以带动行业整体价值的增长，为国民经济发展做出更大的贡献。

2. 电信投资占全社会固定资产投资比重

2005 年我国电信行业完成固定资产投资 2 097.8 亿元，同比下降 4.6%，而同期全社会固定资产投资增长高达 25.7%，导致电信业占全社会固定资产投资的比重进一步下降至 2.4%。

“十五”期间，PSTN、GSM 等传统通信网络基本完成了大规模能力建设，逐步转入稳定扩容期，而 3G、NGN 等下一代通信技术仍处于试验网和小范围商用阶段，因此自 2002 年以来，电信固定资产投资总额一直维持在每年 2 100～2 200 亿元的水平，较 2001 年高峰期 2 553.2 亿元的投资规模明显减少。这种调整是全行业从粗放式发展向集约式经营转变的内在要求，目前的适度紧缩有利于为下一个投资周期提前积蓄能量，也符合国家控制投资过热、倡导理性投资的宏观经济调控目标。

3. 平均每用户使用电信业务量

2005 年电信业务总量突破 1 万亿元大关，同比增长 24.7%，高于同期电信用户的平均增长幅度，平均每个用户使用电信业务量延续了 2004 年的上升势头，同比增长 8.0%，达到 1 475.4 元。

近年来电信资费管制逐步放开。2005 年 8 月，信息产业部下发《关于调整部分电信业务资费管理方式的通知》，明确了部分电信业务实行资费上限管理，并下放资费套餐审批权的监管思路。新的资费监管方式赋予了电信运营企业更多的自主权，有助于企业根据市场状况，实施更为有效的营销策略，降低进入门槛，让更多低端用户能够使用电话服务。电信平均资费的下降虽然在一定程度上减慢了业务收入的增速，但却刺激了业务量的迅速增长，电信行业更好地满足了城乡居民和社会各行各业的通信需求，电信服务与社会生活的关系日益密切。

C.2 电信业务发展情况

随着普及率的逐步提高以及城市电话市场的日趋饱和，2005 年各类电话用户增长均出现了放缓迹象。与此同时，移动和宽带分别取代固定和窄带，成为本地话音和数据业务市场的主流。电信用户增长方式和业务结构的改变表明，以用户增长、规模扩张为驱动力的原有发展模式已不能适应未来行业可持续发展和建设电信强国的需要，我国电信业将逐步走入以挖掘用户需求、开发新技术新业务促进行业价值增长的集约型发展阶段。

1. 话音业务发展

（1）本地话音业务

① 本地固定电话用户数增长情况

2005 年我国固定电话用户增长明显减速。全年累计新增用户 3 868.9 万户，比 2004 年减少了约 1 000 万户，全国固定电话用户总数达到 35 044.5 万户，固定电话普及率达到 27.0 部/百人。

固定电话用户增速放缓主要是受到传统固定电话增长乏力和无线市话发展减慢的双重影响。“十五”期间，新增传统固定电话用户逐年减少，2005 年月均增长约 150 万户，仅及 2001 年的一半；但 2003 年无线市话业务的异军突起拉动了固定电话新增用户总数的持续攀升，创造出连续两年月均增长 400 万户以上的小高潮。进入 2005 年，出于对 3G 等新一代通信业务的投资预期，固定运营商基本停止了无线市话网络的进一步扩容，无线市话用户增长也随之减速，截至 12 月底，无线市话用户总数达到 8 530.0 万户，占固定电话用户总数的份额为 24.3%，月均新增用户 170.2 万户，比 2004 年同期减少了 1/4。

② 移动电话用户数增长情况

与固定电话用户发展趋缓相对应的是，“十五”期间我国移动电话用户进入了一个高速增长时期。2005 年累计新增用户 5 858.1 万户，月均新增 488.2 万户，虽略低于前 4 年月均增长 500 万户以上的水平，但从整体趋势看仍处于移动通信用户发展的相对高位，呈稳定快速增长态势。截至 2005 年底，全国移动电话用户总数已达到 39 340.6 万户，移动电话普及率达到 30.3 部/百人。

值得注意的是，近两年 CDMA 网络放号速度下降，新增移动电话用户中 GSM 用户的比重有所回升。2005 年中国联通对长期闲置的 CDMA 用户进行了集中清理，这是导致移动新增用户数减少的主要原因。全年GSM新增用户占比高达91.2%，GSM用户总数在全部移动电话用户中的比重稳定在91.5%。

（2）长途话音业务

2005年长途资费管制放开后，长途话音业务在价格竞争的刺激下保持稳定增长，特别是传统固定长途，由于在资费和使用便利性方面的优势，业务量同比增长20.6%，高于同期移动长途和IP长途的增长幅度，占长途业务总时长的比重回升至30.3%，比2004年增加了0.6个百分点。IP长途业务在经过了多年高速增长后，2005年出现了绝对增长量和相对增长率双双下滑的局面，但所占比重稳定在45%以上，仍是目前我国电信用户长途通话的首选方式，特别是在国际长途领域，优势十分明显。移动长途因资费较高，在长途业务总时长中的比重呈缓慢下降趋势，2005年稳定在24.4%左右，一定程度上反映了用户“本地电话图方便，长途电话图便宜”的消费心态。

从“十五”期间3种长途通话方式的发展对比来看，随着长途通信整体资费水平的明显下降，IP长途的价格竞争优势正在逐步减弱，三者之间的增长率日趋接近。如果目前的价格对比不发生大的波动，未来长途业务量结构有望趋于稳定。

2. 非话业务发展

（1）基础数据业务

2005年，分组交换用户、DDN用户规模继续缩减，同时帧中继及ATM用户也基本停止了增长。随着接入宽带化的进程不断加快，直接面向终端用户的基础数据业务在“十五”期末全面进入衰退期。

（2）互联网业务

2005年互联网宽带化的趋势更加明朗。宽带接入用户同比增长50.2%，达到3 735.0万户，首次超过拨号用户，在全部互联网接入用户中的比重跃升至51.2%，成为目前互联网接入的主流方式。宽带用户中71.1%为DSL用户，28.4%为LAN用户。

与此同时，由于窄带拨号用户的迅速退网，2005年共计减少了1 562.7万户，互联网接入用户总数较上年略有下降。截至年底，在基础电信运营商处注册的用户总规模达到7 301.2万户，全社会互联网上网人数则达到了1.11亿人，同比增长18.1%，居世界第二位。

伴随着宽带接入用户的快速增长，2005年我国互联网应用更趋丰富，网站总数达到69.4万个，在线游戏、影音下载和视频直播等宽带增值娱乐业务发展迅速，宽带互联网已深入千家万户，成为社会生活的重要组成部分。在互联网业务高速增长的背后，也存在着隐忧：以音视频下载为主要内容的P2P业务增长速度惊人，占据了90%以上的带宽资源，网络扩容压力巨大，但目前基础运营商获取的互联网业务收入仅包含固定的接入费用，对这90%流量的投入没有任何回报，陷入单向投入的恶性循环。

（3）增值业务

与传统话音业务相比，近年来固网增值、移动数据等增值电信业务的表现更为强劲。在固定通信领域，运营商一方面努力延续语音业务的生命周期，充实来电显示、声讯服务、无线市话短信及铃音等成熟型增值业务的功能和服务内容；另一方面在固网智能化改造的基础上进一步推出了固网彩铃、预付费、一号通等新业务，并大力推广以“灵通无绳”为代表的融合性信息服务业务，最大限度地挖掘固网潜力，开拓新的增值领域。2005年固网运营商的增值业务收入达到142.2亿元，同比增长高达55%，增值业务与宽带业务一起成为拉动固网收入增长的重要力量。

在移动通信领域，经过几年的市场培育，以 GPRS 和 CDMA 1X 为代表的移动分组数据业务从 2005 年下半年开始以月均新增 478.3 万户用户的速度高速增长，截至年底，在移动电话用户总数中所占比重已从 6 个月前的 11.6%直线上升到 18.0%，移动用户结构迅速升级。

在用户增长的同时，短信、彩铃等移动数据“明星”业务也保持了快速发展态势。2005 年移动短信增量再创新高，仍是移动数据业务收入的第一大支柱；彩铃、WAP 紧随其后，这两项业务在移动数据业务新增收入中的比重占到了 30%左右；MMS、移动 QQ、手机音乐等新兴业务也开始显露勃勃生机。移动数据业务收入同比增长 62.0%，占移动通信总收入的比重上升为 15.7%，有望成为下一阶段拉动移动通信 ARPU 值的有生力量。

C.3 电信网络规模分析

2005 年，除 GSM 移动网以外，我国电信网络扩容规模普遍低于去年。运营商积极实施网络转型计划，大力推进网络智能化改造、支撑系统优化和软交换网络引入步伐，加快新技术试验网建设，网络升级和优化取代规模扩张、质量取代数量成为这一年电信网络建设的重点。

1. 固定及移动电话网规模

2005 年固定及移动电话网规模进一步扩大。局用交换机容量比上年增长了 11.5%，达到 47 196.1 万门；其中接入网设备容量增长了 22.2%，达到 21 120.7 万门。移动交换机容量比上年增长了 21.6%，达到 48 241.7 万户，网络总规模首次超过了固定电话网。其中，GSM 网络容量增长 23.3%，达到 43 662.7 万户；CDMA 网络容量增长 6.9%，达到 4 579.0 万户。

2005 年，固定电话网的扩容主要集中在接入网，新增接入网设备容量占当年固网新增总容量的 77.8%，但固网扩容规模明显低于前两年。

移动电话网的迅速扩容则有 96.5%集中在 GSM 网络，以满足其话务量的增长需要，降低网络负荷。由于 CDMA 用户发展放缓，中国联通适时控制 C 网投资规模，CDMA 网络实装率逐年上升，2005 年底达到了 73.1%。

2. 数据通信网规模

2005 年，固网运营商集中力量进行 IP 城域网优化改造和宽带提速工作，数据通信网端口扩容速度有所下降，但带宽容量保持高速增长。截至年底，宽带接入端口达到 4 874.7 万个，比 2004 年增长了 36.2%，端口实装率也由去年的 69.5%上升至 76.6%，国际互联网出口带宽则猛增 82.9%，达到 136 106M。与此同时，窄带接入网容量增长继续趋缓，2005 年互联网拨号服务器端口数达 495.7 万个，连续 3 年增长率低于 20%。

与固定数据网相比，2005 年移动数据网的扩容速度更为显著。截至年底，移动分组数据网容量达到 7 827.7 万户，比上年翻了一番。移动运营商大力推动手机上网等业务的发展，努力开发移动多媒体、手机定位等无线宽带业务，正积极为网络升级到 3G 进行前期储备。

3. 传输网规模

作为承载电信业务的基础网络，传输网仍然是运营商 2005 年网络建设的重点之一。全国骨干光缆网建设已基本完成，为适应宽带数据网和移动通信基站建设的需要，运营商将投资重点转向了接入网的铺设。2005 年全国新建光缆线路 55.4 万公里，光缆总长度达到 407.3 万公里，新建线路主要集中在接入网和本地中继部分，有力地支撑了宽带城域网的发展。

（信息产业部综合规划司、电信研究院规划设计研究所）

附录 D　2005 年中国通信行业主要指标

1. 2005 年通信行业主要业务量完成情况

2005 年通信行业主要业务量完成情况如表 D.1 所示。

表 D.1　　2005 年通信行业主要业务量完成情况

指标名称	单位	本年累计达到	比上年同期累计（±%）	比上年末新增或减少
通信业务收入	亿元	6 373.7	11.3	
邮政业务收入	亿元	574.7	7.7	
电信业务收入	亿元	5 799.0	11.7	
通信固定资产投资完成额	亿元	2 071.3	–4.7	
邮政投资完成额	亿元	37.9	2.8	
电信投资完成额	亿元	2 033.4	–4.8	
固定电话用户合计	万户	35 043.3		3 867.7
无线市话用户	万户	8 532.7		2 045.3
公用电话用户	万部	2 660.4		445.4
城市电话用户	万户	23 976.8		2 951.7
住宅电话用户	万户	17 205.7		1 959.3
农村电话用户	万户	11 066.5		916.0
住宅电话用户	万户	10 016.1		775.7
移动电话用户合计	万户	39 342.8		5 860.4
无线寻呼用户	万户	97.1		–298.1
互联网拨号用户	万户	3 566.0		–1 556.3
互联网专线用户	户	68 618		3 584
互联网宽带接入用户	万户	3 750.4		1 262.9
其中：xDSL 用户	万户	2 635.9		931.8
本地网内区间电话通话量	亿次	827.4	7.9	
本地网内区内电话通话量	亿次	6 211.9	5.5	
本地网内拨号上网通话量	亿次	306.4	–45.0	

续表

指 标 名 称	单 位	本年累计达到	比上年同期累计（±%）	比上年末新增或减少
固定传统长途电话通话时长合计	万分钟	9 056 581.3	21.7	
国内长途电话通话时长	万分钟	8 940 633.9	21.9	
国际电话去话通话时长	万分钟	54 723.9	9.4	
港澳台电话去话通话时长	万分钟	61 223.5	13.1	
移动电话通话时长合计（含本地）	万分钟	125 087 832.2	32.6	
移动电话国内长途通话时长	万分钟	7 135 225.2	18.3	
移动电话国际电话通话时长	万分钟	33 496.5	11.9	
移动电话港澳台电话通话时长	万分钟	33 358.3	0.9	
移动短信业务量	亿条	3 046.5	39.9	
IP 电话通话时长合计	万分钟	13 442 617.4	16.8	
IP 电话国内长途通话时长	万分钟	13 186 708.2	16.7	
IP 电话国际电话通话时长	万分钟	139 842.0	36.0	
IP 电话港澳台电话通话时长	万分钟	116 067.3	3.8	
固定电话普及率	部/百人	27.0		
城市固定电话普及率	部/百人	35.9		
住宅电话普及率	部/百人	20.9		
移动电话普及率	部/百人	30.3		
已通固定电话的行政村比重	%	91.2		

注：城市固定电话普及率、已通固定电话的行政村比重为 2004 年年报数据

2. 2005 年电话用户分省情况

2005 年电话用户分省情况如表 D.2 所示。

表 D.2　　2005 年电话用户分省情况

（单位：万户）

	固 定 电 话			移 动 电 话
	合 计	城 市 电 话	农 村 电 话	
全国	35 043.3	23 976.8	11 066.5	39 342.8
东部	16 996.4	12 079.1	4 917.3	20 263.0
北京	943.7	847.7	96.0	1 459.4
天津	428.9	425.3	3.6	502.6
辽宁	1 627.0	1 177.4	449.6	1 358.2
上海	996.7	987.0	9.6	1 444.2
江苏	3 059.1	2 089.1	970.0	2 554.2
浙江	2 231.8	1 421.7	810.1	2 686.3

续表

	固定电话			移动电话
	合计	城市电话	农村电话	
福建	1 398.5	982.1	416.5	1 302.3
山东	2 637.9	1 364.3	1 273.6	2 345.3
广东	3 442.5	2 614.6	827.9	6 406.6
海南	230.3	170.0	60.3	203.9
中部	10 706.6	6 658.5	4 048.1	11 067.6
河北	1 581.6	901.3	680.3	1 785.5
山西	873.2	602.5	270.7	906.2
吉林	756.0	529.8	226.2	915.7
黑龙江	1 056.5	784.5	272.0	1 132.3
安徽	1 349.5	680.0	669.5	1 046.9
江西	829.3	488.1	341.2	798.4
河南	1 796.3	1 066.5	729.8	1 815.1
湖北	1 236.4	887.6	348.8	1 401.3
湖南	1 227.8	718.2	509.6	1 266.2
西部	7 028.2	4 962.2	2 066.0	8 012.3
内蒙古	525.5	417.6	107.9	712.3
广西	869.5	557.2	312.2	1 021.1
重庆	688.9	456.5	232.4	943.4
四川	1 577.4	1 101.5	475.8	1 689.7
贵州	466.5	328.3	138.2	509.4
云南	597.7	446.3	151.5	898.8
西藏	52.0	49.0	3.0	46.9
陕西	859.3	561.8	297.5	938.1
甘肃	548.0	395.3	152.7	408.4
青海	113.5	92.8	20.7	131.6
宁夏	138.9	98.3	40.6	181.1
新疆	591.0	457.5	133.5	531.3
总部及直属	312.2	277.0	35.2	

3. 2005年度通信水平分省情况

2005年度通信水平分省情况如表D.3所示。

表 D.3　　**2005 年度通信水平分省情况**

	固定电话普及率（部/百人）	城市固定电话普及率（部/百人）	住宅电话普及率（部/百人）	移动电话普及率（部/百人）	邮政储蓄市场占有率（%）
全国	27.0	35.9	20.9	30.3	9.0
东部	40.0	39.6	30.1	47.7	
北京	63.2	74.7	48.2	97.8	5.2
天津	41.9	53.1	34.2	49.1	7.6
辽宁	38.6	36.0	33.0	32.2	7.6
上海	57.2	67.2	39.3	82.9	6.4
江苏	41.2	35.9	31.2	34.4	10.7
浙江	47.3	39.0	31.7	56.9	5.6
福建	39.8	50.4	29.2	37.1	11.3
山东	28.7	24.5	25.1	25.5	12.2
广东	41.5	42.2	27.8	77.2	4.0
海南	28.2	29.0	19.3	24.9	12.7
中部	21.5	29.5	18.0	22.2	
河北	23.2	35.9	20.6	26.2	8.7
山西	26.2	41.3	22.3	27.2	12.0
吉林	27.9	26.0	23.9	33.8	10.1
黑龙江	27.7	38.5	23.8	29.7	15.2
安徽	20.9	29.6	17.7	16.2	12.3
江西	19.4	29.1	15.5	18.6	16.6
河南	18.5	29.0	15.5	18.7	11.6
湖北	20.6	20.0	15.4	23.3	12.7
湖南	18.3	27.6	15.0	18.9	13.8
西部	18.9	37.4	14.5	21.6	
内蒙古	22.0	47.3	18.4	29.9	11.3
广西	17.8	34.1	13.9	20.9	9.2
重庆	22.1	28.8	17.4	30.2	9.0
四川	18.1	31.7	13.9	19.4	8.0
贵州	11.9	29.9	9.2	13.0	10.0
云南	13.5	44.9	9.5	20.4	6.6
西藏	19.0	143.7	12.7	17.1	13.0
陕西	23.2	42.1	17.9	25.3	11.6
甘肃	20.9	44.7	15.1	15.6	10.2
青海	21.1	81.2	15.6	24.4	10.5

续表

	固定电话普及率（部/百人）	城市固定电话普及率（部/百人）	住宅电话普及率（部/百人）	移动电话普及率（部/百人）	邮政储蓄市场占有率（%）
宁夏	23.6	35.1	17.6	30.8	13.4
新疆	30.1	52.2	22.1	27.1	9.8

注：城市固定电话普及率和邮政储蓄市场占有率为 2004 年报数据。

4. 2005 年通信行业主要通信能力

2005 年通信行业主要通信能力如表 D.4 所示。

表 D.4　　2005 年通信行业主要通信能力

指标名称	单　位	年末达到	比上年末新增或减少
固定长途电话业务电路	2M	283 920	75 816
移动长途电话业务电路	2M	422 855	144 026
光缆线路长度	公里	4 049 872	530 648
其中：长途光缆线路长度	公里	719 018	23 747
固定长途电话交换机容量	万路端	1 338.8	75.8
局用交换机容量	万门	46 954.3	4 607.5
其中：接入网设备容量	万门	20 875.8	3 585.9
移动电话交换机容量	万户	48 282.5	8 598.3
互联网宽带接入端口	万个	4 835.9	1 257.8

（资料来源：信息产业部网站 http://www.mii.gov.cn）

附录 E　国际互联网行业发展现状

1．全球互联网应用状况

根据互联网全球统计网统计的数据显示（如表 E.1 和图 E.1 所示），截至 2006 年 4 月，全球的网民数已突破了 10 亿大关，增加到了 1 022 863 307 人。相比于全球接近 65 亿的人口，互联网使用率已超过了 15%。2000～2005 年，全球互联网使用率达到 183.4%。其中，中东和非洲的互联网使用率的增长最快，在这 5 年间，增长率分别达到了 454.2%和 423.9%。可是我们同时也可以看到，尽管这两个地区的增长速度很快，但非洲的上网普及率仅为 2.6%，而中东为 9.6%，其网民数量占全球网民数的比例仅分别为 2.3%和 1.8%。全球互联网的发展整个态势仍是不平衡的。

表 E.1　　全球互联网应用情况统计

各大地区	人口数量	占全球人口比例%	网民数	普及率	占全球网民人口比例%	互联网使用增长率 2000～2005
非洲	915 210 928	14.1%	23 649 000	2.6%	2.3%	423.9%
亚洲	3 667 774 066	56.4%	364 270 713	9.9%	35.6%	218.7%
欧洲	807 289 020	12.4%	291 600 898	36.1%	28.5%	177.5%
中东	190 084 161	2.9%	18 203 500	9.6%	1.8%	454.2%
北美洲	331 473 276	5.1%	227 303 680	68.6%	22.2%	110.3%
拉美/加勒比海	553 908 632	8.5%	79 962 809	14.4%	7.8%	342.5%
大洋洲	33 956 977	0.5%	17 872 707	52.6%	1.7%	134.6%
合计	6 499 697 060	100.0%	1 022 863 307	15.7%	100.0%	183.4%

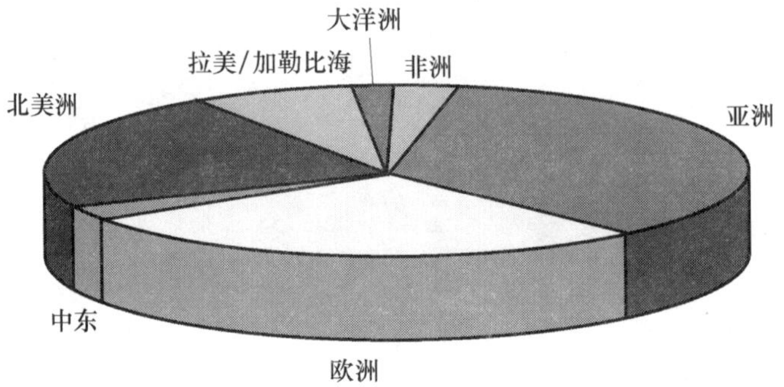

图 E.1　各大地区网民占全球网民的比例

全球各地区互联网使用率如图 E.2 所示。

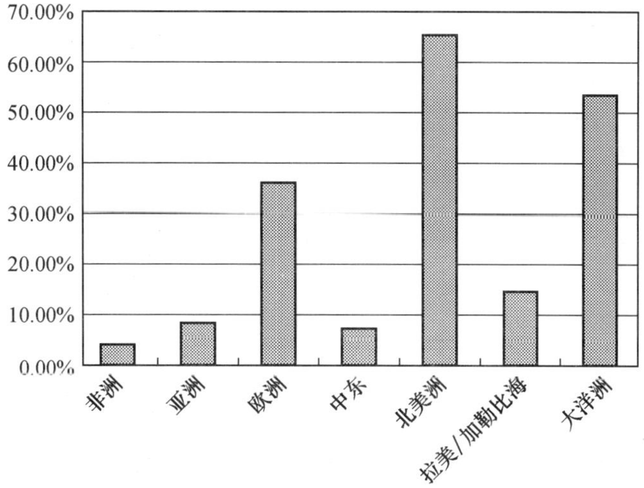

图 E.2 全球各地区互联网使用率

亚洲网民的数量从 2000 年到 2005 年间的增长速度也达到了 218.7%，上网普及率达到 9.9%，占全球网民数的比例为 35.6%。其中网民人数最多的是中国，网民数为 1.11 亿（未包含港澳台地区）。日本和韩国仅随其后，网民数分别为 8 600 万和 3 390 万。但是互联网使用增长率最快的却是乌兹别克斯坦（11 633.3%），缅甸（6 270.0%）和巴基斯坦（5 501.2%）。而普及率高居榜首的是中国香港特区（69.2%），日本和新加坡（67.2%），以及韩国（67.0%）和中国台湾地区（60.3%），这些国家和地区的普及率均超过了 60%，如表 E.2 所示。

表 E.2 亚洲互联网应用情况统计

国家/地区	人口数量	网民数	普及率	占亚洲网民人口比例%	互联网使用增长率 2000～2005
阿富汗	26 508 694	25 000	0.1%	0.0%	N/A
亚美尼亚	2 967 116	150 000	5.1%	0.0%	400.0%
阿塞拜疆	8 388 479	408 000	4.9%	0.1%	3 300.0%
孟加拉国	136 138 461	300 000	0.2%	0.1%	200.0%
不丹	796 314	20 000	2.5%	0.0%	3 900.0%
文莱	393 568	56 000	14.2%	0.0%	86.7%
柬埔寨	15 017 110	41 000	0.3%	0.0%	583.3%
中国	1 306 724 067	111 000 000	8.5%	30.5%	393.3%
伊斯坦布尔	947 401	1 000	0.1%	0.0%	0.0%
格鲁吉亚	4 435 046	175 600	4.0%	0.0%	778.0%
中国香港	7 054 867	4 878 713	69.2%	1.3%	113.7%
印度	1 112 225 812	50 600 000	4.5%	13.9%	912.0%
印度尼西亚	221 900 701	18 000 000	8.1%	4.9%	800.0%

续表

国家/地区	人口数量	网民数	普及率	占亚洲网民人口比例%	互联网使用增长率 2000～2005
日本	128 389 000	86 050 000	67.2%	23.7%	83.3%
哈萨克斯坦	14 711 068	400 000	2.7%	0.1%	471.4%
朝鲜	23 312 595	—	—	—	n/a
韩国	50 633 265	33 900 000	67.0%	9.3%	78.0%
吉尔吉斯斯坦	5 377 484	263 000	4.9%	0.1%	409.7%
老挝	5 719 497	20 900	0.4%	0.0%	248.3%
中国澳门	490 696	201 000	41.0%	0.1%	235.0%
马来西亚	27 392 442	10 040 000	36.7%	2.8%	171.4%
马尔代夫	298 841	19 000	6.4%	0.0%	216.7%
蒙古	2 568 204	200 000	7.8%	0.1%	566.7%
缅甸	54 021 571	63 700	0.1%	0.0%	6 270.0%
尼泊尔	25 408 817	175 000	0.7%	0.0%	250.0%
巴基斯坦	163 985 373	7 500 000	4.6%	2.1%	5 501.2%
菲律宾	85 712 221	7 820 000	9.1%	2.1%	291.0%
新加坡	3 601 745	2 421 000	67.2%	0.7%	101.8%
斯里兰卡	19 630 230	280 000	1.4%	0.1%	130.5%
中国台湾	22 896 488	13 800 000	60.3%	3.8%	120.4%
塔吉克斯坦	6 620 008	5 000	0.1%	0.0%	150.0%
泰国	66 527 571	8 420 000	12.7%	2.3%	266.1%
土库曼斯坦	6 723 715	36 000	0.5%	0.0%	1 700.0%
乌兹别克斯坦	26 311 197	880 000	3.3%	0.2%	11 633.3%
越南	83 944 402	5 870 000	7.0%	1.6%	2 835.0%
合计	3 667 774 066	364 270 713	9.9%	100.0%	218.7%

欧盟等国家的互联网应用情况如表 E.3 所示。

表 E.3　　欧盟互联网应用情况统计

国家/地区	人口数量	网民数	普及率	占欧盟网民人口比例%	互联网使用增长率 2000～2005
奥地利	8 188 806	4 650 000	56.8%	2.0%	121.4%
比利时	10 481 831	5 100 000	48.7%	2.2%	155.0%
塞浦路斯	961 154	298 000	31.0%	0.1%	148.3%
捷克	10 211 609	5 100 000	49.9%	2.2%	410.0%
丹麦	5 425 373	3 762 500	69.4%	1.6%	92.9%

续表

国家/地区	人口数量	网民数	普及率	占欧盟网民人口比例%	互联网使用增长率 2000～2005
爱沙尼亚	1 339 157	670 000	50.0%	0.3%	82.8%
芬兰	5 260 970	3 286 000	62.5%	1.4%	70.5%
法国	61 004 840	26 214 173	43.0%	11.4%	208.4%
德国	82 515 988	48 721 997	59.0%	21.1%	103.0%
希腊	11 275 420	3 800 000	33.7%	1.6%	280.0%
匈牙利	10 060 684	3 050 000	30.3%	1.3%	326.6%
爱尔兰	4 065 631	2 060 000	50.7%	0.9%	162.8%
意大利	59 115 261	28 870 000	48.8%	12.5%	118.7%
拉脱维亚	2 293 246	810 000	35.3%	0.4%	440.0%
立陶宛	3 416 941	968 000	28.3%	0.4%	330.2%
卢森堡	459 393	270 800	58.9%	0.1%	170.8%
马耳他	385 308	301 000	78.1%	0.1%	652.5%
荷兰	16 386 216	10 806 328	65.9%	4.7%	177.1%
波兰	38 115 814	10 600 000	27.8%	4.6%	278.6%
葡萄牙	10 501 051	6 090 000	58.0%	2.6%	143.6%
斯洛伐克	5 379 455	2 276 000	42.3%	1.0%	250.2%
斯洛文尼亚	1 959 872	950 000	48.5%	0.4%	216.7%
西班牙	44 351 186	17 142 198	38.7%	7.4%	218.2%
瑞典	9 076 757	6 800 000	74.9%	3.0%	68.0%
英国	60 139 274	37 800 000	62.9%	16.4%	145.5%
合计	462 371 237	230 396 996	49.8%	100.0%	147.3%

北美等国家的互联网应用情况如表 E.4 所示。

表 E.4　　　　北美互联网应用情况统计

国家/地区	人口数量	网民数	普及率	占北美网民人口比例%	互联网使用增长率 2000～2005
百慕大群岛	64 211	39 000	60.7%	0.0%	56.0%
加拿大	32 251 238	21 900 000	67.9%	9.7%	72.4%
格陵兰	57 185	38 000	66.5%	0.0%	113.5%
美国	299 093 237	205 326 680	68.6%	90.3%	115.3%
圣皮埃尔密克隆群岛	7 405	—	—	—	—
合计	331 473 276	227 303 680	68.6%	100.0%	110.3%

全球网民数量前 20 名的国家/地区、其普及率及其网民数量在全球的比例（数据截止到 2006 年 1 月底）如表 E.5 和表 E.6 所示。

表 E.5　全球互联网用户最多的 20 个国家/地区

名　次	国家/地区	网　民　数	人　口　数	普　及　率	占全球网民比例
1	美国	205 326 680	299 093 237	68.6%	20.1%
2	中国	111 000 000	1 306 724 067	8.5%	10.9%
3	日本	86 300 000	128 389 000	67.2%	8.4%
4	印度	50 600 000	1 112 225 812	4.5%	5.0%
5	德国	48 721 997	82 515 988	59.0%	4.8%
6	英国	37 800 000	60 139 274	62.9%	3.7%
7	韩国	33 900 000	50 633 265	67.0%	3.3%
8	意大利	28 870 000	59 115 261	48.8%	2.8%
9	法国	26 214 173	61 004 840	43.0%	2.6%
10	巴西	25 900 000	184 284 898	14.1%	2.5%
11	俄罗斯	23 700 000	143 682 757	16.5%	2.3%
12	加拿大	21 900 000	32 251 238	67.9%	2.2%
13	印度尼西亚	18 000 000	221 900 701	8.1%	1.8%
14	西班牙	17 142 198	44 351 186	38.7%	1.7%
15	墨西哥	16 995 400	105 149 952	16.2%	1.7%
16	澳大利亚	14 189 557	20 750 052	68.4%	1.4%
17	中国台湾	13 800 000	22 896 488	60.3%	1.4%
18	荷兰	10 806 328	16 386 216	65.9%	1.1%
19	波兰	10 600 000	38 115 814	27.8%	1.0%
20	土耳其	10 220 000	74 709 412	13.7%	1.0%
前 20 个国家/地区合计		811 986 333	4 064 319 458	20.0%	79.4%

表 E.6　全球互联网普及率前 20 位的国家/地区

名　次	国家/地区	普　及　率	网　民　数
1	新西兰	76.3%	3 200 000
2	冰岛	75.9%	225 600
3	瑞典	74.9%	6 800 000
4	丹麦	69.4%	3 762 500
5	中国香港	69.2%	4 878 713
6	美国	68.6%	205 326 680
7	澳大利亚	68.4%	14 189 557
8	加拿大	67.9%	21 900 000

续表

名　次	国家/地区	普 及 率	网 民 数
9	挪威	67.8%	3 140 000
10	新加坡	67.2%	2 421 800
11	日本	67.2%	86 300 000
12	韩国	67.0%	33 900 000
13	格陵兰	66.5%	38 000
14	瑞士	66.0%	4 944 438
15	荷兰	65.9%	10 806 328
16	英国	62.9%	37 800 000
17	芬兰	62.5%	3 286 000
18	百慕大群岛	60.7%	39 000
19	中国台湾	60.3%	13 800 000
20	德国	59.0%	48 721 997

2．全球互联网地址资源分配情况

（1）全球顶级域名注册量调查

根据 VeriSign 公司的统计，截止到 2006 年 1 月，注册量最大的顶级域仍是 COM，注册量为 4 700 万。国家及地区代码顶级域注册量最大，同时也是顶级域中注册量第二大的是德国的国家代码顶级域 DE，注册量为 948 万。中国国家代码顶级域 CN 在 2005 年获得了长足的发展，增长率超过 130%，注册量为 110 万，跻身于全球注册量最大的国家及地区代码顶级域前 6 位。具体数据如表 E.7 所示。

表 E.7　　全球主要顶级域域名注册量统计

通用顶级域（gTLD）		国家/地区代码顶级域（ccTLD）	
.COM	47 007 646	DE（德国）	9 483 863
.NET	6 776 687	UK（英国）	4 698 065
.ORG	4 530 192	NL（荷兰）	1 795 925
.INFO	2 402 386	IT（意大利）	1 164 775
.BIZ	1 299 225	AR（阿根廷）	1 122 453（2005 年 11 月）
		CN（中国）	1 100 480
		US（美国）	908 741（2005 年 11 月）
		BR （巴西）	839 700（2005 年 11 月）
		JP（日本）	654 627（2005 年 11 月）
		KR（韩国）	625 439（2005 年 11 月）

（2）全球 IP 地址资源分配情况

① IPv4 地址

截至 2006 年 1 月，全球 IPv4 地址拥有量前 10 位的国家是美国、日本、中国、英国、加拿大、法国、德国、韩国、澳大利亚和意大利。亚洲、欧洲、北美各占了 IPv4 地址在全球各大洲分配的 32%，如图 E.3 和表 E.8 所示。

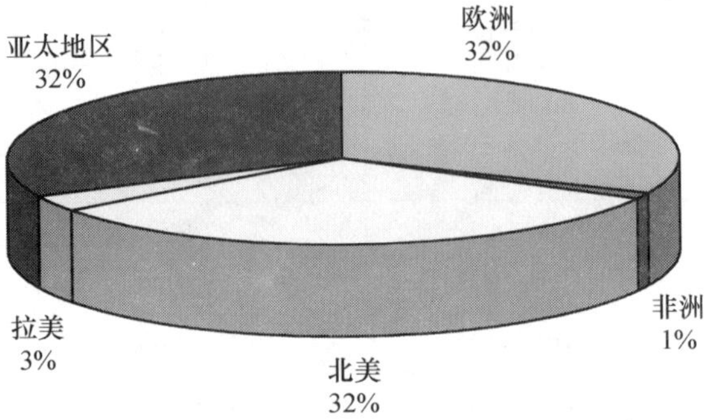

图 E.3　全球各大洲 IPv4 地址分配情况

中国在 2005 年 IPv4 地址申请上也获得了长足的进步，截止到 2006 年 1 月，共获得的 IPv4 地址为 75 122 432 个，一跃成为全球 IPv4 地址拥有量第三位的国家。

表 E.8　　**全球 IPv4 地址分配统计**　　单位：个

名　次	国家/地区	2006 年 1 月 IPv4 地址拥有量	2005 年 12 月 IPv4 地址拥有量
1	美国	1 329 482 240	1 324 881 152
2	日本	143 168 768	142 992 384
3	中国	75 122 432	74 026 752
4	英国	73 872 408	73 804 824
5	加拿大	67 616 768	67 430 400
6	法国	45 175 168	45 155 712
7	德国	51 098 576	51 064 272
8	韩国	42 034 432	41 841 920
9	澳大利亚	27 300 608	26 870 272
10	意大利	18 436 448	18 386 784
11	巴西	17 172 224	17 172 224
12	西班牙	16 596 000	16 292 896
13	荷兰	16 422 568	16 400 808
14	中国台湾	16 306 688	16 280 064
15	瑞典	12 336 768	12 306 560
16	俄罗斯	11 084 616	10 998 600
17	墨西哥	11 018 240	11 018 240
18	波兰	7 756 420	7 551 364
19	南非	8 439 808	8 427 520
20	芬兰	7 622 528	7 586 688

续表

名　次	国家/地区	2006 年 1 月 IPv4 地址拥有量	2005 年 12 月 IPv4 地址拥有量
21	丹麦	6 921 664	6 912 960
22	瑞士	6 933 184	6 914 752
23	印度	6 262 528	6 114 816
24	中国香港	6 295 808	6 291 712
25	奥地利	5 798 816	5 787 808
26	土耳其	5 776 832	5 784 768
27	挪威	5 595 680	5 595 680
28	罗马尼亚	3 969 664	3 833 472
29	新西兰	4 435 968	4 436 224
30	比利时	4 390 400	4 328 960
31	捷克	3 143 936	3 173 120
32	爱尔兰	2 947 232	2 942 880
33	阿根廷	3 175 424	3 132 416
34	智利	3 104 512	3 092 224
35	葡萄牙	2 677 568	2 659 904
36	以色列	2 998 464	2 997 952
37	泰国	2 854 656	2 870 016
38	新加坡	2 890 240	2 857 472
39	马来西亚	2 572 800	2 578 944
40	匈牙利	2 594 176	2 331 776
41	希腊	1 846 784	1 846 272
42	印度尼西亚	1 681 664	1 675 520
43	委内瑞拉	1 777 664	1 761 280
44	乌克兰	1 433 792	1 407 168
45	保加利亚	1 573 120	1 556 224
46	菲律宾	1 218 816	1 223 936
47	埃及	1 281 024	1 281 024
48	哥伦比亚	1 117 184	1 096 704
49	哥斯达黎加	1 270 528	1 254 144
50	立陶宛	1 015 168	1 011 584

② IPv6 地址

2005 年，欧洲各国对下一代网络地址——IPv6 地址的重视全面呈现，总分配量占全球 IPv6 地址分配总量的 53%，如图 E.4 所示。

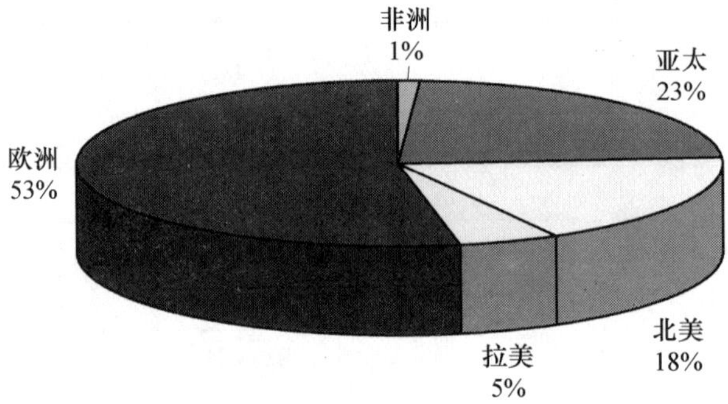

图 E.4　全球各大洲 IPv6 地址分配情况

具体到国家来说，德国从 2004 年 11 月仅有的 72 个/32 的 IPv6 地址，通过 18 个月的努力，到 2006 年 4 月，已拥有 IPv6 的/32 地址 9 821 个，位列全球第一。法国紧随其后，保有量也从 2004 年的 24 个/32 的 IPv6 地址增加到了 2006 年 4 月的 8 225 个。而美国因其拥有充裕的 IPv4 地址而未给予 IPv6 足够的重视，从 2004 年的全球第一的位置一直掉落到现在的第 10 位，仅拥有 168 个/32 的 IPv6 地址。

在亚洲地区，日本和韩国对这一重要的网络基础资源的重视程度丝毫不亚于欧洲，分别保有了 7 272 个和 4 145 个/32 的 IPv6 地址，保有量位居全球第三、第四位，如表 E.9 所示。

表 E.9　　**全球 IPv6 地址分配统计**　　单位：/32

名　次	国家/地区	2005.12 IPv6 地址拥有量	名　次	国家/地区	2005.12 IPv6 地址拥有量
1	德国	9 307	18	瑞典	19
2	法国	29	19	西班牙	16
3	日本	7 271	20	捷克	15
4	韩国	4 145	21	芬兰	14
5	澳大利亚	4 108	22	印度	11
6	中国台湾	114	23	墨西哥	11
7	波兰	21	24	葡萄牙	9
8	荷兰	561	25	新西兰	8
9	挪威	268	26	马来西亚	8
10	美国	155	27	比利时	6
11	英国	86	28	爱尔兰	7
12	瑞士	55	29	丹麦	8
13	意大利	31	30	泰国	7
14	阿根廷	28	31	印度尼西亚	6
15	中国内地	19	32	伊朗	7
16	奥地利	24	33	俄罗斯	7
17	加拿大	22	34	爱沙尼亚	6

续表

名　次	国家/地区	2005.12 IPv6 地址拥有量	名　次	国家/地区	2005.12 IPv6 地址拥有量
35	南非	6	43	匈牙利	4
36	菲律宾	5	44	以色列	4
37	巴西	4	45	委内瑞拉	2
38	中国香港	6	46	乌拉圭	3
39	新加坡	6	47	斯洛文尼亚	3
40	卢森堡	5	48	土耳其	3
41	罗马尼亚	5	49	埃及	1
42	秘鲁	5	50	智利	3

（中国互联网络信息中心　李光皓）

附录F　国外互联网应用状况综述

2005是全球互联网迅速发展的一年，研究和咨询公司eTForecasts最新数据显示，全球上网用户2005年底已经超过10亿，在主要发达国家，互联网普及率已经达到65%～75%，eTForecasts预计，未来5年全球互联网用户人数将再增长1倍，达到20亿人。

2005年，全球宽带普率进一步提高，“经济合作与发展组织”（OECD）对30个成员国所做的一次调查显示，目前全球宽带普及率最高的地区是北欧，其中冰岛以26.7%的普及率取代了连续多年稳居第一的韩国。荷兰和丹麦的普及率分别达到25.3%和25%，30个成员国的宽带平均普及率为13.6%，总用户达1.58亿。

美国是宽带用户数量仅次于中国的国家，2005年底宽带用户为4 939万，普及率为16.8%，日本的普及率为17.6%，用户为2 252万人。

需求推动了各种互联网应用的出现与发展，互联网已经成为人们生活中不可缺少的工具和手段。Pew Internet and American Life Project调查结果显示，互联网在美国人日常生活中扮演的角色越来越重要，有45%的被调查者承认，过去两年里，他们在做出重大决定或面临人生转折时曾求助于互联网。

与国内情况略有差异，在诸多的互联网应用中，国外网民使用最多的是电子邮件，其次是利用搜索引擎搜索自己需要的信息，以及即时通信、在线交友、音视频下载和网络购物等。

1．电子邮件

自诞生以来，电子邮件以其方便、快捷、高效、低成本、开放性等特点迅速被人们接受并得到了广泛应用，是目前国外使用最多的互联网应用。

2005年5月发表的《牛津互联网调查》（OXIS）显示，75%以上的英国网民上网是为了联络和收集信息，而联络的主要方式即是电子邮件；加拿大CIP（Canadian Internet Project）2005年10月份发表的调查报告也显示，91%的网民在使用电子邮件。随着人们上网熟练程度的提高和上网时间的延长，电子邮件的使用率也在提高，加拿大网民平均每周花4个小时阅读和书写电子邮件。在美国，电子邮件2005年再次夺得最受欢迎的互联网应用的桂冠。

近年来，电子邮件功能越来越强，使用也越来越方便，但是，电子邮件的这些特点也被一些不法分子利用，造成了垃圾邮件的泛滥，尤其是最近一个阶段又被网络病毒制造者、黑客和居心不良者所利用，成为病毒传播和网络欺诈的工具，对正常电子邮件的往来造成了巨大的影响。

欺诈性电子邮件目前已经成为网络社会的一大公害，直接导致用户对互联网产生了不信任感。德国最近针对部分企业所做的一项调查显示，64%的受访企业不打算与没有采取措施防范电子邮件欺诈的企业或机构进行交易，96%的企业呼吁业界尽快开发出鉴别电子邮件和网址真伪的新技术。全球资产排名前100位的公司中，七成以上在利用电子邮件进行联系时使用认证协议。美国在线（AOL）和美国国家网络安全联盟2005年12月份发布的研究报告显示，（美国）每月都有25%左右的互联网用户收到以骗取个人信息为目的的电子邮件，这些用户中有70%由于认为这些邮件来自合法公司而上当受骗。

目前，美国仍是世界最大的垃圾邮件发送国，排名第二、三位的分别是韩国和中国。2005年，全球约有26%的垃圾邮件源自美国，而2004年，该数字约为42%。

针对垃圾邮件的泛滥，各国政府纷纷立法或出台管理办法，依法对垃圾邮件进行管理；各公司纷纷开发过滤软件、认证系统，从技术上抗击垃圾邮件；各国互联网业界也纷纷成立相应组织，以协调本国业界力量及加强国际交流，共同对抗垃圾邮件。这些措施都收到了一定的效果，据统计，自美国《Can-Spam Act》2003年生效以来，FTC、美国司法部、各州总检察长、互联网服务提供商已经针对垃圾邮件发送者提起了50多起诉讼。

美国在线和雅虎公司近日推出收费电子邮件，经过收费的电子邮件可以不必经过公司垃圾邮件过滤软件的审查而直接发送到用户手中。美国在线认为，此举提高了邮件发送成本，犯罪分子可能无利可图，从而将有利于打击垃圾邮件。

2. 搜索引擎

随着互联网数据的海量增加，搜索引擎日益成为人们网上活动不可缺少的重要工具，人们越来越多地依赖搜索引擎去寻找自己需要的信息。美国互联网调查机构Pew Internet & American Life Project（PIALP）数据显示，搜索引擎在美国已经成为仅次于电子邮件的第二大互联网应用。分析机构Deloitte日前发布的报告更称，随着数字信息的爆炸式增长，搜索引擎功能的不断完善、搜索速度的不断提升，在线搜索将在2006年取代电子邮件，成为网民使用最多的互联网应用。

目前，网上可用的搜索引擎有多种，使用最广的当属Google、雅虎和微软MSN。Nielsen/NetRatings公司统计显示，2005年12月美国网民共通过约60个搜索引擎执行了约51亿次搜索，同比增长55%，Google、雅虎和MSN占据了其中的80%，仅Google就占据了4成以上的份额。在英国，Google的市场份额已达到75%。

2005年和2006年初，为吸引用户，争夺市场，各大搜索引擎展开了激烈的竞争，纷纷改进搜索方式并不断推出新型搜索业务。

Google于2005年初面向中小企业推出了“迷你版Google”系列产品，并于2006年初针对小型机构发布了新型“迷你版Google”产品；推出“Google Video”服务，允许用户搜索PBS、NBA、福克斯新闻、C-Span等电视台的节目；携手美国国家档案馆提供历史纪录片视频搜索服务；2006年初将Google scholar扩展至中文学术文献领域；与Opera及摩托罗拉、索尼爱立信、沃达丰等公司合作，开发和完善手机搜索功能，将移动搜索业务确定为未来公司业务的主要方向；推出和完善地图搜索服务，推出财经信息搜索服务等专业化搜索服务。

微软于2005年初正式推出基于自有技术的搜索引擎；10月份，成立了互联网搜索技术中心，加大对搜索技术研发的投入；2006年初，发布了搜索引擎Windows Live Search β版，为用户提供了更多信息搜索和信息利用方式；收购Vexcel，完善本地搜索和地图服务。

2005年3月，雅虎收购Flickr公司，12月收购了del.icio.us网站，打造搜索新模式——社区搜索；相继推出视频搜索、“短信搜索”和音频搜索服务；在新闻搜索中加入“博客”内容；针对其电子邮件用户推出新式搜索服务，可以搜索邮件中的文字、图片及附件。雅虎还推出电视搜索服务，用户利用该服务可以搜索 Bloomberg 电视台、天空电视台、英国广播公司的电视内容。公司近日还推出集搜索与知识共享社区于一体的雅虎知识堂。

为争夺企业搜索市场份额，甲骨文公司日前推出新版安全搜索软件，该软件能够搜索包括电子邮件、即时通信信息、主机文件、应用程序数据库等在内各类企业数据，还提供用户访问权限管理功能。

网络搜索蕴藏的巨大商机和价值也引起了各国政要的关注，法国总统希拉克在 2006 年新年讲话中谈到了搜索引擎问题，称将与德国合作开发多媒体搜索引擎 Quaero，以应对 Google 和雅虎的挑战；日本贸易部的一名官员近日也称，由于 Google 的巨大示范效应，日本政府、高科技公司与一些著名的大学计划联手开发网络搜索技术，参与到网络搜索市场的竞争中来。

3．即时通信与网上交友

目前的即时通信具备了视频、音频、图表和文字等的传输功能及交流资料保存功能，已经成为人们网上交流的重要工具。AOL 调查显示，在美国，即时通信是人们喜爱的通信工具，已经成为日常生活的一部分，在 13～21 岁的网民中，近 66%的人发送即时通信消息多于电子邮件。目前美国的即时通信用户已达到 8 000 万。雅虎、微软即时通信服务仅在美国的用户数量即分别达到 2 000 万和 1 500 万。

在企业应用领域，即时通信系统作为一种低成本的、集成多种沟通手段的企业内外联系方式，在帮助企业提高工作效率、降低沟通成本、拓展商业机会等方面都有着巨大的价值。美国咨询公司 Radicati Group 调查显示，北美 85%的企业在业务及个人交流中使用即时通信，全球范围内该比例为 20%，2006 年全球企业即时通信用户将达 3.62 亿。AOL 的调查也显示，58%的企业员工利用即时通信工具与同事沟通，49%的员工利用它解决问题、做出商业决策，一些员工还利用它与客户打交道；77%的员工认为即时通信对他们的工作有积极影响，约 13%的员工将他们在即时通信服务上的用户名印在了名片上。IBM 旗下的 Lotus Sametime 在全球拥有 2 000 万用户，其中包括 25 家用户超过 10 万的企业，全球最大的前 100 家公司中的 60%使用 Sametime。

即时通信工具有很多种，长期以来，即时通信的发展一直是相互独立的，各种工具间并不互通，各公司只允许用户利用自己的软件交谈。这给用户造成了很多不变，很多用户要同时安装几种即时通信工具。尽管用户一直要求在各种工具间实现互通，但由于各大服务提供商极力维护对用户的控制而无法如愿。如今，这种情况终于出现了转机。

2005 年 10 月份，微软、雅虎宣布将在 2006 年 6 月份实现两种即时通信工具间的联通，刚刚涉足即时通信市场的 Google 和 AOL 也宣布有意实现双方网络互通，1 月份，Google 即宣布公司即时通信软件 Google Talk 已经完全能够与基于 XMPP 协议的 IM 网络互通。IBM 公司也宣布，其即时通信服务用户不久将能够与 AOL、雅虎、Google 的即时通信服务用户聊天。

4．手机与即时通信

随着无线网络和手机技术的发展，即时通信正在与无线技术相融合。2005 年 12 月份，雅虎的即时通信软件已经可以在一些国家兼容手机平台。雅虎公司近日将在美国市场推出一项全新的“手机对即时通信”服务。通过该服务，手机用户将可以和雅虎旗下的即时通信软件用户进行沟通；微软也与法国 Bouygues 公司达成协议，该公司的手机用户将能够与使用 PC 的 MSN 即时通信用户相沟通。2 月 15 日，包括沃达丰、Orange、T-Mobile、Telefonica、中国移动在内的15家运营商公布了向约7亿手机用户跨网提供PC风格即时通信服务的计划，以实现即时通信服务的全球可用性和互用性。

5. 网络交友

随着网民数量的增加和年轻化，网上交友成为一种越来越受欢迎的互联网应用。2005 年，英国三分之二的单身汉通过因特网寻找伴侣，“网络相亲”目前在英国已经成为一种时尚，Match.com 去年仅在欧洲的业务盈利即达 880 万欧元。交友网站“我的空间”（MySpace.com）成立只有两年多，但 2005 年 4 月其浏览量已经超过 google.com，目前，该网站用户已超过 6 700 万人。

随着用户数量的持续增长以及网站功能的不断优化，交友网站也逐渐受到诸如欺诈、色情、暴力等一系列问题的困扰，由于上网交友的多数是年轻人，甚至包括很多未成年人，安全成为一个非常重要的问题。美国一所中学 3 月 3 日勒令 20 名在交友网站张贴死亡威胁和发送仇恨邮件的中学生停课，美国联邦司法部门同日宣布将起诉两名企图利用交友网站猥亵未成年少女的男子。日本东京警视厅涉谷署 1 月 8 日逮捕了东京大学一名助理教授，这位助理教授涉嫌通过交友网站从事儿童色情交易。

对此，诸如 MySpace.com 等交友网站也采取措施防范安全事件发生，如不允许未成年人加入网站，采取手段将已加入的未成年人账号删除；利用突出安全提示框等方式，忠告用户不要发布可识别自己真实身份的任何信息，如电话、住址和照片等，同时建议家长将电脑放在家中的公用区域，以保证控制孩子的上网时间和浏览内容。

6. 数字音乐下载

国际唱片业协会（IFPI）调查报告显示，2005 年全球数字音乐销售额在 2004 年的基础上增长了 3 倍，达到 11 亿美元，2005 年上半年，全球数字音乐销售额已经占到整个音乐市场销售额的 4%。IFPI 预计，到 2010 年，全球音乐行业销售收入的 25%将来自数字音乐。

数字音乐下载兴起时间不长，但却发展迅速。美国东部时间 2006 年 2 月 22 日 21：40，苹果公司 iTunes 歌曲销量已经达到 10 亿首，iTunes 音乐商店已超过多家传统大型音乐商店进入全美十大销售排行榜。目前美国占据着全球数字音乐总销量七成左右的市场。英国唱片业协会（BPI）统计显示，2005 年上半年，英国的网上音乐下载数量超过 1 000 万首，四分之一的英国人拥有了数字音乐播放器，英国网民每月用于数字音乐下载的费用为 75 便士。

数字音乐下载的巨大商机催生了大量以提供下载服务为主业的网络公司，也吸引了大量从事互联网业务的公司涉足，苹果的 iTunes 音乐商店、雅虎、Napster 等是其中的主要代表，Nielsen/NetRatings 公司调查显示，到 2005 年 12 月，iTunes 网站的用户数量达到了 2 070 万人，韩国三星公司目前也宣布将进入数字音乐下载服务领域。亚马逊公司也正在与环球音乐公司、索尼 BMG 公司、华纳音乐公司和 EMI 集团会谈，计划于 2006 年夏推出数字音乐服务。

雅虎 2006 年初联合无线设备生产商 Linksys 发布一款名为 Linksys Wireless-G Music Bridge 的新产品，可以将计算机上的数字音乐传输到家庭立体声音响系统中，从而进一步完善了雅虎数字音乐下载服务。

为使公司的收入和客户群更加稳定，同时也使服务本身得到更好的定位，Napster、Real Networks 和雅虎等公司都已推出了包月下载服务。苹果公司自提供数字音乐下载服务以来，一直奉行 iTunes 惟一下载模式和固定不变的每首歌 99 美分的价格，此举被业内指为会抑制音乐业务的发展，三大音乐公司公开向苹果公司施加压力，要求对该模式进行调整。2006 年 3 月份，苹果电脑公司推出了一项名为 Multi-Pass 的新服务，允许用户以月为单位购买电视节目下载服务，从而迈出了按月订阅模式的第一步。市场调研机构 Strategy Analytics 公司预计，到 2010 年，60%以上的在线音乐将转化为包月制服务模式。

在数字音乐大行其道的今天，非法下载共享仍是一个重要的制约因素，过去两年中，国际唱片协会已经针对非法下载共享提起了约二万次诉讼。美国电影协会近日宣布发起新一轮诉讼，目标直指那些虽未传播非法下载内容或提供文件交换技术，但为非法下载提供了便利条件的网站，一些新闻组也首次被列入诉讼范围。

新加坡词曲版权协会和音乐出版商 2006 年初设立了网上音乐版权授权服务中心，采用网络搜索和指纹识别等技术，打击网上音乐非法下载活动。

新加坡词曲版权协会还通过扩大授权范围和简化申请程序等方式推动合法下载，目前已将下载音乐的版权授权范围扩大到个人网页，申请所需时间也由过去的 6 个月缩短到 1 个月，此举也有助于降低网上音乐下载成本，推动音乐下载服务的发展。

7. 网络购物

近年来，越来越多的消费者和企业青睐交易迅速、手续简单的网络购物方式。全球最重要支付工具 PayPal 在全球 55 个市场的注册账户总数已突破 1 亿。2005 年，英国消费者通过互联网购买的商品价值为 82 亿英镑（143.1 亿美元），网络零售业全年销售额比上一年上涨了 28.9%，占整体零售额的比例升至 3.1%，而英国整体零售额的涨幅只有 1.5%。去年英国网络购物者的数量已达 1 460 万人。

2005 年，美国假日期间消费者网上购物支出达 301 亿美元，同比增长约 30%。据 comScore Network 公司统计，剔除递送费用，2005 年美国网络购物总交易额高达 820 亿美元。网络购物带动了快递业的发展，2005 年 12 月，美国联邦快递公司业务空前繁忙，包裹处理量高达每日 900 万个。

为了迎合消费者不断增长的网络购物需求，传统零售商纷纷涉足网络销售，不少零售商采取并购已存在的在线销售网站的方式，也有很多建立起了自己的网上商店。

比价搜索是一种正在迅速走向成熟的新型购物模式，如 Shopping.com、Shopzilla.com 等，这种购物模式相比 eBay、Amazon 等公司的购物模式更为方便。利用这种模式，用户可以通过搜索所需物品将各个零售网站的商品价格信息汇总到一起，从而直接比较同一商品在不同零售网站上的价格。

为吸引消费者，各网络零售商也致力于开发更为个性化的服务，如 Cario.com，消费者只需输入邮政编码，网站即可迅速搜索到该地区最新的打折销售信息，同时可以对各零售商店的价格进行比较。位于美国旧金山的购物网站 StepUp.com 除向顾客提供比价搜索服务外，还列出了实时的商品库存量，以供顾客决策。

在网络购物迅速发展的今天，除人们最为关注的安全问题外，商品的配送仍是一个重要的制约因素，全球最大在线零售商亚马逊公司 2005 年推出“亚马逊超值服务”，对选择一次性支付的顾客给予免运费优惠。这项服务成本不菲，今年 2 月初该公司公布的财务报告显示，尽管亚马逊 2005 年第四季度网上销量上升 17%，但利润却出现了下降。

网上购物同样也面临着诚信问题，英国《金融时报》1 月 18 日发表的独家报道称，日本互联网上销售的名牌产品一半以上是假货，一些世界顶级名牌商品每年因此损失估计达 43

亿美元。

8. Google 经营模式浅析

1998 年，斯坦福大学两位博士生创立 Google 公司，随即开创了网络搜索的新时代。

2005 年，Google 公司的销售收入比 2004 年增长 92.5%，达到 61.39 亿美元，公司净利润比 2004 年增长 3 倍多，达到 14.65 亿美元，目前 Google 已取代 Burlington ResourcesInc 进入标准普尔 500 指数股（S&P500）。

Google 在发展过程中始终高度关注用户需求，坚守“搜索”这一核心定位，围绕“搜索”开发各种相关工具，提高软件的应用便利程度，吸纳各种互联网新应用，秉承用户免费原则，提高用户的忠诚度和使用率。

Google 从创立伊始，始终秉承创新原则，成功地建立起一套全新的创新机制。

为调动全休员工的创新积极性，避免将创新仅局限于公司高层领导，Google 抛弃了传统企业自上到下，由公司高层制定战略方向，底层遵循实施的研发模式，代之为一种人人平等、自下而上的新模式。公司的工程师在技术创新中不论资历，地位平等，拥有相同的话语权。为鼓励创新，Google 创立了 Top100 制度，允许工程师按自己的兴趣去选择项目，允许员工自由支配 20%的工作时间，研究自己感兴趣的项目，这种模式极大地激发了工程师的创新热情，公司的主要创意均来自底层工程师，这为企业的发展提供了不竭的动力。

Google 对员工秉承人性化管理方式，为员工创造了极为宽松的工作环境，公司员工可自由安排作息时间，不必统一着装，甚至可以带孩子或宠物上班，公司配备各种休闲娱乐设施，员工可随时享用，这种管理方式提高了员工对公司的忠诚度，减轻了员工工作压力，鼓励了工程师的自由创新。

9. MySpace 经营模式浅析

MySpace 是 2003 年底由汤姆·安德森和克里斯·德沃尔夫创建的一个交友网站，在仅仅两年多的时间里，网站用户已经超过 5 600 万人，浏览量在 2005 年 4 月已经超过 Google，其母公司于 2005 年被新闻集团以 5.8 亿美元的价格收购。

MySpace 是一个开放性网站，定位人群是年轻人，年轻人是上网时间最长，也是最喜欢新奇，个性最强，最为活跃，喜欢参与的一个群体，网站最初提供音乐服务，成功地吸引到了大量爱好音乐的年轻人。

MySpace 发展过程中，始终坚持用户至上的原则，以用户为中心，强调用户的参与，通过创造条件实现用户间的互动，调动年轻人的兴趣，以吸引更多的人加入该网站，同时通过不断推出新的服务，增加新的交流工具，保持和发挥网站的个性化特点保留住已有用户。

该网站为用户搭建了一个自由交流的平台，通过该平台，用户可以创建自己的兴趣组，与朋友分享感受，可以根据兴趣寻找朋友，可以上传照片和 MP3，可以写博客，可以利用同学录寻找同学，可以玩游戏，可以利用即时通信进行聊天，可以邀请朋友参加某一活动，如乐队邀请乐迷参加自己的演出。该网站强调在交友的同时，通过网站提供的各种互动手段，不断加深交流，提高用户对网站的依赖度和忠诚度。

（中国互联网协会　王　强）

附录G　互联网应用案例

G.1　娱乐互动的统一平台——EZ-Center

1. 方案背景

随着经济的高速发展，人民生活水平日益提高，电影、音乐、游戏、新闻成为人们生活中不可或缺的部分。各厂商也通过不同的形式，如网站、邮件和即时消息等来推送他们的服务。各种类型的网站，如新闻网站、电影网站、音乐网站和博客网站等，如同雨后春笋般地涌现出来。在竞争日益激烈的今天，每个厂商在提高服务质量的同时，也希望通过有效的方式将服务直接推送到最终用户。随着技术的发展，网络带宽问题逐渐被解决，宽带用户的数量也在不断增加。这些日益增加的用户面对厂商提供的多种多样的服务，需要一个平台、一个统一的入口，既能很方便地获取服务，也能够方便地进行比较和选择。

作为中国领先的互动娱乐传媒公司，盛大互动娱乐有限公司致力于通过互联网为客户提供多元化的娱乐服务。随着其业务的飞速发展，如何使广大在线用户获得更方便快捷的服务，是盛大一直以来最为关注的问题：

- 随着盛大网络的发展，提供的游戏项目逐渐增多，每个游戏独立的用户体系不适合为用户提供统一可靠的服务；
- 盛大网络不仅拥有游戏业务，同时提供各种娱乐应用，也需要建立统一的用户平台；
- 用户在盛大网络的每个应用都需要使用不同的账号，非常繁琐；
- 盛大网络期望通过建立统一用户系统，构建"一号走天下"的统一平台，为用户提供可靠持续的服务。

盛大 EZ-Center 解决方案，从技术上解决了用户认证、授权和计费等关键性技术问题。用户可以通过 EZ-Center 很方便地播放来自不同厂商的电影，浏览不同厂商的新闻。

2. 方案论证

要实现 EZ-Center 解决方案，不仅要求业务上有强大的整合能力，也必须有一个优秀的技术平台支撑。

盛大经过成本、性能和可靠性等多个方面的比较，选择了.NET 和 Windows 作为方案依托的技术平台。

从成本上说，盛大从开发成本、部署成本和维护成本上进行了比较。相对来说，.NET 平台具有较高的开发效率，这就节省了开发费用；在满足性能的要求下，.NET 平台要求的硬件成本更低；Windows 平台提供了有效的维护工具和维护指南，从而降低了维护成本。

从性能上说，EZ-Center 针对的用户量将是所有的宽带用户以及所有潜在的宽带用户。经过测试，.NET 平台完全可以满足业务上的需求。

从可管理性上说，盛大现有的游戏服务器中的很大一部分是 Windows 服务器。实践证明了 Windows 服务器的易管理性。因此，盛大在 EZ-Center 平台中依然选择了 Windows 服务器作为后台。

在 EZ-Center 的解决方案中，为了提升用户体验，进行了许多定制，而这些定制都是在 Windows 平台的基础上完成的。实践证明了 Windows 平台的可定制性。

在谈到方案论证时，盛大公司技术部谈到："在考虑许多在其上构建自己的新体系结构的技术平台后，盛大网络选择了 Microsoft® Windows Server System™，这些软件可帮助公司简化解决方案开发、部署和管理，以便将更多的资源用于促进业务增长"。

3．解决方案

（1）EZ-Center 系统架构介绍

框架示意图如图 G.1 所示。

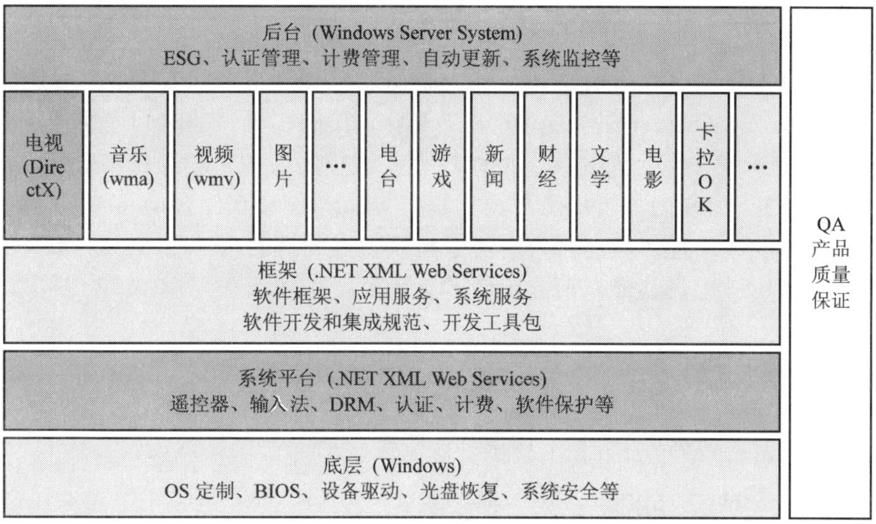

图 G.1　EZ-Center 系统架构示意图

（2）底层

为提升用户体验，盛大需要对操作系统进行定制。盛大基于 Windows 操作系统进行定制。如光盘恢复，可以通过光盘对系统直接恢复，丰富了灾难恢复的手段。

（3）系统平台

在客户端提供系统级服务，配合服务器端完成平台服务功能。主要提供遥控器、输入法（EZ-Center 上特有的输入法）、DRM（数字签权）、客户端认证、客户端计费配合和软件保护（保护软件只能在 EZ-Center 上使用）。

使用的微软产品有 Windows 操作系统和媒体播放器。

（4）框架

在客户端，解决应用集成的问题。提供开发包、开发规范和软件框架，帮助三方应用快速、有效地集成。

使用的微软产品有 Windows 操作系统和.NET 框架（.NET framework 1.1）。

（5）后台

提供整个 EZ-Center 的支撑服务。后台由一组 Windows 服务器组成，基于微软.NET 框架，以 Web 服务形式提供用户管理、统一认证（通过盛大秘宝进行统一认证）、统一计费等服务。为提升用户体验，服务器端可以监控客户端状态，对客户端进行自动更新。

作为统一媒体互动娱乐平台，一个统一用户系统、统一认证、统一计费以及业务支撑系统是必须解决的问题。基于 Windows 服务器和.NET 框架，盛大自主开发了这一整套平台。

使用 Windows 服务器（Windows 2003）和.NET 框架（.NET framework 1.1）等微软相关产品，在产品提供功能的基础上，如自动更新、遥控器模拟鼠标、Operation、定时开关机等，快速有效地实现了上层应用。

EZ-Center 的推出，为广大互联网用户在多元化的娱乐互动应用访问和选择上提供了更为方便和快捷的统一平台。

“构建于 Windows Server System 之上的盛大网络统一用户平台，实现了所有网络游戏项目和娱乐应用项目的用户整合，不仅实现了‘一号走天下’，同时为实现对用户的统一认证、统一计费、统一安全、统一客服等奠定了基础。”针对 EZ-Center，盛大公司的谭总这样谈到。

然而除了产品本身的巨大价值之外，盛大公司还感受到很多切实的收益。盛大公司技术部谈到：“基于 Windows Server System 和.NET 平台，我们在很短的时间内快捷高效地开发了 EZ-Center，使之作为统一平台满足数百万同时在线用户的访问，较之自由软件，在市场投放时间上缩短了近 1/3，使我们在市场上占得先机。Windows Server System 提供的开发、管理简易性与商用硬件的成本优势相结合，可降低解决方案的拥有成本近 30%，节省的成本使我们可以将更多资源用于提供其他有商业价值的新项目。”

G.2 数联信息技术（上海）公司

Seednet 数字联合电信致力于我国台湾省网际网络发展，从 1990 年“信息软件开发环境建立”（Software Engineering Environment Development，SEED）实施 4 年计划起，至 1998 年 8 月由该计划网络事业群衍生独立成立数字联合电信股份有限公司，并以网络基础建设为经营核心，在 IP 为基础的数据及语音传输环境下，以 IT 专业创造附加价值，提供了更有效率、更安全的网络运筹中心服务。在网络 Infrastructure 基础建设方面，公司已在台湾省各地建设完成 IP over SDH 的全 IP 化的骨干网络节点，并在此高速骨干网络上启用新一代 MPLS 网络交换技术，以求在 VPN 服务、QoS 保证与流量自动调整工程等技术领域上获得更进一步的提升与突破。除了基础网络联机服务，也运用全年无休的安全骨干及 IDC 等共享基础设施，提供各种网络增值服务的平台。

Seednet 数字联合电信多年来在经营专业的信息网络基础上，不断地研发新技术，不仅拥有全台湾省领先的系统整合能力，更是台湾省率先推出网络数据中心的服务商，提供企业多元化系统整合、虚拟私有网络、网络数据中心、联机、主机代管、信息安全、视讯会议系统和企业语音等相关网络加值服务，持续维持服务质量第一的竞争优势。

为提供两岸三地台商企业有效率的信息交流，提升生产力，降低成本，“数联信息技术（上海）公司”2000 年 10 月于上海成立，为全资子公司，主要负责 ISP 行业的内部流程软件的设计、开发，并提供台资企业有关计算机系统在网络应用服务方面的技术咨询及服务，提供了两岸互通计划“一地申请、两岸服务”，以满足企业的各种需求。

未来的网络经济核心，并非以资本的多寡决胜负，而是以经营视野、系统整合、上网客群与丰富的网管经验实力见真章。Seednet数字联合电信凭借扎实的根基，以及积极与国内相关业者策略联盟、垂直整合的实力，在竞争激烈的市场中，保持既有的经营优势，并将持续与新的合作伙伴结盟，提供国内企业专业的计算机技术与信息整合服务。

数字联合电信股份有限公司
中国台湾省台北市11444内湖区港墘路220号
+8862-2657-9988
http://www.seed.net.tw

数联信息技术（上海）公司
中国上海市南京西路1486号东海广场三号楼612室
+8621-6247-9735

G.3 中国电信的新发展

一、中国电信互联星空“腾飞”进行时

2006年，互联星空表现突出。承接2005年底启动的“互联星空游”大型营销活动，中国电信互联星空将采自西藏的圣火点燃大江南北；“V声速——魅力之星”网上选秀活动及上海宽带主题公园的举办既是“我要V声速”大型营销活动的阶段性收尾，也标志着互联星空进入发展新阶段。

而后，中国电信正式升级网站域名，全方位启用vnet.cn作为互联星空网站的访问入口和惟一标识。

6月2日，互联星空与新传集团新传体育宣布共建体育频道（sports.vnet.cn），并由新传体育独家运营，为国内的球迷们提供一个互联网世界杯盛筵。今后新传体育还将在互联星空体育频道呈现欧洲足球以及全世界的顶级赛事。

1. 转型的重要力量

互联星空的全方面举动，与其年初悄然酝酿的“腾飞计划”息息相关。而互联星空的这一“腾飞计划”，则是为了进一步挖掘和扩大互联星空对中国电信转型的作用和影响，同时，以实施互联星空“腾飞计划”为契机，促进各类增值业务有效融合，推动整个增值业务的规模化发展，全面提升运营增值业务和主导价值链的能力。

当前，中国电信正在朝着综合信息服务提供商的战略目标迈进。在转型过程中，增值业务扮演着重要的角色，而互联星空又是其中的重要亮点。作为中国电信实现战略转型的核心部分，互联星空的快速发展为其在转型期实现业务资源整合和重点转移提供了很好的平台，包括做好“商务领航”和“号码百事通”的运营支撑工作。

2. “腾飞”的互联星空

中国电信互联星空于2003年9月15日正式商用，两个月的时间里，SP合作伙伴由原来

的100多家增加到200多家，注册用户达到255万户。

而2006年3月份的统计数据显示，互联星空发展SP 500多家，用户达1 500多万户。

3年的时间，互联星空已经成为国内领先的宽带娱乐服务品牌，在代收费平台、SP合作，以及对宽带接入发展的支撑方面均取得了较大的进步。

作为互联星空2006年最主要的战略，“腾飞计划”是在充分整合、利用内部资源的基础上，构筑基于网络底层的控制能力、基于优化经营资源配置的服务聚合能力和基于精确营销的经营能力的三层能力架构。通俗来说，“腾飞计划”主要包括四个方面的内容：一是汇集流量；二是做SP的渠道建设；三是提升用户体验；四是使互联星空上的交易额大幅增长，增长率至少超过50%。

2006年，中国电信将进一步强化对外合作工作，不断细化在代收费、客户服务、应用平台、应用平台与营销渠道等方面的合作资源，探索建立不同合作梯次的商务模式。继续推进以“一种信息内容，多种表现形式；一类应用服务，多种推广渠道；一位合作伙伴，多种合作领域”的“三个一”举措。面向合作伙伴开展互联星空、灵通短信、IVR和七彩铃音等一揽子合作业务，在推广渠道、用户资源和客户服务等各方面为合作伙伴提供更为全面的服务。

互联星空“腾飞计划”不仅对SP是一大利好，对于普通用户来说也是一大福音。通过“腾飞计划”的实施，互联星空用户的体验将更加方便，内容更加丰富，服务更加周到。

二、远见成就价值

1. 中国电信推出全新客户品牌“商务领航”

1993年美国率先提出“信息高速公路”计划之后，信息化就成了人们的热门话题。

时间进入2005年，一些热切关注信息化的眼球，被聚集在“商务领航”这一全新的名词上。

“有人只能看到现在，‘商务领航’让你看到未来。”这句广告语，代表着“商务领航”的自信，也代表着“商务领航”的实力。

2. 成就企业价值，“商务领航”横空出世

中国电信有着100多年的历史，承袭了我国电信产业百年发展的文化积淀，是当之无愧的行业先行者和领导者。迎接新的历史使命，从传统的基础网络运营商向综合信息服务提供商转变，是中国电信集团公司的转型战略，是技术进步、业务融合、市场竞争的大势所趋。“综合信息服务”超越原有电信运营商的狭义特征，包含语音、数据和视频内容、系统集成、IT外包等全面信息服务的内涵；而“综合”既凸显中国电信业务全面的优势，又体现出对产业进行整合和引导的企业定位。

正是基于这一企业转型战略，中国电信率先推出了企业客户品牌“商务领航”。“商务领航”以“远见成就价值”为口号，其统领下的大客户一站式服务和中小企业的信息化业务，并不是传统意义上的电信业务，而是基于传统电信网络向客户桌面延伸的综合信息服务。

2005年8月8日，中国电信集团公司总经理王晓初亲自宣布，中国电信面向所有企事业客户的全新客户品牌“商务领航”正式上市。

“商务领航”，英文名称为“BizNavigator”。“商务”代表这一品牌的主要服务对象是商务客户。“领航”则具有双重含义，首先，它代言企事业客户始终如一的追求：成长为本行业的舵手和领航者。其次，它代表中国电信为用户提升价值的实力以及作为电信行业缔造者、领

导者的身份和地位，选择“商务领航”的客户，具有领先行业的远见卓识。

“商务领航”品牌目前提供的服务主要包含以下三方面：为企事业大客户提供一站购齐、全程无忧的个性化解决方案；提供针对不同行业、不同地域的多样化、差异化、专业化套餐及解决方案，满足广大中小企业客户的基本通信需求；为中小企业提供企业网站建设、移动办公、在线杀毒、远程监控、财务管理等网络应用、管理应用及综合的信息化解决方案，全面提升企业客户的信息化水平。

3. 让大企业更强，大客户服务全面升级

中国电信大客户事业部，是中国电信集团公司为了充分满足全国大客户的通信需求、全面提升服务水平而设置的专门面向企事业大客户、实施全国垂直一体化管理、受理电信全业务的营销服务机构，目前，已建成覆盖全国的三级一体化大客户营销服务体系，拥有2万余名专业客户经理和电信专家队伍。

依托于中国电信享有盛誉的公用传输网、公用电话网和公用数据网等通信基础设施，以先进的网络技术、强大的网络运行维护能力和丰富的网络管理经验为支撑，“商务领航”面向全国大客户提供业务咨询、组网方案设计、进网受理、电路调度、调测开通、计费结算、故障申告处理、技术支持、网络优化、网络管理及发展规划等全业务综合服务和端到端“一站服务”，以及量身定制的个性化服务、全面解决方案式服务和跨地域无差异服务。

随着大型企业信息化需求的深入和提高，“商务领航”的大客户服务也明确了提升服务水平的两个方向：不仅仅提供专业的通信网络，更整合整个信息产业链，联合软硬件供应商，提供全方位的信息技术解决方案；无论客户的业务延展到世界的任何角落，中国电信都将联合遍布全球的合作伙伴，提供国际化标准的全方位服务。

商务领航正努力实现零距离贴近客户、零中断保障客户、零时延快速响应客户。全面落实客户经理责任制，为每位大客户提供一对一的全程服务；国内首创的大客户贴心服务系统，方便大客户随时办理业务、查询计费及网络状况；开辟大客户专用热线8008281000，提供7×24全天候服务；提供国际标准的SLA服务，让客户自由选择优质优价的服务；拥有面向大客户的优质电路保证和备份体系，保证客户网络运营安全、可靠；开通大客户独享的绿色通道，快速响应客户的紧急要求。

4. 让小企业变大，中小企业信息化全线启动

我国的中小企业占全国企业总数的99%。据不完全统计，其中实现信息化的比例不到5%。截至2004年上半年，仅有27%的中小企业建立了自己的网站，而其中85%的网站应用仅限于宣传企业形象和信息查询。利用网络进行交易的中小企业仅占企业总数的11.7%。高额的组网费用、专业的IT维护需求，足以把大多数中小企业挡在信息化的门外。

2005年8月8日，在国家信息化工作办公室、国家发改委、信息产业部的倡导下，中国电信携手惠普、联想、思科、微软和用友等应用提供商（AP）、设备提供商（EP）、客户服务提供商（CSP）在北京成立中国中小企业信息化服务联盟。

为有效降低中小企业享受信息化服务的成本门槛、技术壁垒和投资风险，中国电信依托自身在品牌、产品、服务、网络、渠道和客户资源等方面的优势，聚合业界优秀的应用硬件、软件和服务提供商，通过统一的系统平台和服务界面，为中小企业客户提供标准化的产品、服务和一揽子信息化解决方案。方案可涉及普通消费者的短信、视频、互联网、即时信息，企业的客户关系管理、生产管理、办公系统、EPR、服务托管、IT外包，以及企业和企业间、政府和企业间的信息沟通。

通过使用中国电信的信息化方案，即使是一个只有几人或者几十人的小企业，依然可以拥有自己24小时的呼叫中心（CRM外包业务）。甚至，通过中国电信的购销信息网，中小企业可以轻轻松松地让采购和销售通达七大洲四大洋。

“商务领航”开创性地引入“租赁服务”的消费理念和“即开即用”的使用模式，中小企业无需自行购买昂贵的IT系统设备，无需购买专门的信息管理软件，只需要支付月租费用即可享用长期、稳定、专业、高效的电信级的企业信息化服务，并且没有信息化投资的风险，没有维护、升级的后顾之忧。深圳一家连锁企业需要建立联网的财务管理系统、企业信息管理系统。如果自购软件、硬件设备自建网络，一次性投入需十多万元。他们选择了中国电信深圳分公司的租赁服务，每个月只支付1 000多元钱，且无需为后续的管理、维修、升级费心。中国电信推出的OA、办公组网、在线杀毒、商务邮箱、企业网站和企业管理等业务内容，在全国各地都受到了用户的热烈追捧，目前，已聚集了数以万计的注册用户。

今后，中国电信将不断通过丰富的、具体的、可延伸的产品与服务提供，配合开展针对性的渠道覆盖及客户关怀等计划的陆续实施，为“商务领航 BizNavigator”品牌填充内涵、提升价值，打造面向企业客户的精品品牌，引领企事业客户提升信息化水平，努力创造信息化中国的美好未来！

G.4 商务信息平台整合升级

中国网通宽带商务推动企业信息化实现新跨越

日前，中国网络通信集团公司正式在全国范围内全面升级其“宽带商务”业务品牌。它整合了企业内外部通信需求，同时融入了全面的企业内部信息化管理服务，为中小企业客户打造基于电信运营级平台之上的全面信息化解决方案。从基础电信运营到整合的信息应用服务，中国网通“宽带商务”的全面升级，将进一步推动中国企业信息化进程，帮助更多的企业实现真正意义的信息化腾飞。

（1）困境：中小企业信息化面临阻碍

近年来，现代通信、信息技术被更广泛地应用于企事业单位中，信息化通信及管理的高效性为越来越多的中国企业所认可。但在信息化技术快速发展的背后，依然存在一些问题。

最突出的问题是中小企业对信息化的认知程度较低。大部分国内中小企业仍然认为，能够有基本的通信设备以及信息终端（电脑、传真机等），就算是实现了信息化。这种对于信息化认知的偏差，在一定程度上影响了企业的发展和运营效率。其次，企业信息化投入成本较高，中小企业难以独立承受。对于一家大企业来讲，无论是先进的视频会议、VPN等通信手段，还是CRM等企业内部高度信息化的应用系统，成本都不是大问题。但是对于更多的中小企业来讲，受到自身规模的限制，在面对一些更深入的信息化措施时，就会受限于投入过大而停滞不前。另外，目前信息化服务提供商的产品比较分散，缺乏整合的解决方案，加之大部分中小企业对于整体信息化进程认识不足，进一步造成了部分企业信息化进程的滞后。

上述现状导致了中小企业信息化水平不高，阻碍了企业的快速发展。作为国内主导基础电信运营商，中国网通整合产业链资源，适时丰富“宽带商务”品牌内涵，面对中小企业用户量身定做企业信息化解决方案，力助中国企业信息化的快速发展。

（2）方案："宽带商务"提供电信级平台整合

中国网通的"宽带商务"品牌在涵盖通信保障、管理提升和营销辅助三大模块的同时，依靠电信级的基础运营平台，不断自主研发或与合作伙伴联合，融入新的信息化业务，打造一个完整的企业信息化平台。

在通信保障服务中，中国网通提供了固定电话、小灵通、互联网接入等完整的基础通信服务，以及一系列创新通信服务。通过"宽带商务"的通信保障服务，企业可以在节省成本的前提下，实现更高效的内外部沟通。其中的一号通、同号业务等服务，可以让企业在联系客户时，统一电话号码，既方便客户查询，也可以建立企业与客户沟通的固定方式；新会场、企业电话虚拟网、智能VPN和视频会议等业务，则可以帮助企业依靠低廉的成本，实现包括数据、语音、文字、图表、多媒体和视频等不同方式的沟通；网络传真、企业短信等应用则利用互联网帮助企业简化了以往人工操作的繁琐，大大提高了企业与外部联系的效率。

在管理提升和营销辅助的模块中，中国网通提供了包括进销存管理、办公自动化、人力资源管理（HR）、客户关系管理（CRM）、虚拟呼叫中心、企业直线（4006）、主叫付费电话（800）、电话导航和企业建站等一系列服务。一方面帮助企业实现内部管理的进一步信息化，另一方面帮助企业建立与客户之间更紧密的关系，以抓住更多商机。依靠中国网通的电信级运营平台，"宽带商务"在提供这些功能的同时，还可以免去企业客户升级与维护的麻烦，同时依靠网通强大的硬件平台、专业的技术人员、全新的安全技术、严格的维护制度来保证平台24小时稳定运行以及数据安全，避免了企业用户自行建设系统难以解决的病毒威胁、黑客攻击和维护人员缺乏等问题。此外，个性化的自定义安装，通过各类信息终端设备的操作使用，进一步降低了中小企业的应用门槛。

基于电信级的运营平台和整合的三大业务群组，"宽带商务"已成为能够帮助企业实现内外部通信和企业营销管理全面信息化的整合解决方案。

（3）成效：信息化水平实现大跨越

高整合性的平台、强势的品牌，中国网通"宽带商务"升级后，将进一步改变中国中小企业信息化发展的现状。

基于电信级的基础运营平台，整合全面的企业信息化服务，这是中国网通"宽带商务"众多优势中最突出的一个。运营级平台的稳定和整合性，能够帮助企业更全面地进行信息化升级。基于信息通信平台的企业信息化建设，将会在更多具体的实施环节中做到统一。无论是技术的整合性、可升级可扩展性，还是运营的稳定性和安全性，中国网通的"宽带商务"平台都具备强大的优势。此外，作为通信产业链的核心企业，中国网通的"宽带商务"还会联合更多的合作伙伴，进一步整合信息化建设，为客户提供最适合的解决方案。

帮助客户节省成本，是"宽带商务"依靠其强大的运营平台所产生的又一个优势。在通信保障模块中，"宽带商务"在保证客户高效稳定沟通的同时，有效的降低了通信成本；在管理提升服务中，"宽带商务"采用了ASP（应用服务提供商）租赁服务模式（客户不用购买服务器软硬件，只要按月支付少量费用）提供服务，用户只要有一台能够访问互联网的计算机，通过浏览器就可以方便地使用该业务，避免了企业以往需要花高额的费用购买和搭建运营环境的高成本投入，把信息化门槛降至了最低。同时，"宽带商务"品牌的全面升级，还承载着培育市场的重要使命，帮助更多的中国企业，从源头开始，深入了解企业信息化的内涵与意义，更清晰地了解和管理自身的信息化建设进度，实现质的变化。

目前，中国网通的“宽带商务”已使客户获益匪浅。浙江慈溪伟达塑胶制品有限公司、宁波三一网络科技发展有限公司是最早的中国网通“宽带商务”用户。慈溪伟达塑胶制品有限公司（以下简称伟达公司）是一家从事五金阀门生产的小型制造企业，产品主要销往北美市场，年销售额超过500万元。伟达公司在实施“宽带商务”之前，除了个别员工使用Office软件做订单之外，没有使用其他信息化管理软件，仓库部门不做手工账，仅仅是简单地把原始凭证送到财务会计那里，由会计进行登记处理；管理者不知道仓库里有多少库存，每次都要去现场看。原始落后的管理手段严重阻碍了企业的发展。“宽带商务”协助伟达公司理清了公司的库存状况，公司的管理人员登录系统后，就能够快速、准确地获得当前的详细库存资料；同时，各种订单的执行情况也变得清晰可见，订单录入系统后，伟达公司的管理人员能够及时掌握订单的执行情况，随时调整生产计划。此外，“宽带商务”还帮助伟达公司改进了生产过程的管理，推行生产流程卡，提高了产品合格率。通过实施和使用“宽带商务”，伟达公司不但大幅度地提升了自身的管理水平，而且使得公司的管理者对企业管理有了新的认识。

（4）未来：奥运机遇助推“宽带商务”的腾飞

2008年北京奥运会于国内企业是一个难得的机遇。作为北京奥运会固定通信服务合作伙伴，中国网通在为奥运做好通信服务保障的同时，也承载着帮助中国企业实现信息化腾飞的重要责任。凭借深厚的经验积累以及不断创新的企业经营理念，中国网通表示，“宽带商务”将会按照奥运标准，提供更全面整合的服务，帮助中小企业实现信息化，为企业腾飞助力。

G.5 天天在线引领中国特色通信文化

2004年2月17日，天天在线有限公司和天天在线宽带门户网站（http://www.116.com.cn）同日成立。从成立开始，天天在线就提出了树立并倡导“通信文化”理念，以市场需求为导向，通过文化创新体现丰富多彩的内容，打造具有中国特色、让中国了解世界文化、让世界了解中国文化的现代“通信传媒”平台的总体奋斗目标。简言之，三网合一＋文化内涵＝天天在线。

1．国家颁发许可证，为天天在线的发展铺平了道路

天天在线宽带门户网站定位为中国特色“网络电视”。天天在线网站是通过宽带网络向用户实时传输音视频内容，用户可像观看电视一样通过计算机终端收看天天在线的影视节目。由于影视内容涉及意识形态问题，国家有关部门一向对此实行严格的管制政策，即经营网络电视网站，必须有国家广电总局颁发的《网上传播视听节目许可证》。

2004年3月25日，广电总局颁发给天天在线《网上传播视听节目许可证》，使天天在线成为中国网站运营商中率先获得此证的网站。许可证允许天天在线经营影视剧类、娱乐类和专业类（除新闻类未获得）等四大类中的三大类内容，可以在全国范围进行传播。许可证的获得，为天天在线网站建设“网络电视”铺平了道路。

嗣后，天天在线又向有关部门申请，获得了经营网络电视必须的一系列许可证书。目前，除网上传播视听节目许可证外，天天在线网站还获得中华人民共和国电信与信息服务经营许可证（ICP）、广告经营许可证、网络文化经营许可证、经营性网站备案证书等25项主要资质证书。齐备的资质证明为天天在线的发展铺平了道路。

2．合作创新，形成天天在线网站内容特色

从网站成立之初，天天在线就深刻的意识到，作为“网络电视”通信传媒，其内涵更多的是一个高速多媒体通信网络，其音视频内容必然主要来源于传统媒体。因此，与传统媒体建立紧密的利益捆绑和内容合作机制，是天天在线不断发展壮大的必然选择。通过不懈的努力，目前天天在线网站已经与100多家内容供应商建立了内容合作伙伴关系，形成了具有自身特色的内容体系。

（1）与中央电视台合推“天天新闻联播”栏目

新闻对于一个媒体来说是不可或缺的一部分，天天在线网站一开始就开设并积极运作新闻频道。天天在线新闻频道，是中国率先真正的视觉化网络新闻频道，它突破了传统新闻网站密密麻麻的海量标题模式，每天为网民披沙拣金、精挑细选，提供几十条国内外重要的新闻，精心制作，以视频、图片的方式呈现，实现了网站新闻从文字时代向视听时代的重大转变。

中央电视台的《新闻联播》是公众了解国事动态、浏览国际风云的权威窗口。国内外有重大影响的新闻，多半通过《新闻联播》这个窗口，在第一时间传播到中国和世界。每天收看《新闻联播》已经成为许许多多中国家庭多年不变的习惯。但是由于电视的线性播出特点，很多人因为各种各样的原因，不能按时收看《新闻联播》，而网络电视非线性播出的特点恰好能够弥补普通电视的缺点。

在2004年3月获得《网上传播视听节目许可证》后，天天在线网站自觉肩负起了在宽带互联网上传播党和政府声音的重任，与中央电视台通力合作，向国内外网民独家推出了网络版的《新闻联播》，将中央电视台《新闻联播》在天天在线新闻频道发布展示。天天新闻联播在中央电视台每天晚上7点半新闻联播播出结束后，由新闻频道编辑对新闻联播的每条新闻进行切割，形成独立的视频新闻，半小时后就可以上线供宽带消费者收看。从此，无论白天还是深夜，广大网民只需轻点鼠标，就可以在天天在线免费点击播放中央电视台《新闻联播》，不仅可以看当天的，还可以查阅和反复观看更早时间的视频新闻。

（2）与上海文广新闻传媒集团结为内容合作伙伴

上海文广新闻传媒集团是中国第二大传媒集团，拥有仅次于中央电视台的内容实力，与天天在线的合作具有重要意义。2004年8月25日，上海文广集团旗下的宽带网站东方宽频（http://www.smgbb.cn）与天天在线网站在北京国际影视节目展上结为内容合作伙伴，携手出击网络视音频内容领域。

上海文广新闻传媒集团的东方宽频网成立于2004年1月，拥有体育、新闻、影视和音乐等丰富的网络内容资源，尤其是拥有中超联赛的网络播映版权，在宽带网上能同时播出每轮6场赛事，一直受到广大网友的热烈欢迎。不但如此，东方宽频更是率先开创了具有宽带网络特色的、网民参与性极强的一系列宽带互动类节目。而天天在线作为中国较早的宽带门户网站数百万的宽带用户资源和众多的国内外优秀的内容合作伙伴。天天在线与东方宽频合作，以体育和时尚类节目为突破口，携手进军宽带网络市场，为国内宽带产业奠定了坚实的基础。

（3）与中国人口宣教中心共推“两性健康”内容

中国人口宣传教育中心，是国家人口和计划生育委员会下属一家权威人口及两性健康信息制作的宣传机构，以推广宣传生殖健康内容为核心业务，面向全国开展人口与计划生育知识传播。中心与联合国人口基金会、联合国儿童基金会、联合国艾滋病规划署等有关国际组织有着密切的合作关系。利用宽带和信息网络技术建立计划生育宣传教育平台，建立多方位多角度宣传教育渠道，更好地输出自己的服务，满足“数字时代”大众独特的信息需求，是人口宣教中心在信息时代的必然选择。天天在线网站的主要目标人群年龄段为15～35岁，也正是人口和计划生育宣传教育的核心人群，两家合作顺理成章。

2004年下半年，全国范围内掀起的网络反黄浪潮使得健康两性信息出现空档，这一契机直接促成双方的合作。2004年9月28日，中国人口宣传教育中心与天天在线联合推出“天天两性健康”频道，每天以视频直播和热线电话专家答疑的方式，向全国的用户提供两性健康问题咨询服务。

天天在线的两性健康频道充分发挥宽带优势，以视频、声音和文字等多媒体综合方式给用户带来全新的感受。网上视频直播与11699168固定电话语音热线服务结合，针对各个年龄段、各种需求的人群提供全方位多角度服务；通过医学专家的专业咨询服务，使大众及时获得两性知识，解决难言之隐。“网上视频直播”特邀有关权威专家，每周七天，每天下午3：00～5：00，分别围绕女性健康、性病、男性健康、不孕不育青春期、艾滋病等男女身心健康的核心问题进行现场咨询服务，网民既可以在线观看直播节目，也可以在线用文字形式提问，还可以拨打热线电话进行现场咨询。“生殖健康影音坊”是一个两性健康知识精彩视频集锦栏目，汇集青春期教育、新婚必知、孕育指南、更年期、避孕节育、男性健康、性病艾滋病、生育文化等内容于一体，具有很强的知识性和可看性。

（4）与阳光365推出杨澜领衔“说给女人听”栏目

阳光365多媒体控股有限公司由阳光媒体投资集团与联想集团合资组建，是大中华区高素质的电视和多媒体内容供应商，著名电视节目主持人杨澜任董事会主席。2004年11月15日，阳光365与天天在线结为战略合作伙伴，立足于电视媒体与宽带通信传媒的崭新结合，首先隆重推出了全新网络电视“互动秀”（Call-in-Show）节目——“说给女人听”。这是天天在线在内容引入方面的又一重大举措。

“互动秀”（Call-in-Show）是目前国际网络电视流行的一种直播形式，基于宽带网络，受众通过网络留言、电话和短信等方式提问，专家通过网络视频现场或远程连线即时交流解答。由杨澜领衔主持的“说给女人听”定位于“中国职业女性精神补给站”，旨在帮助她们生活得更健康、更自信、更宽容、更快乐。

专家认为，“说给女人听”节目的开播在中国电信业和传媒业发展史上具有重大意义。首先，这是中国电信业历史上首次把“宽带网、固话网、移动网”3种网络捆绑，就同一个信息源互动传播。其次，从传媒业的角度，“说给女人听”是宽带内容节目形态的重要创新，也是构建中国跨媒体互动平台的重要尝试。受制于资本、带宽、技术和市场，以往宽带内容都以传播“二手内容”为主，几乎没有能体现自身特点的原创性东西。“说给女人听”作为一种完全基于宽带网络开发的“一手内容”，率先突破了资本、带宽、技术和市场的限制，将新媒体的宽频、整合、互动、个性特色充分表现出来，具有原创性特点，给人以新的感受。

（5）与友通公司合作创建内容加工基地

天天在线的实践证明，宽带网站内容有其独特性要求，必须对传统媒体内容进行有针对性加工才能适应需求。在这种情况下，天天在线与星美传媒旗下的友通公司合作推出专用内容加工基地。2005年1月18日，天天在线—友通数字内容制作基地揭牌仪式，在位于北京昌平中关村科技园的友通数字媒体有限公司隆重举行，天天在线与友通公司结为战略合作伙件。天天在线将自身原有的内容研发、加工制作环节交由友通数字媒体公司独家完成；友通则以自身现有的内容资源、技术服务平台和完备的传输网络全力支持天天在线的商业运营，实现强强联手，优势互补，共同创新中国数字媒体商业模式。

媒体专家认为，随着宽带的普及，数字电视、移动增值业务的飞速发展，数字传媒的勃勃生机逐渐显现出来。2005 年中国的数字媒体面临着一个全新的发展机遇，数字媒体消费市场对正版内容和数字媒体产品的研发给予了高度的重视，越来越多的 SP 提出了产品创新的迫切要求。天天在线和友通的合作，首开数字媒体领域门户网站和专业内容制作机构合作的先河，体现了在市场驱动力下数字媒体产业链各环节优势资源的科学组合。这对于打造中国版权自主的数字传媒品牌，对于维护数字媒体正版内容资源具有创新性意义。

3．成功实施收费战略，平稳实现从免费模式到收费模式的过渡

鉴于当时中国宽带产业链还不成熟，按照原定计划，天天在线本来打算是 3 年不盈利的。然而，中国宽带网络发展速度异常的快，整个产业迅速成熟，已经接近产业爆发的临界点。随着网络道路的不断扩宽，市场对更多精彩内容和优质服务的呼声日益高涨，宽带网络内容瓶颈尖锐地凸现出来。在这种情况下，天天在线董事会和高层领导决定修改原来的战略计划，提前启动收费战略。

启动收费战略意味着天天在线要冒技术、带宽、内容、市场四重风险。

（1）在技术上，天天在线从创立之初就定位为流媒体，依赖的是流媒体技术。然而，从商业化运营的角度看，流媒体技术当时还不够成熟。主要表现为硬件成本居高不下，用户服务边际成本与边际收益不对称。

（2）在带宽上，我国绝大部分宽带用户用的带宽还不足 1M，在现有的技术条件下，对于流媒体还显得不够“宽”，只能呈现较低码流和较低品质的图像。

（3）在内容上，独特的杀手级内容还在研发之中，大量的特色内容还在引进过程中，能否充分满足用户的深层需求还未可知。

（4）从市场角度看，我国生产力的多层次性在宽带上的表现相当突出。由于国民收入水平总体偏低，使得宽带用户还未大面积普及。虽然在电信部门的大力推动下，当前宽带用户数量呈爆发式增长，但一方面离引爆产业链的要求尚有距离，另一方面，由于居民消费能力不强，“热装冷用”的现象还相当突出。因此，在已有的 3 110 万宽带用户中究竟能有多少用户会为天天在线付费内容买单，在推出付费内容前谁都没有底。

2004 年 12 月 31 日 15 时，天天在线收费内容区隆重上线，市场反响出乎意料的强烈，日均注册用户过万，包月用户上千。这标志着天天在线收费战略初获成功，天天在线从免费模式平稳过渡到收费模式。

4．战略转型，从宽带门户网站转型中文音视频搜索门户

目前美国的搜索引擎市场已达到每年 60 亿美元的规模，并正在以 70%的速度迅速递增。即使是处于成长阶段的中国搜索引擎市场，其 2005 年的市场规模也超过了 10 亿元人民币。随着中国宽带用户的飞速增长，网上音视频内容成几何级放大，中文音视频搜索市场需求十分迫切。

从 2005 年网通还在犹豫是否该放手天天在线时起，IDG 便已经规划好了天天在线的未来：它将是一个中文音视频搜索引擎门户，是第二代的 Google 和百度。2006 年 5 月，以往作为网通宽带门户的天天在线网站首页，如期变更了模样，IDG 酝酿半年之久的“中文音视频搜索门户（测试版）”正式推出。

在全球资本和媒体的热炒下，中文音视频搜索领域已经开始吸引越来越多的目光。无论是Google、Yahoo、百度等搜索大鳄，还是各路后起之秀，对音视频搜索领域早已虎视眈眈。而天天在线凭借IDG国际化的眼光，最终抢先一步推出中文音视频搜索门户，着实让搜索引擎同行大吃了一惊。

网通留给天天在线的多项网络经营许可证、宽带带宽以及上千万个增值码号，可以直接应用于中文音视频搜索领域。而在跳出网通北方十省的圈子后，天天在线便可以放开手脚，同中国电信的“互联星空”以及中国移动的“移动梦网”等中文音视频资源大户合作。

音视频搜索引擎被公认为是继Google和百度的文字搜索之后的第二代搜索利器，研发的技术、资金门槛很高。这种研发动辄就要耗费掉数千万元的资金，并要掌握关键字搜索和语言识别等核心技术。凭借充足的资金，天天在线经过艰苦努力，独立研发出性能优良的中文视频搜索技术和配套的PtoP直播技术。

在IDG的撮合下，天天在线已同全球优秀的芯片制造商英特尔达成合作协议，前者的音视频搜索技术将集成于英特尔的电脑终端和其他电子产品上。日后，无论你在中国的哪一个角落，使用何种终端，只要可以连接上互联网，并输入你想看的电视节目名称，便可立即搜索到全部相关的电视节目。

目前，天天在线的音视频搜索引擎还聚合了国内数十家电视台的节目资源，在网络上实现了实时同步播放，这或许也是国内门户网站中的一个创举。

5. 引领中国特色通信文化

经过内容资源的大力整合，“天天在线”已经初步拥有一系列自主优势，形成了自己的核心竞争力。

（1）资质优势：获得了《网上传播视听节目许可证》，可以合法地整合音视频资源，提供内容服务。

（2）体制优势：面对国际资本市场和国内用户需求，进行市场化运作。

（3）人才优势：集中了一批熟悉传媒运营的专业人士，具有市场需求思维，能大胆创新。

（4）天天在线逐渐形成了“以创新为本、态度决定一切、细节决定成败”的企业文化理念，致力于建设学习型企业，已经初步锻炼出一支能吃苦、能战斗的团队。

“三网合一”已成为通信文化业的共识。在未来3到5年的时间内，中国将成为全球最大的通信文化市场。天天在线将顺应潮流，进一步适应宽带和“三网合一”要求，放眼世界，加强与其他各种通信网络运营商的合作，打开门户办企业。同时，为所有能接入互联网的音视频终端提供全方位的音视频内容服务，逐步把天天在线打造成具有中国特色的“通信文化”服务基地。

6. 天天在线公司简介

天天在线有限公司（Tian Tian Online Inc.）是一家互联网信息服务企业，主要运营全球较早的中文音视频搜索门户——天天在线网站（http://www.116.com.cn）。

天天在线有限公司视合法经营为长久发展的根基，是中国互联网类企业中资质最为齐全的公司之一，拥有包括《信息网络传播视听节目许可证》在内的25项资质。天天在线有限公司是中国几大电信运营商的重要合作伙伴，拥有电信级的互联网信息服务平台。

天天在线网站是全球较早的中文音视频搜索门户，拥有创新的电视节目搜索（EPG）、关键字搜索以及识别技术。是中国目前较大的“网络电视”同步播出平台。同时，汇聚了 100 余家纸媒体及 800 余家音视频内容供应商的精品新闻、电视、电影和动漫等资讯和娱乐信息内容。

天天在线网站在中文宽带用户和业内享有盛誉，品牌价值卓著，连年在“中国商业网站 50 强”评选中跻身前列。

天天在线有限公司首倡“通信文化”理念。通过文化创新提供丰富多彩的内容，打造“中国传媒大道上的新的文化快车”，力图构建“让世界了解中国文化，让中国了解世界文化”的美好愿景。

天天在线有限公司
总机：（8610）66579888
传真：（8610）66090665
地址：北京市西城区阜成门北大街 6 号　国际投资大厦 C 座九层
邮编：100034

7. 天天在线网站大事记

- 2004 年 2 月 17 日，天天在线召开发布会，开始进入测试阶段。
- 2004 年 3 月 22 日，获得信息产业部颁发的《中华人民共和国增值电信业务经营许可证—第二类—信息服务业务》。
- 2004 年 3 月 23 日，与公安部金盾艺术中心签署网络独家战略合作协议。
- 2004 年 3 月 25 日，获得国家广播电影电视总局颁发的《网上传播视听节目许可证》。
- 2004 年 3 月，与国家广电总局下属多家宽带业务公司达成战略合作协议，其内容在天天在线平台上展示、经营。
- 2004 年 4 月 26 日，天天在线网站参加上海 CEBIT 展，并进行了视频直播。
- 2004 年 4 月 26 日，与国家气象局签署网络独家战略合作协议，天天在线气象频道推出，包含多种视频、文字气象信息，实现了用户的当地定制功能，是国内权威的、内容丰富的、功能强大的气象频道。
- 2004 年 5 月 16 日，天天在线承办网通集团 3G 实验门户网站。
- 2004 年 5 月 20 日，推出天天美食频道，实现了网上订餐功能。
- 2004 年 5 月 26 日，天天在线召开发布会，正式对外运营，各界领导及合作伙伴近 300 人出席，中央电视台、北京电视台等多家媒体作了专题报道，反响强烈，网站访问量上升 10 倍。
- 2004 年 5 月 26 日，天天在线网站博客社区正式开通，作为大型门户网站率先推出博客内容，受到业内热切关注。
- 2004 年 6 月，开始搭建北方十省的内容分发系统，初步实现内容中央分发、用户当地访问。
- 2004 年 6 月，与时尚杂志社签署战略合作协议。
- 2004 年 6 月，与默多克新闻集团初步达成合作意向。
- 2004 年 6 月，与北京电影学院初步达成合作意向。
- 2004 年 6 月，体育频道推出欧洲杯专题网站，与中央电视台、TOM 网互动，在中国率先实现了重大赛事的全程网络视频报道，初步展现了网通宽带的魅力。

- 2004 年 6 月 28 日获得北京市工商局《广告经营许可证》。
- 2004 年 6 月 22 日，获得北京市卫生局的互联网医疗信息服务许可。
- 2004 年 6 月 18 日获得文化部《网络文化经营许可证》。
- 2004 年 7 月 6 日，天天在线推出网络新闻联播，将 CCTV 的新闻联播在网上展播，让网民可以随时收看新闻联播、反复收看新闻联播。国务院新闻办领导给予肯定，北京晚报等媒体进行了报道。
- 2004 年 7 月，与上海文广集团初步达成战略合作协议，包括“中超”在内的多项独家垄断性网络内容在天天在线设立专区展示。
- 2004 年 7 月，与中国电影集团初步达成合作意向。
- 2004 年 7 月，与上海新华宽频的合作进入内容协议签署阶段，并开始提供内容素材。
- 2004 年 7 月，中国美容美发行业协会邀请天天在线作为媒体代表参加 8 月 12 日～15 日 2004（第十届）中国国际美发美容节。
- 2004 年 7 月，体育频道推出亚洲杯专题网站，与中央电视台、新华社互动，全程网络视频报道，网民反响强烈。
- 2004 年 7 月，与北京市彩票中心达成初步协议，天天在线独家网络直播每天的彩票开奖。
- 2004 年 7 月，与杨澜的阳光传媒初步达成战略合作协议，杨澜在天天在线开设视频节目专区。
- 2004 年 8 月，与环球小姐中国总部初步达成战略合作协议，其官方网站独家落户天天在线。
- 2004 年 8 月，与国家计划生育委员会初步达成战略合作协议。
- 2004 年 8 月，与中国汽车流通协会达成战略合作伙伴关系。
- 2004 年 8 月，中国新音乐大赛达成项目合作，开始运作。
- 2004 年 8 月，将与中央电视台、上海文广集团、北京人民广播电台、国际台、新华网、千龙网和香港新世界传媒等多家强势媒体合作，推出奥运专题网站。冲出窄带时代，打造“视听奥运”。
- 2004 年 8 月，推出怀旧频道。
- 2004 年 8 月，天天在线与上海文广集团达成战略合作伙伴关系。
- 2004 年 9 月，天天在线推出“天天在线两性健康频道”。
- 2004 年 10 月，天天在线入选“中国互联网百强网站”。
- 2004 年 11 月，天天在线举办了“通信文化校园行”活动。
- 2004 年 11 月，天天在线推出了全国网络电视“互动秀”节目——“说给女人听”。
- 2005 年 1 月，天天在线网站收费版正式上线。
- 2005 年 1 月，举办了天天在线－友通数字内容制作基地揭牌仪式。
- 2005 年 4 月，天天在线率先推出第六代导演博客社区。
- 2005 年 5 月 16 日，天天在线新收费系统上线。
- 2005 年 8 月 1 日，116 互动平台升级。
- 2005 年 8 月 15 日，天天网络新闻联播上线。

- 2005 年 9 月 15 日，启动“中国首届宽带网络迎春联欢节”（首届网络春晚）项目。
- 2005 年 11 月 30 日，“中国首届宽带网络迎春联欢节”（首届网络春晚）新闻发布会召开。
- 2005 年 2 月 22 日，“宠物频道”上线。
- 2005 年 3 月 29 日，P to P 直播技术初步开发完成。
- 2005 年 4 月 30 日，“中文音视频搜索”（Beta 版）上线试播。
- 2006 年 5 月，囊括央视和各省卫视 43 个频道的直播电视频道上线。
- 2006 年 5 月，天天在线资本重组，网通淡出。
- 2006 年 6 月 6 日，“中文音视频搜索”（二期）上线。
- 2006 年 6 月 18 日，“天天圈”上线。

G.6 从萨班斯（SOX）审计谈安全域解决方案

萨班斯（SOX）法案内控审计要求的出台，提升了 IT 控制在企业内部控制中的重要性，对电信运营商 IT 设施的安全性提出了更高的要求，如何改进 IT 控制和完善 IT 治理，电信运营商的 CIO 们，面临着更大的挑战。潜心关注电信行业安全并不断创新的启明星辰信息技术有限公司结合多年在安全领域的丰富经验与最佳实践，推出了针对电信运营商 SOX 内控的安全域划分及边界整合解决方案，即按照安全等级和网络风险的级别重新规划运营商的网络，进一步明确网络边界和风险，同时针对不同设备采取适宜的安全策略，从而实现全程全网的安全防范和管理，达到事半功倍的效果。

1. 划分安全域的原则

安全域是指同一环境内有相同的安全保护需求，相互信任，并具有相同的安全访问控制和边界控制策略的网络或系统。启明星辰公司采用“同构性简化”的安全域划分方法，将复杂的大网络进行简化后设计防护体系，以便进行有效的安全管理。

启明星辰公司安全域划分遵循以下原则。

（1）业务保障原则：在保证安全的同时，更要保障网络承载业务的正常、高效运行。

（2）结构简化原则：安全域划分的直接目标是将整个网络变得更加简单，简单的网络结构便于设计防护体系。因此，安全域划分并不是粒度越细越好，安全域数量过多、过杂反而可能导致安全域的管理过于复杂，实际操作过于困难。

（3）立体协防原则：安全域划分的主要对象是网络，但是围绕安全域的防护需要考虑在各个层次上立体防守，包括在物理链路、网络、主机系统、应用等层次；同时，在部署安全域防护体系的时候，要综合运用身份鉴别、访问控制、检测审计、链路冗余和内容检测等各种安全功能实现协防。

以某运营商的 MBOSS 系统为例，我们通过对该系统进行数据流分析、网络结构分析，结合考虑现有的安全隐患，从资产价值、脆弱性、安全隐患三者间的关系出发，得到了整体的安全防护体系和各个业务系统自身的安全防护体系，为进一步管理整合后的安全域做好了准备。

基于安全域划分的最佳实践，该运营商的业务支撑系统（BSS）、企业信息系统（MSS）和网管系统（OSS）被分别划入不同的安全域，再根据每个安全域内部的特定安全需求进一步划分安全子域，包括核心交换区、核心生产区、日常办公区、管理服务区、接口区、内部系统互联网区和外部系统互联区，如图 G.2 所示。

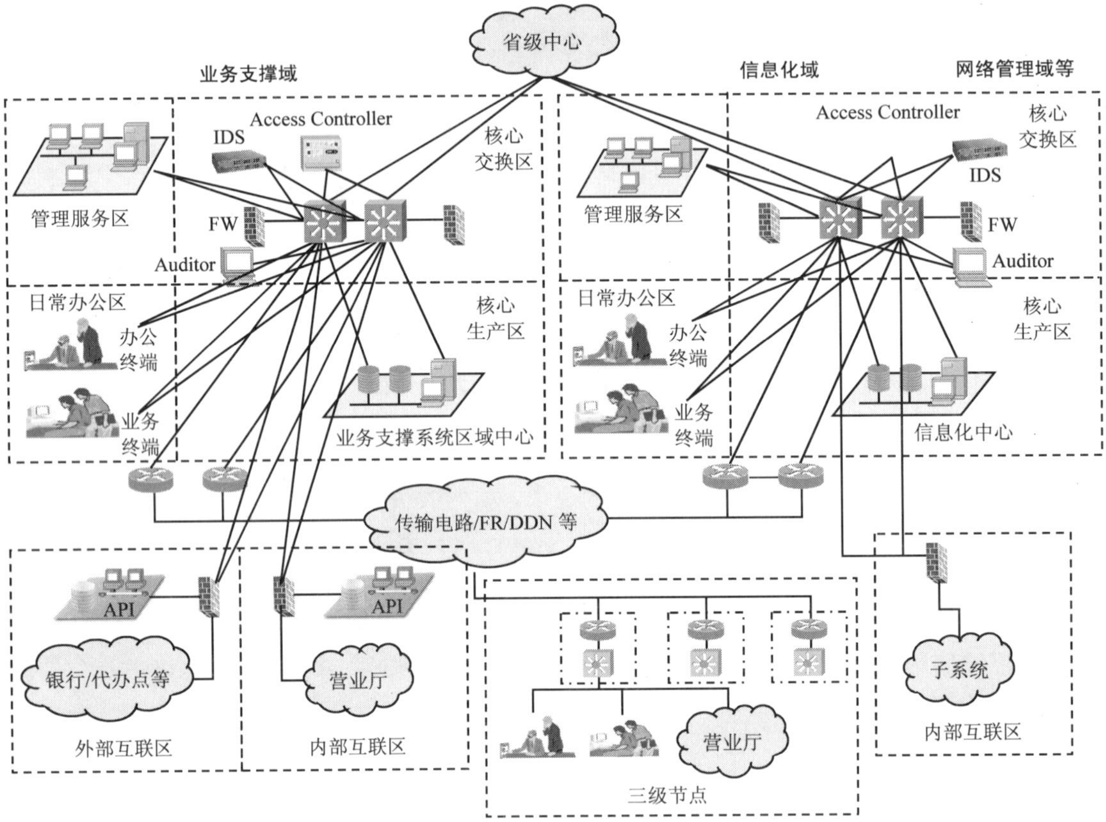

图 G.2　某运营商的安全域划分

2．安全加固

仍以图 G.2 为例，在划分完安全域之后，我们对不同安全域内的关键设备进行了安全加固。依据是：各安全域内部的设备由于不同的互联需求，面临的威胁也不同，因此其安全需求也存在很大差异。

（1）生产服务器：一般都是 UNIX 平台，资产价值最高，不直接连接外部网络，主要的安全需求是访问控制、账号口令、权限管理和补丁管理。

（2）维护终端：一般都是 Windows 平台，维护管理人员可以直接操作，其用户接入的方式也不尽相同（本地维护终端、远程维护终端），面临着病毒扩散、漏洞补丁、误操作、越权和滥用等威胁，其安全需求是安全策略的集中管理、病毒检测（固定终端）、漏洞补丁等。

（3）第三方：对业务系统的软、硬件进行远程维护或现场维护，其操作很难控制，面临着病毒、漏洞、攻击、越权或滥用、泄密等威胁，安全需求主要是接入控制，包括 IP/MAC 地址绑定、账号口令、访问控制，以及在线杀毒、防毒墙、应用层的账号口令管理、补丁管理等。

（4）合作伙伴：涉及到与其他系统的连接，面临着病毒、漏洞和入侵等威胁，安全需求是病毒防护、入侵检测和漏洞补丁等。

（5）互联网：面临着黑客入侵、病毒扩散等威胁，主要的安全需求是入侵检测、病毒防护和数据过滤等。

3. 安全域与安全策略的结合

在划分安全域、进行安全加固的基础上，还需要对网络边界和重点区域采取特定的安全措施。

（1）边界安全

对于任何安全域的保护，边界安全是最低的保护措施，通过对边界的控制能够保护安全域不受到来自其他区域的安全威胁。在图 G.2 中，我们采用了边界隔离、认证、监视和审计等技术。具体的产品实现包括 MPLS VPN、VPN Lite、防火墙、接口主机、交换机 VLAN、PVLAN 和 ACL 等。

（2）区域安全

区域安全是通过在安全域内部设置监视、测量、清理和审计等技术手段，实现安全域内安全事件的及时响应和清除。安全域的区域安全以安全状况的监控为主，对于本安全域内部的安全事件及时响应和清除，是安全域的核心安全处置手段。具体采用的技术和产品包括入侵检测、安全审计、漏洞扫描、病毒防护、访问控制、账号管理、补丁管理和流量监控等。

4. 实现效益

通过划分安全域实现等级保护，启明星辰公司把电信运营商复杂的安全问题化解成小区域的安全保护问题，从而在全网范围内实现大规模的等级保护。

启明星辰公司提出的解决方案不仅仅是从网络系统、技术层面和单一安全设备来看待问题，更是从网络建设的整体规划出发，全盘考虑，帮助电信运营商从根本上解决安全问题。

在通信产业与信息产业迅猛结合的今天，采用启明星辰公司安全域解决方案无疑将大大简化电信运营商复杂的安全问题及安全管理工作，化无序为有序，提高安全工作效率。

从 SOX 内控审计的角度，安全域解决方案势必将发挥其潜在的巨大优势，帮助电信运营商在 SOX 内控审计的过程中化繁为简，快速达到安全指标要求，与国际接轨，为企业带来更大的市场和经济效益！

启明星辰信息技术有限公司　电信事业部

G.7 金银岛网交所硬信用全程电子商务——全方位电子商务解决方案

1. 金银岛网交硬信用电子商务交易平台介绍

金银岛网交所（http://www.315.com.cn）即网上商品交易所，是由中国领先的电子商务服务商——北京网信在线网络科技有限公司集中优势资源，联合了中国银行、中国工商银行和广发银行等金融机构、中国国际经济贸易仲裁委员会、中铁快运、招商局物流和中外运物流等知名物流公司，以及 60 多家涉及石油、化工和机械等实力型行业企业，共同打造的服务于行业企业的硬信用全程电子商务交易平台。金银岛网交所致力于为行业企业提供全方位的电子商务解决方案，是中国电子商务协会科学电子商务模式试点单位，其所特有的硬信用模式获“国家十五重大科技攻关成果奖”，是中国电子商务发展的里程碑。金银岛网交所专注于石油、化工、橡塑、能用机械、行业机械和五金等六大行业，目前拥有30万家企业客户，交易成交笔数超过7万笔。2006年6月，金银岛网交所入选国务院信息办《电子商务工作简报》第三期的“典型案例与示范试点专题”。

金银岛网交业务包含匿名竞价交易、行业综合市场、硬信用交易机制的现货交易平台、仓单交易平台及专注于行业的内参资讯，能为客户提供全方位的电子商务解决方案。其硬信用全程电子商务交易平台能实现信息流、资金流及物流的渗透企业供应链的一站式电子商务交易，可以帮助客户找到商机、安全交易。其所特有的硬信用交易模式，在由中国银行、广发银行等金融机构做货款监管的基础上，达到款到发货，货到付款的安全交易。同时由中国国际经济贸易仲裁委员会进行纠纷仲裁。金银岛网交所的硬信用被誉为中国式“网上贸易信用证”。

2．金银岛网交所硬信用成就200万国内单笔电子商务最大额交易

在中国的网上交易市场中，诚信问题严重阻碍了这个行业的发展。人民银行研究局引用的调查资料显示，每年因信用缺失造成企业直接和间接的损失高达5 855亿，相当于全国财政收入的36.8%，受此影响GDP减少了约2个百分点。金银岛网交所与国家金融机构、国家仲裁机构联手打造的硬信用平台在安全交易的保障性上更高一筹。吉林省日标化工有限公司通过金银岛网交所硬信用全程B2B电子商务交易平台，完成了一宗单笔高达200万元的交易，创下了国内电子商务网上交易的纪录。

业内专家预测，石化行业今后通过网络进行大宗交易将成为发展趋势。在交易客户普遍较大的石化行业，过去由于网上支付手段不太完善，使买卖双方缺乏信任，难以达成直接的网上交易。随着金银岛网交所硬信用电子商务交易平台的正式开通，其首创的以银行做账户监管、以权威仲裁机构协调交易纠纷的“硬信用”支付平台，解决了网上支付的信用瓶颈。吉林省日标化工有限公司一位采购人员对于做出200万大额网上交易这种“吃螃蟹”的举动深有感触：“由于有了‘硬信用’的支持，我们虽然没有和卖方见过面，但还是大胆地下单，把货款划进中国银行监管的账户上进行冻结，如果对方发过来的产品与我们订购的不一致，我们还可以拒绝付款，这种付款方式也在很大程度上制约着卖方，在发货时间和产品质量控制上一点儿也不能马虎”。据他透露，这笔创下电子商务交易纪录的200万元大单，从在金银岛上发现供货信息，到决定交割、完成划款，只用了一上午的时间，货物从北京发出到达收货地也仅用了两天，大大节省了时间成本和采购成本。

3．金银岛网交所推出匿名交易，中国网上交易时代正式来临

中国电子商务交易中诚信问题的另一个方面也不容忽视，因为这一方面将决定真正意义上的网上交易能否实现。传统的B2B电子商务网站，都提供买卖信息服务用户会在网上公布所出卖的产品价格信息，然后等待买家比较价格后进入下一步交易环节。但是由于价格敏感的原因，卖家在自身公司信息公开的情况下，往往不愿意公布产品的真实价格，这就造成了另外一个层面上的商业诚信问题，因为连价格都不真实，导致整个交易环节都将不真实，那么在这样的价格基础上，网上交易根本不可能实现。针对以上问题，金银岛网交所在硬信用基础上，推出了匿名交易模式，在资金保障、交易仲裁、价格信息可信度和公司商誉保障等诚信体系的多方面都提供了确实可行的解决方案。匿名竞价交易系统是标准化交易产品，匿名卖家报价，安全放心，可以让买方发现真实成交价格，为商家提供现货交易平台。卖家在此系统下，公布产品价格信息的同时，并不用公布自身的公司身份，在石油化工等价格敏感的行业，这样的体系将能最大程度地保证公司公布真实的价格信息。同时，金银岛网交所代理交易员可提供一对一指导与撮合服务，提高成功交易机率。而标准化产品的实时报盘，公开竞价，可以让买家更快下单。

金银岛网交所调查显示，匿名模式下的产品价格可信度比非匿名情况下提高了数倍。而当买家决定购买，进入下一个交易环节的时候，在签订电子合同的情况下可以查看卖家信息，这样也防止了卖家不可信的情况。目前该匿名竞价交易系统已经应用于苯乙烯、甲苯、聚乙烯、聚丙烯、液化气和沥青等25类标准产品。在由中国电子商务协会主办，金银岛网交所协办的“2006中国石油化工行业商贸论坛——暨行业市场解析与网上交易应用”的大会上，各机构及行业代表分别对金银岛网交所提供的中国企业电子商务创新给予肯定，进一步树立了金银岛网交所在中国企业电子商务交易平台的领先地位。业内专家分析称，金银岛网交所结合中国电子商务的特点及企业需求，吸收了传统贸易中的有利因素，推出了匿名竞价交易系统，最大程度上解决了价格可信度问题。可以说，中国网上交易时代真正来临了，中国电子商务进入了大规模应用状态。

4. 金银岛网交所继续模式创新——仓单交易正式开市

为推动中国电子商务发展，促进网上交易的大规模应用，致力于为企业提供全方位电子商务解决方案的金银岛网交所，以关注客户需求、体验为本，继匿名交易之后，再次推出创新服务模式——仓单交易。

金银岛网交所仓单交易中心运用电子商务信息技术，为交易商提供电子交易平台，开展中远期仓单网上交易活动，通过设置在全国各主要集散地的指定交货仓库，为交易商提供便捷的物流支持。仓单交易中心的中远期仓单交易模式，充分利用现代信息技术提升和发展了传统批发市场。相关企业在仓单交易中心销售或采购原料，通过分布全国各主要集散地的仓库就近交货和提货，大大降低了交易成本与物流成本；企业也可以根据自身生产经营需要，在仓单交易中心订立中远期仓单，利用中远期仓单交易的价格发现和套期保值功能，提前锁定成本，规避价格风险。

根据《中华人民共和国民法通则》、《中华人民共和国合同法》等法律法规，参照中华人民共和国国家标准 GB/T18769-2003《大宗商品电子交易规范》，本交易中心制定了《金银岛网交所仓单交易中心交易管理办法》，并将遵循“公平、公正、安全、高效”的原则，接受国家有关部门和交易商的监督。金银岛网交所仓单交易中心目前开展的交易品种为LLDPE、PP、HDPE，现已开始办理交易商入市手续，并不断根据交易商的需求增加新的交易品种。

5. 找到商机 安全交易——金银岛网交所全方位电子商务解决方案

金银岛网交所专业的内参资讯、商务决策系统、商务短信和研究报告可为客户提供深度市场分析，理性预测后市发展变化，帮助客户更好地把握商机，实现交易。

金银岛网交所“硬信用全程电子商务交易平台”推出以来，即获得了“中国电子商务创新奖”、“2005中国行业电子商务网站100强”、“中国 Web 2.0 新锐企业100强与创新推荐企业”及“2006中国新锐营销平台 TOP10”等众多殊荣。在中国互联网逐渐从媒体、娱乐走向交易的时代，中国企业电子商务也即将进入大规模应用阶段。金银岛网交所将不断推出以客户需求为本，具有中国特色的创新服务模式，为客户提供全方位的电子商务解决方案。

G.8 UT 斯达康“奔流”IPTV 系统设计考虑和国内优秀的 IPTV 商用案例——哈尔滨 IPTV 案例

根据 CNNIC 2006 年 1 月公布的中国互联网发展统计报告，在经过了多年高速发展，中国的宽带用户已经突破了 6000 万户，宽带已经成为中国网民主要的上网方式。与此同时，宽带用户增长率却不断下降。这个现状主要由于目前宽带上网受到了 PC 终端保有量的限制——使用 PC 的用户大多数已经成为宽带用户。在这样的背景下，中国主要的宽带运营商中国电信和中国网通以及设备制造商开始考虑如何让不用电脑的用户和不会使用电脑的用户使用宽带。而在国外，运营商和制造商也在进行同样的研究。

IPTV 正是这样一个利用宽带 IP 网络传输节目，不依赖 PC 而是以机顶盒和电视机作为终端的业务。由于 IPTV 的终端是电视机，不像电脑一样对使用者有较高要求，因此 IPTV 业务的受众很广，包括了老人和儿童。

在 IPTV 发展的过程中，出现了许多模式，比如欧美运营商和中国香港 PCCW 采用的以广播业务为主的模式，中国台湾地区以 VOD 为主的模式等。这些模式适合当地的市场，但是不一定适合中国内地的市场。我们在研究中国 IPTV 业务模式时，充分考虑到了中国的市场环境。中国内地市场环境的现状如下。

（1）有线电视铜轴网络非常发达，有线电视资费很低，而且免费频道占绝大多数，这与部分欧洲国家有线电视不是很发达，免费频道（公共频道）少，付费频道多的情况不一样。考虑到设备和部署成本，这就决定了 IPTV 服务不能和有线电视服务同质化，走以广播服务为主的道路，而要寻找到自己的特色业务。

（2）中国特殊内容播控安全的需要要求有牌照的内容运营商才具备运营 IPTV 业务的资质，但是 IPTV 业务所需要的宽带 IP 网络掌握在固网运营商手中，因此这又带来了双方联合运营的需求。

（3）受到中国内地有线电视的低资费的影响，IPTV 服务的资费空间有限。这也影响到了投资 IPTV 设备并运营 IPTV 服务的运营商的投资回报（ROI）。这就对 IPTV 方案和设备提出了要求：如何不采用昂贵的服务器却能保证电信级的服务质量。

（4）国内 IPTV 政策环境和国外存在差异，内容安全和播控安全的需要对 IPTV 系统设计提出了高要求。

正是看到中国 IPTV 市场环境的特殊性，UT 斯达康的“奔流”IPTV 系统设计充分考虑到了上述这些需求。

（1）系统架构上，首创并独有“面向流媒体业务的流媒体交换”架构（Media Switch），支持开放、大规模、高可靠和低成本的电信级流媒体分发和服务。

（2）业务提供上，着眼于提供差异化的服务，如业界首推网络时移电视（用户在观看直播电视的同时能进行暂停、快推、快进等操作，也能通过电子节目单－EPG 选择过去播放过的电视节目进行观看）、视频点播（VOD）以及丰富的增值服务（比如可视电话、电视短信、电视竞猜、电视投票、游戏和信息浏览等）。这些非常吸引人的业务将极大地提高用户观看电视的体验和参与度。

(3) 系统安全上，将国家对于内容安全和播控安全的需求放在系统设计的重要地位。"奔流"系统提供了 DRM 模块和内容运营平台等来充分保障系统内容安全和播控安全。

(4) 在系统的大规模部署能力、应对高并发的单播（Unicas 服务，如时移、VOD 服务）与系统平滑升级的考虑上，提供一系列的关键技术，如"高扩展性、高可靠性的群存储服务器技术"，"内容切片技术"，"平台对媒体格式透明性可以平滑升级到任何媒体格式"，"宽带媒体分发 BMDP 技术"使得"奔流"系统能应对百万用户规模级的部署。

"奔流"系统被国内外多个运营商选择来提供 IPTV 服务，下面着重介绍"奔流"在哈尔滨的成功应用案例。

哈尔滨市有 8 区 11 县（市），约 5.31 万平方公里，人口达 954 万；家庭数 200 万户；有线电视用户 80 万户。2004 年，哈尔滨市人均 GDP 突破了 2 000 美元的重要关口。

哈尔滨通信公司从 2004 年下半年开始考虑开展 IPTV 业务，进行了多厂商全方位的试用后公开招标，因 UT 斯达康公司的 RoolingStream（奔流）系统能提供高质量的直播、时移、VOD 及各类丰富的增值业务，可以很好地满足用户的需求，快速产生收益，所以"奔流"成为了哈尔滨通信 IPTV 业务的系统平台。经过紧张建设，于 2005 年 5 月 17 日哈尔滨通信联袂上海文广集团正式推出"IPTV-百视通"业务。

1．项目一期规模

一期提供 10 万 IPTV 用户的规模，覆盖哈尔滨地区。用户接入类型为 ADSL、LAN。哈尔滨 IPTV 系统部署如图 G.3 所示。

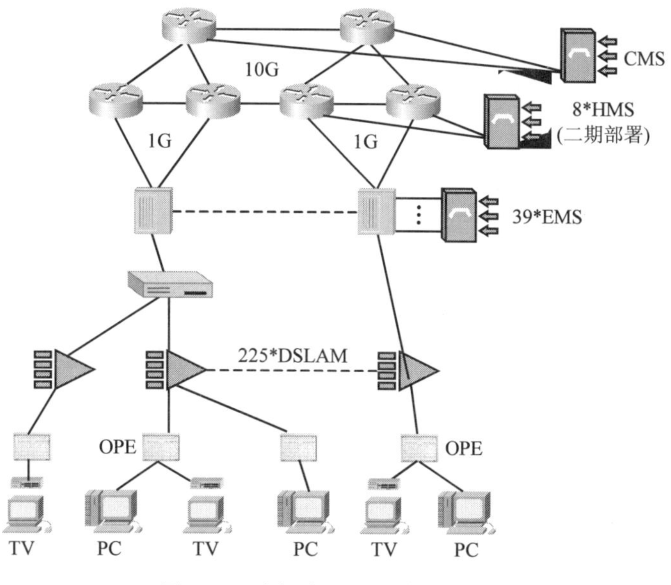

图 G.3 哈尔滨 IPTV 系统部署图

系统一期部署采用二层架构，1 个 CMS（中心节点），39 个 EMS（边缘节点）。

2．主要业务

● 直播电视、时移电视：提供 58 个电视频道，所有频道均能两天的时移回看。

58 个频道由 10 多套中央台节目，30 多套各省上星卫视和 14 套上海文广专有精彩频道构成。上海文广的 14 套专门频道涉及影视、娱乐、财经、新闻、科技、生活、卫生、法制、少儿、老人、动漫、纪实和时尚等领域。

● 精彩点播：近6000小时的各类国内外精彩影片、连续剧，并定期更新。

● 快速业务定制：根据热点事情，快速地进行专题业务的定制，比如“神六频道”、“世界杯专题视频杂志”等。

● 丰富的增值业务：城市资讯、政府政务、便民信息、各类消费信息。目前哈尔滨IPTV正在添加更多的互动业务，如即时消息、竞猜、投票、观众评论，增加观众的参与性。

3. 业务资费

业务开始初期，采用了60元包月这一种价格套餐。半年以后，资费套餐趋于丰富，目前有3种主要的资费套餐供用户选择。

（1）业务套餐一（想看就看）

基础套餐资费为28元/月，包括TV直播和频道的暂停、回退和播放等时移功能。但对电视回看中的TVOD进行单独收费，每月20元。VOD点播按片收费，每月赠送价值5元的点播节目。

（2）业务套餐二（看了又看）

基础套餐资费为38元/月，包括TV直播、频道的时移功能和电视回看中的TVOD内容。VOD点播按片收费，每月赠送价值5元的点播节目。

（3）业务套餐三（随心所看）

包月60元/月，包括TV直播、频道的时移功能和电视回看中的TVOD内容，主要是目前的老用户。VOD点播按片收费，每月赠送价值30元的点播节目。

IPTV初装调测费为200元（IPTV业务与宽带业务分开，安装调测费各自独立收取）。

值得注意的是，哈尔滨IPTV业务资费与当地数字电视资费相比，也相当有竞争力，比如业务套餐二与数字电视A包套餐相当，但是业务功能上却比数字电视多。

当地广电数字电视的资费套餐如下。

（1）A包（必选基础包）每月39元，可收看中央、省、市节目30套、外省卫视16套；NVOD点播频道、电视剧频道、友通院线、测试频道；央视指南、炫动卡通、金鹰卡通；信息平台、股票信息。

（2）B包（付费包）每月20元，CHC（家庭影院频道）1套。

（3）C包（付费包）每月30元，世界地理、风云足球、高尔夫、网球、天元围棋、孕育指南、靓妆、汽摩、留学世界、吉祥购物、游戏竞技、怀旧经典、风云剧场、风云音乐、央视文化精品14套。

（4）D包（付费包）每月40元，第一剧场1套。

4. 市场发展

IPTV业务一经推出，就受到了哈尔滨人民的热烈欢迎。IPTV也是数字电视的多元表现形态，符合国家三网融合的大趋势。IPTV是交互的、用户自主的新一代数字电视。哈尔滨IPTV业务在推广中，紧紧抓住了IPTV的特点，打出了“互动电视－新一代数字电视”、“我的电视我作主”等宣传口号，与当地的有线数字电视一起互为补充，共同发展。短短两个月，IPTV的用户数就冲破了2万这个“业内瓶颈”，至2006年5月17日用户数已达5万多，截至2006年6月，用户数已经达到6万户以上，远远多于比IPTV早放号的当地有线数字电视的用户量。哈尔滨IPTV用户保有量增长如图G.4所示。

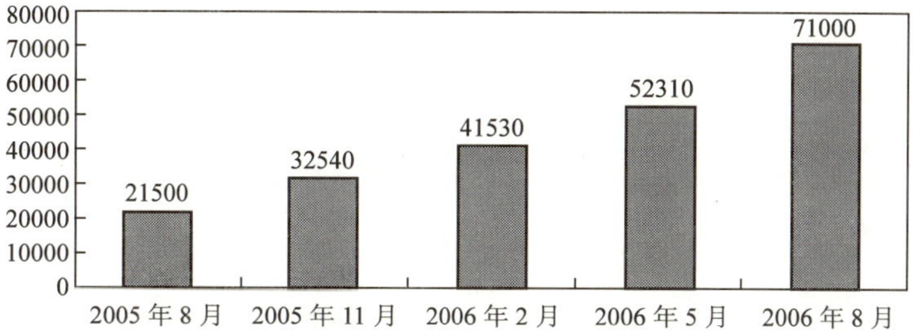

图G.4　哈尔滨IPTV用户保有量增长图

哈尔滨IPTV的成功运营，增强了黑龙江通信公司对IPTV这项业务的信心，近日正在进行黑龙江全省的IPTV系统建设，欲使其覆盖用户规模达到20万。

5. 哈尔滨IPTV业务部分统计数据

通过一段时间对IPTV业务的使用和消费习惯的培养，时移功能和VOD点播已经成为用户越来越不可缺少的电视的主要欣赏手段。通过对某一段时间的使用情况统计，每天有近万用户在线观看，VOD点播和电视时移回看用户占了50%。用户已经开始习惯通过IPTV观看热门影视节目和回看热点电视栏目。如对热门电影《神话》的点击达到了17 000次，对电视剧《大长今》和动画片《龙珠》的收看达到了46 000次以上。这些数据充分说明IPTV业务是十分受市场欢迎的。

目前"奔流"系统被国内外多个运营商采用，如日本Yahoo!BB，美国DSSI，巴西Telemar，国内哈尔滨网通、上海电信、浙江电信、广东电信、云南电信和福建电信等，全球部署已经超过了100万线，随着放号量的增加，"奔流"系统所承载的用户也已经达到20万用户（截至2006年5月）。在中国国内，"奔流"系统承载的IPTV用户已达到10万，无论从部署规模还是承载用户规模来看，"奔流"都是国内IPTV优秀品牌。

UT斯达康（中国）有限公司

G.9　赛迪网

赛迪网成立于2000年3月，是中国权威IT门户网站。作为专业的IT网络服务提供商，赛迪人秉承"专业创造价值"的理念，以"奋进、效率、职业、包容"为企业文化，致力于为IT人构建一个以互动媒体平台为基础，以信息增值、远程教育、商务服务等增值服务为支撑的全方位的专业IT网络服务平台。

赛迪网的主要投资方中国电子信息产业发展研究院（即赛迪集团）直属于信息产业部，是中国较大的、权威的IT信息服务机构，主要业务领域涵盖传媒、顾问咨询和信息技术等领域，旗下《中国计算机报》、《中国电子报》、《中国计算机用户》和《中国电脑教育报》等16家权威IT媒体、赛迪顾问、中国软件评测中心、赛迪评测和赛迪数据等知名IT咨询服务机构均是赛迪网高质量增值服务的强有力支撑。

赛迪网的业务内容涉及IT产业链的各个环节，既包括产业资讯、技术应用、产品导购和教育培训等中、高端信息服务，也包括数码产品消费娱乐、数码消费社区等低端信息服务，同时还提供报告销售、无线娱乐、精准信息和远程教育等增值服务（具体如图 G.5 所示）。

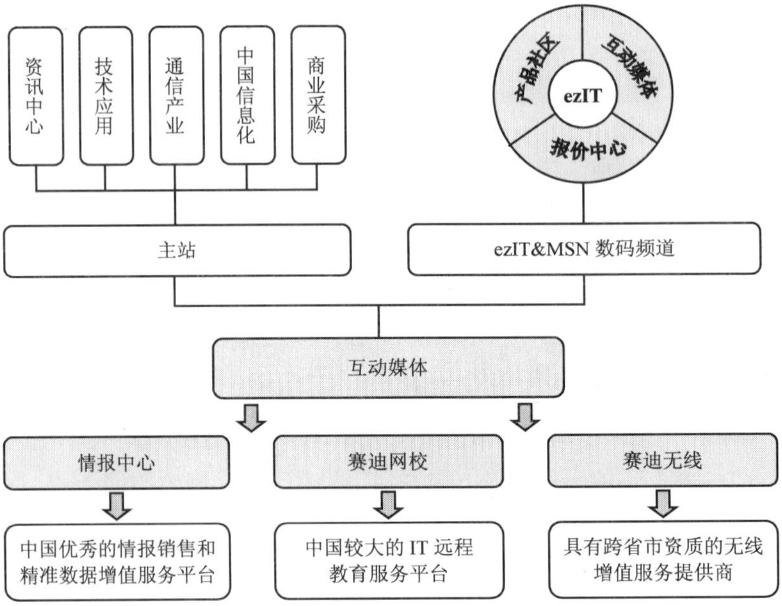

图 G.5　赛迪网的业务内容

目前，赛迪网用户群体覆盖面甚广，既包括众多中、高端企业用户及技术人员，也包括很多 IT 专家、IT 管理人士、大众 IT 消费人群等。

赛迪网是 MSN 数码娱乐频道的全权承建合作伙伴，旗下设有两大网站，即 www.ccidnet.com 和 www.ezIT.com.cn。

- www.ccidnet.com 是赛迪网主站，网站定位针对中、高端用户群体。主站设有资讯中心、技术应用、通信产业、中国信息化和商业采购等五大频道，辅以博客、社区和图霸等互动服务，为用户提供专业的资讯及信息交流、互动服务。
- www.ezIT.com.cn（MSN 数码娱乐）的定位针对大众数码消费群体，其内容以数码消费产品为核心，形成以产品社区、互动媒体和产品导购信息三位一体的大众数字消费服务平台。

成立 6 年来的经验积累，使得赛迪网在业界形成了独特的自身特色和较强的媒体公信力，业界影响力较强。赛迪网作为 IT 网站在“2004 中国最有投资价值媒体”评选中当选网站类第七名；2005 年 12 月，中国互联网协会的产业百强评比的“创新 IT 网站”评比中，赛迪网荣获“中国互联网产业创新 50 强”的称号。

G.10　爱立信：全球 3G 成功案例

2006 年 3G 及其演进技术 HSPA 和 IMS 子系统在全球全面深入地展开和部署，许多新业务和商业模式不断涌现，这印证了一切事物发展规律：成功是在发展接力中不断提升，发展是在不断成功的过程中持续壮大，成功是一种进行时态。本文是爱立信在全球 3G 及其演进技术实践中几个成功案例的分析。

1. 爱立信在北美

北美地区尤其是美国电信市场的竞争是最激烈和最充分的，爱立信与 Cingular 公司携手于 2005 年 12 月开通了全球第一个 HSDPA 商用网络，并于 2005 年 10 月与加拿大 Rogers 公司（经营移动、电话、电视和媒体全业务）开展了全融合业务全方位合作。这不仅仅是对爱立信技术设备的检阅，也是 3G 演进技术的风向标。

（1）和加拿大 Rogers 公司的合作打开了全融合业务之门

爱立信和加拿大 Rogers 公司（Rogers 是加拿大最大的无线语音和数据通信业务提供商，也是加拿大最大的有线电视运营商，同时 Rogers 媒体聚集了加拿大各类主要的媒体资产）开展 3G/HSDPA 和 IMS 融合业务，打开了 3G 技术中的两个关键技术 HSDPA 和 IMS 之门。早在 2005 年 10 月爱立信就和 Rogers 公司合作进行 3G/HSDPA 无线业务和应用，以及融合 IP 多媒体子系统（IMS）的测试和部署。

HSDPA 代表了 Rogers 现有的全国性 GSM-GPRS-EDGE 网络的自然演进方向。该网络覆盖了加拿大全国人口的 93%。

IMS（IP 多媒体子系统）是一个基于 IP 的业务创建环境，可让 Rogers 公司在其多个网络（包括移动无线、有线电视、DSL 和固定无线）上推出新的多媒体语音、数据、音频和视频业务（四重业务整合）。IMS 为 Rogers 公司提供了一个重要机遇，将其各种网络融合为单一、统一的业务环境，并将服务和应用以便捷的操作方式提供给客户，使得用户更容易、更方便、更简捷地使用业务。

HSDPA 可为客户带来显著提高的数据速率和使用新体验，而 IMS 将支持新的跨平台应用，如具备移动分机功能的 IP Centrex（集中式用户交换机），跨越有线电视、无线和有线网络的在线状态管理，具备移动分机功能的 Rogers 个人电视，等等，以及一个新的业务创建环境，以加快新应用的开发和面世速度。

爱立信认为：为用户提供宽带无线业务和融合业务的基础是迈向全沟通世界的重要一步。这次合作为 Rogers 公司继续保持领先地位打下了基础。

Rogers 公司首席执行官 Ted Rogers 表示："爱立信一直以来为 Rogers 和我们遍布加拿大的客户提供了高质量的无线网络设备和业务平台。此次合作有助于我们为客户创造一个独一无二的机遇，使他们能够随时随地使用、查看和访问他们最关心的信息，从而为今后向加拿大的个人和企业用户提供最具创新性和最有价值的新业务铺平道路。"

爱立信作为 Rogers 公司惟一的合作伙伴，为其推动全融合业务贡献了力量。2006 年 Rogers 公司业务收入如图 G.6 所示，可以看到，Rogers 公司在继续保持移动通信作为公司的支柱业务的同时，大力推进融合业务，为用户享受无处不在、无所不能的各种信息融合服务提供了方便。有了高速移动网络和基于 IMS 的快速业务平台，Rogers 公司在和 Hahoo 等互联网公司、内容提供商的合作中表现得更有力度和自信。Rogers 公司计划继续与爱立信合作，以 IMS 和 HSPA 网络为基础，将各种新应用如视频会议，远程桌面接入，交互式多人游戏，视频铃声，用于移动互联网导航的动态内容和移动宽带企业、个人接入等各种数据，视频，电视和话音全融合业务深入全面地推进，为用户打造全信息服务平台和解决方案。

爱立信与 Rogers 公司的合作开创了电话、电视、数据和移动四重融合业务之先河，开始了四重融合业务的试金之旅。

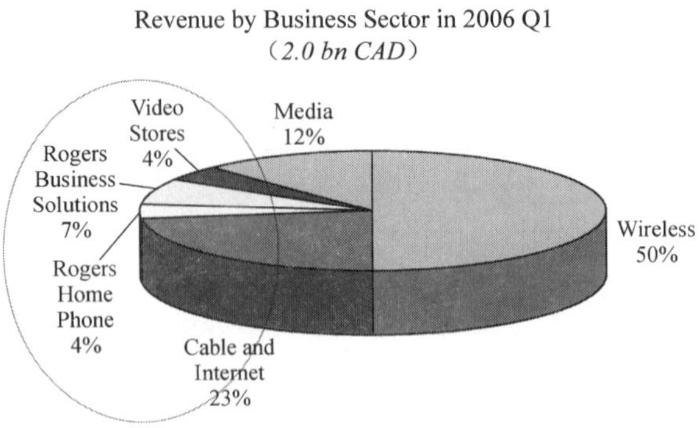

图 G.6　Rogers 公司 2006 年业务收入分布

（2）与 Cingular 公司合作开通了全球第一个商用 HSDPA 网络

2004 年 12 月，Cingular 公司投入 40～60 亿美元的巨资计划将其网络升级到 HSDPA，爱立信成为其最大供应商。2005 年 12 月，爱立信和 Cingular 公司合作，开通了 HSDPA 商用网络，成为世界上第一个开展移动宽带的运营商。

在第一阶段，Cingular 公司计划让用户可以通过数据卡在美国的 16 个城市体验无线宽带数据的接入，用户只要每月花费 59.99 美元就可以无限制地使用移动宽带业务。HSDPA 使得 Cingular 公司在现有无线频谱范围内的系统容量扩大了 1 倍以上，帮助运营商提供更为先进的移动宽带服务，如互联网和企业接入服务等。它前所未有的数据传输速率将使用户能以比传统 UMTS 快得多的速率下载音频、视频和大型文件或附件。

Cingular 公司之所以成为 HSDPA 第一个吃螃蟹者，根本原因是来自于其竞争对手的强大压力，尤其是来自 Verizon 无线这个强有力的竞争对手。Verizon 无线在 2003 年 10 月于华盛顿和圣地亚哥推出了 CDMA2000 1x EV-DO 商用业务，然后陆续在 32 个市场都推出了类似的高速业务。此外，美国市场正在进入一个瓶颈，不仅移动渗透率非常高，而且对于运营商来说话音收入开始下降，ARPU 值也开始停滞不前。相反，以消息等为代表的数据业务却发展喜人，因此数据业务开始成为移动通信发展的新增长点。如图 G.7 所示，2006 年第一季度，Cingular 公司的数据业务成为公司业务增长的主要来源之一。

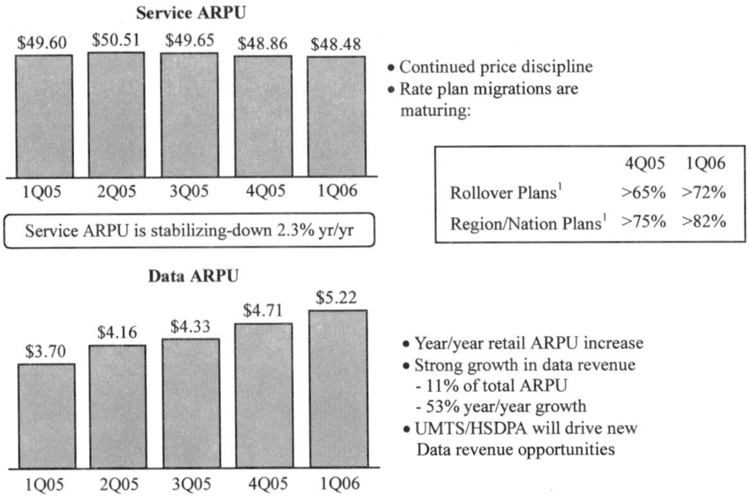

图 G.7　Cingular 公司数据业务增长强劲

据悉，Cingular 在将 HSDPA 高速率下载业务推向企业市场的同时，开始了 HSDPA 业务向大众市场渗透的征途。

2006 年 2 月，爱立信再次赢得 Cingular UMTS 网络扩容合同，继续支持其提供移动宽带业务，该合同进一步扩展了爱立信在 Cingular 下一代语音和数据网络建设中作为主要供应商和集成商的角色，也为 Cingular 公司在全国范围内部署移动宽带网络，巩固其在提供真正 3G 移动业务和应用方面的全球领导地位打下了优势基础。

2. 爱立信在欧洲

在欧洲地区，电信除了竞争充分以外，就是对厂商的要求甚为严格，同时，市场的本地化色彩也具有鲜明的特色。欧洲电信运营商在国际化方面做得最早，做得最好。沃达丰执移动通信的国际化程度最高之牛耳，西班牙电信开创全球全业务运营范围和地区最广之先河，整个欧洲地区不管是电信服务还是电信技术创新都走在世界的前列。

（1）与西班牙电信的合作实现了移动和固网端到端全产品解决方案的服务

2006 年是爱立信与西班牙电信建立更为紧密的战略关系的一年。2006 年 2 月 Telefónica Móviles 在巴塞罗纳举行的 3GSM 世界大会上通过基于爱立信商用硬件和软件的 HSDPA 解决方案在大会现场提供了 HSDPA 业务。该 HSDPA 网络覆盖了整个 3GSM 世界大会区域及巴塞罗那市的一部分，其中包括酒店。这些业务包括随时随地接入电子邮件、在线音乐、互联网和移动电视。

4 月 Telefónica 选择了爱立信为其提供 IP 多媒体子系统（IMS）解决方案，帮助 Telefónica 为固定网络客户推出多种服务，包括针对企业用户的 IP 话音和 IP Centrex。

爱立信的 IP 多媒体子系统（IMS）通过支持一系列新的或增强的服务，为运营商提供了一个在向全 IP 演进过程中迅速赢利的机会，而且其支持通用功能的服务引擎可以在多个固定和移动应用中重复使用。基于 IMS 的 IP Centrex 功能涵盖了一整套个人和群组服务，另外还包括一些多媒体功能，例如视频电话、电话会议、共享文档和网页（协同工作）、存在管理、即时短信、电子邮件集成和支持远程工作人员的应用等。这将通过多种互联互通的终端设备大幅增强 Telefónica 的产品组合。

5 月爱立信为西班牙 TELEFONICA 提供城域宽带网解决方案，全新的网络将成为西班牙 Telefónica 下一代传输网络的基础。根据合同，爱立信将部署多程（Multihaul）WDM 解决方案来增强 Telefónica 西班牙城域传输网络的容量。借助爱立信多程 WDM 解决方案，Telefónica 能够以出众的带宽利用率和卓越的业务质量提供经济、高速的数据、存储、视频和语音服务。由于采用模块化架构，爱立信多程解决方案适用于边缘层到核心层的任何网络需求，并降低了网络复杂程度和总体拥有成本。

西班牙 Telefónica 网络总监 Enrique Carrascal 表示："我们之所以选择爱立信作为此项技术的提供商，是看中了爱立信出众的灵活性、良好的性能和运营协同能力。"

运营商有了好的硬件平台基础，才有可能实现高速增长的目标，图 G.8 是西班牙电信为 2006 年全年制定的目标，其中集团收入一项就计划增长 34%～37%。

在与西班牙电信的合作中，爱立信收购马可尼所带来的优势得到了充分体现。因为无论是固定运营商还是移动运营商，都希望自己能够拥有一个战略合作伙伴及端到端解决方案供应商，其中包括宽带接入、领先的微波和光传输网络。

HSDPA 和 IMS 将成为西班牙电信今后在全球电信市场振翅的坚强力量。

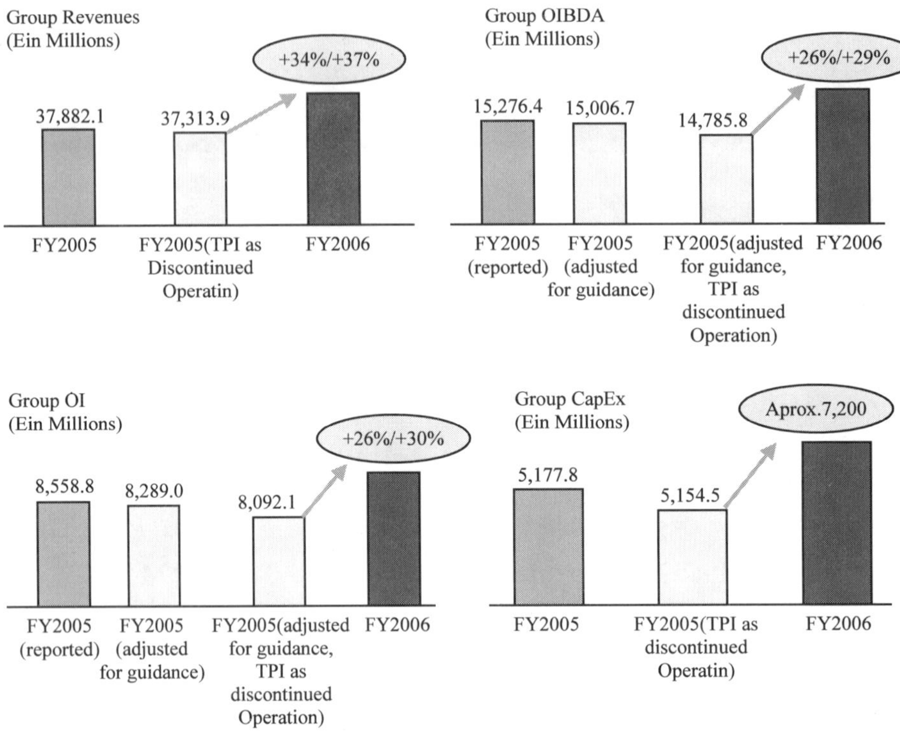

图 G.8　西班牙电信 2006 年各项任务指标

（2）和沃达丰的合作是强强联手，比翼双飞的战略行动

2006 年 2 月，爱立信被沃达丰集团确定为 IP 多媒体子系统（IMS）的优先供应商。通过部署爱立信的 IMS 解决方案，沃达丰将能够进军范围广泛的下一代通信服务。

根据协议，爱立信将提供其 IMS 系统、支持和集成服务，以支持沃达丰向全 IP 网络的逐步演进。由于爱立信 IMS 支持不同运营商、网络类型和手机之间的互联互通，因此沃达丰的目标是尽快启动互联互通的测试。

沃达丰集团 GSCM 负责人 Detlef Schultz 表示："沃达丰希望尝试基于 IMS 技术的下一代业务。我们选择爱立信作为 IMS 供应商是因为爱立信在该领域的技术领导地位，这将确保我们能够尽快启动互联互通测试。"

同时，爱立信还是沃达丰欧洲主要移动市场（英国、德国、荷兰、比利时和罗马尼亚等国家和地区）移动宽带的较大供应商。

通过 HSDPA 和 IMS 新技术巩筑的新平台，沃达丰正改变传统的计费模式，向价值服务管理转变，如图 G.9 所示。

2006 年 4 月，沃达丰授予爱立信公司"年度优秀网络供应商"，获奖理由包括：高效合作、率先提供 HSDPA 业务，以及对沃达丰集团全面、有力的支持。荣誉不仅仅是对爱立信产品性能卓越的奖赏，它更多的是客户对爱立信服务的高满意度的自然流露。

3. 爱立信在亚太

2006 年 7 月，香港移动运营商数码通沃达丰（SmarTone-Vodafone）在香港推出基于 HSDPA，覆盖整个香港地区的商用移动宽带业务，成为大中华区率先采用该技术的运营商。该业务的推出是在爱立信成功将数码通沃达丰的 3G/WCDMA 网络升级至 HSDPA 之后实现的。

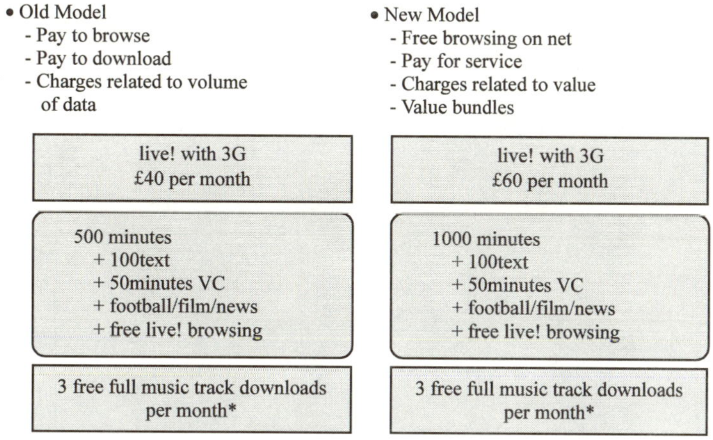

图 G.9　新技术改变沃达丰传统商业模式

爱立信成功将数码通沃达丰网络升级至 HSDPA，使其用户通过笔记本电脑享受高达 1.8Mbit/s 的宽带速度，同时，为其用户提供一系列新一代移动宽带业务，让他们能够体验真正自由地移动。利用爱立信 HSDPA 解决方案，用户的下载速度是目前 PC 卡 3G 连接的 5 倍，是现有 GSM/GPRS 连接的 20 倍。根据协议，爱立信为数码通沃达丰提供 HSDPA 的软件、硬件和系统安装服务。

数码通沃达丰首席执行官 Douglas Li 表示："我们很高兴能够成为香港乃至整个大中华区率先通过 HSDPA 高速网络覆盖整个香港地区，提供全新的移动宽带业务的运营商。新移动宽带业务展现了真正 3G 网络的巨大潜力，并展示了我们如何利用基于 HSDPA 技术的 3G 业务，为企业和个人用户带来更大的利益。"

这是继 2004 年爱立信与数码通沃达丰合作推出 3G 业务后，又一项成功合作项目，使得双方的长期合作伙伴关系又迈进了一大步。爱立信此前被数码通沃达丰选为其核心和无线接入网的独家供应商，提供包括 GPRS 和 WCDMA/3G 网络。

4．提倡新理念，实践新理念

爱立信在倡导通信服务新理念的同时，能将理念和理论快速实践，通过实践为客户带来与时俱进的效益更优化和新服务观。

爱立信提出的"总拥有成本更低化"，让电信业从过去单纯对设备单价的专注上解脱开来，认识到将产品和后续的服务形成完整的生命周期，让成本在整个生命周期中达到更低，即总用成本达到更低，才能真正实现运营商的内在竞争力。为此与之对应的是爱立信的电信管理服务解决方案。爱立信的电信管理服务，让运营商从日常繁杂的运营管理中走出来，专注业务、市场和客户，形成专业化分工。图 G.10 所示的是爱立信为东南亚某电信运营商按照总成本降低的案例研究，专注总拥有成本的降低，能够至少减少运营商 20%以上的费用。另一个成功的案例是爱立信为意大利 H3G 提供的电信管理服务，让 H3G 提高 EBITDA 2.5 亿欧元。

电信市场竞争的基础在于技术，竞争的优势由技术构建的平台协同表现；兼容性和开放性是技术优势的前提；技术标准具有开放性，才能有鲜活的生命力，具有兼容性才能够持续向上发展。爱立信正是洞察出穿越技术背后的生机，为运营商提供基于企业、个人、家庭和各种场景下市场化的服务和解决方案。这是成功的基本要素，也是成功的必然逻辑。

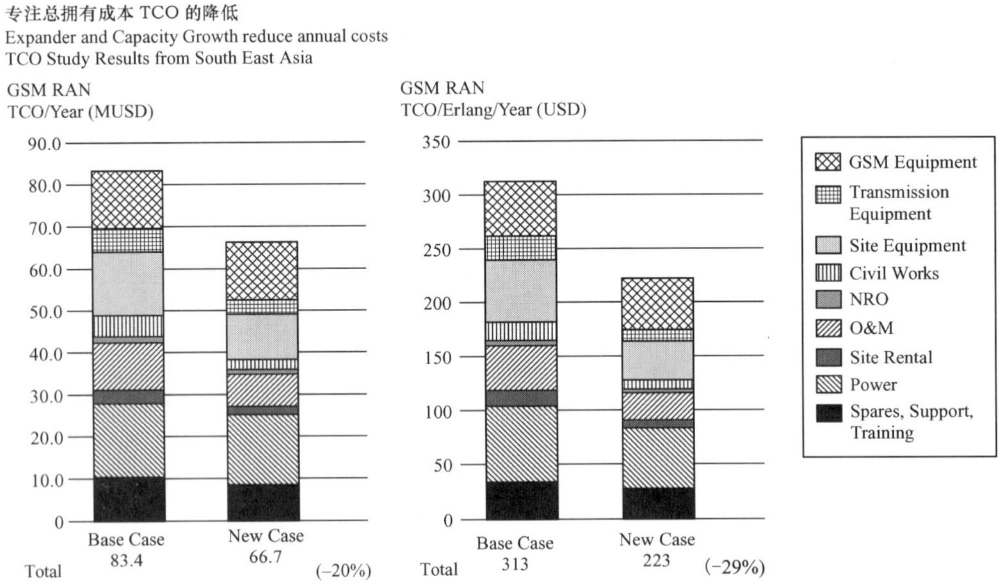

图 G.10　爱立信位于东南亚某运营商实现总拥有成本降低的案例

爱立信在全球商业部署情况

- WCDMA：截至 2006 年 6 月，爱立信作为主要供应商，支持了全球 100 个 WCDMA 商用网络中的 55 个。
- HSPA：爱立信为全球运营商开通了 40 多个 HSPA 网络，其中半数已经提供商用服务，包括 Cingular US、Swisscom Switzerland、Mobilkom Austria 和 3 Italy。爱立信是全球 HSPA 技术领先的供应商。
- IMS：截至 2006 年 7 月，21 个商用合同，50 个试验网协议，成为全球领先供应商。
- MSS：截至 2006 年 3 月，拥有 40 多个 MSS 商用网络，占全球已商用 MSS（GSM/WCDMA）50%以上的份额。
- 管理服务：截至 2006 年 6 月，管理着 35 个网络合计约 6 500 万用户，包括超过 1 000 万以上的 WCDMA 用户。赢得 50 个托管服务合同。

爱立信（中国）有限公司　市场与战略发展部　张凌云

G.11　海量视频共享平台——北京风行在线技术有限公司

一个宽带互联网的时代已经到来，据第 18 次中国互联网络发展状况统计，中国宽带互联网用户已达到 7 700 万，而且还在高速增长中。今天，“最后一公里”的问题已经得到部分解决，网络服务的成本也在大幅度降低，用户希望在宽带网上享受影视服务的需求越来越强烈，但是提供宽带视频服务还有若干障碍，宽带视频网站还没有真正发力。

需求非常强烈，而服务一直没有到位的原因，是目前的整个宽带视频服务产业链还没有完全建立起来，而产业链没有建立起来的原因是多方面的，包括技术不成熟、成本高、用户群培养不力、盗版冲击、收费方式不到位等。

技术和成本方面是目前开展宽带视频服务的主要障碍，目前的视频服务站点，以传统的视频服务器部署方案为主。从现在掌握的数据来看，主要运营成本在带宽上，如果完全采用传统的流媒体服务器系统，以 100Mbit/s 的带宽开展服务，大约可以支撑 200 个并发用户。以每个注册用户每周看 2 部影片、每部大约 2 小时计算，这样的带宽最多可以支持大约 8 200 个注册用户。考虑一定的余量，可能只能支持大约 5 000 个用户。每个用户以每个月 APRU 大约 20 元计算，可以给运营站点带来 10 万元收入。考虑到片源分成问题，运营站点大约可以获得 2～3 万元收入。而 100Mbit/s 的带宽成本，大概在 5～10 万元左右，因此，在收入模型上基本不可能进行运营。另外，还需要考虑实际机房带宽是否充足，南北互联等问题。

采用 P2P 方式开展收费视频服务是比较好的选择，P2P 方式可以大幅度降低服务器投资和带宽的成本。一台 P2P 的流媒体服务器，以 100Mbit/s 的带宽开展服务，大约可以支撑 20 000 个并发用户，是传统流媒体服务器的 100 倍左右，运营成本可以降低到 500～1 000 元。

P2P 方式大幅度分流了原本集中在服务器上的流量压力，对于电信运营商的网络结构也是一个比较好的优化。因为电信运营商的网络结构基本上是一个树型，越接近接入层，带宽越丰富，P2P 技术合理地利用了接入网的带宽，不需要将流量压力都集中到 IDC 机房内。

风行在线公司专注于开发和运营海量视频共享平台，目标是组织和传输丰富媒体内容给互联网用户。风行在线公司已经逐步搭建了一套 P2P 客户端（FunPlayer 风播）、媒体服务器、内容管理平台、内容展现平台，可以支持媒体下载和点播两种业务。风行在线公司的海量视频资源平台，在设计之初就采用开放式平台方式，鼓励合作伙伴共同参与，提供收费内容和精准视频广告服务。使用该平台，合作伙伴可以大幅度降低对带宽和服务器的消耗，只需要单点落地，就可以保证整个互联网提供视频传输服务，该平台可以保证很多 Web 2.0 丰富媒体和互动服务非常容易得到实现。风行在线公司还对 P2P 技术进行了一定的优化，尽量将流量在同一运营商、同一城域网内进行传输，进一步减少了运营商骨干网的压力。

高性能是风行海量视频共享平台的基础，风行在线公司一直专注于 P2P 技术核心的开发，并在 NAT 穿透、资源调度、分布式节点定位算法均有大量的研究。开发一套可靠、稳定、高效的 P2P 流媒体技术是需要克服很多技术难题的。对于 P2P 下载来说，由于对业务获取的延迟并不像 IV 那样敏感，所以传统的 BT 和 eMule 还比较粗放；P2P 直播产品像 QQLive、PPLive、PPStream 是采用降低码率的方式应对带宽的抖动，再加上直播的特点是大量的用户共享少量的数据区，因此基本上靠劣化图像质量保证服务质量。

P2P 点播的难点主要有 3 点：第一，对带宽抖动十分敏感，而且困难的是 P2P 流媒体是一种大流量的传输技术，必须将用户带宽完全利用起来才能与片源码率相当，相对于 IV、IM 等小流量的服务，带宽的抖动又很难避免；第二，P2P 点播节目源多，导致用户比较分散，单个片源上的用户比较少，分享率低就导致很难提高速率；第三，P2P 点播图像质量比较高，接近带宽上限。如果不采用精细的控制技术和良好的 NAT 穿透技术，在用户数比较少的情况下很难使用。

FunPlayer 风播在设计的时候，就充分考虑到了上述问题并加以解决。风播是一款独特的P2P 点播软件，兼容 BT 协议，可以直接打开传统的 BT 种子文件，实现边下边看。风播这种独特的方式，使得风播产品一开始就获得了一个数百万用户群的测试床。风播 2006 年 2 月正式发布测试版 0.5，在大量用户测试数据基础上，不断进行性能调优，8 月份发布正式版 1.0。

当前风播在 512kbit/s ADSL 网络条件下，5 分钟左右的缓冲即可在线观看 BT 影视；用户的带宽越高，缓冲时间就越短。跟其他点播系统不同的是，风播的在线观看十分流畅，而且支持拖动，可以直接跳到想看的位置。熟悉流媒体产业的朋友都知道，在 BT 这样的公开网络协议上实现流媒体服务，还要跟其他 BT 客户端对通，这个技术的难度和用私有协议来实现不是同一个级别上的问题。风播在风行私有协议的实验网上，点播质量已经接近 DVD 的画质，而且启动速度控制在 20～30s，已可以支撑收费级的点播服务。

未来互联网的参与、互动、分享精神将改变互联网的面貌，而视频服务将为当前以文字、图片为主的互联网带来全新的体验，创新的业务、产品将带来更多的商业机会。

注：“FunPlayer 风播”、“ShareMedia 共享传媒”是风行在线公司的注册商标

G.12 方正阿帕比——构建全球持续领先的电子书传播平台

中国有 80%以上的出版社在应用方正阿帕比（Apabi）网络出版平台出版电子书，每年新增电子书 6 万种。截至 2006 年 8 月已经拥有经过出版社授权出版的电子书超过 21 万种，涵盖了人文、科学、经济、医学和历史等各领域。全球有 2 900 多家学校、公共图书馆、教育城域网、政府、企事业单位等机构在应用方正与出版社合作出版的中文电子书。面向公众，方正阿帕比推出了为读者提供原版原式的在线阅读服务和电子书购买及借阅服务的阿帕比阅读网（http://www.apabi.com）。

1．与国际标准同步的电子书技术

IDPF（International Digital Publishing Forum）组织是目前国际上最权威的开放电子书组织，它致力于为统一文件格式、规范发展电子书市场而推广“行业标准”，成员包括贝搭斯曼集团、培生集团（Pearson）、麦格劳·希尔公司、汤姆森集团（Thomson）、Adobe、Microsoft、Nokia、美国商业部、美国标准技术院等出版商、公司、政府及研究机构。方正阿帕比是其在中国惟一的正式成员代表。

随着计算机与互联网技术在中国出版业的应用，电子书产业开始萌生。方正源于北京大学，是目前中国印刷排版技术领域的领导厂商，在中文信息处理技术领域拥有多项核心技术。2000 年，方正提出了启动中国网络出版产业的构想：1 项网络出版技术，10 家电子图书零售网站，50 家出版社开展网络出版，推出 1 000 本电子图书。在随后的一年多时间里，方正依据 OEB 标准，成功研发了方正阿帕比（Apabi）网络出版整体解决方案。2001 年 4 月 26 日，该方案面向中国出版业正式推出。

方正阿帕比目前已成为全球最领先的电子书产品及技术提供商之一。这都建立在方正阿帕比两项核心技术基础之上：CEB（版式文件）技术和 DRM（数字版权保护）技术。

CEB（版式文件）处理技术能够将各种格式的文件原版原式地转化成统一格式，在转换中真实地保持了原有文件中文字、图表、公式、色彩等版式和信息，实现高保真的显示效果。

CEB 格式数据量小，利于传输。方正阿帕比技术完全符合 IDPF 国际标准。

数字版权保护技术（Digital Rights Management，DRM）以一定的计算方法，实现对数字内容的保护，防止数字内容的非授权复制，最终用户必须得到授权后才能使用数字内容。方正阿帕比 DRM 对电子书、电子报纸、电子杂志和电子文档等数字内容进行保护，实现数字内容的可控二次传播，使数字内容使用过程可控、可跟踪。2003 年 11 月，方正 Apabi 数字版权保护技术被信息产业部评为“2003 年信息产业重大技术发明”；2005 年 5 月，方正阿帕比数字版权保护系统被科学技术部评为“2005 年国家火炬计划重点项目”。

2. 与中国 80%以上的出版社合作出版电子书

从 20 世纪末开始，以网络与计算机技术为主的现代信息技术开始在传统出版业应用，并由此引发了网络出版产业的萌生与发展。2001 年 4 月 26 日，方正阿帕比网络出版整体解决方案正式推出。作为全球领先的网络出版专业化平台，方正阿帕比网络出版（eBook）整体解决方案实现了通过互联网出版和销售数字出版物，以低成本、无物流、无库存、无印数要求、即时更新、环保等显著特点赢得了出版界的一致认同。出版社纷纷启动与方正的合作，利用方正阿帕比网络出版平台出版电子书。截至目前，高等教育出版社、机械工业出版社、电子工业出版社、上海世纪出版集团、辽宁出版集团、北京大学出版社、清华大学出版社和化学工业出版社等 400 多家出版社与方正阿帕比合作，开展网络出版，合作的出版社家数超过全国出版社总量的 80%以上。目前，经过出版社授权出版的电子书已超过 21 万册，覆盖了人文、科学、经济、医学和历史等各领域。

3. 通过数字图书馆搭建电子书应用平台

数字图书馆作为网络时代的智能知识库，在大中小学、公共图书馆和科研院所等单位得到普遍应用。特别是在高等院校，学生及老师已把数字图书馆作为他们日常学习、工作不可或缺的工具。通过登录数字图书馆网站，读者任何时候都可以方便地在线检索和查询电子图书的信息和内容。只需要轻松的点击电子图书下载，读者就可以充分地享受阿帕比电子书人性化的阅读功能，例如划线、批注、加亮、圈注、书签、部分摘录、全文查找、自动朗读、自动翻译、动画多媒体显示、半页翻等。

方正与出版社推出的电子书成为这些数字图书馆的重要数字资源，受到欢迎。目前，阿帕比电子书已通过全球 2 900 多家数字图书馆为读者提供网络阅读及信息检索服务，包括北京大学图书馆、清华大学图书馆、复旦大学图书馆、香港大学图书馆、台湾国家图书馆、上海市图书馆、北京市第八中学、广州市教育城域网、新华社、国务院及海外的美国纽约皇后区公共图书馆、英国牛津大学、英国爱丁堡大学图书馆、柏林图书馆等。

2003 年 6 月，方正阿帕比与中国高等教育文献保障体系（CALIS）合作，启动教学参考电子书项目，将国内高校文理工医农林各领域的权威学者、教授推荐的经典教材统一制作成原版原式的正版电子图书，提供师生在网上检索和浏览阅读，利用数字图书馆实现网上学习。截至目前，该项目已出版教参电子书 65 000 余种，并在 500 多家高校应用。

4. 启动电子书大众阅读市场

在电子技术日渐普及的今天，网络阅读已获得越来越多的读者尤其是青少年读者的青睐。中国出版科学研究所主持的“全国国民阅读与购买倾向抽样调查”3 次追踪调查结果表明，我国国民网上阅读的总体比例虽然还不算很高，但增长速度惊人，在 1998 年到 2003 年之间，有上网阅读习惯的人数比例年均增长率达 78.9%。

方正阿帕比于 2002 年 10 月，携手南开津科推出了中国首款支持公众电子书运营平台的电子书阅读器——翰林电子书。电子书阅读器具有体积小、重量轻、方便携带、随时阅读的功能，而且可以通过互联网，随时下载电子书，可以说是“随身图书馆”。除了南开津科外，目前已有方正科技、荷兰 IRex 公司与方正阿帕比合作，采用方正阿帕比电子书技术平台及电子书资源推出电子书阅读器产品。

作为为公众提供电子书阅读服务的重要平台，阿帕比阅读网（http://www.apabi.com）为读者阅读提供一揽子服务，包括免费在线翻阅电子书、购买电子书、借阅电子书、导购到地面或网上书店购买纸书。

与此同时，方正阿帕比还积极地致力于与电信运营商、手机厂商的合作，推出手机电子书。与方正合作开展电子书相关业务的网站超过 30 家，其中包括百度、卓越网、搜狐网、新浪网、网易和新华网等。

方正阿帕比的使命，是通过信息技术，帮助任何人在任何时间、任何地点快捷方便地获得书报刊和文档等内容。方正阿帕比通过打造全球领先的数字出版物传播平台致力于把包括电子书在内的更多的出版资源以互联网的方式方便、经济、高质量地提供给读者，以促进知识的安全传播和文明的不断延续。

G.13　上海热线成功案例

——2005 上海房屋中介市民诚信品牌、放心店、诚信经纪人推选活动

上海热线房产频道自 2001 年 7 月成立以来，以全力打造沪上最权威的房产网络媒体为目标，通过近 4 年的努力发展，其中的租房和二手房栏目已经成为沪上规模最大、人气最旺的房产中介租售网络平台。

近年来上海房地产市场不断发展，上海房屋中介市场也在日益壮大。为维护房地产中介市场的良好秩序，创造公平自由竞争的环境，保障消费者、经营者合法权益，在 2003 年和 2004 年上海热线房产频道成功举办前 2 届上海房屋中介市民放心店推选活动的基础上，上海热线于 2006 年 2 月～2006 年 4 月间联合上海市商业联合会、上海电视台房屋买卖、上海商情信息中心、上海人民广播电台、新闻晚报联合主办“2005 上海房屋中介市民诚信品牌、放心店、诚信经纪人推选活动”，推动消费者和经营者之间的良性互动，促进房产中介市场的健康发展。

上海热线在上海市消费者权益保护委员会的全力支持下，此次推选活动评选出“市民放心店”、“诚信品牌”、“诚信经纪人”，使得已成功举办 2 届的上海房屋中介市民“放心”推选活动更上一层楼，同时确立了本活动的高起点，全方位品牌化的发展方向。

此次活动重在行业评优，本着公正、公平、公开的原则，活动组织评选委员会对参选单位及个人进行综合评估，并将征询上海市消费者权益保护委员会的意见，无失信记录者将由组委会审核，并经过媒体公示后授予“诚信品牌”、“放心店”、“诚信经纪人”的奖牌或证书。活动评选揭晓后，上海热线举办了大型颁奖典礼，同时在上海热线、东方网房产频道、上海楼市、新闻晚报、上海电视台房屋买卖等媒体予以大篇幅地报道和宣传，对获奖单位和个人予以媒体展示，以资鼓励。此次活动最终有 4 家单位获得“2005 上海房屋中介市民诚信品牌”的称号，有 19 家中介获得“2005 上海房屋中介市民放心店”的称号，另推选出 33 位“2005

上海房屋中介诚信经纪人”。

活动期间，上海热线还将从税收、房价、区域、配套、信心指数和区域景气指数等方面入手推出网络调查问卷，最后出具上海二手房市场第一部指导性行业报告——《上海 2006 二手房消费者调查报告》；另外上海热线房产频道将设立“放心中介及诚信经纪人”专区，为所有入围者建立长久的合作交流的平台。

通过此次活动，上海热线房产频道的沪上加盟中介已经超过 1 000 家，每日更新房源信息超过 14 万条（租售），频道页面浏览量已接近 300 万次/天，热线房产当之无愧地成为沪上最具影响力的房产网络媒体。

G.14　WAP 天下——无线互联网时代的互动巨擎

“无线互联网产业是惟一一次超越美国的技术信息化革命”摩根士丹利全球首席经济师史蒂芬·罗奇在不久之前的一次投资论坛上如此说到，的确如此，中国拥有 4.26 亿移动通信用户，而互联网用户为 1.23 亿，两者比例达到 4∶1，这是全球范围内独一无二的市场机会。

WAP 天下（waptx.com）就是在这种市场机会下，飞速成长的成功无线互联网门户，致力于为中国手机用户创造更先进的手机互动娱乐平台，方便人们随时随地获取信息、沟通和娱乐。

1. WAP 天下创始——个人创业一举成名

WAP 天下创建于 2003 年底，当时的 WAP 还是一个全新的技术应用，只有行业人士才会对此有所了解，而用户市场几乎是一片寂静，年仅 24 岁的王鹏飞，在一次偶然的机会中接触到了无线互联网，朦胧间感觉用手机上网发表自己的文章，能让不少人看到，并立刻收到短信评论，感觉比互联网日志还有意思（就是现在的博客）。几次尝试后，一个大胆的创业想法令他兴奋不已，连续几周的通宵达旦，一个小有规模的 WAP 天下雏形出现了。简单的 WAP 天下给众多手机上网爱好者一个惊喜，很快成为专业人士的聚集地，王鹏飞兴奋异常，并开始全身心地投入进去，WAP 天下发展到了 2005 年 3 月，被从美国回来的天才投资人居易非看中，在他的积极推动下，WAP 天下于 5 月正式注册为公司，进行运营，当时有 30 多款产品，注册用户 30 万，招兵买马运营了仅半年时间，即获得第一笔风险投资，创造了中国 WAP 企业从成立到获得风险投资所投入的最快时间纪录。王鹏飞和 WAP 天下成为众多独立 WAP 站点的楷模。

2. WAP 天下的现状和规划

截至 2006 年 7 月底，WAP 天下注册用户已经超过 1 600 万，并且每天 65 万的独立日访问用户，同时在线用户峰值高达 12 万，全站最高日均 PV 超过 1.2 亿。在此基础上，每天有接近 5 万左右的新增用户在不断地涌入 WAP 天下。

2006 年的世界杯，WAP 天下充分利用互动特色，策划了精彩的“世界杯”嘉年华，与其他站点不同，WAP 天下并不把重点放在世界杯新闻和比赛花絮上，而是根据赛前、中、后策划了一系列的用户和世界杯的互动环节，从开赛前的“抢购限量版世界杯球（队）衣”到世界杯比赛期间的“视频、文字、音频”的全方位赛事直播。尤其在 8 强赛开始后，夜间的文字直播成为人气最旺的栏目，很多用户一边看电视，一边手机上网，和同时在线的球友分享观看比赛的乐趣。甚至不少卫星电视用户利用电视转播的时间差，争相抢着要比直播员还先一步地来播报比赛实况。

随着世界杯的热潮不断推进，全站的日访问量不断被刷新，大量的手机用户涌入站内，参加各种世界杯竞猜、评论和游戏下注，吸引了接近5亿的虚拟货币投注和超过500万的用户参与，WAP天下这个庞大的互动娱乐平台逐渐为大量的手机用户所接受，进而成为无线互联网的主要互动娱乐站点。

随着网站的不断成熟，用户好评如潮，WAP天下于2006年6月在由《中国电子商务》联合《经济观察报》等媒体举办的"3G百强评选"活动中，与新浪网一起获得"最佳免费WAP奖"，7月成功入围Red Herring Asia100 2006年候选公司，近期又在网易科技频道公布的"网民评选最受欢迎的Web 2.0网站—移动博克类"评选结果中位于榜首。

这些都证明了WAP天下这个互动平台无限的潜力和希望，正如网站创始人兼执行副总裁王鹏飞所言，"WAP天下是以用户需求为基础，以互动为根本，以关系为纽带的思路在运营"，在投资商的支持下，WAP天下的下一步除了自身更好地发展互动平台外，还将利用资金和其他出色的垂直站点或资源提供商进行战略合作。我们有理由相信，到了3G时代，WAP天下将成为无线互联网上的互动巨擘。

3. WAP天下部分频道介绍

"手机是最近距离的娱乐工具"，WAP天下深入研究WAP用户需求，创造了全新的WAP网站模式，其核心优势在于产品互动特性鲜明，站点个性化服务到位。站内特色栏目如下。

（1）Reading-"天下书库"：拥有73万多册的海量书库，是目前WAP行业内较大的书库，武侠、科幻、言情、都市、网络文学、连载小说、旅游、生活和翻译书籍等更新快速，读者可根据手机屏幕大小随意调整显示篇幅。

（2）BBS-"蛙扑论坛"：5万人同时在线，畅所欲言，贴图、转贴、发表评论，随心所欲，奇谈怪论，共享WAP空间，看尽"手机心情"，说不完的"现代市井故事"。

（3）Chat-"心动聊吧"：WAP功能齐全的聊天室，每天上百间聊天室提供服务，用户即开即聊，搞怪表情动作，满足聊天需求。6月开放全新的同城聊天室，遍布全国主要城市，寻家乡亲人，来WAP天下。

（4）News-"星传媒"：国内、国际、军事、社会、娱乐、财经、体育等信息，时时更新，同步报道；图文专题，探究新闻故事；分析时势，了解最新动态。体育赛场视频直播NBA篮球赛，6月最新推出的德国世界杯赛事快讯和24小时全球新闻精选，方便你更快了解世界杯和各地今日要闻。

（5）Gaming-"蛙彩中心"：虚拟蛙币，在线参与，蛙彩中心、蛙赏中心、49选一，日日有奖，更有报料专区，提供参考。7月份即将开放全新的休闲游戏大厅，有WAP天下的地方，都是你的娱乐胜地。

（6）Search-"问TT搜索"：强档合作，被WAP第三方评为WAP增长较快的搜索站点，通过ASKTT可以获得无限量的免费手机图、铃、资讯、游戏、WAP站网页。

G.15 硕琦（上海）信息科技有限公司

硕琦科技成立于2000年，研发团队倾心专注钻研IP通信以奠定核心技术，并逐步累积深厚的Linux Kernel和通信I/O改良能力，具备优良的Linux开发能力与软硬件整合优势，致力于开发垃圾邮件防御服务器、高效能邮件通信服务器、邮件备份过滤服务器、中小企业电子邮局等电子邮件相关产品，是全球领先的电子邮件整体解决方案领导厂商之一。硕琦科技是Intel公司全球年度Premier Provider与国际E-Business Network Member及Intel EAP、Intel Inside等各项计划的活跃会员。

2005年，硕琦（上海）信息科技有限公司成立，2005年5月深圳办事处成立，2005年8月北京办事处成立。短短的时间内，已经与国内著名的几大服务器厂商及网络安全厂商建立了合作关系，并在全国范围内形成了自己完备的渠道体系，有上百家忠实的渠道伙伴致力于将硕琦的产品及时送给有需要的客户，而硕琦优秀的产品也得到了亚洲地区上千家企业的认可。

一、硕琦科技资质荣誉

- 获中华人民共和国计算机信息系统安全专用产品销售许可证
- 荣获2006中国信息安全“反垃圾邮件优秀解决方案奖”
- 荣获中国互联网协会反垃圾邮件产品“优秀品牌推荐奖”
- 反垃圾邮件技术荣获计算机世界“2005年度产品奖”
- 产品通过Intel高效能实验室测试认证
- SpamTrap反垃圾邮件技术获得欧洲专利
- 信息产业部电信研究院RTNet测试实验室组建者
- 中国互联网协会反垃圾邮件协调小组成员
- 硕琦科技是Intel全球市场合作伙伴，Intel EAP、Intel Inside与IPP等各项计划的活跃会员
- 硕琦科技是国际E-Business Network Member

二、硕琦科技全系列产品

- SpamTrap卫士邮—垃圾邮件防御服务器
  垃圾防御/病毒扫描/攻击侦测/入侵反制/系统保护
- MegaBOX通邮—企业电子邮局
  邮件服务器/垃圾邮件防御/病毒防御/网页邮件/域名查询服务·动态主机配置协议
  文件服务器/文件传输服务器/防火墙/网页服务器/虚拟专用网络·网络地址转换
- BF Server备邮—邮件备份过滤服务器
  企业进出邮件备份/邮件记录/密件记录/本机备份/DVD及网上邻居备份
  磁带转存/磁带撷取/多元关键过滤/指定监控放行/延迟转送管制
- LisoMail畅邮—邮件通信服务器
  企业邮件收发/邮件队列管理/邮件收发记录查询/文件服务器/网页服务器
  邮件代转管制/收件者和寄件者关键字阻隔/文件附件和附件名称过滤
- MailPen方便邮—个人邮件助理
  密码保护·机密信件不外泄/直觉式的邮件编辑方式/个人多重信箱管理/自动汇入，汇出/Outlook邮件通信录/行动办公/随身邮差/信件专家

三、SpamTrap卫士邮——垃圾邮件防御服务器

硕琦科技SpamTrap卫士邮——垃圾邮件防御服务器，首创革命性“垃圾

邮件行为模式解析”技术，预设上百种“垃圾邮件行为类型 Pattern”，再也无需依赖关键词过滤与各类演算法，避免了因主观判断垃圾邮件内容所引发的误判，更加精确，阻挡率为 95%以上，其完美表现如同为企业网络安全构筑了万里长城。

1．产品特性

（1）决定性——高精密解析

本系统经过长期的研究投入，精确预设上百种垃圾邮件行为类型 Pattern，尤其防范垃圾邮件中的匿名行为、伪造行为、滥发行为及非法行为。SpamTrap 卫士邮的垃圾邮件通信行为解析技术由垃圾邮件滥发的行为类型与特征着手，不仅在 Local Domain 追溯寄件者来源真实信息、使用者认证与来源认证等方面能有效提升判断精确度，更可反复分析验证信件本身信息，利用上百种“垃圾邮件行为类型 Pattern”强化安全管理，再辅以 1%的人工智能判定，可消除非决定性的主观认定误判疑虑，为企业邮件进出行为严格把关。

（2）高效率——节省网络带宽、系统资源与磁盘空间

Token-Based 处理，超高效率防止 SMTP Time-Out；运用 Berkeley 著名数据库，处理 100 万条数据如同 1 条；高效率追踪、记录与解析，反复验证真假传输值以界定行为；快速动态产生语言，汇整所有政策成单一原则，增进效率；邮件还没收下，通过 SMTP（邮件传输值）即可判断是否为垃圾邮件并做出相应处理，因此可以节省网络带宽、系统资源与硬盘空间。

（3）高精确——99.999%融合垃圾行为学、心理学变迁因子论、Pattern 分析

资料库分析：深入研究全球各地垃圾邮件，建立 Pattern 系统。

变迁因子论：邮件通信设定素质良莠不齐，垃圾邮件传送解析需多方假设验证。

垃圾行为学：行为违法为避人检举，滥发者会快速修正发送方式以达目的。

垃圾心理学：手法细腻化，从阅读、开启、点选、回复层层讲究诱因与冲动论。

（4）全球符合国际性共识的垃圾邮件定义

根据欧美等国在 2003 年以来陆续公布的抵制垃圾邮件的法规来看，全球对垃圾邮件渐渐形成明确的国际性共识，而硕琦科技 SpamTrap 卫士邮的垃圾邮件通信行为解析技术正是符合这种国际性共识的反垃圾邮件产品。

2．产品功能

（1）垃圾防御 Anti-Spam

Anti-Spam 为本产品之杀手级应用，用户可运用本产品达到令人满意的垃圾邮件阻挡效率，同时降低日后管理成本。

① SpamTrap 卫士邮让各种 Spammer 无所遁形

● 针对邮件匿名行为：如多处邮件标题信息不明等，系统将拒绝传送并回传特定错误信息，系统逻辑性且反复验证匿名机制。

● 针对邮件伪造行为：如伪造内部主机或内部账号等，系统逻辑性且反复验证伪造机制。

● 针对邮件滥发行为：如寄送方式异常且变动频繁，系统逻辑性且反复验证滥发机制。

● 针对邮件非法行为：如 DNS 反查加上回复地址设定为租赁主机，系统会层层验证非法性。

② SpamTrap 卫士邮 5 种垃圾邮件处理方式

- Stamp 防护模式

MIS 确认电子邮件正常传输，加盖邮戳于邮件标题，仍会传送邮件。

- Passing 防护模式

加盖关键词于邮件主题，仍会传送邮件，Client 搭配 Exchange 2003 隔离区或 Notes，分布式隔离垃圾邮件，自行设定邮件主题戳记。

- Quarantine 防护模式

系统认定垃圾邮件者，存放至服务器隔离区，中央式隔离垃圾邮件，发送阻隔报告可重送、删除或转寄。

- Blocking 防护模式

拒绝接收邮件，回复退信代码和信息。

- Discard 防护模式

收下并删除，不回复退信代码和信息。

（2）病毒扫描 Anti-Virus

在信息安全方面，服务器或计算机的中毒问题一直深深困扰管理者与使用者，本产品可一并解决客户端这两大问题。

（3）攻击侦测 Attack Detection

本产品在 MTA 执行阶段，In-Job 监控 SMTP 信息，可侦测出在 SMTP 方面的各种攻击手法，并达到有效防御。

（4）入侵反制 Intrusion Defense

当监测到因特网上刻意的入侵行为，本系统第一次不予理会，如果入侵者再度联机，本系统会递增延迟回复时间。

（5）系统保护 Overall System Protection

除上述防御机制，本系统提供完整弹性的 DoS 攻击防御措施，结合本系统的 Layer 4 Firewall，可有效保护本机。

硕琦（上海）信息科技有限公司
电话：+86-21-63617001
传真：+86-21-63617004
地址：上海市成都北路 500 号峻岭广场 3 楼 303 室
客户服务：service@box-sol.com.cn
公司网址：www.box-sol.com.cn
华南分公司
电话：+86-755-83298505
传真：+86-755-83298507
地址：深圳市深南中路 3039 号国际文化大厦 607 室
华北分公司
电话：+86-10-51286061
传真：+86-10-68000506
地址：北京市西城区南礼士路 3 号海通大厦 801 室

G.16 武汉热线

武汉热线于1997年7月28日开通，不仅是华中地区的信息中心，武汉地区较早的网站，也是武汉地区互联网门户网站。武汉热线一直致力于促进和加快本地区的网络发展和信息化进程——“让武汉走向世界，让世界了解武汉”。多年以来，武汉热线坚持弘扬主旋律，倡导新风尚，营造积极、健康、和谐的网络氛围，是武汉在互联网上的形象窗口。

武汉热线自开通以来，引起了社会各界的高度重视。国家领导和省市领导人以及许多电信系统各级领导都亲自莅临武汉信息港参观调研，对武汉热线寄予了很大期望，鼓励武汉热线在经济建设和本地信息化进程中发挥更大的作用。在各级领导的关心和支持下，近年来武汉热线不仅顶住了互联网的寒潮，同时还取得了长足发展。

武汉热线的平台建设一直坚持技术高标准、功能高起点，近几年来累计投入近亿元资金，建成了具有国际领先、国内一流的网络传输平台、信息开发平台、电子商务平台和宽带业务平台。

武汉热线坚持对外加强合作、对内加强管理，不断丰富“武汉热线”网站群信息、内容与服务。目前，网站群拥有武汉热线、宽频世界、卡秀、武汉电信和灵通在线等五大子网站。在栏目建设方面立足本地化、实用化、娱乐化，共建有新闻、生活、社区、女性、情感、游戏、小灵通和空中情缘等50多个栏目，其中包括中介、人才、房产和汽车等10多个外包或共建栏目。内容与应用涵盖新闻、娱乐、生活、教育和医疗等方方面面。

2005年，武汉热线在加强信息本地化和实用性方面有了不少举措，推出了“家园”、“搜店”等多个新栏目。“家园”栏目抓住当前房地产、装修、团购和物业管理等百姓生活热点，“搜店”也是经过大量市场调查后确定的本地化、实用化的新栏目，贴近百姓生活，涉及本地的休闲娱乐、居家生活等，不仅对本地用户非常实用，也十分方便外地用户充分地、深入地了解武汉。

2006年是武汉热线跨越发展的一年，对热线首页进行了大刀阔斧的改版，和以前的首页相比，色彩更加明快；也对频道内容做了重新的设计和优化，内容的分布和排版更加合理，并增强了本地信息和实用功能的比重。同时，在栏目建设上，加大信源购置力度，整合优化了宽频、虚拟社区、灵通在线、情感、女性和生活等受欢迎栏目，聚集了更多人气；增加了网址导航、博客、武汉热线英文版、政府公告、图库、读书和音乐等全新频道，丰富了网站的信息内容，满足了不同网友的需求。

作为第四媒体，武汉热线准确把握社会热点，积极参与百姓生活，策划实施了“城市风光摄影大赛”活动，“世界杯足球宝贝”活动、短信订阅以及有奖竞猜活动，“父亲节有奖征文”活动等。还有与其他媒体和公司举办的各项活动，极大地激发了网友的参与热情，进一步提升了网站自身的媒体权威性和影响力。

目前，武汉热线网站群的日均页面浏览量已经突破2 000万次。“宽频世界”并发流达到30 000，“灵通在线”短信订阅量保持在日发送短信10万条以上。“空中情缘”拥有注册会员20 000余人，并多次举办线下推广活动，取得了很好的效果。武汉热线已经成为展示武汉魅力、服务武汉网民的知名品牌网站，是华中地区率先进入世界500强的网站。Alexa统计的最新全球网络排名，武汉热线已逼近300名。

在品牌价值的创新上，武汉热线整体网站或者突出的专业网站加大宣传的渠道和投入。策划举办系列营销活动，提升武汉热线品牌美誉度和媒体影响力，增强广告竞争力。武汉热线积极开发更多的网络广告表现形式，并制定武汉热线网站广告价格体系，设计印制武汉热线广告刊例；探索网站广告代理业务，制定广告代理制度，寻找有经验的网络广告代理商，让更多的专业公司帮助开拓广告市场，创造效益最大化实现真正的双赢。

下一步，武汉热线还将进一步加大推广、宣传力度，提高网站影响力，提高优秀栏目的知名度。同时，策划实施一系列线上线下活动，加强与网友的互动，提高网友的参与度，让网友有归属感，加强对网友的粘合度，稳定武汉热线的用户群。还将进一步增强网络应用能力和效果，不断提升网络服务能力，扩大影响力，为武汉地区信息化建设以及中国互联网建设发展做出新贡献。努力把武汉热线打造成为武汉人离不开、丢不掉、全国一流、世界知名的网站。

武汉热线，立足本地、辐射全国、放眼世界，带您进入新世界，共享与世界同步的信息文明！

G.17 百纳——全球领先的新一代多媒体搜索引擎

百纳（http://www.byna.com）是中国互联网领先的新一代“多媒体搜索引擎”，也是“全球领先的新一代多媒体搜索引擎”。百纳的使命是“整合互联网与个人电脑上的亿万丰富信息”，可查询上千亿资料库，包括共享了文件资源的服务器与PC，使人人皆可访问并从中受益。为了这个目标，百纳开发出全球领先的搜索亿万个人电脑与互联网资源的新一代多媒体搜索引擎，利用先进的 P2P 技术，把千百万的网民及其电脑资源聚集在一起，实现资讯的共享，为用户提供更好的服务，为他们创造更愉悦的“简单，可依赖”的在线体验。

华尔街著名的高科技股分析师 Mary Meeker 把整个互联网现象总结为 SFO，就是搜索（Search）、发现/查找（Find）和获得（Obtain）。很明显，SFO 的基础就是搜索，很多成功的互联网公司，都是通过 SFO 来体现他们的价值的。Mary 还预测，SFO 将成为互联网中的下一个“杀手级应用”，也将成为专业搜索引擎的下一个热潮。深圳市百纳网络技术有限公司正是基于 SFO 的理念和终极目标，历时两年的研究与开发，打造了新一代多媒体搜索引擎——百纳。它含盖了视频、音乐和电子杂志等多媒体文件的搜索，也包括图片、软件、游戏和文档等文件的搜索。同时，对于搜索到的文件资源，提供高速而安全的下载，对视频等多媒体文件实现在线点播的功能，对流媒体文件实现直播。自 2006 年 5 月 1 日起，百纳就推出了“万人在线点播”，如今，百纳用户发展快速，百纳已经成为中国，乃至全球技术领先的完美体现宽带互联网 SFO 的多媒体搜索引擎。

百纳多媒体搜索引擎的极速下载和点播采用独创的 P2P 技术开发的 BiGet 软件，保证了资源的均衡下载，有效降低了服务器负载。BiGet 是一款具有明显的下载速度快、简单易用、高效安全等优势的轻便小巧的插件软件，实现文件资源的共享和 P2P 传输，下载效率优于目前可见的所有下载工具，在视频点播过程中的效率很高。BiGet 使用的多资源超线程技术基于网格原理，能够将网络上存在的服务器和计算机资源进行有效的整合，构成独特的网络，通过这个网络，各种数据文件能够以极快的速度进行传递。

百纳公司同时针对中国千万家网站，通过百纳免费提供的“百纳影贴”解决方案轻松实现视频在线点播体验，让“千网万站”实现播客。通过播客服务进一步调动新老玩家的积极性，从而带动网站的知名度，提升网站的流量，并提高网站用户黏附度。网站运营商还可以投入一定数量的服务器和带宽资源，通过百纳公司提供的内容管理与发布服务器对合作伙伴的原创内容进行管理与发布，以便实现更流畅、更丰富的在线视频点播服务。此服务器程序有 Windows 和 Linux 两种操作系统版本，具备强大并发运算能力与智能的流量控制分配功能，使系统能处理百万级的用户请求与服务。此系统架构的网络布署能够保证自身和合作的运营商的用户稳定而快速地获取到内容。通过实现针对文件的流量进行控制，那些已经被多次下载，被用户共享足够多资源的文件的流量可以设定为最小，而最新的内容和那些当前不是很多共享的文件设置比较多的流量。同时，针对多媒体文件资源可以集成第三方 DRM 控制功能，实现更多的商业模式。

百纳搜索采用更优化的排列及分类，方便找到您所希望的资源信息，并通过在线播放或极速下载来获取资源。目前，百纳公司正在加紧与合作伙伴共同拓展多媒体视频的“精确搜索”，实现视频资源的精确搜索、查找和更高速的获取，为合作伙伴创造更高的利润增长。

这就是百纳的魅力所在，“以搜索为基础，兼备下载、点播和直播的融合创新模式将引领多媒体搜索引擎的潮流”。百纳公司本着“海纳百川”的合作精神，力争为合作伙伴和网民提供优质服务。

深圳市百纳网络技术有限公司
地址：深圳市新闻路 1 号中电信息大厦 607
邮编：518034
电话：0755-82947271
传真：0755-83733732
邮件：mike@byna.net

G.18 八界网

八界网（http://www.8jnet.com）是中国领先的城市消费生活门户和新一代互动平台的开发者和运营者，是中国新一代应用型网络的先行者和领导者。我们的使命是满足城市居民日益增长的城市消费需求，帮助中国广大的城市居民建立本地化的互动生活服务平台。我们的目标是中国消费领域的第一门户，城市居民的第一生活品牌。

1. 定位

八界网定位于中国城市生活门户，以城市人群“八小时外的快乐世界”为主题，以“吃喝玩乐购，尽在八界网”为追求，通过线上、线下关于餐饮、休闲、娱乐、购物等多平台的信息服务及互动，为中国城市人群、城市消费服务提供商、供应商提供一站式多平台的系列增值服务；引领城市消费及城市生活新潮流，为消费者带来便捷、舒适、实惠的生活乐趣，舒缓现代城市快节奏下的无形压力，享受精彩城市生活、品味色彩斑斓人生。

根据艾瑞市场咨询最近提供的调查显示，八界网目前在消费饮食类网站中处于领先地位，目前无论是网站流量还是品牌影响力均位于显示出其超强的增长力。

2. 价值

八界网努力开创跨平台、多媒体的中国城市消费信息服务新模式，即通过电台、电视、报纸、杂志、八界DM、《八界会员手册》、八界网（Web、WAP）、电话服务网（969966）、SP（短信、彩信）等为城市生活提供全面的餐饮、休闲和娱乐等方面的资讯服务。核心产品还包括在线预订、大众点评、城市生活俱乐部、八界试字军和优惠卷下载等。八界网通过线上近10万个商家，为全国逾30个城市的消费人群提供城市消费搜索服务；通过线下拓展，与近5 000家城市消费服务商家签订合作关系，为超过50万持卡会员用户提供预订及折扣服务。

3. 未来

八界网致力于在未来一年左右时间建成覆盖全国主要城市、为城市消费人群提供海量、便捷信息的城市消费媒体门户，在核心消费群体中建立起家喻户晓的知名度和良好口碑，并在10个以上特大城市发展逾5万家加盟商家，派发提供消费折扣的八界卡，发展逾1 500万持卡会员及3 000万网站注册会员，同时利用线下商家渠道，发行城市生活DM杂志。凭借强大的线上、线下资源，八界网的线上、线下产品将覆盖全国主要城市数亿消费人群，并可据此实现可观的网站收入。

4. 主打产品

（1）八界网——中国城市消费信息服务优秀门户

引领城市消费的门户媒体——八界网作为一个专业的城市消费门户，站在城市消费的主流地位上，将前沿的资讯、时尚的消费动态呈现给大众。对于都市消费人群来说，八界网就是一个城市消费的风向标，通过八界网，能深深体会到自己生活的这个城市里的各种消费动态，指引着他们的吃喝玩乐消费。

在线消费人群的互动平台——八界网针对会员的特点，定期与商家联合行动，共同推出会员感兴趣的活动，同时安排有共同爱好的会员进行小范围的聚会，活动涉及到美食、美容、健身、音乐、绘画、购物和娱乐等主题。

（2）八界卡——一卡在手、折扣天下

八界卡向社会公开发行，是八界网络会员在发卡机构会员商家享有专属会员待遇的凭证。持卡人凭八界卡，可在全国八界卡指定的会员商家处享有相应的消费折扣并获取“可累积消费积分”。

（3）《八界卡服务手册》——城市消费地图

作为八界卡配套发行的“城市消费地图”，立足城市，面向广大城市餐饮、休闲、娱乐的高层次消费群体，传递丰富多彩的城市生活资讯。

（4）手机消费中心——吃喝玩乐就在手掌之间

基于庞大垂直的城市消费信息及签约商家，八界网强力打造手机城市消费门户，提供短信、彩信和WAP等手机城市消费相关服务。八界服务符合移动增值服务由体验类服务向应用类服务不断转化大趋势，拥有其他传统SP所不具备的核心内容资源。短信预定、优惠卷下载、短信消费卷等是手机领域的主要产品。

（5）DM杂志《八界城市周刊》——都市人群的文化大餐，视觉盛宴

《八界城市周刊》立足城市，是城市生活消费性杂志，集娱乐性、知识性、商业性于一体。周刊面向城市的餐饮、休闲、娱乐的高层次消费群体，传递丰富多彩的城市生活资讯，倡导

轻松、快捷、时尚的现代都市生活，展示城市的消费生活，反映城市的现代气息与时尚节奏。

5. 核心管理团队

（1）董事长兼首席执行官

石劲磊，34岁，八界科技主要创始人，负责制定公司战略规划、商业模式及整体发展计划。创办八界科技之前，石先生于投资银行及投资界具有逾9年的工作经历，在制定企业战略发展规划、商业模式及投融资运作方面积累了丰富的经验。石先生于1992年在四川大学毕业，主修化学，获得理学学士学位。其后于厦门大学主修国际经济法学及金融学，获得法学硕士及经济学博士学位。石先生同时亦拥有中国律师及注册会计师执业资格。

（2）执行董事、总裁

石磊，45岁，八界科技创始人之一，负责公司日常营运及管理，并直接监督公司销售工作。石磊先生出任八界科技总裁之前在多家上市企业担任要职，曾任中华自行车集团有限公司制造公司总经理，香港合兴集团南中国区总经理，德科特网络技术公司总裁。石磊先生于大型企业管理及营运方面积累了丰富的经验，并具有10年以上的互联网从业经历及运营管理经验。

石磊先生毕业于上海工业大学，主修机械专业，并获得工学学士学位。

（3）执行董事、副总裁

肖隆安，30岁，八界科技创始人之一，负责公司市场、信息及品牌推广。参与创办八界科技之前，肖先生任职于加拿大一家投资银行。此前分别在戴尔计算机有限公司和中国投资银行软件研发中心担任高级软件工程师。肖先生在IT行业具有逾5年工作经历，在计算机软硬件技术、网络系统和电子商务等方面积累丰富经验。

肖先生毕业于加拿大多伦多百年世纪大学，主修电子商务，并获得电子商务硕士学位。

（4）网络运营总监、副总裁

张立波，30岁，2006年加入八界科技，负责公司整体网站运营。张先生是南方IT群的创始人和发起人，有6年以上的互联网运营及管理经验，在互联网行业有强大的人脉资源。加盟八界科技之前，张先生在“广州日报·大洋网”担任新闻副总监；创办网易房产频道并担任主编；担任过搜房网副总编辑，分管搜房网全国内容拓展；2005年加盟21CN任房产项目部主编兼媒体事业部副总监，主管房产项目的内容和销售。

张先生毕业于华南师范大学，主修教育学专业，并获得学士学位。

G.19　都市化、生活化、年轻化、本土化

——大洋网，城市新闻和生活资讯服务平台

一、基本概况

大洋网（http://www.dayoo.com）是在广州日报网络版基础上成立的。

1995年12月，国内互联网风云初涌，广州日报网络版通过新加坡上线，成为当年国内率先上网的少数几家新闻媒体之一。广州日报网络版的诞生，尤其成为当年许多海外华人华侨了解国内和广东信息的主要渠道。

4年以后，1999年12月，广州日报报业集团斥资1 000万元资金注册成立了报业集团的

新闻网站——大洋网，由集团属下全资机构广州市交互式信息网络有限公司负责承建并独立运营。

大洋网成立6年多来，坚持党的领导，坚持艰苦创业、开拓创新，一步一个脚印，保持了快速健康发展的势头。

2000年2月，大洋网推出在线图书和音像制品销售，成为华南地区率先开展电子商务的新闻网站。

同年4月，广州日报、大洋网和中国国际象棋协会联合主办“国际象棋棋王棋后性别大战”，全世界的网民首次在互联网上看到了世界冠军谢军与卡尔波夫对弈的精彩对局。

2001年大洋网获国家批准，成为具有新闻刊载资质的国内首批新闻网站之一。

2002年，大洋网与佛山电台开展跨媒体的网台合作，在珠三角地区推出网台合一的“唱K”节目，吸引了大批爱好唱歌的年轻人。

2003年6月27日，大洋网在抗击“非典”宣传报道中表现突出，荣获广州市“广州市抗击非典标兵集体”称号。

2005年8月，大洋网与广东移动合作推出《广州日报》、《信息时报》手机报纸（WAP版、彩信版）。

2006年5月10日，大洋网推出《广州日报》、《信息时报》数字报纸，网民不仅可以像浏览传统报纸那样去阅读，还可以“听”新闻。

2006年5月15日，大洋网获得广东省新闻工作者协会、广东省新闻学会、广东省新闻人才基金会广东新闻奖。

2006年5月30日，大洋网承办的《广州生活》全英文网站上线。这是国内较早的城市英文资讯门户网站。

2006年6月5日，国家广播电影电视总局正式批准大洋网在网络开展大洋多媒体视听节目传播，成为广州市较早的非广播电影电视单位获取许可的网站。

2006年6月22日，大洋网推出广东首份英文手机报纸——《Life of Guangzhou》（广州生活）WAP版和彩信版。

二、坚定办网宗旨、传播先进文化，牢固树立大局意识，形成网上正面舆论强势

互联网的快速发展，对社会的发展产生了深远影响，它催生了新的媒介形式，丰富了人们的精神和文化生活，同时也成为新时期党的新闻宣传工作的新阵地。

作为广州日报报业集团全资机构，大洋网从诞生之日起就牢记肩负的政治责任，一方面努力探索互联网传播规律，认真研究网络媒体受众特点，运用新的媒介形式积极抢占互联网舆论宣传阵地；一方面制订“对内传播先进互联网文化，对外宣传广州国际化大都市形象”的总体编辑方针，旗帜鲜明地服务于广州市委、市政府的中心工作，团结稳定鼓劲，唱响主旋律和打好主动仗，以形成正面舆论的强势。

2005年，对“保持共产党员先进性教育活动”、纪念抗战胜利60周年、广州行政区划调整、广州警方“剑兰”行动打“两抢”、中国（广州）音乐金钟奖、广州汽车展等一系列市委、市政府的中心工作和主办的重大活动，大洋网给予了充分的专题报道。大洋网制作的“中国（广州）音乐金钟奖专题”被评为2005年广东省网络新闻一等奖，并取得了参评首届“中国网络新闻奖”的资格。2006年在全国和广东的“两会”期间，大洋网的“两会”专题报道受

到省委宣传部的嘉奖，并被评为省“优秀网站”。

三、网友互动，报网互动，建设安全健康的论坛社区

“互动”的本质是参与性，这也是网络媒体与传统媒体的重要区别。网民对传播的参与主要表现为发表新闻评论、在网络虚拟社区进行人际传播、自主选择新闻阅读等。

大洋网成立初期就开通了 BBS——大洋论坛，并且在 2002 年制定实行了“人工审核为主，机器‘关键词’为辅”的信息安全审核过滤制度，确保论坛健康发展。开坛以来，大洋论坛不仅没有发生过一起不良帖子的政治事故，而且因为论坛比较“干净”，反而增大了对网民的“粘性”，越来越多的网友喜爱上了这个健康文明的网络社区，在大洋论坛发表见解和原创文章，其中不少关注社会热点的帖子得到“广州日报”、“羊城晚报”、“南方都市报”、“新快报”等本地媒体的采用。《广州日报》还开设“大洋论语”等栏目，选登网友言论，形成良好的报网互动效应。

四、发挥优势，锐意创新，打造“都市化，生活化，年轻化，本土化”的城市新闻和生活服务资讯平台

从广州日报网络版到网络主流媒体大洋网，广州日报报业集团经历了传统媒体在中国互联网发展的 10 年。如今互联网不仅进入了 Web 2.0 时代，对于传统媒体来说，更是提供了一个整合传统媒体和网络媒体资源的“全媒体，大编辑部”的网络前景。

在广州市委和集团领导下，大洋网锐意改革，逐步改变过去信息单纯靠“复制粘帖”的“千网一面”模式，加强与传统媒体的联动和互动，积极打造自有品牌，更好地体现了“都市化，生活化，年轻化，本土化”城市新闻和生活服务资讯平台的特点。

2006 年以来，大洋网不断推陈出新。3 月推出“大洋面对面”嘉宾在线访谈节目，“追踪新闻人物，展示百态人生”，让网友与嘉宾“心灵对话”，给网民以全新的视听觉感受。5 月分别推出《广州日报》、《信息时报》数字报纸和手机报纸（WAP 版、彩信版、英语版），有效地扩大了读者和网民阅读报纸的渠道；同月推出国内领先的全英文城市资讯门户网站——“广州生活”（lifeofguangzhou.com），向世界展现羊城，让外国友人享受广州生活。美国《新闻周刊》国际版运作总监 Jack Livings 表示：“《广州生活》令我过目难忘。我最喜欢‘外国人生活’这个栏目。我想，所有英语人士在看到你们的页面后，不用半分钟就会去看这个栏目。”前《北京周报》执行主编、现美国明尼苏达州立大学（圣克劳德）新闻传播系研究生部代主任彭增军博士说：“这是中国少有的、出色的英文网络媒体之一，它提供了全面、及时与实用的都市资讯。其友好的页面设计、内容质量和美学控制所表现出来的专业水平，令我印象深刻。我希望当代中国每座城市都能有像“广州生活”这样的网站。”。7 月分别推出“名记专家在线”和“全媒体报道”，前者让集团资深编辑记者和社会专家与网友交谈沟通，为网民在线释疑解惑。后者对同一新闻事件融合不同的媒体形式进行报道。8 月，“大洋博客”上线，集团记者编辑以及社会知名人士通过大洋博客，向网民介绍许多新闻采访的背景故事和个人观点。同月，《集团系列报刊精华》上线，集团著名漫画编辑张滨漫画专栏上线。这一系列新形式的新栏目，正逐步成为大洋网品牌的重要支柱。

与集团资源进行有效整合是大洋网内容生产的新思路。今年印尼地震和瑞典哥德堡号仿古帆船来访，大洋网都分别派出摄像记者参与到广州日报报业集团的跨国采访小组中，远赴

印尼和欧洲，为读者和网民传回大量包括视频在内的新闻消息。

这是传统媒体与互联网整合运作的模式的有益尝试。实践证明，新的内容生产方式受到众多网民欢迎。

广州日报报业集团对新媒体不断探索与锐意改革，大洋网则是集团在未来10年向新媒体拓展的排头兵。处在南中国大都市——广州的大洋网，在中共广州市委、市政府和报业集团的领导下，明确定位，走“都市化，生活化，年轻化，本土化”的路子，定将办成网民喜爱的城市生活资讯服务网站。

G.20 四川公用信息产业有限责任公司

四川公用信息产业有限责任公司（Sichuan Public Information Industry Co，Ltd..）（以下简称四川信产）成立于1997年元月，是四川省电信有限公司的全资子公司。公司注册资本为人民币1.07亿元，下辖7个部门（室）、7个分公司（中心）和7个控股、参股公司。

经过多年来的艰苦拼搏和奋力发展，四川信产在网络规模、业务种类、服务水平和合作管理等方面都取得了长足的进步，为促进四川省和成都地区的信息化建设发挥了非常重要作用。

在近10年直接面向市场的运营管理实践中，四川信产形成了良好的对外合作基础，建立了良好的管理和用人机制，在互联网和电信增值业务领域建立了一支专业化、多元化的团队，打下了在增值业务运营领域坚实的运营管理基础。

在互联网应用和运营领域，四川信产具有近10年直接面向市场的经营积淀和运营经验。“天府热线”1997年元月正式搭建，1998年对外推出英文版网站，并获得“全国最热门站点奖”。2003年“天府热线”在国内首创推出引起各界深度关注的环球小姐“佳丽网上行”活动，2002～2005年，“天府热线”曾连续3次获得全国“最具商业价值网站”100强殊荣，目前，“天府热线”已建成西南最大、国内知名的区域性门户网站。“天虎网”成立于1999年，初期以音乐为主，近年已逐步实现向娱乐业务领域的全面转型，已建成国内知名的娱乐网站。2004年，该网站曾被评为“最具人气娱乐资讯网站”，列第一名。

在IDC业务领域，四川信产具有业内领先的优势。1998年，四川信产组建成立“天府热线数据中心”，并正式运营IDC数据业务。目前，数据中心机房已经获得BSI评审组（BS7799）的推荐，成为中国电信第一家通过该认证的机房；同时顺利通过国家“GB/T2887-2000”体系认证，是中国电信集团内部第二家获得该项认证的数据中心；2006年7月，集团公司在“天府热线数据中心”建设了电信运营商中的首个灾备中心。仅用了不到8年的时间，“天府热线数据中心”已建成了国内一流、西部最大的互联网应用IDC。

在游戏领域，四川信产曾经创造了迄今仍属主流的业务合作模式。2001年，公司携手盛大推出“传奇游戏”，成为国内最大、最权威的在线游戏基地和合作运营商。公司曾发起并达成中国第一个“网络游戏产业共同宣言”。2004年，四川信产被确认为四川省“电子政务网”承建单位。同年底，公司作为四川电信的重要组成部分，与四川21个本地网分公司一并重组上市，成为四川省电信有限公司的重要组成部分。

2005年，四川省电信有限公司实施四川信产与四川电信增值业务部的重组整合，构建了“公司+部门”的增值业务运营管理模式，实行两块牌子、一套人马。重组整合后，四川电信赋予信产公司对全省电信增值业务的运营管理权限，定位为四川电信增值业务的产品开发中心、技术支撑中心和内容支撑中心，同时承担了四川电信对外合作的窗口和载体职能，主要经营无线增值业务、固定电话增值业务、“互联星空”、“天府热线”、“天虎网”网络信息、网络应用服务，以及互动娱乐、网络游戏、网站建设、网络广告发布、IDC 数据业务等电信增值业务。

整合后的四川信产充分融入四川电信大网，同时具备灵活的管理机制、丰富的网络资源、丰厚的技术储备和超过1 000万的用户基础，充分发挥了技术领先优势、人力资源优势、客户资源优势和丰富的增值业务市场运作经验，着力建设和经营四川电信大网的应用性、服务性和增值性业务，通过对外合作部与四川移动、四川联通开展业务合作，为社会各界提供了全方位的综合性信息服务。

公司积极推进产品创新，先后开发了“新视通”、“传媒新干线”、“固话秘书智能终端”、“电视上网”等多项具有行业影响的重要产品。

公司已取得文化部颁发的“网络文化经营许可证”，通过国家保密局“涉及国家秘密计算机网络系统集成资质认证”等多项许可和认证。近 10 年来，曾先后获得部、省、市荣誉数十项，是全国“青年文明号”、“省级文明单位”，被省政府及有关部门联合认定为“高速增长型企业”和“高新科技产业型企业”，连续多年被高新区管委会评为“纳税大户”、“优秀服务型企业”和“劳动保证信得过单位”，曾获“中国游戏最佳支持奖”、“九城最佳合作伙伴”、“网易最佳合作伙伴”等。

网络基业 万网支撑
本广告最终解释权归中国万网所有

《互联网周刊》—— 敏锐的发现者
发现始于
网络时代的商业周刊 CHINA INTERNET WEEKLY
互联网周刊
网络时代的商业变革，一切都在开拓之中
新思维、新趋势、新机遇、新方法、新技术……
做敏锐的发现者
每周一出版，全年45期，每期6.5元 ●邮发代号：82-876 ●征订垂询：010-65284818或010-65249988转5501 www.ciweekly.com